U0172909

“十四五”时期国家重点出版物出版专项规划项目
现代数学基础丛书 191

变分法与常微分方程边值问题

葛渭高　王宏洲　庞慧慧　著

科学出版社
北京

内 容 简 介

作为此前出版的《非线性常微分方程边值问题》研究内容的后续进展，本书是作者十余年来在常微分方程和时滞微分方程周期轨道方面所作研究工作的总结. 在介绍临界点理论和指标理论的基础上，对常用的 Z_2 指标理论和 S^1 指标理论作出推广，提出和论证了 Z_n 指标理论和 S^n 指标理论，拓展了应用范围. 对不同类型的时滞微分方程通过选定相应的 Hilbert 空间，在其上给出自伴线性算子，构造特定的可微泛函，得出多个周期轨道的估计. 对非自治型时滞微分方程的研究，是一个值得继续探索的方向.

本书适用于本科高年级学生和微分方程与泛函分析方向的研究生、教师，以及对本方向有兴趣的研究人员.

图书在版编目(CIP)数据

变分法与常微分方程边值问题/葛渭高，王宏洲，庞慧慧著. —北京：科学出版社，2022.4

(现代数学基础丛书; 191)

“十四五”时期国家重点出版物出版专项规划项目

ISBN 978-7-03-071850-1

Ⅰ.①变… Ⅱ.①葛… ②王… ③庞… Ⅲ.①变分法-研究 ②常微分方程-边值问题-研究 Ⅳ. ①O176 ②O175.1

中国版本图书馆 CIP 数据核字(2022)第 041376 号

责任编辑：王丽平 孙翠勤／责任校对：彭珍珍
责任印制：赵 博／封面设计：陈 敬

科学出版社 出版
北京东黄城根北街 16 号
邮政编码：100717
http://www.sciencep.com
北京中石油彩色印刷有限责任公司印刷
科学出版社发行 各地新华书店经销
*
2022 年 4 月第 一 版 开本: 720 × 1000 1/16
2025 年 1 月第三次印刷 印张: 34
字数：680 000

定价: 198.00 元

(如有印装质量问题，我社负责调换)

《现代数学基础丛书》序

对于数学研究与培养青年数学人才而言, 书籍与期刊起着特殊重要的作用. 许多成就卓越的数学家在青年时代都曾钻研或参考过一些优秀书籍, 从中汲取营养, 获得教益.

20 世纪 70 年代后期, 我国的数学研究与数学书刊的出版由于“文化大革命”的浩劫已经破坏与中断了 10 余年, 而在这期间国际上数学研究却在迅猛地发展着. 1978 年以后, 我国青年学子重新获得了学习、钻研与深造的机会. 当时他们的参考书籍大多还是 50 年代甚至更早期的著述. 据此, 科学出版社陆续推出了多套数学丛书, 其中《纯粹数学与应用数学专著》丛书与《现代数学基础丛书》更为突出, 前者出版约 40 卷, 后者则逾 80 卷. 它们质量甚高, 影响颇大, 对我国数学研究、交流与人才培养发挥了显著效用.

《现代数学基础丛书》的宗旨是面向大学数学专业的高年级学生、研究生以及青年学者, 针对一些重要的数学领域与研究方向, 作较系统的介绍. 既注意该领域的基础知识, 又反映其新发展, 力求深入浅出, 简明扼要, 注重创新.

近年来, 数学在各门科学、高新技术、经济、管理等方面取得了更加广泛与深入的应用, 还形成了一些交叉学科. 我们希望这套丛书的内容由基础数学拓展到应用数学、计算数学以及数学交叉学科的各个领域.

这套丛书得到了许多数学家长期的大力支持, 编辑人员也为其付出了艰辛的劳动. 它获得了广大读者的喜爱. 我们诚挚地希望大家更加关心与支持它的发展, 使它越办越好, 为我国数学研究与教育水平的进一步提高做出贡献.

杨　乐

2003 年 8 月

前　言

本书总结了我们最近十余年里用变分法研究常微分方程和时滞微分方程边值问题，尤其是周期边值问题所取得的进展，是此前《非线性常微分方程边值问题》(《现代数学基础丛书》第 111 卷，科学出版社 2007 年出版. (2021 年重印，定为丛书典藏版第 95 卷)) 一书的姐妹篇. 两书的撰写体例大致相同，即在每章正文后附评注，对理论或方法的要点、难点作分析，给出作者的心得体会，期待对读者有所裨益.

除前言和后记外，全书分 6 章.

第 1 章　泛函分析基本概念及变分法要点，简述相关的泛函分析概念，介绍变分法的产生、变分法的内涵以及变分法用于研究微分方程边值问题时的要点.

第 2 章　临界点存在定理和指标理论，首先从应用的角度介绍临界点理论及指标理论. 迄今在研究微分方程多重周期解中应用广泛的 Z_2 指标理论和 S^1 指标理论，由于定常解在讨论中的困难，通常只探讨均值为零的周期轨道的多重性，所得结果有一定的局限. 在 S^1 指标理论中对泛函 Φ 有 $T_s(s \in \mathbb{R}/2\pi\mathbb{Z})$ 不变性的要求，使其很难用于非自治微分方程调和解的讨论. 有鉴于此，我们提出并论证了 Z_n 指标理论和 S^n 指标理论. 两者在一定意义上分别是 Z_2 指标理论和 S^1 指标理论的推广. 这种推广，在偶泛函的情况下既可以讨论非平凡定常解的多重性，也可以探索周期解均值不为零时周期轨道的多重性. 这一点是通过重新定义指标值，并对周期轨道引入拟规范指标的概念实现的. 不仅如此，在本章最后部分利用拟规范指标的概念对几何上不同的周期轨道 (或调和解) 作了区分. 同时，将偶泛函这一要求从泛函的 T_g 不变性中分离出来，使 Z_n 指标理论中包含了 $n = 2k + 1$ 甚至 $n = 1$ 的情况.

第 3 章　带 p-Laplace 算子微分方程边值问题，主要介绍作者及其学生们在利用变分法研究带 p-Laplace 算子常微分方程及脉冲微分方程边值问题 (尤其是多点边值问题) 方面取得的成果及构造泛函时的技巧.

第 4~6 章用指标理论研究时滞微分方程周期轨道和调和解的多重性. 在具体构造泛函时，由于所取的 Hilbert 空间及自伴线性算子均与方程阶数的奇偶性、方程中时间滞量个数的奇偶性以及非线性项前系数的对称性有关，故将所取得的成果分 3 章介绍.

第 4 章　偶数阶时滞微分方程的周期轨道，首先在周期函数空间上讨论微分算子 D 及移位算子 M 与自伴线性算子的关系，通过定义线性算子 P 和 Ω，将周期函数的求导运算和移位运算结合起来, 便于对泛函 Φ 进行具体运算, 进而为不同类型方程给出明确判据奠定基础. 之后对双滞量微分方程, 通过同余运算构造相应的泛函, 依据泛函讨论方程的周期轨道. 在研究两类非 Kaplan-Yorke 型的多滞量时滞微分方程的周期轨道时, 首先对一般形式的方程论证建立变分结构的充分条件, 然后分别对各种具体情况给出周期轨道多重性的明确判据. 由于高阶时滞微分方程的研究是新的课题, 因此所取得的结果和采用的方法具有一定的创新意义. 以上工作是在均值为零的 Hilbert 空间上进行的, 如果去除均值为零的限制, 可望得到更多的成果.

第 5 章　奇数阶时滞微分方程的周期轨道, 不仅研究多滞量微分方程周期轨道重数, 而且讨论多滞量微分系统周期轨道的重数. 通过循环反对称阵的讨论, 对一般的 Kaplan-Yorke 型时滞微分方程提供了讨论周期轨道重数的路径, 并给出了判据. 本章还提出了微分系统分解的概念, 对时滞微分系统周期轨道重数的估计, 可以得到更好的结果.

第 6 章　非自治微分系统的调和解, 以第 2 章建立的 Z_n 指标理论为依据, 讨论非自治微分系统和非自治多滞量微分系统调和解的重数, 给出一系列判定定理. 这是一个可以继续深入研究的新的领域.

本书的出版得到了北京理工大学的支持. 北京理工大学数学与统计学院为本书的写作提供了必要的工作条件. 本书部分内容曾先后应邀在中国地质大学 (北京校区) 和北京信息科技大学作过报告, 对本书内容的完善多有裨益. 为此, 对以上单位表示感谢.

书中疏漏在所难免, 敬请各位专家和读者指正.

作　者
2020 年 10 月

目录

第 1 章　泛函分析基本概念与变分法要点

首先给出一些泛函分析的概念和符号.

1.1　空间与泛函

1.1.1　空间

空间首先是**元素**的集合, 例如**实数空间**是所有实数构成的集合, **复数空间**是所有复数构成的集合. 但元素的集合还不能称为空间. 当对集合中的元素施加某种特定的限制, 或规定某些特定的运算, 或者要求满足若干特定的规则时, 才成为各种各样不同类型的**空间**.

集合中的元素也称为**点**.

1. 给定集合 X, 在 X 上定义开集 (定义方式可视具体情况而定). Σ 是 X 上的开集族, 满足

全集 X 和空集 $\varnothing$ 在 Σ 中,
Σ 中有限多个开集的交属于 Σ,
Σ 中无穷多个开集的并属于 Σ,

则称开集族 Σ 是集合 X 上的一个**拓扑结构**. 定义了拓扑结构的集合 X 就是一个**拓扑空间**.

2. 设 X 是一个拓扑空间, 假设对 $\forall x, y \in X$, 分别有不相交开集 U, V 作为它们的**开邻域**, 就称 X 是一个 Hausdorff **空间**.

3. 给定集合 X, 如果对 X 中任意两元素 $x, y \in X$ 定义函数 $\rho: X \times X \to \mathbb{R}^+$ 满足

(1) $\rho(x, y) = 0$ 当且仅当 $x = y$;

(2) $\rho(x, y) = \rho(y, x), \forall x, y \in X$;

(3) $\rho(x, z) \leqslant \rho(x, y) + \rho(y, z), \forall x, y, z \in X$.

则称函数 $\rho(x, y)$ 是 X 上的**距离**或**度量**. 定义了距离 ρ 的集合 X 记为 (X, ρ), 称为**度量空间**或**距离空间**.

在实数集合上定义两点间的距离为

$$\rho(x, y) = |x - y|,$$

则全体实数的集合就成为度量空间, 记为 $(\mathbb{R}, |\cdot|)$ 或简单记为 $\mathbb{R}$.

4. 给定集合 X, 如果对 X 中任意两元素 $x, y \in X$ 及实数域 $\mathbb{R}$ 中任意两数 $\alpha, \beta \in \mathbb{R}$ 满足

$$\alpha x + \beta y \in X,$$

则称 X 是一个**实线性空间**. 将定义中的实数域 $\mathbb{R}$ 换成复数域 $\mathbb{C}$, 就得到**复线性空间**. 本书中如无说明, 凡提到**线性空间**都是指**实线性空间**.

假设 X 是一个向量空间, $X = \{x = (a, b, c) : a, b, c \in \mathbb{R}\}$, 则 X 是一个线性空间.

5. 设 X 是一个线性空间, 在 X 上定义函数 $f : X \to \mathbb{R}^+$, 对 $\forall x \in X, \alpha \in \mathbb{R}$, 满足

(1) $f(x) = 0 \Rightarrow x = 0$;

(2) $f(\alpha x) = |\alpha| f(x)$;

(3) $f(x + y) \leqslant f(x) + f(y)$.

则称 (X, f) 是一个**赋范线性空间**, f 称为**范数**. 空间的范数通常用 $\|\cdot\|$ 表示, 所以赋范线性空间就表示为 $(X, \|\cdot\|)$. 对于有限维空间上的范数, 也常用 $|\cdot|$ 表示, 这时空间就表示为 $(X, |\cdot|)$.

如果在赋范线性空间中用范数定义度量, 即令

$$\rho(x, y) = \|y - x\|,$$

则按照度量空间的定义, $(X, \|\cdot\|)$ 是一个**度量空间**.

在不引起误解的情况下, 定义范数后的赋范线性空间也可简单地用线性空间原先的符号 X 表示.

在度量空间中可以给出**有界集**、**点列收敛**及 Cauchy **点列**的概念.

度量空间 (X, ρ) 的子集 A, 如果存在 $r > 0$ 使 $\forall x \in A$ 满足 $\rho(x, 0) < r$, 就说子集 A 是 (X, ρ) 中的**有界集**.

度量空间 (X, ρ) 的点列 $\{x_n\}$, 如果存在 $x_0 \in X$, 使 $\lim\limits_{n\to\infty} \rho(x_n, x_0) = 0$, 就说**点列 $\{x_n\}$ 按范数收敛于** x_0. **按范数收敛**也简单称为**收敛**, 可记为 $\lim\limits_{n\to\infty} x_n = x_0$ 或 $x_n \to x_0$.

一个点列 $\{x_n\}$, 如果对 $\forall \varepsilon > 0$, 存在 $N_\varepsilon > 0$, 当 $m, n > N_\varepsilon$ 时 $\|x_m - x_n\| < \varepsilon$ 总能成立, 就称 $\{x_n\}$ 是一个 Cauchy **点列**.

在度量空间中, 可以利用距离的概念定义开集.

设 $A \subset X$ 是度量空间 X 中的一个子集. 任取 $x_0 \in A$, 如果有 $r > 0$ 使

$$B(x_0, r) = \{x \in X : |x - x_0| < r\} \subset A,$$

就说 x_0 是集合 A 的一个内点. 如果集合 A 中的每一个点都是它的内点, 则 A 就是 X 中的一个开集.

6. 设 $(X, \|\cdot\|)$ 是一个赋范线性空间, 如果对 X 中的任一 Cauchy 点列 $\{x_n\}$, 总有一个收敛子列 $\{x_{n_k}\} \subset \{x_n\}$, 在 $n_k \to \infty$ 时满足 $x_{n_k} \to x_0 \in X$, 则说空间 X 是**完备的**. 完备的赋范线性空间称为 Banach 空间.

Banach 空间的典型例子是 l^p 空间和 L^p 空间, 其中 $p \in [1, \infty)$ 是实数. 这时对于

$$l^p = \left\{ a = (a_1, a_2, \cdots, a_n, \cdots) : a_i \in \mathbb{R}^n, \sum_{i=1}^{\infty} |a_i|^p < \infty \right\},$$

其上的范数定义为

$$\|a\| = \left(\sum_{i=1}^{\infty} |a_i|^p \right)^{\frac{1}{p}},$$

对 $L^p = \left\{ x : [0, T] \to \mathbb{R}^n, \int_{\alpha}^{\beta} |x(t)|^p dt = \int_{\alpha}^{\beta} (|x(t)|^2)^{\frac{p}{2}} dt < \infty \right\}$, 其上的范数定义为

$$\|x\| = \left(\int_{\alpha}^{\beta} |x(t)|^p dt \right)^{\frac{1}{p}}.$$

除此之外, 如果 $X = \{x \in C^{k-1}([\alpha, \beta], \mathbb{R}^n) : x^{(k)} \in L^p[\alpha, \beta]\}$, 记为 $W^{k,p}$. 其上定义范数

$$\|x\| = \left(\int_{\alpha}^{\beta} \sum_{l=0}^{k} |x^{(l)}(t)|^p dt \right)^{\frac{1}{p}},$$

则 $(W^{k,p}, \|\cdot\|)$ 成为一个 Banach 空间.

对 $X = \left\{ x \in C^{k-1}(\mathbb{R}, \mathbb{R}^n) : x^{(k)} \in L^p[0, T], \int_0^T |x(t)|^p dt < \infty \right\}$, 记为 $W_T^{k,p}$. 其上定义范数

$$\|x\| = \left(\int_0^T \sum_{l=0}^{k} |x^{(l)}(t)|^p dt \right)^{\frac{1}{p}},$$

则 $(W_T^{k,p}, \|\cdot\|)$ 也是一个 Banach 空间.

在某些线性空间中可以定义**内积**. 例如在向量空间 $\mathbb{R}^n$ 中, 对

$$\forall a, b \in \mathbb{R}^n, \quad a = (a_1, a_2, \cdots, a_n), \quad b = (b_1, b_2, \cdots, b_n),$$

定义内积为

$$(a, b) = \sum_{i=1}^{n} a_i b_i. \tag{1.1}$$

如果是函数空间 $X = \left\{ x : [\alpha, \beta] \to \mathbb{R}^n, \int_\alpha^\beta |x(t)|^2 dt < \infty \right\}$, 则在 X 上也可定义内积, 即对任意两个函数 $x, y \in X$, 定义内积

$$\langle x, y \rangle = \int_\alpha^\beta (x(t), y(t)) dt, \tag{1.2}$$

此处, $(\cdot, \cdot)$ 仍表示 $\mathbb{R}^n$ 中的内积, $\langle \cdot, \cdot \rangle$ 表示函数空间中的内积.

在实函数构成的线性空间 X 上, 定义内积实际上是规定了 X 中每两个元素到实数域 $\mathbb{R}$ 上的对应关系, 即

$$\langle \cdot, \cdot \rangle : X \times X \to \mathbb{R}, \quad (x, y) \mapsto \langle x, y \rangle,$$

这样的对应关系必须满足

(1) $\langle x, y \rangle = \langle y, x \rangle$;　　(2) $\langle x, x \rangle \geqslant 0, \langle x, x \rangle = 0 \Rightarrow x = 0$;

(3) $\langle x + y, z \rangle = \langle x, z \rangle + \langle y, z \rangle$;　　(4) $\langle \alpha x, y \rangle = \alpha \langle x, y \rangle, \alpha \in \mathbb{R}$.

7. 设 $(X, \|\cdot\|)$ 是一个赋范线性空间, 如果它的范数是根据内积定义的, 即

$$\|x\| = \sqrt{\langle x, x \rangle}, \quad \forall x \in X, \quad (\text{或 } |x| = \sqrt{(x, x)}, \quad \forall x \in \mathbb{R}^n)$$

则 $(X, \|\cdot\|)$ 是一个**酉空间**.

设 $(X, \|\cdot\|)$ 是一个完备的赋范线性空间, 即 Banach 空间, 如果它的范数是根据内积定义的, 则称它是 Hilbert 空间. 也就是说, 完备的**酉空间**是 Hilbert 空间.

根据函数空间 X 上所有函数光滑程度的不同, 对内积的定义也可以有所不同.

如果 X 上函数仅满足 $\int_\alpha^\beta (x(t), x(t)) dt < \infty$, 则内积由 (1.2) 给出, 这时 $(X, \|\cdot\|)$ 称为 $L^2[\alpha, \beta]$ 函数空间, 或简记为 L^2 函数空间.

如果 X 上函数满足 $\int_\alpha^\beta (x'(t), x'(t)) dt < \infty$, 则内积可定义为

$$\langle x, y \rangle = \int_\alpha^\beta [(x(t), y(t)) + (x'(t), y'(t))] dt, \tag{1.3}$$

这时 $(X, \|\cdot\|)$ 称为 $H^1[\alpha, \beta]$ 函数空间, 或简记为 H^1 函数空间.

如果 X 中的函数除满足 $\int_\alpha^\beta (x'(t), x'(t)) dt < \infty$ 之外, 还满足其他一些条件, 如 $\int_\alpha^\beta x(t) dt = 0$ 等, 则内积可等价定义为

$$\langle x, y \rangle = \int_\alpha^\beta (x'(t), y'(t)) dt. \tag{1.4}$$

除了 (1.2)、(1.3) 和 (1.4) 定义的内积外, 如果 X 中元素满足条件 $\int_\alpha^\beta (x''(t), x''(t))dt < \infty$, 则内积通常可定义为

$$\langle x, y\rangle = \int_\alpha^\beta [(x''(t), y''(t)) + (x'(t), y'(t)) + (x(t), y(t))]dt,$$

并由此内积定义相应范数, 即为 H^2 空间. 当 $\int_\alpha^\beta x(t)dt = 0$ 时, H^2 空间中也可由内积

$$\langle x, y\rangle = \int_\alpha^\beta (x''(t), y''(t))dt$$

定义等价范数. 如果 $P^m : X \to X$ 是一个可逆线性算子, 必要时也可将函数空间上的内积定义为

$$\langle x, y\rangle = \int_\alpha^\beta (P^m x(t), y(t))dt.$$

更多的等价范数将在第 4 章讨论.

由于本书第 2 章需用到空间可分的概念, 这里预作简要介绍.

设 X 是一个度量空间, 如果存在可数子集 $\{x_n : n = 1, 2, \cdots\} \subset X$, 对 $\forall x \in X$ 及 $\forall \varepsilon > 0$, 总有 $x_k \in \{x_n\}$, 使 $\rho(x, x_k) < \varepsilon$, 则说度量空间 X 是**可分**的.

设 X 是一个酉空间, 如果存在可数子集 $\{e_n : n = 1, 2, \cdots\} \subset X$, 满足

$$\langle e_i, e_j\rangle = \begin{cases} 1, & i = j, \\ 0, & i \neq j, \end{cases}$$

且对 $\forall x \in X$ 有 $\hat{x}_n = \sum_{i=1}^{n} \langle x, e_i\rangle e_i$, 满足 $\lim_{n\to\infty} \|x - x_n\| = 0$, 则说 $\{e_n : n = 1, 2, \cdots\}$ 是酉空间 X 中的一个**完全标准正交系**.

命题 1.1 设 X 是一个实的 Hilbert 空间, 如果 X 中有一个完全标准正交系, 则 X 是可分的. 反之亦然.

证明 设 $\{e_n : n = 1, 2, \cdots\}$ 是空间 X 中的一个完全标准正交系. 任取 $x \in X$, 则有 $\{c_n\} \subset \mathbb{R}$ 及 $m > 0$, 对 $\forall \varepsilon > 0$, 使 $\left\|x - \sum_{i=1}^{m} c_i e_i\right\| < \frac{\varepsilon}{2}$. 由有理数集在 $\mathbb{R}$ 中的稠密性, 可取有理数集 $\{d_n\}$, 使 $\left\|\sum_{i=1}^{m} (d_i - c_i)e_i\right\| < \frac{\varepsilon}{2}$. 于是 $\left\|x - \sum_{i=1}^{m} d_i e_i\right\| < \varepsilon$. 因为有理数集是可数的, 即知 X 是可分的.

设 Hilbert 空间 X 是可分的, 我们来构造一个完全标准正交系. 由 X 可分, 故有可数点集 $\{x_n\} \subset X$ 使 $\forall x \in X, \varepsilon > 0$, 存在 $x_l \in \{x_n\}$ 满足 $\|x - x_n\| < \varepsilon$. 在 $\{x_n\}$ 中取一个非零元素, 不妨设就是 x_1, 之后在 $\{x_n\}$ 中去掉 x_1 后余下的元

素中取一个与 x_1 正交的元素, 不妨设就是 x_2, 以此类推, 得到一个可数的两两正交集族, 不妨仍记为 $\{x_n\}$. 之后对每个 $x_i \in \{x_n\}$, 令 $e_i = \dfrac{x_i}{\|x_i\|}$. 将空间中的每个点看作以该点为终点、原点为始点的向量, 则对 $\forall x \in X$, 当记 $\hat{x}_i = \langle x, e_i\rangle e_i$ 时, $\hat{x}_i$ 就是 x 在 e_i 上的投影. 因此如果 $\{e_i\}$ 是一个标准的正交系, 当且仅当 $\|x\|^2 = \sum\limits_{i=1}^{\infty} \|\hat{x}_i\|^2$.

现假设 $\{e_i\}$ 不是一个标准的正交系, 则存在 $x \in X$, 有 $\sigma > 0$ 使

$$\|x\|^2 - \sum_{i=1}^{\infty} \|\hat{x}_k\|^2 = \sigma^2 > 0.$$

取 $\dfrac{\sigma}{2} > 0$, 则有 $x_l \in \{x_n\}$ 使 $\|x - x_l\|^2 < \dfrac{\sigma^2}{4}$. 此时因 $\hat{x}_l$ 是 x 在 e_l 上的投影, 故有

$$\|x - x_l\|^2 \geqslant \|x - \hat{x}_l\|^2.$$

由此得

$$\frac{\sigma^2}{4} > \|x - x_l\|^2 \geqslant \|x - \hat{x}_l\|^2 = \|x\|^2 - \|\hat{x}_l\|^2 \geqslant \|x\|^2 - \sum_{i=1}^{\infty} \|\hat{x}_i\|^2 \geqslant \sigma^2,$$

导出矛盾. 命题得证.

易知, 一个实的有限维 Hilbert 空间必定是可分的.

进一步有以下命题.

命题 1.2 设 X 是一个实的可分无穷维 Hilbert 空间, 则 X 与空间 l^2 同构.

证明 设两个 Hilbert 空间 X, Y 上的内积分别是 $\langle\cdot,\cdot\rangle$ 和 $(\cdot,\cdot)$, 如果存在一一映射的线性算子

$$L : X \to Y,$$

满足

$$\langle x, x\rangle = (Lx, Lx)\,,$$

就说空间 X, Y 是同构的.

设 $\{e_n\}$ 和 $\{\hat{e}_n\}$ 分别是 X, l^2 上的完全标准正交系, 对 $\forall x = \sum\limits_{i=1}^{\infty} c_i e_i$, 算子 $L : X \to l^2$ 由

$$Lx = \sum_{i=1}^{\infty} c_i \hat{e}_i = y \in l^2$$

定义, 显然这是双向一一映射, 且满足

$$\langle x, x\rangle = \sum_{i=1}^{\infty} c_i^2 = (y, y) = (Lx, Lx)\,.$$

算子 L 的线性性也容易证明. 同构关系成立.

在 Hilbert 空间之间具有上述性质的线性算子, 称为**酉算子**.

1.1.2 泛函

泛函是一类特殊的**算子.**

(1) 设 X, Y 为两个空间, $\Omega \subset X$ 是 X 中的一个子集, 如果对每一个 $x \in \Omega$ 都有唯一的 $y = T(x) = Tx \in Y$ 与之相对应, 这个对应关系 T 就称为将集合 Ω 映到 Y 中的**算子.** Ω 称为算子 T 的**定义域**, 记为 $D(T)$; $T(\Omega)$ 称为算子 T 的**值域**, 记为 $R(T)$. 如果 $D(T) = X, R(T) \subset Y = X$ 就说 T 是 X **上的算子**. 进一步有以下结论.

(2) 如果 $R(T) \subset \mathbb{R}$ 或 $R(T) \subset \mathbb{C}$, 即 T 的值域在实数域或复数域中, 则算子 T 就称为是集合 Ω 上的一个**实泛函**或**复泛函**, 两者统称**泛函**.

本书中凡说泛函的地方, 都是指**实泛函**. 泛函常用字母 f, F, φ, Φ 等字母表示.

显然, 我们熟悉的一元函数或多元函数, 都可以称为实泛函, 赋范线性空间上的范数 $\|\cdot\|$ 也是一个泛函. 按定义而言, 函数、算子、映射都是同义的. 为区分起见, 本书中函数专指实数域上的一元或多元函数, 泛函专指定义域在实函数空间中、值域在实数域中的算子.

1.1.2.1 线性泛函与凸泛函

设 F 是线性空间 X 上的一个泛函, 如果对 $\forall \lambda \in [0,1], \forall x, y \in X$ 满足

$$F(\lambda x + (1-\lambda)y) = \lambda F(x) + (1-\lambda)F(y),$$

则称 F 是线性空间 X 上的一个**线性泛函**; 如果对 $\forall \lambda \in [0,1], \forall x, y \in X$ 满足

$$F(\lambda x + (1-\lambda)y) \leqslant \lambda F(x) + (1-\lambda)F(y),$$

则称 F 是线性空间 X 上的一个**凸泛函**.

线性空间上每个线性泛函 F 都可以定义范数

$$\|F\| = \sup_{\|x\|=1} |F(x)|.$$

如果 F 的范数 $\|F\| < \infty$, 则 F 是一个**有界线性泛函**.

线性泛函通常用 l, L 等字母表示.

对于凸泛函易证以下性质:

(1) 设 $\Phi_1(x), \Phi_2(x)$ 是线性空间 X 上的凸泛函, 则

$$\Phi_1(x) + \Phi_2(x), \quad \Phi_1(x) \times \Phi_2(x)$$

都是 X 上的凸泛函.

(2) 设 $\Phi_\lambda(x), \lambda \in \Lambda \subset \mathbb{R}$ 是 X 上的凸泛函族, 则 $\sup\limits_{\lambda\in\Lambda}\Phi_\lambda(x)$ 是 X 上的凸泛函.

命题 1.3　设函数 $f \in C^0([a,b),[0,\infty))$ 为凸 [凹] 函数, 对 $i=1,2,\cdots,n, a_i \in (a,b), a_i \leqslant a_{i+1}$. 我们有

$$nf\left(\frac{1}{n}\sum_{i=1}^n a_i\right) \leqslant \sum_{i=1}^n f(a_i)$$
$$\left[\sum_{i=1}^n f(a_i) \leqslant nf\left(\frac{1}{n}\sum_{i=1}^n a_i\right)\right].$$

如果加条件 $\left(\sum\limits_{i=1}^n a_i\right)-(n-1)a<b$, 则有

$$\sum_{i=1}^n f(a_i)-(n-1)f(a) \leqslant f\left(\sum_{i=1}^n a_i-(n-1)a\right)$$
$$\left[f\left(\sum_{i=1}^n a_i-(n-1)a\right) \leqslant \sum_{i=1}^n f(a_i)-(n-1)f(a)\right].$$

证明　我们仅对 f 是凸函数时给出证明, 对 f 是凹函数的情况证明过程类似.

先证命题中的第一个不等式. 首先, $n=1$ 时显然成立, 在 $n=2$ 时, 由函数 f 的凸性, 有

$$f\left(\frac{a_1+a_2}{2}\right) \leqslant \frac{1}{2}[f(a_1)+f(a_2)],$$

可见不等式在 $n=2$ 时也成立. 设 $n=k$ 时成立

$$\sum_{i=1}^k f(a_i) \geqslant kf\left(\frac{1}{k}\sum_{i=1}^k a_i\right).$$

当 $n=k+1$ 时, 因有 $\frac{1}{k}\sum\limits_{i=1}^k a_i \leqslant a_k \leqslant a_{k+1}$. 于是,

$$\begin{aligned}\sum_{i=1}^{k+1} f(a_i) &= \sum_{i=1}^k f(a_i)+f(a_{k+1})\\ &\geqslant kf\left(\frac{1}{k}\sum_{i=1}^k a_i\right)+f(a_{k+1})\end{aligned}$$

$$
\begin{aligned}
&= (k+1)\left[\frac{k}{k+1} f\left(\frac{1}{k}\sum_{i=1}^{k} a_i\right) + \frac{1}{k+1} f(a_{k+1})\right] \\
&\geqslant (k+1)\left[f\left(\frac{1}{k+1}\sum_{i=1}^{k} a_i + \frac{1}{k+1} a_{k+1}\right)\right] \\
&= (k+1) f\left(\frac{1}{k+1}\sum_{i=1}^{k+1} a_i\right).
\end{aligned}
$$

由归纳法知命题中第一个不等式成立.

第二个不等式在 $n=1$ 时显然成立. 当 $n=2$ 时, 考虑在平面 $\mathbb{R}^2$ 上的图 $(x, f(x))$. 取点 $A(a, f(a)), B(a_1, f(a_1)), C(a_2, f(a_2))$ 和 $D(a_1+a_2-a, f(a_1+a_2-a))$, 记线段 AD 的斜率为 k, AB 的斜率为 k_1, CD 的斜率为 k_2, 由图的凸性, 点 $B(a_1, f(a_1))$ 和点 $C(a_2, f(a_2))$ 都在 AD 的下方, 故有 $k_1 \leqslant k \leqslant k_2$. 于是,

$$
f(a_1+a_2-a) - f(a_2) = k_2(a_1 - a) \geqslant k_1(a_1 - a) = f(a_1) - f(a),
$$

即得

$$
f(a_1+a_2-a) \geqslant f(a_2) + f(a_1) - f(a).
$$

假设 $n=k$ 时成立

$$
f\left(\sum_{i=1}^{k} a_i - (k-1)a\right) \geqslant \sum_{i=1}^{k} f(a_i) - (k-1) f(a),
$$

则 $n=k+1$ 时,

$$
\begin{aligned}
f\left(\sum_{i=1}^{k+1} a_i - ka\right) &= f\left(\sum_{i=1}^{k} a_i - (k-1)a + a_{k+1} - a\right) \\
&\geqslant f\left(\sum_{i=1}^{k} a_i - (k-1)a\right) + f(a_{k+1}) - f(a) \\
&\geqslant \sum_{i=1}^{k} f(a_i) - (k-1) f(a) + f(a_{k+1}) - f(a) \\
&= \sum_{i=1}^{k+1} f(a_i) - k f(a).
\end{aligned}
$$

同样由数学归纳法得第二个不等式成立. 由此, 命题得证.

推论 1.1 设在命题 1.3 中加条件 $a=0, f(a)=0, \sum\limits_{i=1}^{n} a_i < b$, 则有

$$
n f\left(\frac{1}{n}\sum_{i=1}^{n} a_i\right) \leqslant \sum_{i=1}^{n} f(a_i) \leqslant f\left(\sum_{i=1}^{n} a_i\right)
$$

$$\left[f\left(\sum_{i=1}^{n} a_i\right) \leqslant \sum_{i=1}^{n} f(a_i) \leqslant nf\left(\frac{1}{n}\sum_{i=1}^{n} a_i\right)\right].$$

推论 1.2　在命题 1.3 中设 $f(x)=x^\alpha, x\geqslant 0, \alpha>0$, 加条件 $a_i>0$, 则有

$$\frac{1}{n^{\alpha-1}}\left(\sum_{i=1}^{n} a_i\right)^\alpha \leqslant \sum_{i=1}^{n} a_i^\alpha \leqslant \left(\sum_{i=1}^{n} a_i\right)^\alpha, \quad \alpha\geqslant 1$$

$$\left[\left(\sum_{i=1}^{n} a_i\right)^\alpha \leqslant \sum_{i=1}^{n} a_i^\alpha \leqslant \frac{1}{n^{\alpha-1}}\left(\sum_{i=1}^{n} a_i\right)^\alpha, \quad 0<\alpha\leqslant 1\right].$$

1.1.2.2　线性泛函的性质

定理 1.1 (Hahn-Banach 定理)　设 V 是赋范线性空间 X 的线性子空间, l 是 V 上的一个有界线性泛函, 则存在 l 在 X 上的一个扩张 $L: X\to\mathbb{R}$, 使 $L|_V = l$, 且 $\|L\|=\|l\|$.

因为范数是赋范线性空间上的一个泛函, 作为定理 1.1 的推论, 我们有下列定理.

定理 1.2　设 X 是赋范线性空间, 对 $\forall x_0\in X, x_0\neq 0$, 存在有界线性泛函 $L: X\to\mathbb{R}$ 满足 $\|L\|=1, L(x_0)=\|x_0\|$.

1.1.2.3　线性泛函构成的对偶空间

易证线性空间 X 上所有有界线性泛函 $l: X\to\mathbb{R}$ 构成的集合也是一个线性空间. 这个线性空间称为 X 的对偶空间或共轭空间, 记为 X^*.

有界线性泛函 $l\in X^*$ 作为算子 $l: X\to\mathbb{R}$, 对 X 中任一元素 x 作用的结果是一实数, 记为 $l(x)$. 这时可以对 X 上和 X^* 上的元素定义作用量, 即对 $\forall x\in X$ 和 $\forall l\in X^*$, 定义

$$\langle\cdot,\cdot\rangle: X^*\times X\to\mathbb{R}, \tag{1.5}$$

使对 $\forall(l,x)\in X^*\times X$ 有 $\langle l,x\rangle = l(x)$. 这里虽然采用了 Hilbert 空间中内积的符号 $\langle\cdot,\cdot\rangle$, 但因为共轭空间 X^* 未必与空间 X 相同, 所以只能称为作用量, 而非内积.

Banach 空间 $(X,\|\cdot\|)$ 当 $X^*=X$ 时, X^* 中的元素可以用 X 中的元素 y 表示. 这时上述作用量符号 $\langle\cdot,\cdot\rangle$ 表示为

$$\langle\cdot,\cdot\rangle: X\times X\to\mathbb{R}.$$

$\langle\cdot,\cdot\rangle$ 就是空间 X 上的一个内积. 由内积定义范数, 就得到 Hilbert 空间. 由此可知, 当 Banach 空间 X 满足 $X^*=X$ 时, 再由内积定义范数, 即成为一个 Hilbert 空间.

1.1.2.4 对偶空间的性质

定理 1.3 赋范线性空间 X 的对偶空间 X^* 是 Banach 空间.

证明 因为对偶空间 X^* 是赋范线性空间, 所以仅需证明它是完备空间即可.

设 $\{l_n\} \subset X^*$ 是一个 Cauchy 点列, 即 $\forall m, n > 0$, $\lim\limits_{n\to\infty} \|l_{n+m} - l_n\| = 0$. 则对 $\forall x \in X$, 有 $\lim\limits_{n\to\infty} |l_{n+m}(x) - l_n(x)| = 0$. 由于实数空间是完备的, 故有 $\lim\limits_{n\to\infty} l_n(x) = l(x)$.

下证算子 $l: X \to \mathbb{R}$ 是有界线性算子. 实际上由

$$l(\alpha x + \beta y) = \lim_{n\to\infty} l_n(\alpha x + \beta y) = \alpha \lim_{n\to\infty} l_n(x) + \beta \lim_{n\to\infty} l_n(y) = \alpha l(x) + \beta l(y)$$

得出算子的线性性. 再由对 $\forall x \in X$, $\|x\| = 1$, 存在 $N > 0$ 使对 $\forall m > 0$ 及 $\forall n \geqslant N$ 有

$$|l_{n+m}(x) - l_n(x)| < 1.$$

于是,

$$|l(x) - l_n(x)| < 1, \quad |l(x)| < |l_n(x)| + 1,$$

从而可知对偶空间 X^* 是完备的赋范线性空间, 即 Banach 空间.

设 X 是 Banach 空间, 则 X^* 作为一个 Banach 空间, 其上的所有有界线性泛函又构成一个对偶空间 X^{**}, 则 $\forall x \in X$, 有 $f_x \in X^{**}$ 使

$$f_x(l) = l(x)$$

对 $\forall l \in X^*$ 成立. 记 $X_0^{**} = \{f_x \in X^{**} : x \in X\}$, 则有一一对应线性算子 $K : X \to X_0^{**}$, 使

$$Kx = f_x, \quad \|x\| = \|f_x\|.$$

如果将 X 和 X_0^{**} 视为同一, 则有 $X \subset X^{**}$, 且 X^{**} 也是 Banach 空间.

当 $X_0^{**} = X^{**}$ 成立时, 称 X 为**自反**的 Banach 空间.

进一步设 X 是一个 Hilbert 空间, 给定 $L \in X^*$, 由 Riesz 定理知, $\forall x \in X$ 存在唯一的 $y_L \in X$, 使 $L(x) = \langle L, x\rangle = \langle x, y_L\rangle$, 其中 $\langle x, y_L\rangle$ 是空间 x 上的内积, 并且 X^* 中的 L 和 X 中的 y_L 有一一对应关系 $J : X^* \to X, JL = y_L$. 由 $L(x) = \langle x, y_L\rangle = \langle x, y_L\rangle$ 可知, x^* 可嵌入 x 中.

$$L(x) = \langle L, x\rangle = \langle x, L\rangle = \langle x, JL\rangle = \langle x, y_L\rangle = \left\langle L, J^{-1}x\right\rangle$$

可知, X^* 也是一个 Hilbert 空间. Hilbert 空间是自反空间.

用同样根据 Riesz 定理, $\langle L, x\rangle$ 中的 x 固定, 记 $f_x(L) = \langle L, x\rangle$ 则 $f_x(L)$ 给出 X 上的一个连续有界算子. 于是知 X 可嵌入 X^* 中, 这样可视 X 和 X^* 为同一,

即 $X = X^*$, 故 X^* 也是一个 Hilbert 空间. 由此可知, X^* 上的对偶空间 X^{**} 同样成立 $X^* = X^{**}$, 并得出 $X = X^{**}$, 即 Hilbert 空间是自反空间.

除 Hilbert 空间外, 当 $p > 1$ 时 L^p 空间是自反的 Banach 空间. 但 L^1 空间不是自反的.

现在定义 Banach 空间中闭子空间的对偶空间.

设 X 是一个 Banach 空间, X^* 是它的一个对偶空间, $X_0 \subset X$ 是 X 的一个闭子空间, $\forall x \in X_0$, 如果存在闭子空间 $X_\alpha^* \subset X^*$, 当

$$\langle l, x\rangle = 0, \quad \forall l \in X_\alpha^*$$

成立时, 可得 $x = 0$, 我们就说 $X_\alpha^* \subset X^*$ 是 X_0 的一个**准对偶空间**.

显然, X_0 的准对偶空间是存在的, 因为 X^* 就是它的一个准对偶空间.

记 $\{X_\alpha^* : \alpha \in \Lambda\}$ 是 X_0 所有准对偶空间的集合, 则在这个意义下, 设 X 是由定义在区间 $[0,T]$ 上的向量函数构成的 $X = W^{1,p}$ 空间, $p > 1$, 则 $X^* = W^{1,q}, \dfrac{1}{p} + \dfrac{1}{q} = 1$. 这时根据定义有

$$\begin{aligned}
&X_0 = \{x \in X : x(0) = x(T) = 0\}, \quad 则\ X_0^* = \{y \in X^* : y(0) = y(T) = 0\};\\
&X_0 = \{x \in X : x(0) = x'(T) = 0\}, \quad 则\ X_0^* = \{y \in X^* : y(0) = y'(T) = 0\};\\
&X_0 = \{x \in X : x'(0) = x(T) = 0\}, \quad 则\ X_0^* = \{y \in X^* : y'(0) = y(T) = 0\};\\
&X_0 = \{x \in X : x(0) = x(T)\}, \qquad\quad 则\ X_0^* = \{y \in X^* : y(0) = y(T)\}.
\end{aligned}$$

如果 X 是由定义在区间 $[0,T]$ 上的 $2n$-维向量函数 $x = (x_1, x_2)(x_1, x_2 : [0,T] \to \mathbb{R}^n)$ 构成的 $W^{1,p}$ 空间, 则有

$$\begin{aligned}
&X_0 = \{x \in X : x_1(0) = x_1(T) = 0\}, \quad 则\ X_0^* = \{y \in X^* : y_2(0) = y_2(T) = 0\};\\
&X_0 = \{x \in X : x_2(0) = x_2(T) = 0\}, \quad 则\ X_0^* = \{y \in X^* : y_1(0) = y_1(T) = 0\};\\
&X_0 = \{x \in X : x_1(T) = x_2(0) = 0\}, \quad 则\ X_0^* = \{y \in X^* : y_2(T) = y_1(0) = 0\};\\
&X_0 = \{x \in X : x_1(0) = x_2(T) = 0\}, \quad 则\ X_0^* = \{y \in X^* : y_2(0) = y_1(T) = 0\};\\
&X_0 = \{x \in X : x_1(0) = x_1(T), x_2(0) = x_2(T)\}, \quad 则\ X_0^* = \{y \in X^* : y_1(0) = \\
&y_1(T), y_2(0) = y_2(T)\}.
\end{aligned}$$

容易看到, 以上列举的子空间都是自反的.

1.1.2.5 泛函的连续性

讨论定义在无穷维空间上的泛函, 除了通常意义上的**连续**概念外, 还需要**弱收敛**、**下半连续**、**弱下半连续**等概念.

设 X 是一个赋范线性空间, $\{x_n\} \subset X$ 是一无穷点列, 如果有 $x_0 \in X$, 对 $\forall l \in X^*$, 有

$$\lim_{n\to\infty} l(x_n) = l(x_0),$$

就说 x_n **弱收敛于** x_0, 记为 $x_n \rightharpoonup x_0$. 在赋范线性空间中无穷点列 $\{x_n\}$ 按范数收敛于 x_0, 或称按度量收敛于 x_0, 即 x_n **(强) 收敛于** x_0. 显然, 强收敛蕴含了弱收敛.

定义在赋范线性空间 X 上的实泛函 $\Phi: X \to (-\infty, +\infty]$, 如果对任意无穷点列 $\{x_n\} \subset X$, 在 $x_n \to x_0 (x_n \rightharpoonup x_0)$ 时有

$$\varliminf_{n\to\infty} \Phi(x_n) \geqslant \Phi(x_0),$$

就说泛函 Φ 是**下半连续** (**弱下半连续**) 的.

显然弱下半连续泛函必定是下半连续的, 反之不然.

但是在一定条件下, 可以由下半连续得出弱下半连续.

定理 1.4 ([62], Theorem 1.2) 赋范空间 X 上的凸泛函 $\Phi(x)$ 如果是下半连续的, 则必定是弱下半连续的.

此定理可由 Mazur 定理给出证明.

如果定义在线性空间 X 上的泛函 $\Phi(x)$ 是下有界的, 当存在一个无穷点列 $\{x_n\} \subset X$, 满足 $\lim\limits_{n\to\infty} \Phi(x_n) = \inf \Phi$ 时, 则称点列 $\{x_n\}$ 是泛函 Φ 的一个**最小化点列**.

如果泛函为弱下半连续的, 对其给出某些要求, 可以保证泛函有最小值点.

定理 1.5 ([112], Theorem 1.1) 设 X 是一个自反的 Banach 空间, $\Phi(x)$ 为 X 上的弱下半连续泛函, 则当 Φ 存在有界最小化点列时, 必有最小值点.

证明 设 $\{x_n\}$ 是有界最小化点列, 即有 $x_n \rightharpoonup x_0, \lim \Phi(x_n) = \inf \Phi$. 于是由

$$\Phi(x_0) \leqslant \varliminf \Phi(x_n) = \lim \Phi(x_n) \leqslant \inf \Phi,$$

即得 $\Phi(x_0) = \inf \Phi$.

如果对泛函 Φ 加上可微的要求, 则最小值点必定是一个极小值点, 从而是 Φ 的一个临界点.

一个泛函 $\Phi(x)$, 如果 $-\Phi(x)$ 是下半连续 (弱下半连续) 的, 则它就是**上半连续 (弱上半连续)** 的. 一个泛函如果既是上半连续又是下半连续 (既是弱上半连续又是弱下半连续) 的, 则泛函就是**连续** (**弱连续**) 的.

1.1.3 空间上的不等式

利用 Fourier 展开, 易证下列引理.

引理 1.1 ([112], Proposition 1.3) $\forall x \in H_T^1, \int_0^T x(t)dt = 0$, 记

$$\|x\|_2 = \left[\int_0^T |x(t)|^2 dt\right]^{\frac{1}{2}}, \quad \|x\|_\infty = \max_{0\leqslant t\leqslant T} |x(t)|, \tag{1.6}$$

则在 H_T^1 上有不等式

$$\|x\|_2 \leqslant \frac{T}{2\pi}\|x'\|_2, \quad \|x\|_0 \leqslant \sqrt{\frac{T}{12}}\|x'\|_2. \tag{1.7}$$

前者称为 Wirtinger 不等式, 后者称为 Sobolev 不等式.

引理 1.2　设 $\forall x \in H_T^1, \int_0^T x(t)dt = 0$, 且 $H_T^1 = H_T^1(\mathbb{R}, \mathbb{R}^{2n})$. 记 $J = \begin{pmatrix} O_n & -I_n \\ I_n & O_n \end{pmatrix}$, 其中 O_n, I_n 分别为 n 阶零阵和 n 阶单位阵, 则

$$\left|\int_0^T (Jx'(t), x(t))dt\right| \leqslant \frac{T}{2\pi}\|x'\|_2^2. \tag{1.8}$$

证明

$$\begin{aligned}\left|\int_0^T (Jx'(t), x(t))dt\right| &\leqslant \int_0^T |(Jx'(t), x(t))|dt \\ &\leqslant \int_0^T |x'(t)|\cdot|x(t)|dt \\ &\leqslant \|x'\|_2\cdot\|x\|_2 \\ &\leqslant \frac{T}{2\pi}\|x'\|_2^2.\end{aligned}$$

注　函数空间取为 $X = \{x \in W^{1,2} : x(0) = x(T) = 0\}$, 则不等式 (1.7) 和 (1.8) 分别为

$$\|x\|_2 \leqslant \frac{T}{\pi}\|x'\|_2, \quad \|x\|_0 \leqslant \sqrt{\frac{T}{6}}\|x'\|_2. \tag{1.7$'$}$$

$$\left|\int_0^T (Jx'(t), x(t))dt\right| \leqslant \frac{T}{\pi}\|x'\|_2^2. \tag{1.8$'$}$$

函数空间取为 $X = \{x \in W^{1,2} : x(0) = x'(T) = 0\}$, 则不等式 (1.7) 和 (1.8) 分别为

$$\|x\|_2 \leqslant \frac{2T}{\pi}\|x'\|_2, \quad \|x\|_0 \leqslant \sqrt{\frac{T}{3}}\|x'\|_2. \tag{1.7$''$}$$

$$\left|\int_0^T (Jx'(t), x(t))dt\right| \leqslant \frac{2T}{\pi}\|x'\|_2^2. \tag{1.8$''$}$$

利用多元函数求极值的一般方法对 $x, y \in \mathbb{R}^n$ 有

$$\sup_{y\in\mathbb{R}^n}\left[(x,y) - \frac{\alpha}{q}|y|^q\right] = \frac{1}{p\alpha^{\frac{p}{q}}}|x|^p.$$

根据上式可得下列不等式.

引理 1.3 ([112], Proposition 2.2) 设 $F:\mathbb{R}^n\to\mathbb{R}\cup\{+\infty\}$ 为下半连续凸函数, 有

$$\alpha>0,\beta,\gamma\geqslant 0,p,q>1,\quad \frac{1}{p}+\frac{1}{q}=1$$

满足

$$-\beta\leqslant F(x)\leqslant\frac{\alpha}{q}|x|^q+\gamma,\tag{1.9}$$

如果有 $y\in\mathbb{R}^n$, s.t. $F(w)\geqslant F(x)+(w-x,y)$ 对 $\forall w\in\mathbb{R}^n$ 成立, 则有

$$|y|\leqslant 1+p\alpha^{\frac{p}{q}}[|x|+\beta+\gamma]^{q-1}=1+\alpha p^{q-1}[|x|+\beta+\gamma]^{q-1}.\tag{1.10}$$

证明 由 y 满足的条件得

$$(x,y)-F(x)\geqslant(w,y)-F(w),$$

于是,

$$\begin{aligned}(x,y)-F(x)&\geqslant\sup_{w\in\mathbb{R}^n}[(w,y)-F(w)]\\&\geqslant\sup_{w\in\mathbb{R}^n}\left[(w,y)-\frac{\alpha}{q}|w|^q-\gamma\right]\\&=\frac{1}{p\alpha^{\frac{p}{q}}}|y|^p-\gamma.\end{aligned}$$

由

$$\frac{1}{p\alpha^{\frac{p}{q}}}|y|^p-\gamma\leqslant(x,y)-F(x)\leqslant(x,y)+\beta\leqslant|x|\cdot|y|+\beta,$$

假设 $|y|\geqslant 1$, 则

$$\begin{gathered}\frac{1}{p\alpha^{\frac{p}{q}}}|y|^p\leqslant|x|\cdot|y|+(\beta+\gamma)|y|,\\|y|^p\leqslant p\alpha^{\frac{p}{q}}(|x|+\beta+\gamma)|y|,\\|y|\leqslant p^{\frac{1}{p-1}}\alpha(|x|+\beta+\gamma)^{\frac{1}{p-1}}=\alpha p^{q-1}(|x|+\beta+\gamma)^{q-1}.\end{gathered}$$

显然,

$$|y|\leqslant 1+\alpha p^{\frac{1}{p-1}}(|x|+\beta+\gamma)^{\frac{1}{p-1}}=1+\alpha p^{q-1}(|x|+\beta+\gamma)^{q-1}$$

对所有 $y\in\mathbb{R}^n$ 成立.

流形与群

设 X 为 Hausdorff 拓扑空间, 在其上建立"地图册", 即在其上有开覆盖集 $\{U_i\}$ 及同胚映射族 $\{\varphi_i\}:\varphi_i:U_i\to V_i, V_i\subset\mathbb{R}^n$ 为开集, 则 X 称为 n-**维流形**. 如果当 $U_{ij}=U_i\cap U_j\neq\varnothing$ 时, $\psi_{ij}=\varphi_j\circ\varphi_i^{-1}:\varphi_i(U_{ij})\to\varphi_j(U_{ij})$ 作为 $\mathbb{R}^n$ 上的区域到 $\mathbb{R}^n$ 的映射是光滑微分同胚, 则说 X 为 n-**维光滑流形**.

设群 G 同时也是一个光滑流形, 在其上由 $(g,h)\mapsto gh$ 定义 $G\times G\to G$ 的运算, 并由 $g\mapsto g^{-1}$ 定义 $G\to G$ 的运算, 就称群 G 是一个 Lie 群.

1.1.4 泛函与临界点

1.1.4.1 临界点的定义

设 X 为 Hilbert 空间, Y 为 X 的一个线性子空间, $\Phi:X\to\mathbb{R}$ 为可微泛函, 则存在线性算子 $\Phi':X\to X$, 对 $\forall x,h\in X$ 满足

$$\lim_{\lambda\to 0}\frac{1}{\lambda}\left[\Phi(x+\lambda h)-\Phi(x)-\lambda\left\langle\Phi'(x),h\right\rangle\right]=0.$$

于是有

$$\left\langle\Phi'(x),h\right\rangle=\lim_{\lambda\to 0}\frac{1}{\lambda}\left[\Phi(x+\lambda h)-\Phi(x)\right]. \tag{1.11}$$

设有 $x_0\in X$ 使

$$\left\langle\Phi'(x_0),h\right\rangle=0$$

对 $\forall h\in Y$ 成立, 则称 x_0 为泛函 Φ **相对于子空间** Y **的一个临界点**. 当 $Y=X$ 时, 就简单称 x_0 是泛函 Φ 的一个**临界点**.

一个可微泛函的极值点, 必然是临界点. 但是临界点不一定是极值点.

1.1.4.2 积分型泛函的可微性

泛函作为无穷维空间上的实算子, 最通常的形式是一个以定积分形式给出的实算子. 设 $X=W_T^{1,p}$ 为 Banach 空间, 在 X 上定义泛函

$$\Phi(x)=\int_\alpha^\beta f(t,x(t),x'(t))dt. \tag{1.12}$$

设 $f\in C^1([0,T]\times\mathbb{R}^2,\mathbb{R})$. 对 (1.12) 中的泛函讨论临界点, 首先要确定泛函的可微性. 对此, J. Mawhin 和 M. Willem 在 [112] 中给出了一个判定定理.

定理 1.6 ([112], Theorem 1.4) 设 $f:[\alpha,\beta]\times\mathbb{R}^n\times\mathbb{R}^n\to\mathbb{R},(t,x,y)\mapsto f(t,x,y)$ 对每个 $(x,y)\in\mathbb{R}^n\times\mathbb{R}^n$ 关于 t 可测, 对 a.e. $t\in[\alpha,\beta]$ 关于 (x,y) 连续可微, 如果存在 $q>1$ 及

$$a\in C(\mathbb{R}^+,\mathbb{R}^+),b\in L^1([\alpha,\beta],\mathbb{R}^+) \text{ 及 } c\in L^q([\alpha,\beta],\mathbb{R}^+),$$

使

$$|f(t,x,y)| \leqslant a(|x|)(b(t)+|y|^q),$$
$$|f_x(t,x,y)| \leqslant a(|x|)(b(t)+|y|^q),$$
$$|f_y(t,x,y)| \leqslant a(|x|)(b(t)+|y|^{q-1}),$$

其中 $\frac{1}{p}+\frac{1}{q}=1$, 则 (1.12) 定义的泛函在 $X=W_T^{1,p}$ 上连续可微, 其微分可表示为

$$\begin{aligned}\langle \Phi'(x),h\rangle &= \lim_{\lambda\to 0}\frac{1}{\lambda}\int_0^T [f(t,x(t)+\lambda h(t),x'(t)+\lambda h'(t))-f(t,x(t),x'(t))]dt \\ &= \lim_{\lambda\to 0}\int_0^T [(f_x(t,x(t)+\lambda h(t),x'(t)+\lambda h'(t)),h(t)) \\ &\quad +(f_{x'}(t,x(t)+\lambda h(t),x'(t)+\lambda h'(t)),h'(t))]dt \\ &= \int_0^T [(f_x,h(t))+(f_{x'},h'(t))]\,dt. \end{aligned} \tag{1.13}$$

证明 只需证对每个 $x\in X,\forall h\in X$, (1.13) 成立, 且 $\Phi':X\to X'=W_T^{1,q}$ 连续即可.

实际上, (1.13) 中第二行中极限存在的条件是: $|\lambda|\leqslant 1$ 时被积函数一致有界且当 $\lambda\to 0$ 时收敛于可积函数. 由对 f 所给条件和 $x\in X=W_T^{1,p}$ 的前提, 后者显然成立. 至于 $|\lambda|\leqslant 1$ 的一致有界可由

$$\begin{aligned}&|(f_x(t,x(t)+\lambda h(t),x'(t)+\lambda h'(t)),h(t)) \\ &+(f_{x'}(t,x(t)+\lambda h(t),x'(t)+\lambda h'(t)),h'(t))| \\ \leqslant\, & a(|x(t)|)[(b(t)+|x'(t)|^q)|h(t)|+(c(t)+|x(t)|^{q-1})|h'(t)|]\end{aligned}$$

保证. 这时映射 $W_T^{1,p}\to L^1\times L^q$ 由 $x\mapsto (f_x(\cdot,x,x'),f_{x'}(\cdot,x,x'))$ 给出. 由 Krasnoselskii 定理, $\Phi':X\to X'=W_T^{1,q}$ 是连续的.

在函数空间 X 上用变分法研究常微分方程的可解性和多解性, 首先适合各类齐次边值问题, 尤其是 Dirichlet 边值问题、混合边值问题、Neumann 边值问题和周期边值问题. 对于 Sturm-Liouville 边值问题需对泛函作修改, 方能用变分法讨论.

取 $\alpha=0,\beta=T$.

相应于 Dirichlet 边界条件, 函数空间通常取 $X=\{x\in W^{1,p}:x(0)=x(T)=0\}$;

相应于混合边界条件, 函数空间通常取 $X=\{x\in W^{1,p}:x(0)=x'(T)=0\}$;

相应于 Neumann 边界条件, 函数空间通常取

$$X=\{x\in W^{1,p}:x'(0)=x'(T)=0\}.$$

类似的方法可证, 定理 1.6 对上述几种情况同样成立.

1.2　变分法的产生

微分方程边值问题可以说是和变分法相伴而来. 1696 年 John Bernoulli (1667—1748) 和 G. W. Leibniz (1646—1716) 拟定了两个挑战题, 向欧洲数学家, 尤其是向 Isaac Newton (1642—1727) 提出挑战. 其中之一就是最速降线问题, 它不仅是变分法的最早例子, 而且也是微分方程边值问题的最早实例之一.

这个问题是

例 1.1 (最速降线问题)　固定在同一垂直平面上的两个点 A 和 B, B 点在 A 点下方 (不在同一垂线上), 确定一条曲线, 使质点在重力作用下无摩擦地从 A 下滑到 B 的用时最少.

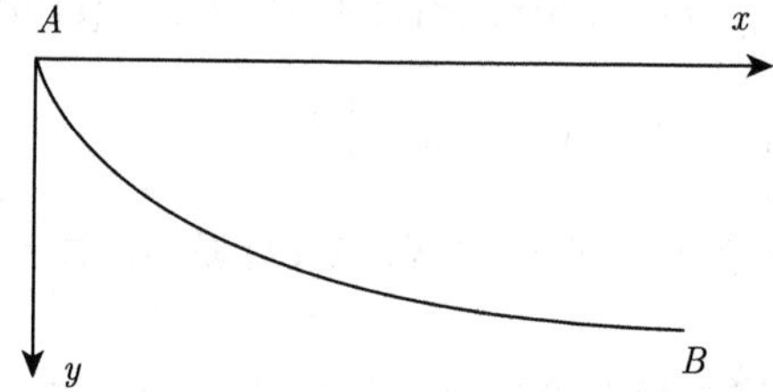

设 A 和 B 的坐标分别为 (0, 0) 和 (x_1, y_1), 动点从初始时刻起沿弧线 AB 滑行到 t 时刻时的高度为 $y(t)$, 则由能量守恒定律,

$$mgy_1 = mg(y_1 - y(t)) + \frac{1}{2}mv^2(t),$$

即

$$2gy = v^2 = \left(\frac{ds}{dt}\right)^2 = \left(\frac{dx}{dt}\right)^2 + \left(\frac{dy}{dt}\right)^2 = (1 + y'^2(x))\left(\frac{dx}{dt}\right)^2,$$

可得方程

$$\frac{dt}{dx} = \sqrt{\frac{1 + y'^2(x)}{2gy(x)}}.$$

这时从 A 点到 B 点所需时间为

$$\Phi(y) = \int_0^{x_1} \sqrt{\frac{1 + y'^2(x)}{2gy(x)}}dx.$$

它随 A, B 两点间连线 $y = y(x)$ 的不同而改变.

如果记 Y 为连接 A, B 两点的所有光滑曲线的集合, 则问题就可以表示为

$$\min_{y\in Y} \Phi(y) = \min_{y\in Y} \int_0^{x_1} \sqrt{\frac{1 + y'^2(x)}{2gy(x)}}dx, \tag{1.14}$$

这就成为极值问题. 但是这样的极值问题与多元函数 $f:\Omega\subset\mathbb{R}^n\to\mathbb{R}$ 的极值问题

$$\min_{y\in\Omega} f(y)=\min_{(y_1,\cdots,y_n)\in\Omega} f(y_1,\cdots,y_n) \tag{1.15}$$

相比, 后者取决于 n 个实变量, 而前者则取决于定义在区间 $(0,x_1)$ 上的函数段. 在 (1.15) 中自变量 y 是 n-维的, 而在 (1.14) 中作为 Φ 的 "自变量 y" 却是无穷维的. 同为极值问题, 这一点是问题 (1.14) 和 (1.15) 的根本区别. 如 1.1 节中所述, 通常称 (1.14) 中的 Φ 为 y 的**泛函** (functional), 而称 (1.15) 中的 f 为 y 的**函数** (function). 当然这样的区分不是绝对的, 实际上有时也将泛函称为函数, 或将多元函数作为特殊的泛函对待.

对多元函数而言, 假设 f 在 Ω 上连续可微, 且有 $y^0\in\text{int}\Omega$ 满足 (1.15), 即

$$f(y^0)=\min_{y^0\in\Omega} f(y),$$

则 y^0 是 f 在 Ω 上的一个**极值点**. 其必要条件是

$$f'(y^0)=0,$$

即 y^0 应是 f 在 Ω 上的一个**平衡点**. 对 (1.14) 这样的问题, 如果 Φ 在 Y 上连续可微 (关于连续可微的概念将在第 2 章给出), $y^0\in\text{int}Y$ 满足

$$\Phi(y^0)=\min_{y^0\in Y}\Phi(y),$$

则 y^0 称为 Φ 在 Y 上的一个**极值点**. 其相应的必要条件是

$$\Phi'(y^0)=0,$$

即 y^0 是 Φ 在 Y 上的一个**临界点**. 显然, 临界点不一定是极值点, 只在特定条件下临界点才是极值点.

继续例 1.1 中的故事.

接受挑战后, I. Newton 和 Jacob Bernoulli 采用类似多元函数求极值的方法给出了问题 (1.14) 的解. 他们给出的解表明, 最速降线是一条**摆线**, 而不是人们早先猜想的圆弧.

将 (1.14) 中的被积函数写成一般形式 $f(x,y(x),y'(x))$, 同时将连接 $(x_1,y(x_1))$, $(x_2,y(x_2))$ 两点的所有连续可微曲线构成的集合用 Y 表示, 就得到一般形式的极值问题

$$\min_{y\in Y}\Phi(y)=\min_{y\in Y}\int_{x_1}^{x_2} f(x,y(x),y'(x))dx. \tag{1.16}$$

1744 年 L. Euler 对极值问题 (1.16) 给出了极值存在的必要条件,

$$f_y - f_{y'x} - f_{y'y}y' - f_{y'y'}y'' = 0, \tag{1.17}$$

后来称之为 Euler **方程**. 稍后, J. L. Lagrange 在 1760 年提出了函数**变分**的概念, 并用符号 δ 表示变分. 设 $y = y(x)$ 是满足 $(x_1, y(x_1)) = A, (x_2, y(x_2)) = B$ 的一条曲线, $y = \eta(x)$ 是满足同样条件的任意曲线, 记

$$\delta y = \eta(x) - y(x) = z(x), \quad x \in [x_1, x_2],$$

称 δy 是 $y = y(x)$ 在区间 $[x_1, x_2]$ 上的**变分**, $z(x) = \eta(x) - y(x)$ 为**允许函数.** 至于允许函数是否另有光滑性的要求, 视具体问题而定.

函数变分概念的引入, 使 Lagrange 得到了一个与 (1.17) 等价的必要条件

$$f_y - \frac{d}{dx}f_{y'} = 0. \tag{1.18}$$

实际上, 从极值问题导出 Euler 方程, 仅是变分方法的第一步. 之后的方程求解, 和判定解是否为极值, 也是变分法中的内容. 因此对极值问题 (1.14), 即最速降线问题而言, 还有一个求解的过程.

令

$$L(x, y, y') = \sqrt{\frac{1 + y'^2(x)}{2gy(x)}},$$

由 Euler 方程及曲线所应满足的端点条件得到微分方程边值问题

$$\begin{cases} \dfrac{d}{dx}\dfrac{\partial}{\partial y'}\left(\dfrac{\sqrt{1+y'^2}}{\sqrt{y}}\right) - \dfrac{\partial}{\partial y}\left(\dfrac{\sqrt{1+y'^2}}{\sqrt{y}}\right) = 0, \\ y(0) = 0, \quad y(x_1) = y_1. \end{cases} \tag{1.19}$$

在 (1.19) 中微分方程是

$$\frac{d}{dx}\frac{\partial}{\partial y'}\left(\frac{\sqrt{1+y'^2}}{\sqrt{y}}\right) - \frac{\partial}{\partial y}\left(\frac{\sqrt{1+y'^2}}{\sqrt{y}}\right) = 0.$$

于是,

$$\begin{aligned} 0 &= y'\frac{d}{dx}\frac{\partial}{\partial y'}\left(\frac{\sqrt{1+y'^2}}{\sqrt{y}}\right) - y'\frac{\partial}{\partial y}\left(\frac{\sqrt{1+y'^2}}{\sqrt{y}}\right) \\ &= y'\frac{d}{dx}\frac{\partial}{\partial y'}\left(\frac{\sqrt{1+y'^2}}{\sqrt{y}}\right) + y''\frac{\partial}{\partial y'}\left(\frac{\sqrt{1+y'^2}}{\sqrt{y}}\right) \end{aligned}$$

$$
\begin{aligned}
&-y'\frac{\partial}{\partial y}\left(\frac{\sqrt{1+y'^2}}{\sqrt{y}}\right)-y''\frac{\partial}{\partial y'}\left(\frac{\sqrt{1+y'^2}}{\sqrt{y}}\right)\\
=&\frac{d}{dx}\left(y'\frac{\partial}{\partial y'}\left(\frac{\sqrt{1+y'^2}}{\sqrt{y}}\right)\right)-\frac{d}{dx}\left(\frac{\sqrt{1+y'^2}}{\sqrt{y}}\right)\\
=&\frac{d}{dx}\left(y'\frac{\partial}{\partial y'}\left(\frac{\sqrt{1+y'^2}}{\sqrt{y}}\right)-\left(\frac{\sqrt{1+y'^2}}{\sqrt{y}}\right)\right)\\
=&\frac{d}{dx}\left(\left(\frac{y'^2}{\sqrt{y}\sqrt{1+y'^2}}\right)-\left(\frac{\sqrt{1+y'^2}}{\sqrt{y}}\right)\right)\\
=&\frac{d}{dx}\left(\frac{-1}{\sqrt{y}\sqrt{1+y'^2}}\right).
\end{aligned}
$$

可知

$$y(1+y'^2)=c.$$

为进一步求解, 引进参数 φ, 即令 $y'=\cot\varphi, 0<\varphi<\pi$, 则

$$y=\frac{c}{1+\cot^2\varphi}=\frac{c}{\csc^2\varphi}=c\sin^2\varphi=\frac{1}{2}(1-\cos 2\varphi).$$

而且由

$$dx=\frac{dy}{y'}=\tan\varphi\cdot 2c\sin\varphi\cos\varphi d\varphi=2c\sin^2\varphi d\varphi=c(1-\cos 2\varphi)d\varphi,$$

得

$$
\begin{cases}
x=\dfrac{c}{2}(2\varphi-\sin 2\varphi)+a,\\
y=c(1-\cos 2\varphi).
\end{cases}
$$

记 $\theta=2\varphi$, 则 $\theta>0$,

$$
\begin{cases}
x=\dfrac{c}{2}(\theta-\sin\theta)+a,\\
y=\dfrac{c}{2}(1-\cos\theta).
\end{cases}
\tag{1.20}
$$

再考虑 (1.14) 中的边界条件对应于

$$x(0)=0,\quad y(0)=0;\quad x(\theta_1)=x_1,\quad y(\theta_1)=y_1.$$

于是有 $a=0$, 且

$$\frac{x_1}{y_1}=\frac{\theta_1-\sin\theta_1}{1-\cos\theta_1}=f(\theta_1).$$

$f(s)$ 在 $(0,2\pi)$ 上严格单调增, 且 $\lim_{s\to 0^+} f(s)=0$, $\lim_{s\to 2\pi^-} f(s)=+\infty$, 故可在 $(0,2\pi)$ 上解出唯一 θ_1 使上式成立. 由此唯一确定

$$c_1=\frac{2y_1}{1-\cos\theta_1},$$

代入 (1.20) 中, 得到唯一解

$$\begin{cases} x=\dfrac{c_1}{2}(\theta_1-\sin\theta_1), \\ y=\dfrac{c_1}{2}(1-\cos\theta_1). \end{cases}$$

此解在 x,y-平面上给出了一条摆线, 在最速降线问题中它就是实现用时最少的曲线形状.

Euler 和 Lagrange 之后, 变分法成为一个重要的数学分支, 在物理、力学、光学、信息论和经济学等众多领域中得到广泛应用. 最速降线问题也就成了变分法这一数学分支产生的标志之一.

1.3 变分法用于微分方程边值问题的研究

变分法来源于极值问题, 其最早的应用如例 1.1 所示. 此例也恰恰体现了通过变分将极值问题转变为微分方程边值问题进行求解的过程. 但在很多情况下, 由于非线性微分方程求解的复杂性和困难程度, 即使由极值问题得出了 Euler 方程, 也未必能得到解析解. 因此, 对泛函 $\Phi(y)$ 临界点的存在性作定性研究, 以确定相应微分方程的有解性, 反倒成了变分法的一个重要应用. 而且随着时间的推移, 变分法在微分方程边值问题的研究中, 越来越显示其重要作用.

因此, 利用变分法对微分方程边值问题有解性及多解性作定性研究, 可以认为是由极值问题所导出的变分理论的逆向应用. 其间, 如何寻求合适的泛函并确定泛函的临界点, 成为一个基本问题. 所以变分法用于讨论微分方程边值问题时, 必定涉及临界点理论的相关结果.

运用变分法研究微分方程有解性的工作始于 Henri Poincaré (1854—1912). 他用变分的方法研究了双自由度保守系统闭轨的存在性, 也讨论了测地线的存在性. 其后 G. D. Birkhoff 发展了极大极小理论, 推动了 Morse 理论和 Lüstelnik-Schnirelman 方法的产生. 其间遇到一个根本性的困难, 就是 $\Phi(y)$ 为不定泛函, 即泛函 $\Phi(y)$ 为上下无界的情况. 20 世纪后半叶, R. Palais, S. Smale, D. C. Clark, F. H. Clarke 和 P. H. Rabinowitz 等对极大极小方法和 Morse 理论作了推广. 这些推广给出了多种多样的临界点存在定理, 丰富了临界点理论的内涵, 也为运用变分法研究 Hamiltonian 系统周期解及相关微分方程边值问题解的存在性奠定了基

础. J. Mawhin 和 M. Willem 在 20 世纪 80 年代末出版的 *Critical Point Theory and Hamiltonian Systems* 一书就运用变分法对 Hamiltonian 系统周期解所作的研究作了总结. 正如该书序言中所说, 虽然作者旨在向熟悉常微分方程理论的学者推介临界点理论, 但是书中给出的变分方法在增加细节技巧的情况下, 可以直接用于偏微分方程.

除了对渐近线性 Hamiltonian 系统周期解的研究 ([86, 89, 90]) 外, 21 世纪以来, 相关学者开始运用变分法研究带 p-Laplace 算子的边值问题, 讨论解的存在性, 并给出多解性条件 ([132, 134]); 研究高阶微分方程的周期解, 探讨同宿轨的存在性 ([99, 130, 131]); 也研究了多点边值问题解的存在性, 给出了新的结果 ([8, 62, 63]); 更有研究脉冲微分方程的文献, 取得了显著的进展 ([117, 118, 137]). 尤其是在运用变分法研究时滞微分方程的周期轨道方面, 近年得到了一系列结果 ([41, 42, 50, 66, 67, 135, 138, 139]). 今后变分法还将在新出现的各类微分方程或微分系统中得到更多的应用.

本书旨在讨论变分法在常微分方程边值问题 (包括周期解问题) 中的应用, 并给出新的结论.

评注 1.1

给定一个微分方程边值问题, 用变分法讨论其有解性或多解性时, 第一步, 是依据方程的阶数和边界条件确定所给问题在怎样的函数空间 X 上展开讨论. 这个函数空间首先是线性空间, 其次需根据具体方程指定其光滑性, 定义空间上的范数. 这时实际上也就确定了其共轭空间 X^*.

一般而言, 线性空间可能有多种选取方式, 但以适合讨论为度. 空间 “小” 一些, 可以使讨论的方向更加明确, 从而排除一些不确定性. 至于其光滑性, 也是尽可能要求低一些为好, 以避免增加论证和计算的复杂性.

第二步, 也是十分关键的一步, 是构造一个可微实泛函 $\Phi : X \to \mathbb{R}$, 经过变分运算后它的临界点 $y_0 \in X$, 即满足

$$\Phi'(y_0) = 0$$

的点 y_0(相当于有限维空间中的**平衡点**), 恰好就是所讨论边值问题的解, 其中 $\Phi' : X \to X^*$ 为泛函 Φ 的导算子. 因此, 在构造泛函 Φ 之后, 不可或缺的工作是要证明临界点 y_0 是边值问题的解.

论证临界点与边值问题的关系时, 由泛函得出导算子表达式 $\Phi'(x)$ 后, 假设 y_0 是临界点, 一般不会直接显示其满足微分方程及边界条件, 需要根据泛函 Φ 在 y_0 的微分 $\langle \Phi'(y_0), h \rangle$, 利用分部积分才能得出 y_0 满足边值问题的结论.

第三步, 根据自行论证或利用已有的抽象临界点定理, 对所研究的边值问题给出合理的具体条件, 以保证可微泛函 $\Phi(y)$ 临界点的存在性或多重性.

第四步, 是从所给的具体条件出发, 验证抽象定理中的各项要求, 得出边值问题解的存在性和多重性, 并讨论解的其他性质. 由于在临界点的各种存在性定理中有着许多不同于讨论多元函数平衡点时所需的新的概念, 所以在验证抽象定理中的各项要求时, 必须了解所涉及概念的确切定义.

评注 1.2

作为研究边值问题的两种重要方法, 可以将拓扑度方法和变分方法作一简单比较.

拓扑度方法: 由方程和边界条件构造一个全连续算子 T, 使边值问题的解对应算子 T 的不动点, 然后根据给定条件论证不动点的存在性.

变分方法: 由方程和边界条件构造一个连续可微泛函 (外加下半连续要求或 (PS)-条件), 使边值问题的解对应于泛函的临界点, 然后根据给定条件论证临界点的存在性. 这里 (PS)-条件是 (Palais-Smale)-条件的简写.

其中变分法中的下半连续要求或 (PS)-要求, 相当于拓扑度方法中的全连续要求, 具有特殊的重要性.

评注 1.3

我们给一简单例子对上述评注作一说明.

例 1.2 设 $f\in C^0([0,T]\times\mathbb{R},\mathbb{R})$, $\overline{\lim\limits_{x\to-\infty}} f(t,x)\leqslant\alpha<0<\beta\leqslant \underline{\lim\limits_{x\to+\infty}} f(t,x)$, 并且存在 $a\in C^0(\mathbb{R}^+,\mathbb{R}^+)$ 满足 $|f(t,x)|\leqslant a(|x|)$. 现证边值问题

$$\left\{\begin{array}{l} x''=f(t,x),\\ x(0)=x(T)=0 \end{array}\right. \tag{1.21}$$

有解.

首先选取空间 $X=\{x\in H^1([0,T],\mathbb{R}):x(0)=x(T)=0\}$, 定义范数为

$$\|x\|=\sqrt{\langle x,x\rangle}=\sqrt{\int_0^T[x^2(t)+x'^2(t)]\,dt},$$

则 X 是自反的 Hilbert 空间. 在 X 上定义泛函

$$\Phi(x)=\int_0^T\left[\frac{1}{2}|x'(t)|^2+F(t,x(t))\right]dt, \tag{1.22}$$

其中 $F(t,x)=\int_0^x f(t,s)ds$. 记 $\Phi_1(x)=\int_0^T\frac{1}{2}|x'(t)|^2dt, \Phi_2(x)=\int_0^T F(t,x(t))dt$.

则由定理 1.6 知 (1.22) 所定义的泛函是连续可微的, 且其微分为

$$\langle \Phi'(x), h\rangle = \int_0^T [(x'(t), h'(t)) + (f(t, x(t)), h(t))]dt, \quad \forall h \in X. \tag{1.23}$$

再由 $\Phi_1(x)$ 下半连续且为凸泛函, 知它是弱下半连续的; 而 $\Phi_2(x)$ 中的积分在连续函数空间上进行, 由控制收敛定理, 它是连续的, 从而是弱连续的. 作为两者之和, 易得泛函 $\Phi(x)$ 是弱下半连续的.

由 (1.23), 如果 x_0 是泛函 Φ 的临界点, 即对任一 $h \in X$, 有 $\langle \Phi'(x_0), h\rangle = 0$, 则由

$$\begin{aligned} 0 &= \int_0^T [(x_0'(t), h'(t)) + (f(t, x_0(t)), h(t))]dt \\ &= \int_0^T (-x_0''(t) + f(t, x_0(t)), h(t))dt \end{aligned}$$

可知 $x_0(t)$ 满足方程 $x'' = f(t, x)$. 至于问题 (1.21) 中的边界条件, 由于 $x_0 \in X$, 自然得到满足.

这样边值问题的有解性, 就归结为泛函 Φ 临界点的存在性. 根据定理 1.5, 我们只需证明 Φ 有有界的最小化点列即可.

由于对 $f(t, x)$ 所设定的条件, 记 $\delta = \frac{1}{2}\min\{|\alpha|, \beta\} > 0$, 则存在 $M > 0$ 使

$$F(t, x) > \delta |x|^2 - M.$$

此时,

$$\Phi(x_n) > \frac{1}{2}\int_0^T |x_n'(t)|^2 dt + \delta \int_0^T |x_n(t)|^2 dt - MT. \tag{1.24}$$

对最小化点列 $\{x_n\} \subset X$, 如果 $\|x_n\| \to \infty$, 则

$$\int_0^T |x_n'(t)|^2 dt \to \infty, \quad \int_0^T |x_n(t)|^2 dt \to \infty$$

至少有一个成立. 这时由 (1.24) 得 $\Phi(x_n) \to \infty$. 显然, 最小化点列必定是有界的. 至此, 知边值问题 (1.21) 有解.

第 2 章 临界点存在定理和指标理论

运用变分法定性地研究常微分方程边值问题解的存在性、多解性时, 需依据临界点存在与多重性定理. 因此我们将对现有相关的临界点存在定理及指标理论进行梳理和介绍, 并在此基础上给出适合新问题的指标理论.

2.1 临界点存在定理

2.1.1 (PS)-条件与极大极小原理

水平集的概念、(PS)-条件以及由此得到的极大极小原理在临界点存在定理中有着特殊重要的意义. (PS)-条件是 (Palais-Smale)-条件的简写.

定义 2.1 设 $\Phi \in C^1(X, \mathbb{R})$ 是 Banach 空间 X 上的可微泛函,

$\Phi^c = \{x \in X : \Phi(x) \leqslant c\}$ 称为泛函 Φ 的一个**水平集**,

$K_c = \{x \in X : \Phi(x) = c, \Phi'(x) = 0\}$ 则是临界值为 c 的**临界点集**,

$K = \{x \in X : \Phi'(x) = 0\}$ 是 X 中的**临界点集**, $\hat{X} = X \backslash K$ 是 X 中的**正则点集**,

$F = \{x \in X : T_g x = x, \forall g \in G\}$ 是 X 中的 T_g 不变点集, 其中 G 是紧 Lie 群, $T_g : X \to X$ 是群 G 中的元素 g 对应的连续映射.

定义 2.2 设 X 是 Banach 空间, $\Phi : X \to \mathbb{R}$ 是可微泛函, 如果任一序列 $\{x_n\} \subset X$ 当 $\Phi(x_n)$ 有界且 $\Phi'(x_n) \to 0$ 时, 即能保证 $\{x_n\}$ 有收敛的子列, 就说泛函 Φ 满足 (PS)-**条件**.

这里所说收敛是按范数收敛, 即强收敛.

比 (PS)-条件略弱的是 $(\mathrm{PS})_c$-条件和 $(\mathrm{PS})^*$-条件.

定义 2.3 设 X 是 Banach 空间, $\Phi : X \to \mathbb{R}$ 是可微泛函, 如果任何一个点列 $\{x_n\} \subset X$ 当 $\Phi(x_n) = c$ 且 $\Phi'(x_n) \to 0$ 时, 即能保证 $\{x_n\}$ 有收敛的子列, 就说泛函 Φ 满足 $(\mathrm{PS})_c$-**条件**.

定义 2.4 设 X 是 Banach 空间, $\Phi : X \to \mathbb{R}$ 是可微泛函, $(a, b) \subset \mathbb{R}$ 为开区间, 如果

(1) 对每个 $[c, d] \subset (a, b)$, 任意有界点列 $\{x_n\} \subset \Phi^{-1}([c, d])$ 当 $\Phi'(x_n) \to 0$ 时都有收敛子列;

(2) 对每一个 $c \in (a, b)$ 都有 $\sigma, R, \alpha > 0$, 使 $[c - \sigma, c + \sigma] \subset (a, b)$, 并且对满足 $\Phi^{-1}(x) \subset [c - \sigma, c + \sigma]$ 及 $\|x\| \geqslant R$ 的所有点 x 都成立

$$\|\Phi'(x)\|(1+h(\|x\|)) \geqslant \alpha,$$

其中 $h \in C^0(\mathbb{R}^+, \mathbb{R}^+)$ 满足

$$\int_0^{+\infty} \frac{1}{1+h(s)} ds = +\infty, \tag{2.1}$$

就说泛函 Φ 在 $\Phi^{-1}(a,b)$ 上满足 (PS)*-**条件.**

根据以上定义, 如果 Φ 满足 (PS)-条件, 则当序列 $\{x_n\} \subset X$ 使 $\Phi(x_n)$ 有界且有 $\Phi'(x_n) \to 0$ 时, 即能保证收敛子列 $\{x_{n_k}\}$ 的收敛点 x_0 满足 $\Phi'(x_0) = 0$, 因而 x_0 是泛函 Φ 的临界点; 这时如果有点列 $\{x_n\} \subset X$ 满足 $\Phi(x_n) \to c$, 且 $\Phi'(x_n) \to 0$, 则 Φ 有临界点 x_0, 且 $\Phi(x_0) = c$, 即 c 是泛函 Φ 的一个临界值. 由此不难看出, 如果泛函 Φ 满足 (PS)-条件, 则对任何 $c \in \mathbb{R}$, Φ 满足 $(\mathrm{PS})_c$-条件.

同时也可以看到, (PS)-条件也强于 (PS)*-条件, 即有以下命题.

命题 2.1 设 Banach 空间 X 上的可微泛函 $\Phi(x)$ 满足 (PS)-条件, 则对任何区间 $(a,b) \subset \mathbb{R}$, $\Phi(x)$ 在 $\Phi^{-1}(a,b)$ 上满足 (PS)*-条件.

证明 设泛函 $\Phi(x)$ 满足 (PS)-条件, 则 (PS)*-条件中的 (1) 自然成立. 现考察 (2).

用反证法, 设 (2) 不成立, 则对正数集 $\{\sigma_n, R_n, \alpha_n\}$,

$$\sigma_n > \sigma_{n+1}, \quad R_n < R_{n+1}, \quad \alpha_n > \alpha_{n+1}, \quad \sigma_n \to 0, \quad R_n \to \infty, \quad \alpha_n \to 0,$$

总有点列 $\{x_n\} \subset \Phi^{-1}([c-\sigma, c+\sigma]) \subset \Phi^{-1}(a,b)$ 满足 $x_n \in \Phi^{-1}([c-\sigma_n, c+\sigma_n])$, 且 $\|x_n\| > R_n$ 及

$$\|\Phi'(x_n)\|(1+h(\|x_n\|)) < \alpha_n,$$

于是可得 $\Phi'(x_n) \to 0$, 由 (PS)-条件可知, $\{x_n\}$ 有收敛子列, 但 $\|x_n\| > R_n$ 可知 $\|x_n\| \to +\infty$, 这与存在收敛子列的结果矛盾. 故在 (PS)-条件下, 前提 (2) 必然成立. 命题得证.

从 (PS)-条件易得如下结论.

命题 2.2 设泛函 $\Phi(x)$ 在 Banach 空间 X 上满足 (PS)-条件, 则对任一临界值 $c \in \mathbb{R}$, 临界集 K_c 为紧集.

证明 设 $\{x_n\} \subset K_c$, 则 $\Phi(x_n) = c, \Phi'(x_n) = 0$. 由 (PS)-条件成立, 故 $\{x_n\}$ 中有收敛子列 $\{x_{n_k}\} \subset \{x_n\}$, 使 $x_{n_k} \to x_0 \in K_c$. 命题得证.

由 (PS)*-条件和伪梯度向量场的概念可得到十分关键的**形变引理**.

伪梯度向量场

定义 2.5 设 X 是一个 Banach 空间, K 是可微泛函 Φ 在 X 中的临界点集, 则 $\hat{X} = X \backslash K$ 为泛函 Φ 的正则点集, $\Phi'(x) \in X^*$ 是泛函 Φ 在点 x 的导算子. 假定向量场 $V: \hat{X} \to X$ 是局部 Lipschitz 的, 且满足

(1) $\|V(x)\| \leqslant 2\|\Phi'(x)\|$,

(2) $\langle\Phi'(x), V(x)\rangle \geqslant \|\Phi'(x)\|^2$,

就说 $V(x)$ 是 $\hat{X}$ 上关于泛函 $\Phi(x)$ 的一个**伪梯度向量场**.

下面证明伪梯度向量场的存在性. 为此需要下列定义.

定义 2.6　设 X 是一个度量空间, 如果对任何一个开覆盖存在邻域有限的加细覆盖, 即对任一开集族 $\{U_\lambda : \lambda \in \Lambda\}$, $X \subset \sum\limits_{\lambda\in\Lambda} U_\lambda$, 存在另一开集族

$$\{V_j : j \in J\}, \quad X \subset \sum_{j\in J} V_j,$$

对每个 V_j, 有相应的 U_λ, 使 $V_j \subset U_\lambda$, 且 V_j 只和 $\{U_\lambda : \lambda \in \Lambda\}$ 中有限个相交, 则称 X 是一个**仿紧空间**.

A. H. Stone[127] 证明了以下命题.

命题 2.3　度量空间是仿紧的.

在此基础上可证明以下命题.

命题 2.4　设 X 是一个 Banach 空间, $\Phi \in C^1(X, \mathbb{R})$, K 是可微泛函 Φ 在 X 上的临界点集, $\hat{X} = X \backslash K$ 为泛函 Φ 的正则点集, 则存在 $\hat{X}$ 上关于泛函 $\Phi(x)$ 的**伪梯度向量场** $V(x)$.

当 $\Phi(x)$ 为偶泛函时, 伪梯度向量场 $V(x)$ 可以满足奇向量场的要求, 即满足

$$V(-x) = -V(x).$$

并且对向量场 $\eta(x) = \dfrac{V(x)}{\|\Phi'(x)\|^2}$, 同样满足

$$\eta(-x) = -\eta(x). \tag{2.2}$$

证明　任取 $y \in \hat{X}$, 则 $\Phi'(y) \neq 0$, 故有 $w \in X, \|w\| = 1$, 使

$$\langle\Phi'(y), w\rangle > \frac{2}{3}\|\Phi'(y)\|.$$

取

$$v = \frac{3}{2}\|\Phi'(y)\|w, \tag{2.3}$$

则有

$$\|v\| < 2\|\Phi'(y)\|, \quad \langle\Phi'(y), v\rangle > \|\Phi'(y)\|^2.$$

由于 $\Phi'(y)$ 连续, 对每个 $y\in\hat{X}$ 及如上取定的 v, 都有邻域 $N(y)\subset\hat{X}$ 使 $x\in N(y)$, 有

$$\|v\|<2\|\Phi'(x)\|,\quad \langle\Phi'(x),v\rangle>\|\Phi'(x)\|^2.$$

由于 $\hat{X}$ 作为一个度量空间是仿紧的, 所以对其开覆盖 $\{N(y):y\in\hat{X}\}$ 有邻域有限的加细覆盖 $\{N_\alpha:\alpha\in\Lambda\}$.

$\forall x\in\hat{X}$, 记 $\rho_\alpha(x)=\mathrm{dist}(x,\hat{X}\backslash N_\alpha)$. 显然, 仅当 $x\in N_\alpha$ 时方有 $\rho_\alpha(x)>0$, 故和式 $\sum\limits_{\alpha\in\Lambda}\rho_\alpha(x)$ 中, 有且仅有有限多项不为零. 由此可得 $0<\sum\limits_{\alpha\in\Lambda}\rho_\alpha(x)<\infty$. 令

$$\hat{\rho}_\alpha(x)=\frac{\rho_\alpha(x)}{\sum\limits_{\alpha\in\Lambda}\rho_\alpha(x)}>0$$

及

$$V(x)=\sum_{\alpha\in\Lambda}\hat{\rho}_\alpha(x)v_\alpha,\quad x\in\hat{X},$$

其中 v_α 是开集 $N_\alpha\subset N(y)$ 时, 按 (2.3) 所取的向量 v. 这时,

$$\|V(x)\|\leqslant\sum_{\alpha\in\Lambda}\hat{\rho}_\alpha(x)\|v_\alpha\|\leqslant\sum_{\alpha\in\Lambda}\hat{\rho}_\alpha(x)\cdot2\|\Phi'(x)\|=2\|\Phi'(x)\|,$$
$$\langle\Phi'(x),V(x)\rangle=\sum_{\alpha\in\Lambda}\hat{\rho}_\alpha(x)\left\langle\Phi'(x),v_\alpha\right\rangle\geqslant\|\Phi'(x)\|^2.$$

故 $V(x)$ 是一个伪梯度向量场.

设 $\Phi(x)$ 为偶泛函, 这时临界点集 K 关于原点对称, 从而 $\hat{X}=X\backslash K$ 关于原点对称, 且这时 $O\in K$, 所以 $O\notin\hat{X}$. 对于点对 $y,-y\in\hat{X}$ 的邻域 $N(y),N(-y)$, 我们不妨设

$$N(-y)=\{-x:x\in N(y)\}.$$

若不然, 可先用 $\tilde{N}(-y)=N(-y)\cap\{-x:x\in N(y)\}$ 代替 $N(-y)$, 再用

$$\tilde{N}(y)=N(y)\cap\{-x:x\in\tilde{N}(-y)\}$$

代替 $N(y)$ 即可. 由于 $O\notin\hat{X}$, 我们还可以假设

$$\max\{\rho(x,y)=\|x-y\|:x\in N(y)\}<\|y\|.$$

如果上式不成立, 进一步用 $N(y)\cap\mathrm{int}B_{\frac{\|y\|}{2}}(y)$ 代替 $N(y)$, 即可满足要求. 这样就有

$$N(y)\cap N(-y)=\varnothing.\tag{2.4}$$

这时 $\{N(y): y \in \hat{X}\}$ 是一个 $\hat{X}$ 上的一个开覆盖, 由于 $\hat{X}$ 是仿紧的, 所以在其上有一个邻域有限的子覆盖 $\{N_\alpha : \alpha \in \Lambda\}$. 在这个子覆盖中, 对 $\alpha' \in \Lambda$, 记

$$N_{\alpha'} = \{-x : x \in N_\alpha\}.$$

$$\rho_\alpha(x) = \min\{\|x-y\| : y \in X \backslash N_\alpha\}.$$

这时成立

$$\alpha \in \Lambda \Leftrightarrow \alpha' \in \Lambda, \quad \rho_\alpha(x) = \rho_{\alpha'}(-x).$$

且由 (2.4) 可得 $N_\alpha \cap N_{\alpha'} = \varnothing$. 对 N_α 取相应向量 v_α, 对 $N_{\alpha'}$ 则取相应向量为

$$v_{\alpha'} = -v_\alpha.$$

令

$$V(x) = \frac{1}{\sum\limits_{\alpha\in\Lambda} \rho_\alpha(x)} \sum_{\alpha\in\Lambda} \rho_\alpha(x) v_\alpha,$$

则有

$$V(x) = \frac{1}{\sum\limits_{\alpha\in\Lambda} \rho_\alpha(x)} \sum_{\alpha\in\Lambda} \rho_\alpha(x) v_\alpha = \frac{1}{\sum\limits_{\alpha'\in\Lambda} \rho_{\alpha'}(x)} \sum_{\alpha'\in\Lambda} \rho_{\alpha'}(x) v_{\alpha'}.$$

任给 $x \in \hat{X}$, 记 $\Lambda_x = \{\alpha \in \Lambda : \rho_\alpha(x) > 0\}$, 则

$$\Lambda_{-x} = \{\alpha' \in \Lambda : \rho_{\alpha'}(-x) > 0\} = \{\alpha \in \Lambda : \rho_\alpha(x) > 0\} = \Lambda_x.$$

并由此得到

$$\begin{aligned}
V(-x) &= \frac{1}{\sum\limits_{\alpha\in\Lambda} \rho_\alpha(-x)} \sum_{\alpha\in\Lambda} \rho_\alpha(-x) v_\alpha \\
&= \frac{1}{\sum\limits_{\alpha\in\Lambda_x} \rho_\alpha(-x)} \sum_{\alpha\in\Lambda_{-x}} \rho_\alpha(-x) v_\alpha \\
&= \frac{1}{\sum\limits_{\alpha'\in\Lambda_x} \rho_{\alpha'}(x)} \sum_{\alpha'\in\Lambda_x} \rho_{\alpha'}(x) v_\alpha \\
&= -\frac{1}{\sum\limits_{\alpha'\in\Lambda_x} \rho_{\alpha'}(x)} \sum_{\alpha'\in\Lambda_x} \rho_{\alpha'}(x) v_{\alpha'} \\
&= -\frac{1}{\sum\limits_{\alpha\in\Lambda_x} \rho_\alpha(x)} \sum_{\alpha\in\Lambda_x} \rho_\alpha(x) v_\alpha \quad (\text{在 } \Lambda_x \text{中参数 } \alpha' \text{ 直接用 } \alpha \text{ 代替})
\end{aligned}$$

$$= -V(x).$$

故向量场 $V(x)$ 是奇向量场.

对偶泛函 $\Phi(x)$, 由 $\Phi'(-x) = -\Phi'(x)$, 得 $\|\Phi'(-x)\| = \|\Phi'(x)\|$, 即可知 (2.2) 成立.

在可微泛函 $\Phi(x)$ 满足 (PS)*-条件的情况下, 以下是依据伪梯度向量场的存在性得出的**形变引理**.

用 N 表示临界点集合 K 的一个邻域. 对 $r>0$, 记 $N_r=\{x \in X : \rho(x,K) < r\}$.

引理 2.1 设 X 为 Banach 空间, $\Phi \in C^1(X,\mathbb{R})$ 为可微泛函, 在 $\Phi^{-1}(a,b)$ 上满足 (PS)*-条件, 则对 $\forall c \in (a,b), \forall \varepsilon^* < \min\{c-a, b-c\}$, 存在 $\bar{\varepsilon} \in (0,\varepsilon^*]$ 及同胚映射 $\eta: X \to X$, 对任取 $\varepsilon \in (0,\bar{\varepsilon})$ 有

(1) $\eta(\Phi^{c+\varepsilon}\backslash N) \subset \Phi^{c-\varepsilon}$,

(2) $K_c = \varnothing \Rightarrow \eta(\Phi^{c+\varepsilon}) \subset \Phi^{c-\varepsilon}$,

(3) $x \notin \Phi^{-1}[c-\bar{\varepsilon}, c+\bar{\varepsilon}] \Rightarrow \eta(x) = x$.

此外, 如果 Φ 是偶泛函, 则同胚映射 $\eta: X \to X$ 可以是奇映射.

除 η 是奇映射的证明外, 此引理的证明可参见文献 [1]. 为完整起见, 我们给出全部证明.

证明 虽然引理中限定了 K 的邻域为 N, 由于 K 为紧集, 对它的任意邻域 N 都存在某个 $N_\delta \subset N$, 所以如果 (1) 对邻域 N_δ 成立, 对一般的邻域 N 自然成立. 同时由于 K 为紧集, 故对 $\forall x \in N_\delta$ 可设 $\|x\| \leqslant R_0$.

由于 $\Phi(x)$ 满足 (PS)*-条件, 设存在 $R > R_0$ 及 $\sigma, \alpha > 0$ 使 $x \in \Phi^{-1}[c-\sigma, c+\sigma]$ 且 $\|x\| \geqslant R$ 时有

$$\|\Phi'(x)\|(1 + h(\|x\|)) \geqslant \alpha, \tag{2.5}$$

其中 $h(s)$ 满足 $\displaystyle\int_0^\infty \frac{1}{1+h(s)} ds = \infty, h(s) \geqslant 0$. 而当 $x \in \Phi^{-1}[c-\sigma, c+\sigma]\backslash N_{\delta/8}$ 且 $\|x\| \leqslant R$ 时有

$$\|\Phi'(x)\| \geqslant \alpha. \tag{2.6}$$

显然结论 (2) 包含于结论 (1).

证明 (1) 的思路是建立一个自治向量场, 保证依据向量场给出的常微分方程满足解的存在唯一性, 且初始时刻从相空间区域 $\Phi^{-1}[c-\varepsilon, c+\varepsilon]\backslash N_{\delta/8}(K)$ 出发的轨线都能在一定时间后进入到水平集 $\Phi^{c-\varepsilon}$ 中. 结论 (3) 的证明则要求常微分方程系统对初始时刻从相空间中区域 $\Phi^{-1}[c-\bar{\varepsilon}, c+\bar{\varepsilon}]$ 之外出发的解和从 $N_{\delta/8}(K) \cap \Phi^{-1}[c-\bar{\varepsilon}, c+\bar{\varepsilon}]$ 中出发的解都是定常解. 此时由常微分方程解的存在唯一性及解

对初值的连续依赖性, 即可得映射 $\eta: X \to X$ 为同胚映射. 这里还需满足

$$\Phi(\eta(x)) \leqslant \Phi(x),$$

即在对空间中的点用 η 作同胚变换后, 要求泛函 Φ 的值只减不增.

为此, 取正数 $\bar{\varepsilon} > \varepsilon > 0, \bar{\varepsilon} \leqslant \min\left\{\sigma, \dfrac{\delta\alpha}{8}, \varepsilon^*\right\}$ 和局部 Lipschitz 函数 $\lambda: X \to [0,1]$, 满足

$$\lambda(x) = \begin{cases} 0, & x \in (X \backslash \Phi^{-1}[c-\bar{\varepsilon}, c+\bar{\varepsilon}]) \cup N_{\delta/8}, \\ 1, & x \in \Phi^{-1}[c-\varepsilon, c+\varepsilon] \backslash N_{\delta/4}. \end{cases}$$

记

$$G(x) = \begin{cases} \dfrac{V(x)}{\|\Phi'(x)\|^2}, & x \in \hat{X}, \\ 0, & x \in K. \end{cases}$$

$G(\cdot)$ 分别在 $\hat{X}$ 上和 K 上满足局部 Lipschitz 条件, 取算子族 $\eta(s, \cdot): X \to X, s \in \mathbb{R}^+$, 要求满足常微分方程初值问题

$$\begin{cases} \dfrac{d\eta(s,x)}{ds} = -\lambda(\eta(s,x))G(\eta(s,x)), \\ \eta(0,x) = x, \end{cases} \tag{2.7}$$

由于算子 $G(\cdot)$ 在 $\hat{X} \cup \operatorname{int} K$ 上是局部 Lipschitz 的, $\lambda(\cdot)$ 在 X 上也是局部 Lipschitz 的. 故 $(\lambda \cdot G)(\cdot)$ 在 $\hat{X} \cup \operatorname{int} K$ 上为局部 Lipschitz 的. $(\lambda \cdot G)(\cdot)$ 只可能在 ∂K 上不满足局部 Lipschitz 条件. 注意到

$$x \in (X \backslash \Phi^{-1}[c-\bar{\varepsilon}, c+\bar{\varepsilon}]) \cup N_{\delta/8}\ \text{时}, (\lambda \cdot G)(x) = 0,$$

可知 $(\lambda \cdot G)(\cdot)$ 在 $\partial K \cap (X \backslash \Phi^{-1}[c-\bar{\varepsilon}, c+\bar{\varepsilon}]) \cup N_{\delta/8}$ 上也是局部 Lipschitz 的, 故 $(\lambda \cdot G)(\cdot)$ 在整个 X 上满足局部 Lipschitz 条件. 由此得, 对 $\forall x \in X$ 常微分方程边值问题 (2.7) 满足解的存在唯一性要求. 且当 $x \in (X \backslash \Phi^{-1}[c-\bar{\varepsilon}, c+\bar{\varepsilon}]) \cup N_{\delta/8}$ 时, 恒有 $\eta(s,x) = x$.

不仅如此, 由 (2.5) 和 (2.6) 可知, 当 $\eta \in \Phi^{-1}[c-\bar{\varepsilon}, c+\bar{\varepsilon}] \backslash N_{\delta/8}$ 时, 有

$$\|\Phi'(\eta)\|(1 + h(\|\eta\|)) \geqslant \alpha,$$

即

$$\|\Phi'(\eta)\| \geqslant \frac{\alpha}{1 + h(\|\eta\|)}.$$

此时 (2.7) 中微分系统右方满足

$$\|\lambda(\eta(s,x))G(\eta(s,x))\| \leqslant \frac{2}{\|\Phi'(\eta)\|} \leqslant \frac{2}{\alpha}(1+h(\|\eta\|)). \tag{2.8}$$

显然当 $\eta \notin (\Phi^{-1}[c-\bar{\varepsilon}, c+\bar{\varepsilon}]\backslash N_{\delta/8})$ 时 (2.8) 自然成立. 根据常微分方程理论, 初值问题 (2.7) 的解可延拓至 $+\infty$. 结合初值问题解的唯一性, 可知对 $\forall s \geqslant 0$,

$$\eta(s,\cdot): X \to X$$

为同胚映射. 与此同时, 由

$$\begin{aligned}
&\frac{d\Phi(\eta(s,x))}{ds}\\
=&(\Phi'(\eta(s,x)), \lambda(\eta(s,x))G(\eta(s,x)))\\
=&-\lambda(\eta(s,x))\left(\Phi'(\eta(s,x)), \frac{V(\eta(s,x))}{|\Phi'(\eta(s,x))|^2}\right)\\
\leqslant&-\lambda(\eta(s,x))
\end{aligned}$$

知 $x \in X$ 时, $\eta(\cdot,x)$ 对 $s \geqslant 0$ 是单调下降的, 从而恒有 $\Phi(\eta(s,x)) \leqslant \Phi(\eta(0,x))$.

以下需证明存在 $\hat{s} > 0$, 对 $x \in \Phi^{-1}[c-\varepsilon, c+\varepsilon]\backslash N_\delta$ 有 $\eta(s,x) \in \Phi^{c-\varepsilon}$.

先证 $\forall x \in \Phi^{-1}[c-\varepsilon, c+\varepsilon]\backslash N_\delta$ 时, 有 $\eta(2\varepsilon, x) \in \Phi^{c-\varepsilon} \cup N_{\delta/2}$.

设若不然, 有 $x \in \Phi^{-1}[c-\varepsilon, c+\varepsilon]\backslash N_\delta$, 使 $\eta(2\varepsilon, x) \notin \Phi^{c-\varepsilon} \cup N_{\delta/2}$. 于是,

$$\begin{aligned}
2\varepsilon &> \Phi(\eta(0,x)) - \Phi(\eta(2\varepsilon,x))\\
&= -\int_0^{2\varepsilon} \frac{d}{ds}\Phi(\eta(s,x))ds\\
&\geqslant \int_0^{2\varepsilon} \lambda(\eta(s,x))ds\\
&= 2\varepsilon.
\end{aligned}$$

得出矛盾. 由此知, 对 $\forall x \in \Phi^{-1}[c-\varepsilon, c+\varepsilon]\backslash N_\delta$, 总有时刻 $s_x \leqslant 2\varepsilon$, 使

$$\eta(s_x, x) \in \Phi^{c-\varepsilon} \cup N_{\delta/2}.$$

然后证上述 s_x 满足 $\Phi(\eta(s_x,x)) \leqslant c-\varepsilon$. 还是用反证法, 设有某个

$$x = \eta(0,x) \in \Phi^{-1}[c-\varepsilon, c+\varepsilon]$$

使 $\eta(s_x,x) \in N_{\delta/2}$, 但 $\Phi(\eta(s_x,x)) > c-\varepsilon$. 这时有 $s_0, s_1 \in [0, s_x], s_0 < s_1$, 使

$$\eta(s_0,x) \in \partial N_\delta, \quad \eta(s_1,x) \in \partial N_{\delta/2}, \quad \eta(s,x) \in \operatorname{int}(N_\delta \backslash N_{\delta/2}), \quad s_0 < s < s_1.$$

于是,

$$\begin{aligned}\frac{\delta}{2} &\leqslant \|\eta(s_0,x)-\eta(s_1,x)\| \\ &= \left\|\int_{s_0}^{s_1}\frac{d\eta(s,x)}{ds}ds\right\| \\ &\leqslant \int_{s_0}^{s_1}\|\lambda(\eta(s,x))\|\cdot\frac{\|V(\eta(s,x))\|}{\|\Phi'(\eta(s,x))\|^2}ds \\ &\leqslant 2\int_{s_0}^{s_1}\frac{ds}{\|\Phi'(\eta(s,x))\|}.\end{aligned}$$

根据 (2.6) 可得

$$\frac{\delta}{2}\leqslant\frac{2(s_1-s_0)}{\alpha}\leqslant\frac{4\varepsilon}{\alpha},\quad 即\ \varepsilon\geqslant\frac{\alpha\delta}{8}.$$

这和 $\varepsilon<\dfrac{\alpha\delta}{8}$ 矛盾. 于是令 $\eta(x)=\eta(2\varepsilon,x)$, 则引理中的结论 (1) 和 (3) 得证. 由于结论 (2) 含于结论 (1) 中, 形变引理成立.

当 Φ 是偶泛函时, 要证同胚映射 $\eta: X\to X$ 是奇映射, 需证 η 满足

$$\eta(s,-x)=-\eta(s,x),\quad s\geqslant 0.$$

根据命题 2.4, 在 Φ 是偶泛函时可要求伪梯度向量场 $V(x)$ 是奇向量场, 即满足 $V(-x)=-V(x)$, 由此得 $G(-x)=-G(x)$. 并且此时由 Φ 的偶泛函性质知, $\lambda(-x)=\lambda(x)$. 于是集合 $\lambda(\cdot)G(\cdot)$ 是奇函数. 当任取 $x,-x\in X$, 可得到方程 (2.7) 分别满足 $\eta(0,x)=x$, $\eta(0,-x)=-x$ 的解 $\eta(s,x),\eta(s,-x)$. 代入验证, 知 $-\eta(s,x)$ 也是方程 (2.7) 满足初值 $\eta(0,-x)=-x$ 的解. 再由方程 (2.7) 初值问题解的唯一性, 即得 $\eta(s,-x)=-\eta(s,x)$. 由此知, 对 $s>0$, $\eta(s,\cdot): X\to X$ 是奇同胚映射.

由**形变引理**, 可推导出**极大极小原理**.

引理 2.2 (极大极小原理) 设 X 为 Banach 空间, Σ 是 X 的子集族, $\Phi\in C^1(X,\mathbb{R})$. 又设

$$c=\inf_{A\in\Sigma}\sup_{x\in A}\Phi(x)$$

为有限数. 如果

(1) 存在 $\varepsilon_0>0$, 对于任何满足 $\eta|_{\Phi^{c-\varepsilon_0}}=\mathrm{id}|_{\Phi^{c-\varepsilon_0}}$ 的连续映射 $\eta\in C^0(X,X)$ 及任何 $A\in\Sigma$, 有 $\eta(A)\in\Sigma$,

(2) Φ 在 $\Phi^{-1}(c-\varepsilon_0,c+\varepsilon_0)$ 上满足 (PS)*-条件,

则 c 是泛函 $\Phi(x)$ 的临界值.

证明 设若不然, c 不是临界值, 则有 $\bar\varepsilon\in(0,\varepsilon_0),\varepsilon\in(0,\bar\varepsilon)$, 以及连续映射 $\eta: X\to X$, 使

$$\eta(\Phi^{c+\varepsilon})\subset\Phi^{c-\varepsilon},\quad \eta|_{\Phi^{c-\bar\varepsilon}}=\mathrm{id}|_{\Phi^{c-\bar\varepsilon}}. \tag{2.9}$$

由 c 的定义可知, 存在 $A \in \Sigma$ 使 $c \leqslant \sup\limits_{x\in A}\Phi(x) \leqslant c+\varepsilon$, 即 $A \subset \Phi^{c+\varepsilon}$. 根据条件 (1) 得 $\eta(A) \in \Sigma$, 由 (2.9) 则有 $\eta(A) \in \Phi^{c-\varepsilon}$. 于是,

$$\inf_{A\in\Sigma}\sup_{x\in A}\Phi(x) \leqslant c-\varepsilon,$$

与引理条件矛盾. 引理得证.

2.1.2 极值点的存在性

在第 1 章中, 定理 1.5 就是一个极值点存在定理. 该定理中要求赋范线性空间 X 是自反的 Banach 空间, 泛函 Φ 是弱下半连续的. 满足这两方面要求之后, 还需要存在一个有界的最小化点列. 因此, 如果能给出保证最小化点列存在的具体要求, 就可以得到条件更为明确的极值点存在定理.

下面就两个特定形式的泛函分别给出临界点的存在定理. 其中第一个泛函可根据定理 1.5 直接给出极值点的存在条件, 第二个则需要作 Clarke 对偶变换, 先就变换后的泛函论证其极值点的存在性, 再由变换后的泛函与原泛函之间的对应关系得出原泛函的临界点.

设

$$\Phi(x) = \int_0^T \left[\frac{1}{2}|x'(t)|^2 + F(t,x(t))\right]dt \tag{2.10}$$

是定义在 Hilbert 空间 H_T^1 上的实泛函, 其中

$$F \in C^1(\mathbb{R}\times\mathbb{R}^N,\mathbb{R}), \quad (t,x)\mapsto F(t,x), \quad F(t+T,x)=F(t,x),$$

对 a.e. $t\in[0,T]$, 关于 x 连续可微, 对所有的 x 关于 t 可测, 且 F 关于 x 是凸的, 存在 $a\in C(\mathbb{R}^+,\mathbb{R}^+), b\in L^1([0,T],\mathbb{R}^+)$, 满足

$$|F(t,x)| \leqslant a(|x|)b(t), \quad |\nabla F(t,x)| \leqslant a(|x|)b(t). \tag{2.11}$$

定理 2.1 ([112], Theorem 1.5) 设 (2.10) 给出的实泛函 Φ 满足条件 (2.11), 且

$$\int_0^T F(t,a)dt \to +\infty, \quad |a|\to\infty, a\in\mathbb{R}^N, \tag{2.12}$$

则 Φ 在 H_T^1 上有极小值点.

证明 Hilbert 空间 H_T^1 是自反的. 定理 1.6 的条件由 (2.11) 保证, 故泛函 Φ 可微. 又因 $\Phi_1(x) = \dfrac{1}{2}\displaystyle\int_0^T |x'(t)|^2dt$ 是凸泛函, $\Phi_2(x) = \displaystyle\int_0^T F(t,x(t))dt$ 是弱下半连续的, 所以 $\Phi=\Phi_1+\Phi_2$ 是弱下半连续的. 同时由定理条件可设 $\displaystyle\int_0^T F(t,x)dt$

在 $x_0 \in \mathbb{R}^N$ 取得极小值 m. 于是 $\varphi(x) = \int_0^T F(t,x)dt$ 作为 $\mathbb{R}^N$ 上的可微函数, 在点 x_0 上

$$\varphi'(x_0) = \int_0^T \nabla F(t,x_0)dt = 0.$$

因此对任意常向量 $a \in \mathbb{R}^N$, 有

$$\int_0^T (\nabla F(t,x_0),a)dt = 0. \tag{2.13}$$

$\forall x \in H_T^1, x(t) = \bar{x} + \tilde{x}(t)$, 其中 $\bar{x} = \dfrac{1}{T}\int_0^T x(t)dt$. 由此,

$$\begin{aligned}
\Phi_2(x) &= \int_0^T F(t,x(t))dt \\
&= mT + \int_0^T [F(t,x(t)) - F(t,x_0)]dt \\
&\geqslant mT + \int_0^T (\nabla F(t,x_0), x(t) - x_0)dt \\
&\geqslant mT + \int_0^T (\nabla F(t,x_0), \tilde{x}(t) + \bar{x} - x_0)dt \\
&\geqslant mT + \int_0^T (\nabla F(t,x_0), \tilde{x}(t))dt \\
&\geqslant mT - \int_0^T |\nabla F(t,x_0)| \cdot |\tilde{x}(t)|dt \\
&\geqslant mT - c|\tilde{x}|_\infty,
\end{aligned}$$

其中 $c = \int_0^T |\nabla F(t,x_0)|dt, |\tilde{x}|_\infty = \max\limits_{0\leqslant t\leqslant T} |\tilde{x}(t)|$. 于是,

$$\begin{aligned}
\Phi(x) &\geqslant \frac{1}{2}\int_0^T |x'(t)|^2dt - c|\tilde{x}(t)|_\infty + mT \\
&\geqslant \frac{1}{2}\|\tilde{x}'\|_2^2 - c\sqrt{\frac{T}{12}}\|\tilde{x}'\|_2 + mT \\
&= \frac{1}{2}\left(\|\tilde{x}'\|_2 - c\sqrt{\frac{T}{12}}\right)^2 + mT - \frac{c^2T}{24},
\end{aligned}$$

可知 $\Phi(x)$ 是下有界的, 从而有最小化序列.

设 $\{x_n\}$ 是最小化序列, 由上所证 $\Phi(x_n)$ 有界, 下证 $\{x_n\}$ 有界. 由

$$\begin{aligned}\Phi(x_n) &= \frac{1}{2}\int_0^T |x_n'(t)|^2 dt + \int_0^T F(t, x_n(t))dt \\ &= \frac{1}{2}\|x_n'\|_2^2 + \int_0^T F(t, \bar{x}_n)dt + \int_0^T [F(t, x_n(t)) - F(t, \bar{x})]dt \\ &\geqslant \frac{1}{2}\|x_n'\|_2^2 + \int_0^T F(t, \bar{x}_n)dt + \int_0^T (\nabla F(t, \bar{x}), x_n - \bar{x})dt \\ &\geqslant \frac{1}{2}\|x_n'\|_2^2 + \int_0^T F(t, \bar{x}_n)dt + \int_0^T (\nabla F(t, \bar{x}_n), x(t) - \bar{x}_n)dt \\ &\geqslant \frac{1}{2}\|x_n'\|_2^2 + \int_0^T F(t, \bar{x}_n)dt + \int_0^T (\nabla F(t, x_0), \tilde{x}_n(t))dt \\ &\geqslant \frac{1}{2}\|x_n'\|_2^2 + \int_0^T F(t, \bar{x}_n)dt - \int_0^T |\nabla F(t, x_0)| \cdot |\tilde{x}_n(t)|dt \\ &\geqslant \frac{1}{2}\|x_n'\|_2^2 + \int_0^T F(t, \bar{x}_n)dt - c|\tilde{x}_n|_\infty \\ &\geqslant \frac{1}{2}\|x_n'\|_2^2 + \int_0^T F(t, \bar{x}_n)dt - c\sqrt{\frac{T}{12}}\|x_n'\|_2\end{aligned}$$

得 $\|x_n'\|_2$ 有界, 从而 $|x|_\infty$ 有界, 再由

$$F\left(t, \frac{1}{2}\bar{x}_n\right) = F\left(t, \frac{1}{2}x_n + \frac{1}{2}(-\tilde{x}_n)\right) \leqslant \frac{1}{2}F(t, x_n) + \frac{1}{2}F(t, \tilde{x}_n),$$

得

$$F(t, x_n) \geqslant 2F\left(t, \frac{1}{2}\bar{x}_n\right) - F(t, \tilde{x}_n).$$

于是,

$$\begin{aligned}\Phi(x_n) &= \frac{1}{2}\int_0^T |x_n'(t)|^2 dt + \int_0^T F(t, x_n(t))dt \\ &\geqslant 2\int_0^T 2F\left(t, \frac{1}{2}\bar{x}_n\right)dt - \int_0^T F(t, \tilde{x}_n(t))dt,\end{aligned} \tag{2.14}$$

可知 $\bar{x}_n$ 有界. 由 $\bar{x}_n$ 有界及 $\|x_n'\|_2$ 有界, 即得 $\|x_n\|$ 有界.

由于在 H_T^1 上 $\|x\| \to \infty$ 意味着在 $\|x'\|_2 \to \infty$ 和 $\|\bar{x}\| \to \infty$ 这两种情况中, 至少有一种出现, 故 $\|x\| \to \infty$ 时有 $\Phi(x) \to \infty$. 由此知 $\Phi(x)$ 的最小化点列必定是有界的. 据定理 1.5 即得本定理.

记 $J=\begin{pmatrix} O_n & -I_n \\ I_n & O_n \end{pmatrix}$, 其中 I_n 为 n 阶单位阵, O_n 为 n 阶零矩阵. 设 H_T^1 上的泛函为

$$\Phi(x) = \int_0^T \left[\frac{1}{2}(Jx'(t), x(t)) + F(t, x(t))\right] dt, \tag{2.15}$$

其中 $F : \mathbb{R} \times \mathbb{R}^{2n} \to \mathbb{R}$ 满足 $F(t+T, x) = F(t, x)$, 在 $[0, T] \times \mathbb{R}^{2n}$ 上对所有的 $x \in \mathbb{R}^{2n}$ 关于 t 可测, 对几乎所有的 $t \in [0, T]$ 关于 x 连续可微、严格凸, 且有

$$0 < \alpha < \beta < \frac{2\pi}{T}, \quad \gamma, l \in L^2([0, T], \mathbb{R}^+),$$

使

$$\frac{\alpha}{2}|x|^2 - l(t) \leqslant F(t, x) \leqslant \frac{\beta}{2}|x|^2 + \gamma(t), \quad \text{a.e.}\, t \in [0, T], \forall x \in \mathbb{R}^{2n} \tag{2.16}$$

成立.

定理 2.2 设 (2.15) 给出的实泛函 Φ 满足条件 (2.16), 则 Φ 在 H_T^1 上有临界点.

此定理需要先作 Clarke 变换, 将 (2.15) 所给的泛函变换为一个新的泛函, 并就新泛函验证定理 1.5 的条件. 为此, 首先介绍 Clarke 变换.

一个凸函数 $G(x)$, 如果对 $\lambda \in (0, 1)$, 以及 $x \neq y$ 满足

$$G(\lambda x + (1-\lambda)y) < \lambda G(x) + (1-\lambda)G(y),$$

就说函数 G 是**严格凸**的.

设 F 关于 x 严格凸, 令

$$F^*(t, y) = \sup_{w \in \mathbb{R}^{2n}} [(w, y) - F(t, w)], \tag{2.17}$$

则称 $F^*(t, y)$ 是 $F(t, w)$ 的一个 Clarke **变换**, 因为

$$\begin{aligned}
F^*(t, \lambda x + (1-\lambda)y) &= \sup_{w \in \mathbb{R}^{2n}} [(w, \lambda x + (1-\lambda)y) - F(t, w)] \\
&= \sup_{w \in \mathbb{R}^{2n}} \{\lambda[(w, x) - F(t, w)] + (1-\lambda)[(w, y) - F(t, w)]\} \\
&\leqslant \lambda \sup_{w \in \mathbb{R}^{2n}} [(w, x) - F(t, w)] + (1-\lambda) \sup_{w \in \mathbb{R}^{2n}} [(w, y) - F(t, w)] \\
&\leqslant \lambda F^*(t, x) + (1-\lambda) F^*(t, y),
\end{aligned}$$

故 $F^*(t, y)$ 关于 y 是凸的. 又由于 (2.17) 中方括号内函数关于 w 是严格凹的, 所以有唯一的 $x \in \mathbb{R}^{2n}$ 满足

$$(x, y) - F(t, x) = \sup_{w \in \mathbb{R}^{2n}} [(w, y) - F(t, w)]. \tag{2.18}$$

于是得

$$F(t,x)+F^*(t,y)=(x,y). \tag{2.19}$$

由 (2.18) 可得 $y=\nabla F(t,x)$. 可知 (2.18) 的定义等价于

$$\begin{cases} F^*(t,y)=(x,y)-F(t,x), \\ y=\nabla F(t,x), x=\nabla F^*(t,y). \end{cases} \tag{2.20}$$

可以证明以下命题.

命题 2.5 ([112], Theorem 2.2) 设 $F:\mathbb{R}\times\mathbb{R}^n\to\mathbb{R}\cup\{+\infty\},(t,x)\mapsto F(t,x)$ 关于 x 严格凸, 则 $F^{**}(t,x)=F(t,x)$.

证明 $\forall c\in\mathbb{R}$, 如果对 $\forall w\in\mathbb{R}^{2n}$ 有 $(w,y)-F(w)\leqslant c$, 则

$$F^*(t,y)=(x,y)-F(t,x)\leqslant c,$$

即

$$\begin{aligned} F(t,x)=&\sup_{\substack{y\in\mathbb{R}^{2n}\\(x,y)-F(t,x)\leqslant c}}[(x,y)-c]=\sup_{F^*(t,y)\leqslant c,y\in\mathbb{R}^{2n}}[(x,y)-c]\\ =&\sup_{y\in\mathbb{R}^{2n}}[(x,y)-F^*(t,y)]=F^{**}(t,x). \end{aligned}$$

现对定理 2.2 给出证明.

令 $y=-Jx$, 亦即 $x=Jy$. 于是由 (2.15) 得

$$\begin{aligned} \Phi(x)&=\int_0^T\left[\frac{1}{2}(y'(t),x(t))-F(t,x(t))\right]dt\\ &=\int_0^T\left[\frac{1}{2}(-y'(t),x(t))+(y'(t),x(t))-F(t,x(t))\right]dt \end{aligned}$$

之后作 Clarke 变换, $F(t,y')=\sup\limits_{w\in\mathbb{R}^{2n}}[(w,y')-F(t,w)]$, 并建立泛函

$$\Psi(y)=\int_0^T\left[\frac{1}{2}(Jy'(t),y(t))+F^*(t,y'(t))\right]dt. \tag{2.21}$$

由 (2.16) 得

$$\frac{1}{2\beta}|y'|^2-\gamma(t)\leqslant F^*(t,y')\leqslant\frac{1}{2\alpha}|y'|^2+l(t),\quad \text{a.e. } t\in[0,T],\ \forall y'\in\mathbb{R}^{2n}. \tag{2.22}$$

再由引理 1.2 得

$$\Psi(y)\geqslant\int_0^T\left[-\frac{T}{4\pi}|y'|^2+\frac{1}{2\beta}|y'|^2-\gamma(t)\right]dt=\frac{1}{2}\left(\frac{1}{\beta}-\frac{T}{2\pi}\right)\|y'\|_2^2-\gamma_0, \tag{2.23}$$

其中 $\gamma_0 = \int_0^T \gamma(t)dt \geqslant 0$. 因此, $\Psi(y)$ 有有界的最小化序列. 令

$$f(t, y, y') = (Jy', y) + F^*(t, y'),$$

由 (2.22) 的右方不等式得

$$|f(t, y, y')| \leqslant \frac{1}{2\alpha}|y'|^2 + \frac{1}{2}|y'| \cdot |y| + \gamma(t), \quad |f_y(t, y, y')| \leqslant \frac{1}{2}|y'|.$$

显然它们符合定理 1.6 的相关要求. 再由

$$|f_{y'}| \leqslant \frac{1}{2}|y| + |\nabla_{y'} F^*(t, y')| = \frac{1}{2}|y| + |x|,$$

即知泛函 Ψ 满足定理 1.6 的要求, 从而 Ψ 是连续可微的.

最后证 Ψ 是弱下半连续的.

由于 $\Psi_1(y) = \frac{1}{2}\int_0^T (Jy'(t), y(t))dt$ 中, $y(t)$ 在 $[0, T]$ 上一致连续, $y'(t)$ 在 $[0, T]$ 上 L^2 可积, 故 Ψ_1 是弱连续的, 自然也是弱下半连续的. 同时, $\Psi_2(y) = \int_0^T F^*(t, y'(t))dt$ 关于 y 连续且严格凸, 而 H_T^1 是自反的 Banach 空间, 故 Ψ_2 是弱连续的. 由此, Ψ 是弱下半连续的.

至此, 由定理 1.5 知存在极小值点 y_0, 使

$$\Psi'(y_0) = -Jy_0 + \nabla_{y'} F^*(t, (y_0)') = 0.$$

因 $x_0 = Jy_0$, 故有 $x_0 = \nabla_{y'} F^*(t, (y_0)')$. 利用对偶关系, 得 $(y_0)' = \nabla F(t, x_0)$, 即 $J(x_0)' + F(t, x_0) = 0$. 这表明 x_0 是泛函 $\Phi(x)$ 的临界点. 定理得证.

此外, 利用 $(\mathrm{PS})_c$-条件可得如下的极值点存在定理.

定理 2.3 设 X 为 Hilbert 空间, $\Phi : X \to \mathbb{R}$ 为下有界可微泛函, $\{x_n\}$ 为有界最小化序列, $\Phi(x_n) \to c = \inf \Phi$. 如果泛函 Φ 满足 $(\mathrm{PS})_c$-条件, 则 Φ 有极小值点.

证明 设 $\Phi(x_n) \to c = \inf \Phi$, $\Phi'(x_n) \to 0$, 则 $\{x_n\}$ 有收敛子列, 不妨设就是其本身, 则有 $x_n \to x_0 \in X$. 于是 $\Phi'(x_0) = 0$.

2.1.3 鞍点存在定理和山路引理

和讨论极值问题不同, 用变分法研究边值问题时只要求存在临界点而不需要将它限定为极值点. 所以在运用变分法研究临界点的存在性时, 除关注极值点外同样需要关注鞍点类型的临界点. 不同的临界点存在定理伴有不同的条件, 从而适用于不同类型的泛函.

在给出鞍点定理之前, 先给出一个形式与引理 2.2 不同的极大极小定理. 由于形式不同, 证明方法也不一样.

定理 2.4 ([112], Theorem 4.6) 设 X 为 Banach 空间, K 为紧度量空间, $K_0 \subset K$ 为闭集, $\varphi \in C(K_0, X)$, 由

$$M = \{g \in C(K, X) : g|_{K_0} = \varphi\}$$

定义完备度量空间 M, 其度量按通常的距离确定. 又设 $\Phi : X \to \mathbb{R} \cup \{+\infty\}$ 为连续可微泛函, 且

$$\inf_{g \in M} \sup_{s \in K} \Phi(g(s)) = c > c_0 = \max_{s \in K_0} \Phi(\varphi(s)).$$

如果 Φ 满足 $(\mathrm{PS})_c$-条件, 则 c 是 Φ 在 X 上的一个临界值.

证明 记 $\Gamma(g) = \max\limits_{x \in K} \Phi(g(x)) \geqslant c$, 可得 $\Gamma : M \to \mathbb{R} \cup \{+\infty\}$ 为下有界下半连续泛函. 定理证明分三步.

第一步, 先证对 $\forall \varepsilon > 0$, 如果有 $f \in M$ 使

$$\Gamma(f) \leqslant \inf_M \Gamma(g) + \varepsilon = c + \varepsilon,$$

则有 $h \in M, d(f, h) \leqslant \sqrt{\varepsilon}$, 使

$$\Gamma(h) \leqslant \Gamma(f), \quad \Gamma(f) - \Gamma(h) \leqslant \varepsilon, \tag{2.24}$$

且对 $\forall \gamma \in M, \gamma \neq h$, 有

$$\Gamma(\gamma) > \Gamma(h) - \sqrt{\varepsilon} d(h, \gamma). \tag{2.25}$$

为此目标, 我们在度量空间 M 中定义序关系:

$$\gamma \prec g \Leftrightarrow \Gamma(\gamma) \leqslant \Gamma(g) - \sqrt{\varepsilon} d(\gamma, g).$$

之后从 $h_0 = f$ 开始, 由递推关系定义序列 $\{h_n\} \subset M$, 取 $S_n = \{g \in M : g \prec h_n\}$ 及 $h_{n+1} \in S_n$, 使

$$\Gamma(h_{n+1}) \leqslant \inf_{g \in S_n} \Gamma(g) + \frac{\sqrt{\varepsilon}}{n+1}.$$

显然 $S_{n+1} \subset S_n$. 任意 $\gamma \in S_{n+1}$, 有 $\Gamma(\gamma) \leqslant \Gamma(h_{n+1}) - \sqrt{\varepsilon} d(\gamma, h_{n+1})$, 故

$$\sqrt{\varepsilon} d(\gamma, h_{n+1}) \leqslant \Gamma(h_{n+1}) - \Gamma(\gamma) \leqslant \inf_{S_n} \Gamma + \frac{\sqrt{\varepsilon}}{n+1} - \inf_{S_n} \Gamma = \frac{\sqrt{\varepsilon}}{n+1},$$

并可得 $\operatorname{diam} S_{n+1} \leqslant \dfrac{2}{n+1}$. 根据度量空间 M 的完备性, 有单点集

$$\bigcap_{n \in \mathbb{Z}^+} S_n = \{h\},$$

其中 $h \prec h_0 = f$, 故有 $\Gamma(h) \leqslant \Gamma(f) - \sqrt{\varepsilon} d(h,f)$, 即

$$d(h,f) \leqslant \varepsilon^{-\frac{1}{2}}(\Gamma(f) - \Gamma(h)).$$

由于 $\inf\limits_M \Gamma(g) \leqslant \Gamma(h) \leqslant \Gamma(f) \leqslant \inf\limits_M \Gamma(g) + \varepsilon$, 可知

$$0 \leqslant \Gamma(f) - \Gamma(h) \leqslant \varepsilon, \quad d(f,h) \leqslant \sqrt{\varepsilon}.$$

接着用反证法证明 (2.25). 设若 (2.25) 不成立, 就存在 $\gamma \in M$ 使

$$\Gamma(\gamma) \leqslant \Gamma(h) - \sqrt{\varepsilon} d(h,\gamma),$$

则对 $\forall n \geqslant 1$, 有 $\gamma \in S_n, \gamma \neq h$. 这时 $\bigcap\limits_n S_n = \{h, \gamma\}$, 得出矛盾.

由泛函 Γ 的定义及 (2.25) 式, 可得: 对 $\forall \varepsilon > 0$, 如果有 $f \in M$ 使

$$\max_{x\in K} \Phi(f(x)) \leqslant \inf_{g\in M} \max_{x\in K} \Phi(g(x)) + \varepsilon,$$

则有 $h \in M, \max\limits_{x\in K} \Phi(h(x)) \leqslant \max\limits_{x\in K} \Phi(f(x))$, 满足

$$d(f,h) = \max_{x\in K} |f(x) - h(x)| \leqslant \sqrt{\varepsilon}, \tag{2.26}$$

且

$$0 \leqslant \max_{x\in K} |\Phi(f(x)) - \Phi(h(x))| \leqslant \max_{x\in K} |\inf_M \Gamma + \varepsilon - \inf_M \Gamma| = \varepsilon. \tag{2.27}$$

现在第二步证: 存在 $s \in K$ 使

$$c - \varepsilon \leqslant \Phi(h(s)) \leqslant c + \varepsilon, \tag{2.28}$$

$$|\Phi'(h(s))| \leqslant \sqrt{\varepsilon}. \tag{2.29}$$

其中 (2.29) 等价于对所有 $x \in X, \|x\| = 1$, 有

$$\langle \Phi'(h(s)), x\rangle \geqslant -\sqrt{\varepsilon}. \tag{2.30}$$

由于 $\Gamma(h) = \max\limits_{s\in K} \Phi(h(s)) \geqslant c$, 故集合

$$S = \{s \in K : h(s) \geqslant c - \varepsilon\}$$

非空.

我们还是用反证法, 设若对 $\forall s \in S$, (2.28) 和 (2.29) 均不成立, 则对每一个 S 中的 s, 都有 $v_s \in X, |v_s| = 1$ 及正数 $\delta_s > 0$ 和含 s 的开球 $B_s \subset K$, 使 $\forall t \in B_s, u \in X, |u| < \delta_s$, 有

$$\langle \Phi'(h(s)) + u, v_s\rangle < -\sqrt{\varepsilon}.$$

由此出发, 我们在映射集 M 中构造一个新的元素 g, 使 $g \prec h, g \neq h$, 从而导出矛盾.

我们注意到度量空间 K 是紧的, 故有有限开覆盖 $\{B_1, B_2, \cdots, B_n\}$. 定义函数族 $\psi_i : K \to [0,1], i = 1, 2, \cdots, n$,

$$\psi_i(t) = \frac{\operatorname{dist}(t, \mathrm{CB}_{s_i})}{\sum\limits_{j=1}^{n} \operatorname{dist}(t, \mathrm{CB}_{s_j})}, \quad t \in \bigcup_{j=1}^{n} B_{s_j},$$

$$\psi_i(t) = 0, \quad t \in K \Big\backslash \bigcup_{j=1}^{n} B_{s_j},$$

其中 CB_{s_i} 表示开集 B_{s_i} 关于度量空间 K 的补集. 我们注意到每个 ψ_i 分别在开区域 $\bigcup\limits_{j=1}^{n} B_{s_j}$ 和 $K \backslash \mathrm{cl} \bigcup\limits_{j=1}^{n} B_{s_j}$ 是连续的, 仅在 $L = \partial \left(\bigcup\limits_{j=1}^{n} B_{s_j} \right)$ 上不连续. 记 $\delta = \min\limits_{1 \leqslant i \leqslant n} \delta_i$, 并定义连续函数 $\Psi : K \to [0,1]$ 使满足

$$\begin{aligned} \Psi(t) &= 1, \quad \Phi(h(t)) \geqslant c, \\ \Psi(t) &= 0, \quad \Phi(h(t)) \leqslant c - \varepsilon. \end{aligned}$$

进一步由

$$g(t) = h(t) + \delta \psi(t) \sum_{i=1}^{n} \psi_i(t) v_{s_i},$$

定义映射 $g : K \to X$. 由于 $L \subset \{t \in K : \Phi(h(t)) < c - \varepsilon\} \subset \operatorname{int}\{t \in K : \psi(t)\}$, 故 g 在 K 上连续. 又当 $t \in K_0$ 时, 因 $\Phi(h(t)) \leqslant c_1 < c - \varepsilon$, 有 $\psi(t) = 0$. 于是得

$$g(t) = h(t) = \varphi(t), \quad t \in K_0,$$

可知 $g \in M$. 且这时

$$\operatorname{dist}(h, g) = \max_{t \in K} |h(t) - g(t)| = \delta. \tag{2.31}$$

计算

$$\begin{aligned} &\Phi(g(t)) - \Phi(h(t)) \\ =& \Phi\left(h(t) + \delta \psi(t) \sum_{i=1}^{n} \psi_i(t) v_{s_i} \right) - \Phi(h(t)) \\ =& \delta \psi(t) \sum_{i=1}^{n} \psi_i \left(\Phi'\left(h(t) + \tau \delta \psi(t) \sum_{i=1}^{n} \psi_i(t) v_{s_i} \right), v_{s_i} \right) \end{aligned}$$

$$\begin{aligned}&\leqslant -\delta\psi(t)\sum_{i=1}^{n}\psi_i\sqrt{\varepsilon}\\&\leqslant 0,\end{aligned}\tag{2.32}$$

其中, 当 $t\in\{s\in K:\Phi(h(s))>c-\varepsilon\}$ 时 $\Phi(g(t))-\Phi(h(t))<0$, 故 $g\neq h$.

与此同时, 设 $\bar{t}\in K$ 使 $\Phi(g(\bar{t}))=\Gamma(g)\geqslant c$, 则

$$\begin{aligned}\Gamma(g)-\Gamma(h)&\leqslant\Phi(g(\bar{t}))-\Phi(h(\bar{t}))\\&\leqslant -\delta\sqrt{\varepsilon},\end{aligned}$$

即

$$\begin{aligned}\Gamma(g)&\leqslant\Gamma(h)-\delta\sqrt{\varepsilon}\\&=\Gamma(h)-\operatorname{dist}(g,h).\end{aligned}$$

由此得 $g\prec h, g\neq h$, 导致矛盾, 从而有 $s\in K$ 使 (2.28) 和 (2.29) 同时满足.

第三步, 证明定理的结论. 实际上在上述讨论中, $\varepsilon>0$ 用 $\varepsilon_n>0$ 代替, s 用 $\bar{s}_n$ 代替, $\varepsilon_n\to 0$ 时, 可得到 K 中点列 $\{\bar{s}_n:n=1,2,\cdots\}$ 满足

$$c-\varepsilon_n\leqslant\Phi(h(\bar{s}_n))\leqslant c+\varepsilon_n,$$

$$|\Phi'(h(\bar{s}_n))|\leqslant\sqrt{\varepsilon_n}.$$

根据 $(\mathrm{PS})_c$-条件, $h(\bar{s}_n)\to x\in X$, 使 $\Phi(x)=c, \Phi'(x)=0$, 故 c 是泛函 Φ 的一个临界值.

由极大极小定理可导出便于应用的鞍点定理和山路引理.

定理 2.5 (鞍点定理) 设 X 是 Banach 空间, $\Phi:X\to\mathbb{R}$ 是连续可微泛函. 又设 X^+, X^- 为 X 的闭子空间, $X=X^+\oplus X^-, \dim X^-<\infty$. 记

$$B_r=\{x\in X^-:\|x\|<r\},\ \bar{B}_r=\{x\in X^-:\|x\|\leqslant r\},\ S_r=\{x\in X^-:\|x\|=r\},$$

并定义

$$M=\{g\in C(\bar{B}_r,X):g|_{S_r}=\mathrm{id}\}.$$

假设存在 $r>0$ 使

$$\max_{x\in S_r}\Phi(x)<\inf_{x\in X^+}\Phi(x),$$

并记 $c=\inf\limits_{g\in M}\max\limits_{x\in\bar{B}_r}\Phi(g(x))$. 如果泛函 Φ 满足 $(\mathrm{PS})_c$-条件, 则 Φ 有临界值为 c 的临界点.

证明 记 $c_1 = \max\limits_{x \in S_r} \Phi(x)$, 则 $c_1 < c$. 令 $K = \bar{B}_r, K_0 = S_r$. 由于 $\bar{B}_r$ 是有限维空间中的闭子集, 根据 Banach 空间中的范数定义其上的距离, 则 K 是一个紧度量空间. 显然, $0 \in X^+ \Rightarrow \Phi(0) > c$. 定义

$$M = \{g \in C(K, X) : g|_{K_0} = \mathrm{id}\},$$

只需证明 $\forall g \in M$, 有 $0 \in g(K)$ 即可. 事实上, 由于

$$\deg\{g, B_r, 0\} = \deg\{\mathrm{id}, B_r, 0\} = 1,$$

可知存在 $x_0 \in B_r$ 使 $g(x_0) = 0$. 依据定理 2.4 即得本定理.

定理 2.6 (山路引理) 设 X 是 Banach 空间, $\Phi : X \to \mathbb{R}$ 是连续可微泛函, 存在 $x_1, x_2 \in X$ 及 x_1 的开邻域 Ω 满足

$$x_2 \notin \bar{\Omega}, \quad \max\{\Phi(x_1), \Phi(x_2)\} < \inf_{x \in \partial\Omega} \Phi(x). \tag{2.33}$$

记

$$M = \{g \in C([0,1], X) : g(0) = x_1, g(1) = x_2\},$$
$$c = \inf_{g \in M} \max_{s \in [0,1]} \Phi(g(s)).$$

如果泛函 Φ 满足 $(\mathrm{PS})_c$-条件, 则 Φ 存在以 c 为临界值的临界点.

证明 记 $c_1 = \max\{\Phi(x_1), \Phi(x_2)\}$. 令 $K = [0,1]$, $K_0 = \{0,1\}$. 同时 $\varphi : K_0 \to X$ 由

$$\varphi(0) = x_1, \quad \varphi(1) = x_2$$

定义, 则 φ 是连续的. 按欧氏空间点集间的距离概念定义 M 上曲线间的距离, K 是一个紧度量空间. 以下只需证 $c > c_1$, 即可由定理 2.4 推得本定理.

实际上对每个 $g \in M$, 由 K 的连通性和 g 的连续性, $g(K) \cap \partial\Omega \neq \varnothing$. 因此对 $\forall g \in M$ 有

$$\max_{s \in K} \Phi(g(s)) > \inf_{x \in K_0} \Phi(x) = c_1.$$

于是

$$c = \inf_{g \in M} \max_{s \in K} \Phi(g(s)) > c_1 = \max_{s \in K_0} \Phi(g(s))$$

符合定理 2.4 的要求, 定理得证.

作为极大极小定理的应用, 我们在 $H^2([0,T], \mathbb{R}^{2n})$ 空间

$$X = \left\{ x(t) = \sum_{i=1}^{\infty} \left(a_i \cos \frac{2i\pi t}{T} + b_i \sin \frac{2i\pi t}{T} \right) : \sum_{i=1}^{\infty} i^4 (|a_i|^2 + |b_i|^2) < \infty \right\}$$

上讨论泛函

$$\Phi(x)=\int_0^T\left[\frac{1}{2}(Jx'(t),x(t))+F(t,x'(t))\right]dt \tag{2.34}$$

临界点的存在性, 其中函数 $F:\mathbb{R}\times\mathbb{R}^{2n}\to\mathbb{R}$, 且

(A) $F(t,u)$ 关于 u 连续可微, 严格凸, 关于 t 连续且为 T 周期,

(B) 存在 $\alpha>0$, $p\in(1,2)$ 使

$$F(t,u)\geqslant\alpha|u|^p,\quad (\nabla F(t,u),u)\leqslant pF(t,u),\quad F(t,0)=0.$$

这时对 $\forall x\in X$, 定义范数为 $\|x\|=\sqrt{\sum\limits_{i=1}^{\infty}i^4(|a_i|^2+|b_i|^2)}$, 同时根据 Sobolev 不等式 ([112], Proposition 1.3), 在 X 上有

$$\max_{t\in T}|x'(t)|\leqslant\sqrt{\frac{T}{12}}\|x''\|_0,\quad \max_{t\in T}|x(t)|\leqslant\sqrt{\frac{T}{12}}\|x'\|_0,$$

其中范数 $\|\cdot\|_0$ 由

$$\|x\|_0=\sqrt{\langle x,x\rangle_0}=\sqrt{\int_0^T(x(t),x(t))dt}$$

定义. 易知, 如下关系成立:

$$\begin{aligned}\|x\|\to 0\Rightarrow\|x'\|_0\to 0,\ \max_{0\leqslant t\leqslant T}|x'(t)|\to 0\\ \Rightarrow\|x\|_0\to 0,\ \max_{0\leqslant t\leqslant T}|x(t)|\to 0.\end{aligned}$$

定理 2.7 设函数 F 满足 (A) 和 (B), 则由 (2.34) 定义的泛函存在非平凡 T 周期临界点.

证明 我们按照山路引理的思路论证.

记 $W_T^{1,p}=\{x\in W^{1,p}:x(t+T)=x(T)\}$. 取函数空间

$$X=\tilde{W}_T^{1,p}=\left\{x\in W_T^{1,p}:\bar{x}=\frac{1}{T}\int_0^T x(t)dt=0\right\}.$$

对 $x\in X$ 定义范数 $\|x\|_{W_T^{1,p}}=\|x'\|_{L^p}$. 先证 $\Phi':X=\tilde{W}_T^{1,p}\to\tilde{W}_T^{1,q}$ 连续可微, 次证 Φ 满足 (PS)-条件, 最后证存在 $x_1,x_2\in X$ 及 x_1 的开邻域 Ω 满足条件 (2.33).

由于 F 关于 u 严格凸, 可取 $m\geqslant\max\{F(t,u):u\in\mathbb{R}^{2n},|u|=1,t\in[0,T]\}$, 不妨设 $m>\alpha$, 满足

$$F(t,u)=F\left(t,\frac{u}{|u|}|u|\right)\leqslant m|u|^p,\quad |u|\geqslant 1.$$

这是因为由

$$\frac{dF(t,su)}{ds}=(\nabla F(t,su),u)=\frac{1}{s}(\nabla F(t,su),su)\leqslant\frac{p}{s}F(t,su),$$
$$\frac{d\ln F(t,su)}{ds}\leqslant\frac{p}{s}\Rightarrow F(t,su)\leqslant F(t,u)s^p,\quad s>1,$$

可得

$$F(t,u)=F\left(t,\frac{u}{|u|}|u|\right)\leqslant F\left(t,\frac{u}{|u|}\right)|u|^p\leqslant m|u|^p,\quad |u|\geqslant 1.$$

因此, 存在 $d>0$ 使 $F(t,x')\leqslant m|x'|^p+d$ 对 $x'\in\mathbb{R}^{2n}$ 成立.

记 $L(t,x,x')=\frac{1}{2}(Jx',x)+F(t,x)$, 则当 $x\in X=\tilde{W}_T^{1,p}$ 时有

$$|L(t,x,x')|,|L_x(t,x,x')|\in L^1.$$

同时由条件 (B) 有 $|(\nabla_{x'}F(t,x'),x')|\leqslant pF(t,x')\leqslant p(|x'|^p+d)$, 故

$$|(L_{x'}(t,x,x'),x')|\leqslant\frac{1}{2}|x|\cdot|x'|+|(\nabla_{x'}F(t,x'),x')|\in L^1.$$

从而 Φ 是可微泛函.

现假设有 $\{x_n\}\subset X$ 使 $\Phi(x_n)$ 有界且 $\Phi'(x_n)\to 0$, 我们证 $\{x_n\}$ 有收敛子列, 不妨设是其自身, 满足 $x_n\to x_0\in X, x_0$ 是 X 中的某个元素.

实际上由于

$$\begin{aligned}\langle\Phi'(x),h\rangle&=\int_0^T[(-Jx(t),h'(t))+(\nabla_{x'}F(t,x'(t)),h'(t))]dt\\&=\int_0^T(-Jx(t)+\nabla_{x'}F(t,x'(t)),h'(t))dt,\end{aligned}$$

因 $\Phi'(x_n)\to 0$, 根据 Riesz 表示定理存在 $\{f_n\}\subset L^q,\|f_n\|_{L^q}\to 0$ 使

$$-Jx_n(t)+\nabla_{x'}F(t,x_n'(t))-f_n(t)=c_n,\tag{2.35}$$

于是,

$$\begin{aligned}\Phi(x_n)&=\int_0^T\left[\frac{1}{2}(-Jx_n(t),x_n'(t))+F(t,x_n'(t))\right]dt\\&=\int_0^T\left[\frac{1}{2}(-Jx_n(t)+\nabla_{x'}F(t,x_n'(t)),x_n'(t))\right.\\&\qquad\left.-\frac{1}{2}(\nabla_{x'}F(t,x_n'(t)),x_n'(t))+F(t,x_n'(t))\right]dt\end{aligned}$$

$$
\begin{aligned}
&= \int_0^T \left[-\frac{1}{2}(\nabla_{x'}F(t,x_n'(t)),x_n'(t)) + F(t,x_n'(t)) + \frac{1}{2}(f_n(t),x_n'(t))\right] dt \\
&\geqslant \int_0^T \left[\left(1-\frac{p}{2}\right)F(t,x_n'(t)) + \frac{1}{2}(f_n(t),x_n'(t))\right] dt \\
&\geqslant \alpha\left(1-\frac{p}{2}\right)\|x_n\|^p - \frac{1}{2}\|f_n\|_{L^q}\cdot\|x_n\|.
\end{aligned}
$$

可知 $\{x_n\}$ 在 X 中有界, 因 X 是自反 Banach 空间, 故可设 $x_n \rightharpoonup x_0$. 在 C_T 空间中 $\{x_n\}$ 一致收敛于 x_0. 所以有

$$
c_n = \frac{1}{T}\int_0^T [-Jx_n(t) + \nabla_{x'}F(t,x_n'(t)) - f_n(t)]dt \to c_0.
$$

由 (2.35),

$$
Jx_n + f_n + c_n = \nabla F(t,x_n'). \tag{2.36}
$$

令 $x=-Jy, y=Jx$. 作 Clarke 变换 $F^*(t,y)=\sup\limits_{x'\in\mathbb{R}^{2n}}[(y,x')-F(t,x')]$.

则有

$$
F^*(t,y) \leqslant \frac{1}{q(\alpha p)^{\frac{q}{p}}}|y|^q.
$$

由

$$
\alpha|x'|^p \leqslant F(t,x') \leqslant m|x'|^p + d,
$$

得

$$
\frac{1}{q(mq)^{\frac{q}{p}}}|y|^q - d \leqslant F^*(t,y) \leqslant \frac{1}{q(\alpha q)^{\frac{q}{p}}}|y|^q.
$$

根据引理 1.3 有

$$
|x'| = |\nabla F^*(t,y)| \leqslant 1 + \alpha^{-\frac{q}{p}}p^{q-1}(|y|+d)^{q-1} \in L^p.
$$

可知 $\nabla F^*(t,\cdot)$ 连续映 L^q 入 L^p. 再由 Clarke 对偶原理, 从 (2.36) 可得

$$
x_n' = \nabla F^*(t, Jx_n + f_n + c_n).
$$

令 $n\to\infty$, 则 $x_n' \to \nabla F^*(t, Jx_0 + c_0)$. 此即表明 Φ 满足 (PS)-条件.

最后验证条件 (2.33).

由 (2.34) 得 X 中泛函 Φ 有

$$
\begin{aligned}
\Phi(x) &\geqslant \frac{1}{2}\int_0^T (Jx'(t),x(t))dt + \alpha\|x'\|_p^p \\
&\geqslant -\frac{1}{2}\|x'\|_0\cdot\|x\|_0 + \alpha\|x'\|_p^p
\end{aligned}
$$

$$
\begin{aligned}
&\geqslant -\frac{T}{4\pi}\|x'\|_0^2+\alpha\|x'\|_p^p\\
&=-\frac{T}{4\pi}\int_0^T|x'(t)|^2dt+\alpha\int_0^T|x'(t)|^pdt\\
&=-\frac{T}{4\pi}\left(\max_{0\leqslant t\leqslant T}|x'(t)|\right)^{2-p}\int_0^T|x'(t)|^pdt+\alpha\int_0^T|x'(t)|^pdt\\
&=\left[\alpha-\frac{T}{4\pi}\left(\max_{0\leqslant t\leqslant T}|x'(t)|\right)^{2-p}\right]\int_0^T|x'(t)|^pdt.
\end{aligned}
$$

由于 $T\to 0$ 时可得 $\frac{T}{4\pi}\Big(\max\limits_{0\leqslant t\leqslant T}|x'(t)|\Big)^{2-p}\to 0$, 故在 X 中有 $r,\rho>0$, 使 $x\in S_r$ 时 $\Phi(x)\geqslant\rho>0$. 取 $x_1=0$, 则 B_r 为其开邻域. 与此同时, 取

$$
x_2=a\begin{pmatrix}\left(\cos\frac{2\pi t}{T}-\sin\frac{2\pi t}{T}\right)e_1\\ \left(\cos\frac{2\pi t}{T}+\sin\frac{2\pi t}{T}\right)e_1\end{pmatrix},\quad e_1=\begin{pmatrix}1\\0\\ \vdots\\0\end{pmatrix}\in\mathbb{R}^n,\quad a>0,
$$

则

$$
\Phi(x_2)\leqslant -2\pi a^2+m(2^{\frac{p}{2}}T)^{\frac{1}{p}}a^p+dT,
$$

由于 $p\in(1,2)$, 故 a 取充分大, 可使 $\Phi(x_2)<0$. 这样, 由山路引理即可知泛函 Φ 有临界点.

2.2 指标理论和多个临界点的存在定理

多个临界点的存在定理的基础是指标理论. 为此对指标理论作简要介绍.

2.2.1 指标理论与伪指标理论

首先给出一些基本概念和定义.

设 X 是一个 Hilbert 空间, $L:X\to X$ 是有界线性算子, $\forall x,y\in X$ 满足

$$
\langle Lx,Ly\rangle=\langle x,y\rangle,\quad 且\quad R(L)=X,
$$

也就是说 L 是 X 上的一个**等距在上算子**, 即**酉算子**. 显然, 酉算子必定是一个有界线性算子.

设 G 是一个紧 Lie 群, X 是一个 Hilbert 空间, X 上的范数用 $\|\cdot\|$ 表示. 同时假设对每个 $g\in G$, 存在一个对应的酉算子 $T_g:X\to X$. 此时的酉算子也称**酉表示**.

现设闭子集 $A \subset X$, 如果成立

$$T_g A = A, \quad \forall g \in G, \tag{2.37}$$

就称 A 是一个 T_g **不变闭子集**.

对于一个泛函 $\Phi : X \to \mathbb{R}$, 如果满足

$$\Phi(T_g x) = \Phi(x), \quad \forall x \in X, \quad \forall g \in G, \tag{2.38}$$

就称泛函 Φ 是 T_g **不变的**. 同时对算子 $h : X \to X$, 如果满足

$$h(T_g x) = T_g h(x), \quad \forall x \in X, \quad \forall g \in G, \tag{2.39}$$

则称算子 h 是 T_g **等变的**.

对 X 中的 T_g 不变子集 A, 如果有算子 $h : A \to X$, 满足

$$h(T_g x) = T_g h(x), \quad \forall x \in A, \quad \forall g \in G, \tag{2.40}$$

则称算子 h 在子集 A 上是 T_g **等变的**.

与此同时, 记 $F = \{x \in X : T_g x = x, \forall g \in G\}$ 为空间 X 中不变点的集合. 由每个 T_g 算子的线性性, 可知 $F \subset X$ 是一个线性闭子空间.

定义 2.7 设 X 是一个 Hilbert 空间, Σ 是 X 中的一个闭子集族, 此子集族在 $A, B \in \Sigma$ 时必须保证 $A \cup B, A \cap B, A \backslash \mathrm{int} B \in \Sigma$; 同时 M 是 X 到其自身的某类连续算子的集合, 此算子集应包含恒等算子在内, 并对算子的复合运算闭合, 即 $\forall f, g \in M$ 保证 $f \circ g \in M$, 且 $\forall A \in \Sigma, \forall h \in M \Rightarrow \overline{h(A)} \in \Sigma$. 在此基础上定义**指标**

$$i : \Sigma \to N \cup \{+\infty\},$$

要求它满足

(1) $i(A) = 0 \Leftrightarrow A = \varnothing$;

(2) (单调性) $A \subset B \Rightarrow i(A) \leqslant i(B)$;

(3) (次可加性) $i(A + B) \leqslant i(A) + i(B)$;

(4) (连续性) $A \subset X$ 为紧集 $\Rightarrow$ 存在 $\delta > 0$ 使 $i(N_\delta(A)) = i(A)$;

(5) (超变性) $\forall A \in \Sigma, \forall h \in M \Rightarrow i(A) \leqslant i(\overline{h(A)})$.

这时三元素组 $I = \{\Sigma, M, i\}$ 就是 X 上的一个**指标理论**.

鉴于在很多情况下直接应用指标理论不能保证临界点的存在, 需要进一步掌握伪指标理论的概念.

定义 2.8 设 X 是一个 Hilbert 空间, $I = \{\Sigma, M, i\}$ 是 X 上的一个指标理论. 如果 $M^* \subset M$ 是 X 到 X 上的一个同胚映射群, 伪指标 $i^* : \Sigma \to \mathbb{N} \cup \{+\infty\}$ 满足

(1) $A \in \Sigma \Rightarrow i^*(A) \leqslant i(A)$;

(2) $A \subset B \Rightarrow i^*(A) \leqslant i^*(B)$;

(3) $i^*(\overline{A \backslash B}) \geqslant i^*(A) - i(B)$;

(4) $A \in \Sigma, h \in M^* \Rightarrow i^*(h(A)) = i^*(A)$,

则称二元素组 $I^* = \{\Sigma, M^*\}$ 为空间 X 上的一个**伪指标理论**.

需要注意, 伪指标理论是在指标理论的基础上定义的, 因此不能离开指标理论讨论伪指标理论. 定义 2.8 中给定了同胚映射群 $M^* \subset M$, 但是对如何定义 i^* 并无说明, 这既为构造伪指标理论留有余地, 也会为具体实施构造留有困难.

下列命题给出了构造 i^* 指标的一种方法.

命题 2.6 设 $I = \{\Sigma, M, i\}$ 是 Hilbert 空间 X 上的一个指标理论, $M^* \subset M$ 是 X 上的一个同胚映射群. 取定一个 $Q \in \Sigma$, 对 $\forall A \in \Sigma$ 定义

$$i^*(A) = \min_{h \in M^*} i(\overline{h(A)} \cap Q),$$

则 $I^* = \{M^*, i^*\}$ 是 X 上的一个**伪指标理论**.

证明 由于定义 2.8 中条件 (1)、(2)、(4) 显然成立, 所以只需证明条件 (3) 成立即可.

实际上, $\forall h \in M^*, \forall A, B \in \Sigma$, 有

$$h(\overline{A \backslash B}) \cap Q = (\overline{h(A) \backslash h(B)}) \cap Q = \overline{(h(A) \cap Q) \backslash h(B)}.$$

因此,

$$\begin{aligned} i(h(\overline{A \backslash B}) \cap Q) &= i(\overline{h(A) \cap Q \backslash h(B)}) \\ &\geqslant i(h(A) \cap Q) - i(h(B)) \\ &\geqslant i(h(A) \cap Q) - i(B). \end{aligned}$$

于是,

$$i^*(\overline{A \backslash B}) \geqslant \min_{h \in M^*} i(h(A) \cap Q) - i(B) = i^*(A) - i(B).$$

由于指标理论中根据指标给出的临界值和对应临界点个数的估计, 理论性多于实用性, 所以需要在 Hilbert 空间上建立起有限维子空间上维数与其中闭球面指标的联系. 这就是指标理论的**维数性质**.

定义 2.9 设 I 是一个指标理论, 如果有正整数 $d > 0$, 对 Hilbert 空间 X 中任意 dk-维子空间 $V^{dk} \in \Sigma, \{0\} \in V^{dk} \cap F$, 有 $i(V^{dk} \cap S_1) = k$, 就说指标 I **满足正整数为 d 的维数性质**.

指标理论中最常用的是 Z_2 指标和 S^1 指标. 一般而言, 它们分别适用于探讨非自治微分系统的多解性和自治微分系统周期轨道的多重性.

2.2.2 指标与临界点个数的关系

设 $\Phi \in C^1(X,\mathbb{R})$ 是 Hilbert 空间 X 上的连续可微泛函, 对 $c \in \mathbb{R}$ 记

$$K_c = \{x \in X : \Phi(x) = c, \Phi'(x) = 0\}.$$

定理 2.8 ([16], 第四章, 定理 2.2) 设 X 是一个 Hilbert 空间, $I = \{\Sigma, M, i\}$ 是 X 上关于紧 Lie 群 G 的一个指标理论, 假定 $\Phi \in C^1(X,\mathbb{R})$ 是 T_g 不变的连续可微泛函, $\Phi(0) = 0$, 满足 (PS)-条件,

$$\Phi(x) = \frac{1}{2}\langle Lx, x\rangle + \Psi(x) \tag{2.41}$$

且设由引理 2.1 所得的同胚映射 $\eta : X \to X$ 满足 $\eta \in M$. 记

$$\Sigma_m = \{A \in \Sigma : i(A) \geqslant m\}, \quad c_m = \inf_{A\in\Sigma_m} \sup_{x\in A} \Phi(x).$$

则

(1) $c_m \leqslant c_{m+1} \leqslant \Phi(0)$;

(2) $c_m > -\infty \Rightarrow c_m$ 是临界值;

(3) $c_{m+k} = c_{m+k-1} = \cdots = c_m = c > -\infty \Rightarrow i(K_c) \geqslant k+1$.

证明 由于 $\Sigma_{m+1} \subset \Sigma_m$ 及 $i(\{0\}) = +\infty$, (1) 的结论显然. 而 (2) 的结论含于 (3) 中, 故下证 (3).

设 $i(K_c) = r \leqslant k$. 由泛函 Φ 连续可微得 K_c 为紧集, 故有 $\varepsilon > 0$ 及 K_c 的邻域 $N = N_\delta(K_c)$ 满足 $i(\bar{N}) = i(K_c) = r$, 以及连续映射 $\eta : X \to X$ 使 $\eta(\Phi^{c+\varepsilon}\backslash N) \subset \Phi^{c-\varepsilon}$.

这时取 $A \in \Sigma_{m+k}$, 使 $c \leqslant \sup\limits_{x\in A}\Phi(x) < c+\varepsilon$. 因为由引理 2.1 所得的同胚 $\eta : X \to X$ 有 $\eta \in M$, 故有

$$\begin{aligned} m+k \leqslant i(A) &\leqslant i(A\backslash N) + i(\bar{N}) \\ &\leqslant i(\eta(A\backslash N)) + k. \end{aligned}$$

于是 $\eta(A\backslash N) \in \Sigma_m$, 从而 $\sup\limits_{x\in\eta(A\backslash N)} \Phi(x) \geqslant c$. 得出矛盾.

定理 2.8 中, 对应于不同临界值的临界点显然是不同的, 而当临界值相同时, (3) 则意味着对应临界值 $c_{m+k} = c_{m+k-1} = \cdots = c_m = c > -\infty$ 至少有 $k+1$ 组不同的临界点.

同样可证下列定理.

定理 2.9 ([16], 第四章, 定理 2.3) 设 X 是一个 Hilbert 空间, $I = \{\Sigma, M, i\}$ 是 X 上的一个指标理论, $I^* = \{M^*, i^*\}$ 是一个伪指标理论, Φ 是 X 上连续

可微泛函. 假定引理 2.1 所得的映射 $\eta : X \to X$, 满足 $\eta \in M^*$ 的要求, 记 $\Sigma_m^* = \{A \in \Sigma : i^*(A) \geqslant m\}$, $c_m^* = \inf\limits_{A \in \Sigma_m^*} \sup\limits_{x \in A} \Phi(x)$.

如果有 $c_0 < c_\infty$ 使

(a) $\forall A \in \Sigma$, 当 $A \subset \Phi^{c_0}$ 时有 $i^*(A) = 0$;

(b) 存在 $\tilde{A} \in \Sigma, \tilde{A} \subset \Phi^{c_\infty}$ 使 $i^*(\tilde{A}) \geqslant k > 0$,

则

(1) $c_m^* \leqslant c_{m+1}^* \leqslant \Phi(0)$;

(2) $c_m^* > -\infty \Rightarrow c_m^*$ 是临界值;

(3) $c_{m+k}^* = c_{m+k-1}^* = \cdots = c_m^* = c > -\infty \Rightarrow i(K_c) \geqslant k+1$.

定理 2.10 设 X 是一个 Hilbert 空间, $I = \{\Sigma, M, i\}$ 是 X 上的一个指标理论, 满足正整数为 d 的维数性质, $\Phi \in C^1(X, \mathbb{R})$ 是关于紧 Lie 群 G 的 T_g 不变的连续可微泛函, $\Phi(0) = 0$, 满足 (PS)-条件, 由引理 2.1 所得映射 $\eta : X \to X$, 满足 $\eta \in M$. 记

$$\Sigma_m = \{A \in \Sigma : i(A) \geqslant m\}, \quad c_m = \inf_{A \in \Sigma_m} \sup_{x \in A} \Phi(x).$$

如果 Φ 满足

(1) 存在子空间 $X_1 \subset X, \dim X_1 = dn < \infty$, 且有 $r > 0$ 使

$$\sup_{x \in X_1 \cap S_r} \Phi(x) < \Phi(0);$$

(2) 存在子空间 $X_2, \mathrm{cod} X_2 = dk < dn$, 且 $\inf\limits_{x \in X_2} \Phi(x) > -\infty$,

则泛函 Φ 至少有 $n-k$ 组不同的临界点.

证明 因为 $\Phi \in C^1(X, \mathbb{R})$ 是具有 (2.41) 形式的 T_g 不变泛函, 所以有

$$\Phi(x) = \Phi(T_g x), \quad \Phi'(T_g x) = T_g \Phi'(x).$$

任取 $A \in \Sigma, i(A) = l \in \{k+1, k+2, \cdots, n\}$, 则 $A \cap X_2 \neq \varnothing$. 于是有

$$\inf_{x \in A} \Phi(x) > -\infty,$$

可知, $c_l > -\infty$. 又 $i(X_1 \cap S_r) = n$, 而 $l \leqslant n$, 故有 $c_l < 0$. 根据定理 2.8 及随后的注释, 即得定理的结论.

2.2.3 临界点个数的具体估计

根据定理 2.8 ~ 定理 2.10, 如果能计算出各个 c_m 或 c_m^* 的值, 并确定这些值既小于零又大于 $-\infty$, 即可判定多个临界点的存在性. 但要按定义直接计算得出各个 c_m 或 c_m^* 的值, 几乎是不可能的事. 当泛函仅仅给出抽象形式的时候, 确切

计算这些值更是无从说起. 为了应用伪指标理论讨论临界点的个数问题, 我们恒假设 Hilbert 空间 X 上的泛函有 (2.41) 的形式, 即

$$\Phi(x)=\frac{1}{2}\langle Lx,x\rangle+\Psi(x),$$

其中 L 为有界自伴线性算子, $\Psi\in C^1(X,\mathbb{R})$. Benci 在文献 [24] 中, 将指标理论和伪指标理论中的集族 Σ 的每个集合限定为 T_g 不变的, 映射族 M,M^* 则是 T_g 等变的. 这时 Σ,M,M^* 可分别标示为 $\Sigma(T_g),M(T_g),M^*(T_g)$. 但通常还是用原符号表示. 所以不加说明, 以下的集族 Σ 中的每个集合都规定为 T_g 不变的, 映射族 M,M^* 中的每个映射都是 T_g 等变的.

同时, 因为在多个临界点的讨论中, 对 Σ 中每一类集族 Z_m 讨论临界值 $c_m=\inf\limits_{A\in\Sigma_m}\sup\limits_{x\in A}\Phi(x)$ 时, 需要用到引理 2.2 中的结论, 所以对形变引理 2.1 中的同胚映射 $\eta:X\to X$, 还需要满足 $\eta\in M^*$ 的要求.

设 $X^+,X^-\subset X$ 为两个 T_g 不变子空间. 对 X 上的一个指标理论 $I=\{\Sigma,M,i\}$, 记 $M^*\subset M$ 为一个同胚群, 且对 M 中那些满足 $h|_{\Phi^{-1}(\mathbb{R}\setminus(a,b))}=\mathrm{id}$ 的同胚映射, 都包含于 M^* 中.

现根据 (2.41) 中的泛函 Φ 定义伪指标理论.

设 $LX^+\subset X^+$, 定义伪指标

$$i_1^*(A)=\min_{h\in M^*} i(\overline{h(A)}\cap X^+), \tag{2.42}$$

于是 $I_1^*=\{M^*,i_1^*\}$ 是一个伪指标理论. Benci 证明了下列引理.

引理 2.3 ([24], Theorem 2.4) 设指标理论满足整数为 d 的维数性质, X^+, $X^-\in\Sigma$ 是 Hilbert 空间 X 的线性子空间,

$$\dim(X^+\cap X^-),\quad \mathrm{cod}(X^++X^-)<\infty,$$

且形变引理 2.1 中的同胚映射 $\eta:X\to X$ 满足 $\eta\in M^*$, 则对 $\forall r>0$ 有

$$i_1^*(X^-\cap S_r)=\frac{1}{d}\left[\dim(X^+\cap X^-)-\mathrm{cod}(X^++X^-)\right].$$

由引理 2.3, 并结合定理 2.10, 我们可证以下定理.

定理 2.11 ([24], Theorem 4.1) 设 X 是一个 Hilbert 空间, $I=\{\Sigma,M,i\}$ 是 X 上关于紧 Lie 群 G 的一个指标理论, 满足正整数为 d 的维数性质, $\Phi\in C^1(X,\mathbb{R})$ 由 (2.41) 给出, 是 T_g 不变连续可微泛函, $\Phi(0)=0$, 满足 (PS)-条件. 设 $X^+,X^-\in\Sigma$ 是 Hilbert 空间 X 的线性子空间, $LX^+\subset X^+$,

$$\dim(X^+\cap X^-),\quad \mathrm{cod}(X^++X^-)<\infty,$$

且有 $r>0$, 泛函 $\Phi(x)$ 在 X^+ 上为下有界, 在 $X^-\cap S_r$ 上为上有界, 按 (2.42) 定义伪指标理论 $I_1^*=\{M^*,i_1^*\}$, 且形变引理 2.1 中的同胚映射 $\eta:X\to X$ 满足 $\eta\in M^*$. 记

$$\Sigma_m=\{A\in\Sigma:i_1^*(A)\geqslant m\},\quad c_m=\inf_{A\in\Sigma_m}\sup_{x\in A}\Phi(x).$$

则当

$$\bar{m}=\frac{1}{d}\left[\dim(X^+\cap X^-)-\operatorname{cod}(X^++X^-)\right]>0$$

时,

$$c_1\leqslant c_2\leqslant\cdots\leqslant c_{\bar{m}}$$

为临界值, 且有

$$c_{m+k}=c_{m+k-1}=\cdots=c_m=c>-\infty\Rightarrow i(K_c)\geqslant k+1.$$

证明 由定理条件和文献 [24] 中 Corollary 3.5 知, 伪指标满足正整数为 d 的维数性质. 取 $A\in\Sigma,A\subset\Phi^{c_0}$, 则由假设可得, $A\cap X^+=\varnothing$. 故 $i_1^*(A)=i(A\cap X^+)=0$. 又取 $\tilde{A}=X^-\cap S_r$, 则 $\tilde{A}\subset\Phi^{c_\infty}$. 由引理 2.3, 得 $i_1^*(\tilde{A})=\bar{m}$. 这时定理 2.10 的条件均满足, 故本定理的结论成立.

由定理 2.11 可以对泛函 (2.41) 临界点的个数作出估计.

附注 在文献 [24] 的 Theorem 4.1 中, 因为只要求泛函 $\Phi(x)$ 在空间 X 的闭子集 $[\Phi^{-1}(c_0),\Phi^{-1}(c_\infty)]$ 上满足 (PS)-条件, 故对泛函有

$$\Phi(x)>c_0,\forall x\in X^+;\quad \Phi(x)<c_\infty,\forall x\in X^-\cap S_r$$

的要求. 我们应用此定理时, 将 $\Phi(x)$ 在空间 X 的闭子集满足 (PS)-条件的要求加强为整个空间 X 上满足 (PS)-条件, 故可不再给出泛函 Φ 对取值区间的具体限制.

2.2.4 Z_2 指标理论与伪 Z_2 指标理论

考虑 $Z_2=\{0,1\}$ 及其在 X 上的等距连续表示: 对 $\forall x\in X$,

$$T_0x=x,\quad T_1x=-x.$$

Z_2 中定义加法运算: $0+0=1+1=0$, $0+1=1+0=1$, 取 0 为单位元, 0 和 1 各为其自身的逆元, 则 Z_2 构成群. 取子集族

$$\Sigma(T_g)=\{A \text{ 是 } X \text{ 中关于原点对称的闭子集}, 0\notin A\},$$

限定映射族 M 为包括恒等映射在内的所有 X 到其自身的连续奇映射. 取 $A\in\Sigma$, 设 k 是存在连续映射 $F:A\to\mathbb{R}^k\backslash\{0\}$ 的最小正数, 就定义 A 的指标为 k, 记为

$$i(A)=k.$$

对 A 而言, 如果上述那样的连续映射不存在, 就令 $i(A)=+\infty$. 同时记空集 $\varnothing$ 的指标 $i(\varnothing)=0$.

易证, 三元素组 $I=\{\Sigma(T_g),M(T_g),i\}$ 满足关于指标的所有要求, 故 I 是一个指标理论, 称为 Z_2 **指标理论.**

在 Z_2 指标理论中, $i(\{0\})=+\infty$.

Z_2 指标理论满足维数性质, $d=1$. 即成立如下命题.

命题 2.7　设 $I=\{\Sigma,M,i\}$ 是 Hilbert 空间 X 上的 Z_2 指标理论, $X_1\subset X$ 是有限维子空间, D 是原点的不变开邻域, 则

$$i(\partial D\cap X_1)=\dim X_1.$$

根据命题 2.6 很容易由 Z_2 指标理论给出伪 Z_2 指标理论.

命题 2.8　设 $I=\{\Sigma,M,i\}$ 是 Hilbert 空间 X 上的一个 Z_2 指标理论, $M^*\subset M$ 是 X 上同胚映射构成的群, 取定 $Q\in\Sigma$, 对 $\forall A\in\Sigma$, 定义

$$i^*(A)=\min_{h\in M^*} i(\overline{h(A)}\cap Q),$$

则 $I^*=\{M^*,i^*\}$ 是 X 上的一个伪 Z_2 指标理论.

由于定义中的闭子集 $Q\in\Sigma$ 有充分的选择余地, 所以伪 Z_2 指标理论的构造可以根据问题的需要而作不同定义.

运用 Z_2 指标理论对特定的偶泛函, 例如由两点边值问题得到的偶泛函, 研究多重临界点的存在性, 已有众多的结果.

Z_2 指标与临界点个数

作为定理 2.10 的推论, 我们可以得到 Clarke 定理.

定理 2.12 (Clarke 定理)　设 X 是一个 Hilbert 空间, $\Phi\in C^1(X,\mathbb{R})$ 为下有界偶泛函, 满足 (PS)-条件, 且 $\Phi(0)=0$. 又设存在 $K\subset X$ 及奇同胚映射 $h:K\to S^{m-1}$, 满足 $\sup\limits_{x\in K}\Phi(x)<0$, 则泛函 Φ 至少有 m 对不同的临界点.

证明　由于 $\Phi\in C^1(X,\mathbb{R})$ 为偶泛函, K 奇同胚于 S^{m-1}, 因此它是闭有界集, 且关于原点对称, 故可以在 X 上构造 Z_2 指标理论 $I=\{\Sigma,M,i\}$, 使 K 及其关于原点对称的任何闭子集 $h^{-1}(S^k),k=0,\cdots,m-1$, 都是子集族 Σ 中的元素, 且它们都是原点相应开邻域在有限维子空间中的边界. 记 $K_{j+1}=h^{-1}(S^j)\subset K,j=0,1,\cdots,m-1$, 则 $K_{j+1}\in\Sigma$, 且有

$$i(K_j)=j,\quad j=1,\cdots,m,$$

于是有

$$c_j = \inf_{A\in\Sigma_j}\sup_{x\in A}\Phi(x) < 0, \quad j = 1, \cdots, m.$$

同时由 Φ 的下有界性可得, $-\infty < c_1 \leqslant \cdots \leqslant c_m < 0$. 于是由定理 2.10 可知本定理成立.

Clarke 定理大致可以看作定理 2.10 中 $\mathrm{cod}X_2 = 0$ 的特例.

作为定理 2.11 的推论有如下定理.

定理 2.13 ([24], Theorem 0.1) 设 $c_0 < c_\infty < 0$ 为两个常数, $\Phi \in C^1(X, \mathbb{R})$ 是由 (2.41) 定义的可微泛函, 满足 (PS)-条件, 且 $\Phi(-x) = \Phi(x)$. 如果 Hilbert 空间 X 有两个子空间 X^+, X^- 及正数 $\rho > 0$, 使

$$\Phi(x) > c_0, \quad x \in X^+,$$
$$\Phi(x) < c_\infty, \quad x \in X^+ \cap S_\rho \quad (S_\rho = \{x \in X : \|x\| = \rho\}),$$

则当

$$m = \dim(X^+ \cap X^-) - \mathrm{cod}(X^+ + X^-) > 0$$

时, 泛函 Φ 至少有 m 对不同的临界点.

需要注意的是, 定理中 $\Phi(-x) = \Phi(x)$ 这一条件, 意味着如果 $x \in X$ 是泛函 Φ 对应临界值 c 的临界点, 则 $-x$ 也是对应同一临界值的临界点, 所以对应同一临界值至少有一对临界点. 如果没有上面的条件, 则只能说对应一个临界值至少有一个临界点.

定理 2.14 (Rabinowitz) 设 X 是一个无穷维 Hilbert 空间, 对 $X_n \subset X, n = 1, 2, \cdots$ 是 X 的 n 维子空间, 满足 $X_n \subset X_{n+1}$. 又设 $\Phi \in C^1(X, \mathbb{R})$ 为偶泛函, 满足

(1) 存在常数 $\alpha, r > 0$ 使 $\sup\limits_{x\in S_r}\Phi(x) \leqslant -\alpha$;

(2) 对每个 n 有 $r_n > 0$ 使 $\Phi(x) \geqslant 0, x \in X_n \backslash B_{r_n}$,

则泛函 Φ 有无穷多个临界点.

证明 利用 Φ 的偶泛函性质, 可以在空间 X 上建立 Z_2 指标理论 $I(\Sigma, M, i)$. 取所有的同胚映射的集合 $M^* \subset M, Q = X_n \in \Sigma$, 定义伪 Z_2 指标

$$i^*(A) = \min_{h\in M^*} i(\overline{h(A)} \cap Q).$$

令 $\Sigma_m = \{A \in \Sigma : i^*(A) \geqslant m\}$, 则当 $1 \leqslant m \leqslant n$ 时, 可知

$$-\infty < c_m = \inf_{A\in\Sigma_m}\sup_{x\in A}\Phi(x) < 0.$$

我们首先在 Hilbert 空间 X 的闭子空间 X_n 上讨论泛函 $\Phi|_{X_n}(x)$ 的临界点, 则 $\Phi|_{X_n}$ 是 X_n 上可微偶泛函, 因此可以定义 X_n 上的 Z_2 上不变子集族 Σ^n, 进

一步建立 Σ^n 上的 Z_2 指标理论, 定义 $Z_m^n=\{A\in Z^n: i(A)\geqslant m\}$ 和 $c_m=\inf\limits_{A\in\Sigma_m^n}\sup\limits_{x\in A}\Phi(x)$. 令 $X^1=X_n$, $X^2=X_n$. 于是由条件 (1) 得 $\sup\limits_{x\in S_r\cap X^1}\Phi|_{X_n}(x)\leqslant -\alpha<0$. 同时因为 X^2 是有限维的, 所以由条件 (2) 知存在 $\alpha>0$ 使 $\sup\limits_{x\in X^2}\Phi(x)\geqslant -\alpha$. 注意到 X_n 是有限维的, 则 $\Phi|_{X_n}$ 在 X_n 上满足 (PS)-条件.

这时 $\dim X^1=n, \mathrm{cod}_{X_n}X^2=0$, 由定理 2.10 得 $\Phi|_{X_n}$ 在 X_n 上至少有 n 个互不相同的临界点. 由 $n\in N^+$ 的任意性及 $\lim\limits_{n\to\infty}X_n=X$, 可知定理结论成立.

2.2.5 S^1 指标理论和伪 S^1 指标理论

记 $S^1=\mathbb{R}/2\pi\mathbb{Z}$, 则 S^1 为模数 2π 的加法群. 设 X 是一个 Hilbert 空间, $\{T_s: s\in[0,2\pi]\}$ 是群 S^1 在 X 上的表示. 记 Σ 为 X 中所有 S^1 不变闭子集的全体, 即如果 $A\in\Sigma, x\in A$, 则

$$T_s x\in A,\quad s\in[0,2\pi]. \tag{2.43}$$

设 M 是 X 上包括恒等映射在内的连续映射的全体, 且对映射的复合封闭. 对于 $A\in\Sigma$, 定义

$$\begin{aligned}i(A)=\min\{k:&\text{存在连续映射 }\Psi\in C^0(X,X),\text{使 }\Psi:A\to\mathbb{C}^k\backslash\{0\},\text{且有 }n>0\text{ 使}\\&\forall x\in A,\text{有 }\Psi(T_s x)=e^{ins}\Psi(x)\},\end{aligned}$$

则可以证明 $I=\{\Sigma,M,i\}$ 是一个指标理论, 称为 S^1 **指标理论**.

对 S^1 指标理论, 同样规定 $i(\varnothing)=0, i(\{0\})=+\infty$.

S^1 指标理论满足维数性质, $d=2$. 即成立命题

命题 2.9 ([112], Proposition 5.3) 设 $I=\{\Sigma,M,i\}$ 是 Hilbert 空间 X 上的 S^1 指标理论, $X_1\subset X$ 是有限维子空间, D 是原点的不变开邻域, 则

$$i(\partial D\cap X_1)=\frac{1}{2}\dim X_1.$$

设 $x\in X$ 是 Hilbert 空间 X 上的一点, 则 $[x]=\{T(s)x: s\in S^1\}$ 称为过点 x 的一条**周期轨道**. S^1 指标理论在研究自治型微分方程和微分系统的周期轨道个数时, 是一个非常重要的工具. 至于 S^1 指标的计算, 可用下例说明.

例 2.1 设 $X=H_T^1$,

$$\begin{aligned}A=\Bigg\{&x=(x_1,x_2,\cdots,x_l): x_j=a_j\cos\frac{2n_j\pi t}{T}+ib_j\sin\frac{2n_j\pi t}{T},\\&a_j,b_j\in\mathbb{R},0<\alpha^2\leqslant\sum_{j=1}^{l}(a_j^2+b_j^2)\leqslant\beta^2\Bigg\}.\end{aligned}$$

显然 $i(A) \geqslant l$. 将 $x_j = a_j \cos \dfrac{2n_j\pi t}{T} + ib_j \sin \dfrac{2n_j\pi t}{T}$ 视同于复平面上的点 $a_j + ib_j$, 对于由

$$T_s x = \left(e^{\frac{i2\pi n_1 s}{T}} x_1, e^{\frac{i2\pi n_2 s}{T}} x_2, \cdots, e^{\frac{i2\pi n_l s}{T}} x_l\right), \quad n_j \in \mathbb{Z}^+, \quad s \in [0, T]$$

给出的群 S^1 在 X 上的表示, 记 $n = n_1 n_2 \cdots n_l$. 由于存在 $X \to X$ 的连续映射

$$\Psi(x) = \left(x_1^{\frac{n}{n_1}}, x_2^{\frac{n}{n_2}}, \cdots, x_l^{\frac{n}{n_l}}\right),$$

使

$$\Psi(T_s x) = \left(\left(e^{\frac{i2\pi n_1 s}{T}} x_1\right)^{\frac{n}{n_1}}, \left(e^{\frac{i2\pi n_2 s}{T}} x_2\right)^{\frac{n}{n_2}}, \cdots, \left(e^{\frac{i2\pi n_l s}{T}} x_l\right)^{\frac{n}{n_l}}\right) = e^{\frac{i2\pi n s}{T}} \Psi(x),$$

故 $i(A) = l$.

例 2.2 记 $O_1, O_2, \cdots, O_l$ 为分别过 $2l$ 维 Hilbert 空间 X 中的点 $x_1, x_2, \cdots, x_l$ 的周期轨道, 周期分别为 $n_1, n_2, \cdots, n_l$, 且彼此不相交, 其中

$$x_j = a_j \cos \frac{2n_j\pi t}{T} + ib_j \sin \frac{2n_j\pi t}{T}, \quad a_j^2 + b_j^2 = r_j^2 > 0.$$

这里, 我们将 x_j 中三角函数的系数用复数表示, i 表示虚数单位. 设 $A = \bigcup\limits_{j=1}^{l} O_j(x_j)$. 令 $n = n_1 n_2 \cdots n_l$. 定义 $\Phi \in C^0(A, \mathbb{C}\backslash\{0\})$ 如下:

$$\Phi(x) = x^{\frac{n}{n_j}}, \quad x \in O_j.$$

同时令 S^1 在 X 上的表示为

$$T(s)x = e^{in_j s} x, \quad x \in O_j,$$

于是有 $A \to \mathbb{C}\backslash\{0\}$ 的连续映射 Ψ 满足

$$\Psi(T(s)x) = e^{ins} \Psi(x), \quad \forall x \in A.$$

可知 $i(A) = 1$.

和建立伪 Z_2 指标的方法类似, 即在 X 上的连续映射集 M 中取连续同胚映射构成的子集 M^*, 并取 $\Omega \in \Sigma$, 然后定义 $i^*(A) = \inf\limits_{h \in M^*} i(h(A) \cap \Omega)$, 即可由 S^1 指标理论 $I = \{\Sigma, M, i\}$ 得到**伪 S^1 指标理论** $I^* = \{M^*, i^*\}$.

运用 S^1 指标理论和伪 S^1 指标理论对特定的泛函, 例如由周期边值问题得到的偶泛函, 研究其周期轨道的个数, 已有相当多的结果.

S^1 指标与临界点个数的关系

在 S^1 指标下, 每个临界点对应一个周期轨道, 根据定理 2.8, S^1 指标和临界点个数也有类似关系. 根据定理 2.11 有如下定理.

定理 2.15 设 X 是一个 Hilbert 空间, $I=\{\Sigma, M, i\}$ 是 X 上的一个 S^1 指标理论, $\Phi \in C^1(X,\mathbb{R})$ 是连续可微偶泛函, $\Phi(0)=0$, 满足 (PS)-条件, 记 $\Sigma_m=\{A\in\Sigma : i(A)\geqslant m\}$,

$$c_m=\inf_{A\in\Sigma_m}\sup_{x\in A}\Phi(x).$$

则

(1) $c_m \leqslant c_{m+1} < \Phi(0)$;

(2) $c_m > -\infty \Rightarrow c_m$ 是临界值;

(3) $c_{m+k}=c_{m+k-1}=\cdots=c_m=c>-\infty \Rightarrow i(K_c)\geqslant k+1$.

定理 2.16 设 X 是一个 Hilbert 空间, $I=\{\Sigma, M, i\}$ 是 X 上的一个 S^1 指标理论, $\Phi \in C^1(X,\mathbb{R})$ 是连续可微偶泛函, $\Phi(0)=0$, 满足 (PS)-条件, 记 $\Sigma_m=\{A\in\Sigma : i(A)\geqslant m\}$, $c_m=\inf\limits_{A\in\Sigma_m}\sup\limits_{x\in A}\Phi(x)$.

如果 Φ 满足

(1) 存在子空间 $X_1\subset X, \dim X_1=2n<\infty$, 且有 $r>0$ 使

$$\sup_{x\in X_1\cap S_r}\Phi(x)<\Phi(0);$$

(2) 存在子空间 $X_2\subset X, \mathrm{cod}X_2=2k<2n$, 使

$$\inf_{x\in X_2}\Phi(x)>-\infty,$$

则泛函 Φ 至少有 $n-k$ 对不同的临界点.

定理 2.17 设 $\Phi\in C^1(X,\mathbb{R})$ 是具有 (2.41) 形式的连续可微泛函, L 为有界线性算子, 对群 S^1 在 X 上的表示 T_θ 不变, $\Psi'\in C^0(X,X)$ 是紧算子, 有 $c_0<c_\infty<0$, 当 $c\in[c_0,c_\infty]$ 时 Φ 满足 $(\mathrm{PS})_c$-条件. 如果有 $X^+, X^-\subset X, LX^+\subset X^+$ 及 $r>0$, 使 $\dim(X^+\cap X^-), \mathrm{cod}(X^++X^-)<\infty$, 且

$$\Phi(x)>c_0,\quad \forall x\in X^+,$$
$$\Phi(x)<c_\infty,\quad \forall x\in X^-\cap S_r,$$

则当 $m=\dfrac{1}{2}[\dim(X^+\cap X^-)-\mathrm{cod}(X^++X^-)]>0$ 时, (2.41) 所定义的泛函至少有 m 对不同的临界点, 其对应的临界值在区间 $[c_0,c_\infty]$ 中.

由于对 S^1 指标理论而言, 由 $LX^+\subset X^+$, 可以定义伪指标理论 $i_1^*(A)=\inf\limits_{h\in M^*} i(\overline{h(A)}\cap X^+)$, 而且对定理 2.11 中的假设成立, 从而维数性质满足. 考虑到维数性质的整数为 2, 即得本定理结论.

2.3 Z_n 指标理论和伪 Z_n 指标理论

在本节中我们将给出 Z_n 指标理论, 其中 $n \geqslant 1$ 为整数. 此理论是在 Z_2 指标理论基础上所作的推广, 以便用于研究非自治微分系统调和解的多重性.

以下我们在可分 Hilbert 空间 X 上建立 Z_n 指标理论.

对整数 $n \geqslant 1$ 取集合 $Z_n = \{0, 1, \cdots, n-1\} \subset [0, n)$, 在其上定义模为 n 的加法运算 $\oplus$, 即对 $\forall x, y \in Z_n$, 有唯一的 $z \in Z_n$ 使 $z = x + y(\mathrm{mod} n)$ 就令

$$z = x \oplus y.$$

这时 $\{Z_n, \oplus\}$ 就成为一个紧 Lie 群.

根据泛函分析的原理, 一个可分的 Hilbert 空间与 l^2 空间同构. 故可假定存在酉算子 $\varphi : X \to l^2$, 满足 $\varphi(-x) = -\varphi(x)$, 且其逆 φ^{-1} 存在, 有

$$\varphi^{-1}(-a) = -\varphi^{-1}(a), \quad a \in l^2.$$

同时任意一个 m-维闭子空间 $Y \subset X$ 与 $\mathbb{R}^m$ 同构, 即 $\mathbb{R}^m = \varphi(Y)$, 其中 $m \geqslant 1$.

又设 $X_1, X_2 \subset X$ 是两个闭子空间, $X = X_1 \oplus X_2$. 现就 $g \in \{0, 1, 2, \cdots, n-1\}$, 对任意有限维子空间 $Y \subset X$ 按如下方式定义酉算子 $S_g : \varphi(Y) \to \varphi(Y)$.

设 $Y = Y_1 \oplus Y_2, Y_1 \subset X_1, Y_2 \subset X_2$, 其中 $\dim Y_1 = j, \dim Y_2 = 2k, m = j + 2k \geqslant 1$, $j, k \geqslant 0$. 则当 $j \geqslant 1$ 时, 对 $y_1 \in Y_1$ 有

$$\varphi(y_1) = (c_1, c_2, \cdots, c_j) \in \mathbb{R}^j.$$

定义 $S_g^1 = S_g|_{\varphi(Y_1)} = \mathrm{id}|_{\varphi(Y_1)} : \varphi(Y_1) \to \varphi(Y_1)$ 为

$$S_g^1(\varphi(y_1)) = \mathrm{id}|_{\varphi(Y_1)}(\varphi(y_1)) = (c_1, c_2, \cdots, c_j). \tag{2.44}$$

在 $k \geqslant 1$ 时, 对 $y_2 \in Y_2$ 有

$$\varphi(y_2) = ((a_1, b_1), (a_2, b_2), \cdots, (a_k, b_k)) \in \mathbb{R}^{2k}.$$

定义 $S_g^2 = S_g|_{\varphi(Y_2)} : \varphi(Y_2) \to \varphi(Y_2)$ 为

$$S_g^2(\varphi(y_2)) = (S_g^{2,1}(a_1, b_1), S_g^{2,2}(a_2, b_2), \cdots, S_g^{2,k}(a_k, b_k)), \tag{2.45}$$

其中

$$S_g^{2,i}(a_i,b_i)=\left(\left(a_i\cos\frac{2\pi gn_i}{n}-b_i\sin\frac{2\pi gn_i}{n}\right),\left(a_i\sin\frac{2\pi gn_i}{n}+b_i\cos\frac{2\pi gn_i}{n}\right)\right),$$

$$i=1,2,\cdots,k, \tag{2.46}$$

整数 $n_i\geqslant 0$, 具体数值与 $\varphi^{-1}(a_i,b_i)$ 在 Y_2 中所处的二维子空间有关.

显然当 $\hat{n}_i=n_i(\bmod n),\hat{n}_i\in\{1,2,\cdots,n-1\}$ 时,

$$S_g^{2,i}(a_i,b_i)=\left(\left(a_i\cos\frac{2\pi g\hat{n}_i}{n}-b_i\sin\frac{2\pi g\hat{n}_i}{n}\right),\left(a_i\sin\frac{2\pi g\hat{n}_i}{n}+b_i\cos\frac{2\pi g\hat{n}_i}{n}\right)\right),$$

所以在 (2.46) 中我们不妨设

$$n_i\in\{0,1,2,\cdots,n-1\}. \tag{2.47}$$

记 $S_g=(S_g^1,S_g^2)$, 对 $\forall p\geqslant 1$ 的整数, 令

$$(S_g)^p=((S_g^1)^p,(S_g^2)^p)=(S_{pg}^1,S_{pg}^2)=(\mathrm{id}|_{\varphi(Y_1)},S_{pg}^2), \tag{2.48}$$

其中 $S_{pg}^2=(S_{pg}^{2,1},S_{pg}^{2,2},\cdots,S_{pg}^{2,k})$, 且

$$S_{pg}^{2,i}(a_i,b_i)=\left(\left(a_i\cos\frac{2\pi pg\hat{n}_i}{n}-b_i\sin\frac{2\pi pg\hat{n}_i}{n}\right),\left(a_i\sin\frac{2\pi pg\hat{n}_i}{n}+b_i\cos\frac{2\pi pg\hat{n}_i}{n}\right)\right),$$

$$i=1,2,\cdots,k \tag{2.49}$$

由 (2.44)—(2.49) 所定义的酉算子 $S_g:\mathbb{R}^m\to\mathbb{R}^m$, 我们称之为 S **酉算子.**

不难验证, 根据 S 酉算子的定义, 有

$$\begin{aligned}&(S_g)^{p_1}\circ(S_g)^{p_2}=(S_g)^{p_1+p_2}=S_{(p_1+p_2)g},\\&(S_{g_1})^p\circ(S_{g_2})^p=S_{pg_1}\circ S_{pg_2}=S_{p(g_1+g_2)},\end{aligned} \tag{2.50}$$

现在我们可以根据酉算子 S_g 给定 Z_n 群在 X 上的酉表示.

如果 $A\subset X$ 是关于原点对称的闭子集, 则 $B=\varphi(A)\subset l^2$ 也是 l^2 中关于原点对称的闭子集, 且这时

$$x\in\partial A\Leftrightarrow\varphi(x)\in\partial B. \tag{2.51}$$

如果对 $\forall g\in Z_n$ 记算子 $T_g=\varphi^{-1}\circ S_g\circ\varphi$, 则 $T_g:X\to X$ 是酉算子, 由群 Z_n 的性质, 我们有

$$T_{g_1}\circ T_{g_2}=T_{g_1+g_2},\quad\forall g_1,g_2\in Z_n. \tag{2.52}$$

而且, 如果算子 $h: X \to X$ 为 T_g 等变的, 即 $\forall x \in X, g \in Z_n$, 有

$$h(T_g x) = T_g(h(x)),$$

则 $\tilde{h} = (\varphi \circ h \circ \varphi^{-1}) : l^2 \to l^2$ 是 S_g 等变的. 实际上,

$$\begin{aligned}\tilde{h}(S_g \circ \varphi(x)) &= \varphi \circ h \circ \varphi^{-1}(\varphi \circ T_g \circ \varphi^{-1}(\varphi(x))) \\ &= \varphi \circ h(T_g x) \\ &= \varphi \circ T_g(hx) \\ &= \varphi \circ (\varphi^{-1} \circ S_g \circ \varphi)(\varphi^{-1} \circ \tilde{h} \circ \varphi(x)) \\ &= S_g \circ \tilde{h} \circ \varphi(x) \\ &= S_g(\tilde{h} \circ \varphi(x)).\end{aligned}$$

反之, 如果 $\tilde{h} : l^2 \to l^2$ 是 S_g 等变的, 则 $h = (\varphi^{-1} \circ \tilde{h} \circ \varphi) : X \to X$ 是 T_g 等变的. 现对 (2.41) 中的泛函, 假设

$$\Phi(x) \text{ 连续可微偶泛函, 且对紧 Lie 群 } Z_n \text{ 是 } T_g \text{ 不变的.} \tag{2.53}$$

取 Σ 为如下一类闭子集 $A \subset X$ 的集合: 每个闭子集关于原点对称, 且是 T_g 不变的. 同时取 $M = \{h \in C^0(X \to X) : h \text{ 为 } T_g \text{ 等变的连续奇映射}\}$, M 中包含恒等算子 $id = T_0$, 且其中的算子对复合运算封闭.

这时对 $A \in \Sigma$ 定义

$$\begin{aligned}i(A) = \min\{m : &\text{存在 } \Psi \in C(A, \mathbb{R}^m \backslash \{0\}), \text{满足 } \Psi(-x) = -\Psi(x), \text{且对每个} \\ &g \in \{0, 1, 2, \cdots, n-1\}, \text{有相应的整数 } p > 0, \text{使 } \Psi(T_g x) = S_{pg}\Psi(x), x \in A\},\end{aligned}$$

$$i(\varnothing) = 0.$$

如果对 A 而言, 不存在满足括号 $\{\cdots\}$ 内所述要求的连续算子 Ψ, 则定义 $i(A) = +\infty$. 于是有

$$i(\{0\}) = +\infty.$$

可以证明如下定理.

定理 2.18 $I = \{M, \Sigma, i\}$ 是一个指标理论, 我们称之为 Z_n **指标理论**.

证明 我们仅需验证 $I = \{\Sigma, M, i\}$ 满足定义 2.7 的全部要求.

首先 Σ 显系 X 中的一个闭子集族, 且对 $\forall A, B \in \Sigma$, 即 $\forall A, B \subset X$ 为关于原点对称的 T_g 不变闭集, 易证 $A \cup B, A \cap B, A \backslash \text{int}B$ 仍是 X 中关于原点对称的 T_g 不变闭集, 从而有

$$A \cup B, \quad A \cap B, \quad A \backslash \text{int}B \in \Sigma.$$

同时, 由于 $M=\{T_g: X\to X$ 的 T_g 等变连续奇映射$, g\in Z_n\}$, 易知, $T_g\circ T_f=T_{g+f}\in M$, 且 $\mathrm{id}=T_0\in M$, $T_gA=A\in\Sigma$.

下面需验证定义中的 (1)—(5) 成立. 其中 (1)、(2) 可直接从 Z_n 指标的定义得到.

下证 (3) 次可加性和 (4) 连续性.

设 $i(A_1)=m_1, i(A_2)=m_2$. 则有 Z_n 群的 T_g 不变算子

$$\Psi_1: A_1\to\mathbb{R}^{m_1},\quad \Psi_2: A_2\to\mathbb{R}^{m_2},$$

满足

$$\Psi_1(T_gx)=S_{p_1g}\Psi_1(x),\quad x\in A_1,$$
$$\Psi_2(T_gx)=S_{p_2g}\Psi_2(x),\quad x\in A_2.$$

对 Z_n 存在连续扩张算子 $\tilde\Psi_1: X\to\mathbb{R}^{m_1}, \tilde\Psi_2: X\to\mathbb{R}^{m_2}$, 满足

$$\tilde\Psi_1|_{A_1}=\Psi_1,\quad \tilde\Psi_2|_{A_2}=\Psi_2.$$

不妨设 $\tilde\Psi_1, \tilde\Psi_2$ 是奇算子. 设不然, 分别用

$$\frac{1}{2}[\tilde\Psi_1(x)-\tilde\Psi_1(-x)],\quad \frac{1}{2}[\tilde\Psi_2(x)-\tilde\Psi_2(-x)]$$

代替 $\tilde\Psi_1(x), \tilde\Psi_2(x)$ 即可. 同时不妨设对 $g\in\{0,1,2,\cdots,n-1\}$,

$$\tilde\Psi_1(T_gx)=S_{p_1g}\tilde\Psi_1(x),\quad \tilde\Psi_2(T_gx)=S_{p_2g}\tilde\Psi_2(x),\quad x\in X \tag{2.54}$$

成立. 若不然, 分别用

$$\frac{1}{n}\sum_{j=1}^{n}S_{-jp_1}\tilde\Psi_1(T_jx),\quad \frac{1}{n}\sum_{j=1}^{n}S_{-jp_2}\tilde\Psi_2(T_jx)$$

代替 $\tilde\Psi_1, \tilde\Psi_2$. 代替后, 它们仍是连续奇算子, 且可使 (2.54) 成立.

现对 $i=1,2$ 及整数 $p\geqslant 1$, 定义 $\tilde\Psi_i^p: A_i\to\mathbb{R}^{m_i}$ 满足

$$\tilde\Psi_i^p(x)=S_{(p-1)p_ig}\tilde\Psi_i(x).$$

这时有

$$\tilde\Psi_i^p(T_gx)=S_{pp_ig}\tilde\Psi_i(x), \tag{2.55}$$

$\tilde\Psi_i^p(x), \tilde\Psi_i$ 都是连续奇算子. 由此得

$$\tilde\Psi_1^{p_2}(T_gx)=S_{p_2p_1g}\tilde\Psi_1(x),\quad \tilde\Psi_2^{p_1}(T_gx)=S_{p_1p_2g}\tilde\Psi_2(x). \tag{2.56}$$

令 $\Psi^*(x) = (\tilde{\Psi}_1^{p_2}(x), \tilde{\Psi}_2^{p_1}(x))$, 则

$$\Psi^*|_{A\cup B} : A \cup B \to \mathbb{R}^{m_1+m_2},$$

且有

$$\Psi^*(T_g x) = (\tilde{\Psi}_1^{p_2}(T_g x), \tilde{\Psi}_2^{p_1}(T_g x)) = S_{p_1 p_2 g}(\tilde{\Psi}_1^{p_2}(x), \tilde{\Psi}_2^{p_1}(x)) = S_{p_1 p_2 g}\Psi^*(x).$$

于是,

$$i(A \cup B) \leqslant m_1 + m_2 = i(A) + i(B),$$

从而次可加性成立.

再设 $A \in \Sigma, i(A) = m$. 由定义知, 存在连续奇算子 $\Psi : A \to \mathbb{R}^m \backslash \{0\}$ 满足

$$\Psi(T_g x) = S_{pg}(\Psi(x)), \quad x \in A, \quad g \in Z_n,$$

其中 $p \geqslant 1$ 是整数. 如上所证, Ψ 可扩张为 $\tilde{\Psi} : X \to \mathbb{R}^m \backslash \{0\}$, 使

$$\tilde{\Psi}(T_g x) = S_{pg}(\tilde{\Psi}(x)), \quad x \in X, \quad g \in Z_n$$

成立. 由此, 存在 T_g 不变连续奇算子 $\Psi^* : X \to \mathbb{R}^m \backslash \{0\}$, 使

$$\Psi^*(T_g(x)) = S_{pg}\Psi^*(x), \quad g \in Z_n, \quad x \in X.$$

取开集 $V \subset (\Psi^*)^{-1}(\mathbb{R}^m \backslash \{0\})$, 使 $A \subset V$. 因 A 是紧集, 故存在 $\delta > 0$ 使 $N_\delta(A) \subset V$. 于是有

$$\Psi^* : N_\delta(A) \to \Psi^*(V) \subset \mathbb{R}^m \backslash \{0\}.$$

从而由 $m = i(A) \leqslant i(N_\delta(A)) \leqslant m$ 得 $i(N_\delta(A)) = m$. 连续性得证.

最后验证超变性. 设有 $h \in M$ 使 $i(\overline{h(A)}) = m$, 则 $\Psi : \overline{h(A)} \to \mathbb{R}^m \backslash \{0\}$ 满足

$$\Psi(T_g(\overline{h(x)})) = S_{pg}\Psi(\overline{h(x)}), \quad x \in A, \quad g \in Z_n.$$

令 $\tilde{\Psi} = \Psi \circ h : A \to \mathbb{R}^m \backslash \{0\}$, 由于 $h \in M$ 具有等变性而有

$$\tilde{\Psi}(T_g x) = \Psi \circ h(T_g x) = \Psi \circ T_g(h(x)) = S_{pg}\Psi(h(x)) = S_{pg}\tilde{\Psi}(x), \quad x \in A,$$

于是有 $i(A) \leqslant m = i(\overline{h(A)})$. 故超变性成立.

至此, 定理 2.18 得证.

我们这里所给的 Z_n 指标理论, 当 $n = 2$ 且限定在均值为零的周期函数空间上讨论时, 大体就是常用的 Z_2 指标理论. 其不同之处是, 对 $A \in \Sigma$, 如果按之前

的 Z_2 指标理论的定义计算, 其指标为 k, 则按现时的 Z_n 指标理论的定义计算, 则指标为 $2k$.

至于伪指标理论, 令 $M^* = \{h : X \to X \text{ 同胚映射}\} \subset M$, 所以可以按如下方式定义一个伪指标.

设 $I = \{\Sigma, M, i\}$ 是一个 Z_n 指标理论, $Q \in \Sigma$ 是 X 中的关于原点对称的 T_g 不变闭子集, 对任意 $A \in \Sigma$ 定义

$$i^*(A) = \min_{h \in M^*} i(h(A) \cap Q).$$

定理 2.19 $I^* = \{M^*, i^*\}$ 是一个伪 Z_n 指标理论.

证明 我们验证定义 2.8 中的各个条件.

(1) $A \in \Sigma$, 则 $i^*(A) = \min\limits_{h \in M^*} i(h(A) \cap Q) \leqslant i(A \cap Q) \leqslant i(A)$.

(2) $A \subset B$, 则有 $h_0 \in M$ 使 $i^*(B) = i(h_0(B) \cap Q)$. 于是,

$$i^*(A) = \min_{h \in M^*} i(h(A) \cap Q) \leqslant i(h_0(A) \cap Q) \leqslant i(h_0(B) \cap Q) = i^*(B).$$

由于

$$\begin{aligned} i(h(\overline{A \backslash B}) \cap Q) &= i(\overline{h(A) \cap Q \backslash B}) \\ &\geqslant i(h(A) \cap Q) - i(h(B)) \\ &= i(h(A) \cap Q) - i(B), \end{aligned}$$

故有

$$i^*(\overline{A \backslash B}) \geqslant i^*(A) - i(B).$$

(3) 由于 $h \in M^*$ 为同胚, 结论显然.

定理得证.

为了使 Z_n 指标理论及 Z_n 伪指标理论具有可应用性, 我们还需证明如下命题.

命题 2.10 Z_n 指标理论 $I = \{\Sigma, M, i\}$ 是满足 $d = 1$ 维数性质的指标理论.

为证命题 2.10, 我们需引用如下的 Borsuk 定理.

引理 2.4 (Borsuk 定理, [16], 第四章, 定理 3.1) 设 $\Omega \subset \mathbb{R}^n$ 为关于原点对称的有界开集, $0 \in \Omega$, $h : \Omega \to \mathbb{R}^n$ 为连续算子, $0 \notin h(\partial\Omega)$, 且对 $x \in \partial\Omega$ 有

$$\frac{h(x)}{|h(x)|} = \frac{h(-x)}{|h(-x)|}, \tag{2.57}$$

则拓扑度 $\deg\{h, \Omega, 0\} = 2s + 1$, 其中 $s \geqslant 0$ 为整数.

显然, 当 $\Omega\subset\mathbb{R}^n$ 关于原点对称, 则当 $h:\Omega\to\mathbb{R}^n$ 为奇连续算子, $0\notin h(\partial\Omega)$ 时, (2.57) 自然满足.

命题 2.10 的证明.

设 $B_1\subset X$ 是一个开的单位球. 对任意给定的整数 $m\geqslant 1$, 我们要证对 X 中的 m 维子空间 $V^m\subset X$, 当满足 $\{O\}\subset V^m\cap F$ 时有

$$i(V^m\cap\partial B_1)=m, \tag{2.58}$$

其中 $F=\{x\in X:T_gx=x,\forall g\in Z_n\}$. 由于 $V^m\cap\partial B_1$ 是 X 中 m 维子空间的单位闭球面, 令 $A=V^m\cap\partial B_1$, 则 $A\in\Sigma$. 由于 X 是可分 Hilbert 空间, 知 X 与空间 l^2 同构, 故直接令 $\Psi=\varphi:X\to l^2$, 则有

$$\Psi(T_gx)=\varphi(T_gx)=\varphi\circ T_g\circ\varphi^{-1}(\varphi x)=S_g\circ\Psi(x)\in\Psi(A)\subset\mathbb{R}^m\backslash\{0\},\quad x\in A, \tag{2.59}$$

即知

$$i(V^m\cap\partial B_1)\leqslant m.$$

如果

$$i(V^m\cap\partial B_1)=k<m,$$

则有连续奇算子 $\Psi:A\to\mathbb{R}^k\backslash\{0\}$ 满足 $\Psi(T_gx)=S_{pg}\Psi(x)$, 对 $g\in Z_n$. 这时可将算子 Ψ 扩张到 m 维闭单位球 $B_1^m=\mathrm{conv}A=V^m\cap\bar{B}_1$ 上, 即有奇算子

$$\tilde{\Psi}:\bar{B}_1^m\to\mathrm{conv}\Psi(A),\quad \tilde{\Psi}|_A=\Psi. \tag{2.60}$$

令 $\hat{B}_1=\varphi(B_1^m)\subset\mathbb{R}^m,\hat{\Psi}=\tilde{\Psi}\circ\varphi^{-1}$. 则 $\hat{\Psi}:\hat{B}_1\subset\mathbb{R}^m\to\mathbb{R}^k$, 也是奇算子, $\hat{B}_1$ 是 $\mathbb{R}^m$ 中的单位闭球. 这时 $\hat{\Psi}:\hat{B}_1\to\mathbb{R}^k$, 因

$$\tilde{\Psi}(x)\neq 0,\quad x\in A=\partial B_1^m$$

及 $x\in A=\partial B_1^m\Leftrightarrow y=\varphi(x)\in\partial\hat{B}_1\subset\mathbb{R}^m$, 可得

$$\hat{\Psi}(y)\neq 0,\quad y\in\partial\hat{B}_1.$$

于是由 Borsuk 定理得

$$\deg\{\hat{\Psi},\mathrm{int}\hat{B}_1,0\}\neq 0.$$

根据拓扑度性质, 存在 $r\in(0,1)$, $\forall q\in\hat{B}_r$ 时有

$$\deg\{\hat{\Psi},\mathrm{int}\hat{B}_1,q\}=\deg\{\hat{\Psi},\mathrm{int}\hat{B}_1,0\}\neq 0,$$

从而有 $y \in \mathrm{int}\hat{B}_1$ 使

$$\hat{\Psi}(y) = q.$$

但是当取 $q \in \hat{B}_r \cap (\mathbb{R}^m/\mathbb{R}^k)$ 时, 因为 $\hat{\Psi}(\hat{B}_1) \subset \mathbb{R}^k$, 上式不能成立. 由此可知 (2.58) 为真, 即命题 2.10 成立.

根据定理 2.8 和定理 2.11 可直接得到

定理 2.20 设 $X = X_1 \oplus X_2$ 是一个可分 Hilbert 空间, $I = \{\Sigma, M, i\}$ 是 X 上的一个 Z_n 指标理论, $\Phi \in C^1(X, \mathbb{R})$ 是关于 Z_n 群的元素 T_g 不变的可微偶泛函, 满足 (PS)-条件, $\Phi(0) = 0$. 记 $\Sigma_m = \{A \in \Sigma : i(A) \geqslant m\}$, $c_m = \inf\limits_{A\in\Sigma_m} \sup\limits_{x\in A} \Phi(x)$. 则

(1) $c_m \leqslant c_{m+1}$;

(2) $c_m > -\infty \Rightarrow c_m$ 是临界值;

(3) $c_m = c_{m+1} = \cdots = c_{m+k} = c > -\infty \Rightarrow i(K_c) \geqslant k + 1$.

定理 2.21 设 X 是一个可分 Hilbert 空间, $I = \{\Sigma, M, i\}$ 是 X 上关于紧 Lie 群 Z_n 的一个指标理论, $\Phi \in C^1(X, \mathbb{R})$ 是 T_g 不变连续可微偶泛函, $\Phi(0) = 0$, 满足 (PS)-条件. 设 $X^+, X^- \in \Sigma$ 是 Hilbert 空间 X 的线性子空间, $LX^+ \subset X^+$,

$$\dim(X^+ \cap X^-), \quad \mathrm{cod}(X^+ + X^-) < \infty,$$

且有 $r > 0$, 泛函 $\Phi(x)$ 在 X^+ 上为下有界, 在 $X^- \cap S_r$ 上为上有界, 按 (2.42) 定义伪指标理论 $I_1^* = \{M^*, i_1^*\}$, 且形变引理 2.1 中的同胚映射 $\eta : X \to X$ 满足 $\eta \in M^*$. 记

$$\Sigma_m = \{A \in \Sigma : i_1^*(A) \geqslant m\}, \quad c_m = \inf_{A\in\Sigma_m} \sup_{x\in A} \Phi(x).$$

则当

$$\bar{m} = \frac{1}{d}\left[\dim(X^+ \cap X^-) - \mathrm{cod}(X^+ + X^-)\right] > 0$$

时,

$$c_1 \leqslant c_2 \leqslant \cdots \leqslant c_{\bar{m}}$$

为临界值, 且有

$$c_{m+k} = c_{m+k-1} = \cdots = c_m = c > -\infty \quad \Rightarrow \quad i(K_c) \geqslant k + 1.$$

无论定理 2.20 还是定理 2.21, 泛函 Φ 的不同情况, 对形变引理中的算子 $\eta : X \to X$ 需满足 $\eta \in M$ 甚至 $\eta \in M^*$, 从而要求 η 是 T_g 等变的. 为此我们证明如下定理.

定理 2.22 设 X 是一个可分 Hilbert 空间, $I=\{\Sigma,M,i\}$ 是 X 上关于紧 Lie 群 Z_n 的指标理论, 对 Z_n 群而言 $\Phi\in C^1(X,\mathbb{R})$ 是 T_g 不变的可微偶泛函, 满足 (PS)-条件, 则对 $\forall c\in\mathbb{R}$, 存在 $\varepsilon>0$ 和 T_g 不变的奇同胚 $\eta:X\to X$, 使 $\eta(\Phi^{c+\varepsilon})\subset\Phi^{c-\varepsilon}$.

证明 在 $\Phi\in C^1(X,\mathbb{R})$ 是连续可微偶泛函及满足 (PS)-条件的情况下, 引理 2.1 已证明存在同胚奇映射 $\eta:X\to X$ 满足 $\eta(\Phi^{c+\varepsilon})\subset\Phi^{c-\varepsilon}$. 现在我们要做的是, 在增加了泛函 Φ 为 T_g 不变这一要求后, 能得到一个奇同胚映射 $\eta:X\to X$ 还是 T_g 等变的. 由于命题 2.4 所证的结果, 即伪梯度向量场的存在性, 是证明引理 2.1 的基础, 因此我们首先考察命题 2.4 的证明过程.

首先在 $\hat{X}=X\backslash K$ 上得到一个邻域有限的开覆盖 $\{N_\alpha:\alpha\in\Lambda\}$. 由开覆盖定义向量场

$$V(x)=\frac{1}{\sum\limits_{\alpha\in\Lambda}\rho_\alpha(x)}\sum_{\alpha\in\Lambda}\rho_\alpha(x)v_\alpha, \tag{2.61}$$

满足 $V(-x)=-V(x)$ 及 $\|V(x)\|\leqslant 2\|\Phi'(x)\|,\langle\Phi'(x),V(x)\rangle\geqslant\|\Phi'(x)\|^2$.

由 Φ 的 T_g 不变性, 知 $K\subset X$ 是 T_g 不变的, 从而 $\hat{X}$ 也是 T_g 不变的. 现在对 $\forall g\in Z_n$, 在 $\hat{X}$ 上取到开集族 $\{T_gN_\alpha:\alpha\in\Lambda\}$, 其中 $T_gN_\alpha=\{T_gx:x\in N_\alpha\}$. 易知 $\{T_gN_\alpha:\alpha\in\Lambda\}$, 也是 $\hat{X}$ 上的一个邻域有限的开覆盖. 这时对 $x\in\hat{X}$, 记

$$\rho_{g,\alpha}(x)=\rho(x,X\backslash T_gN_\alpha),\quad \rho_{0,\alpha}(x)=\rho_\alpha(x),$$

则有 $\rho_{g,\alpha}(T_gx)=\rho_\alpha(x)$. 与此同时, 对集合 T_gN_α 取相应的单位向量 $v_{g,\alpha}=T_gv_\alpha$, 构造向量场

$$V_g(x)=\frac{1}{\sum\limits_{\alpha\in\Lambda}\rho_{\alpha,g}(x)}\sum_{\alpha\in\Lambda}\rho_{\alpha,g}(x)T_gv_\alpha, \tag{2.62}$$

对 $x\in\hat{X}$, 和命题 2.4 中一样可证

$$V_g(-x)=-V_g(x),\quad \|V_g(x)\|\leqslant 2\|\Phi'(x)\|,\quad \langle\Phi'(x),V_g(x)\rangle\geqslant\|\Phi'(x)\|^2. \tag{2.63}$$

此时我们将 (2.61) 中的向量场记为 $V_0(x)$, 并在上述表示的基础上构造新的 V 向量场

$$V(x)=\frac{1}{\sum\limits_{g\in Z_n}\sum\limits_{\alpha\in\Lambda}\rho_{\alpha,g}(x)}\sum_{g\in Z_n}\sum_{\alpha\in\Lambda}\rho_{\alpha,g}(x)V_g(x). \tag{2.64}$$

由 (2.63) 易得

$$V(-x)=-V(x),\quad \|V(x)\|\leqslant 2\|\Phi'(x)\|,\quad \langle\Phi'(x),V(x)\rangle\geqslant\|\Phi'(x)\|^2. \tag{2.65}$$

下证 $V(x)$ 是 T_g 等变算子, 即成立 $V(T_gx) = T_g(Vx)$.

为避免符号混同, 在 (2.62)、(2.64) 中我们用 i 代替其中的 g, 即写成

$$V_i(x) = \frac{1}{\sum\limits_{\alpha\in\Lambda}\rho_{\alpha,i}(x)}\sum_{\alpha\in\Lambda}\rho_{\alpha,i}(x)T_iv_\alpha,$$

$$V(x) = \frac{1}{\sum\limits_{i\in Z_n}\sum\limits_{\alpha\in\Lambda}\rho_{\alpha,i}(x)}\sum_{i\in Z_n}\sum_{\alpha\in\Lambda}\rho_{\alpha,i}(x)V_i(x). \tag{2.66}$$

首先记 $U_i(x) = \sum\limits_{\alpha\in\Lambda}\rho_{\alpha,i}(x)V_i(x) = \sum\limits_{\alpha\in\Lambda}\rho_{\alpha,i}(x)T_iv_\alpha$, 则有

$$V(x) = \frac{1}{\sum\limits_{i\in Z_n}\sum\limits_{\alpha\in\Lambda}\rho_{\alpha,i}(x)}\sum_{i\in Z_n}U_i(x). \tag{2.67}$$

于是由

$$\begin{aligned}
U_i(T_gx) &= \sum_{\alpha\in\Lambda}\rho_{\alpha,i}(T_gx)T_iv_\alpha\\
&= \sum_{\alpha\in\Lambda}\rho_{\alpha,i-g}(x)T_gT_{i-g}v_\alpha\\
&= T_g\sum_{\alpha\in\Lambda}\rho_{\alpha,i-g}(x)T_{i-g}v_\alpha \quad (T_g \text{ 是 } X \text{ 上的酉算子}) \qquad (2.68)\\
&= T_gU_{i-g}(x),
\end{aligned}$$

$$\begin{aligned}
\sum_{i\in Z_n}\sum_{\alpha\in\Lambda}\rho_{\alpha,i}(T_gx) &= \sum_{i\in Z_n}\sum_{\alpha\in\Lambda}\rho_{\alpha,i-g}(x)\\
&\xlongequal{j=i-g}\sum_{j\in Z_n}\sum_{\alpha\in\Lambda}\rho_{\alpha,j}(x)\xlongequal{j\to i}\sum_{i\in Z_n}\sum_{\alpha\in\Lambda}\rho_{\alpha,i}(x),
\end{aligned} \tag{2.69}$$

可得

$$\begin{aligned}
\sum_{i\in Z_n}U_i(T_gx) &= T_g\sum_{i\in Z_n}U_{i-g}(x)\xlongequal{j=i-g}T_g\sum_{j+g\in Z_n}U_j(x)\\
&= T_g\sum_{j\in Z_n}U_j(x)\xlongequal{j\to i}T_g\sum_{i\in Z_n}U_i(x).
\end{aligned} \tag{2.70}$$

由 (2.69) 和 (2.70) 得 $V(T_gx) = T_gV(x)$. 可知向量场 $V(x)$ 是 T_g 等变的.

现在回到引理 2.1 的证明, 考察常微分系统 (2.7)

$$\begin{cases}
\dfrac{d\eta(s,x)}{ds} = -\lambda(\eta(s,x))G(\eta(s,x)),\\
\eta(0,x) = x,
\end{cases}$$

初值问题解的存在唯一性, 其中

$$G(x)=\begin{cases}\dfrac{V(x)}{\|\Phi'(x)\|^2}, & x\in\hat{X},\\ 0, & x\in K.\end{cases}$$

$\lambda:X\to[0,1]$ 为局部 Lipschitz 函数, 满足

$$\lambda(x)=\begin{cases}0, & x\notin\Phi^{-1}[c-\bar{\varepsilon},c+\bar{\varepsilon}]\backslash N_{\frac{\delta}{8}},\\ 1, & x\in\Phi^{-1}[c-\varepsilon,c+\varepsilon]\backslash N_{\frac{\delta}{4}}.\end{cases}$$

式中 $\bar{\varepsilon}\leqslant\min\left\{\sigma,\dfrac{\delta\alpha}{8},\varepsilon^*\right\}$, 则由引理 2.1 已经证得的结论, 对任意 $x\in X$, 方程 (2.7) 的唯一解 $\eta(s,x)$ 可延拓至 $[0,\infty)$, 且当 $x\notin\Phi^{-1}[c-\bar{\varepsilon},c+\bar{\varepsilon}]\backslash N_{\frac{\delta}{8}}$ 时, 恒有 $\eta(s,x)=x$.

由于 $\eta(s,x)$ 关于 $x\in X$ 是奇映射, 故在 $\eta(s,x)$ 是方程 (2.7) 的唯一解时, 可得

$$\begin{cases}\dfrac{d(-\eta(s,x))}{ds}=-\lambda(-\eta(s,x))G(-\eta(s,x)),\\ -\eta(0,x)=-x,\end{cases}\tag{2.71}$$

由方程 (2.7) 初值解的唯一性得 $\eta(s,-x)=-\eta(s,x)$. 同时因 $\eta(s,x)$ 关于 $x\in X$ 是 T_g 等变的, 根据方程 (2.7) 初值解的唯一性

$$\begin{cases}\dfrac{dT_g\eta(s,x)}{ds}=-\lambda(T_g\eta(s,x))G(T_g\eta(s,x)),\\ T_g\eta(0,x)=-x,\end{cases}\tag{2.72}$$

同样可得 $\eta(s,T_gx)=T_g\eta(s,x)$. 所以 $\eta(s,x)$ 是 T_g 等变的奇同胚, 符合定理 2.20 和定理 2.21 的需要.

2.4 S^n 指标理论和伪 S^n 指标理论

按照 Benci 在文献 [24] 中的方法, 当 S^1 指标理论用于讨论常微分方程周期解的个数时, 在周期函数的 Fourier 展开式中实际上排除了常数项, 否则无法得出维数定律中 $d=2$ 的论断. 这样处理的结果, 所讨论的周期解不仅排除了常值解, 也排除了均值非零的周期解. 为了去除此种不必要的限制, 根据 2.3 节中 Z_n 指标理论的思路对 S^1 指标理论作推广, 使其可以将常值解纳入讨论之中. 与此同时, 为了研究多滞量微分差分方程的需要, 我们用紧 Lie 群 $S^n=\mathbb{R}/(n\mathbb{Z})$ 代替 $S^1=\mathbb{R}/(2\pi\mathbb{Z})$. 这一点改变是非本质的. 本质性的改变是本节构造的 S_n 指标理

论可以讨论包括定常解在内的、均值非零的周期轨道的多重性, 这里的 S^n 指标理论, n 可以是任意正整数.

设 X 是可分的 Hilbert 空间, 在 X 上存在酉算子 $\varphi: X \to l^2$, 满足

$$\varphi(-x) = -\varphi(x),$$

且其逆 φ^{-1} 存在, 有

$$\varphi^{-1}(-a) = -\varphi^{-1}(a), a \in l^2. \tag{2.73}$$

且对 X 任意一个 m 维闭子空间 $Y \subset X$, 满足 $\dim \varphi(Y) = m$, 其中 $m \geqslant 1$.

又设 $X_1, X_2 \subset X$ 是两个闭子空间, $X = X_1 \oplus X_2$, 对 $s \in [0, n]$, 有

$$T_s X_i = X_i, \quad i = 1, 2.$$

现对任意给定有限维子空间 $Y \subset X$ 按如下方式定义酉算子 $\Pi_s : \varphi(Y) \to \varphi(Y)$.

设 $Y = Y_1 \oplus Y_2$, $Y_1 \subset X_1, Y_2 \subset X_2$, 其中 $\dim Y_1 = j, \dim Y_2 = 2k, j, k \geqslant 0$, $m = j + 2k \geqslant 1$. 则当 $j \geqslant 1$ 时, 对 $y_1 \in Y_1$ 有

$$\varphi(y_1) = (c_1, c_2, \cdots, c_j) \in \mathbb{R}^j.$$

定义 $\Pi_s^1 = \Pi_s|_{\varphi(Y_1)} = \mathrm{id}|_{\varphi(Y_1)} : \varphi(Y_1) \to \varphi(Y_1)$ 为

$$\Pi_s^1(\varphi(y_1)) = \mathrm{id}|_{\varphi(Y_1)}(\varphi(y_1)) = (c_1, c_2, \cdots, c_j). \tag{2.74}$$

在 $k \geqslant 1$ 时, 对 $y_2 \in Y_2$ 有

$$\varphi(y_2) = ((a_1, b_1), (a_2, b_2), \cdots, (a_k, b_k)) \in \mathbb{R}^{2k}.$$

定义 $\Pi_s^2 = \Pi_s|_{\varphi(Y_2)} : \varphi(Y_2) \to \varphi(Y_2)$ 为

$$\Pi_s^2(\varphi(y_2)) = (\Pi_s^{2,1}(a_1, b_1), \Pi_s^{2,2}(a_2, b_2), \cdots, \Pi_s^{2,k}(a_k, b_k)), \tag{2.75}$$

其中

$$\Pi_s^{2,i}(a_i, b_i) = \left(\left(a_i \cos\frac{2\pi s n_i}{n} - b_i \sin\frac{2\pi s n_i}{n}\right), \left(a_i \sin\frac{2\pi s n_i}{n} + b_i \cos\frac{2\pi s n_i}{n}\right)\right),$$

$$i = 1, 2, \cdots, k, \tag{2.76}$$

整数 $n_i \geqslant 0$ 的具体取值与 $\varphi^{-1}(a_i, b_i)$ 在 Y_2 中所处的二维子空间有关.

记 $\Pi_s = (\Pi_s^1, \Pi_s^2)$, 对 $\forall p \geqslant 1$ 的整数, 令

$$(\Pi_s)^p = ((\Pi_s^1)^p, (\Pi_s^2)^p) = (\Pi_{sp}^1, \Pi_{sp}^2) = (\mathrm{id}\,|_{\varphi(Y_1)}, \Pi_{sp}^2), \tag{2.77}$$

其中 $\Pi_{sp}^2 = (\Pi_{sp}^{2,1}, \Pi_{sp}^{2,2}, \cdots, \Pi_{sp}^{2,k})$, 且

$$\Pi_{sp}^{2,i}(a_i, b_i) = \left(\left(a_i \cos \frac{2\pi spn_i}{n} - b_i \sin \frac{2\pi spn_i}{n}\right), \left(a_i \sin \frac{2\pi spn_i}{n} + b_i \cos \frac{2\pi spn_i}{n}\right)\right), \tag{2.78}$$

由 (2.74)~(2.78) 所定义的酉算子 $\Pi_s : \mathbb{R}^m \to \mathbb{R}^m$ 我们称之为 Π **等距算子**. 不难验证, 根据 Π 等距算子的定义, 有

$$\begin{aligned} (\Pi_s)^{p_1} \circ (\Pi_s)^{p_1} &= (\Pi_s)^{p_1+p_2} = \Pi_{s(p_1+p_2)}, \\ (\Pi_{s_1})^p \circ (\Pi_{s_2})^p &= (\Pi_{s_1+s_2})^p = \Pi_{(s_1+s_2)p}. \end{aligned} \tag{2.79}$$

现在我们可以根据酉算子 Π_s 给定 X 上的 S^n 群的等距连续表示.

如果 $A \subset X$ 是关于原点对称的闭子集, 则 $B = \varphi(A) \subset l^2$ 也是 l^2 中关于原点对称的闭子集, 且这时

$$x \in \partial A \quad \Leftrightarrow \quad \varphi(x) \in \partial B.$$

对 $\forall s \in S^n$, 记算子 $T_s = \varphi^{-1} \circ \Pi_s \circ \varphi$, 则 $T_s : X \to X$ 是等距算子, 由群 S^n 的性质, 我们有

$$T_{s_1} \circ T_{s_2} = T_{s_1+s_2}, \quad \forall s_1, s_2 \in S^n. \tag{2.80}$$

并且对 $s, t \in \mathbb{R}$ 规定

$$T_s = T_t \quad \Leftrightarrow \quad s = t(\text{mod} n). \tag{2.81}$$

而且, 如果有算子 $h : X \to X$ 为 T_s 等变的, 即 $\forall x \in X, \forall s \in S^n$, 有

$$h(T_s x) = T_s h(x),$$

则 $\tilde{h} = \varphi \circ h \circ \varphi^{-1} : \varphi(X) \to \varphi(X)$ 是 Π_s 等变的. 实际上,

$$\begin{aligned} \tilde{h}(\Pi_s \circ \varphi(x)) &= \varphi \circ h \circ \varphi^{-1}(\varphi \circ T_s \circ \varphi^{-1} \circ \varphi(x)) \\ &= \varphi \circ h \circ (T_s(x)) \\ &= \varphi \circ T_s \circ h(x) \\ &= \varphi \circ \varphi^{-1} \circ \Pi_s \circ \varphi \circ h(x) \\ &= T_s \circ \varphi \circ h(\varphi^{-1} \circ \varphi(x)) \\ &= T_s \circ \tilde{h}(\varphi(x)). \end{aligned}$$

反之, 如果 $\tilde{h} : l^2 \to l^2$ 是 Π_s 等变的, 则可证 $h = \varphi^{-1} \circ \tilde{h} \circ \varphi : X \to X$ 是 T_s 等变的.

现对可分 Hilbert 空间 X 上的泛函 (2.41), 假设

$$\Phi(x) \text{ 是连续可微偶泛函, 且对紧 Lie 群 } S^n \text{ 是 } T_s \text{ 不变的.} \tag{2.82}$$

取 Σ 为如下一类闭子集 $A \subset X$ 的集合: 每个闭子集关于原点对称, 且是 T_s 不变的. 同时取 $M = \{h \in C^0(X,X) : h \text{ 为 } T_s \text{ 等变的连续奇映射}\}$, M 中包含恒等算子 $\mathrm{id} = T_0$, 其中的算子对复合运算封闭.

这时对 $A \in \Sigma$ 定义

$i(A) = \{m$: 存在 $\Psi \in C^0(A, \mathbb{R}^m \backslash \{0\})$, 满足 $\Psi(-x) = -\Psi(x)$, 且对 $\forall s \in [0,n)$, 有整数 $p > 0$ 使 $\Psi(T_s x) = \Pi_{ps}\Psi(x), x \in A\}$,

$$i(\varnothing) = 0.$$

如果对 A 而言, 不存在满足括号 $\{\cdots\}$ 内所述要求的连续算子 Ψ, 则定义 $i(A) = +\infty$. 于是有

$$i(\{0\}) = +\infty,$$

可以证明如下定理.

定理 2.23 $I = \{M, \Sigma, i\}$ 是一个指标理论, 称为 S^n 指标理论.

证明 我们将给出定义 2.7 中条件 (3), 即次可加性的证明. 其余证明和定理 2.18 中 Z_n 指标理论的论证相同, 兹不重复.

设 $i(A_1) = m_1, i(A_2) = m_2$. 则有 S^n 群的 T_s 不变算子

$$\Psi_1 : A_1 \to \mathbb{R}^{m_1}, \quad \Psi_2 : A_2 \to \mathbb{R}^{m_2},$$

以及整数 $p_1, p_2 > 0$ 满足

$$\Psi_1(T_s x) = \Pi_{p_1 s}\Psi_1(x),\ x \in A_1, \quad \Psi_2(T_s x) = \Pi_{p_2 s}\Psi_2(x),\ x \in A_2. \tag{2.83}$$

对 S^n 存在连续扩张算子 $\tilde{\Psi}_1 : X \to \mathbb{R}^{m_1}, \tilde{\Psi}_2 : X \to \mathbb{R}^{m_2}$ 满足

$$\tilde{\Psi}_1|_{A_1} = \Psi_1, \quad \tilde{\Psi}_2|_{A_2} = \Psi_2.$$

不妨设 $\tilde{\Psi}_1$, $\tilde{\Psi}_2$ 分别在 A_1, A_2 上满足 (2.83). 设不然, 分别用

$$\widehat{\Psi}_1(x) = \frac{1}{n}\int_0^n \Pi_{-p_1 s}\tilde{\Psi}_1(T_s x)ds, \quad \widehat{\Psi}_2(x) = \frac{1}{n}\int_0^n \Pi_{-p_2 s}\tilde{\Psi}_2(T_s x)ds$$

代替 $\tilde{\Psi}_1(x), \tilde{\Psi}_2(x)$ 即可. 因为这时显然有

$$\widehat{\Psi}_i(T_\eta x) = \frac{1}{n}\int_0^n \Pi_{-p_i s}\tilde{\Psi}_i(T_{\eta+s}x)ds = \Pi_{p_i \eta}\left(\frac{1}{n}\int_0^n \Pi_{-p_i(\eta+s)}\tilde{\Psi}_i(T_{\eta+s}x)d(\eta+s)\right)$$

$$= \Pi_{p_i\eta}\widehat{\Psi}_i(x).$$

现对 $i=1,2$ 及整数 $p\geqslant 1$ 由

$$\tilde{\Psi}_i^p(x) = \Pi_{(p-1)p_is}\tilde{\Psi}_i(x)$$

定义 $\tilde{\Psi}_i^p: X\to\mathbb{R}^{m_i}\backslash\{0\}$, 然后令

$$\Psi^*(x) = (\tilde{\Psi}_1^{p_2}(x), \tilde{\Psi}_2^{p_1}(x)),$$

则连续奇映射 $\Psi^*: X\to\mathbb{R}^{m_1+m_2}$ 满足

$$\begin{aligned}\Psi^*(T_sx) &= (\tilde{\Psi}_1^{p_2}(T_sx), \tilde{\Psi}_2^{p_1}(T_sx))\\ &= \Pi_{p_1p_2s}(\tilde{\Psi}_1^{p_2}(x), \tilde{\Psi}_2^{p_1}(x)) = \Pi_{p_1p_2s}\Psi^*(x)\end{aligned} \tag{2.84}$$

且有

$$\Psi^*|_{A\cup B}: A\cup B\to\mathbb{R}^{m_1+m_2}.$$

于是,

$$i(A\cup B)\leqslant m_1+m_2 = i(A)+i(B),$$

从而次可加性成立.

同时可以定义相应的伪 S^n 指标 $I_1^*=\{M^*,i_1^*\}$. 和定理 2.20 及定理 2.21 一样, 由定理 2.8 和定理 2.11 可直接得

定理 2.24 设 $X=X_1\oplus X_2$ 是一个 Hilbert 空间, $I=\{\Sigma,M,i\}$ 是 X 上的一个 S^n 指标理论, $\Phi\in C^1(X,\mathbb{R})$ 是关于 S^n 群的元素 T_s 不变的连续可微偶泛函, 满足 (PS)-条件, $\Phi(0)=0$. 记 $\Sigma_m=\{A\in\Sigma: i(A)\geqslant m\}$, $c_m=\inf\limits_{A\in\Sigma_m}\sup\limits_{x\in A}\Phi(x)$. 则有

(1) $c_m\leqslant c_{m+1}$;

(2) $c_m>-\infty\Rightarrow c_m$ 是临界值;

(3) $c_m=c_{m+1}=\cdots=c_{m+k}=c>-\infty\Rightarrow i(K_c)\geqslant k+1$.

定理 2.25 设 X 是一个 Hilbert 空间, $I=\{\Sigma,M,i\}$ 是 X 上关于紧 Lie 群 S^n 的一个指标理论, $\Phi\in C^1(X,\mathbb{R})$ 是 T_s 不变连续可微偶泛函, $\Phi(0)=0$, 满足 (PS)-条件. 按 (2.41) 给出的 T_s 不变连续可微偶泛函, $\Phi(0)=0$, 满足 (PS)-条件. 按 (2.42) 定义伪指标理论 $I_1^*=\{M^*,i_1^*\}$, 其中 $M^*=\{h\in M: h$ 为 $X\to X$ 的同胚映射$\}$. 设 $X^+,X^-\in\Sigma$ 是 Hilbert 空间 X 的线性子空间, $LX^+\subset X^+$,

$$\dim(X^+\cap X^-),\quad \operatorname{cod}(X^++X^-)<\infty,$$

且有 $r>0$, 泛函 $\Phi(x)$ 在 X^+ 上为下有界, 在 $X^-\cap S_r$ 上为上有界, 按 (2.42) 定义伪指标理论 $I_1^*=\{M^*,i_1^*\}$, 且形变引理 2.1 中的同胚映射 $\eta:X\to X$ 满足 $\eta\in M^*$. 记

$$\Sigma_m^*=\{A\in\Sigma:i_1^*(A)\geqslant m\},\quad c^*=\inf_{A\in\Sigma_m^*}\sup_{x\in A}\Phi(x).$$

且令 $X_1^{\pm}=X_1\cap X^{\pm}$, 则当

$$\hat{m}=\frac{1}{d}\left[\dim(X^+\cap X^-)-\mathrm{cod}(X^++X^-)\right]>0$$

时, 有

$$c_1\leqslant c_2\leqslant\cdots\leqslant c_{\hat{m}}<0$$

为临界值, 且有

$$c_{m+k}=c_{m+k-1}=\cdots=c_m=c>-\infty\quad\Rightarrow\quad i(K_c)\geqslant k+1.$$

和 Z_n 指标理论一样, 保证定理 2.24 和定理 2.25 成立的前提是, 对 $s\in[0,n)$ 在 $\Phi(x)$ 为 T_s 不变可微偶泛函时, 在形变定理中的向量场 $\eta(s,x)$ 除了引理已证明的奇同胚性质外, 还需证明它对 $\Phi'(x)$ 具有 T_s 等变性. 为此证下列定理.

定理 2.26 设 X 是一个可分 Hilbert 空间, $I=\{\Sigma,M,i\}$ 是 X 上关于紧 Lie 群 S_n 群的指标理论, 对 S_n 群而言 $\Phi\in C^1(X,\mathbb{R})$ 是 T_s 不变的可微偶泛函, 满足 (PS)-条件, 则对 $\forall c\in\mathbb{R}$, 存在 $\varepsilon>0$ 和 T_s 不变的奇同胚 $\eta:X\to X$, 使 $\eta(\Phi^{c+\varepsilon})\subset\Phi^{c-\varepsilon}$.

证明 证明和定理 2.22 大体相同, 即首先根据命题 2.4 构造一个向量场 V, 满足 $V(-x)=-V(x)$ 及 $\|V(x)\|\leqslant2\|\Phi'(x)\|,\langle\Phi'(x),V(x)\rangle\geqslant\|\Phi'(x)\|^2$. 令

$$V_0(x)=V(x),\quad\rho_{\alpha,0}(x)=\rho_\alpha(x),\quad T_0=\mathrm{id},$$

$$U_0(x)=\sum_{\alpha\in\Lambda}\rho_{\alpha,0}(x)V_0(x)=\sum_{\alpha\in\Lambda}\rho_{\alpha,0}(x)T_0v_\alpha$$

及

$$U_s(x)=\sum_{\alpha\in\Lambda}\rho_{\alpha,s}(x)V_s(x)=\sum_{\alpha\in\Lambda}\rho_{\alpha,s}(x)T_sv_\alpha.$$

由此构造新的向量场

$$U(x)=\int_0^nU_s(x)ds=\int_0^n\sum_{\alpha\in\Lambda}\rho_{\alpha,s}(x)T_sv_\alpha ds.$$

这时对 $\sigma \in (0, n)$,

$$
\begin{aligned}
U(T_\sigma x) &= \int_0^n \sum_{\alpha\in\Lambda} \rho_{\alpha,s}(T_\sigma x) T_s v_\alpha ds \\
&= \int_0^n \sum_{\alpha\in\Lambda} \rho_{\alpha,s-\sigma}(x) T_\sigma T_{s-\sigma} v_\alpha ds \\
&= T_\sigma \int_0^n \sum_{\alpha\in\Lambda} \rho_{\alpha,s-\sigma}(x) T_{s-\sigma} v_\alpha ds \\
&= T_\sigma U(x). \qquad (2.85)
\end{aligned}
$$

令

$$
V(x) = \frac{U(x)}{\displaystyle\int_0^n \sum_{\alpha\in\Lambda} \rho_{\alpha,s}(x) ds}. \qquad (2.86)
$$

记 $d(x) = \displaystyle\int_0^n \sum_{\alpha\in\Lambda} \rho_{\alpha,s}(x) ds$. 则

$$
\begin{aligned}
d(T_\sigma x) &= \int_0^n \sum_{\alpha\in\Lambda} \rho_{\alpha,s}(T_\sigma x) ds \\
&= \int_0^n \sum_{\alpha\in\Lambda} \rho_{\alpha,s-\sigma}(x) ds \xlongequal{t=s-\sigma} \int_{-\sigma}^{n-\sigma} \sum_{\alpha\in\Lambda} \rho_{\alpha,t}(x) dt = d(x).
\end{aligned}
$$

可知 $V(T_s x) = T_s V(x)$ 成立. 这时易证

$$
V(-x) = -V(x), \quad \|V(x)\| \leqslant 2\|\Phi'(x)\|, \quad \langle \Phi'(x), V(x)\rangle \geqslant \|\Phi'(x)\|^2.
$$

由此, 按照定理 2.22 的相同论证, 可得符合本定理要求的算子 $\eta(s,x)$. 定理证毕.

2.5 周期轨道和临界点

2.5.1 几何上不同的周期轨道

当某个物理对象在给定的线性空间 $\mathbb{R}^N$ 中运动时, 描述 t 时刻位置改变趋势的某种量度 $x^{(m)} = x^{(m)}(t)$ 通常只与对象当前位置 $x = x(t)$ 有确定的关系, 用数学等式表示这种关系就得到**自治常微分系统**

$$
x^{(m)} = -f(x), \quad x \in \mathbb{R}^N, \qquad (2.87)
$$

如果等式右方不仅和研究对象当时的空间位置有关, 还和当时的时间点有关, 即

$$x^{(m)} = -f(t,x), \quad t \in \mathbb{R}, \quad x \in \mathbb{R}^N \tag{2.88}$$

就称为**非自治微分系统**. 微分系统 (2.87) 如果有解

$$x = x(t), \quad x(t+T) = x(t), \quad t \in \mathbb{R}, \quad T > 0 \tag{2.89}$$

则称它是系统 (2.87) 的一个 T-**周期解**. 对系统 (2.87) 而言, 如果 $x = x(t)$ 是它的一个 T-周期解, 则对 $\forall \alpha > 0$, $y = x(t+\alpha)$ 也是它的 T-周期解.

对系统 (2.88) 也可以讨论 T-周期解, 但前提是, 方程右方函数关于 t 有 T 周期性, 即满足

$$f(t+T,x) = f(t,x). \tag{2.90}$$

这时就称系统 (2.88) 的 T-周期解是它的**调和解**. 对 f 中的时间变量 t 而言, T 可以不是最小周期, 即 (2.90) 中可以是 $f\left(t+\dfrac{T}{k},x\right) = f(t,x), k \in \{1,2,3,\cdots\}$.

微分差分系统是一类特殊的微分系统, 方程中的 $x^{(n)} = x^{(n)}(t)$ 不仅和研究对象的当前位置 $x(t)$ 有关, 而且与它此前的某些位置有关, 例如

$$x^{(m)}(t) = f(x(t),x(t-r),\cdots,x(t-2r),x(t-lr)), \quad t \in \mathbb{R}, \quad x(t-jr) \in \mathbb{R}^N \tag{2.91}$$

和

$$x^{(m)}(t) = f(t,x(t),x(t-r),\cdots,x(t-2r),x(t-lr)), \quad t \in \mathbb{R}, \quad x(t-jr) \in \mathbb{R}^N \tag{2.92}$$

就是**微分差分**系统, 或称**时滞微分**系统. 微分差分方程同样有自治与非自治之分. (2.91) 中 $x^{(m)}$ 只和研究对象的当前位置及此前状态有关, 就是**自治的微分差分**系统, (2.92) 中 $x^{(m)}(t)$ 不仅和研究对象的当前位置及此前状态有关, 而且与当前的具体时间点有直接关系, 则称为**非自治的微分差分**系统.

由周期解, 可引出周期轨道的概念.

微分系统的周期轨道可以在两个不同的空间上给出定义. 一个是在周期解 $x = x(t)$ 的相空间 $\mathbb{R}^N$ 上定义, 另一个是在 $x = x(t)$ 所处的函数空间 X 上定义. 两者有着内在联系.

不妨设 $T = n$.

对 $x=x(t), x:\mathbb{R}\to\mathbb{R}^N, x(0)=x(n)$, 在相空间中的轨道为

$$[x]_1=\{x(s):s\in[0,n]\}.$$

在函数空间

$$X=cl\left\{x(t)=a_0+\sum_{i=1}^{\infty}\left(a_i\cos\frac{2i\pi t}{n}+b_i\sin\frac{2i\pi t}{n}\right):a_0,a_i,b_i\in\mathbb{R}^N\right\}\tag{2.93}$$

上, 当泛函 $\Phi:X\to\mathbb{R}$ 在紧 Lie 群 $[0,n]$ 上具有 T_s 不变性质并由此建立 S^n 指标理论后, 对 $x\in X$, 可定义

$$[x]_2=\{T_sx:s\in[0,n)\}.$$

此时, 对同一个 n-周期函数 $x=x(t)$, 周期轨道 $[x]_1$ 上的点 $x(s), s\in[0,n)$ 和 $[x]_2$ 上的点 $T_sx, s\in[0,s)$, 有着一一对应的关系.

在上述函数空间 X 上, 如果按照 $\{T_gx:g\in\{0,1,2,\cdots,n\}\}$ 定义周期函数 $x=x(t)$ 的周期轨道, 显然是不合理的. 这时需要将紧 Lie 群 $\{0,1,2,\cdots,n\}$ 扩充为 $[0,n]$, 按照 $[x]_2=\{T_sx:g\in[0,n)\}$ 定义周期函数 $x=x(t)$ 在 X 上的周期轨道.

以后说到周期轨道, 均指函数空间 X 上的周期轨道, 简记为 $[x]$.

讨论自治微分系统或非自治微分系统在函数空间 X 上的多个周期轨道时, 需区分它们是否为几何上不同的. 对周期为 n 的自治微分系统 (2.87) 和 (2.88) 及微分差分系统 (2.91) 和 (2.92) 而言, 对同一系统的两个周期轨道 $[x_1],[x_2]$, 如果 $[x_1]\cap[x_2]\neq\varnothing$, 即 $\exists p,q\in[0,n)$ 使 $T_px_1=T_qx_2$, 就说周期轨道 $[x_1],[x_2]$ 是**几何上相同**的. 否则, 就是**几何上不同**的.

首先在线性空间

$$\begin{aligned}X=&\left\{x(t)=a_0+\sum_{i=1}^{\infty}\left(a_i\cos\frac{2i\pi t}{T}+b_i\sin\frac{2i\pi t}{T}\right):a_0,a_i,b_i\in\mathbb{R}^N,\right.\\&\left.\sum_{i=1}^{\infty}i^m(|a_i|^2+|b_i|^2)<\infty\right\}\end{aligned}\tag{2.94}$$

上定义内积

$$\langle x,y\rangle=\int_0^T(P^mx(t),y(t))dt,\quad x,y\in X.$$

由此定义范数

$$\|x\| = \|x\|_m = \sqrt{\langle x, x\rangle},$$

使 X 成为 Hilbert 空间 $H^{\frac{m}{2}}$. 其中线性算子 $P: X \to X$ 由

$$\begin{aligned} Px(t) &= P\left(a_0 + \sum_{i=1}^{\infty}\left(a_i \cos\frac{2i\pi t}{T} + b_i \sin\frac{2i\pi t}{T}\right)\right) \\ &= a_0 + \sum_{i=1}^{\infty} i\left(a_i \cos\frac{2i\pi t}{T} + b_i \sin\frac{2i\pi t}{T}\right) \end{aligned}$$

定义, 并将在第 4 章有更详细的讨论. 对 $j = 1, 2, \cdots, N$, 记

$$\{e_{0,1}, e_{0,2}, \cdots, e_{0,N}\}, \{e_{\infty,1}, e_{\infty,2}, \cdots, e_{\infty,N}\}, \quad e_{0,i}, e_{\infty,i} \in \mathbb{R}^N$$

是 $\mathbb{R}^N$ 中的两个单位正交基. 在 $i = 1, 2, \cdots, n, \cdots$ 时,

$$\begin{aligned} X_{0,j}(i) &= \left\{x(t) = \lambda_i e_{0,j} \cos\frac{2i\pi t}{T} + \mu_i e_{0,j} \sin\frac{2i\pi t}{T} : \lambda_i, \mu_i \in \mathbb{R}\right\}, \\ X_{\infty,j}(i) &= \left\{x(t) = \lambda_i e_{\infty,j} \cos\frac{2i\pi t}{T} + \mu_i e_{\infty,j} \sin\frac{2i\pi t}{T} : \lambda_i, \mu_i \in \mathbb{R}\right\}, \\ X(i) &= \left\{x(t) = a_i \cos\frac{2i\pi t}{T} + b_i \sin\frac{2i\pi t}{T} : a_i, b_i \in \mathbb{R}^N\right\} = \bigoplus_{j=1}^{N} X_{0,j}(i) \\ &= \bigoplus_{j=1}^{N} X_{\infty,j}(i). \end{aligned}$$

特别当 $i = 0$ 时,

$$\begin{aligned} X_{0,j}(0) &= \{x(t) = \lambda_0 e_{0,j} : \lambda_0 \in \mathbb{R}\}, \\ X_{\infty,j}(0) &= \{x(t) = \lambda_0 e_{\infty,j} : \lambda_0 \in \mathbb{R}\}, \\ X(0) = \{x(t) = a_0 : a_0 \in \mathbb{R}^N\} &= \bigoplus_{j=1}^{N} X_{0,j}(0) = \bigoplus_{j=1}^{N} X_{\infty,j}(0). \end{aligned}$$

对于自治微分方程, 在 Hilbert 空间 $H^{\frac{m}{2}}$ 上建立泛函 $\Phi \in C^1(X, \mathbb{R})$,

$$\Phi(x) = \frac{1}{2}\langle Lx, x\rangle + \int_0^T F(x(t))dt, \tag{2.95}$$

其中 $L: X \to X$ 为自伴线性算子, Φ 的临界点满足

$$Lx + \nabla F(x) = 0. \tag{2.96}$$

对于非自治微分方程, 在 Hilbert 空间 $H^{\frac{m}{2}}$ 上建立泛函 $\Phi \in C^1(X,\mathbb{R})$,

$$\Phi(x)=\frac{1}{2}\langle Lx,x\rangle+\int_0^T F(t,x(t))dt, \tag{2.97}$$

其中 $L: X\to X$ 为自伴线性算子, Φ 的临界点满足

$$Lx+\nabla F(t,x)=0. \tag{2.98}$$

记

$$\begin{aligned}
&X^+_{\infty,j}(i)=X_{\infty,j}(i), X^0_{\infty,j}(i)=\varnothing, X^-_{\infty,j}(i)=\varnothing, \text{如果 } x\in X_{\infty,j}(i)\Rightarrow \lim_{\lambda_i^2+\mu_i^2\to\infty}\Phi(x)>0,\\
&X^+_{\infty,j}(i)=\varnothing, X^0_{\infty,j}(i)=X_{\infty,j}(i), X^-_{\infty,j}(i)=\varnothing, \text{如果 } x\in X_{\infty,j}(i)\Rightarrow \lim_{\lambda_i^2+\mu_i^2\to\infty}\Phi(x)=0,\\
&X^+_{\infty,j}(i)=\varnothing, X^0_{\infty,j}(i)=\varnothing, X^-_{\infty,j}(i)=X_{\infty,j}(i), \text{如果 } x\in X_{\infty,j}(i)\Rightarrow \lim_{\lambda_i^2+\mu_i^2\to\infty}\Phi(x)<0;\\
&X^+_{0,j}(i)=X_{0,j}(i), X^0_{0,j}(i)=\varnothing, X^-_{0,j}(i)=\varnothing, \text{如果 } x\in X_{0,j}(i)\Rightarrow \lim_{\lambda_i^2+\mu_i^2\to 0}\Phi(x)>0,\\
&X^+_{0,j}(i)=\varnothing, X^0_{0,j}(i)=X_{0,j}(i), X^-_{0,j}(i)=\varnothing, \text{如果 } x\in X_{0,j}(i)\Rightarrow \lim_{\lambda_i^2+\mu_i^2\to 0}\Phi(x)=0,\\
&X^+_{0,j}(i)=\varnothing, X^0_{0,j}(i)=\varnothing, X^-_{0,j}(i)=X_{0,j}(i), \text{如果 } x\in X_{0,j}(i)\Rightarrow \lim_{\lambda_i^2+\mu_i^2\to 0}\Phi(x)<0.
\end{aligned} \tag{2.99}$$

$$\begin{aligned}
&X^+_{\infty,j}(0)=X_{\infty,j}(0), X^0_{\infty,j}(0)=\varnothing, X^-_{\infty,j}(0)=\varnothing, \text{如果 } x\in X_{\infty,j}(0)\Rightarrow \lim_{\lambda_0\to\infty}\Phi(x)>0,\\
&X^+_{\infty,j}(0)=\varnothing, X^0_{\infty,j}(0)=X_{\infty,j}(0), X^-_{\infty,j}(0)=\varnothing, \text{如果 } x\in X_{\infty,j}(0)\Rightarrow \lim_{\lambda_0\to\infty}\Phi(x)=0,\\
&X^+_{\infty,j}(0)=\varnothing, X^0_{\infty,j}(0)=\varnothing, X^-_{\infty,j}(0)=X_{\infty,j}(0), \text{如果 } x\in X_{\infty,j}(0)\Rightarrow \lim_{\lambda_0\to\infty}\Phi(x)<0;\\
&X^+_{0,j}(0)=X_{0,j}(0), X^0_{0,j}(0)=\varnothing, X^-_{0,j}(0)=\varnothing, \text{如果 } x\in X_{0,j}(0)\Rightarrow \lim_{\lambda_0\to 0}\Phi(x)>0,\\
&X^+_{0,j}(0)=\varnothing, X^0_{0,j}(0)=X_{0,j}(0), X^-_{0,j}(0)=\varnothing, \text{如果 } x\in X_{0,j}(0)\Rightarrow \lim_{\lambda_0\to 0}\Phi(x)=0,\\
&X^+_{0,j}(0)=\varnothing, X^0_{0,j}(0)=\varnothing, X^-_{0,j}(0)=X_{0,j}(0), \text{如果 } x\in X_{0,j}(0)\Rightarrow \lim_{\lambda_0\to 0}\Phi(x)<0.
\end{aligned} \tag{2.100}$$

进一步记

$$\begin{aligned}
&X^+_{\infty}(i)=\sum_{j=1}^N X^+_{\infty,j}(i),\quad X^0_{\infty}(i)=\sum_{j=1}^N X^0_{\infty,j}(i),\quad X^-_{\infty}(i)=\sum_{j=1}^N X^-_{\infty,j}(i),\\
&X^+_{0}(i)=\sum_{j=1}^N X^+_{0,j}(i),\quad X^0_{0}(i)=\sum_{j=1}^N X^0_{0,j}(i),\quad X^-_{0}(i)=\sum_{j=1}^N X^-_{0,j}(i),
\end{aligned} \tag{2.101}$$

$$
\begin{aligned}
&X_{1,\infty}^{+}=X_{\infty}^{+}(0),\quad X_{1,\infty}^{0}=X_{\infty}^{0}(0),\quad X_{1,\infty}^{-}=X_{\infty}^{-}(0),\\
&X_{1,0}^{+}=X_{0}^{+}(0),\quad X_{1,0}^{0}=X_{0}^{0}(0),\quad X_{1,0}^{-}=X_{0}^{-}(0),\\
&X_{2,\infty}^{+}=\sum_{i=1}^{\infty}X_{\infty}^{+}(i),\quad X_{2,\infty}^{0}=\sum_{i=1}^{\infty}X_{\infty}^{0}(i),\quad X_{2,\infty}^{-}=\sum_{i=1}^{\infty}X_{\infty}^{-}(i),\\
&X_{2,0}^{+}=\sum_{i=1}^{\infty}X_{0}^{+}(i),\quad X_{2,0}^{0}=\sum_{i=1}^{\infty}X_{0}^{0}(i),\quad X_{2,0}^{-}=\sum_{i=1}^{\infty}X_{0}^{-}(i),
\end{aligned}\tag{2.102}
$$

在此基础上有

$$
\begin{aligned}
&X_{\infty}^{+}=X_{1,\infty}^{+}+X_{2,\infty}^{+},\quad X_{\infty}^{0}=X_{1,\infty}^{0}+X_{2,\infty}^{0},\quad X_{\infty}^{-}=X_{1,\infty}^{-}+X_{2,\infty}^{-},\\
&X_{0}^{+}=X_{1,0}^{+}+X_{2,0}^{+},\quad X_{0}^{0}=X_{1,0}^{0}+X_{2,0}^{0},\quad X_{0}^{-}=X_{1,0}^{-}+X_{2,0}^{-},
\end{aligned}\tag{2.103}
$$

以后的讨论中, 我们通常取

$$
X_1^+=X_{1,\infty}^+,X_1^-=X_{1,0}^-;\quad X_2^+=X_{2,\infty}^+,X_2^-=X_{2,0}^-;\quad X^+=X_{\infty}^+,X^-=X_0^-
$$

或是

$$
X_1^+=X_{1,0}^-,X_1^-=X_{1,\infty}^+;\quad X_2^+=X_{2,0}^-,X_2^-=X_{2,\infty}^+;\quad X^+=X_0^-,X^-=X_{\infty}^+.
$$

2.5.2　指标的规范性

为了由泛函的不同临界点得到微分系统几何上不同的周期轨道或几何上不同的调和解, 需讨论指标的规范性.

定义 2.10　设 X 是一个可分 Hilbert 空间, G 是一个紧 Lie 群, $\Phi\in C^1(X,\mathbb{R})$, $I(\Sigma,M,i)$ 是一个 T_g 不变的指标理论, 即 $\forall g\in G$, 有 $\Phi(T_gx)=\Phi(x)$. 又记

$$
[x]=\{T_gx:g\in G\},\quad F=\{x\in X\backslash\{0\}:T_gx=x,g\in G\}.
$$

如果 $[x]\cap F=\varnothing\Rightarrow i([x])=1$, 就说指标理论 $I(\Sigma,M,i)$ 中的指标 i 是**规范的**.

文献 [16] 已经证明 Z_2 指标和 S^1 指标是规范指标, 见 [16] 中第四章中第 3 节的引理 3.1 和第 4 节的定理 4.1.

对于本章提出的 Z_n 指标理论和 S^n 指标理论, 相应给出拟规范性的概念.

定义 2.11　设 X 是一个 Hilbert 空间, $X=X_1\oplus X_2$, $G\subset[0,n)$ 是一个紧 Lie 群, $\Phi\in C^1(X,\mathbb{R})$ 是 T_g 不变的偶泛函, $\Phi(0)=0$, $I(\Sigma,M,i)$ 是一个指标理论, 其中

$$
\begin{aligned}
&\Sigma=\{A\subset X:A\ \text{为关于原点对称的}\ T_g\ \text{不变闭子集}\},\\
&M=\{V:X\to X\ \text{的酉算子, 满足}\ V(T_gx)=T_gV(x)\}.
\end{aligned}
$$

又设连续映射族 $\{T_g : X \to X, g \in G\}$ 在 X 上可扩充为连续映射族

$$\{T_s : X \to X, s \in [0, n)\}.$$

记临界点 $x \in X$ 的轨道为 $[x] = \{T_s x : s \in [0, n)\}$, $[x] \cap \{0\} = \varnothing$. 如果存在正整数 $d \geqslant 2$, 满足

$$x \in X\backslash\{0\}, \quad i(\{[x] \cup [-x]\}) = \begin{cases} d, & [x] \cap [-x] \neq \varnothing, \\ 1, & [x] \cap [-x] = \varnothing, \end{cases} \tag{2.104}$$

则称指标理论 $I(\Sigma, M, i)$ 中的指标 i 是**拟规范的**.

实际上, 我们有结论:

$$[x] \cap [-x] \neq \varnothing \Rightarrow [x] = [-x]. \tag{2.105}$$

这是因为

$$[x] \cap [-x] \neq \varnothing \Rightarrow \exists y \in [x] \cap [-x] \Rightarrow [x] = \{T_g y : g \in G\} = [-x].$$

我们有下列定理.

定理 2.27 S^n 指标理论和 Z_n 指标理论中的指标 i 是 $d = 2$ 的**拟规范指标**.

证明 我们仅对 S^n 指标理论给出证明. 对 Z_n 指标理论证明相同.

设 $x \in X\backslash\{0\}, [x] \cap [-x] = \varnothing$, 可由 $\Psi([x]) = 1, \Psi([-x]) = -1$, 定义连续映射 $\Psi : [x] \cup [-x] \to \mathbb{R}\backslash\{0\}$. 故有 $i([x] \cup [-x]) = 1$.

对 $x \in X\backslash\{0\}$, 如果存在 $y \in [x] \cap [-x]$, 则有 $[x] = [-x]$. 于是 $[x]$ 是一条围绕原点的闭曲线, 可知 $i([x] \cup [-x]) \geqslant 2$. 不妨设最小周期为 $\alpha > 0$, 即

$$x(t + \alpha) = x(t), \quad \forall t \in \mathbb{R}, \quad x(t + \alpha) = x(t),$$

显然, α 可整除 n, 即有正整数 $l = \dfrac{n}{\alpha}$. 这时可设 $T_\alpha x = x, T_s x \neq x, \forall s \in (0, \alpha)$. 取 $[x] = \{T_s x : s \in [0, \alpha)\}$, 定义

$$\Psi : [x] \to \mathbb{R}^2, \ T_s x \mapsto \left(\cos\frac{2\pi s}{\alpha}, \sin\frac{2\pi s}{\alpha}\right),$$

则对 $\tau \in (0, \alpha)$,

$$\begin{aligned} \Psi(T_\tau T_s x) &= \Psi(T_{\tau+s} x) \\ &= \Psi(T_{\tau+s-[\frac{\tau+s}{\alpha}]\alpha} x) \\ &= \left(\cos\frac{2\pi(\tau+s)}{\alpha}, \sin\frac{2\pi(\tau+s)}{\alpha}\right) \\ &= \Pi_\tau \left(\cos\frac{2\pi s}{\alpha}, \sin\frac{2\pi s}{\alpha}\right). \end{aligned}$$

因此, $i([x] \cup [-x]) = i([x]) = 2$.

2.5.3　S^n 指标与几何上不同的周期轨道个数

S^n 指标理论和 S^n 伪指标理论适于研究自治型常微分方程 (2.88) 和时滞微分方程 (2.91) 周期轨道的重数, 这时并不要求周期函数的均值为零. 假设周期轨道的周期是 $T>0$, 方程的阶次为 m, 则可取 (2.93) 所示的 Hilbert 空间 $H^{\frac{m}{2}}$. 在 X 上按照 2.5.1 节中所给的方式区分 $X_1^+, X_1^-, X_2^+, X_2^-, X^+, X^-$, 并建立泛函 Φ.

在给出相关定理之前, 我们先给一个引理.

引理 2.5　设 X 是一个 Hilbert 空间, G 是一个紧 Lie 群, $\Phi: X\to\mathbb{R}$ 对每个 $g\in G$ 是 T_g 不变的可微偶泛函, 在 X 上建立 T_g 不变的指标理论 $I=(\Sigma, M, i)$. 如果 i 是拟规范指标, 则当 $K\subset X$ 是 T_g 不变的紧子集, 且 $K\cap\{0\}=\varnothing$ 时, 有 $i(K)<\infty$.

证明　因为 $K\subset X$ 是 T_g 不变的闭集, 故有开集 $U\subset X, U\cap\{0\}=\varnothing$, 使 $K\subset U$. 这时可设 U 是 K 的 T_g 不变开邻域, 且是指标理论定义中连续性所要求的 δ 邻域, 即满足 $i(\bar{U})=i(K)$ 的邻域. 再从 $K\subset X$ 是 T_g 不变的紧子集出发, 可知 K 可由其中有限多个 T_g 不变轨道 $\{[x_l]\cup[-x_l]: l=1,2,\cdots,m\}$ 的开邻域

$$\{u_l^+\cup u_l^-: l=1,2,\cdots,m\}$$

所覆盖, 不妨设 $U=\bigcup\limits_{l=1}^{m}(u_l^+\cup u_l^-)$. 设不然, 用 $U\cap\left(\bigcup\limits_{l=1}^{m}(u_l^+\cup u_l^-)\right)$ 代替上述 U 即可. 这时有

$$i(K)\leqslant i(U)=i\left(\bigcup_{l=1}^{m}(u_l^+\cup u_l^-)\right)=i\left(\bigcup_{l=1}^{m}([x_l]\cup[x_l])\right)<\infty.$$

引理得证.

定理 2.28　设 Hilbert 空间 X 由 (2.93) 给出并定义相应范数的可分 Hilbert 空间, X 上的连续可微偶泛函 Φ 满足 (PS)-条件, 且对 $s\in[0,n)$ 是 T_s 不变的. 又设在 X 上建立了 S^n 指标理论, 按 (2.42) 定义伪指标理论, 满足定理 2.25 的条件. 在 $\dim(X^+\cap X^-), \operatorname{cod}_X(X^++X^-)<\infty$ 的条件下如果有

$$m=\dim(X^+\cap X^-)-\operatorname{cod}_X(X^++X^-)\geqslant 1, \tag{2.106}$$

则系统 (2.87) 或 (2.91) 至少有 $\left[\dfrac{m+1}{2}\right]$ 个几何上各不相同的周期轨道.

证明　根据定理 2.25 的结论, 泛函 $\Phi(x)$ 在 Hilbert 空间 X 上有临界值

$$c_1\leqslant c_2\leqslant\cdots\leqslant c_m<0.$$

如果是 $c_1<c_2<\cdots<c_m<0$, 则对应 m 个不同的临界值, 至少有 m 个不同的临界点 $x_1, x_2, \cdots, x_m, [x_i]\cap[x_j]=\varnothing, i\neq j$. 这就是说, 对应这些临界点至少有 m 个几何上不同的周期轨道. 显然, 当 $m\geqslant 1$ 时有 $m\geqslant\left[\dfrac{m+1}{2}\right]$.

如果有 $c_l = c_{l+1} = \cdots = c_{l+k} = c < 0$, 则有 $i(K_c) \geqslant k+1$, 这里 $k \geqslant 1$. 我们证, 集合 K_c 中至少有 $\left[\dfrac{k+2}{2}\right]$ 个几何上不同的周期轨道.

记 $l = \left[\dfrac{k+1}{2}\right] \geqslant 1$.

实际上, 在集合 K_c 中取一点 x_1, 则当 $[x_1] \cap [-x_1] \neq \varnothing$, 即 $[x_1] = [-x_1]$ 时有 $i([x_1] \cup [-x_1]) = 2$. 而当 $[x_1] \cap [-x_1] = \varnothing$ 时, $i([x_1] \cup [-x_1]) = 1$. 故

$$i(K_c \backslash ([x_1] \cup [-x_1])) \geqslant i(K_c) - i([x_1] \cup [-x_1]) \geqslant k-1.$$

如果 $k-1 \geqslant 2$, 则在中心对称的 T_s 不变集 $K_c \backslash ([x_1] \cup [-x_1])$ 中取一点 x_2, 此时有

$$[x_1] \cap [x_2] = \varnothing, \quad [-x_1] \cap [-x_2] = \varnothing.$$

和 x_1 一样, 可知 $1 \leqslant i([x_2] \cup [-x_2]) \leqslant 2$. 于是

$$i(K_c \backslash ([x_1] \cup [-x_1] \cup [x_2] \cup [-x_2])) \geqslant i(K_c \backslash ([x_1] \cup [-x_1])) - i([x_2] \cup [-x_2]) \geqslant k-3.$$

如果 $k-3 \geqslant 2$, 则继续以上的过程. 直至重复进行 l 次后, 我们至少得到 l 个几何上不同的周期轨道 $[x_1], [x_2], \cdots, [x_l]$. 这时,

$$i\left(K_c \Big\backslash \bigcup_{i=1}^{l} ([x_i] \cup [-x_i])\right) \geqslant k+2-2l = k+2-2\left[\frac{k+1}{2}\right] = \begin{cases} 2, & k = 2l, \\ 1, & k+1 = 2l. \end{cases}$$

这就表明, 在中心对称的 T_s 不变集 $K_c \Big\backslash \bigcup\limits_{i=1}^{l} ([x_i] \cup [-x_i])$ 中至少还有一个周期轨道 $[x_{l+1}]$, 它和周期轨道 $[x_1], [x_2], \cdots, [x_l]$ 是几何上不同的. 因此方程 (2.88) 或 (2.91) 至少有

$$l+1 = \left[\frac{k+1}{2}\right] + 1 = \left[\frac{k+3}{2}\right] \geqslant \left[\frac{k+2}{2}\right] \tag{2.107}$$

个几何上不同的周期轨道.

2.5.4 Z_n 指标与几何上不同的周期轨道个数

和定理 2.28 一样可证

定理 2.29 设 Hilbert 空间 X 是由 (2.93) 给出并定义相应范数的可分 Hilbert 空间, X 上的连续可微偶泛函 Φ 满足 (PS)-条件, 且对 $g \in \{0, 1, 2, \cdots, n\}$ 是 T_g 不变的. 又设在 X 上建立了 Z_n 指标理论, 按 (2.42) 定义伪指标理论, 满足定理 2.25 的条件. 在 $\dim(X^+ \cap X^-), \operatorname{cod}_X(X^+ + X^-) < \infty$ 的条件下如果有

$$m = \dim(X^+ \cap X^-) - \operatorname{cod}_X(X^+ + X^-) \geqslant 1, \tag{2.108}$$

则方程 (2.88) 或 (2.92) 至少有 $\left[\frac{m+1}{2}\right]$ 个几何上各不相同的周期轨道.

评注 2.1

从理论的角度出发, 变分法与临界点理论中的任何一个定理的条件理应是愈弱愈好. 但从应用的方面看, 弱的条件不一定容易检验. 例如, 比较 (PS)-条件和 $(\text{PS})_c$-条件及 $(\text{PS})^*$-条件, 前者的要求显然强于后二者. 但就应用的需要看, 无论是 $(\text{PS})_c$-条件中的 c 值还是 $(\text{PS})^*$-条件中所设的区间 (a,b) 都不是事先已经知道的, 所以在检验条件是否满足时会带来困扰. 为此, 本章中对多数定理我们通常用 (PS)-条件代替 $(\text{PS})_c$-条件或 $(\text{PS})^*$-条件, 即使后面两个条件相对较弱.

类似的处理出现在相关定理对空间的要求上. 就建立指标理论而言, 通常要求函数空间为 Banach 空间, 如张恭庆《临界点理论及其应用》、钟承奎等《非线性泛函分析引论》和 Michael Struwe 的 *Variational Metheds*, 但是在 Vieri Benci 的论文 “On critical point theory for indefinite functionals in the presence of symmetries” 中, 则强调所研究的空间为实 Hilbert 空间. 建立指标理论的目的是要估计实泛函临界点的个数, 这就需要对空间作正交分解, 由分解后所得子空间的维数来判断实泛函临界点的个数, 最后由临界点所满足的方程, 导出微分方程特定解的个数. Hilbert 空间是可以进行正交分解的, 所以在 Hilbert 空间上建立指标理论虽然在某种意义下是限制了其适用范围, 但实用上有其合理性. 因此, 我们对指标理论所赖以建立的空间都限定为 Hilbert 空间.

评注 2.2

即使要在 Hilbert 空间上建立指标理论, 由于 Hilbert 空间中的任何一个闭子空间都是 Hilbert 空间, 所以对同一个问题, Hilbert 空间的选取可以有多种方案. 这时尽可能选择 “小” 一些的空间, 往往会在实际计算中减少工作量. 源于 Kaplan-Yorke 方程[75]的多滞量时滞微分方程的周期轨道问题, 即当 $f\in C^0(\mathbb{R},\mathbb{R})$, $f(-x)=-f(x)$ 时讨论方程

$$x'(t)=-\sum_{j=1}^{n}f(x(t-j)) \tag{2.109}$$

周期轨道的存在性和多重性时, 由于问题的需要, 我们对周期轨道的周期首先设定为 $2(n+1)$. 因此选取的函数空间自然是

$$\tilde{X}=\left\{x(t)=a_0+\sum_{j=1}^{\infty}\left(a_j\cos\frac{j\pi t}{n+1}+b_j\sin\frac{j\pi t}{n+1}\right):a_0,a_j,b_j\in\mathbb{R}\right\}.$$

然而按照 Kaplan-Yorke 的设想, 将 (2.109) 通过引入等价的方程

$$x'(t-k)=-\sum_{j=1}^{n}f(x(t-j-k)),\quad k=1,2,\cdots,n. \tag{2.110}$$

用 $x_1, x_2, \cdots, x_{n+1}$ 代替 $x(t), x(t-1), \cdots, x(t-n)$, 组合成关于 $x_1, x_2, \cdots, x_{n+1}$ 的方程组, 其中需要 $x(t)$ 满足半周期反号的要求, 即 $x(t-n-1) = -x(t)$. 由此可得 $x(t)$ 必是均值为零的函数. 于是对函数空间 X 可以选取

$$
\begin{aligned}
X &= \left\{x \in \tilde{X} : x(t-n-1) = -x(t)\right\} \\
&= \left\{x(t) = \sum_{j=1}^{\infty}\left(a_j \cos\frac{(2j+1)\pi t}{n+1} + b_j \sin\frac{(2j+1)\pi t}{n+1}\right) : a_j, b_j \in \mathbb{R}\right\}. \quad (2.111)
\end{aligned}
$$

这样做, 不仅可以减少一些不必要的计算, 而且按照 S^1 指标的定义计算指标时可以避免出现非整数的情况.

即使当 $f \in C^0(\mathbb{R}, \mathbb{R})$ 时讨论方程

$$
x''(t) = -\sum_{j=1}^{n} f(x(t-j)) \quad (2.112)
$$

$(n+1)$-周期轨道的重数时, 通常不需要强调半周期的反号性, 但由于作为依据的 S^1 指标和伪指标, 其 S^1 不变性用到了空间 X 的偶数维子空间到多重复空间 $\mathbb{C}^k$ 的连续对应关系, 也需要在 (2.111) 所规定的空间中取子空间

$$
\begin{aligned}
X &= \left\{x \in \tilde{X} : \int_0^{n+1} x(t)dt = 0\right\} \\
&= \left\{x(t) = \sum_{j=1}^{\infty}\left(a_j \cos\frac{2j\pi t}{n+1} + b_j \sin\frac{2j\pi t}{n+1}\right) : a_j, b_j \in \mathbb{R}\right\}. \quad (2.113)
\end{aligned}
$$

对于方程 (2.110) 和 (2.112) 中 $f(x) = \nabla F(x), f \in C^0(\mathbb{R}, \mathbb{R}^m)$, 即我们说的微分系统, 情况也是一样.

在文献 [68] 中, 由于未曾充分注意到这一情况, 所以在其所取的函数空间 E 中没有排除常值项 $\frac{a_0}{\sqrt{2\pi}}$. 虽然文中用 $\frac{a_0}{\sqrt{2\pi}}\begin{pmatrix}1\\1\end{pmatrix}$ 的方式将常值项作为向量对应到一个复平面 $\mathbb{C}$ 中, 但这种对应关系 $\mathbb{R} \to \mathbb{C}$ 不满足酉表示的要求, 且它在 $\mathbb{C}$ 中的维数依然是 1 维的. 在计算临界点个数时, 用 $d = 2$ 去除所给公式中的维数差时, 可以出现分数的情况, 显然不合理.

将 Fourier 展开式中的常数项纳入讨论中, 正是本章提出 S^n 和 Z_n 指标理论的动因之一.

评注 2.3

由于利用变分法研究微分方程和微分系统的解或周期轨道的存在性和多重性时, 首先要保证微分方程或微分系统具有变分结构, 即能够构造一个可微实泛函

Φ, 使其临界点, 也就是满足 $\Phi'(x)=0$ 的点 x_0, 正好就是所讨论微分方程或微分系统的解. 所以在一般的讨论中泛函 Φ 常取 (2.95) 的形式. 这是因为由 (2.95) 很容易得到它的临界点满足方程 (2.96) $Lx+\nabla F(x)=0$.

在合适的函数空间 (Hilbert 空间) 中, 如果 Lx 是 x 的某类导数, 例如,

$$Lx = Ax', Bx'', Ax^{(2k-1)}, Bx^{(2k)}, \sum_{l=1}^{k} A_l x^{(2l-1)}, \sum_{l=1}^{k} B_l x^{(2l)}, \tag{2.114}$$

则 A, A_i 都是满秩反对称实矩阵, B, B_i 都是满秩对称实矩阵.

我们注意到 (2.114) 中, 对于奇数阶导数前的系数矩阵和偶数阶导数前的系数矩阵, 要求是不一样的. 其原因在于 L 必须是自伴算子. 当 A 是反对称阵时,

$$\langle Lx, y\rangle = \left\langle Ax^{(2k-1)}, y\right\rangle = -\left\langle Ax, y^{(2k-1)}\right\rangle = \left\langle x, Ay^{(2k-1)}\right\rangle = \langle x, Ly\rangle .$$

当 B 是对称阵时,

$$\langle Lx, y\rangle = \left\langle Bx^{(2k)}, y\right\rangle = \left\langle Bx, y^{(2k)}\right\rangle = \left\langle x, By^{(2k)}\right\rangle = \langle x, Ly\rangle .$$

评注 2.4

引理 2.1 中, 由 (PS)*-条件, 得出同胚映射 $\eta: X\to X$, 但在应用此引理时, 往往还要求它属于 $X\to X$ 的某个映射族 M 中, 例如在引理 2.2 的极大极小原理中就要求 $\eta\in\Sigma$. 此时对同胚映射 $\eta: X\to X$ 是否属于 M, 需给出必要的论证.

评注 2.5

定理 2.8 给出了每个临界值 c_i 与不同临界点个数的关系, 但是按定义直接计算 $c_i = \inf\limits_{A\in\Gamma_m}\sup\limits_{x\in A}\Phi(x)$ 是难以实现的, 使不少文献中所给判定定理中的条件无法验证, 所以需要建立 Hilbert 空间 X 的子空间维数和指标间的联系, 这种联系的基础是指标理论必须满足维数性质, 之后通过伪指标的定义, 尤其是 i_1^* 伪指标的定义, 找到一个 $r>0$, 确定闭集 $S_r\cap X^-$ 的伪指标 i_1^*.

评注 2.6

推广 Z_2 指标至 Z_n 这样的一般情况, 此前已有不少学者作过努力, 如文献 [14, 88, 89, 113, 114, 141, 142, 148]. 在这些文献中, 被推广的指标定理称为 Z_p 指标, 规定 $p>1$ 为整数. 虽然称之为 Z_p 指标, 但都是参照着 S^1 指标的定义方式, 将 Hilbert 空间的偶数维子空间通过连续映射对应到多个复平面的乘积空间 $\mathbb{C}^k$ 中, 因此即使当 $p=2$ 时, $Z_p|_{p=2}$ 指标也不是常用的 Z_2 指标.

同时, 在文献 [88, 89] 中所定义的 Z_p 指标, 将 Hilbert 空间 X 中的点用映射 φ 映到 $\mathbb{C}^k$ 中, 每个复平面 $\mathbb{C}$ 用复平面中若干射线之并

$$Y=\left\{z\in\mathbb{C}:\arg z=\frac{2\pi j}{p},j=0,1,2,\cdots,p-1\right\}$$

代替整个映像平面 $\mathbb{C}$, 如果映射不要求连续, 如 [88], 将指标 $i:\sum\to\mathbb{N}\cup\{+\infty\}$ 定义为

$$i(A)=\min\{k\in\mathbb{N}:\text{存在 }\Psi:A\to Y^k\backslash\{0\},\Psi(Tx)=e^{2\pi i/p}\Psi(x)\},$$

则对任意一个 $A\in\Sigma$ 很容易定义一个映射, 将 A 映为 $Y\backslash\{0\}$ 中的一个点, 使定义失去意义. 在 [89] 中对定义中的映射 Ψ 增加了连续的要求, 但是又出现了新的问题, 使 X 中本该指标有限的闭集成为指标为 $+\infty$ 的情况. 例如, 空间 X 的球面与偶数维子空间的交集, 是无法用连续映射将其映入 Y 中的, 所以其指标只能为 $+\infty$, 这和文献中推论 2.1 矛盾.

文献 [88, 89] 的结果也直接影响了文献 [14, 148]. 文中定义指标

$$i_m(A)=\min\{k\in\mathbb{N}:\ \text{存在}(\mu,E_m)^k\text{ 型映射 }\varphi:A\to Y^k\backslash\{0\}\},$$

其中 E_m 是整数 m 所有整因子的集合, $\mu\in C(X,X)$ 是等距映射, 而一个连续映射 $\varphi\in C(A,\mathbb{C}^k)$ 当有

$$m_1,m_2,\cdots,m_k\in E_m$$

使 $\varphi(x)=(\varphi_1(x),\varphi_2(x),\cdots,\varphi_k(x))$ 满足

$$\varphi_j(\mu x)=e^{i2\pi m_j/p}\varphi_j(x),\quad j=1,2,\cdots,k$$

时, 就称为 $(\mu,E_m)^k$ 型映射. 这时我们注意到对 $\forall l\geqslant 1$, 由于 $Y^l\backslash\{0\}$ 仅是 $\mathbb{C}^l$ 各个复平面上去除原点后的一些互不相交的射线, 因此定义中 $(\mu,E_m)^k$ 型连续映射一般情况下不存在. 明显的例子是文献 [148] 中 Theorem 1.3. 设 Ω 是原点在 $2k$ 维子空间 X_{2k} 中的开邻域, 由于对 $\forall l\geqslant 1$, $\partial\Omega$ 显然不能连续映到 $Y^l\backslash\{0\}$ 中, 按定义有 $i_m(\partial\Omega)=+\infty$, 则结论 $i_m(\partial\Omega)=2a$ 同样难以成立.

与此同时, 文献 [113, 114] 在 Borsuk-Ulam 定理的基础上, 参照 S^1 指标理论给出了 Z_p 指标理论. 两篇文献均对集合 $A\in\Sigma$ 不变性由 $TA=A$, 修改为 $TA\subset A$. 但在附加了条件 $T^p=\mathrm{id}$ 之后, 即可得出 $TA=A$. 这里的映射 $T:X\to X$ 就是本章所说的与紧 Lie 群中元素 1 对应的酉算子 T_1, T^i 则是对应元素 i 的酉算子 T_i.

文献 [114] 中, 直接在复平面的乘积空间 $\mathbb{C}^m$ 定义 Z_p.

$$i(A)=\min\{m:\text{存在连续映射 }h:A\to\mathbb{C}^m\backslash\{0\},h=(h_1,h_2,\cdots,h_m),$$

$$h_j(Tu)=e^{i2\pi m_j/p}h_j(u),\quad j=1,2,\cdots,m, m_j \text{ 与 } p \text{ 互质}.$$

定义中对于 m_j 与 p 互质的要求, 实际上限制了指标的适用范围. 记

$$[m,n] \text{ 为正整数 } m,n \text{ 的最大公约数}.$$

因为在 p-周期函数构成的 Hilbert 空间 X 中, 如果 p 本身不是质数, 则必须排除子空间

$$X(m_i)=a_{m_i}\cos\frac{2m_i\pi t}{p}+b_{m_i}\sin\frac{2m_i\pi t}{p},\quad [m_i,p]>1.$$

这时, 余下子空间的直和就是不完备的子空间. 因此, 所定义的指标仅适于讨论 p 为质数的情况或限定在 X 的一类闭子空间上使用, 这类闭子空间不含

$$X(m_i)=a_{m_i}\cos\frac{2m_i\pi t}{p}+b_{m_i}\sin\frac{2m_i\pi t}{p},\quad [m_i,p]>1$$

这样的子空间. [113] 的情况也一样, 不同的仅是, 定义指标的相空间由多重复平面改为高维实数空间.

文献 [141, 142] 也是在论证 Borsuk-Ulam 定理后定义 Z_p 指标. 在 [142] 中, 首先规定 Z_p 是阶为 p 的循环群, 则对酉算子 $T^l: X\to X, l=1,2,\cdots,p$, 有 $T^{p+l}=T^l$. 然后对每个 $u\in X$ 定义迷向群 $G_u=\{T^l: T^lu=u, 1\leqslant l\leqslant p\}$. 接着将映射 $h: X\to\mathbb{C}^k$ 的相空间规定在多重复平面上. 不同之处是先将整数 p 分解质因数 $p=p_1^{r_1}p_2^{r_2}\cdots p_s^{r_s}$. 记 $E_p=\{p_1^{\sigma_1}p_2^{\sigma_2}\cdots p_s^{\sigma_s}:\sigma\geqslant 0 \text{ 为整数}\}$. 最后对 $n\in E_p$ 定义 $i_n(A)=\min\{k\in\mathbb{N}:$ 存在一组整数 $m_1,m_2,\cdots,m_k$ 及函数 $\varphi: A\to\mathbb{C}^k\backslash\{0\}$, 满足

$$\varphi_l(Tu)=e^{im_ln2\pi/p}\varphi_l(u),\quad l=1,2,\cdots,k, m_l \text{ 与 } p \text{ 互质}. \tag{2.115}$$

就指标理论而言, 只要满足规定的要求, 指标的具体定义可以不同. 但将 (2.115) 和已有的 S^1 指标理论作比较, 在指标的定义中对连续函数 $h: A\to\mathbb{C}^k\backslash\{0\}$ 去掉了连续性的要求, 同时引进 $n\in E_p$ 将 "$h(Tu)=e^{i2\pi m}h(u)$" 要求改为 (2.115) 的条件, 其意义实际上是将函数空间 X 上定义的指标 i 改变为各个闭子空间上的指标 i_n, 借由闭子集 A 的 T 不变性和不等式 $1<i_n(A)<+\infty$ 得到 A 中有无穷多个轨道的结论, 见 [142] 中 Proposition 1 中的结论 (VI). 但是此结论是有问题的. 实际上该命题的结论 (V) 中, 对轨道 $[u]$ 有结论:

$$i_n([u])=\begin{cases}1, & m \text{ 整除 } n,\\ +\infty, & m \text{ 不能整除 } n,\end{cases}$$

其中 $m=p/\bar{l}, \bar{l}$ 是集合 $\{T^l: l=1,2,\cdots,p\}$ 中的某个生成元 $T^{\bar{l}}$ 所对应的数字, 即 $T^{\bar{l}}$ 满足 $T^{\bar{l}}u=u$. 因此对任何周期轨道 $[v]$ 而言, 其指标非 1 即 $+\infty$. 由于闭子

集 A 有 T 不变性, 即 $T(A)\subset A$, 又有 $T^p(A)=A$, 很容易得到 $T(A)=A$. 因此 A 中每个元素至少在一个轨道集中, 即 A 由轨道集构成. 这样, 如果 A 中的每个轨道全都满足 $i_n([u])=1$, 则由指标定义有 $i_n(A)=1$, 反之只要有一个轨道集的指标为 $+\infty$, 例如 $[v]\subset A, i_n([v])=+\infty$, 则由 $i_n(A)\geqslant i_n([v])$ 可得 $i_n(A)=+\infty$. 因此所设定的条件 $1<i_n(A)<+\infty$ 无法满足, 相应的结论也就失去意义.

此问题之所以出现, 在于作者在指标定义 (2.115) 的

$$\varphi_l(Tu)=e^{im_l n2\pi/p}\varphi_l(u)$$

中, 对 m_l 施加了与 p 互质的限制. 排除此限制, 则 Z_p 指标更接近于 S^1 指标理论中的指标定义. 同时我们注意到, [142] 中 Z_p 指标的定义, 对 [148] 也有影响.

评注 2.7

现在常用的指标理论有 S^1 指标理论和 Z_2 指标理论. 当用这两个理论研究微分方程或时滞微分方程几何上不同的周期轨道和调和解的重数时, 正如张恭庆教授在 [16] 的第四章中多次强调的那样, 如果泛函 Φ 存在 T_g 不动点会给讨论造成很大麻烦. 为避免这样的麻烦, 唯有限制 Hilbert 空间 X 中的函数均值为零, 即每个函数的 Fourier 展开式中常值项为零. 但这样做的后果, 必然将均值非零的周期轨道排除在讨论之外, 使所得结论不是很完善.

Benci 在文献 [24] 中也是要将泛函 Φ 的 T_g 不动点排除在外的, 但对如何排除没有明确说明. 在文中第 5 节研究渐近线性 Hamiltonian 系统时, (5.4) 中依然设定 Hilbert 空间中函数的 Fourier 展开式存在非零常值项.

在 (5.2) 中方程

$$\dot{z}=JH_z(z)$$

规定 N 为偶数, 但是作为 H_z 的极限矩阵 A,B, 虽然它们都是偶数阶的对称阵, 但当计入函数空间中的常值项时, 文中所定义的 $\theta_j(B,A)$ 依然可以是奇数, 从而在计算中出现指标为分数的情况. 即使是采用伪 S^1 指标理论, 这个问题依然存在.

评注 2.8

鉴于上述问题, 我们将 S^1 指标理论推广为 S^n 指标理论. 它与 S^1 指标理论不同之处, 首先周期函数空间的周期用 $[0,n)$ 代替 $[0,1)$, 这一点仅是为了讨论多滞量时滞微分系统时计算方便而作的改变, 没有实质性意义. 实质性的改进主要是将非平凡不动点纳入讨论中. 为此, 我们将 S^n 指标理论设定为具有 $d=1$ 的维数性质. 这样, 原先按 S^1 指标理论计数的指标在 S^n 指标理论中均扩大为之前的两倍, 而对常值函数对 $\{x,-x\}, x\in\mathbb{R}^N\backslash\{0\}$, 定义指标为 1. 为了函数空间的统

一, 我们放弃了将 Hilbert 空间 X 对应到复平面乘积的做法, 而是将每个二维子空间

$$a_j \cos \frac{2j\pi t}{n} + b_j \sin \frac{2j\pi t}{n}, \quad a_j, b_j \in \mathbb{R}$$

对应到一张二维实平面上. 通过这种方式, 将常值函数子空间和上述各个非定常周期函数空间与实数域的乘积空间对应. 也借助于空间维数的奇偶性对均值为零和非零的周期轨道作出有效的区分.

评注 2.9

出于研究非自治多滞量微分系统调和解的需要, 我们提出并论证了 Z_n 指标理论. 由于指标理论的指向是研究调和解的重数, 所以函数空间还是主要考虑周期函数构成的 Hilbert 空间. 和 S^n 指标一样, 我们将定常解一并纳入讨论. 在有界闭集 Σ 的规定中, 每个闭集除了对 $g \in G$ 要求 T_g 不变外, 加了 “关于原点对称” 的要求. 这一要求是为论证 $d = 1$ 的维数性质需要. 当 $n =$ 偶数时, 这一要求已经蕴含在 T_g 不变的条件之中, 而在 $n =$ 奇数时, 就不可或缺了.

评注 2.10

在 Z_n 指标理论中, 当 $n = 1$ 时, 由于 $Z_1 = \{0\}$, 则连续映射族可取 $M = \{T_0 = \mathrm{id}\}$, 闭子集族可取 $\Sigma = \{A \subset X, \text{闭}, \text{关于原点对称}\}$, 定义

$$i(A) = \min\{k:\ \text{存在连续奇映射}\ \Psi \in C^0(A, \mathbb{R}^k \setminus \{0\})\},$$

$$i(\varnothing) = 0.$$

如果对 A 而言, 不存在满足括号 $\{\cdots\}$ 内所述要求的连续映射, 则定义 $i(A) = +\infty$. 于是有

$$i(\{0\}) = +\infty.$$

因此, 本章所给出的 Z_n 指标适用于 $n \geqslant 1$ 的所有情况.

评注 2.11

Z_n 指标理论是对 Z_2 指标理论的推广与拓展. 当 $n = 2$ 时, 即为 Z_2 指标理论. 因为这时, $Z_2 = \{0, 1\}, T_0 = \mathrm{id}|_X, T_1 = -\mathrm{id}|_X$. 相应地有

$$S_0 = \mathrm{id}|_{l^2}, \quad S_1 = -\mathrm{id}|_{l^2},$$

故闭子集族 Σ 中的任一闭子集 A, 当 $n = 2$ 时只要求关于原点对称, 就可得到它的 T_g 不变性, 且指标定义中对算子 $\Psi : A \to \mathbb{R}^m$ 所作的要求, 在 Ψ 为奇连续算子时即可满足.

评注 2.12

目前的指标理论, 关注泛函 Φ 在给定 Hilbert 空间 X 中临界点的个数. 当将此理论用于研究微分系统周期解时, 首要的是构造一个可微泛函, 使微分系统的周期解对应于泛函的临界点. 但是无论一般的微分系统还是时滞微分系统, 对周期解都有如何区分不同个数的问题, 从而有了周期轨道或调和解个数的计数问题. 本章最后一节在指标理论中提出了拟规范性的概念, 利用这一概念对 S^n 指标和 Z_n 指标作了轨道或调和解的区分, 以便得出几何上不同的周期轨道或调和解个数的下界.

评注 2.13

对函数空间 (2.93) 以及其上定义的子空间 X^+, X^-, 如果令

$$
\begin{aligned}
X_1 &= X(0) = \mathbb{R}^N,\\
X_2 &= \left\{x \in X : \int_0^n x(t)dt = 0\right\}\\
&= \mathrm{cl}\left\{x(t) = \sum_{i=1}^{\infty}\left(a_i \cos\frac{2i\pi t}{n} + b_i \sin\frac{2i\pi t}{n}\right) : a_i, b_i \in \mathbb{R}^N,\right.\\
&\qquad \left.\sum_{i=1}^{\infty} i^n(|a_i|^2 + |b_i|^2) < \infty\right\},\\
X_3 &= \left\{x \in X : x\left(t - \frac{n}{2}\right) = -x(t)\right\}\\
&= \mathrm{cl}\left\{x(t) = \sum_{i=1}^{\infty}\left(a_i \cos\frac{2(2i-1)\pi t}{n} + b_i \sin\frac{2(2i-1)\pi t}{n}\right) : a_i, b_i \in \mathbb{R}^N,\right.\\
&\qquad \left.\sum_{i=1}^{\infty} i^n(|a_i|^2 + |b_i|^2) < \infty\right\}
\end{aligned}
$$

及

$$X_i^+ = X_i \cap X^+, \quad X_i^- = X_i \cap X^-, \quad i = 1, 2, 3,$$

我们有如下结论:

在定理 2.28 的条件下如果

$$m_1 = \dim(X_1^+ \cap X_1^-) - \mathrm{cod}_{X_1}(X_1^+ + X_1^-) \geqslant 1,$$

则系统 (2.87) 或 (2.91) 至少有 $2m_1$ 个互异的非平凡定常解; 如果

$$m_2 = \dim(X_2^+ \cap X_2^-) - \mathrm{cod}_{X_2}(X_2^+ + X_2^-) \geqslant 1,$$

则系统 (2.87) 或 (2.91) 至少有 m_2 个几何上不同的周期轨道, 且对应每个周期轨道的周期解的均值为零; 如果

$$m_3 = \dim(X_3^+ \cap X_3^-) - \operatorname{cod}_{X_3}(X_3^+ + X_3^-) \geqslant 1,$$

则系统 (2.87) 或 (2.91) 至少有 m_3 个几何上不同的周期轨道, 且每个周期轨道满足 $[x] = [-x]$.

对于第一个结论, 只要注意到子空间 $X_1 = \mathbb{R}^N$ 为排除零元素在外的常值函数空间, 即可知结论为真. 至于第二个结论, 则直接来源于子空间 X_2 由均值为零的周期函数构成. 第三个结论, 则只需注意到子空间 X_3 中每个元素均满足 $T_{\frac{n}{2}}x = -x$ 即可.

同理, 在定理 2.29 的条件下如果

$$m_1 = \dim(X_1^+ \cap X_1^-) - \operatorname{cod}_{X_1}(X_1^+ + X_1^-) \geqslant 1,$$

则系统 (2.88) 或 (2.92) 至少有 $2m_1$ 个互异的非平凡定常解; 如果

$$m_2 = \dim(X_2^+ \cap X_2^-) - \operatorname{cod}_{X_2}(X_2^+ + X_2^-) \geqslant 1,$$

则系统 (2.88) 或 (2.92) 至少有 m_2 个几何上不同的周期轨道, 且对应每个周期轨道的周期解的均值为零; 如果

$$m_3 = \dim(X_3^+ \cap X_3^-) - \operatorname{cod}_{X_3}(X_3^+ + X_3^-) \geqslant 1,$$

则系统 (2.88) 或 (2.92) 至少有 m_3 个几何上不同的周期轨道, 且每个周期轨道满足 $[x] = [-x]$.

评注 2.14

对 S^n 指标理论和 Z_n 指标理论应用定理 2.11 分别得到定理 2.25 和定理 2.21, 但需要注意对 Z_n 指标理论而言, 泛函 $\Phi(x)$ 只对 $g \in G = \{0, 1, 2, \cdots, n-1\}$ 具有 T_g 不变性, 而引理 2.3 中公式左方的 $i_1^*(X^- \cap S_r)$, 其中的闭球面 S_r 应是 Hilbert 空间 X 中的闭球面, 所以 Φ 在 S_r 不能保证是等值的. 这时要使引理 2.3 中的公式成立, 对子空间 X^+, X^- 的定义需有别于 Φ 在定理 2.25 中的规定.

第 3 章　带 p-Laplace 算子微分方程边值问题

关于微分方程边值问题, 先明确几个概念.

设 $I \subset \mathbb{R}$ 为一个实区间, k, m, n 为正整数, $k \leqslant mn$. 又设 $F: I \times \mathbb{R}^{(m+1)n} \to \mathbb{R}^n, BC: (C(I))^{mn} \to \mathbb{R}^k$ 为两个函数. 则

$$F(t, u(t), \cdots, u^{(m)}(t)) = 0$$

是一个 m 阶微分方程组, 或称 m 阶微分系统.

$$BC(u, u', \cdots, u^{(m-1)}) = 0$$

是一组边界条件, 其中对 $\forall s \in I, BC(u, u', \cdots, u^{(m-1)}) \neq BC(u(s), u'(s), \cdots, u^{(m-1)}(s))$. 这也就是说, 边界条件中至少涉及函数 u 及其导数 (包括高阶导数) 在定义区间中不同两点处的赋值. 这时

$$\begin{cases} F(t, u(t), \cdots, u^{(m)}(t)) = 0, \\ BC(u, u', \cdots, u^{(m-1)}) = 0, \end{cases} \tag{3.1}$$

就构成一个 m 阶微分系统边值问题.

微分系统中可以解出未知函数的最高阶导数时, 上列边值问题可写成

$$\begin{cases} u^{(m)}(t) = F(t, u(t), \cdots, u^{(m-1)}(t)) = 0, \\ BC(u, u', \cdots, u^{(m-1)}) = 0. \end{cases} \tag{3.2}$$

定义 3.1　设函数 $w \in (C^m(I))^n$ 满足 $BC(w, w', \cdots, w^{(m-1)}) = 0$. 如果成立

$$F(t, w(t), \cdots, w^{(m)}(t)) = 0, \quad \text{a.e.} t \in I,$$

则说 w 是边值问题 (3.1) 的一个强解; 如果成立

$$F(t, w(t), \cdots, w^{(m)}(t)) = 0, \quad \forall t \in I,$$

则说 w 是边值问题 (3.1) 的一个古典解.

3.1 带 p-Laplace 算子微分方程单侧多点边值问题

J.R.Graef 和孔令举在 2011 年探讨了多点边值问题 [62,63]

$$\begin{cases} x'' = f(t,x), \\ x(0) = \sum_{i=1}^{m} \alpha_i x(t_i),\ x(T) = \sum_{j=1}^{m} \beta_j x(t_j), \end{cases}$$

其中 $t_i, t_j \in (0,T), i,j = 1,2,\cdots,m$.

本节讨论带 p-Laplace 算子的 Sturm-Liouville 多点边值问题

$$\begin{cases} \dfrac{d}{dt}\varphi_p(x') = \nabla F(t,x), \\ x(0) = 0, \quad x'(1) = \varphi_q\left(\sum_{i=1}^{m} \alpha_i x(\eta_i)\right) \end{cases} \tag{3.3}$$

和

$$\begin{cases} \dfrac{d}{dt}\varphi_p(x') = \nabla F(t,x), \\ x'(0) = \varphi_q\left(\sum_{i=1}^{m} \alpha_i x(\eta_i)\right), \quad x(1) = 0 \end{cases} \tag{3.4}$$

解的存在性, 其中, $p > 1$, $q = \dfrac{p}{p-1} > 1$, $\varphi_p(s) = |s|^{p-2}s$, $s \in \mathbb{R}^n$, $\alpha_i \neq 0$, $1 \leqslant i \leqslant m$, $0 \leqslant \eta_1 < \eta_2 < \cdots < \eta_m \leqslant 1$, $F : [0,1] \times \mathbb{R}^n \to \mathbb{R}$, 对 a.e.$t \in [0,1]$, $F(t,\cdot) : \mathbb{R}^n \to \mathbb{R}$ 连续可微, 且为凸函数; $\forall x \in \mathbb{R}^n$, $F(\cdot,x) : [0,1] \to \mathbb{R}$ 可测.

此类边值问题的特点是, 两个边界条件中, 至少有一个为待求函数在一个端点处的变化率与此函数在多点处的取值呈线性关系, 而在另一端点处的取值恒为零. 与文 [62,63] 不同之处是, 本节研究的问题, 在边界条件中对未知函数在端点处的导数值作了限制.

3.1.1 预备知识和主要结果

在 (3.3) 和 (3.4) 中假设存在 $a \in C(\mathbb{R}^+, \mathbb{R}^+), b \in L^1((0,1), \mathbb{R}^+), N \geqslant 0$ 满足

$$-N \leqslant F(t,x) \leqslant a(|x|)b(t), \quad |\nabla F(t,x)| \leqslant a(|x|)b(t). \tag{3.5}$$

定义 3.2 如果 $u \in X = \{x \in C^1[0,1] : \varphi_p(x') \in L^p(0,1)\}$ 满足

$$\begin{cases} \dfrac{d}{dt}\varphi_p(u'(t)) = \nabla F(t, u(t)), \quad \text{a.e. } t \in (0,1), \\ u(0) = 0, \quad u'(1) = \varphi_q\left(\displaystyle\sum_{i=1}^{m} \alpha_i u(\eta_i)\right), \\ u'(0) = \varphi_q\left(\displaystyle\sum_{i=1}^{m} \alpha_i u(\eta_i)\right), u(1) = 0, \end{cases}$$

则说 u 是边值问题 (3.3)[(3.4)] 的解.

定理 3.1([8], 定理 1.1) 假设条件 (3.5) 成立, 则边值问题 (3.3) 和 (3.4) 至少各有一个解.

由于通过变换 $s = 1 - t, y(s) = x(t)$ 及令

$$F^*(t,x) = F(1-t,x), \quad \eta_i^* = 1 - \eta_i, \quad \alpha_i^* = -\alpha_i,$$

可使边值问题 (3.4) 改写为 (3.3) 的形式, 即

$$\begin{cases} \dfrac{d}{ds}\left(\varphi_p\left(\dfrac{d}{ds}y\right)\right)' = \nabla F^*(s, y(s)), \\ y(0) = 0, \dfrac{dy}{ds}(1) = \varphi_q\left(\displaystyle\sum_{i=1}^{m} \alpha_i^* y(\eta_i^*)\right), \end{cases} \tag{3.6}$$

且 $F^*, \eta_i^*, \alpha_i^*$ 满足 (3.3) 中关于 F, η_i, α_i 的所有要求, 所以对定理 3.1 我们仅就边值问题 (3.3) 给出证明.

3.1.2 若干引理

在证明定理 3.1 之前, 先给出 3 个引理.

令

$$X = \{x \in W^{1,p}([0,1], \mathbb{R}^N) : \varphi_p(x)(\cdot) \in W^{1,p}([0,1], \mathbb{R}^N), x(0) = 0\},$$

$$Y = \left\{x \in X : x(1) = -\sum_{i=1}^{m} \alpha_i x(\eta_i)\right\}.$$

在空间 X 上定义范数: 对 $\forall u \in X$, $||u|| = \left(\displaystyle\int_0^1 |u'(t)|^p \, dt\right)^{\frac{1}{p}}$. 同时定义泛函

$$\Phi(u) = \int_0^1 \left(\frac{1}{p}|u'(t)|^p + F(t, u(t))\right) dt + \frac{1}{2}\left(\sum_{i=1}^{m} \alpha_i u(\eta_i)\right)^2. \tag{3.7}$$

引理 3.1 空间 X, Y 都是自反 Banach 空间.

证明 根据 [73] 中 Lemma 6.2.18 的结论, 即自反 Banach 空间的闭子空间是自反的, 我们仅需证明 X, Y 都是自反 Banach 空间 $W^{1,p}([0,1],\mathbb{R}^n)$ 的闭子空间即可. 这一点恰恰是显而易见的.

引理 3.2 设条件 (3.5) 成立, 则泛函 (3.7) 连续可微, 且其微分由

$$
\begin{aligned}
\langle \Phi'(u), v\rangle = &\int_0^1 \left[\left(|u'(t)|^{p-2}u'(t), v'(t)\right) + (\nabla F(t,u(t)), v(t))\right]dt \\
&+ \left(\sum_{i=1}^m \alpha_i u(\eta_i), \sum_{i=1}^m \alpha_i v(\eta_i)\right)
\end{aligned} \tag{3.8}
$$

表示.

证明 定义 $L(t,u,u') = \dfrac{1}{p}|u'|^p + F(t,u(t))$, 并记

$$
\Phi_1(u) = \int_0^1 L(t,u(t),u'(t))dt = \int_0^1 \left(\frac{1}{p}|u'(t)|^p + F(t,u(t))\right)dt,
$$

$$
\Phi_2(u) = \frac{1}{2}Q^2(u) = \frac{1}{2}\left(\sum_{i=1}^m \alpha_i u(\eta_i)\right)^2
$$

由于

$$
\begin{aligned}
|L(t,u,v)| &= \left|\frac{1}{p}|v|^p + F(t,u)\right| \\
&\leqslant \max\{N + a(|u|)b(t)\} + \frac{1}{p}|v|^p \\
&\leqslant \left(N + a(|u|) + \frac{1}{p}\right)(1 + b(t) + |v|^p),
\end{aligned}
$$

$$
|D_u L(t,u,v)| = |\nabla F(t,u)| \leqslant a(|u|)b(t) \leqslant \left(N + a(|u|) + \frac{1}{p}\right)(1 + b(t) + |v|^p),
$$

$$
|D_u L(t,u,v)| = |v|^{p-1} \leqslant \left(N + a(|u|) + \frac{1}{p}\right)(1 + b(t) + |v|^{p-1}).
$$

根据定理 1.6 即知 $\Phi_1(u)$ 连续可微, 且

$$
\langle \Phi_1'(u), v\rangle = \int_0^1 \left[\left(|u'(t)|^{p-2}u'(t), v'(t)\right) + (\nabla F(t,u(t)), v(t))\right]dt.
$$

同时, 记 $\Phi_2(u) = (g \circ h)(u)$, 其中,

$$h : X \to \mathbb{R}^m, \quad h(u) = (u(\eta_1), u(\eta_2), \cdots, u(\eta_m)),$$

$$g : \mathbb{R}^m \to \mathbb{R}, \quad g(a_1, a_2, \cdots, a_m) = \frac{1}{2}\left(\sum_{i=1}^{m} \alpha_i a_i\right)^2,$$

由于投影算子 h 和函数 g 均为连续可微, 故 $\Phi_2 : X \to \mathbb{R}$ 连续可微, 直接计算得

$$\langle \Phi_2'(u), v\rangle = \left(\sum_{i=1}^{m} \alpha_i u(\eta_i), \sum_{i=1}^{m} \alpha_i v(\eta_i)\right).$$

于是得到 (3.8) 式.

引理 3.3 如果 $x \in X$ 是泛函 Φ 关于子空间 Y 的临界点, 则 x 是边值问题 (3.3) 的解.

证明 由假设, 对 $\forall v \in Y, x$ 满足

$$\int_0^1 \left[\left(|x'(t)|^{p-2}x'(t), v'(t)\right) + (\nabla F(t, x(t)), v(t))\right]dt + \left(\sum_{i=1}^{m} \alpha_i x(\eta_i), \sum_{i=1}^{m} \alpha_i v(\eta_i)\right) = 0. \tag{3.9}$$

记 $\eta_0 = 0$, $\eta_{m+1} = 1$. 取

$$C_i^\infty = \left\{v \in C^\infty([0,1], \mathbb{R}^N) : v(t) = 0, t \in \bigcup_{i=0}^{m}[\eta_i, \eta_{i+1}]\right\}, \quad i = 0, 1, \cdots, m.$$

则 $C_i^\infty \subset Y$. 对每个 $v \in C_i^\infty$, 有

$$\int_0^1 \left[\left(|x'(t)|^{p-2}x'(t), v'(t)\right) + (\nabla F(t, x(t)), v(t))\right]dt = 0,$$

根据弱导数定义, 我们有

$$\frac{d}{dt}\varphi_p(x') = \nabla F(t, x), \quad \text{a.e.} \quad t \in [\eta_i, \eta_{i+1}].$$

于是,

$$\frac{d}{dt}\varphi_p(x') = \nabla F(t, x), \quad \text{a.e.} \quad t \in [0, 1]. \tag{3.10}$$

由此知 $\varphi_p(x')$ 在 $[0,1]$ 上连续. 应用 Leibniz 公式, 由 (3.10) 得到

$$0 = \int_0^1 [(\varphi_p(x'(t)), v'(t)) + (\nabla F(t, x(t)), v(t))]dt + \left(\sum_{i=1}^{m} \alpha_i x(\eta_i), \sum_{i=1}^{m} \alpha_i v(\eta_i)\right)$$

$$
\begin{aligned}
&= \int_0^1 \left(-\varphi_p(x'(t))' + \nabla F(t, x(t)), v(t)\right) dt + (\varphi_p(x'(1)), v(1)) \\
&\quad + \left(\sum_{i=1}^m \alpha_i x(\eta_i), \sum_{i=1}^m \alpha_i v(\eta_i)\right) \\
&= \left(\varphi_p(x'(1)), -\sum_{i=1}^m \alpha_i v(\eta_i)\right) + \left(\sum_{i=1}^m \alpha_i x(\eta_i), \sum_{i=1}^m \alpha_i v(\eta_i)\right) \\
&= \left(\varphi_p(x'(1)) - \sum_{i=1}^m \alpha_i x(\eta_i), \sum_{i=1}^m \alpha_i v(\eta_i)\right).
\end{aligned}
$$

由于 $\sum\limits_{i=1}^m \alpha_i v(\eta_i)$ 可取任意值, 故有 $\varphi_p(x'(1)) - \sum\limits_{i=1}^m \alpha_i x(\eta_i) = 0$. 于是得

$$
x'(1) = \varphi_p\left(\sum_{i=1}^m \alpha_i x(\eta_i)\right).
$$

3.1.3 定理 3.1 的证明

根据引理 3.3, 我们仅需证由 (3.7) 定义的泛函 Φ 存在关于子空间 Y 的临界点. 为此, 我们证上述泛函存在关于空间 X 的临界点.

实际上, 泛函 Φ 可分成三部分. 第一部分 $\int_0^1 \left(\frac{1}{p}|u'(t)|^p\right) dt$ 在 X 上是凸的, 且是连续的, 因而是下半连续的, 故由定理 1.4 知它是弱下半连续的. 第二部分 $\int_0^1 F(t, u(t)) dt$ 由于 $F(t, \cdot)$ 在 $u \in C^0([0,1], \mathbb{R}^n) \subset X$ 上一致连续, 故它是凸泛函, 至于第三部分 $\frac{1}{2}\left(\sum\limits_{i=1}^m \alpha_i u(\eta_i)\right)^2$, 它在 $u \in C^0([0,1], \mathbb{R}^n) \subset X$ 上的一致连续性, 也保证了它的弱下半连续性. 由此即知泛函 Φ 在 X 上是弱下半连续的. 同时我们有

$$
\Phi(u) \geqslant \int_0^1 \left(\frac{1}{p}|u'(t)|^p + F(t, u(t))\right) dt \geqslant -N.
$$

考虑到空间 X 是自反的 Banach 空间, 故由定理 1.5 知, 泛函 Φ 在 X 上有临界点, 从而有关于其闭子空间 Y 的临界点. 定理得证.

3.1.4 定理 3.1 的示例

例 3.1 考虑边值问题

$$
\begin{cases}
\dfrac{d}{dt}\varphi_p(x') = t^2(|x|^2 x + c)\sin \pi t, \quad p > 1, t \in [0,1], \\
x(0) = 0, \quad x'(1) = 3x\left(\dfrac{3}{4}\right),
\end{cases}
\tag{3.11}
$$

其中 $c=(1,1,\cdots,1)\in\mathbb{R}^n$, $\quad x:[0,1]\to\mathbb{R}^n$. 这时记

$$F(t,x)=t^2\left(\frac{1}{4}|x|^4+\sum_{i=1}^n x_i\right)\sin\pi t,$$

我们有 $\nabla F(t,x)=t^2(|x|^2x+c)\sin\pi t$. 于是,

$$F(t,x)\geqslant\frac{1}{4}|x|^4-\sum_{i=1}^n|x_i|\geqslant\frac{1}{4}|x|^4-n|x|\geqslant-\frac{3}{4}n^{\frac{4}{3}},$$

$$\begin{aligned}&F(t,x)\\&\leqslant\left(\frac{1}{4}|x|^4+\sum_{i=1}^n|x_i|\right)\sin\pi t\leqslant\left(\frac{1}{4}|x|^4+n|x|\right)\sin\pi t\\&\leqslant\left[\frac{1}{4}|x|^4+|x|^3+n(1+|x|)\right]\sin\pi t,\end{aligned}$$

$$|\nabla F(t,x)|\leqslant(|x|^3+n)\sin\pi t\leqslant\left[\frac{1}{4}|x|^4+|x|^3+n(1+|x|)\right]\sin\pi t.$$

根据定理 3.1, 边值问题 (3.11) 至少有一个解.

3.2 带 p-Laplace 算子微分方程双侧多点边值问题

和 3.1 节中讨论的微分系统单侧多点边值问题不同, 本节将研究微分系统的双侧多点边值问题

$$\begin{cases}\dfrac{d}{dt}\varphi_p(x')=\nabla F(t,x),\\ x'(0)=\varphi_q\left(\displaystyle\sum_{i=1}^l\alpha_i x(\xi_i)\right),x'(T)=\varphi_q\left(\displaystyle\sum_{j=1}^m\beta_j x(\eta_j)\right),\end{cases}\tag{3.12}$$

其中,

$$p>1,q=\frac{p}{p-1},\text{对}s\in\mathbb{R}^n,\varphi_p(s)=|s|^{p-2}s,\alpha_i,\beta_j\in\mathbb{R},\nabla F\in C([0,T]\times\mathbb{R}^n,\mathbb{R}^n),$$

且

$$\xi_1<\xi_2<\cdots<\xi_l,\quad \eta_1<\eta_2<\cdots<\eta_m.$$

取

$$X=\left\{x\in W^{1,p}([0,T],\mathbb{R}^n):x(0)=\sum_{i=1}^l\alpha_i x(\xi_i),\ x(T)=-\sum_{j=1}^m\beta_j x(\eta_j)\right\}.\tag{3.13}$$

在 X 上定义范数如下: $\forall x \in X$, 令

$$||x|| = \left(\frac{1}{p}\int_0^T |x'(t)|^p \, dt\right)^{\frac{1}{p}} + \left(\int_0^T |x(t)|^2 \, dt\right)^{\frac{1}{2}},$$

易证, $(X, ||\cdot||)$ 是一个 Banach 空间.

3.2.1 泛函构造及定理证明

构造泛函

$$\Phi(x) = \int_0^T \left[\frac{1}{p}|x'(t)|^p + F(t, x(t))\right] dt + \frac{1}{2}x^2(0) + \frac{1}{2}x^2(T). \tag{3.14}$$

和 3.1 节中的讨论相同, 可证, X 是自反的 Banach 空间, 泛函 $\Phi(x)$ 是连续可微的, 且对 $\forall h \in X$,

$$\begin{aligned}\langle \Phi'(x), h\rangle = &\int_0^T [(\varphi_p(x'(t)), h'(t)) + (\nabla F(t, x(t)), h(t))]dt \\ &+ (x(T), h(T)) + (x(0), h(0)).\end{aligned} \tag{3.15}$$

令

$$Y = \left\{x \in C^\infty([0,T], \mathbb{R}) : x(0) = \sum_{i=1}^{l} \alpha_i x(\xi_i) = 0,\ x(T) = -\sum_{j=1}^{m} \beta_j x(\eta_j) = 0\right\} \subset X.$$

引理 3.4 设 $x \in X$ 是泛函 Φ 关于闭子空间 Y 的一个临界点, 则 x 是多点边值问题 (3.12) 的一个古典解.

证明 记

$$m(t) = \int_0^t \nabla F(s, x(s))ds,$$

则 $m \in C^1([0,1], \mathbb{R}^n)$. 取 $\forall h \in Y$ 代入 (3.13), 则

$$\begin{aligned}\langle \Phi'(x), h\rangle &= \int_0^T [(\varphi_p(x'(t)), h'(t)) + (-m(t), h'(t))]dt + m(T)h(T) - m(0)h(0) \\ &= \int_0^T (\varphi_p(x'(t)) - m(t), h'(t))dt \\ &= 0.\end{aligned}$$

由 $h \in Y$ 的任意性及 $h'(t)$ 的连续性, 可得

$$\varphi_p(x'(t)) - m(t) = 0.$$

进一步有

$$(\varphi_p(x'(t)) - m(t))' = (\varphi_p(x'(t)))' - \nabla F(t, x(t)) = 0. \tag{3.16}$$

可知 $(\varphi_p(x'))' \in L^1([0,T], \mathbb{R}^n)$. 记

$$Y_1 = \left\{ x \in X : x(0) = \sum_{i=1}^{l} \alpha_i x(\xi_i) = 0, x(T) = -\sum_{j=1}^{m} \beta_j x(\eta_j) \right\},$$

$$Y_2 = \left\{ x \in X : x(0) = \sum_{i=1}^{l} \alpha_i x(\xi_i), x(T) = -\sum_{j=1}^{m} \beta_j x(\eta_j) = 0 \right\}.$$

对 $\forall h \in Y_1$, 有

$$\begin{aligned}\langle \Phi'(x), h \rangle &= \int_0^T [(-(\varphi_p(x'(t)))' + \nabla F(t, x(t)), h(t))]dt + (\varphi_p(x'(T)) \\ &\quad + \beta x(T), h(T)) \\ &= (\varphi_p(x'(T)) + \beta x(T), h(T)) \\ &= 0.\end{aligned}$$

由 $h(T)$ 的任意性, 得 $\varphi_p(x'(T)) = -x(T) = \sum\limits_{j=1}^{m} \beta_j x(\eta_j)$, 从而有

$$x'(T) = \varphi_q\left(\sum_{j=1}^{m} \beta_j x(\eta_j)\right).$$

同样, 取 $\forall h \in Y_2$, 可得

$$x'(0) = \varphi_q\left(\sum_{i=1}^{l} \alpha_i x(\xi_i)\right).$$

此外, 由于 $m(t)$ 为连续可微函数, 在 (3.16) 中可令 $\varphi_p(x'(t)) \equiv m(t)$, 故可得

$$(\varphi_p(x'(t)))' = \nabla F(t, x(t)), \quad \forall t \in [0, T].$$

引理得证.

对 $F(t,x)$ 假设存在 $a\in C(\mathbb{R}^+,\mathbb{R}^+)$, $b\in L^1([0,T],\mathbb{R}^+)$, $N>0$ 及 $\delta(|x|)>0$ 满足 $\lim\limits_{|x|\to\infty}\delta(|x|)=+\infty$, 使

$$-N+\delta(|x|)\leqslant F(t,x)\leqslant a(|x|)b(t),\quad |\nabla F(t,x)|\leqslant a(|x|)b(t). \tag{3.17}$$

引理 3.5　由 (3.14) 定义的泛函 $\Phi(x)$ 是弱下半连续的.

证明　因为 $\Phi_1(x)=\dfrac{1}{p}\displaystyle\int_0^T|x'(t)|^pdt+\frac{1}{2}x^2(T)+\frac{1}{2}x^2(0)$ 是凸的, 故为弱下半连续. 至于 $\Phi_2(x)=\displaystyle\int_0^T F(t,x(t))dt$, 由于序列 $\{x_n\}$ 在 X 的弱收敛意味着在 $C([0,T],\mathbb{R}^n)$ 上的强收敛, 故是弱连续. 由此即得两者之和的弱下半连续性.

定理 3.2　如果条件 (3.17) 成立, 则边值问题 (3.12) 有古典解.

证明　$\forall x\in X$, 由条件 (3.17) 知,

$$\Phi(x)\geqslant\int_0^T\left[\frac{1}{p}|x'(t)|^p+F(t,x(t))\right]dt\geqslant -NT.$$

故有最小化序列 $\{x_n\}$, $\Phi(x_n)\to\inf\Phi(x)$ 有界. 这时,

$$\Phi(x_n)\geqslant\int_0^T\left[\frac{1}{p}|x_n'(t)|^p+F(t,x_n(t))\right]dt\geqslant\frac{1}{p}\int_0^T|x_n'(t)|^pdt-NT,$$

即知 $\{x_n\}$ 是有界的. 于是由定理 1.5 知泛函 (3.14) 有最小值点, 结合引理 3.4, 本定理得证.

3.2.2　定理 3.2 的示例

例 3.2　考虑边值问题

$$\begin{cases}\dfrac{d}{dt}\varphi_p(x')=|x|^3x\cos 2\pi t+\dfrac{3}{10}|x|^{-\frac{1}{2}}x, & p>1, t\in[0,1],\\ x'(0)=x\left(\dfrac{1}{2}\right),\quad x'(1)=x\left(\dfrac{3}{4}\right), & \end{cases}\tag{3.18}$$

这时记 $F(t,x)=\dfrac{1}{5}\left(|x|^5\cos\dfrac{\pi t}{2}+|x|^{\frac{3}{2}}\right)$, 则

$$\nabla F(t,x)=|x|^3x\cos\frac{\pi t}{2}+\frac{3}{10}|x|^{-\frac{1}{2}}x.$$

于是,

$$\frac{1}{5}|x|^{\frac{3}{2}} \leqslant F(t,x) \leqslant \frac{1}{5}\left(|x|^5+|x|^{\frac{3}{2}}\right) \leqslant |x|^5+|x|^4+|x|^{\frac{3}{2}}+|x|^{\frac{1}{2}},$$

$$|\nabla F(t,x)| \leqslant |x|^4+\frac{3}{10}|x|^{\frac{3}{2}} \leqslant |x|^5+|x|^4+|x|^{\frac{3}{2}}+|x|^{\frac{1}{2}}.$$

取 $a(|x|)=|x|^5+|x|^4+|x|^{\frac{3}{2}}+|x|^{\frac{1}{2}}, b(t)=1$, 根据定理 3.2, 边值问题 (3.18) 至少有一个解.

3.3 带 p-Laplace 算子微分方程混合边值问题

3.3.1 问题和结论

本节讨论带 p-Laplace 算子的混合边值问题

$$\begin{cases} \dfrac{d}{dt}\varphi_p(x')+\nabla F(t,x)=0, \\ x(0)=x'(1)=0, \end{cases} \tag{3.19}$$

其中 $x:[0,1]\to\mathbb{R}^n$. 对 $u\in\mathbb{R}^n$, 记 $|u|=\left(\sum\limits_{i=1}^{n}|u|^2\right)^{\frac{1}{2}}$. 为此, 我们需分两种情况讨论, 一种是 $p\geqslant 2$, 另一种是 $p\in(1,2)$. 假设

(A_1) $F\in C([0,1]\times\mathbb{R}^n,\mathbb{R}), F(t,\cdot)$ 严格凸、下半连续、连续可微;

(A_2) $p\geqslant 2, q=\dfrac{p}{p-1}, \exists a\in C(\mathbb{R}^n,\mathbb{R}^+), b\in L^2([0,1],\mathbb{R}^+)$, 使

$$|\nabla F(t,x)| \leqslant b(t)a(|x|);$$

(A_3) $\exists t_0\in[0,1], \nabla F(t_0,0)\neq 0$, 且 $\exists\delta>0\left(\delta\in\left(0,\dfrac{\pi^2}{4}\right), p=2\right), N_0, K\geqslant 0$ 使

$$-N_0\leqslant F(t,x)\leqslant\frac{\delta}{2}|x|^2+K;$$

(A_4) $p\in(1,2), q=\dfrac{p}{p-1}, \exists K, N, N_0>0, \alpha\geqslant 0$, 使

$$(\nabla F(t,x),x)\geqslant q(F(t,x)-N),$$
$$-N_0\leqslant F(t,x)\leqslant\alpha|x|^q+K;$$

(A_5) $\exists r>0$ 使

$$\inf_{\substack{0\leqslant t\leqslant 1\\ |x|=r}} F(t,x)=c>\frac{N}{q}.$$

当 $p \in (1,2)$ 时令 $g(\alpha) = \frac{1}{p}\left(1 - \frac{p}{2}\right) q^{\frac{4-3p}{1-p}} \alpha^{-\frac{p}{q-p}}, \quad m = c - \frac{M}{q}$. 不失一般性, 可设

$$\alpha > \left(\frac{mq^{\frac{1}{q}}}{r^4} \right)^p. \tag{3.20}$$

定理 3.3 设 $p \geqslant 2, (\mathrm{A}_1) \sim (\mathrm{A}_3)$ 成立, 则边值问题 (3.19) 至少有一个古典解.

定理 3.4 设 $1 < p < 2, (\mathrm{A}_1), (\mathrm{A}_4), (\mathrm{A}_5)$ 成立, 则当

$$K < g(\alpha), \quad N_0 < \left(\frac{1}{\alpha q} \right)^{\frac{1}{q}} [g(\alpha) - h]$$

时边值问题 (3.19) 至少有一个古典解.

我们注意到在定理 3.4 的条件中, 如果 $\alpha \to 0$, 则 K, N_0 可任意大; 如果 $K = N_0 = 0$, 则 α 可任意大.

3.3.2 定理 3.3 的证明

为了证明定理 3.3, 我们作如下变换,

$$u_1 = x, \quad u_2 = -\alpha^{p-1} \varphi_p(x'),$$

其中 $\alpha > 0$. 令 $u = (u_1, u_2)$, 则边值问题 (3.19) 成为

$$\begin{cases} Ju' + \nabla G(t,u) = 0, \\ u_1(0) = u_2(1) = 0, \end{cases} \tag{3.21}$$

其中,

$$u = (u_1, u_2) = (u_{1,1}, u_{1,2}, \cdots, u_{1,n}, u_{2,1}, u_{2,2}, \cdots, u_{2,n}),$$

$$G(t,u) = \frac{1}{q\alpha} |u_2|^q + \alpha^{p-1} F(t, u_1)$$

$$J = \begin{pmatrix} O_n & -I_n \\ I_n & O_n \end{pmatrix}, \quad O_n : n \text{ 阶零阵}, I_n : n \text{ 阶单位阵}.$$

因此, $\nabla G(t, \cdot) : \mathbb{R}^{2n} \to \mathbb{R}^{2n}$ 由

$$\nabla G(t,u) = \left(\alpha^{p-1} \nabla F(t, u_1), \frac{1}{\alpha} \varphi_q(u_2) \right)$$

给出.

引理 3.6 在条件 $(\mathrm{A}_1) \sim (\mathrm{A}_3)$ 之下, 适当选取 $\alpha = \alpha_0 > 0$, 存在 $M, M_0 > 0, l \in \left(0, \frac{\pi}{2}\right)$ 使

$$-M_0 < G(t,u) \leqslant \frac{l}{2}|u|^2 + M. \tag{3.22}$$

证明 首先对 $p=2$ 的情况给出证明. 这时有

$$-M_0 \leqslant G(t,u) \leqslant \frac{1}{2\alpha}|u_2|^2 + \frac{\delta}{2}\alpha|u_1|^2 + \alpha K,$$

取 $\alpha_0 = \frac{1}{\sqrt{\delta}}$, 并记 $M = \frac{K}{\sqrt{\delta}}, l = \sqrt{\delta}$, 则

$$\begin{aligned} G(t,u) &\leqslant \frac{\sqrt{\delta}}{2}|u_2|^2 + \frac{\sqrt{\delta}}{2}|u_1|^2 + \frac{1}{\sqrt{\delta}}K \\ &= \frac{l}{2}|u|^2 + M. \end{aligned}$$

这时 $l = \sqrt{\delta} \in \left(0, \frac{\pi}{2}\right)$. 同时记 $M_0 = \frac{\delta}{2}N_0$, 则由条件 (A_3) 得 $G(t,u) \geqslant -\frac{\delta}{2}N_0 = -M_0$, 故 (3.22) 成立.

当 $p > 2$ 时, 不妨设 $\delta > 1$. 由

$$G(t,u) \leqslant \frac{1}{q\alpha}|u_2|^q + \frac{\delta}{2}\alpha^{p-1}|u_1|^2 + \alpha^{p-1}K,$$

可取适当的 $\alpha_0 > 0$ 使 $\delta\alpha_0^{p-1} < \frac{\pi}{2}$. 这时因 $q \in (1,2)$, 故存在 $d > 0$ 使

$$\frac{1}{q\alpha_0}|u_2|^q \leqslant \frac{\delta}{2}\alpha_0^{p-1}|u_2|^2 + d.$$

因此, 记 $l = \delta\alpha_0^{p-1} \in \left(0, \frac{\pi}{2}\right), M = d + \alpha_0^{p-1}K$, 就有

$$\begin{aligned} G(t,u) &\leqslant \frac{\delta}{2}\alpha_0^{p-1}|u_2|^2 + \frac{\delta}{2}\alpha_0^{p-1}|u_1|^2 + \alpha_0^{p-1}K + d \\ &= \frac{l}{2}|u|^2 + M. \end{aligned}$$

同时记 $M_0 = \alpha_0^{p-1}N_0$, 则由条件 (A_2) 得

$$G(t,u) \geqslant -\alpha_0^{p-1}N_0 = -M_0,$$

即 (3.22) 成立.

以下确定系统

$$\begin{cases} Ju' + \lambda u = 0, \\ u_1(0) = u_2(1) = 0 \end{cases} \tag{3.23}$$

的解空间. 由于其特征值为

$$\lambda_k = \frac{i(2k+1)\pi}{2}, \quad k = 0, 1, 2, \cdots,$$

故其解空间是

$$\left\{ \begin{pmatrix} \sin \dfrac{(2k+1)\pi t}{2} C_k \\ -\cos \dfrac{(2k+1)\pi t}{2} C_k \end{pmatrix} : k = 0, 1, 2, \cdots \right\}, \tag{3.24}$$

其中 $C_k \in \mathbb{R}^n$ 为向量. 在这空间中有 $u_1'(1) = u_2'(0) = 0$.

由 F 关于 u_1 严格凸, 可得 G 关于 u 严格凸, 因而我们可定义 Fenchel 变换

$$G^*(t, v') = \sup_{u \in \mathbb{R}^{2n}} \left[(v', u) - G(t, u) \right],$$

其中 v' 表示线性空间 $\mathbb{R}^{2n}$ 中的向量. $G(t, u)$ 关于 u 严格凸, 可得 $G^*(t, v')$ 关于 v' 严格凸. 由此得关系式

$$\begin{aligned} & G(t, u) + G^*(t, v') = (u, v'), \\ & v' = \nabla G(t, u), \\ & u = \nabla G^*(t, v'). \end{aligned} \tag{3.25}$$

由假设条件可得

$$\begin{aligned} G^*(t, v') & \geqslant \sup_{u \in \mathbb{R}^{2n}} \left[(v', u) - \frac{l}{2}|u|^2 - M \right] \\ & = \frac{1}{2l}|v'|^2 - M. \end{aligned} \tag{3.26}$$

对边值问题 (3.21), 我们取

$$X = \{ u = (u_1, u_2) \in H^1([0,1], \mathbb{R}^n \times \mathbb{R}^n) : u_1(0) = u_2(1) = 0 \}.$$

通过 Fenchel 变换, 由于变换后的变量 v' 满足 (3.23), 而作为 (3.21) 解的 u, 必定满足 $-Ju' = \nabla G(t, u)$, 所以我们可以对 v' 限定

$$v' = -Ju'. \tag{3.27}$$

即限定 $v_1'(0)=v_2'(1)=0$. 由此知 v' 同样在 (3.24) 为基的空间, 即 X 中. 因此我们有

$$||v'||^2 \geqslant \frac{\pi^2}{4}||v||^2.$$

于是可得

$$\int_0^1 (Jv',v)dt \geqslant -\int_0^1 |Jv'||v|dt = -\int_0^1 |v'|\cdot|v|dt \geqslant -||v'||\cdot||v|| \geqslant -\frac{2}{\pi}||v'||^2. \tag{3.28}$$

现在我们构造泛函

$$\Psi(v)=\int_0^1\left[\frac{1}{2}(Jv',v)+G^*(t,v')\right]dt, \tag{3.29}$$

这是一个连续可微泛函. 记 $\Psi_1(v)=\dfrac{1}{2}\displaystyle\int_0^1 (Jv',v)dt$, $\Psi_2(v')=\displaystyle\int_0^1 G^*(t,v')dt$. 对 $\Psi_1(v)$, 我们先证下列引理.

引理 3.7 设 $\Psi_1(v)=\dfrac{1}{2}\displaystyle\int_0^T (Jv',v)dt$ 为定义在 $X=W_T^{1,p}([0,T],\mathbb{R}^N)$ 的泛函, 则它是弱连续的.

证明 设 $\{v_n\}$ 是 X 上的弱收敛序列, 弱收敛于 v_0, 则 $\{v_n\}$ 在 X 中有界, 不妨设 $||v_n||\leqslant c$. 因

$$\begin{aligned}|u_n(t)-u_n(s)| &\leqslant \left|\int_s^t |u_n'(s)|ds\right| \leqslant |t-s|^{\frac{1}{q}}\left(\int_s^t |u_n'(s)|^p\right)^{\frac{1}{p}}\\ &\leqslant |t-s|^{\frac{1}{q}}||u_n|| \leqslant |t-s|^{\frac{1}{q}}c,\end{aligned}$$

故由 Arzela-Ascoli 定理知, 在区间 $[0,T]$ 上 $\{v_n\}$ 有子列, 不妨设是其自身, 一致收敛于 v_0. 因此当 $\{v_n\}$ 在 X 上弱收敛于 v_0 时, 我们有

$$\lim_{n\to\infty}\Psi_1(v_n)=\frac{1}{2}\lim_{n\to\infty}\int_0^T (Jv_n'(t),v_n(t))dt=\frac{1}{2}\int_0^T (Jv_0'(t),v_0(t))dt.$$

引理得证.

至于 Ψ_2, 由于 $(v',u)-G(t,u)$ 关于 v' 是凸的, 故由凸函数的性质,

$$G^*(t,v')=\sup_{u\in\mathbb{R}^{2n}}[(v',u)-G(t,u)]$$

是凸的, 从而 Ψ_2 也是凸的. 易知 Ψ_2 为连续, 故是弱下半连续的.

于是 $\Psi = \Psi_1 + \Psi_2$ 是弱下半连续的. 记 $\sigma = \left(\dfrac{1}{2l} - \dfrac{1}{\pi}\right) > 0$, 这时由 (3.26) 和 (3.28) 得

$$\Psi(v') \geqslant \left(\frac{1}{2l} - \frac{1}{\pi}\right) ||v'||^2 - M = \sigma ||v'||^2 - M.$$

从而泛函 Ψ 有最小化序列, 且最小化序列是有界的. 由定理 1.5 可知, 泛函 Ψ 有最小值点 $v_0' = (v_{01}', v_{02}')$ 使

$$-Jv_0 + \nabla G^*(t, v_0') = 0.$$

即

$$Jv_0 = \nabla G^*(t, v_0').$$

最后由 (3.27) 得 $u_0 = Jv_0$. 于是 $u_0 = \nabla G^*(t, v_0')$. 由对偶性关系即得

$$v_0' = \nabla G(t, u_0),$$

故有 $-Ju_0' = \nabla G(t, u_0)$, 或写成

$$Ju_0' + \nabla G(t, u_0) = 0.$$

于是得

$$\begin{cases} u_{01}' = \dfrac{1}{\alpha_0} \varphi_q(u_{02}), \\ u_{02}' = \alpha_0^{p-1} \nabla F(t, u_{01}). \end{cases}$$

由上述第一个等式可得 $u_{02} = \varphi_p(\alpha_0 u_{01}') = \alpha_0^{p-1} \varphi_p(u_{01}')$, 将它代入第二个等式就有

$$(\varphi_p(u_{01}'))' = \nabla F(t, u_{01}). \tag{3.30}$$

即函数 u_{01} 满足 (3.19) 中的方程. 由于 $u_{01}(t)$ 在 $[0,1]$ 上连续, ∇F 关于 (t, u_1) 连续, (3.30) 在 $[0,1]$ 上处处成立, 这时因 $u_{01}(0) = 0, u_{02}(1) = \alpha_0^{p-1} \varphi_p(u_{01}')(1) = 0$, 可知函数 u_{01} 满足 (3.19) 中的边界条件. 故 $x(t) = u_{01}(t)$ 是边值问题 (3.19) 的一个古典解. 定理证毕.

3.3.3　定理 3.3 的示例

例 3.3　考虑微分方程边值问题

$$\begin{cases} \sqrt{x_1'^2 + x_1'^2}\, x_1' + 7x_1 - x_2 - 3 = 0, \\ \sqrt{x_1'^2 + x_1'^2}\, x_2' - x_1 + 9x_2 - 4 = 0, \\ x_1(0) = x_1'(1) = x_2(0) = x_2'(1) = 0. \end{cases} \tag{3.31}$$

这时有

$$F(t,x)=\frac{7}{2}x_1^2+\frac{9}{2}x_2^2-x_1x_2-3x_1-4x_2,\quad \nabla F(t,x)=(7x_1-x_2-3,-x_1+9x_2-4).$$

于是边值问题 (3.31) 可以写成

$$(\varphi_3(x'))'+\nabla F(t,x)=0.$$

由于 $F(t,\cdot):\mathbb{R}^n\to\mathbb{R}$ 严格凸, 且

$$|\nabla F(t,x)|\leqslant(80x_1^2+130x_2^2+30)^{\frac{1}{2}}\leqslant(130|x|^2+30)^{\frac{1}{2}},$$
$$F(t,x)\leqslant 7|x|^2+4,$$

故由定理 3.3 知, 边值问题 (3.31) 存在古典解.

3.3.4 定理 3.4 的证明

首先介绍 Fenchel 变换.

为了证明定理 3.4, 我们作变换

$$u_1=x,\quad u_2=-\lambda\varphi_p(x'),$$

其中 $\lambda=(\alpha q)^{\frac{1}{q}},\alpha>0$. 令 $u=(u_1,u_2)$, 和定理 3.3 的证明一样, 边值问题 (3.19) 成为

$$\begin{cases} Ju'+\nabla G(t,u)=0, \\ u_1(0)=u_2(1)=0, \end{cases}\tag{3.32}$$

其中,

$$u=(u_1,u_2)=(u_{1,1},u_{1,2},\cdots,u_{1,n},u_{2,1},u_{2,2},\cdots,u_{2,n}),$$
$$G(t,u)=\frac{1}{q\lambda^{\frac{1}{q}}}|u_2|^q+\lambda F(t,u_1).$$

因此, $\nabla G(t,\cdot):[0,1]\times\mathbb{R}^{2n}\to\mathbb{R}^{2n}$ 由

$$\nabla G(t,u)=\left(\lambda\nabla F(t,u_1),\frac{1}{\lambda^{\frac{1}{q}}}\varphi_p(u_2)\right)$$

在条件 $(\mathrm{A}_1),(\mathrm{A}_4),(\mathrm{A}_5)$ 之下, 有

$$G(t,u)\leqslant\frac{1}{q\lambda^{\frac{1}{q}}}|u_2|^q+\lambda\alpha|u_1|^q+\lambda K$$

$$
\begin{aligned}
&= \beta(|u_1|^q + |u_2|^q) + \left(\frac{1}{\alpha q}\right)^{\frac{1}{q}} K \\
&= \beta(|u_1|^q + |u_2|^q) + c \\
&\leqslant \beta|u|^q + c,
\end{aligned}
$$

其中 $\beta = \alpha^{\frac{1}{p}}/q^{\frac{1}{q}}, c = K/(\alpha q)^{\frac{1}{q}}$, 同时有

$$
\begin{aligned}
(\nabla G(t,u), u) &= -(\lambda \nabla F(t,u_1), u_1) + \left(\lambda^{-\frac{1}{q}} \varphi_q(u_2), u_2\right) \\
&\geqslant \lambda q \left[F(t,u_1) - N\right] + \lambda^{-\frac{1}{q}} |u_2|^q \\
&= qG(t,u) - \lambda q N.
\end{aligned}
$$

由 F 关于 u_1 严格凸, 可得 G 关于 u 严格凸, 因而我们可定义 Fenchel 变换

$$
G^*(t,v') = \sup_{u\in\mathbb{R}^{2n}} \left[(v',u) - G(t,u)\right],
$$

其中 $v' = v_1' + v_2'$ 表示线性空间 $\mathbb{R}^{2n}$ 中的向量. $G(t,u)$ 关于 u 严格凸, 可得 $G^*(t,v')$ 关于 v' 严格凸. 由此得

$$
\begin{aligned}
&G(t,u) + G^*(t,v') = (u,v'), \\
&v' = \nabla G(t,u), \\
&u = \nabla G^*(t,v').
\end{aligned}
$$

由假设条件可得

$$
\begin{aligned}
G^*(t,v') &\geqslant \sup_{u\in\mathbb{R}^{2n}} \left[(v',u) - \beta|u|^q - c\right] \\
&= (\beta q \varphi_q(v'), v') - \beta|v'|^q - c \\
&= \beta(q-1)|v'|^q - c \\
&= \frac{1}{p}\left(\frac{1}{\beta q}\right)^{p-1} |v'|^q - c.
\end{aligned}
\tag{3.33}
$$

由于 $v' = \beta\nabla(|u|^q) = \beta q \varphi_q(u)$, 因此有

$$
u = \varphi_p\left(\frac{v'}{\beta q}\right) = \left(\frac{1}{\beta q}\right)^{p-1} \varphi_p(v').
$$

同时, 由

$$
(\nabla G^*(t,v'), v') = (u,v')
$$

$$\begin{aligned}
&= (u, \nabla G(t,u)) \\
&\geqslant q(G(t,u) - \lambda N) \\
&= q(u, v') - qG^*(t, v') - q\lambda N \\
&= q\left(\nabla G^*(t, v'), v'\right) - q\left(G^*(t, v') + \lambda N\right),
\end{aligned}$$

于是有

$$(\nabla G^*(t, v'), v') \leqslant p(G^* + \lambda N).$$

由条件 (A_4) 和 (A_5) 可推出其他一些不等式.

首先易证, 存在 $R > r$ 使

$$\inf_{\substack{0\leqslant t\leqslant 1,\\ |u|=R}} G(t,u) \geqslant c \geqslant \lambda N.$$

对 $\forall (t,u) \in [0,1] \times \mathbb{R}^{2n}, |u| = R$, 令 $f(s) = G(t, su)$. 则

$$\begin{aligned}
f'(s) &= (\nabla G(t, \mathrm{s}u), u) \quad (s \geqslant 1) \\
&= \frac{1}{s}\left(\nabla G(t, \mathrm{s}u), su\right) \\
&\geqslant \frac{q}{s}[G(t, su) - \lambda N] \\
&= \frac{q}{s} f(s) - \frac{\lambda q N}{s},
\end{aligned}$$

于是有

$$(s^{-q} f(s))' \geqslant -\lambda q N s^{-q-1}$$

及当 $s \geqslant 1$ 时,

$$\begin{aligned}
f(s) &\geqslant f(1)s^q + \lambda N(1 - s^q) \\
&= s^q(f(1) - \lambda N) + \lambda N,
\end{aligned}$$

亦即

$$G(t, su) \geqslant (G(t,u) - \lambda N)\, s^q + \lambda N.$$

当 $|u| \geqslant R$ 时, 有 $|u|/R \geqslant 1$. 记 $u_0 = \dfrac{R}{|u|} u$. 则 $u = \dfrac{|u|}{R}|u_0|$. 所以,

$$G(t,u) \geqslant (G(t, u_0) - \lambda N)\left(\frac{|u|}{R}\right)^q + \lambda N$$

$$\geqslant (c-\lambda N)\left(\frac{1}{R}\right)^q |u|^q + \lambda N.$$

令 $c_0 = (c-\lambda N)/R^q$. 由函数 G 的连续性可知, $N_0 > 0$, 使对 $u \in \mathbb{R}^{2n}$ 有

$$G(t,u) \geqslant c_0|u|^q - N_0,$$

从而有

$$G^*(t,v') \leqslant \left(\frac{1}{c_0 q}\right)^{p-1} \frac{1}{p}|v'|^p + N_0. \tag{3.34}$$

根据 (3.20), 可得

$$\alpha > \left(\frac{mq^{\frac{1}{q}}}{R^4}\right)^p. \tag{3.35}$$

在最终证明定理 3.4 之前, 先给出若干引理和命题.

令 $X = \{u = (u_1, u_2) \in W^{1,p}([0,1], \mathbb{R}^n \times \mathbb{R}^n) : u_1(0) = u_2(1) = 0\}$, 并构造泛函

$$\Phi(u) = \int_0^1 \left[\frac{1}{2}(Ju', u) + \mathrm{G}(t,u)\right] dt. \tag{3.36}$$

于是对 $\forall v \in X$ 我们有

$$\langle \Phi'(u), v\rangle = \int_0^1 [(Ju' + \nabla \mathrm{G}(t,u), v)] dt. \tag{3.37}$$

易证, $\Phi'(u) \in X^*$ 及

引理 3.8　设有函数 $w \in X$, 对 $\forall v \in X$ 有 $\langle \Phi'(w), v\rangle = 0$, 则 w 是边值问题 (3.19) 的一个古典解.

由 (3.37) 可知, 如果函数 u 是泛函 Φ 的一个临界点, 则必定满足 $Ju' + \nabla G(t,u) = 0$, 即 $-Ju' = \nabla G(t,u)$. 记 $v = -Ju$(这个 v 与 (3.37) 中作为 X 的一般元素使用的符号 v 无关), 就有了 $v' = \nabla G(t,u)$. 由前面所给函数 G 的性质, 作 Fenchel 变换, 就有关系式 $u = \nabla G^*(t,v')$ 及 $(u,v') = (\nabla G^*(t,v'), \nabla G(t,u))$. 记

$$X^* = \{u = (u_1,u_2) \in W^{1,q}([0,1], \mathbb{R}^n \times \mathbb{R}^n) : u_1(1) = u_2(0) = 0\}.$$

则

$$\begin{aligned}\Phi(u) &= -\frac{1}{2}\int_0^1 (Ju', u)dt + \int_0^1 [(Ju', u) + G(t,u)]dt \\ &= -\frac{1}{2}\int_0^1 (Ju', u)dt - \int_0^1 [(v', u) - G(t,u)]dt\end{aligned}$$

$$
\begin{aligned}
&= -\int_0^1 \left[\frac{1}{2}(Jv', v) + G^*(t, v')\right] dt \\
&=: -\Psi(v). \qquad (3.38)
\end{aligned}
$$

这时, $\Psi : X^* \to \mathbb{R}$ 是一个可微实泛函, 且有

$$
\langle \Psi'(v), u\rangle = \int_0^1 [(Jv', u) + (\nabla G^*(t, v'), u')]dt, \quad \Psi'(v) \in X^*.
$$

由于 X 是自反 Banach 空间 $W^{1,p}([0,1], \mathbb{R}^n \times \mathbb{R}^n)$ 中满足 $u_1(0) = u_2(1) = 0$ 的闭子空间, 故它的对偶空间

$$
X^* = \{(v_1, v_2) \in W^{1,q}([0,1], \mathbb{R}^n \times \mathbb{R}^n) : v_1(1) = v_2(0) = 0\}
$$

也是一个自反的 Banach 空间.

在 X^* 中定义范数

$$
||v|| = \left(\int_0^1 |v'(t)|^2 dt\right)^{\frac{1}{2}}.
$$

注意到

$$
\langle \Psi'(v), u\rangle = \int_0^1 [(Jv + \nabla G^*(t, v'), u')]dt. \qquad (3.39)
$$

我们证明以下定理.

引理 3.9 给定 $v \in Y$, 有 $f \in L^q[0,1]$ 使

$$
\langle \Psi'(v), u\rangle = \int_0^1 (f(t), u'(t))dt.
$$

证明 令 $L_v(u) = (\Psi'(v), u)$. 则 $L_v \in X^*$. 于是,

$$
L_v(u) = \int_0^1 (-Jv + \nabla G^*(t, v'), u')dt, \quad u \in L^p[0,1].
$$

显然, $L_v \in (L^p)^* = L^q$. 故有 $X^* \subset L^q$. 根据 Riesz 表示定理, 存在 $f \in L^q[0,1]$ 使

$$
L_v(u) = \int_0^1 (f(t), u(t))dt.
$$

微分算子 $D : X \to L^p[0,1]$ 有逆 $D^{-1} : L^p[0,1] \to X$, 其表示式为

$$
(D^{-1}u)(t) = \left(-\int_t^1 u(s)ds, \int_0^t u(s)ds\right).
$$

于是有

$$\langle \Psi'(v), u\rangle = L_v(u') = \int_0^1 (-Jv + \nabla G^*(t, v'), u')dt = \int_0^1 (f(t), u'(t))dt.$$

引理得证.

命题 3.1 对 $v \in X^*$, 有

$$\int_0^1 (Jv'(t), v(t))dt \geqslant -||v||^2.$$

证明 由于

$$|v_1(t)| = \left|\int_t^1 v_1'(\mathrm{s})ds\right| \leqslant \int_0^1 |v_1'(\mathrm{s})|ds,$$

$$|v_2(t)| = \left|\int_0^t v_2'(\mathrm{s})ds\right| \leqslant \int_0^1 |v_2'(\mathrm{s})|ds,$$

故有

$$||v||_\infty = \max_{0\leqslant t\leqslant 1} |v(t)| \leqslant \int_0^1 |v(t)|dt \leqslant ||v||.$$

由 Hölder 不等式得

$$\int_0^1 (Jv'(t), v(t))dt \geqslant -\int_0^1 |v'(t)|\cdot|v(t)|dt \geqslant -||v||_\infty \int_0^1 |v'(t)|dt \geqslant -||v||^2.$$

引理 3.10 在条件 $(A_1), (A_4), (A_5)$ 成立的前提下, 由 (3.38) 定义的泛函 Ψ 满足 (PS)-条件.

证明 显然, $\int_0^1 |v_n(t)|^2 dt \leqslant ||v_n||^2$. 设 $\{v_n\} \subset X^*$ 是个无穷序列, 满足 $\Psi(v_n)$ 有界及 $n \to 0$ 时 $\Psi'(v_n) \to 0$. 这时,

$$\begin{aligned}\Psi(v_n) &= \int_0^1 G^*(t, v_n)dt - \frac{1}{2}\int_0^1 (\nabla G^*(t, v_n'), v_n')dt + \frac{1}{2}\langle \Psi'(v_n), v_n\rangle \\ &= \left(1 - \frac{p}{2}\right)\int_0^1 G^*(t, v_n)dt + \frac{1}{2}\int_0^1 (f_n(t), v_n(t))dt \\ &= \left(1 - \frac{p}{2}\right)\frac{1}{p}\left(\frac{1}{\beta q}\right)^{p-1} ||v_n||^p - \left(1 - \frac{p}{2}\right)c - \frac{1}{2}||f_n|| \cdot ||v_n||.\end{aligned}$$

故由序列 $\Psi(v_n)$ 有界可得 $||v_n||$ 有界. 由于 Y 是自反的 Banach 空间, 所以序列 $\{v_n\}$ 中有弱收敛子序列, 不妨设就是序列 $\{v_n\}$ 本身, 这就蕴含了 $\{v_n\}$ 作

为连续函数空间中的一个序列, 在区间 $[0,1]$ 上是一致收敛于某个函数 v 的. 由 (3.39) 得

$$\int_0^1 (-Jv_n + \nabla G^*(t, v_n') - f_n(t), u'(t))dt = 0, \quad \forall u \in Y.$$

这意味着对 $\forall w \in L^p[0,1]$,

$$\int_0^1 (-Jv_n + \nabla G^*(t, v_n') - f_n(t), w(t))dt = 0.$$

所以有

$$-Jv_n + \nabla G^*(t, v_n') = f_n(t), \quad \text{a.e.} \quad t \in [0,1].$$

同时根据引理 3.9, 因 $\Psi'(v_n) \to 0$, 得 $||f_n|| \to 0$. 由 Fenchel 变换的对偶性,

$$v_n'(t) = \nabla G(t, Jv_n(t) + f_n(t)), \quad \text{a.e.} \quad t \in [0,1],$$

故有

$$v_n' \to \nabla G(\cdot, Jv(\cdot)) = v', \quad v_n' \in L^p[0,1].$$

引理得证.

以下给出定理 3.4 的证明.

首先假设 v 是 (3.38) 所定义泛函 Ψ 在空间 Y 中的一个临界点. Y 是自反 Banach 空间, $\Psi \in C^1(Y, \mathbb{R})$. 由 (3.33) 及 (3.35) 得

$$\Psi(v) \geqslant -\frac{1}{2}||v_n||^2 + \frac{1}{p}\left(\frac{1}{\beta q}\right)^{p-1}||v_n||^p - \left(\frac{1}{\alpha q}\right)^{\frac{1}{q}} K.$$

取 $\Omega = \{v \in Y : ||v|| < r_0\}$, 其中 $r_0 = \left(\frac{1}{\alpha q^{p-1}}\right)^{\frac{1}{q-p}}$. 当 $v \in \partial\Omega$ 时,

$$\Psi(v) \geqslant \left(\frac{1}{\alpha q}\right)^{\frac{1}{q}} g(\alpha) - \left(\frac{1}{\alpha q}\right)^{\frac{1}{q}} K = d > 0,$$

且当 $v \in \text{int}\Omega$ 时有 $\Psi(v) \leqslant N_0 < d$.

另一方面, 由 (3.38) 知

$$\Psi(v) \leqslant \frac{1}{2}\int_0^1 (Jv', v)dt + \frac{1}{p}\left(\frac{1}{c_0 q}\right)^{p-1}||v||^p + N_0, \quad v \in Y.$$

取 $e \in \mathbb{R}^{2n}, |e| = 1$, 并取

$$v = r\bar{v} = r\left(e\cos\frac{\pi t}{2}, e\sin\frac{\pi t}{2}\right) \in Y, \quad r > 0.$$

于是有 $(Jv', v) = -\dfrac{\pi}{2}r^2, \quad ||v|| = r$. 由此得

$$\Psi(v) \leqslant -\frac{\pi}{4} + \left(\frac{1}{c_0 q}\right)^{p-1} \frac{1}{p} r^p + N_0.$$

显然, 我们可取到 $r_1 > r_0$ 充分大, 使 $v_1 = r_1 \bar{v} \notin \bar{\Omega}$ 且 $\Psi(v_1) = \Psi(r_1 v) \leqslant -\dfrac{\pi}{4} r_1^2 + \left(\dfrac{1}{c_0 q}\right)^{p-1} \dfrac{1}{p} r_1^p + N_0 < 0 < d$. 于是由定理 2.6, 即山路引理, 可知泛函 Ψ 有临界点 $v = v(t)$ 使 $\Psi'(v) = 0$, 亦即对一切 $y \in Y$ 有

$$\begin{aligned} 0 &= \int_0^1 [(Jv', y) + (\nabla G^*(t, v'), y')] dt \\ &= \int_0^1 [(-Jv + \nabla G^*(t, v'), y')] dt. \end{aligned}$$

因而成立 $Jv = \nabla G^*(t, v')$. 由对偶性原理得

$$v' = \nabla G^*(t, Jv).$$

根据 $v = -Ju$ 可得

$$-Ju' = \nabla G(t, u).$$

故 $u = Jv$ 是边值问题 (3.19) 在空间 Y 中的解. 在 $u = (u_1, u_2)$ 的情况下, u_1 就是边值问题 (3.19) 的古典解.

3.3.5 定理 3.4 的示例

例 3.4 讨论如下边值问题:

$$\begin{cases} \dfrac{d}{dt}\left(\dfrac{u_1'}{\sqrt{u_1'^2 + u_2'^2}}\right) + \dfrac{\sqrt{u_1^2 + u_2^2}}{6} u_1 - \dfrac{2u_1}{(u_1^2 + u_2^2 + 1)^2} \cos\left(\dfrac{1}{u_1^2 + u_2^2 + 1} + t\right) = 0, \\ \dfrac{d}{dt}\left(\dfrac{u_2'}{\sqrt{u_1'^2 + u_2'^2}}\right) + \dfrac{\sqrt{u_1^2 + u_2^2}}{6} u_2 - \dfrac{2u_2}{(u_1^2 + u_2^2 + 1)^2} \cos\left(\dfrac{1}{u_1^2 + u_2^2 + 1} + t\right) = 0, \\ u_1(0) = u_2(0) = u_1'(1) = u_2'(1) = 0. \end{cases} \tag{3.40}$$

下面讨论古典解的存在性.

令 $u = (u_1, u_2)$ 以及

$$F(t, u) = \frac{\left(\sqrt{u_1^2 + u_2^2}\right)^3}{18} + \sin\left(\frac{1}{u_1^2 + u_2^2 + 1} + t\right).$$

则边值问题 (3.40) 成为

$$\begin{cases} \left(\varphi_{\frac{3}{2}}(u')\right)' + \nabla F(t,u) = 0, \\ u(0) = u(1) = 0. \end{cases}$$

因 $p = \dfrac{3}{2}$, 故 $q = 3$. 显然 $F \in C([0,1] \times \mathbb{R}^2, \mathbb{R})$ 且有

$$-1 \leqslant F(t,u) \leqslant \frac{1}{18}|u|^3 + 1,$$

$$(\nabla F(t,u), u) \geqslant 3\left(F(t,u) - \frac{2}{3}\right).$$

由于 $K = N_0 = 1, N = \dfrac{2}{3}, \alpha = \dfrac{1}{18}$, 故

$$g\left(\frac{1}{18}\right) = \frac{1}{3} \times \frac{1}{4} \times 3^{-\frac{1}{3}} \times 18 = 9^{\frac{1}{3}} > 2.$$

由此得

$$K = 1 < g\left(\frac{1}{18}\right), \quad N = 1 < 6^{\frac{1}{3}}\left(g\left(\frac{1}{18}\right) - 1\right).$$

根据定理 3.4 可知, 边值问题 (3.40) 至少有一个古典解.

3.4 带 p-Laplace 算子微分方程的 Dirichlet 边值问题

3.4.1 问题和结论

本节讨论带 p-Laplace 算子的 Dirichlet 边值问题,

$$\begin{cases} \dfrac{d}{dt}\eta_p(x') + L(x')\nabla F(x) = 0, \quad \text{a.e.} \quad t \in [0,T], \\ x(0) = x(T) = 0, \end{cases} \tag{3.41}$$

其中,

$$x : [0,1] \to \mathbb{R}^n, F \in C^1(\mathbb{R}^n, \mathbb{R})\text{为严格凸}, \ F(0) = 0, \nabla F(0) = (0,0,\cdots,0),$$

$$\eta_p(x) = (\varphi_p(x_1), \varphi_p(x_2), \cdots, \varphi_p(x_n))^{\mathrm{T}}, \ \varphi_p : \mathbb{R} \to \mathbb{R}, \varphi_p(s) = |s|^{p-2}s,$$

$$L(x) = \operatorname{diag}\{l_1(x_1), l_2(x_2), \cdots, l_n(x_n)\},$$

$l_i \in C^0(\mathbb{R}, \mathbb{R})$, 严格凸, 且存在 $M > m > 0$ 使

$$m \leqslant l_i(x_i) \leqslant M, \quad i = 1, 2, \cdots, n$$

成立. 记 $q=\dfrac{p}{p-1}$, 并对 $x\in\mathbb{R}^n$, 和 3.3 节中一样记 $|x|=\left(\sum\limits_{i=1}^{n}|x_i|^2\right)^{\frac{1}{2}}$.

定理 3.5　在 (3.41) 中假设 $P\in(1,2)$, 如果有 $k>2,\alpha>0$ 使

$$kF(x)\leqslant(\nabla F(x),x),\quad F(x)\leqslant\alpha|x|^k,\quad \frac{Mp}{m}<2, \tag{3.42}$$

对所有 $x\in\mathbb{R}^n$ 成立, 则对任意 $T>0$, 边值问题 (3.41) 至少有一个非平凡解.

显然 $x(t)\equiv 0$ 是边值问题 (3.41) 的一个平凡解. 我们讨论此边值问题非平凡解的存在性.

3.4.2　边值问题的转换

现在由关系式

$$g_i(u)=\int_0^u\frac{(p-1)|s|^{p-2}}{l_i(s)}ds \tag{3.43}$$

定义函数 $g_i:\mathbb{R}\to\mathbb{R}$. 在 $p>1$ 的前提下, 这是个连续增函数, $sg_i(s)>0,s\neq 0$. 且对函数 $g_i(u)$ 而言, 由于

$$\frac{1}{M}\varphi_p(s)\mathrm{sgn}\ s=\int_0^s\frac{(p-1)|\eta|^{p-2}}{M}d\eta\leqslant g_i(s)\mathrm{sgn}\ s\leqslant\frac{1}{m}\varphi_p(s)\mathrm{sgn}\ s, \tag{3.44}$$

可得

$$m^{q-1}\varphi_q(s)\mathrm{sgn}\ s\leqslant g_i^{-1}(s)\mathrm{sgn}\ s\leqslant M^{q-1}\varphi_q(s)\mathrm{sgn}\ s,\quad i=1,2,\cdots,n.$$

记 $g(x')=(g_1(x_1'),g_2(x_2'),\cdots,g_n(x_n'))$,　$x_1'x_2'\cdots x_n'\neq 0$. 假设

$$x_i\in X_i=\left\{u\in C^1([0,T],\mathbb{R}):(\varphi(u'))'\in L^2([0,T],\mathbb{R})\right\},$$

则在函数 $x_i'(t)\neq 0$ 时, 由于

$$\frac{d}{dt}g_i(x_i')=\frac{(p-1)|x_i'(t)|x_i''(t)}{l(x_i'(t))}=\frac{(\varphi_p(x_i'))'}{l(x_i'(t))},\quad \text{a.e.}\quad t\in[0,T],$$

则边值问题可转换为

$$\begin{cases}\dfrac{d}{dt}g(x')+\nabla F(x)=0,\ \text{a.e.}\quad t\in[0,T],\\ x(0)=x(T)=0,\end{cases} \tag{3.45}$$

令 $u_1=x,u_2=g(x')=(g_1(x_1'),g_2(x_2'),\cdots,g_n(x_n'))$, 其中,

$$u_{1i}=x_i,\quad u_{2i}=g_i(x_i')=g_i(u_{1i}'),\quad i=1,2,\cdots,n.$$

则有

$$u_1' = x' = g^{-1}(u_2) = \left(g_1^{-1}(u_{2,1}), g_2^{-1}(u_{2,2}), \cdots, g_n^{-1}(u_{2,n})\right),$$
$$u_2' = (g(x'))' = (g(u_1'))' = -\nabla F(u_1).$$

这时 (3.45) 可改写为

$$\begin{cases} -u_1' + g^{-1}(u_2) = 0, \\ u_2' + \nabla F(u_1) = 0, \quad \text{a.e.} \quad t \in [0,T]. \\ u_1(0) = u_1(T) = 0, \end{cases} \tag{3.46}$$

记 $u = (u_1, u_2), K(u_2) = \sum\limits_{i=1}^{n} k_i(u_{2i})$, 其中,

$$k_i(s) = \int_0^s g_i^{-1}(\eta) d\eta, \quad i = 1, 2, \cdots, n. \tag{3.47}$$

我们注意到, 由 $sg_i(s) > 0, s \neq 0$, 可导出 $sg_i^{-1}(s) > 0, s \neq 0$. 于是有

$$k_i(s) > 0, \quad s \neq 0; \quad k_i(0) = 0.$$

由此导出

$$K(u_2) > 0, \quad u_2 \neq 0; \quad K(0) = 0.$$

且 $K(u_2)$ 是严格凸的. 由 (3.43) 可得

$$\begin{aligned} (\nabla K(u_2), u_2) &= \sum_{i=1}^{n} [u_{2i} g_i^{-1}(u_{2i})] \geqslant m^{q-1} \sum_{i=1}^{n} u_{2i} \varphi_q(u_{2i}) = m^{q-1} \sum_{i=1}^{n} |u_{2i}|^q, \\ (\nabla K(u_2), u_2) &= \sum_{i=1}^{n} [u_{2i} g_i^{-1}(u_{2i})] \leqslant M^{q-1} \sum_{i=1}^{n} u_{2i} \varphi_q(u_{2i}) = M^{q-1} \sum_{i=1}^{n} |u_{2i}|^q \end{aligned} \tag{3.48}$$

及

$$\frac{m^{q-1}}{q} |u_{2i}|^q \leqslant k_i(u_{2i}) = \int_0^{u_{2i}} [g_i^{-1}(s)] ds \leqslant \frac{M^{q-1}}{q} |u_{2i}|^q, \tag{3.49}$$

从而有

$$\frac{m^{q-1}}{q} \sum_{i=1}^{n} |u_{2i}|^q \leqslant K(u_2) = \sum_{i=1}^{n} \int_0^{u_{2i}} [g_i^{-1}(s)] ds \leqslant \frac{M^{q-1}}{q} \sum_{i=1}^{n} |u_{2i}|^q. \tag{3.50}$$

令 $H(u) = F(u_1) + K(u_2)$, 则 (3.46) 又可以表示为

$$\begin{cases} -Ju' + \nabla H(u) = 0, \quad \text{a.e.} \quad t \in [0,T], \\ u_1(0) = u_1(T) = 0. \end{cases} \tag{3.51}$$

令 $w(t)=u(T-t)$, 则边值问题 (3.51) 成为

$$\begin{cases} Jw'+\nabla H(w)=0, \quad \text{a.e.} \quad t\in[0,T], \\ w_1(0)=w_1(T)=0. \end{cases} \tag{3.52}$$

命题 3.2 在定理 3.5 的条件下, 函数 $K(u_2)=\sum\limits_{i=1}^{n}k_i(u_{2i})$ 在 $\mathbb{R}^n$ 上是严格凸的.

证明 我们只需证明在定理 3.5 的条件下每个函数 $k_i(s)$ 在 $\mathbb{R}$ 上是严格凸的.

根据 (3.47), $k_i'(s)=g_i^{-1}$. 由于 $g_i:\mathbb{R}\to\mathbb{R}$ 连续, 且 $R(g_i)=\mathbb{R}$,

$$g_i'(s)=\frac{(p-1)|s|^{p-2}}{l_i(s)}>0, \quad s\neq 0,$$

故 g_i 在 $\mathbb{R}$ 上单调增. 由此知 g_i^{-1}, 即 k_i' 在 $\mathbb{R}$ 上单调增, 从而 k_i 在 $\mathbb{R}$ 上是严格凸的.

3.4.3 Fenchel 变换和泛函的临界点

由定理条件及命题 3.2 知函数 $H(u)=F(u_1)+K(u_2)$ 是严格凸的, 对 H 作 Fenchel 变换, 即

$$\begin{aligned} H^*(v) &= \sup_{w\in\mathbb{R}^{2n}}[(v',u)-H(w)] \\ &= \sup_{w_1\in\mathbb{R}^n}[(v_1',w_1)-F(w_1)]+\sup_{w_2\in\mathbb{R}^n}[(v_2',w_2)-K(w_2)] \\ &= F^*(v_1)+K^*(v_2). \end{aligned} \tag{3.53}$$

同时建立泛函

$$\Psi(v)=\int_0^T\left[\frac{1}{2}(Jv'(t),v(t))+H^*(v'(t))\right]dt. \tag{3.54}$$

命题 3.3 K 由 (3.47) 定义, 则 $p\in(1,2]$ 时,

$$\begin{gathered} \frac{q-1}{Mq}|v_2'|^p\leqslant K^*(v_2')\leqslant\frac{n^{\frac{2-p}{2}}(q-1)}{mq}|v_2'|^p, \\ |\nabla H^*(v_2')|\leqslant\frac{n^{2-p}}{m}|v_2'|^{p-1}, \quad (\nabla H^*(v_2'),v_2')\leqslant\frac{Mp}{m}K^*(v_2'). \end{gathered} \tag{3.55}$$

证明 由于

$$K^*(v_2')=\sup_{w_2\in\mathbb{R}^n}[(v_2',w_2)-K(w_2)]$$

$$
\begin{aligned}
&= \sum_{i=1}^{n} \sup_{w_{2i} \in \mathbb{R}^n} [(v'_{2i}, w_{2i}) - k_i(w_{2i})] \\
&= \sum_{i=1}^{n} k_i^*(v'_{2i}),
\end{aligned}
$$

而由 (3.49) 很容易得到

$$
\frac{q-1}{Mq}|v'_{2i}|^p \leqslant k_i^*(v'_{2i}) \leqslant \frac{q-1}{mq}|v'_{2i}|^p,
$$

并得出

$$
\frac{q-1}{Mq}\sum_{i=1}^{n}|v'_{2i}|^p \leqslant K^*(v'_2) \leqslant \frac{q-1}{mq}\sum_{i=1}^{n}|v'_{2i}|^p. \tag{3.56}
$$

在 $p \in (1,2]$ 时, 命题 1.1 中令 $f(x) = x^{\frac{p}{2}}$, 因 f 为凹函数, 故

$$
\frac{q-1}{Mq}|v'_2|^p \leqslant K^*(v'_2) \leqslant \frac{n^{\frac{2-p}{2}}(q-1)}{mq}|v'_2|^p.
$$

(3.55) 中第一个不等式成立. 至于其余不等式, 因为当

$$
v'_{2i} = k'_i(w_{2i}) = g_i^{-1}(w_{2i}), \quad \text{i.e.} \quad w_{2i} = g_i(v'_{2i})
$$

时有

$$
\begin{aligned}
k_i^*(v'_{2i}) &= \sup_{w_{2i} \in \mathbb{R}^n} [(v'_{2i}, w_{2i}) - k_i(w_{2i})] \\
&= (v'_{2i}, g_i(v'_{2i})) - k_i(g(v'_{2i})),
\end{aligned}
$$

故

$$
\begin{aligned}
(k_i^*)'(v'_{2i}) &= v'_{2i}g'_i(v'_{2i}) + g_i(v'_{2i}) - (k_i \circ g)'(v'_{2i}) \\
&= v'_{2i}g'_i(v'_{2i}) + g_i(v'_{2i}) - v'_{2i}g'_i(v'_{2i}) \\
&= g_i(v'_{2i}),
\end{aligned}
$$

$$
\nabla H^*(v'_2) = (K^*)'(v'_2) = \left(g_1(v'_{2,1}), g_2(v'_{2,2}), \cdots, g_n(v'_{2,n})\right).
$$

根据 (3.43),

$$
|\nabla H^*(v'_2)| \leqslant \frac{1}{m}\left(\sum_{i=1}^{n}|\varphi_p(v'_{2i})|^2\right)^{\frac{1}{2}} = \frac{1}{m}\left(\sum_{i=1}^{n}|v'_{2i}|^{2(p-1)}\right)^{\frac{1}{2}} \leqslant \frac{n^{2-p}}{m}|v'_2|^{p-1}.
$$

与此同时, 由 (3.44) 和 (3.56) 可得

$$(\nabla H^*(v_2'), v_2') = \sum_{i=1}^{n} v_{2,i}' g_i(v_{2,i}') \leqslant \frac{Mp}{m} K^*(v_2'), \quad p \in (1,2].$$

命题 3.2 得证.

与此同时, 我们考虑函数 $F(u_1)$ 的 Fenchel 变换 $F^*(v_1)$.

命题 3.4　在定理 3.5 的条件下, 有

$$\begin{aligned} &(\alpha k)^{-\frac{l}{k}} l^{-1} |v_1'|^l \leqslant F^*(v_1') \leqslant (mk)^{-\frac{l}{k}} l^{-1} |v_1'|^l + m, \\ &(\nabla F^*(v_1'), v_1') \leqslant l F^*(v_1'), \quad |\nabla F^*(v_1')| \leqslant \alpha^{-l+1} |v_1'|^{l-1}, \end{aligned} \tag{3.57}$$

其中 $l = \dfrac{k}{k-1} \leqslant 2, m = \max\limits_{|u_1|=1} F(u_1) \leqslant \alpha$.

证明　由定理条件可得

$$F(u_1) \geqslant m|u_1|^k, \quad |u_1| \geqslant 1,$$

故有

$$m|u_1|^k - m \leqslant F(u_1) \leqslant \alpha |u_1|^k.$$

于是,

$$\begin{aligned} F^*(v_1') &= \sup_{u_1 \in \mathbb{R}^n} [(v_1', u_1) - F(u_1)] \\ &\leqslant \sup_{u_1 \in \mathbb{R}^n} [(v_1', u_1) - m|u_1|^k + m] \\ &= (mk)^{-\frac{l}{k}} l^{-1} |v_1'|^l + m, \end{aligned}$$

$$\begin{aligned} F^*(v_1') &= \sup_{u_1 \in \mathbb{R}^n} [(v_1', u_1) - F(u_1)] \\ &\geqslant \sup_{u_1 \in \mathbb{R}^n} [(v_1', u_1) - \alpha |u_1|^k] \\ &= (\alpha k)^{-\frac{l}{k}} l^{-1} |v_1'|^l. \end{aligned}$$

于是有

$$(\alpha k)^{-\frac{l}{k}} l^{-1} |v_1'|^l \leqslant F^*(v_1') \leqslant (mk)^{-\frac{l}{k}} l^{-1} |v_1'|^l + m. \tag{3.58}$$

对 $u_1 = \nabla F^*(v_1')$, 因

$$\alpha |u_1|^k \leqslant F(u_1) = (u_1, v_1') - F^*(v_1') \leqslant (u_1, v_1') \leqslant |u_1| \cdot |v_1'|,$$

所以有

$$|u_1| \leqslant \alpha^{-\frac{1}{k-1}}|v_1'|^{\frac{1}{k-1}},$$

也就是

$$|\nabla F^*(v_1')| \leqslant \alpha^{-l+1}|v_1'|^{l-1}.$$

同时, 由 Fenchel 变换的对偶关系有

$$\begin{aligned} F^*(v_1') &= (v_1', u_1) - F(u_1) \\ &\geqslant (v_1', u_1) - \frac{1}{k}(\nabla F(u_1), u_1) \\ &= \left(1 - \frac{1}{k}\right)(v_1', u_1) \\ &= \frac{1}{l}(v_1', \nabla F^*(v_1')). \end{aligned}$$

命题得证.

结合命题 3.3 和命题 3.4 有

$$\begin{aligned} &(\alpha k)^{-\frac{l}{k}} l^{-1}|v_1'|^l + \frac{1}{Mp}|v_2'|^p \leqslant H^*(v') \leqslant (mk)^{-\frac{l}{k}} l^{-1}|v_1'|^l + m + \frac{n^{\frac{2-p}{2}}}{mp}|v_2'|^p, \\ &|\nabla H^*(v')| \leqslant |\nabla F^*(v_1')| + |\nabla K_2^*(v_2')| \leqslant \alpha^{-l+1}|v_1'|^{l-1} + \frac{n^{2-p}}{m}|v_2'|^{p-1}, \\ &(v', \nabla H^*(v')) = (v_1', \nabla F^*(v_1')) + (\nabla K^*(v_2'), v_2') \leqslant lF^*(v_1') + \frac{Mp}{m}K^*(v_2'). \end{aligned} \tag{3.59}$$

由 Fenchel 变换的性质及 $u_1(0) = u_1(T) = 0$ 的条件, 函数空间中的元素 v 可设 $v_1(0) = v_1(T) = 0$, 故选取函数空间

$$X = \left\{u \in W^{1,l}([0,T], \mathbb{R}^n) \times W^{1,p}([0,T], \mathbb{R}^n) : u_1(0) = u_1(T) = 0, \int_0^T u_2(t)dt = 0\right\}, \tag{3.60}$$

并在 X 上定义范数

$$||u|| = ||u_1||_l + ||u_2||_p = \left(\int_0^T |u_1(t)|^l\right)^{\frac{1}{l}} + \left(\int_0^T |u_2(t)|^p\right)^{\frac{1}{p}}.$$

同时可以考虑对 X 中的任一元素 u 根据特征方程

$$\begin{cases} Ju' + \lambda u = 0, \\ u_1(0) = u_1(T) = 0 \end{cases}$$

的特征值系 $\left\{\dfrac{\pi}{T}, \dfrac{2\pi}{T}, \cdots, \dfrac{k\pi}{T}, \cdots\right\}$ 作展开,

$$u(t) = \sum_{k=1}^{\infty}\left(c_k \sin\frac{k\pi t}{T}, -c_k\cos\frac{k\pi t}{T}\right), \quad c_k \in \mathbb{R}^n.$$

由此可知, 对于

$$\begin{aligned} Y = \Bigg\{ &(u_1, u_2) \in L^l([0,T],\mathbb{R}^n) \times L^p([0,T],\mathbb{R}^n): \\ &(u_1,u_2) = \left(\sum_{k=1}^{\infty} c_k\cos\frac{k\pi t}{T}, \sum_{k=1}^{\infty} c_k \sin\frac{k\pi t}{T}\right), c_k \in \mathbb{R}^n \Bigg\}\end{aligned}$$

而言, 求导运算映射 $D: X \to Y, \quad x \mapsto x'$ 是一一对应的.

引理 3.11　在定理 3.5 的条件下, 定义在函数空间 (3.60) 上的泛函 (3.54) 是连续可微的, 且其微分由

$$\begin{aligned}\langle \Psi'(v), w\rangle &= \int_0^T (\Psi'(v(t)), w(t))dt \\ &= \int_0^T (-Jv(t) + \nabla H^*(v'(t)), w'(t))dt \end{aligned} \tag{3.61}$$

给定, 其中 $w \in X$ 为任一元素.

证明　令 $L(x,y) = \dfrac{1}{2}(Jy, x) + H^*(y)$. 则由 (3.54) 所定义的泛函 Ψ 可表示为

$$\Psi(v) = \int_0^T L(v(t), v'(t))dt.$$

这时由命题 3.4 可得

$$\begin{aligned}|L(v(t),v'(t))| &= \left|\frac{1}{2}(Jv'(t), v(t)) + H^*(v')\right| \\ &\leqslant \frac{1}{2}|v(t)|\cdot|v'(t)| + (mk)^{-\frac{l}{k}} l^{-1}|v_1'|^l + m + \frac{n^{\frac{2-p}{2}}}{mp}|v_2'|^p,\end{aligned}$$

$$|L_x(v(t),v'(t))| = \frac{1}{2}|v'(t)|,$$

$$|L_y(v(t),v'(t))| \leqslant \frac{1}{2}|v(t)| + |\nabla H^*(v')| \leqslant \frac{1}{2}|v(t)| + \alpha^{-l+1}|v_1'|^{l-1} + \frac{n^{2-p}}{m}|v_2'|^{p-1}.$$

由定理 1.6, 泛函 Ψ 是连续可微的, 且其微分可表示为

$$\langle \Psi'(v), w\rangle = \int_0^T [(L_x(v(t), v'(t)), w(t)) + (L_y(v(t),v'(t)), w'(t))$$

$$
\begin{aligned}
&+ (\nabla H^*(v'(t)), w'(t))]dt \\
&= \int_0^T \left[\left(\frac{1}{2}Jv'(t), w(t)\right) - \frac{1}{2}(Jv(t), w'(t)) + (\nabla H^*(v'(t)), w'(t))\right] dt \\
&= \int_0^T (-Jv(t) + \nabla H^*(v'(t)), w'(t))dt,
\end{aligned}
$$

引理得证.

引理 3.12 设定理 3.5 的条件成立, 则由 (3.54) 定义的泛函满足 (PS)-条件.

证明 设 $\{v^{(i)}, i = 1, 2, \cdots, k, \cdots\} \subset X$ 使 $\Psi(v^{(i)})$ 有界并使

$$
\Psi'(v^{(i)}) = -Jv^{(i)} + \nabla H^*(v^{(i)})' \to 0. \tag{3.62}
$$

结合命题 1.3, 由 $\sum\limits_{i=1}^{n} (|v'_{2i}(t)|^2)^{\frac{p}{2}} \geqslant \left(\sum\limits_{i=1}^{n} |v'_{2i}(t)|^2\right)^{\frac{p}{2}}$ 可得

$$
\left(\sum_{i=1}^{n} |v'_{2i}(t)|^p\right) \geqslant \left(\sum_{i=1}^{n} |v'_{2i}(t)|^2\right)^{\frac{p}{2}} = |v'_2|^p,
$$

由 (3.55) 得

$$
K^*(v'_2) \geqslant \frac{1}{Mp}\sum_{i=1}^{n} |v'_{2i}|^p \geqslant \frac{1}{Mp}|v'_2|^p.
$$

于是对设定的序列 $\{v^{(i)}\}$ 存在 $f_i \in Y^* \subset L^l([0,T],\mathbb{R}^n) \times L^p([0,T],\mathbb{R}^n)$, 使

$$
\int_0^T \left(-Jv^{(i)}(t) + \nabla H^*\left((v^{(i)})'(t)\right) - f_i(t), v'(t)\right)dt = 0,
$$

其中当 $i \to \infty$ 时 $f_i \to 0$, 由此得到

$$
-Jv^{(i)}(t) + \nabla H^*\left((v^{(i)})'(t)\right) - f_i(t) = 0, \quad \text{a.e.} \quad t \in [0,T].
$$

于是有

$$
Jv^{(i)}(t) = \nabla H^*\left((v^{(i)})'(t)\right) - f_i(t), \quad \text{a.e.} \quad t \in [0,T],
$$

故结合 (3.59) 有

$$
\begin{aligned}
\Psi(v^{(i)}) &= \int_0^T \left[-\frac{1}{2}(\nabla H^*\left((v^{(i)})'(t)\right) - f_i(t), v^{(i)}) + H^*(v^{(i)})'(t)\right] dt \\
&= \int_0^T \left[\frac{1}{2}(f_i(t), v^{(i)}) + H^*((v^{(i)})'(t)) - \frac{1}{2}(\nabla H^*((v^{(i)})'(t)), v^{(i)})\right] dt
\end{aligned}
$$

$$
\begin{aligned}
&\geqslant \int_0^T \left[\left(1-\frac{l}{2}\right)F^*((v_1^{(i)})'(t)) + \left(1-\frac{Mp}{2m}\right)K^*((v_2^{(i)})'(t))\right]dt \\
&\quad - \frac{1}{2}||f_{i1}||_{L^k}\cdot||(v_1^{(i)})'||_{L^l} - \frac{1}{2}||f_{i2}||_{L^q}\cdot||(v_2^{(i)})'||_{L^p} \\
&= \left(1-\frac{l}{2}\right)(\alpha k)^{-\frac{l}{k}}l^{-1}||(v_1^{(i)})'||_l^l + \left(1-\frac{Mp}{2}\right)\frac{1}{Mp}||(v_2^{(i)})'||_p^p \\
&\quad - \frac{1}{2}||f_{i1}||_{L^k}\cdot||(v_1^{(i)})'||_{L^l} - \frac{1}{2}||f_{i2}||_{L^k}\cdot||(v_2^{(i)})'||_{L^p}.
\end{aligned}
$$

由 $\Psi(v^{(i)})$ 有界, 可知 $\{v^{(i)}\}$ 在 X 中有界.

因 X 是自反的 Banach 空间, 故在 $\{v^{(i)}\}$ 中有弱收敛子列, 不妨设是其自身. 同时由 Riesz 表示定理, 对于对偶空间 X^* 的任一元素 l 存在函数

$$
\begin{aligned}
g \in Y^* = \Bigg\{&(x_1,x_2)\in L^k([0,T],\mathbb{R}^n)\times L^q([0,T],\mathbb{R}^n): \\
&(x_1,x_2) = \left(\sum_{k=1}^{\infty} C_k\cos\frac{k\pi t}{T}, \sum_{k=1}^{\infty} C_k\sin\frac{k\pi t}{T}\right), C_k\in\mathbb{R}^n\Bigg\}
\end{aligned}
$$

使

$$
\langle l, u'\rangle = \int_0^T (g(t), u'(t))dt,
$$

故所设的序列 $\{v^{(i)}\}$ 存在 $g_i\in Y^*$, 使

$$
\int_0^T \big(-Jv^{(i)}(t) + \nabla H^*((v^{(i)})'(t)) - g_i(t), v'(t)\big)dt = 0,
$$

于是有

$$
-Jv^{(i)}(t) + \nabla H^*((v^{(i)})'(t)) = g_i(t) \to 0, \quad \text{a.e.} \quad t\in[0,T],
$$

即

$$
Jv^{(i)}(t) + g_i(t) = \nabla H^*((v^{(i)})'(t)), \quad \text{a.e.} \quad t\in[0,T],
$$

由 Fenchel 变换的对偶性, 可得

$$
(v^{(i)})'(t) = \nabla H(-Jv^{(i)}(t) + g_i(t)).
$$

由于 $v^{(i)}$ 在 $[0,T]$ 上是一致连续的, 故 $i\to\infty$ 时,

$$
(v^{(i)})'(t) \to \nabla H(-Jv(t)) = v'(t), \quad \forall t\in[0,T].
$$

引理得证.

3.4.4 定理 3.5 的证明

我们应用定理 2.6 证定理 3.5. 首先因为

$$||v_1||_\infty = \max_{1\leqslant t\leqslant T}|v_1(t)| \leqslant \max_{1\leqslant t\leqslant T}\int_0^T |v_1'(t)|dt \leqslant T^{\frac{1}{k}}||v_1||_l,$$

$$||v_2||_\infty = \max_{1\leqslant t\leqslant T}|v_2(t)| \leqslant \max_{1\leqslant t\leqslant T}\int_0^T |v_2'(t)|dt \leqslant T^{\frac{1}{q}}||v_2||_p,$$

故有

$$\begin{aligned}
-\int_0^T (Jv'(t),v(t))dt &\geqslant -\int_0^T |(Jv'(t),v(t))|dt \\
&\geqslant -\int_0^T [|v_1'(t)|\cdot|v_2(t)| + |v_2'(t)|\cdot|v_1(t)|]dt \\
&\geqslant -T^{\frac{1}{k}}||v_1'||_l\cdot||v_2||_\infty - T^{\frac{1}{q}}||v_2'||_p\cdot||v_1||_\infty \\
&\geqslant -2T^{\frac{1}{k}+\frac{1}{q}}||v_1'||_l\cdot||v_2'||_p \\
&\geqslant -T^{\frac{1}{k}+\frac{1}{q}}(||v_1'||_l^2 + ||v_2'||_p^2).
\end{aligned}$$

根据 (3.54) 中泛函的定义可得

$$\begin{aligned}
\Psi(v) &\geqslant -\frac{1}{2}T^{\frac{1}{k}+\frac{1}{q}}(||v_1'||_l^2 + ||v_2'||_p^2)\int_0^T [F^*(v_1'(t)) + K^*(v_2'(t))]dt \\
&= (\alpha k)^{-\frac{l}{k}}l^{-1}||v_1'||_l^l - \frac{1}{2}T^{\frac{1}{k}+\frac{1}{q}}||v_1'||_l^2 + \frac{1}{Mp}||v_2'||_p^p - \frac{1}{2}T^{\frac{1}{k}+\frac{1}{q}}||v_2'||_p^2.
\end{aligned}$$

由于 $l,p<2$, 故存在 $r>0$ 充分小, 使 $\Psi(v)\geqslant d>0, ||v||=r$.

与此同时, 我们取 $v=\left(C\sin\dfrac{\pi t}{T}, -C\cos\dfrac{\pi t}{T}\right), C\in\mathbb{R}^n, |C|=c>0$, 则

$$\begin{aligned}
\Psi(v) &= \int_0^T \left[\frac{1}{2}(Jv'(t),v(t)) + H^*(v'(t))\right]dt \\
&= -\frac{c^2\pi}{2} + \int_0^T H^*(v'(t))dt \\
&\leqslant -\frac{c^2\pi}{2} + (mk)^{-\frac{l}{k}}l^{-1}||v_1'||^l + mT + \frac{n^{\frac{2-p}{2}}}{mp}||v_2'||^p \\
&\leqslant -\frac{c^2\pi}{2} + (mk)^{-\frac{l}{k}}\frac{\pi^l}{lT^l}c^l + mT + \frac{n^{\frac{2-p}{2}}\pi^p}{mpT^p}c^p.
\end{aligned}$$

可知当 $c \to \infty$ 时 $\Psi(v) \to -\infty$, 总有充分大的 $c > 0$ 使 $|C| = c$ 时, 对应的函数 v 满足 $\Psi(v) < 0 < d$. 由定理 2.6 即知泛函 Ψ 有临界点 $v \neq 0$ 存在, 即有非平凡的 v 使

$$Jv(t) = \nabla H^*(v'(t)).$$

根据对偶原理, 可得

$$v'(t) = \nabla H(Jv(t)),$$

这时令 $u = Jv$, 则得

$$-Ju'(t) = \nabla H(u(t)),$$

即 $Ju'(t) + \nabla H(u(t)) = 0$. 由于 $u = (u_1, u_2)$, 故

$$\begin{cases} -u_2'(t) + \nabla F(u_1(t)) = 0, \\ u_1'(t) + \nabla K(u_2(t)) = 0. \end{cases} \tag{3.63}$$

由于

$$\begin{aligned}\nabla K(u_1(t)) &= (k_1'(u_{21}(t)), k_2'(u_{22}(t)), \cdots, k_n'(u_{2n}(t)))^{\mathrm{T}} \\ &= (g_1^{-1}(u_{21}(t)), g_2^{-1}(u_{22}(t)), \cdots, g_n^{-1}(u_{2n}(t)))^{\mathrm{T}} \\ &= g^{-1}(u_2(t)).\end{aligned}$$

所以由 (3.63) 中第二式得

$$u_2(t) = g(-u_1'(t)).$$

将此代入 (3.63) 中的第一式, 有

$$-\frac{d}{dt} g(-u_1'(t)) + \nabla F(u_1(t)) = 0,$$

即

$$\operatorname{diag}\left\{\frac{1}{l_1(u_{11}(t))}, \frac{1}{l_2(u_{12}(t))}, \cdots, \frac{1}{l_n(u_{1n}(t))}\right\} \frac{d}{dt}\eta_p(u_1'(t)) + \nabla F(u_1(t)) = 0,$$

$$\frac{d}{dt}\eta_p(u_1'(t)) + \operatorname{diag}\{l_1(u_{11}(t)), l_2(u_{12}(t)), \cdots, l_n(u_{1n}(t))\} \nabla F(u_1(t)) = 0.$$

于是当取 $x(t) = u_1(t)$ 时, 满足

$$\frac{d}{dt}\eta_p(x'(t)) + L(x')\nabla F(x(t)) = 0.$$

同时, 因 $x = u \in X$, 故有 $x(0) = x(T) = 0$, 可知 $x(t)$ 是 (3.41) 的非平凡解. 本定理成立.

3.4.5 定理 3.5 的示例

例 3.5 考虑非线性边值问题

$$\begin{cases} \dfrac{d}{dt}\eta_{\frac{7}{6}}(x') + L(x')\nabla F(x) = 0, \quad \text{a.e.} \quad t \in [0,T], \\ x(0) = x(T) = 0, \end{cases} \tag{3.64}$$

其中,

$$L(x') = \operatorname{diag}\left(1 + \frac{1}{4}\operatorname{th}x_1', 1 + \frac{1}{4}\operatorname{th}x_2', \cdots, 1 + \frac{1}{4}\operatorname{th}x_n'\right),$$

$$F(x) = \left(2\sum_{i=1}^{n} x_i^2 + \sum_{j\neq i} x_i x_j\right)^{\frac{12}{5}}.$$

这时记 $p = \dfrac{7}{6}, k = \dfrac{12}{5}$. 这时 $m = \dfrac{3}{4} < 1 + \dfrac{1}{4}\operatorname{th}x_i' < \dfrac{5}{4} = M$, 故 $\dfrac{Mp}{m} = \dfrac{35}{18} < 2$. 同时易见

$$F(x) = \left(\sum_{i=1}^{n} x_i^2 + \left(\sum_{i=1}^{n} x_i\right)^2\right)^{\frac{12}{5}} \geqslant \left(\sum_{i=1}^{n} x_i^2\right)^{\frac{12}{5}} = |x|^{\frac{24}{5}},$$

$$\begin{aligned}\nabla F(x) =& \frac{12}{5}\left(2\sum_{i=1}^{n} x_i^2 + \sum_{j\neq i} x_i x_j\right)^{\frac{7}{5}} \left(4x_1 + \sum_{j\neq 1} x_j, 4x_2 + \sum_{j\neq 2} x_j, \cdots, 4x_n\right. \\ & \left. + \sum_{j\neq n} x_j\right),\end{aligned}$$

$$(\nabla F(x), x) = \frac{12}{5}\left(2\sum_{i=1}^{n} x_i^2 + \sum_{j\neq i} x_i x_j\right)^{\frac{7}{5}} \left(4\sum_{i=1}^{n} x_i^2 + \sum_{j\neq i} x_i x_j\right) \geqslant \frac{12}{5}F(x).$$

故定理 3.5 的条件满足, 因而边值问题 (3.64) 至少有一个非平凡解.

3.5 二阶脉冲微分方程两点边值问题

J.J.Nieto, R.Rodriequez-Lopez[119] 在 2006 年研究了二阶线性和半线性脉冲微分方程的 Dirichlet 边值问题, 本节讨论二阶线性和半线性脉冲微分方程的 Sturm-Liouville 边值问题 [136].

3.5.1 Sturm-Liouville 边值问题的特征函数系

设 $\alpha,\beta,\delta,\gamma\geqslant 0,(\alpha+\beta)(\delta+\gamma)(\alpha+\delta)>0$, 对二阶常微分方程 Sturm-Liouville 边值问题

$$\begin{cases} x''+\lambda^2x=0, \quad \lambda\geqslant 0,\\ \alpha x(0)-\beta x'(0)=\delta x(T)+\gamma x'(T)=0, \end{cases} \tag{3.65}$$

求得 (3.65) 中方程的解 $\cos\lambda t$, $\sin\lambda t$, 将通解 $x(t)=a\cos\lambda t+b\sin\lambda t$ 代入边界条件中, 得到边值问题 (3.65) 有非零解的条件是

$$\begin{aligned} &\det\begin{pmatrix} \alpha & -\beta\lambda \\ \delta\cos\lambda T-\gamma\lambda\sin\lambda T & \delta\sin\lambda T+\gamma\lambda\cos\lambda T \end{pmatrix}\\ &=(\alpha\gamma+\beta\delta)\lambda\cos\lambda T+(\alpha\delta-\beta\gamma\lambda^2)\sin\lambda T\\ &=0, \end{aligned} \tag{3.66}$$

这是一个关于 λ 的超越方程, 有特征值序列

$$0<\lambda_1<\lambda_2<\cdots<\lambda_n<\cdots,$$

且 $\lambda_n\to\infty$, $n\to\infty$, 对应 λ_n 有特征函数为

$$\tilde{x}_n(t)=\frac{1}{\sqrt{\alpha^2+\lambda_n^2\beta^2}}(\lambda_n\beta\cos\lambda_n t+\alpha\sin\lambda_n t), \quad \alpha,\beta\in\mathbb{R}, \tag{3.67}$$

特别当 $\beta=\gamma=0$ 时,

$$\lambda_n=\frac{n\pi}{T}, \quad \tilde{x}_n(t)=\sin\frac{n\pi t}{T}; \tag{3.68}$$

当 $\beta=\delta=0$ 时,

$$\lambda_n=\frac{(2n+1)\pi}{2T}, \quad \tilde{x}_n(t)=\sin\frac{(2n+1)\pi t}{2T}; \tag{3.69}$$

当 $\alpha=\gamma=0$ 时,

$$\lambda_n=\frac{(2n+1)\pi}{2T}, \quad \tilde{x}_n(t)=\cos\frac{(2n+1)\pi t}{2T}; \tag{3.70}$$

当 $\alpha=\delta=0$ 时,

$$\lambda_n=\frac{n\pi}{T}, \quad \tilde{x}_n(t)=\cos\frac{n\pi t}{T}. \tag{3.71}$$

根据常微分方程理论, 当

$$X=\{x\in H^1[0,T]:\alpha x(0)-\beta x'(0)=\delta x(T)+\gamma x'(T)=0\} \tag{3.72}$$

时, X 中对应不同特征值的不同特征函数是两两正交的, 即满足

$$\int_0^T \tilde{x}_m(t)\tilde{x}_n(t)dt = 0, \quad m \neq n. \tag{3.73}$$

对特征函数单位化, 即取

$$x_n(t) = \frac{1}{\sqrt{\int_0^T |\tilde{x}_n(t)|^2 dt}}\tilde{x}_n(t).$$

除 $\alpha = \delta = 0$ 的情况外, $\{x_n(t)\}_1^\infty$ 构成 X 中的完备特征函数系, 也就是 $\forall x \in X$ 可以表示为

$$x(t) = \sum_{n=1}^{\infty} a_n x_n(t), \quad a_n \in \mathbb{R}, \tag{3.74}$$

$\left\|x - \sum\limits_{j=1}^{n} a_j x_j\right\| \to 0, n \to 0$, 且有

$$||x||_2 = \sqrt{\sum_{j=1}^{\infty} |a_j|^2}, \quad ||x'||_2 = \sqrt{\sum_{j=1}^{\infty} \lambda_j^2 |a_j|^2}. \tag{3.75}$$

除此之外易证下列命题.

命题 3.5 在 (3.72) 所定义的 Hilbert 空间中, $||x||_2 \leqslant \lambda_1 ||x'||_2$.

命题 3.6 对 $\forall x \in X$, 记 $x^{\pm} = \max\{\pm x, 0\}$, 如下关系成立:

(1) $x \in H^1 \Rightarrow x^+, x^- \in H^1$,

(2) $x = x^+ - x^-$,

(3) $||x^+|| \leqslant ||x||$,

(4) 对 a.e. $t \in [0, T], x^+(t)x^-(t) = 0, (x^+)'(t)(x^-)'(t) = 0$.

3.5.2 脉冲线性方程边值问题

考虑线性脉冲边值问题

$$\begin{cases} x''(t) + \lambda^2 x(t) + f(t) = 0, \quad t \in [0, T], t \neq t_j, \\ \Delta x'_j(t) = d_j x(t_j), \\ \alpha x(0) - \beta x'(0) = \delta x(T) + \gamma x'(T) = 0, \end{cases} \tag{3.76}$$

正解的存在性, 其中 $0 = t_0 < t_1 < \cdots < t_l < t_{l+1} = T, x'(t_j^+), x'(t_j^-)$ 分别表示 $x(t)$ 在 $t = t_j$ 处的右导数和左导数, $\Delta x'(t_j) = x'(t_j^+) - x'(t_j^-), f \in L^2([0, T], \mathbb{R})$ 不恒为零, $d_j > 0, j = 1, 2, \cdots, l$, 且 $\alpha, \beta, \delta, \gamma \geqslant 0, \alpha + \delta > 0$. 取

$$X = H^1([0, T], \mathbb{R})$$

构造 X 上的泛函

$$\Phi(x)=\frac{1}{2}\int_0^T\left[(x'(t),x'(t))-\lambda^2|x(t)|^2-2f(t)x(t)\right]dt$$
$$+c_1x^2(0)+c_2x^2(T)+\frac{1}{2}\sum_{j=1}^{l}d_jx^2(t_j), \tag{3.77}$$

其中,

$$c_1=\begin{cases}\dfrac{\beta}{2\alpha}, & \alpha>0,\\ 0, & \alpha=0,\end{cases}\qquad c_2=\begin{cases}\dfrac{\gamma}{2\delta}, & \delta>0,\\ 0, & \delta=0.\end{cases} \tag{3.78}$$

易证, 泛函 Φ 在 X 上可微.

定义 3.3 设泛函 Φ 由 (3.77) 定义. 如果有 $x\in X$, 使 $\langle\Phi'(x),h\rangle=0$ 对所有 $h\in X$ 成立, 则说 x 是边值问题 (3.76) 的**弱解**.

下证以下命题.

命题 3.7 边值问题 (3.76) 的弱解就是它的古典解.

证明 设 $x\in X$ 是边值问题 (3.76) 的一个弱解, 即对任意 $h\in X$, 有

$$\begin{aligned}0&=\langle\Phi'(x),h\rangle\\&=\int_0^T[x'(t)h'(t)-(\lambda^2x(t)+f(t))h(t)]dt+2c_1x(0)h(0)+2c_2x(T)h(T)\\&\quad+\sum_{j=1}^{l}d_jx(t_j)h(t_j).\end{aligned} \tag{3.79}$$

令 $\hat{X}=\{x\in X:x\in C^\infty([0,T],\mathbb{R}),x(t_j)=0,j=0,1,\cdots,l+1\}$. $\forall h\in\hat{X}$, 代入上式有

$$0=\int_0^T[x'(t)h'(t)-(\lambda^2x(t)+f(t))h(t)]dt. \tag{3.80}$$

记 $m(t)=\displaystyle\int_0^t[\lambda x(s)+f(s)]ds$, 有 $m\in H^1([0,1],\mathbb{R})$. 于是有

$$\begin{aligned}0&=\int_0^T[x'(t)h'(t)-(\lambda^2x(t)+f(t))h(t)]dt\\&=\int_0^T[x'(t)+m(t)]h'(t)dt.\end{aligned}$$

由 $h\in\hat{X}$ 的任意性, 可得

$$x''(t)=-m'(t)=-\lambda^2x(t)-f(t),\quad \text{a.e.}\quad t\in[0,T]. \tag{3.81}$$

于是 $x|_{[t_j,t_{j+1}]} \in H^2([t_j,T_{j+1}],\mathbb{R}), j=0,1,\cdots,l$, 回到 (3.79) 有

$$\begin{aligned}
0=&\langle\Phi'(x),h\rangle\\
=&\int_0^T[x'(t)h'(t)-(\lambda^2x(t)+f(t))h(t)]dt+2c_1x(0)h(0)+2c_2x(T)h(T)\\
&+\sum_{j=1}^{l}d_jx(t_j)h(t_j)\\
=&-\int_0^T[x''(t)+\lambda^2x(t)+f(t)]h(t)dt+[x'(T)+2c_2x(T)]h(T)\\
&-[x'(0)-2c_2x(0)]h(0)+\sum_{j=1}^{l}[-\Delta x'(t_j)+d_jx(t_j)]h(t_j)\\
=&\sum_{j=1}^{l}[-\Delta x'(t_j)+d_jx(t_j)]h(t_j).
\end{aligned} \tag{3.82}$$

令

$$X_j=\{x\in X\cap H^2([t_0,t_j)\cup(t_j,t_{l+1}],\mathbb{R}):x(t_i)=0,i\neq j\},\quad j=1,2,\cdots,l,$$

任意 $h\in X_j$ 代入 (3.82) 中得

$$\Delta x'(t_j)=d_jx(t_j). \tag{3.83}$$

进一步, 任取

$$h\in X_0=\{x\in X:x(t_j)=0,j=0,1,\cdots,l\}\subset X,$$

代入 (3.79), 利用 (3.81) 和 (3.83) 有

$$\begin{aligned}
0=&\langle\Phi'(x),h\rangle\\
=&\int_0^T[x'(t)h'(t)-(\lambda^2x(t)+f(t))h(t)]dt+2c_2x(T)h(T)\\
=&x'(T)h(T)-\int_0^T[x''(t)+\lambda^2x(t)+f(t)]h(t)dt+2c_2x(T)h(T)\\
=&[x'(T)+2c_2x(T)]h(T).
\end{aligned}$$

由于 $h(T)$ 可取任意值, 故当 $\delta=0$ 时 $c_2=0$, 从而有 $x'(T)=0$. 在 $\delta\neq0$ 时, 则由 $c_2=\dfrac{\gamma}{2\delta}$ 得

$$\delta x'(T)+\lambda x(T)=0.$$

同样定义 $X_T = \{x \in X : x(t_j) = 0, j = 1, 2, \cdots, l+1\} \subset X$, 将任意 $h \in X_T$ 代入 (3.79) 可得

$$\alpha x'(0) + \beta x(0) = 0.$$

故边值问题 (3.76) 的弱解 x 就是 (3.76) 的古典解.

定理 3.6 当 $\lambda < \lambda_1$ 时, 边值问题 (3.76) 有一个使泛函 (3.77) 达到最小的古典解.

证明 首先易证泛函 Φ 是连续可微的. 其次, 令

$$\Phi_1(x) = \frac{1}{2}\int_0^T [(x'(t), x'(t)) - f(t)x(t)]dt + c_1 x^2(0) + c_2 x^2(T) + \frac{1}{2}\sum_{j=1}^{l} d_j x^2(t_j),$$

$$\Phi_2(x) = \frac{\lambda^2}{2}\int_0^T |x(t)|^2 dt,$$

c_1, c_2 由 (3.78) 定义. 因为 X 是 Hilbert 空间, Φ_1 是凸泛函, 故 Φ_1 是弱下半连续的. 至于 Φ_2, 因为对函数列 $\{x_n\} \subset X$ 而言, 在 X 空间上的弱收敛必定是在 $C([0,T], \mathbb{R})$ 空间上的一致收敛, 所以 Φ_2 是弱连续的. 于是 $\Phi = \Phi_1 + \Phi_2$ 在 X 上是弱下半连续的. 下证 Φ 有有界最小化序列.

由 $c_1, c_2 \geqslant 0, d_j > 0, ||x'||_2 \geqslant \lambda_1 ||x||_2$, 有

$$\Phi(x) \geqslant (\lambda_1^2 - \lambda^2)||x||_2^2,$$

故泛函 Φ 是下有界的. 设 $\{x_n\}$ 是一个最小化序列, 由 (3.72) 同样可得到

$$\Phi(x_n) \geqslant \left(1 - \frac{\lambda}{\lambda_1^2}^2\right)||x'_n||_2^2, \tag{3.84}$$

可知最小化序列 $\{x_n\}$ 是有界的. 由定理 2.3 及命题 3.7 即得到本定理.

3.5.3 脉冲非线性方程边值问题

定理 3.6 的结果还可以推广到脉冲非线性问题上. 考虑

$$\begin{cases} x''(t) + \lambda^2 x(t) + f(t, x(t)) = 0, \quad t \in [0,T], t \neq t_j, \\ \Delta x'_j(t) = g_j(x(t_j)), \\ \alpha x(0) - \beta x'(0) = \delta x(T) + \gamma x'(T) = 0 \end{cases} \tag{3.85}$$

解的存在性, 其中 $0 = t_0 < t_1 < \cdots < t_l < t_{l+1} = T, x'(t_j^-), x'(t_j^+)$分别表示 $x(t)$ 在 $t = t_j$ 处的右导数和左导数, $\Delta x'(t_j) = x'(t_j^+) - x'(t_j^-), f \in C^1([0,T] \times \mathbb{R}, \mathbb{R}), f$ 不恒为零, $|x| \to \infty \Rightarrow |f(t,x)|/|x| \to 0$, 且

$\alpha, \beta, \delta, \gamma \geqslant 0, (\alpha+\delta)(\alpha+\beta)(\delta+\gamma) > 0, g_j \in C(\mathbb{R}, \mathbb{R}), g_j(s)s \geqslant 0, j = 1, 2, \cdots, l.$

仍取

$$X = \{x \in H^1([0,T], \mathbb{R}) : \alpha x(0) - \beta x'(0) = \delta x(T) + \gamma x'(T) = 0\},$$

令 $F(t,x) = \int_0^x f(t,s)ds, \quad G_j(x(t_j)) = \int_0^{x(t_j)} g_j(s)ds$. 构造

$$\Phi(x) = \frac{1}{2}\int_0^T \left[(x'(t), x'(t)) - \lambda^2|x(t)|^2 - F(t, x(t))\right]dt + c_1 x^2(0) + c_2 x^2(T) + \sum_{j=1}^{l} G_j(x(t_j)) \tag{3.86}$$

c_1, c_2 由 (3.78) 定义.

定义 3.4 一个函数 $x \in X$, 如果满足

$$x|_{[t_j, t_{j+1}]} \in H^2([t_j, t_{j+1}], \mathbb{R}), \quad j = 0, 1, \cdots, l;$$

$$\Delta x'(t_j) = g_j(x(t_j)), \quad j = 1, 2, \cdots, l,$$

且在 $[0,T]\backslash\{t_1, t_2, \cdots, t_l\}$ 上处处满足 (3.85) 中的方程, 就说函数 x 是边值问题 (3.85) 的一个**古典解**.

定义 3.5 设泛函 Φ 由 (3.86) 定义. 如果有 $x \in X$, 使 $\langle \Phi'(x), h\rangle = 0$ 对所有 $h \in X$ 成立, 则说 x 是边值问题 (3.85) 的**弱解**.

和证明命题 3.7 和定理 3.6 一样, 可证以下命题和定理.

命题 3.8 边值问题 (3.85) 的弱解就是它的古典解.

定理 3.7 当 $\lambda < \lambda_1$ 时, 边值问题 (3.85) 有一个使泛函 (3.86) 达到最小的古典解.

3.5.4 非线性二阶方程 Sturm-Liouville 边值问题的正解

还是研究类似 (3.85) 中的边值问题, 只是在 (3.85) 中去掉了脉冲条件, 然后讨论正解的存在性, 即研究

$$\begin{cases} x''(t) + \lambda^2 x(t) + f(t, x(t)) = 0, \quad t \in [0,T], t \neq t_j, \\ \alpha x(0) - \beta x'(0) = \delta x(T) + \gamma x'(T) = 0 \end{cases} \tag{3.87}$$

正解的存在性, 其中 $\alpha, \beta, \delta, \gamma \geqslant 0, (\alpha+\delta)(\alpha+\beta)(\delta+\gamma) > 0,$

$f \in C^1([0,T] \times \mathbb{R}, \mathbb{R}), f(t,x) \geqslant 0$ 当 $x < 0$, 且 $f(t,0)$ 不恒为零,

$$|f(t,x)|/|x| \to 0, \quad |x| \to \infty.$$

空间仍取

$$X = \{x \in H^1([0,T], \mathbb{R}) : \alpha x(0) - \beta x'(0) = \delta x(T) + \gamma x'(T) = 0\},$$

令 $F(t,x) = \int_0^x f(t,s)ds$, 构造泛函

$$\Phi(x) = \frac{1}{2}\int_0^T \left[|x'(t)|^2 - \lambda^2|x(t)|^2 - F(t,x(t))\right]dt + c_1x^2(0) + c_2x^2(T), \quad (3.88)$$

c_1, c_2 由 (3.78) 定义.

定义 3.6 一个函数 $x \in X \cap H^2([0,T],\mathbb{R})$, 如果处处满足 (3.87) 中的方程, 就说函数 x 是边值问题 (3.87) 的一个**古典解**.

定义 3.7 设泛函 Φ 由 (3.88) 定义. 如果有 $x \in X$, 使 $\langle \Phi'(x), h\rangle = 0$ 对所有 $h \in X$ 成立, 则说 x 是边值问题 (3.87) 的**弱解**.

定义 3.8 设 $x \in X$ 是边值问题 (3.87) 的一个古典解, 如果成立 $x(t) \geqslant 0$, 但不恒等于零, 就说 x 是边值问题 (3.87) 的一个古典正解.

和命题 3.7 的证法一样, 可证命题 3.9.

命题 3.9 边值问题 (3.87) 的弱解就是它的古典解.

下证定理 3.8.

定理 3.8 当 $\lambda < \lambda_1$ 时, 边值问题 (3.87) 有一个使泛函 (3.88) 达到最小的古典正解.

证明 和定理 3.6 的证明方法一样可证: 当 $\lambda < \lambda_1$ 时, 边值问题 (3.87) 有一个使泛函 (3.88) 达到最小的古典解. 因此需要证明的是: 边值问题 (3.87) 的解必定非负即可.

设 $x \in X$ 是边值问题 (3.87) 的一个解, 即 x 是泛函 Φ 在空间 X 上的一个临界点.

令 $x^+(t) = \max\{x(t), 0\}, x^-(t) = \max\{-x(t), 0\}$, 则 $x(t) = x^+(t) - x^-(t)$, 且易证

$$x(T)(x^-(T))' \geqslant 0, \quad x(0)(x^-(0))' \leqslant 0. \quad (3.89)$$

我们只证明第一个不等式. 当 $x(T) = 0$ 时结论显然成立.

如果 $x(T) > 0$, 则存在 $\eta > 0$, 有 $x(t) > 0, t \in (T-\eta, T]$. 于是 $t \in (T-\eta, T]$ 时 $x^-(t) = 0$, 由此导出 $(x^-(T))' = 0$. 结论同样成立.

如果 $x(T) < 0$, 则存在 $\varsigma > 0$, 有 $x(t) < 0, t \in (T-\varsigma, T]$, 可导出 $x^-(T) = -x(T)$, $(x^-(T))' = -x'(T)$.

分两种情况.

第一种, $\gamma = 0$, 则由边界条件得 $x(T) = 0$, 故第一个不等式成立.

第二种, $\gamma \neq 0$, 则 $x'(T)x^-(T) = -\dfrac{\delta}{\gamma}x(T)(-x(T)) = \dfrac{\delta}{\gamma}x^2(T) \geqslant 0$. 不等式也成立.

根据 (3.89), 可证 $x(t)$ 的非负性. 事实上, 因为 $x^- \in X$ 有界, 且在 $[0,T]$ 上几乎处处成立 $x''(t) + \lambda^2 x(t) + f(t) = 0$, 故有

$$
\begin{aligned}
0 &= \int_0^T [x''(t) + \lambda^2 x(t) + f(t,x(t))]x^-(t)dt \\
&= \int_0^T [-x'(t)(x^-(t))' + \lambda^2 x(t)x^-(t) + f(t,x(t))x^-(t)]x^-(t)dt \\
&\quad + x'(T)(x^-(T)) - x'(0)(x^-(0)) \\
&\geqslant \int_0^T [|(x^-(t))'|^2 - \lambda^2|x^-(t)|^2 + f(t,x(t))x^-(t)]dt \\
&\geqslant (\lambda_1^2 - \lambda^2)||x^-||^2 + \int_0^T f(t,x(t))x^-(t)dt \\
&\geqslant (\lambda_1^2 - \lambda^2)||x^-||^2.
\end{aligned}
$$

于是有 $||x^-|| = 0$, 即 $x(t) \geqslant 0, t \in [0,T]$. 由于 $f(t,0)$ 不恒等于 0, 故 $x(t)$ 不恒等于 0. 定理得证.

评注 3.1

用变分法研究边值问题, 首先要根据微分方程中方程的阶次择定相应的函数空间. 选取的空间是否合理, 是进行合理论证的基础. 例如对边值问题 (3.76), 我们选取了空间 $X = H^1([0,T],\mathbb{R})$. 这时边值问题所应满足的线性脉冲条件和边界条件, 就需要蕴含在泛函的定义中. 同时在后来的论证中, 如我们在 3.5.2 节所作的那样, 就泛函的临界点是否满足给定边界条件加以证明.

这时候也可以将线性脉冲条件或边界条件纳入空间的定义中. 例如对边值问题 (3.76), 当我们将函数空间定义为上述空间的闭子空间, 即取

$$
X = \{x \in H^1([0,T],\mathbb{R}) : \alpha x(0) - \beta x'(0) = \delta x(T) + \gamma x'(T) = 0\} \tag{3.90}
$$

时, 由于边值问题 (3.76) 所应满足的边界条件已经由 (3.90) 定义的空间所保证, 因而就可以免去临界点满足边界条件的相应论证.

评注 3.2

在 3.2 节中讨论的多点边值问题, 将解所需满足的边界条件

$$
x'(0) = \varphi_q\left(\sum_{i=1}^{l} \alpha_i x(\xi_i)\right), \quad x'(T) = \varphi_q\left(\sum_{j=1}^{m} \beta_j x(\eta_j)\right),
$$

分解为两部分, 一部分是

$$x(0)=\sum_{i=1}^{l}\alpha_i x(\xi_i),\quad x(T)=\sum_{j=1}^{m}\beta_j x(\eta_j),$$

另一部分是

$$x'(0)=\varphi_q(x(0)),\quad x'(T)=\varphi_q(x(T)).$$

第一部分要求可以通过选取函数空间而使空间中的临界点自然予以满足. 第二部分实际是非线性条件, 所以不能考虑吸收到空间的限定中, 只能在积分形式的泛函后增加非线性的附加项, 通过对泛函的微分表示进行分部积分而保证其临界点能够满足 (3.12) 中的边界条件.

评注 3.3

3.2 节中的边值问题和 3.3 节中的边值问题相比, 根本的区别在于前者讨论的方程

$$\frac{d}{dt}\varphi_p(x')=\nabla F(t,x) \tag{3.91}$$

中含导数的项 $\varphi_p(x')$ 与非线性向量函数项分处等式的两边, 而后者讨论的

$$\frac{d}{dt}\varphi_p(x')+\nabla F(t,x)=0 \tag{3.92}$$

中含导数的项 $\varphi_p(x')$ 与非线性向量函数项处在等式的同一侧. 虽然用变分法研究微分方程边值问题的有解性, 本质上归之于讨论泛函临界点的存在性, 但这种差异导致构建泛函的方式有所不同. 在 $|x|\to\infty, F(\cdot,x)\to+\infty$ 的前提下, 前者的泛函可以考虑设为

$$\Phi(x)=\int_0^T\left(\frac{1}{p}|x'(t)|^p+F(t,x(t))\right)dt, \tag{3.93}$$

通过寻求泛函下有界的条件, 保证极值点的存在. 但在同样前提下后者如果采用相同形式的泛函, 则应该是

$$\Phi(x)=\int_0^T\left(\frac{1}{p}|x'(t)|^p-F(t,x(t))\right)dt.$$

但这类泛函, 既非上有界, 也非下有界, 这就决定了它需要构造另一类的泛函讨论其鞍点型临界点的存在性. 以目前而论, 通常需要将原问题 (3.92) 通过设定新变量

$$u_1=x,\quad u_2=\varphi_p(x'), \tag{3.94}$$

并记 $u=(u_1,u_2)$, 将微分方程转换为 $2n$ 维微分系统

$$Ju'+\nabla H(u)=0, \tag{3.95}$$

在此基础上建立泛函

$$\Phi(u)=\frac{1}{2}\langle Ju',u\rangle+\int_0^T H(u(t))dt, \tag{3.96}$$

然后利用鞍点定理讨论临界点的存在性.

对于 3.4 节中的方程

$$\frac{d}{dt}\eta_p(x')+L(x')\nabla F(x)=0. \tag{3.97}$$

由于第二项中非线性函数的特殊形式, 其新变量的引入有所改变

$$u_1=x,\quad u_2=g(x'), \tag{3.98}$$

其中 $g(x')$ 的每个分量如 (3.43) 所定义. 即使转换为 (3.95) 形式的微分系统, 依然不能就 (3.96) 形式的泛函直接讨论临界点的存在性, 而需通过 Fenchel 变换, 建立一个新的泛函 $\Psi(v')$, 由泛函 $\Psi(v')$ 临界点的存在性, 通过对偶关系确认泛函 $\Phi(u)$ 有临界点.

第 4 章 偶数阶时滞微分方程的周期轨道

4.1 自伴线性算子和半线性方程

4.1.1 自伴线性算子和半线性方程的概念

在 1.1.2 节已介绍了算子的概念. **算子**也称**映射**、**函数**或**变换**. 在线性空间 X, Y 上给定一个算子 $F: X \to Y$, 如果 $\forall \alpha, \beta \in \mathbb{R}$ 满足

$$F(\alpha x + \beta y) = \alpha F(x) + \beta F(y), \quad \forall x, y \in X, \quad \alpha, \beta \in \mathbb{R},$$

就说算子 F 是一个**实数域上的线性算子**. 当上式对 $\forall \alpha, \beta \in \mathbb{C}$ 成立时, 称 F 为**复数域上的线性算子**. 本书均讨论实数域上的线性算子, 简称**线性算子**. 通常用大写字母 L 代替 F 表示线性算子.

在 Hilbert 空间 X 上, 用 $\langle \cdot, \cdot \rangle$ 表示 X 上的内积. 特别是当 X 是周期函数构成的函数空间时, 如无另外说明, 都是定义为两函数或其相应导函数的欧氏内积在周期区间上的积分值. 如果有线性算子 $L: X \to X$, 对 $\forall x, y \in X$ 满足

$$\langle Lx, Ly \rangle = \langle x, y \rangle, \tag{4.1}$$

则说算子 L 是 X 上的一个**等度算子**或**等距算子**. 进一步, 如果 X 是一个 Hilbert 空间, 线性算子 L 满足

$$\langle Lx, y \rangle = \langle x, Ly \rangle, \quad x, y \in X,$$

就说算子 L 是 X 上的一个**自伴线性算子**. 自伴线性算子也称为**自共轭算子**. 同样, 如果线性算子 L 满足

$$\langle Lx, y \rangle = -\langle x, Ly \rangle, \quad x, y \in X,$$

就说算子 L 是 X 上的一个**反自伴线性算子**.

如果算子 $L: X \to X$ 是一个自伴线性算子, $N: D(N) \subset X \to X$ 是一个非线性算子, 则方程

$$Lx + N(x) = 0, \quad x \in D(N) \tag{4.2}$$

为**半线性方程**. 特别当 L 为自伴线性算子, 非线性算子由 $N(x)=\nabla H(x)$ 时, 设泛函

$$\Phi(x)=\frac{1}{2}\langle Lx,x\rangle+H(x) \tag{4.3}$$

为连续可微泛函, 则易证 $\Phi(x)$ 的临界点正好是半线性方程

$$Lx+\nabla H(x)=0 \tag{4.4}$$

的解. 于是可以将方程 (4.4) 的有解性问题转换为 (4.3) 中泛函 Φ 临界点的存在性问题. 在 (4.1) 中要求 L 为自伴算子的原因也正是为了按照临界点的定义得出等式 (4.4). 实际上我们有

命题 4.1 设 Hilbert 空间 X 上由 (4.1) 定义的泛函关于 x Frechet 连续可微, 则对 $\forall h\in X$, 其导算子由

$$\langle\Phi'(x),h\rangle=\langle Lx+\nabla H(x),h\rangle$$

给定, 即 $\Phi'(x)=Lx+\nabla H(x)$.

证明 Φ 为 Frechet 连续可微, 则 $\langle Lx,x\rangle$ 和 $H(x)$ 两项都是 Frechet 连续可微的. 设两者的导算子分别为 $\Phi_1'(x)$ 和 $\Phi_2'(x)$. 由于 Frechet 可微意味着 Gateaux 可微, 故对 $\forall h\in X$,

$$\begin{aligned}\langle\Phi_1'(x),h\rangle&=\frac{1}{2}\lim_{t\to0^+}\frac{1}{t}\left[\langle L(x+th),x+th\rangle-\langle Lx,x\rangle\right]\\&=\frac{1}{2}\lim_{t\to0^+}\frac{1}{t}\left[t\langle Lx,h\rangle+t\langle Lh,x\rangle+t^2\langle Lh,h\rangle\right]\\&=\frac{1}{2}\left[\langle Lx,h\rangle+\langle Lh,x\rangle\right]\\&=\langle Lx,h\rangle,\end{aligned}$$

$$\langle\Phi_2'(x),h\rangle=\lim_{t\to0^+}\frac{1}{t}\left[H(x+th)-H(x)\right]=\langle\nabla H(x),h\rangle,$$

于是有

$$\langle\Phi'(x),h\rangle=\langle Lx+\nabla H(x),h\rangle.$$

根据命题 4.1 即知, 连续可微泛函 (4.3) 的临界点满足半线性方程 (4.4).

4.1.2 周期函数空间上的两类线性算子

当 $n\geqslant1$ 为整数, 我们首先在线性空间

$$X=\mathrm{cl}\left\{x(t)=a_0+\sum_{i=1}^{\infty}\left(a_i\cos\frac{2i\pi t}{T}+b_i\sin\frac{2i\pi t}{T}\right):a_0,a_i,b_i\in\mathbb{R}^N,\right.$$

$$\left.\sum_{i=1}^{\infty} i^n(|a_i|^2+|b_i|^2)<\infty\right\} \tag{4.5}$$

上定义两类线性算子, 它们与自伴算子有很大关系. 这里, 对任何集合 A, cl$A$ 表示 A 的闭包. (4.5) 中 X 是 T-周期函数构成的线性空间. 对 $\forall x,y\in X$, 在 X 上定义内积 $\langle x,y\rangle$ 后, 由内积定义范数, 从而使 X 成为 Hilbert 空间. 在空间 X 中记

$$X(0)=\{a_0:a_0\in\mathbb{R}^N\},\quad X(i)=\left\{x(t)=a_i\frac{2i\pi t}{T}+b_i\sin\frac{2i\pi t}{T}:a_i,b_i\in\mathbb{R}^N\right\},$$

则和第 2 章的讨论相对应, 有

$$X_1=X(0),\quad X_2=\sum_{i=1}^{\infty}X(i).$$

4.1.2.1 微分算子多项式定义的线性算子

在空间 X 上考虑微分算子 $D=\left(\frac{d}{dt},\frac{d}{dt},\cdots,\frac{d}{dt}\right)^{\mathrm{T}}$, 这是一个 N 维的形式算子. 由此定义 $D^l=\frac{d}{dt}D^{l-1}=\left(\frac{d^l}{dt^l},\frac{d^l}{dt^l},\cdots,\frac{d^l}{dt^l}\right)^{\mathrm{T}}$, 进而给出 m 次向量多项式 $L(D)$, 其中 $L(\lambda)=\sum\limits_{l=0}^{m}\alpha_l\lambda^l,\alpha_l\in\mathbb{R},\alpha_m\neq0$. 易证算子 D 是 X 上的一个反自伴算子, 即对 $\forall x,y\in X$, 有 $\langle Dx,y\rangle=-\langle x,Dy\rangle$.

为了讨论算子 $L(D)$ 是否构成自伴线性算子, 我们关注两类多项式:

$$(1)\ L(D^2);\qquad (2)\ DL(D^2).$$

第 1 类是微分算子 D 的偶次向量多项式, 第 2 类是 D 的奇次向量多项式. 在空间 X 上, $\forall x,y\in X$, 可表示为

$$x(t)=a_0+\sum_{k=1}^{\infty}\left(a_k\cos\frac{2k\pi t}{T}+b_k\sin\frac{2k\pi t}{T}\right),$$

$$y(t)=c_0+\sum_{k=1}^{\infty}\left(c_k\cos\frac{2k\pi t}{T}+d_k\sin\frac{2k\pi t}{T}\right).$$

命题 4.2 X 上算子 $L(D^2)$ 是自伴线性算子, 算子 $DL(D^2)$ 是反自伴线性算子.

$$\left\langle L(D^2)x,y\right\rangle=\sum_{j=0}^{m}\left\langle\alpha_jD^{2j}x,y\right\rangle$$

$$
\begin{aligned}
&= \langle \alpha_0 a_0, c_0 \rangle + \sum_{j=1}^{m} \left\langle (-1)^j \alpha_j \left(\frac{2\pi}{T}\right)^{2j} \sum_{k=1}^{\infty} k^{2j} \left(a_k \cos\frac{2k\pi t}{T}\right.\right. \\
&\quad \left.\left. + b_k \sin\frac{2k\pi t}{T}\right), \sum_{k=1}^{\infty} \left(c_k \cos\frac{2k\pi t}{T} + d_k \sin\frac{2k\pi t}{T}\right)\right\rangle \\
&= \langle \alpha_0 a_0, c_0 \rangle + \sum_{j=1}^{m} \left\langle (-1)^j \alpha_j \left(\frac{2\pi}{T}\right)^{2j} \sum_{k=1}^{\infty} \left(a_k \cos\frac{2k\pi t}{T}\right.\right. \\
&\quad \left.\left. + b_k \sin\frac{2k\pi t}{T}\right), \sum_{k=1}^{\infty} k^{2j} \left(c_k \cos\frac{2k\pi t}{T} + d_k \sin\frac{2k\pi t}{T}\right)\right\rangle \\
&= \langle \alpha_0 a_0, c_0 \rangle + \sum_{j=1}^{m} \left\langle \sum_{k=1}^{\infty} \left(a_k \cos\frac{2k\pi t}{T} + b_k \sin\frac{2k\pi t}{T}\right),\right. \\
&\quad \left. (-1)^j \alpha_j \left(\frac{2\pi}{T}\right)^{2j} \sum_{k=1}^{\infty} k^{2j} \left(c_k \cos\frac{2k\pi t}{T} + d_k \sin\frac{2k\pi t}{T}\right)\right\rangle \\
&= \langle a_0, \alpha_0 c_0 \rangle + \sum_{j=1}^{m} \langle x, \alpha_j D^{2j} y \rangle \\
&= \langle x, L(D^2) y \rangle. \qquad (4.6)
\end{aligned}
$$

因此 $L(D)$ 是 X 上的自伴线性算子. 由于算子 D 是反自伴线性算子, 易证 $DL(D^2)$ 是反自伴线性算子.

4.1.2.2 移位算子多项式定义的线性算子

仍然设定 $X_1 \subset X, X_2 \subset X$ 分别为 X 中常值函数构成的闭子空间和均值为零的 T 周期函数构成的闭子空间. 在 X 空间中定义函数移位算子:

$$
M_s : X \to X, x(t) \mapsto x(t-s),
$$

M_s 是可逆算子, 其逆为 M_{-s}. 若 $\tilde{x}(t) = a\cos\frac{2i\pi t}{T} + b\sin\frac{2i\pi t}{T}, a, b \in \mathbb{R}^N$, 则

$$
\begin{aligned}
(M_s\tilde{x})(t) &= a\cos\frac{2i\pi(t-s)}{T} + b\sin\frac{2i\pi(t-s)}{T} \\
&= \tilde{x}(t)\cos\frac{2i\pi s}{T} - \left(b\cos\frac{2i\pi t}{T} - a\sin\frac{2i\pi t}{T}\right)\sin\frac{2i\pi s}{T},
\end{aligned}
$$

$$
(M_{-s}\tilde{x})(t) = a\cos\frac{2i\pi(t+s)}{T} + b\sin\frac{2i\pi(t+s)}{T}
$$

$$= \tilde{x}(t)\cos\frac{2i\pi s}{T} + \left(b\cos\frac{2i\pi t}{T} - a\sin\frac{2i\pi t}{T}\right)\sin\frac{2i\pi s}{T}.$$

而当 $\tilde{x} = a \in \mathbb{R}^N$ 时, 对 $\forall s$ 有 $M_s\tilde{x} = a$. 对于函数移位算子, 易知 $M_0 = M_T = \mathrm{id}$, 且有

$$M_{s_1} \cdot M_{s_2} = M_{s_1+s_2}, \quad (M_s)^m = (M_s)^{m-1} \cdot M_s = M_{(m-1)s} \cdot M_s = M_{ms}.$$

由此我们定义周期函数移位算子的线性多项式. 设

$$L(\lambda) = \sum_{j=0}^{m} \alpha_j \lambda^j, \quad \alpha_j \in \mathbb{R}, \quad \alpha_m \neq 0,$$

规定

$$L(M_s) = \sum_{j=0}^{m} \alpha_j M_s^j = \sum_{j=0}^{m} \alpha_j M_{js}. \tag{4.7}$$

如果记向量 $\alpha = (\alpha_0, \alpha_1, \cdots, \alpha_m)$ 和形式向量 $M^{(s)} = (M_0, M_s, \cdots, M_{ms})$, 并记 $\alpha \cdot M^{(s)}$ 为两者形式上的内积, 则移位算子多项式可表示为

$$L(M_s) = \alpha \cdot M^{(s)}. \tag{4.8}$$

特别当 $s = \dfrac{T}{m+1}$ 时有

$$\begin{aligned} L\left(M_{\frac{T}{m+1}}\right) &= \sum_{j=0}^{m} \alpha_j M_{\frac{jT}{m+1}} = \alpha \cdot M^{\left(\frac{T}{m+1}\right)}, \\ L\left(M_{-\frac{T}{m+1}}\right) &= \sum_{j=0}^{m} \alpha_j M_{-\frac{jT}{m+1}} = \alpha \cdot M^{\left(-\frac{T}{m+1}\right)}. \end{aligned} \tag{4.9}$$

同时, $\forall x, y \in \tilde{X}$, 如果按它们在 T 周期中两函数乘积的积分来定义内积, 则有

$$\langle M_s x, M_s y \rangle = \langle x, y \rangle. \tag{4.10}$$

4.1.2.3 $L\left(M_{\frac{T}{m+1}}\right) = \sum\limits_{j=0}^{m} \alpha_j M_{j\frac{T}{m+1}}$ 为自伴线性算子的条件

通常的移位算子多项式所表示的算子不是自伴线性算子, 需要赋予一定的条件才能成为自伴线性算子.

命题 4.3 设多项式系数满足

$$\alpha_j = \alpha_{m+1-j}, \quad j = 1, 2, \cdots, m, \tag{4.11}$$

则 $L\left(M_{\frac{T}{m+1}}\right)=\sum\limits_{j=0}^{m}\alpha_j M_{j\frac{T}{m+1}}$ 为自伴线性算子.

证明

$$\begin{aligned}\left\langle L\left(M_{\frac{T}{m+1}}\right)x,y\right\rangle&=\left\langle\sum_{j=0}^{m}\alpha_j M_{j\frac{T}{m+1}}x,y\right\rangle\\&=\alpha_0\langle x(t),y(t)\rangle+\sum_{j=1}^{m}\alpha_j\left\langle x\left(t+\frac{jT}{m+1}\right),y(t)\right\rangle\\&=\alpha_0\langle x(t),y(t)\rangle+\sum_{j=1}^{m}\alpha_j\left\langle x(t),y\left(t-\frac{jT}{m+1}\right)\right\rangle\\&=\alpha_0\langle x(t),y(t)\rangle+\sum_{j=1}^{m}\alpha_j\left\langle x(t),y\left(t+\frac{(m+1-j)T}{m+1}\right)\right\rangle\\&=\langle x(t),\alpha_0y(t)\rangle+\left\langle x(t),\sum_{j=1}^{m}\alpha_{n-j}y\left(t+\frac{(m+1-j)T}{m+1}\right)\right\rangle\\&=\langle x(t),\alpha_0y(t)\rangle+\left\langle x(t),\sum_{l=1}^{m}\alpha_l y\left(t+\frac{lT}{m+1}\right)\right\rangle\\&\quad(l=m+1-j,j=1,2,\cdots,m)\\&=\left\langle x,L\left(M_{\frac{T}{m+1}}\right)y\right\rangle.\end{aligned}$$

命题得证.

设均值为零的 T-周期函数空间 X 上的线性算子

$$L(M_s)=\sum_{i=0}^{m}\alpha_i M_{is}$$

为自伴线性算子, 即其系数满足 (4.11), 则称多项式系数向量

$$\alpha=(\alpha_0,\alpha_1,\alpha_2,\cdots,\alpha_{m-1},\alpha_m)$$

为 $m+1$ 维**对称向量**. 定义第一类向量移位算子 $\Pi^{\pm1}:\mathbb{R}^{m+1}\to\mathbb{R}^{m+1}$ 为

$$\begin{aligned}&\Pi^1(\alpha_0,\alpha_1,\alpha_2,\cdots,\alpha_{m-1},\alpha_m)=(\alpha_m,\alpha_0,\alpha_1,\cdots,\alpha_{m-2},\alpha_{m-1}),\\&\Pi^{-1}(\alpha_0,\alpha_1,\alpha_2,\cdots,\alpha_{m-1},\alpha_m)=(\alpha_1,\alpha_2,\alpha_3,\cdots,\alpha_m,\alpha_0),\end{aligned}$$

则由此可进一步定义 $\Pi^{\pm(k+1)}=(\Pi^{\pm1})^{k+1}=\Pi^{\pm1}\cdot(\Pi^{\pm k})$. 显然,

$$(\Pi^{\pm})^{m+1}=\mathrm{id},\quad \Pi^{m+1+i}=\Pi^i,\quad \Pi^{-i}=\Pi^{m+1-i}.$$

这时我们有

$$\begin{aligned}
&M^{\frac{lT}{m+1}}\left(\alpha\cdot M^{\left(\frac{T}{m+1}\right)}\right)=\Pi^{l}\alpha\cdot M^{\left(\frac{T}{m+1}\right)},\\
&M^{-\frac{lT}{m+1}}\left(\alpha\cdot M^{\left(-\frac{T}{m+1}\right)}\right)=\Pi^{l}\alpha\cdot M^{\left(-\frac{T}{m+1}\right)},\\
&M^{-\frac{lT}{m+1}}\left(\alpha\cdot M^{\left(\frac{T}{m+1}\right)}\right)=\Pi^{-l}\alpha\cdot M^{\left(\frac{T}{m+1}\right)},\\
&M^{\frac{lT}{m+1}}\left(\alpha\cdot M^{\left(-\frac{T}{m+1}\right)}\right)=\Pi^{-l}\alpha\cdot M^{\left(-\frac{T}{m+1}\right)}.
\end{aligned}\tag{4.12}$$

命题 4.4　设 $L_1(\lambda)=\sum\limits_{i=0}^{m}\alpha_i\lambda^i, L_2(\lambda)=\sum\limits_{j=0}^{n}\beta_i\lambda^j$, 则多项式算子 $L_1(D)$ 和 $L_2(M_s)$ 有可交换性, 即

$$L_1(D)L_2(M_s)=L_2(M_s)L_1(D).$$

证明　$\forall x\in X$,

$$\begin{aligned}
L_1(D)L_2(M_s)x(t)&=L_1(D)[L_2(M_s)x(t)]\\
&=\sum_{i=0}^{m}\alpha_iD^i\left[\sum_{j=0}^{n}\beta_iM_s^jx(t)\right]\\
&=\sum_{i=0}^{m}\sum_{j=0}^{n}\alpha_i\beta_jD^ix(t-js)\\
&=\sum_{j=0}^{n}\sum_{i=0}^{m}\beta_j\alpha_ix^{(i)}(t-js)\\
&=\sum_{j=0}^{n}\sum_{i=0}^{m}\beta_jM_s^j\alpha_ix^{(i)}(t)\\
&=\sum_{j=0}^{n}\beta_jM_s^j\left[\sum_{i=0}^{m}\alpha_iD^ix(t)\right]\\
&=L_2(M_s)L_1(D)x(t).
\end{aligned}$$

命题得证.

由此易得如下命题.

命题 4.5　设 $L_2(M_s)$ 是周期函数空间上的自伴线性算子, 则 $L_1(D^2)L_2(M_s)$ 是自伴线性算子.

4.1.2.4 奇周期函数空间上的自伴线性算子

对有奇周期性的 $2T$-周期函数空间

$$\begin{aligned}\tilde{X} &= \{x \in X : x(t+T) = -x(t)\} \\ &= \left\{x \in X : x(t) = \sum_{i=0}^{\infty}\left(a_i \cos\frac{(2i+1)\pi t}{T} + b_i \sin\frac{(2i+1)\pi t}{T}\right), a_i, b_i \in \mathbb{R}^N\right\},\end{aligned} \tag{4.13}$$

其中每个元素的 Fourier 展开式中, 常值项为零. 考虑多项式

$$L(\lambda) = \sum_{j=0}^{m} \alpha_j \lambda^j, \quad \alpha_j \in \mathbb{R},$$

我们有以下命题.

命题 4.6 设空间 $\tilde{X}$ 由 (4.13) 给定, 则当

$$\alpha_j = -\alpha_{m+1-j}, \quad j = 1, 2, \cdots, m \tag{4.14}$$

时, 移位多项式 $L\left(M_{\frac{T}{m+1}}\right) = \sum\limits_{j=0}^{m} \alpha_j M^j_{\frac{T}{m+1}}$ 是 $\tilde{X}$ 上的自伴线性算子.

证明 $\forall x, y \in \tilde{X}$,

$$\begin{aligned}\left\langle L\left(M_{\frac{T}{m+1}}\right)x, y\right\rangle &= \left\langle \sum_{j=0}^{m} \alpha_j M_{\frac{jT}{m+1}} x, y\right\rangle \\ &= \langle \alpha_0 x(t), y(t)\rangle + \sum_{j=1}^{m} \alpha_j \left\langle x\left(t - \frac{jT}{m+1}\right), y(t)\right\rangle \\ &= \langle \alpha_0 x(t), y(t)\rangle + \sum_{j=1}^{m} \alpha_j \left\langle x(t), y\left(t + \frac{jT}{m+1}\right)\right\rangle \\ &= \langle \alpha_0 x(t), y(t)\rangle - \sum_{j=1}^{m} \alpha_j \left\langle x(t), y\left(t - \frac{(m+1-j)T}{m+1}\right)\right\rangle \\ &= \langle \alpha_0 x(t), y(t)\rangle + \sum_{j=1}^{m} \alpha_{m+1-j} \left\langle x(t), y\left(t - \frac{(m+1-j)T}{m+1}\right)\right\rangle \\ &= \langle x(t), \alpha_0 y(t)\rangle + \left\langle x(t), \sum_{l=1}^{m} \alpha_l y\left(t - \frac{lT}{m+1}\right)\right\rangle \\ &\quad (l = m+1-j) \\ &= \left\langle x(t), L\left(M_{\frac{T}{m+1}}\right) y(t)\right\rangle.\end{aligned}$$

命题得证.

对命题 4.6 需要注意, $m+1$ 为偶数, 即 m 是奇数时, 命题条件意味着多项式中 $\alpha_{\frac{m+1}{2}} = -\alpha_{m+1-\frac{m+1}{2}} = -\alpha_{\frac{m+1}{2}}$, 从而得出 $\alpha_{\frac{m+1}{2}} = 0$.

对各分量满足 (4.14) 的向量 $\alpha = (\alpha_0, \alpha_1, \alpha_2, \cdots, \alpha_{m-1}, \alpha_m)$, 我们称之为**反号对称向量**. 定义第二类向量移位算子 $\Gamma^{\pm 1}: \mathbb{R}^{m+1} \to \mathbb{R}^{m+1}$ 为

$$\Gamma^{+1}(\alpha_0, \alpha_1, \alpha_2, \cdots, \alpha_{m-1}, \alpha_m) = (-\alpha_m, \alpha_0, \alpha_1, \cdots, \alpha_{m-2}, \alpha_{m-1}),$$
$$\Gamma^{-1}(\alpha_0, \alpha_1, \alpha_2, \cdots, \alpha_{m-1}, \alpha_m) = (\alpha_1, \alpha_2, \alpha_3, \cdots, \alpha_m, -\alpha_0),$$

则由此可进一步定义 $\Gamma^{\pm(k+1)} = (\Gamma^{\pm 1})^{k+1} = \Gamma^{\pm 1} \cdot (\Gamma^{\pm k})$. 显然,

$$(\Gamma^{\pm})^{m+1} = -\mathrm{id}, \quad \Gamma^{i+m+1} = -\Gamma^i, \quad (\Gamma^{\pm})^{2(m+1)} = \mathrm{id}, \quad \Gamma^{i+2(m+1)} = \Gamma^i.$$

这时我们有

$$\begin{aligned} &M^{\frac{lT}{2n}}\left(\alpha \cdot M^{\left(\frac{T}{2n}\right)}\right) = \Gamma^l \alpha \cdot M^{\left(\frac{T}{2n}\right)}, \quad M^{-\frac{lT}{2n}}\left(\alpha \cdot M^{\left(-\frac{T}{2n}\right)}\right) = \Gamma^l \alpha \cdot M^{\left(-\frac{T}{2n}\right)}, \\ &M^{-\frac{lT}{2n}}\left(\alpha \cdot M^{\left(\frac{T}{2n}\right)}\right) = \Gamma^{-l} \alpha \cdot M^{\left(\frac{T}{2n}\right)}, \quad M^{\frac{lT}{2n}}\left(\alpha \cdot M^{\left(-\frac{T}{2n}\right)}\right) = \Gamma^{-l} \alpha \cdot M^{\left(-\frac{T}{2n}\right)}. \end{aligned} \tag{4.15}$$

4.1.3 周期函数空间上的算子 P 和 Ω

在 (4.5) 给出的 T-周期函数空间 X 中定义算子 $P: X \to X$ 使

$$\begin{aligned} Px(t) &= P\left(a_0 + \sum_{k=1}^{\infty}\left(a_k \cos\frac{2k\pi t}{T} + b_k \sin\frac{2k\pi t}{T}\right)\right) \\ &= a_0 + \sum_{k=1}^{\infty} k\left(a_k \cos\frac{2k\pi t}{T} + b_k \sin\frac{2k\pi t}{T}\right), \end{aligned} \tag{4.16}$$

易知 $P: X \to X$ 是一个可逆算子,

$$\begin{aligned} P^{-1}x(t) &= P^{-1}\sum_{k=1}^{\infty}\left(a_0 + a_k \cos\frac{2k\pi t}{T} + b_k \sin\frac{2k\pi t}{T}\right) \\ &= a_0 + \sum_{k=1}^{\infty}\frac{1}{k}\left(a_k \cos\frac{2k\pi t}{T} + b_k \sin\frac{2k\pi t}{T}\right). \end{aligned}$$

进一步, 对 $l, m \in \mathbb{N}^+ = \{1, 2, \cdots, n, \cdots\}$, 可定义

$$P^{\frac{l}{m}}x(t) = P^{\frac{l}{m}}\sum_{k=1}^{\infty}\left(a_0 + a_k \cos\frac{2k\pi t}{T} + b_k \sin\frac{2k\pi t}{T}\right)$$

$$= a_0 + \sum_{k=1}^{\infty} k^{\frac{l}{m}} \left(a_k \cos \frac{2k\pi t}{T} + b_k \sin \frac{2k\pi t}{T} \right).$$

因此周期函数构成的 Hilbert 空间 $H^m([0,T],\mathbb{R}^N)$ 中的内积可以用

$$\begin{aligned}\langle x, y\rangle_{2m} &= \int_0^T (P^{2m}x(t), y(t))dt = \int_0^T (P^m x(t), P^m y(t))dt \\ &= \int_0^T (x(t), P^{2m}y(t))dt\end{aligned}$$

定义. 从而,

$$||x||_{H^m} = ||x||_{2m} = \sqrt{\langle x, x\rangle_{2m}} .$$

以上定义可以推广到周期函数空间为

$$\begin{aligned}X = \Bigg\{ x(t) = a_0 + \sum_{k=1}^{\infty} \left(a_k \cos \frac{2k\pi t}{T} + b_k \sin \frac{2k\pi t}{T} \right) :\\ a_0, a_k, b_k \in \mathbb{R}^N, \sum_{k=1}^{\infty} k^m (|a_k|^2 + |b_k|^2) < \infty \Bigg\}\end{aligned} \tag{4.17}$$

的情况. 这时对 $m \geqslant 1$, 我们可以定义内积

$$\begin{aligned}\langle x, y\rangle_m &= \int_0^T \left(P^{\frac{m}{2}} x(t), P^{\frac{m}{2}} y(t)\right) dt = \int_0^T (P^m x(t), y(t))dt \\ &= \int_0^T (x(t), P^m y(t))dt,\end{aligned}$$

并定义范数

$$||x|| = ||x||_m = \sqrt{\langle x, x\rangle_m} ,$$

则空间 $(X, ||\cdot||)$ 可称为 $H^{\frac{m}{2}}$ 空间. 特别是当 $m = 2l + 1$ 时, $(X, ||\cdot||_m)$ 就是一个 $H^{l+\frac{1}{2}}$ 空间.

与此同时, 我们在线性空间 X 上定义算子 $\Omega : X \to X$ 为

$$\begin{aligned}\Omega x(t) &= \Omega \left(a_0 + \sum_{k=1}^{\infty} \left(a_k \cos \frac{2k\pi t}{T} + b_k \sin \frac{2k\pi t}{T} \right) \right) \\ &= a_0 + \sum_{k=1}^{\infty} \Omega \left(a_k \cos \frac{2k\pi t}{T} + b_k \sin \frac{2k\pi t}{T} \right) \\ &= a_0 + \sum_{k=1}^{\infty} \left(b_k \cos \frac{2k\pi t}{T} - a_k \sin \frac{2k\pi t}{T} \right).\end{aligned} \tag{4.18}$$

易知, 在 X 上算子 P,Ω 是可交换的, 即成立

$$P\Omega=\Omega P. \tag{4.19}$$

同时 Ω 也是可逆算子. 令

$$X_1=\mathbb{R}^N,\quad X_2=\left\{\sum_{k=1}^{\infty}\left(a_k\cos\frac{2k\pi t}{T}+b_k\sin\frac{2k\pi t}{T}\right):a_k,b_k\in\mathbb{R}^N\right\},$$

由 (4.16) 和 (4.18) 可知

$$P|_{X_1}=\Omega|_{X_1}=\mathrm{id}|_{X_1}. \tag{4.20}$$

此外, 当将空间 X 表示为 $X=X_1\oplus X_2$ 时, 在 X_2 上有

$$\Omega^{-1}=-\Omega,$$

$$\Omega^2=-I,\quad \Omega^3=-\Omega,\quad \Omega^4=I,$$

并且导出

$$\Omega^{-1}=\Omega^3.$$

在子空间 X_2 上, 对 $\forall x,y\in X_2$ 还成立

$$\begin{aligned}\langle\Omega x,y\rangle_m=-\langle x,\Omega y\rangle_m,\quad \langle\Omega x,\Omega y\rangle_m=\langle x,y\rangle_m,\\ \langle\Omega^2 x,y\rangle_m=-\langle\Omega x,\Omega y\rangle_m=\langle x,\Omega^2 y\rangle_m.\end{aligned}$$

一个有意义的恒等式是在 X_2 上有

$$\langle\Omega x,x\rangle=-\langle x,\Omega x\rangle=0.$$

这对以后泛函 Φ 的计算将带来方便. 同样在 X_2 上我们还可将微分运算 D 用算子 P,Ω 表示出来,

$$Dx(t)=\frac{d}{dt}x(t)=\frac{2\pi}{T}(P\Omega x)(t)=\frac{2\pi}{T}(\Omega Px)(t).$$

这时在 $H^{\frac{m}{2}}$ 空间上, 范数可以表示为

$$\langle x,y\rangle_m=\int_0^T(P^m x(t),y(t))dt=(a_0,b_0)T+\left(\frac{T}{2\pi}\right)^m\int_0^T(D^m x(t),\Omega^m y(t))dt.$$

进一步, 对算子多项式

$$L(D)=\sum_{i=0}^m\alpha_iD^i=\sum_{i=0}^m\alpha_i\left(\frac{d^i}{dt^i},\frac{d^i}{dt^i},\cdots,\frac{d^i}{dt^i}\right)^{\mathrm{T}},\quad \alpha_i\in\mathbb{R},$$

可得

$$L(D)x(t) = \alpha_0 a_0 + L\left(\frac{2\pi}{T}\right) L|_{X_2}(\Omega P)x(t). \tag{4.21}$$

与此同时, 在 X 上对移位算子 M_s 及其多项式也可用算子 Ω 表示出来. 实际上,

$$\begin{aligned}(M_s^j x)(t) &= M_{js}\sum_{k=0}^{\infty} x_k(t)\\ &= x_0 + \sum_{k=1}^{\infty} M_{js}\left(a_k\cos\frac{2k\pi t}{T} + b_k\sin\frac{2k\pi t}{T}\right)\\ &= a_0 + \sum_{k=1}^{\infty}\left(x_k(t)\cos\frac{2jk\pi s}{T} - (\Omega x_k)(t)\sin\frac{2jk\pi s}{T}\right),\end{aligned}$$

且对多项式 $L(\lambda) = \sum\limits_{j=0}^{m}\alpha_j\lambda^j, \alpha_j\in\mathbb{R}$, 有

$$\begin{aligned}(L(M_s)x)(t) &= x_0\sum_{j=0}^{m}\alpha_j + \sum_{j=0}^{m}\alpha_j M_{js}\sum_{k=1}^{\infty}x_k(t)\\ &= x_0\sum_{j=0}^{m}\alpha_j + \sum_{k=1}^{\infty}\sum_{j=0}^{m}\alpha_j M_{js}\left(a_k\cos\frac{2k\pi t}{T} + b_k\sin\frac{2k\pi t}{T}\right)\\ &= a_0\sum_{j=0}^{m}\alpha_j + \sum_{k=1}^{\infty}\sum_{j=0}^{m}\alpha_j\left(x_k(t)\cos\frac{2jk\pi s}{T} - (\Omega x_k)(t)\sin\frac{2jk\pi s}{T}\right)\\ &= a_0\sum_{j=0}^{m}\alpha_j + \sum_{k=1}^{\infty}\left(x_k(t)\sum_{j=0}^{m}\alpha_j\cos\frac{2jk\pi s}{T}\right.\\ &\quad\left. -(\Omega x_k)(t)\sum_{j=0}^{m}\alpha_j\sin\frac{2jk\pi s}{T}\right).\end{aligned} \tag{4.22}$$

对 $k\geqslant 1$,

$$\begin{aligned}(DM_s x_k)(t) &= D\left(a_k\cos\frac{2k\pi(t+s)}{T} + b_k\sin\frac{2k\pi(t+s)}{T}\right)\\ &= \frac{2\pi}{T}P\Omega\left[x_k(t)\cos\frac{2k\pi s}{T} - (\Omega x_k)(t)\sin\frac{2k\pi s}{T}\right]\\ &= \frac{2k\pi}{T}\left[\Omega x_k(t)\cos\frac{2k\pi s}{T} + x_k(t)\sin\frac{2k\pi s}{T}\right],\end{aligned} \tag{4.23}$$

$$
\begin{aligned}
(DM_{-s}x_k)(t) &= D\left(a_k \cos\frac{2k\pi(t-s)}{T} + b_k \sin\frac{2k\pi(t-s)}{T}\right)\\
&= \frac{2k\pi}{T}\left[\Omega x_k(t)\cos\frac{2k\pi s}{T} - x_k(t)\sin\frac{2k\pi s}{T}\right].
\end{aligned}
\tag{4.24}
$$

尤其对特殊的移位多项式有下列命题.

命题 4.7　设空间 X 由 (4.17) 给定, 则当 $\alpha_j=\alpha_{m+1-j}$, $j=1,2,\cdots,m$ 时, 对

$$
x(t)=\sum_{k=0}^{\infty}x_k(t)=a_0+\sum_{k=1}^{\infty}\left(a_k\cos\frac{2k\pi t}{T}+b_k\sin\frac{2k\pi t}{T}\right)\in X,
$$

由移位多项式 $L\left(M_{\frac{T}{m+1}}\right)=\sum\limits_{j=0}^{m}\alpha_j M_{\frac{jT}{m+1}}$ 可得

$$
\left(L\left(M_{\frac{T}{m+1}}\right)x\right)(t)=\begin{cases}
a_0\sum\limits_{j=1}^{m}\alpha_j+\alpha_0x(t)+\sum\limits_{k=1}^{\infty}\Bigg((-1)^k\alpha_{\frac{m+1}{2}}\\
\quad+2\sum\limits_{j=1}^{\frac{m+1}{2}-1}\alpha_j\cos\dfrac{2jk\pi}{m+1}\Bigg)x_k(t), \quad m\text{为奇数},\\
a_0\sum\limits_{j=1}^{m}\alpha_j+\alpha_0x(t)+\sum\limits_{k=1}^{\infty}\left(2\sum\limits_{j=1}^{\frac{m}{2}}\alpha_j\cos\dfrac{2jk\pi}{m+1}\right)x_k(t),\\
\qquad m\text{为偶数}.
\end{cases}
\tag{4.25}
$$

证明

$$
\begin{aligned}
&\left(L\left(M_{\frac{T}{m+1}}\right)x\right)(t)\\
=&\sum_{j=0}^{m}\sum_{k=0}^{\infty}\alpha_jx_k\left(t-\frac{2jk\pi}{m+1}\right)\\
=&\sum_{j=0}^{m}\alpha_jx_0(t)+\sum_{k=1}^{\infty}\sum_{j=0}^{m}\alpha_jx_k\left(t-\frac{2jk\pi}{m+1}\right)\\
=&a_0\sum_{j=0}^{m}\alpha_j+\alpha_0\sum_{k=1}^{\infty}x_k(t)+\sum_{k=1}^{\infty}\sum_{j=1}^{m}\alpha_j\left(x_k(t)\cos\frac{2jk\pi}{m+1}-(\Omega x_k)(t)\sin\frac{2jk\pi}{m+1}\right)
\end{aligned}
$$

$$= a_0 \sum_{j=1}^{m} \alpha_j + \alpha_0 x(t) + \sum_{k=1}^{\infty} \left(x_k(t) \sum_{j=1}^{m} \alpha_j \cos \frac{2jk\pi}{m+1} - (\Omega x_k)(t) \sum_{j=1}^{m} \alpha_j \sin \frac{2jk\pi}{m+1} \right).$$

由于当 m 为奇数时,

$$\begin{aligned}
\sum_{j=1}^{m} \alpha_j \cos \frac{2jk\pi}{m+1} &= \sum_{j=1}^{\frac{m+1}{2}-1} \alpha_j \cos \frac{2jk\pi}{m+1} + \alpha_{\frac{m+1}{2}} \cos k\pi + \sum_{j=\frac{m+1}{2}+1}^{m} \alpha_j \cos \frac{2jk\pi}{m+1} \\
&= (-1)^k \alpha_{\frac{m+1}{2}} + \sum_{j=1}^{\frac{m+1}{2}-1} \alpha_j \cos \frac{2jk\pi}{m+1} \\
&\quad + \sum_{j=1}^{\frac{m+1}{2}-1} \alpha_{m+1-j} \cos \frac{2(m+1-j)k\pi}{m+1} \\
&= (-1)^k \alpha_{\frac{m+1}{2}} + \sum_{j=1}^{\frac{m+1}{2}-1} \alpha_j \left(\cos \frac{2jk\pi}{m+1} + \cos \frac{2(m+1-j)k\pi}{m+1} \right) \\
&= (-1)^k \alpha_{\frac{m+1}{2}} + 2 \sum_{j=1}^{\frac{m+1}{2}-1} \alpha_j \cos \frac{2jk\pi}{m+1}.
\end{aligned}$$

当 m 为偶数, 即 $m+1$ 为奇数时,

$$\begin{aligned}
\sum_{j=1}^{m} \alpha_j \cos \frac{2jk\pi}{m+1} &= \sum_{j=1}^{\frac{m}{2}} \alpha_j \cos \frac{2jk\pi}{m+1} + \sum_{j=\frac{m}{2}+1}^{m} \alpha_j \cos \frac{2jk\pi}{m+1} \\
&= \sum_{j=1}^{\frac{m}{2}} \left(\alpha_j \cos \frac{2jk\pi}{m+1} + \alpha_{m+1-j} \cos \frac{2(m+1-j)k\pi}{m+1} \right) \\
&= 2 \sum_{j=1}^{\frac{m}{2}} \alpha_j \cos \frac{2jk\pi}{m+1},
\end{aligned}$$

且无论 m 是奇数还是偶数, 均有

$$\sum_{j=1}^{m} \alpha_j \sin \frac{2jk\pi}{m+1} = 0.$$

故有

$$
\left(L\left(M_{\frac{T}{m+1}}\right)x\right)(t)=\begin{cases} a_0\sum\limits_{j=1}^{m}\alpha_j+\alpha_0x(t)+\sum\limits_{k=1}^{\infty}\left((-1)^k\alpha_{\frac{m+1}{2}}\right.\\ \left.+2\sum\limits_{j=1}^{\frac{m+1}{2}-1}\alpha_j\cos\dfrac{2jk\pi}{m+1}\right)x_k(t),\quad m\text{为奇数},\\ a_0\sum\limits_{j=1}^{m}\alpha_j+\alpha_0x(t)+\sum\limits_{k=1}^{\infty}\left(2\sum\limits_{j=1}^{\frac{m}{2}}\alpha_j\cos\dfrac{2jk\pi}{m+1}\right)x_k(t),\\ \qquad m\text{为偶数}, \end{cases}
$$

命题 4.7 证毕.

命题 4.8 设空间 $\tilde{X}$ 由 (4.13) 给定, 则当 $\alpha_j=-\alpha_{m+1-j}, j=1,2,\cdots,m$ 时, 移位多项式 $L\left(M_{\frac{T}{m+1}}\right)=\sum\limits_{j=0}^{m}\alpha_jM^j_{\frac{T}{m+1}}=\sum\limits_{j=0}^{m}\alpha_jM_{\frac{jT}{m+1}}$, 对

$$
x(t)=\sum_{k=0}^{\infty}x_k(t)=\sum_{k=0}^{\infty}\left(a_k\cos\frac{(2k+1)\pi t}{T}+b_k\sin\frac{(2k+1)\pi t}{T}\right)\in\tilde{X},
$$

有

$$
\left(L\left(M_{\frac{T}{m+1}}\right)x\right)(t)=\alpha_0x(t)+2\sum_{k=0}^{\infty}\sum_{j=1}^{\left[\frac{m}{2}\right]}\alpha_j\cos\frac{j(2k+1)\pi}{m+1}x_k(t). \tag{4.26}
$$

证明 和 (4.22) 一样, 这时我们可导出

$$
\begin{aligned}
\left(L\left(M_{\frac{T}{m+1}}\right)x\right)(t)&=\sum_{j=0}^{m}\alpha_jM_{\frac{jT}{m+1}}\sum_{k=0}^{\infty}x_k(t)\\
&=\sum_{k=0}^{\infty}\sum_{j=0}^{m}\alpha_jM_{\frac{jT}{m+1}}\left(a_k\cos\frac{(2k+1)\pi t}{T}+b_k\sin\frac{(2k+1)\pi t}{T}\right)\\
&=\sum_{k=0}^{\infty}\sum_{j=0}^{m}\alpha_j\left(x_k(t)\cos\frac{j(2k+1)\pi}{m+1}-(\Omega x_k)(t)\sin\frac{j(2k+1)\pi}{m+1}\right)\\
&=\sum_{k=0}^{\infty}\left(x_k(t)\sum_{j=0}^{m}\alpha_j\cos\frac{j(2k+1)\pi}{m+1}\right.\\
&\qquad\left.-(\Omega x_k)(t)\sum_{j=0}^{m}\alpha_j\sin\frac{j(2k+1)\pi}{m+1}\right).
\end{aligned}
$$

由于

$$m=\begin{cases}2\left[\frac{m}{2}\right], & m\text{为偶数},\\ 2\left[\frac{m}{2}\right]+1, & m\text{为奇数},\end{cases}$$

且当 m 为奇数时 $\alpha_{\frac{m+1}{2}}=\alpha_{\left[\frac{m}{2}\right]+1}=0$, 故在 m 为偶数时,

$$\begin{aligned}\sum_{j=0}^{m}\alpha_j\cos\frac{j(2k+1)\pi}{m+1}&=\alpha_0+\sum_{j=1}^{\left[\frac{m}{2}\right]}\alpha_j\cos\frac{j(2k+1)\pi}{m+1}+\sum_{j=\left[\frac{m}{2}\right]+1}^{m}\alpha_j\cos\frac{j(2k+1)\pi}{m+1}\\&=\alpha_0+\sum_{j=1}^{\left[\frac{m}{2}\right]}\alpha_j\cos\frac{j(2k+1)\pi}{m+1}\\&\quad+\sum_{j=1}^{m-\left[\frac{m}{2}\right]}\alpha_{m+1-j}\cos\frac{(m+1-j)(2k+1)\pi}{m+1}\\&=\alpha_0+\sum_{j=1}^{\left[\frac{m}{2}\right]}\alpha_j\left(\cos\frac{j(2k+1)\pi}{m+1}-\cos\frac{(m+1-j)(2k+1)\pi}{m+1}\right)\\&=\alpha_0+2\sum_{j=1}^{\left[\frac{m}{2}\right]}\alpha_j\left(\cos\frac{j(2k+1)\pi}{m+1}\right),\end{aligned}$$

$$\begin{aligned}\sum_{j=0}^{m}\alpha_j\sin\frac{j(2k+1)\pi}{m+1}&=\sum_{j=1}^{\left[\frac{m}{2}\right]}\alpha_j\sin\frac{j(2k+1)\pi}{m+1}+\sum_{j=\left[\frac{m}{2}\right]+1}^{m}\alpha_j\sin\frac{j(2k+1)\pi}{m+1}\\&=\sum_{j=1}^{\left[\frac{m}{2}\right]}\alpha_j\sin\frac{j(2k+1)\pi}{m+1}\\&\quad+\sum_{j=1}^{m-\left[\frac{m}{2}\right]}\alpha_{m+1-j}\sin\frac{(m+1-j)(2k+1)\pi}{m+1}\\&=\sum_{j=1}^{\left[\frac{m}{2}\right]}\left[\alpha_j\sin\frac{j(2k+1)\pi}{m+1}-\alpha_j\sin\frac{(m+1-j)(2k+1)\pi}{m+1}\right]\\&=0.\end{aligned}$$

当 m 为奇数时, 注意到 $\alpha_{\left[\frac{m}{2}\right]+1} = \alpha_{\frac{m+1}{2}} = 0$, 同样有

$$\begin{aligned}
\sum_{j=0}^{m} \alpha_j \cos \frac{j(2k+1)\pi}{m+1} &= \alpha_0 + \sum_{j=1}^{\left[\frac{m}{2}\right]} \alpha_j \cos \frac{j(2k+1)\pi}{m+1} + \sum_{j=\left[\frac{m}{2}\right]+2}^{m} \alpha_j \cos \frac{j(2k+1)\pi}{m+1} \\
&= \alpha_0 + \sum_{j=1}^{\left[\frac{m}{2}\right]} \alpha_j \cos \frac{j(2k+1)\pi}{m+1} \\
&\quad + \sum_{j=1}^{m-1-\left[\frac{m}{2}\right]} \alpha_{m+1-j} \cos \frac{(m+1-j)(2k+1)\pi}{m+1} \\
&= \alpha_0 + \sum_{j=1}^{\left[\frac{m}{2}\right]} \alpha_j \left(\cos \frac{j(2k+1)\pi}{m+1} - \cos \frac{(m+1-j)(2k+1)\pi}{m+1}\right) \\
&= \alpha_0 + 2\sum_{j=1}^{\left[\frac{m}{2}\right]} \alpha_j \left(\cos \frac{j(2k+1)\pi}{m+1}\right),
\end{aligned}$$

$$\begin{aligned}
\sum_{j=0}^{m} \alpha_j \sin \frac{j(2k+1)\pi}{n} &= \sum_{j=1}^{\left[\frac{m}{2}\right]} \alpha_j \sin \frac{j(2k+1)\pi}{m+1} + \sum_{j=\left[\frac{m}{2}\right]+2}^{m} \alpha_j \sin \frac{j(2k+1)\pi}{m+1} \\
&= \sum_{j=1}^{\left[\frac{m}{2}\right]} \left(\alpha_j \sin \frac{j(2k+1)\pi}{m+1} \right. \\
&\quad \left. + \alpha_{m+1-j} \sin \frac{(m+1-j)(2k+1)\pi}{m+1}\right) \\
&= 0,
\end{aligned}$$

故得

$$\begin{aligned}
\left(L\left(M_{\frac{T}{m+1}}\right)x\right)(t) &= \sum_{k=0}^{\infty} \left(\alpha_0 + 2\sum_{j=1}^{\left[\frac{m}{2}\right]} \alpha_j \cos \frac{j(2k+1)\pi}{m+1}\right) x_k(t) \\
&= \alpha_0 x(t) + 2\sum_{k=0}^{\infty} \sum_{j=1}^{\left[\frac{m}{2}\right]} \alpha_j \cos \frac{j(2k+1)\pi}{m+1} x_k(t).
\end{aligned}$$

命题 4.8 成立.

4.1.4 Hilbert 空间上的几个极限

对 $m \geqslant 1$, 在 $H^{\frac{m}{2}}([0,T],\mathbb{R}^N)$ 上, 定义内积

$$\langle x,y\rangle_m = \int_0^T (P^m x(t), y(t))dt, \quad \forall x,y \in X_2$$

及范数

$$||x||_{H^{\frac{m}{2}}} = ||x||_m = \sqrt{\langle x,x\rangle_m}, \tag{4.27}$$

当 $m_1 < m_2$ 时, 对于 $x \in H^{\frac{m_2}{2}} \subset H^{\frac{m_1}{2}}$, 显然有

$$||x||_{m_1} \leqslant ||x||_{m_2}. \tag{4.28}$$

对于空间 $x \in L^2([0,T],\mathbb{R}^N)$, 则正好定义

$$\langle x,y\rangle_0 = \int_0^T (x(t),y(t))dt, \quad \forall x,y \in X_2,$$

$$||x||_{L^2} = ||x||_0 = \sqrt{\langle x,x\rangle_0}.$$

命题 4.9 $m \geqslant 2$ 时, 对 $x \in H^{\frac{m}{2}}([0,T],\mathbb{R}^N)$ 时有

$$||x||_m \to 0 \Rightarrow \max_{0\leqslant x\leqslant T} |x(t)| \to 0.$$

证明 由 (4.28) 不妨设 $m=2$. 对 $x \in X, \forall y \in L^2([0,T],\mathbb{R}^N)$ 有

$$\begin{aligned}
\langle x,x\rangle_2 &= \int_0^T (P^2x(t),x(t))dt \\
&= |a_0|^2T + \int_0^T \big((P^2x)(t),x(t)\big)\,dt \\
&= |a_0|^2T + \int_0^T ((P\Omega x)(t),(P\Omega x)(t))\,dt \\
&= |a_0|^2T + \frac{T^2}{4\pi^2}\int_0^T \left(\left(\frac{2\pi}{T}P\Omega x\right)(t), \left(\frac{2\pi}{T}P\Omega x\right)(t)\right)dt \\
&= |a_0|^2T + \frac{T^2}{4\pi^2}\int_0^T |(Dx)(t)|^2dt \\
&= |a_0|^2T + \frac{T^2}{4\pi^2}||Dx||_{L^2}^2.
\end{aligned}$$

因此 $||x||_2 = \sqrt{\langle P^2 x, x\rangle} \to 0 \Rightarrow |a_0|, ||Dx||_2 \to 0$. 由于

$$|x(t) - a_0| \leqslant \int_0^T |Dx| dt \leqslant \sqrt{T}||Dx||_2,$$

$$|x(t)| \leqslant |a_0| + \sqrt{T}||Dx||_2.$$

故命题 4.9 成立.

命题 4.10　当 $m \geqslant 2$ 时, 对函数 $F \in C^1(\mathbb{R}\times\mathbb{R}^N, \mathbb{R}^N), F(t+T, x) = F(t, x)$, 如果 $x \in H^{\frac{m}{2}}([0,T], \mathbb{R}^N)$, 则

(1) $\lim\limits_{|x|\to 0}\sup\limits_{0\leqslant t\leqslant T}\dfrac{|\nabla F(t,x)|}{|x|} = 0$

$$\Rightarrow \lim_{||x||_m\to 0}\frac{||\nabla F(t,x)||_m}{||x||_m} = 0, \lim_{||x||_0\to 0}\frac{||\nabla F(t,x)||_0}{||x||_0} = 0;$$

(2) $\lim\limits_{|x|\to \infty}\sup\limits_{0\leqslant t\leqslant T}\dfrac{|\nabla F(t,x)|}{|x|} = 0$

$$\Rightarrow \lim_{||x||_m\to \infty}\frac{||\nabla F(t,x)||_m}{||x||_m} = 0, \lim_{||x||_0\to \infty}\frac{||\nabla F(t,x)||_0}{||x||_0} = 0.$$

证明　(1) 由命题 4.9, $||x||_m \to 0 \Rightarrow \max|x(t)| \to 0$, 故对 $\forall r > 0$ 在 $||x||_m \to 0$ 时有

$$\begin{aligned}||\nabla F(t,x(t))||_m^2 &= \int_0^T \left(P^{\frac{m}{2}}\nabla F(t,x(t)), P^{\frac{m}{2}}\nabla F(t,x(t))\right) dt\\ &\leqslant r\int_0^T \left(P^{\frac{m}{2}}x(t), P^{\frac{m}{2}}x(t)\right) dt\\ &= r||x||_m^2,\end{aligned}$$

$$\begin{aligned}||\nabla F(t,x(t))||_0^2 &= \int_0^T (\nabla F(t,x(t)), \nabla F(t,x(t)))dt\\ &\leqslant r\int_0^T (x(t), x(t))dt\\ &= r||x||_0^2.\end{aligned}$$

由 $r > 0$ 任意, 即得结论.

(2) 由条件知, 对 $\forall r > 0$ 有 $C(r) > 0$ 使 $|\nabla F(t,x)|^2 \leqslant r|x|^2 + C(r)$ 对 $\forall x \in \mathbb{R}^N$ 成立, 则有

$$\left|P^{\frac{m}{2}}\nabla F(t,x(t))\right| \leqslant r\left|P^{\frac{m}{2}}x(t)\right|^2 + C(r), \quad x \in H^{\frac{m}{2}}([0,T], \mathbb{R}^N),$$

因此,

$$\begin{aligned}||\nabla F(t,x(t))||_m^2 &= \int_0^T (P^m\nabla F(t,x(t)),\nabla F(t,x(t)))dt\\ &= \int_0^T \left|P^{\frac{m}{2}}\nabla F(t,x(t))\right|^2 dt\\ &\leqslant \int_0^T \left[r\left|P^{\frac{m}{2}}x(t)\right|^2 + C(r)\right]dt\\ &= r||x||_m^2 + TC(r).\end{aligned}$$

这就可得 $\lim\limits_{||x||_m\to\infty}\dfrac{||\nabla F(t,x)||_m}{||x||_m}=0$. 同样可证 $\lim\limits_{||x||_0\to\infty}\dfrac{||\nabla F(t,x)||_0}{||x||_0}=0$.

命题 4.11 当 $m\geqslant 2$ 时, 对函数 $F\in C^1(\mathbb{R}\times\mathbb{R}^N,\mathbb{R}^N)$, $F(t+T,x)=F(t,x)$, 如果 $x\in H^{\frac{m}{2}}([0,T],\mathbb{R}^n)$, 则有

(1) $\lim\limits_{|x|\to 0}\inf\limits_{0\leqslant t\leqslant T}\dfrac{|\nabla F(t,x)|}{|x|}=\infty$

$\Rightarrow \lim\limits_{||x||_m\to 0}\dfrac{||\nabla F(t,x)||_m}{||x||_m}=\infty$, $\lim\limits_{||x||_0\to 0}\dfrac{||\nabla F(t,x)||_0}{||x||_0}=\infty$,

(2) $\lim\limits_{|x|\to \infty}\inf\limits_{0\leqslant t\leqslant T}\dfrac{|\nabla F(t,x)|}{|x|}=\infty$

$\Rightarrow \lim\limits_{||x||_m\to \infty}\dfrac{||\nabla F(t,x)||_m}{||x||_m}=\infty$, $\lim\limits_{||x||_0\to \infty}\dfrac{||\nabla F(t,x)||_0}{||x||_0}=\infty$.

证明 先证 (1). 由命题 4.9, $||x||_m\to 0\Rightarrow \max|x(t)|\to 0$, 故对 $\forall r>0$ 有

$$\begin{aligned}||\nabla F(t,x(t))||_m^2 &= \int_0^T \left(P^{\frac{m}{2}}\nabla F(t,x(t)),P^{\frac{m}{2}}\nabla F(t,x(t))\right)dt\\ &\geqslant r\int_0^T \left(P^{\frac{m}{2}}x(t),P^{\frac{m}{2}}x(t)\right)dt\\ &= r||x||_m^2,\end{aligned}$$

$$\begin{aligned}||\nabla F(t,x(t))||_0^2 &= \int_0^T (\nabla F(t,x(t)),\nabla F(t,x(t)))\,dt\\ &\geqslant r\int_0^T (x(t),x(t))dt\\ &= r||x||_0^2.\end{aligned}$$

由 $r>0$ 任意, 即得结论.

次证 (2), 由条件知, 对 $\forall r>0$ 有 $C(r)>0$ 使 $|\nabla F(t,x)|^2 \geqslant r|x|^2 - C(r)$ 对 $\forall x\in\mathbb{R}^n$ 成立, 则有

$$\left|P^{\frac{m}{2}}\nabla F(t,x(t))\right|^2 \geqslant r\left|P^{\frac{m}{2}}x(t)\right|^2 - C(r), \quad x\in H^{\frac{m}{2}}([0,T],\mathbb{R}^n).$$

因此,

$$\begin{aligned}||\nabla F(t,x(t))||_m^2 &= \int_0^T (P^m\nabla F(t,x(t)),\nabla F(t,x(t)))dt\\ &= \int_0^T \left|P^{\frac{m}{2}}\nabla F(t,x(t))\right|^2 dt\\ &\geqslant \int_0^T \left[r\left|P^{\frac{m}{2}}x(t)\right|^2 - C(r)\right]dt\\ &= r||x||_m^2 - TC(r).\end{aligned}$$

$$\begin{aligned}||\nabla F(t,x(t))||_0^2 &= \int_0^T (\nabla F(t,x(t)),\nabla F(t,x(t)))dt\\ &= \int_0^T |\nabla F(t,x(t))|^2 dt\\ &\geqslant \int_0^T [r|x(t)|^2 - C(r)]dt\\ &= r||x||_0^2 - TC(r).\end{aligned}$$

由此可得命题成立.

命题 4.12 当 $m=1$ 时, 对函数 $F\in C^1(\mathbb{R}\times\mathbb{R}^N,\mathbb{R}^N)$, $F(t+T,x)=F(t,x)$, 如果 $x\in H^{\frac{1}{2}}([0,T],\mathbb{R}^N)$, 则

(1) $\displaystyle\lim_{|x|\to\infty}\sup_{0\leqslant t\leqslant T}\frac{|\nabla F(t,x)|}{|x|}=0$

$$\Rightarrow \lim_{||x||_1\to\infty}\frac{||\nabla F(t,x)||_1}{||x||_1}=0,\ \lim_{||x||_0\to\infty}\frac{||\nabla F(t,x)||_0}{||x||_0}=0.$$

(2) $\displaystyle\lim_{|x|\to\infty}\inf_{0\leqslant t\leqslant T}\frac{|\nabla F(t,x)|}{|x|}=\infty$

$$\Rightarrow \lim_{||x||_1\to\infty}\frac{||\nabla F(t,x)||_1}{||x||_1}=\infty,\ \lim_{||x||_0\to\infty}\frac{||\nabla F(t,x)||_0}{||x||_0}=\infty.$$

证明 (1) 这时对 $\forall\varepsilon>0$, 存在 $M>0$, 对 $\forall t\in[0,T]$ 有

$$|\nabla F(t,x)|<\varepsilon\,|x|+M.$$

由此对 $\forall u\in L^2([0,T],\mathbb{R}^N)$, 有

$$|\nabla F(t,u(t))|<\varepsilon\,|u(t)|+M.$$

对 $x,y\in H^{\frac{1}{2}}([0,T],\mathbb{R}^N)$, 有 $P^{\frac{1}{2}}x,P^{\frac{1}{2}}y\in L^2([0,T],\mathbb{R}^N)$,

$$\begin{aligned}||\nabla F(t,x(t))||&=||\nabla F(t,x(t))||_1\\&=\left(\int_0^T\left|P^{\frac{1}{2}}\nabla F(t,x(t))\right|^2dt\right)^{\frac{1}{2}}\\&\leqslant\left(\int_0^T\left|P^{\frac{1}{2}}\varepsilon x(t)+M\right|^2dt\right)^{\frac{1}{2}}\leqslant\left(2\varepsilon^2\int_0^T\left|P^{\frac{1}{2}}\varepsilon x(t)\right|^2dt+2M^2T\right)^{\frac{1}{2}}\\&\leqslant 2\varepsilon||x||_1+2M\sqrt{T}.\end{aligned}$$

于是,

$$\lim_{||x||_1\to\infty}\frac{||\nabla F(t,x)||_1}{||x||_1}\leqslant 2\varepsilon.$$

由 $\varepsilon>0$ 可任意小, 即可得 $\lim\limits_{||x||_1\to\infty}\dfrac{||\nabla F(t,x)||_1}{||x||_1}=0$. 同理可证

$$\lim_{||x||_0\to\infty}\frac{||\nabla F(t,x)||_0}{||x||_0}=0.$$

(2) $\forall c>0$, 存在 $r,M>0$, 对 $\forall t\in[0,T]$ 有

$$|\nabla F(t,x)|>c|x|-M.$$

由此对 $\forall u\in L^2([0,T],\mathbb{R}^N)$, 有

$$|\nabla F(t,u(t))|>c|u(t)|-M.$$

设 $x,y\in H^{\frac{1}{2}}([0,T],\mathbb{R}^N)$, 则 $P^{\frac{1}{2}}x,P^{\frac{1}{2}}y\in L^2([0,T],\mathbb{R}^N)$,

$$\begin{aligned}||\nabla F(t,x(t))||&=||\nabla F(t,x(t))||_1\\&=\left(\int_0^T\left|P^{\frac{1}{2}}\nabla F(t,x(t))\right|^2dt\right)^{\frac{1}{2}}\end{aligned}$$

$$
\begin{aligned}
&\geqslant \left(\int_0^T \left|P^{\frac{1}{2}}cx(t)-M\right|^2 dt\right)^{\frac{1}{2}}\\
&\geqslant \left(c^2\int_0^T \left|P^{\frac{1}{2}}x(t)\right|^2 dt - M^2T\right)^{\frac{1}{2}}\\
&\geqslant c||x||_1 - M\sqrt{T}.
\end{aligned}
$$

于是,

$$\lim_{||x||_1\to\infty}\frac{||\nabla F(t,x)||_1}{||x||_1}\geqslant c.$$

由 $c>0$ 可任意大即得 $\lim\limits_{||x||_1\to\infty}\dfrac{||\nabla F(t,x)||_1}{||x||_1}=\infty$. 同理可证

$$\lim_{||x||_0\to\infty}\frac{||\nabla F(t,x)||_0}{||x||_0}=\infty.$$

命题 4.13 设 $h\in C(\mathbb{R}^N,\mathbb{R}), h(x)\to+\infty(-\infty)$. 当 $|x|\to\infty$, 则对

$$x(t)=a\cos\frac{2j\pi t}{T}v\left(x(t)=b\sin\frac{2j\pi t}{T}v\right),\quad a,b\in\mathbb{R},\quad v\in\mathbb{R}^N,\quad |v|=1,$$

当 $||x||_0\to\infty$ 时有

$$\int_0^T h(x(t))dt\to+\infty(-\infty)$$

成立.

证明 不妨设 $h(x)\to+\infty$. 由命题条件可知, 存在 $K>0$ 使 $h(x)\geqslant -K$, 且对 $\forall M>0$ 存在 $r>0$, 使

$$h(x)\geqslant\frac{2M+K}{T},\quad |x|\geqslant r.$$

再由条件

$$||x||_0^2=\int_0^T\left(a\cos\frac{2j\pi t}{T},a\cos\frac{2j\pi t}{T}\right)dt=\frac{T}{2}|a|^2\to\infty,$$

可知 $|a|\to\infty\Leftrightarrow||x||_0\to\infty$. 将区间 $[0,T]$ 表示为

$$[0,T]=\bigcup_{i=1}^{2j}\left(\left[\frac{(i-1)T}{2j},\frac{(2i-1)T}{4j}\right]\cup\left[\frac{(2i-1)T}{4j},\frac{iT}{2j}\right]\right).$$

对 $|x|=|a|\cdot\left|\cos\dfrac{2j\pi t}{T}\right|$, 在以下每个区间

$$\left[\frac{(i-1)T}{2j}, \frac{(i-1)T}{4j}\right], \left[\frac{(2i-1)T}{4j}, \frac{iT}{2j}\right], \quad i=1,2,\cdots,2j$$

上为凹函数, 且

$$\max_{\frac{(i-1)T}{2j} \leqslant t \leqslant \frac{iT}{2j}} |x(t)| = \left|x\left(\frac{(i-1)T}{2j}\right)\right| = \left|x\left(\frac{iT}{2j}\right)\right| = a,$$

$$\min_{\frac{(i-1)T}{2j} \leqslant t \leqslant \frac{iT}{2j}} |x(t)| = \left|x\left(\frac{(2i-1)T}{4j}\right)\right| = 0,$$

则当记 $E=\left\{t\in[0,T]:|x(t)|\geqslant\frac{|a|}{2}\right\}$ 时, 有

$$\text{mes}E \geqslant \frac{T}{2}.$$

对以上的 $M>0$, 取 $|a|\geqslant\max\left\{2r, \frac{2M+2KT}{T}\right\}$ 时,

$$\begin{aligned}\int_0^T h\left(a\cos\frac{2j\pi t}{T}\right)dt &= \int_E h\left(a\cos\frac{2j\pi t}{T}\right)dt + \int_{[0,T]\setminus E} h\left(a\cos\frac{2j\pi t}{T}\right)dt \\ &\geqslant \frac{2M+2KT}{T}\text{mes}E - KT \\ &\geqslant (M+KT)-KT \\ &= M.\end{aligned}$$

由于 $M>0$ 任取, 命题得证.

命题 4.14 设 $h\in C(\mathbb{R}^N,\mathbb{R}), h(x)\to+\infty(-\infty)$. 当 $|x|\to\infty$, 则对

$$x(t)=\sum_{i=1}^N\left(a_i\cos\frac{2i\pi t}{T}+b_i\sin\frac{2i\pi t}{T}\right)v, \quad a_i,b_i\in\mathbb{R}, \quad v\in\mathbb{R}^N, \quad |v|=1,$$

当 $||x||_0\to\infty$ 时至少有一个 $a_i(b_i), i\in\{1,2,\cdots,N\}$, 使

$$\int_0^T h\left(a_i\cos\frac{2\pi it}{T}\right)dt\to\infty, \quad \int_0^T h\left(b_i\sin\frac{2\pi it}{T}\right)dt\to\infty$$

成立.

证明 仍设 $h(x)\to+\infty$. 由于 $||x||_0^2=\frac{T}{2}\sum\limits_{i=1}^n(a_i^2+b_i^2)\to\infty$, 故 $||x||_0\to\infty$ 意味着至少有一个 $a_i(b_i), i\in\{1,2,\cdots,N\}$, 不妨设是 a_i, 满足 $a_i\to\infty$, 则由命题 4.13 可知

$$\int_0^T h\left(a_i \cos\frac{2\pi it}{T}\right)dt \to \infty.$$

命题成立.

4.1.5 整变量函数的上下界及算子的紧性

命题 4.15 设 $a, \beta \in \mathbb{R}, m, n \geqslant 1, j \in \{1, 2, \cdots, m\}$, 记

$$g_j(i) = a + \frac{\beta}{(mi+j)^n}, \quad i = 0, 1, 2, \cdots,$$

又对 $\mathbb{N} = \{0, 1, 2, \cdots\}$ 记

$$\mathbb{N}_j^+ = \{i \in \mathbb{N} : g_j(i) > 0\}, \quad \mathbb{N}_j^- = \{i \in \mathbb{N} : g_j(i) < 0\},$$

则存在 $\sigma > 0$ 使对所有 $j \in \{1, 2, \cdots, m\}$ 满足

$$g_j(i) \geqslant \sigma,\ i \in \mathbb{N}_j^+; \quad g_j(i) \leqslant -\sigma,\ i \in \mathbb{N}_j^-. \tag{4.29}$$

证明 此命题可分 4 种情况,

(1) $a > 0, \beta \geqslant 0$; (2) $a > 0, \beta < 0$;

(3) $a < 0, \beta \geqslant 0$; (4) $a < 0, \beta < 0$.

我们仅对情况 (1) 和 (2) 给出证明, 其余两种情况证明类似, 不重复.

设 $a > 0$. 考虑 $i \in \mathbb{N}^+$ 的情况.

(1) $\beta \geqslant 0$, 则 $\mathbb{N}^+ = \mathbb{N}$ 可取 $\sigma = a > 0$, 即可得 $g_j(i) \geqslant \sigma, i \in \mathbb{N}$. 这时 $\mathbb{N}^- = \varnothing$, (4.29) 中第二个不等式自然成立.

(2) $\beta < 0$, 如果 $j > 0$ 时满足 $a + \frac{\beta}{j} > 0$, $\mathbb{N}^+ = \mathbb{N}$. 取

$$\sigma_j = a + \frac{\beta}{j},$$

即可得 $g_j(i) \geqslant \sigma_j, i \in \mathbb{N}$. 同样因 $\mathbb{N}_j^- = \varnothing$, (4.29) 中第二个不等式自然成立. 但当 $a + \frac{\beta}{j} \leqslant 0$ 时, 因为

$$\lim_{i\to\infty} g_j(i) = \lim_{i\to\infty}\left(a + \frac{\beta}{(mi+j)^n}\right) = a > 0,$$

故存在 $j_l > 0$, 使

$$g_j(i) \leqslant 0,\ i \leqslant j_l - 1; \quad g_j(i) > 0,\ i \geqslant j_l.$$

这时 $\mathbb{N}_j^+ = \{j_l, j_l+1, \cdots\}$, 由 $g_j(i)$ 在 $i \in \mathbb{N}$ 上单调增, 故可取

$$\sigma_j^+ = a + \frac{\beta}{j_l m + j} > 0,$$

在 $\mathbb{N}_j^+$ 上满足 $g_j(i) \geqslant \sigma_j$. 这时如果 $g_j(j_l-1) < 0$, 就在 $\mathbb{N}_j^- = \{1, 2, \cdots, j_l - 1\}$ 上取

$$\sigma_j^- = -\left(a + \frac{\beta}{(j_l-1)m + j}\right) > 0.$$

反之, 设 $g_j(j_l-1) = 0$, 则在 $j_l = 2$ 时, $\mathbb{N}_j^- = \varnothing$, (4.29) 中第二个不等式自然成立; 而在 $i_l \geqslant 3$ 时, 在 $\mathbb{N}_j^- = \{1, 2, \cdots, j_l - 2\}$ 上

$$\sigma_j^- = -\left(a + \frac{\beta}{(j_l-2)m + j}\right) > 0.$$

令 $\sigma_j = \min\{\sigma_j^-, \sigma_j^+\}$, 然后取 $\sigma = \min\{\sigma_1, \sigma_2, \cdots, \sigma_m\} > 0$, $\forall j \in \{1, 2, \cdots, m\}$ 在 $\mathbb{N}^+$ 上 (4.29) 中不等式成立. 命题得证.

命题 4.16 设 $F : \mathbb{R} \times \mathbb{R}^N \to \mathbb{R}, (t, x) \mapsto F(t, x)$, $F(t+T, x) = F(t, x)$, F 关于 t, x 连续可微, 设 $X = \{x \in H^1([0, T], \mathbb{R}^N)\}$. 则泛函 $\Psi : X \to X, x \mapsto \nabla F(t, x(t))$ 是紧算子.

证明 首先, 设 $\{x_n\} \subset X, \|x_n\|$ 有界, 则有 $\{x_n\}$ 的子序列, 不妨设是其自身, 在 X 上弱收敛, 即 $x_n \rightharpoonup u \in X$. 这时 x_n, u 都是 $[0, T]$ 上的连续函数, 从而 $\{x_n\}$ 在 $[0, T]$ 上一致收敛于 u. 由 F 关于 t 的连续性和周期性以及关于 x 的连续可微性, 知 $F(\cdot, x_n(\cdot))$ 在 $[0, T]$ 上一致收敛于 $F(\cdot, u(\cdot))$, 从而 $F(\cdot, x(\cdot))$ 将 X 中的有界集映为相空间中的相对紧集, 即 F 为紧算子. 这时根据文献 [1] 中第二章定理 3.3, 即得 $\Psi(x) = \nabla F(t, x)$ 在 X 上是紧算子.

4.1.6 算子的可逆性

周期函数空间

$$X = \left\{ x(t) = a_0 + \sum_{i=1}^{\infty} \left(a_i \cos \frac{2\pi i t}{T} + b_i \sin \frac{2\pi i t}{T} \right) : a_0, a_i, b_i \in \mathbb{R}, \right.$$
$$\left. \sum_{i=1}^{\infty} i^m (a_i^2 + b_i^2) < \infty \right\}$$

在定义内积和范数后成为 Hilbert 空间 $H^{\frac{m}{2}}([0, T], \mathbb{R})$. 首先在 X 上讨论移位算

子多项式 $p\left(M_{\frac{T}{n}}\right): X \to X$ 的可逆性问题. 记

$$X(i)=\left\{x=a_i\cos\frac{2\pi it}{T}+b_i\sin\frac{2\pi it}{T}:a_i,b_i\in\mathbb{R}\right\},$$

$$X(0)=\{x(t)=a_0:a_0\in\mathbb{R}\},$$

并记多项式 $p_m(\lambda)=\sum\limits_{j=0}^{m}\beta_j\lambda^j,\beta_m\neq 0$, 则

$$M=p_m\left(M_{\frac{T}{n}}\right)=\sum_{j=0}^{m}\beta_j\left(M_{\frac{T}{n}}\right)^j=\sum_{j=0}^{m}\beta_j M_{\frac{jT}{n}}.$$

又因为 $X=\bigoplus\limits_{i=0}^{\infty}X(i)$, 令投影算子 $\Pi_i: X\to X(i)$. 任何 $x\in X$, 记 $x_i=\Pi_i x\in X(i)$. 这时有 $M(X(i))=X(i)$. 现设 $x_i(t)=a_i\cos\dfrac{2i\pi t}{T}+b_i\sin\dfrac{2i\pi t}{T}$. 由 $M_{\frac{jT}{n}}(x_i)=x\cos\dfrac{2ij\pi}{n}-(\Omega x)\sin\dfrac{2ij\pi}{n}$ 得

$$\begin{aligned}Mx_i=p_m\left(M_{\frac{T}{n}}\right)x_i=\left(\sum_{j=0}^{m}M_{\frac{jT}{n}}\right)x_i&=\left(\sum_{j=0}^{m}\beta_j\cos\frac{2ij\pi}{n}\right)x_i\\&\quad-\left(\sum_{j=0}^{m}\beta_j\sin\frac{2ij\pi}{n}\right)\Omega x_i.\end{aligned}$$

记 $\delta_i=\sum\limits_{j=0}^{m}\beta_j\cos\dfrac{2ij\pi}{n},\quad \gamma_i=\sum\limits_{j=0}^{m}\beta_j\sin\dfrac{2ij\pi}{n}$, 则有

$$Mx_i=\delta_i x_i-\gamma_i\Omega x_i.$$

显然,

$$\delta_{i+n}=\delta_i,\quad \gamma_{i+n}=\gamma_i.$$

令

$$\sigma=\max\{|\delta_1|,|\delta_2|,\cdots,|\delta_n|,|\gamma_1|,|\gamma_2|,\cdots,|\gamma_n|\}.$$

我们注意到,

$$\begin{aligned}||Mx_i||&\leqslant\left|\sum_{j=0}^{m}\beta_j\cos\frac{2ij\pi}{n}\right|\cdot||x_i||+\left|\sum_{j=0}^{m}\beta_j\sin\frac{2ij\pi}{n}\right|\cdot||\Omega x_i||\\&\leqslant 2\sigma||x_i||.\end{aligned}$$

故当 X 是 $H^{\frac{m}{2}}([0,T],\mathbb{R})$ 空间, 如果 $x=a_0+\sum\limits_{i=1}^{\infty}x_i\in X$ 时, $Mx\in X$.

命题 4.17 假定 $p_m(1)\neq 0,\delta_i^2+\gamma_i^2\neq 0, i=1,2,\cdots$. 算子 $M=p_n\left(M_{-\frac{T}{n}}\right)$: $X\to X$ 存在逆算子

$$M^{-1}:X\to X$$

使

$$M^{-1}M=MM^{-1}=\mathrm{id}:X\to X. \tag{4.30}$$

证明 对 $\forall x\in X$, 记 $x_i=\Pi_i x$. 则 $y_i=Mx_i=\delta_i x_i-\gamma_i\Omega x_i$. 首先定义

$$M^{-1}|_{X(0)}:X(i)\to X(i),\quad y_i=c_0\mapsto \frac{c_0}{p_m(1)}.$$

易证

$$M|_{X(0)}\circ M^{-1}|_{X(0)}=M^{-1}|_{X(0)}\circ M|_{X(0)}=\mathrm{id}|_{X(0)}.$$

当 $i\neq 0$ 时定义

$$M^{-1}|_{X(i)}:X(i)\to X(i),$$

$$y_i=c_i\cos\frac{2i\pi t}{T}+d_i\sin\frac{2i\pi t}{T}\mapsto\frac{\delta_i c_i+\gamma_i d_i}{\delta_i^2+\gamma_i^2}\cos\frac{2i\pi t}{T}+\frac{\delta_i d_i-\gamma_i c_i}{\delta_i^2+\gamma_i^2}\sin\frac{2i\pi t}{T},$$

我们先证 $(M|_{X(0)})^{-1}\circ M|_{X(0)}=\mathrm{id}|_{X(0)}$. 实际上对 $\forall x_i\in X(i)$, 在 $x_i=a_i\cos\dfrac{2i\pi t}{T}+b_i\sin\dfrac{2i\pi t}{T}$ 时,

$$y_i=M|_{X(i)}x_i=\delta_i x_i-\gamma_i\Omega x_i=(\delta_i a_i-\gamma_i b_i)\cos\frac{2i\pi t}{T}+(\delta_i b_i+\gamma_i a_i)\sin\frac{2i\pi t}{T},$$

$$\begin{aligned}
&(M|_{X(i)})^{-1}\circ M|_{X(i)}x_i\\
&=(M|_{X(i)})^{-1}\left[(\delta_i a_i-\gamma_i b_i)\cos\frac{2i\pi t}{T}+(\delta_i b_i+\gamma_i a_i)\sin\frac{2i\pi t}{T}\right]\\
&=\frac{\delta_i(\delta_i a_i-\gamma_i b_i)+\gamma_i(\delta_i b_i+\gamma_i a_i)}{\delta_i^2+\gamma_i^2}\cos\frac{2i\pi t}{T}\\
&\quad+\frac{\delta_i(\delta_i b_i+\gamma_i a_i)-\gamma_i(\delta_i a_i-\gamma_i b_i)}{\delta_i^2+\gamma_i^2}\sin\frac{2i\pi t}{T}\\
&=a_i\cos\frac{2i\pi t}{T}+b_i\sin\frac{2i\pi t}{T}
\end{aligned}$$

成立, $(M|_{X(i)})^{-1}\circ M|_{X(i)}x_i=x_i$. 同样可证对 $\forall y_i\in X(i)$,

$$M|_{X(0)}\circ(M|_{X(0)})^{-1}y_i=y_i.$$

记

$$X=\left\{x(t)=a_0+\sum_{i=1}^{\infty}\left(a_i\cos\frac{2\pi j_it}{T}+b_i\sin\frac{2\pi j_it}{T}\right):a_0,a_i,b_i\in\mathbb{R},\right.$$
$$\left.\sum_{i=1}^{\infty}j_i^{4m}(a_i^2+b_i^2)<\infty\right\},$$

$$Y=\left\{y(t)=a_0+\sum_{i=1}^{\infty}\left(a_i\cos\frac{2\pi j_it}{T}+b_i\sin\frac{2\pi j_it}{T}\right):a_0,a_i,b_i\in\mathbb{R},\right.$$
$$\left.\sum_{i=1}^{\infty}(a_i^2+b_i^2)<\infty\right\}.$$

由如上偶数阶常微分算子 $p_m(D^2)=\sum\limits_{j=0}^{\infty}\alpha_jD^{2m}:X\to Y$ 的可逆性. 容易证明如下命题.

命题 4.18 假定 $p_m(0)\neq0,p_m\left(-\left(\frac{2j_i\pi}{T}\right)^2\right)\neq0,i=1,2,\cdots$. 则存在逆算子

$$(p_m(D^2))^{-1}:Y\to X. \tag{4.31}$$

证明 对

$$x(t)=a_0+\sum_{i=1}^{\infty}\left(a_i\cos\frac{2\pi j_it}{T}+b_i\sin\frac{2\pi j_it}{T}\right)\in X,$$

显然有

$$p_m(D^2)x=p_m(0)a_0+\sum_{i=1}^{\infty}p_m\left(-\left(\frac{2\pi j_i}{T}\right)^2\right)\left(a_i\cos\frac{2\pi j_it}{T}+b_i\sin\frac{2\pi j_it}{T}\right)\in Y.$$

于是

$$y(t)=c_0+\sum_{i=1}^{\infty}\left(c_i\cos\frac{2\pi j_it}{T}+d_i\sin\frac{2\pi j_it}{T}\right)\in Y,$$

可定义

$$(p_m(D^2))^{-1}y = \frac{1}{p_m(0)}c_0 + \sum_{i=1}^{\infty} \frac{1}{p_m\left(-\left(\frac{2\pi j_i}{T}\right)^2\right)} \cdot \left(c_i \cos\frac{2\pi j_i t}{T} + d_i \sin\frac{2\pi j_i t}{T}\right) \in X.$$

4.1.7 周期函数空间上的泛函

设 X 是所有 m-周期函数构成的空间, 记 $x = x(t) \in X$, 令

$$z_i = M_i x(t) = x(t-i), \quad i = 0, 1, \cdots, m-1,$$

对 $z = (z_0, z_1, \cdots, z_{m-1}) = (x(t), x(t-1), \cdots, x(t-m+1)), x \in X$, 定义连续算子

$$\begin{aligned} M = (M_0, M_1, \cdots, M_{m-1}) : X \to X^m, \quad & x \mapsto z = Mx \\ = (M_0 x, M_1 x, \cdots, M_{m-1} x), & \end{aligned}$$

这时算子 M 的值域为

$$Z = R(M) = \{Mx : x \in X\} \subset X^m.$$

当我们将点 $z \in Z \subset X^m$ 作为 X^m 中的点, 并建立泛函

$$\Phi : Z \subset X^m \to \mathbb{R}, \quad z \mapsto \Phi(z)$$

之后, 我们可以得到

$$\tilde{\Phi} = \Phi \circ M : X \to \mathbb{R}, \quad x \mapsto \tilde{\Phi}(z),$$

这时 $\tilde{\Phi}$ 的值可以由 $x \in X$ 唯一确定, 从而可以在 X 上讨论 $\tilde{\Phi}$ 的临界点. 如果 x^* 是 $\tilde{\Phi}$ 在 X 上的临界点, $z^* = Mx^*$ 就是 Φ 在 Z 上的临界点, 且 $\tilde{\Phi}(x^*) = \Phi(z^*)$. 因此我们可以由 $\tilde{\Phi}$ 在 X 上的临界值确定 Φ 在 Z 上的临界值. 从而用 $\tilde{\Phi}$ 在 X 上的临界点个数的估计, 代替 Φ 在 Z 上的临界点个数的讨论. 不发生误解的情况下, 我们也可简单地将 $\tilde{\Phi}$ 记为 Φ.

4.2 二阶多滞量微分方程的周期轨道

4.2.1 导言

本节依据 S^1 指标理论讨论二阶多滞量微分方程

$$x''(t) = -\sum_{i=1}^{n} f(x(t-i)), \quad n \geqslant 2 \tag{4.32}$$

多重周期轨道的存在性. 我们假设

$$f \in C^0(\mathbb{R}, \mathbb{R}), \quad f(-x) = -f(x) \tag{4.33}$$

且有 $\alpha, \beta \in \mathbb{R}$ 使

$$\lim_{x\to 0} \frac{f(x)}{x} = \alpha, \quad \lim_{x\to\infty} \frac{f(x)}{x} = \beta \tag{4.34}$$

成立. 令 $F(x) = \int_0^x f(s)ds$. 这时有 $F(-x) = F(x)$, 且 $F(0) = 0$.

我们进一步假设

(S_1) f 满足 (4.33) 和 (4.34);

(S_2) $\left(F(x) - \frac{1}{2}\beta x^2\right) \to \infty$, $|x| \to \infty$;

($S_3^{\pm}$) $\pm\left[F(x) - \frac{1}{2}\beta x^2\right] > 0$, $|x| \to \infty$;

($S_4^{\pm}$) $\pm\left[F(x) - \frac{1}{2}\beta x^2\right] < 0$, $|x| \to 0$.

对方程 (4.32), $x(t) \equiv 0$ 显然是它的平凡解. 同时如果 $c \neq 0$ 为 $f(x)$ 的零点, 则 $-c$ 也为 $f(x)$ 的零点, 即 $x(t) \equiv c, -c$ 都是 (4.32) 的退化周期轨道. 与以往的讨论不同, 本节中我们不仅讨论方程 (4.32) 满足 $\int_0^{n+1} x(s)ds = 0$ 的非定常 $n+1$-周期轨道, 也讨论满足 $\int_0^n x(s)ds = 0$ 的非定常 n-周期轨道. 对后者, 我们首先证明方程 (4.32) 满足 $\int_0^n x(s)ds = 0$的非定常 n-周期轨道必定是满足 $\int_0^1 x(s)ds = 0$ 的非定常 1-周期轨道. 在给定条件 (4.34) 的情况下, 方程 (4.32) 的非定常 1-周期轨道的个数有可能已经包含在非定常 $n+1$-周期轨道的个数之中. 但是对非定常 $n+1$-周期轨道的讨论, 无法明确给出方程是否有非定常 1-周期轨道. 所以, 单独对方程 (4.32) 讨论其 1-周期轨道的个数, 仍然是有意义的.

4.2.2 方程 (4.32) 的 $n+1$-周期轨道

为讨论方程 (4.32) 的 $n+1$-周期轨道, 取函数空间

$$X = \mathrm{cl}\left\{\sum_{i=1}^{\infty}\left(a_i\cos\frac{2i\pi t}{n+1}+b_i\sin\frac{2i\pi t}{n+1}\right): a_i, b_i\in\mathbb{R}, \sum_{i=1}^{\infty} i^2(a_i^2+b_i^2)<\infty\right\},$$

这是一个线性空间. 在其上定义内积:

$$\langle x,y\rangle = \langle x,y\rangle_2 = \int_0^{n+1} (P^2x(t), y(t))dt, \quad x,y\in X, \tag{4.35}$$

并按 $||x|| = ||x||_2 = \sqrt{\langle x,x\rangle_2}$ 定义范数, 则 $(X, ||\cdot||)$ 为 H^1 空间.

同时为后续计算需要, 我们定义

$$\langle x,y\rangle_0 = \int_0^{n+1} (x(t), y(t))dt, \quad x,y\in X, \tag{4.36}$$

并记 $||x||_0 = \sqrt{\langle x,x\rangle_0}$.

设 $L: X\to X$, i.e. $\forall x\in X \Rightarrow Lx\in X$, 是一个有界自伴线性算子, $\Phi: X \to \mathbb{R}$,

$$\Phi(x) = \frac{1}{2}\langle Lx, x\rangle + \Phi_2(x) \tag{4.37}$$

是一个有界可微泛函. 为深入讨论, 我们区分两种情况:

(1) $n+1$-周期轨道满足 $\int_0^{n+1} x(t)dt = 0$,

(2) $n+1$-周期轨道为奇周期的, 即满足

$$x\left(t-\frac{n+1}{2}\right) = -x(t).$$

4.2.2.1 $\int_0^{n+1} x(t)dt = 0$ 的情况

函数空间上的内积按 (4.35) 定义, 并满足 $\sum_{i=1}^{\infty} i^2(a_i^2+b_i^2)<\infty$.

在 (4.37) 中令 $\Phi_2(x) = \int_0^{n+1} F(x(t))dt$, 则

$$\Phi(x) = \frac{1}{2}\langle Lx, x\rangle + \int_0^{n+1} F(x(t))dt. \tag{4.38}$$

其中 $Lx = P^{-2}\left[-\frac{n-1}{n}x''(t)+\frac{1}{n}\sum_{i=1}^{n}x''(t-i)\right]$. 易证 L 是一个有界自伴线性算子.

记

$$X(i)=\left\{x(t)=a_i\cos\frac{2i\pi}{n+1}t+b_i\sin\frac{2i\pi}{n+1}t:a_i,b_i\in\mathbb{R}\right\},$$

则

$$X=\sum_{i=1}^{\infty}X(i).$$

当 $i\neq j$ 时, $X(i),X(j)$ 是正交的, 且有

$$x_i(t)\in X(i)\Rightarrow(\Omega x_i)(t)\in X(i),\quad\langle\Omega x_i,x_i\rangle=0.\tag{4.39}$$

对 $x_i(t)=a_i\cos\frac{2i\pi t}{n+1}+b_i\sin\frac{2i\pi t}{n+1}\in X(i)$, 由计算得

$$\begin{aligned}\sum_{j=1}^{n}x_i(t-j)&=\sum_{j=1}^{n}\left(\cos\frac{2ij\pi}{n+1}x_i(t)-\sin\frac{2ij\pi}{n+1}(\Omega x_i)(t)\right)\\&=\begin{cases}-x_i(t), & i\neq k(n+1),\\ nx_i(t), & i=k(n+1).\end{cases}\end{aligned}$$

$$\begin{aligned}\Phi(x)&=\int_0^{n+1}\left[\frac{1}{2}\left(-\frac{n-1}{n}x''(t)+\frac{1}{n}\sum_{j=1}^{n}x''(t-j),x(t)\right)+F(x(t))\right]dt\\&=\int_0^{n+1}\left[\frac{1}{2}\frac{4\pi^2}{(n+1)^2}\left(\frac{n-1}{n}P^2x(t)-\frac{1}{n}P^2\sum_{j=1}^{n}x(t-j),x(t)\right)+F(x(t))\right]dt\\&=\int_0^{n+1}\left[\frac{2\pi^2}{(n+1)^2}\left((P^2x(t),x(t))-\left(\frac{n+1}{n}P^2\sum_{k=1}^{\infty}x_{k(n+1)},x_{k(n+1)}\right)\right)\right.\\&\quad\left.+F(x(t))\right]dt\\&=\int_0^{n+1}\left[\frac{2\pi^2}{(n+1)^2}\left((Px(t),Px(t))-\left(\frac{n+1}{n}\sum_{k=1}^{\infty}Px_{k(n+1)},Px_{k(n+1)}\right)\right)\right.\\&\quad\left.+F(x(t))\right]dt\end{aligned}$$

$$
\begin{aligned}
&= \int_0^{n+1} \left[\frac{2\pi^2}{(n+1)^2} \left((P\Omega x(t), P\Omega x(t)) \right. \right. \\
&\quad \left. \left. - \left(\frac{n+1}{n} \sum_{k=1}^{\infty} P\Omega x_{k(n+1)}, P\Omega x_{k(n+1)} \right) \right) + F(x(t)) \right] dt \\
&= \int_0^{n+1} \left[\frac{2\pi^2}{(n+1)^2} \left((x'(t), x'(t)) - \left(\frac{n+1}{n} \sum_{k=1}^{\infty} x'_{k(n+1)}(t), x'_{k(n+1)} \right) \right) \right. \\
&\quad \left. + F(x(t)) \right] dt.
\end{aligned}
$$

Mawhin 定理 [112, Theorem1.4] 保证了 $\Phi(x)$ 的连续可微性, 且

$$
\langle \Phi'(x), x \rangle = \int_0^{n+1} \left(-\frac{n-1}{n} x''(t) + \frac{1}{n} \sum_{j=1}^{n} x''(t-j) + f(x(t)), x(t) \right) dt.
$$

记 $K(x) = P^{-2} f(x)$, 则

$$
\Phi'(x) = Lx + K(x). \tag{4.40}
$$

显然, $K : (X, \|\cdot\|_0) \to (X, \|\cdot\|_0)$ 是紧的.

由以上计算, 对 $x_i(t) \in X(i)$ 我们有

$$
\langle Lx_i, x_i \rangle = \begin{cases} \dfrac{4i^2\pi^2}{(n+1)^2} \|x_i\|_0^2 = \dfrac{4\pi^2}{(n+1)^2} ||x_i||^2, & i \neq k(n+1), \\ -\dfrac{4k^2\pi^2}{n} \|x_i\|_0^2 = -\dfrac{4\pi^2}{n(n+1)^2} ||x_i||^2, & i = k(n+1) \end{cases}
$$

以及

$$
\left\langle (L + \beta P^{-2}) x_i, x_i \right\rangle = \begin{cases} \left[\beta i^{-2} + \dfrac{4\pi^2}{(n+1)^2} \right] ||x_i||^2, & i \neq k(n+1), \\ \left[\beta i^{-2} - \dfrac{4\pi^2}{n(n+1)^2} \right] ||x_i||^2, & i = k(n+1). \end{cases} \tag{4.41}
$$

令系数 $\{a_i, b_i\}$ 对应于一个复数 $r_i e^{j\frac{2\pi}{n+1}\theta}$, 其中 j 代表虚数单位, $a_i^2 + b_i^2 \neq 0$ 时, $\theta = \dfrac{n+1}{2\pi} \arctan \dfrac{b_i}{a_i}$. 每个二维空间 $X(i)$ 是 S^1 不变的, 成立

$$
x \in X(i) \Rightarrow (L + P^{-2}\beta)x \in X(i). \tag{4.42}
$$

引理 4.1　泛函 Φ 的临界点是方程 (4.32) 满足约束条件 $\int_0^{n+1} x(t)dt = 0$ 的 $n+1$-周期轨道.

证明　设 x_0 是泛函 $\Phi(x)$ 的一个临界点, 则

$$-\frac{n-1}{n}x_0''(t) + \frac{1}{n}\sum_{j=1}^{n} x_0''(t-j) + f(x_0(t)) = 0. \tag{4.43}$$

由 $x_0(t)$ 的 $n+1$-周期性, 可得

$$-\frac{n-1}{n}x_0''(t-k) + \frac{1}{n}\sum_{j=1}^{n} x_0''(t-j-k) + f(x_0(t-k)) = 0,$$

即

$$\frac{1}{n}\sum_{j=n-k+1}^{n} x_0''(t-j-k) - \frac{n-1}{n}x_0''(t-k) + \frac{1}{n}\sum_{j=1}^{n-k} x_0''(t-j-k) + f(x_0(t-k)) = 0.$$

因此,

$$\frac{1}{n}\sum_{j=0}^{k-1} x_0''(t-j) - \frac{n-1}{n}x_0''(t-k) + \frac{1}{n}\sum_{j=k+1}^{n} x_0''(t-j) + f(x_0(t-k)) = 0, \tag{4.44-k}$$

$k = 1, 2, \cdots, n$. 从 (4.44-1) 到 (4.44-n) 求和得

$$x_0''(t) + \sum_{k=1}^{n} f(x_0(t-k)) = 0,$$

引理证毕.

令

$$X_\infty^+ = \left\{X(i) : i \neq k(n+1), \beta + \frac{4i^2\pi^2}{(n+1)^2} > 0\right\}$$
$$\oplus \left\{X(k(n+1)) : k \geqslant 1, \beta - \frac{4k^2\pi^2}{n} > 0\right\},$$
$$X_\infty^0 = \left\{X(i) : i \neq k(n+1), \beta + \frac{4i^2\pi^2}{(n+1)^2} = 0\right\}$$
$$\oplus \left\{X(k(n+1)) : k \geqslant 1, \beta - \frac{4k^2\pi^2}{n} = 0\right\},$$
$$X_\infty^- = \left\{X(i) : i \neq k(n+1), \beta + \frac{4i^2\pi^2}{(n+1)^2} < 0\right\}$$

$$\oplus\left\{X(k(n+1)) : k \geqslant 1, \beta - \frac{4k^2\pi^2}{n} < 0\right\}, \tag{4.45}$$

$$X_0^+ = \left\{X(i) : i \neq k(n+1), \alpha + \frac{4i^2\pi^2}{(n+1)^2} > 0\right\}$$

$$\oplus\left\{X(k(n+1)) : k \geqslant 1, \alpha - \frac{4k^2\pi^2}{n} > 0\right\},$$

$$X_0^0 = \left\{X(i) : i \neq k(n+1), \alpha + \frac{4i^2\pi^2}{(n+1)^2} = 0\right\}$$

$$\oplus\left\{X(k(n+1)) : k \geqslant 1, \alpha - \frac{4k^2\pi^2}{n} = 0\right\},$$

$$X_0^- = \left\{X(i) : i \neq k(n+1), \alpha + \frac{4i^2\pi^2}{(n+1)^2} < 0\right\}$$

$$\oplus\left\{X(k(n+1)) : k \geqslant 1, \alpha - \frac{4k^2\pi^2}{n} < 0\right\}. \tag{4.46}$$

显然 X_∞^0 和 X_0^0 为有限维空间. 由 X_∞^+, X_∞^0 的定义及 (4.42) 式可知

$$(L+\beta P^{-2})X_\infty^+ \subset X_\infty^+, \quad (L+\beta P^{-2})X_\infty^0 \subset X_\infty^0. \tag{4.47}$$

引理 4.2 假设 (S_1) 成立, 则有 $\sigma > 0$ 使

$$\begin{aligned} &\langle (L+P^{-2}\beta)x, x\rangle > \sigma\|x\|^2, \quad x \in X_\infty^+, \\ &\langle (L+P^{-2}\beta)x, x\rangle < -\sigma\|x\|^2, \quad x \in X_\infty^-. \end{aligned} \tag{4.48}$$

证明 令

$$I_1^+ = \left\{i \geqslant 1, i \neq k(n+1) : \beta + \frac{4i^2\pi^2}{(n+1)^2} > 0\right\},$$

$$\sigma_1^+ = \min\left\{\beta + \frac{4i^2\pi^2}{(n+1)^2} : i \in I_1^+\right\} > 0,$$

$$I_2^+ = \left\{i \geqslant 1, i = k(n+1) : \beta - \frac{4k^2\pi^2}{n} > 0\right\},$$

$$\sigma_2^+ = \min\left\{\beta - \frac{4k^2\pi^2}{n} : i \in I_2^+\right\} > 0.$$

记

$$\sigma_+ = \frac{1}{2}\min\{\sigma_1^+, \sigma_2^+\} > 0.$$

又令

$$I_1^- = \left\{i \geqslant 1, i \neq k(n+1) : \beta + \frac{4i^2\pi^2}{(n+1)^2} < 0\right\},$$

$$\sigma_1^- = -\max\left\{\beta i^{-2} + \frac{4\pi^2}{(n+1)^2} : i \in I_1^-\right\} > 0,$$

$$I_2^- = \left\{i \geqslant 1, i = k(n+1) : \beta - \frac{4k^2\pi^2}{n} < 0\right\},$$
$$\sigma_2^- = -\max\left\{\beta i^{-2} - \frac{4\pi^2}{n(n+1)^2} : i \in I_2^-\right\} > 0.$$

记

$$\sigma_- = \frac{1}{2}\min\{\sigma_1^-, \sigma_2^-\} > 0,$$

则 (4.48) 对 $\sigma = \min\{\sigma_+, \sigma_-\} > 0$ 成立.

引理 4.3 设条件 (S_1) 和 (S_2) 成立, 则由 (4.38) 定义的泛函 Φ 满足 (PS)-条件.

证明 记 Π, N, Z 分别为 X 向 $X_\infty^+, X_\infty^-, X_\infty^0$ 的正投影, 则由 (4.34) 中的第二个等式可得

$$\left|\left\langle P^{-2}(f(x) - \beta x), x\right\rangle\right| < \frac{\sigma}{2}||x||^2 + M||x||, \quad x \in X \tag{4.49}$$

对某个 $M > 0$ 成立.

假定 $\{x_n\} \subset X$ 为满足 $\Phi'(x_n) \to 0$ 和 $\Phi(x_n)$ 有界的序列. 记 $w_n = \Pi x_n, y_n = Nx_n, Zx_n = z_n$. 我们有

$$\Pi(L + P^{-2}\beta) = (L + P^{-2}\beta)\Pi, \quad N(L + P^{-2}\beta) = (L + P^{-2}\beta)N.$$

由

$$\begin{aligned}\langle\Phi'(x_n), x_n\rangle &= \left\langle Lx_n + P^{-2}f(x_n), x_n\right\rangle = \left\langle(L + P^{-2}\beta)x_n, x_n\right\rangle \\ &\quad + \left\langle P^{-2}(f(x_n) - \beta x_n), x_n\right\rangle,\end{aligned}$$

可得

$$\begin{aligned}\langle\Pi\Phi'(x_n), x_n\rangle &= \left\langle\Pi(L + P^{-2}\beta)x_n, x_n\right\rangle + \left\langle\Pi P^{-2}(f(x_n) - \beta x_n), x_n\right\rangle \\ &= \left\langle(L + P^{-2}\beta)w_n, w_n\right\rangle + \left\langle\Pi P^{-2}(f(x_n) - \beta x_n), w_n\right\rangle.\end{aligned}$$

由 (4.48) 和 (4.49) 可得

$$\left\langle(L + P^{-2}\beta)w_n, w_n\right\rangle + \left\langle\Pi P^{-2}(f(x_n) - \beta x_n), w_n\right\rangle > \frac{\sigma}{2}||w_n||^2 - M||w_n||,$$

考虑到 $\Pi\Phi'(x_n)\to 0$, 可知 w_n 有界. 同样可证 y_n 的有界性.

同时, 由 (S_2) 得

$$\begin{aligned}
&\Phi(x_n)\\
=&\frac{1}{2}\left\langle(L+P^{-2}\beta)x_n,x_n\right\rangle+\int_0^{n+1}\left[F(x_n)dt-\frac{\beta}{2}|x_n|^2\right]dt\\
=&\frac{1}{2}\left\langle(L+P^{-2}\beta)w_n,w_n\right\rangle+\frac{1}{2}\left\langle(L+P^{-2}\beta)y_n,y_n\right\rangle\\
&+\int_0^{4k}F(x_n)dt-\frac{1}{2}(||w_n||_2^2+||y_n||_2^2+||z_n||_2^2)\\
=&\frac{1}{2}\left\langle(L+P^{-2}\beta)w_n,w_n\right\rangle+\frac{1}{2}\left\langle(L+P^{-2}\beta)y_n,y_n\right\rangle\\
&+\int_0^{4k}\left[F(w_n+y_n+z_n)-\frac{1}{2}|z_n|^2\right]dt-\frac{1}{2}(||w_n||_2^2+||y_n||_2^2).
\end{aligned}$$

根据 $\Phi(x),||w_n||$ 和 $||y_n||$ 的有界性, 即知 $\langle(L+P^{-2}\beta)w_n,w_n\rangle,\langle(L+P^{-2}\beta)y_n,y_n\rangle$ 和 $||w_n||_2,||y_n||_2$ 有界, 由于 X_∞^0 是有限维的, 所以由 $||z_n||_2$ 的有界性可得 $||z_n||$ 的有界性. 于是 $||x_n||$ 是有界的.

由 (4.40) 得

$$\begin{aligned}
(\Pi+N)\Phi'(x_n)&=(\Pi+N)Lx_n+(\Pi+N)K(x_n)\\
&=L(w_n+y_n)+(\Pi+N)K(x_n).
\end{aligned}\tag{4.50}$$

再由算子 K 的紧性和 x_n 的有界性导出 $K(x_n)\to u$. 于是

$$L|_{X_\infty^+ + X_\infty^-}(w_n+y_n)\to-(\Pi+N)u.$$

子空间 X_∞^0 为有限维空间, 加上 $z_n=Zx_n$ 的有界性可得 $z_n\to\varphi\in X_\infty^0$. 因此

$$x_n=z_n+w_n+y_n\to\varphi-(L|_{X_\infty^+ + X_\infty^-})^{-1}(\Pi+N)u,$$

这就证明了泛函 Φ 满足 (PS)-条件.

以下给出一组记号.

$$\begin{aligned}
&N_1(\alpha,\beta)=\operatorname{card}\left\{i\geqslant 1,i\neq k(n+1):-\beta<\frac{4i^2\pi^2}{(n+1)^2}<-\alpha\right\},\\
&N_2(\alpha,\beta)=\operatorname{card}\left\{k\geqslant 1:\alpha<\frac{4k^2\pi^2}{n}<\beta\right\},\\
&N(\alpha,\beta)=N_1(\alpha,\beta)+N_2(\alpha,\beta);
\end{aligned}$$

$$N_1(\beta,\alpha)=\operatorname{card}\left\{i\geqslant 1, i\neq k(n+1): -\alpha<\frac{4i^2\pi^2}{(n+1)^2}<-\beta\right\},$$

$$N_2(\beta,\alpha)=\operatorname{card}\left\{k\geqslant 1: \beta<\frac{4k^2\pi^2}{n}<\alpha\right\},$$

$$N(\beta,\alpha)=N_1(\beta,\alpha)+N_2(\beta,\alpha).$$

其中 card$A$ 表示集合 A 的基数, 并在本书此后各章中使用. 记

$$N_1^0(\alpha)=\begin{cases}1, & \left\{i\geqslant 1, i\neq k(n+1): \alpha+\dfrac{4i^2\pi^2}{(n+1)^2}=0\right\}\neq\varnothing,\\ 0, & \left\{i\geqslant 1, i\neq k(n+1): \alpha+\dfrac{4i^2\pi^2}{(n+1)^2}=0\right\}=\varnothing,\end{cases}$$

$$N_2^0(\alpha)=\begin{cases}1, & \left\{i\geqslant 1, i=k(n+1): \alpha-\dfrac{4k^2\pi^2}{n}=0\right\}\neq\varnothing,\\ 0, & \left\{i\geqslant 1, i=k(n+1): \alpha-\dfrac{4k^2\pi^2}{n}=0\right\}=\varnothing,\end{cases}$$

$$N_1^0(\beta)=\begin{cases}1, & \left\{i\geqslant 1, i\neq k(n+1): \beta+\dfrac{4i^2\pi^2}{(n+1)^2}=0\right\}\neq\varnothing,\\ 0, & \left\{i\geqslant 1, i\neq k(n+1): \beta+\dfrac{4i^2\pi^2}{(n+1)^2}=0\right\}=\varnothing,\end{cases}$$

$$N_2^0(\beta)=\begin{cases}1, & \left\{i\geqslant 1, i=k(n+1): \beta-\dfrac{4k^2\pi^2}{n}=0\right\}\neq\varnothing,\\ 0, & \left\{i\geqslant 1, i=k(n+1): \beta-\dfrac{4k^2\pi^2}{n}=0\right\}=\varnothing.\end{cases}$$

定理 4.1 设 (S_1) 和 (S_2) 成立, 则当

$$m=\max\{N(\alpha,\beta),N(\beta,\alpha)\}>0$$

时, 方程 (4.32) 至少有 m 个几何上不同的 $n+1$-周期轨道.

定理 4.2 设 (S_1), (S_2), (S_3^+) 和 (S_4^-) 成立, 则当

$$m=N(\alpha,\beta)+N_1^0(\alpha)+N_1^0(\beta)+N_2^0(\alpha)+N_2^0(\beta)>0$$

时, 方程 (4.32) 至少有 m 个几何上不同的 $n+1$-周期轨道.

定理 4.3 设 (S_1), (S_2), (S_3^-) 和 (S_4^+) 成立, 则当

$$m = N(\beta,\alpha) + N_1^0(\alpha) + N_1^0(\beta) + N_2^0(\beta) + N_2^0(\alpha) > 0$$

时, 方程 (4.32) 至少有 m 个几何上不同的 $n+1$-周期轨道.

定理 4.1 的证明 不失一般性, 设

$$m = N(\alpha,\beta) > 0. \tag{4.51}$$

如果是另外的情况, 可用 $-\Phi(x)$ 代替 $\Phi(x)$ 进行讨论. 在 (4.51) 的假设下必定有 $\alpha < \beta$.

令 $X^+ = X_\infty^+, X^- = X_0^-$. 则

$$X\backslash(X^+ \cup X^-) = X\backslash(X_\infty^+ \cup X_0^-) \subseteq X_\infty^0 \cup X_0^0 \cup (X_\infty^+ \cap X_0^-).$$

显然,

$$\mathrm{cod}_X(X^+ + X^-) \leqslant \dim X_\infty^0 + \dim X_0^0 + \dim(X_\infty^+ \cap X_0^-) < \infty,$$

令 $A_\infty = \beta$. 则对 $j \in \mathbb{N}$, 当 $x \in X(j)$ 时有 $(L + P^{-2}\beta)x \in X(j)$.

同时, 引理 4.3 保证了 (PS)-条件成立.

现在只需在假设 (S_1) 和 (S_2) 成立的前提下作空间 X 的子空间划分, 并验证定理 2.17 中的条件成立.

实际上由 (S_1) 可得在 X^- 上, 当 $0 < ||x|| \ll 1$ 时有 $\Phi(x) < 0$, 即存在 $r > 0$ 和 $c_\infty < 0$ 使

$$\Phi(x) \leqslant c_\infty < 0 = \Phi(0), \quad \forall x \in X^- \cap S_r = \{x \in X : ||x|| = r\}.$$

由引理 4.2 可知存在 $\sigma > 0$ 使 $\langle (L + P^{-2}\beta)x, x\rangle > \sigma||x||^2$ 对 $x \in X_\infty^+$ 成立, 另一方面,

$$\left|F(x) - \frac{1}{2}\beta x^2\right| < \frac{1}{4}\sigma|x|^2 + M_1|x|, \quad x \in \mathbb{R}$$

对某个 $M_1 > 0$ 成立, 故

$$\begin{aligned}
\Phi(x) &= \frac{1}{2}\left\langle (L + P^{-2}\beta)x, x\right\rangle + \int_0^{n+1} [F(x(t)) - \frac{1}{2}\beta|x(t)|^2]dt \\
&\geqslant \frac{1}{2}\sigma||x||^2 - \frac{1}{4}\sigma||x||_0^2 - \sqrt{n+1}M_1||x||_0 \\
&\geqslant \frac{1}{4}\sigma||x||^2 - \sqrt{n+1}M_1||x||, \quad x \in X^+.
\end{aligned}$$

显然有 $c_0 < c_\infty$ 使 $\Phi(x) \geqslant c_0, x \in X^+$.

令

$$
\begin{aligned}
&I = \operatorname{card}\{l \geqslant 1 : i_{\infty,1} \leqslant l(n+1) \leqslant i_{0,1}\},\\
&X_\infty^+(i) = X(i) \cap X_\infty^+, \quad X_0^-(i) = X(i) \cap X_0^-,\\
&i_{\infty,1} = \min\left\{i \geqslant 1 : i \neq k(n+1), -\beta < \frac{4i^2\pi^2}{(n+1)^2} < -\alpha\right\},\\
&i_{0,1} = \max\left\{i \geqslant 1 : i \neq k(n+1), -\beta < \frac{4i^2\pi^2}{(n+1)^2} < -\alpha\right\},\\
&k_{\infty,2} = \max\left\{k \geqslant 1 : \alpha < \frac{4k^2\pi^2}{n} < \beta\right\},\\
&k_{0,2} = \min\left\{k \geqslant 1 : \alpha < \frac{4k^2\pi^2}{n} < \beta\right\}.
\end{aligned}
$$

则由 $N(\alpha, \beta) > 0$ 可得

$$
\begin{aligned}
&i_{0,1} - i_{\infty,1} = N_1(\alpha, \beta) - 1 + I,\\
&k_{\infty,2} - k_{0,2} = N_2(\alpha, \beta) - 1,
\end{aligned}
\tag{4.52}
$$

对 $i \neq k(n+1)$, 有

$$
\begin{aligned}
&\dim X_\infty^+(i) = 2,\ i \geqslant i_{\infty,1}, \quad \dim X_\infty^+(i) = 0,\ i < i_{\infty,1};\\
&\dim X_0^-(i) = 2,\ i \leqslant i_{0,1}, \quad \dim X_0^-(i) = 0,\ i > i_{0,1}.
\end{aligned}
$$

对 $i = k(n+1)$, 有

$$
\begin{aligned}
&\dim X_\infty^+(k(n+1)) = 0,\ k > k_{\infty,2}, \quad \dim X_\infty^+(k(n+1)) = 2,\ k \leqslant k_{\infty,2};\\
&\dim X_0^-(k(n+1)) = 0,\ k < k_{0,2}, \quad \dim X_0^-(k(n+1)) = 2,\ k \geqslant k_{0,2}.
\end{aligned}
$$

显然对 $i \neq k(n+1), i \geqslant 1$ 可得

$$
\begin{aligned}
&\dim X_\infty^+(i) + \dim X_0^-(i) = 4, \quad i_{\infty,1} \leqslant i \leqslant i_{0,1},\\
&\dim X_\infty^+(i) + \dim X_0^-(i) = 2, \quad i < i_{\infty,1} \text{ 或 } i > i_{0,1},
\end{aligned}
\tag{4.53}
$$

同时, 对 $i = k(n+1)$, 有

$$
\begin{aligned}
&\dim X_\infty^+(k(n+1)) + \dim X_0^-(k(n+1)) = 4, \quad k_{0,2} \leqslant k \leqslant k_{\infty,2},\\
&\dim X_\infty^+(k(n+1)) + \dim X_0^-(k(n+1)) = 2, \quad k < k_{0,2} \text{或} k > k_{\infty,2},
\end{aligned}
\tag{4.54}
$$

最后的工作是计算

$$\begin{aligned}
m =& \frac{1}{2}\left[\dim(X^+\cap X^-) - \mathrm{cod}_X(X^+ + X^-)\right] \\
=& \frac{1}{2}\left[\dim(X_\infty^+\cap X_0^-) - \mathrm{cod}_X(X_\infty^+ + X_0^-)\right] \\
=& \frac{1}{2}\sum_{i=1}^{\infty}\left[\dim(X_\infty^+(i)\cap X_0^-(i)) - \mathrm{cod}_{X(i)}(X_\infty^+(i) + X_0^-(i))\right] \\
=& \frac{1}{2}\sum_{i=1}^{\infty}\left[\dim(X_\infty^+(i)\cap X_0^-(i))\right. \\
& \left.-(2-\dim X_\infty^+(i) - \dim X_0^-(i) + \dim(X_\infty^+(i)\cap X_0^-(i)))\right] \\
=& \frac{1}{2}\sum_{i=1}^{\infty}\left[\dim X_\infty^+(i) + \dim X_0^-(i) - 2\right],
\end{aligned}$$

即

$$\begin{aligned}
m =& \frac{1}{2}\sum_{\substack{i=i_{\infty,1}\\ i\neq k(n+1)}}^{i_{0,1}}[\dim X_\infty^+(i) + \dim X_0^-(i) - 2] + \frac{1}{2}\sum_{\substack{k=k_{0,2}\\ i=k(n+1)}}^{k_{\infty,2}}[\dim X_\infty^+(i) \\
& + \dim X_0^-(i) - 2] \\
=& (i_{0,1} - i_{\infty,1} + 1 - I) + (k_{\infty,2} - k_{0,2} + 1) \\
=& N_1(\alpha,\beta) + N_2(\alpha,\beta) \\
=& N(\alpha,\beta).
\end{aligned}$$

S^1 指标理论作为 S^n 指标理论的特殊情况, 根据定理 2.28 中第 (2) 款的结论即知, 方程 (4.32) 至少有 m 个几何上不同的 $n+1$-周期轨道.

定理 4.2 的证明.

令 $X^+ = X_\infty^+ + X_\infty^0$, $\quad X^- = X_0^- + X_0^0$, 几乎和定理 4.1 的证明一样, 可验证定理 2.17 的各条件满足. 仅有的不同是对 m 值的计算.

令 $X_\infty^0(i) = X_\infty^0 \cap X(i)$, $\quad X_0^0(i) = X_0^0\cap X(i)$. 则

$$\begin{aligned}
m =& \frac{1}{2}\sum_{\substack{i=i_{\infty,1}-N_1^0(\beta)\\ i\neq k(n+1)}}^{i_{0,1}+N_1^0(\alpha)}[\mathrm{dim}X^+(i) + \mathrm{dim}X^-(i) - 2] + \frac{1}{2}\sum_{\substack{k=k_{0,2}-N_2^0(\alpha)\\ i=k(n+1)}}^{k_{\infty,2}+N_2^0(\beta)}[\mathrm{dim}X^+(i) \\
& + \mathrm{dim}X^-(i) - 2]
\end{aligned}$$

$$= \frac{1}{2} \sum_{\substack{i=i_{\infty,1} \\ i \neq k(n+1)}}^{i_{0,1}} [\dim X_{\infty}^{+}(i) + \dim X_{0}^{-}(i) - 2] + \frac{1}{2} \sum_{\substack{k=k_{0,2} \\ i=k(n+1)}}^{k_{\infty,2}} [\dim X_{\infty}^{+}(i)$$

$$+ \dim X_{0}^{-}(i) - 2] + N_1^0(\alpha) + N_1^0(\beta) + N_2^0(\beta) + N_2^0(\alpha)$$

$$= N(\alpha, \beta) + N_1^0(\alpha) + N_1^0(\beta) + N_2^0(\beta) + N_2^0(\alpha).$$

因为证法与定理 4.2 相同, 我们省略定理 4.3 的证明.

4.2.2.2 $x\left(t - \dfrac{n+1}{2}\right) = -x(t)$ 的情况

根据奇周期的要求, 取空间

$$\tilde{X} = \mathrm{cl}\left\{\sum_{i=0}^{\infty}\left(a_i \cos\frac{2(2i+1)\pi t}{n+1} + b_i \sin\frac{2(2i+1)\pi t}{n+1}\right) : a_i, b_i \in \mathbb{R},\right.$$

$$\left.\sum_{i=0}^{\infty}(2i+1)^2(a_i^2 + b_i^2) < \infty\right\},$$

对 $x, y \in \tilde{X}$ 定义

$$\langle x, y\rangle = \langle x, y\rangle_2 = \int_0^{n+1} (P^2 x(t), y(t))dt, \quad ||x|| = \sqrt{\langle x, x\rangle_2},$$

以及

$$\langle x, y\rangle_0 = \int_0^{n+1} (x(t), y(t))dt, \quad ||x||_0 = \sqrt{\langle x, x\rangle_0}.$$

则 $(\tilde{X}, ||\cdot||)$ 和 $(\tilde{X}, ||\cdot||_0)$ 都是 Hilbert 空间.

定义 $\Phi : \tilde{X} \to \mathbb{R}$ 为

$$\Phi(x) = \frac{1}{2}\langle Lx, x\rangle + \int_0^{n+1} F(x(t))dt, \tag{4.55}$$

其中 $Lx = P^{-2}\left[-\dfrac{n-1}{n}x''(t) + \dfrac{1}{n}\sum\limits_{i=1}^{n} x''(t-i)\right]$, L 为自伴线性算子.

记

$$\tilde{X}(i) = \left\{x(t) = a_i \cos\frac{2(2i+1)\pi}{n+1}t + b_i \sin\frac{2(2i+1)\pi}{n+1}t : a_i, b_i \in \mathbb{R}\right\}.$$

则

$$\tilde{X} = \sum_{i=0}^{\infty} \tilde{X}(i).$$

当 $i \neq j$ 时, $\tilde{X}(i), \tilde{X}(j)$ 正交.

当 $x_i(t) = a_i \cos \dfrac{2(2i+1)\pi t}{n+1} + b_i \sin \dfrac{2(2i+1)\pi t}{n+1} \in \tilde{X}(i)$ 时, 有

$$\begin{aligned}\sum_{j=1}^{n} x_i(t-j) &= \sum_{j=1}^{n} \left(\cos \frac{2(2i+1)j\pi}{n+1} x_i(t) - \sin \frac{2(2i+1)j\pi}{n+1} (\Omega x_i)(t) \right) \\ &= x_i(t) - \cot \frac{i\pi}{n+1} (\Omega x_i)(t).\end{aligned}$$

由以上计算可知 $Lx_i \in \tilde{X}(i)$, 且

$$\langle Lx_i, x_i \rangle = \begin{cases} \dfrac{4(2i+1)^2\pi^2}{(n+1)^2} ||x_i||_0^2, & i \neq \dfrac{k(n+1)-1}{2}, \\ -\dfrac{4k^2\pi^2}{n} ||x_i||_0^2, & i = \dfrac{k(n+1)-1}{2}. \end{cases}$$

$$\left\langle (L + \beta P^{-2}) x_i, x_i \right\rangle = \begin{cases} \left[\beta + \dfrac{4(2i+1)^2\pi^2}{(n+1)^2} \right] ||x_i||_0^2, & i \neq \dfrac{k(n+1)-1}{2}, \\ \left[\beta - \dfrac{4k^2\pi^2}{n} \right] ||x_i||_0^2, & i = \dfrac{k(n+1)-1}{2}. \end{cases} \tag{4.56}$$

令系数 $\{a_i, b_i\}$ 对应复数 $r_i e^{j\frac{2\pi}{n+1}\theta}$, 其中 $\theta = \dfrac{n+1}{2\pi} \arctan \dfrac{b_i}{a_i}, a_i^2 + b_i^2 \neq 0$, 我们有

$$x \in \tilde{X}(i) \Rightarrow (L + P^{-2}\beta) x \in \tilde{X}(i). \tag{4.57}$$

以下对空间 $\tilde{X}$ 做划分.

令

$$\begin{aligned} X_\infty^+ = &\left\{ X(i) : i \neq \frac{k(n+1)-1}{2}, \beta + \frac{4(2i+1)^2\pi^2}{(n+1)^2} > 0 \right\} \\ &\oplus \left\{ X(i) : i = \frac{k(n+1)-1}{2} \geqslant 0, \beta - \frac{4k^2\pi^2}{n} > 0 \right\}, \end{aligned}$$

$$X_\infty^0 = \left\{ X(i) : i \neq \frac{k(n+1)-1}{2}, \beta + \frac{4(2i+1)^2\pi^2}{(n+1)^2} = 0 \right\}$$

$$\oplus\left\{X(i): i=\frac{k(n+1)-1}{2}\geqslant 0, \beta-\frac{4k^2\pi^2}{n}=0\right\},$$

$$X_{\infty}^{-}=\left\{X(i): i\neq\frac{k(n+1)-1}{2}, \beta+\frac{4(2i+1)^2\pi^2}{(n+1)^2}<0\right\}$$

$$\oplus\left\{X(i): i=\frac{k(n+1)-1}{2}\geqslant 0, \beta-\frac{4k^2\pi^2}{n}<0\right\},$$

以及

$$X_{0}^{+}=\left\{X(i): i\neq\frac{k(n+1)-1}{2}, \alpha+\frac{4(2i+1)^2\pi^2}{(n+1)^2}>0\right\}$$

$$\oplus\left\{X(i): i=\frac{k(n+1)-1}{2}\geqslant 0, \alpha-\frac{4k^2\pi^2}{n}>0\right\},$$

$$X_{0}^{0}=\left\{X(i): i\neq\frac{k(n+1)-1}{2}, \alpha+\frac{4(2i+1)^2\pi^2}{(n+1)^2}=0\right\}$$

$$\oplus\left\{X(i): i=\frac{k(n+1)-1}{2}\geqslant 0, \alpha-\frac{4k^2\pi^2}{n}=0\right\},$$

$$X_{0}^{-}=\left\{X(i): i\neq\frac{k(n+1)-1}{2}, \alpha+\frac{4(2i+1)^2\pi^2}{(n+1)^2}<0\right\}$$

$$\oplus\left\{X(i): i=\frac{k(n+1)-1}{2}\geqslant 0, \alpha-\frac{4k^2\pi^2}{n}<0\right\},$$

记

$$\tilde{N}_1(\alpha,\beta)=\operatorname{card}\left\{i\geqslant 1, i\neq\frac{k(n+1)-1}{2}: -\beta<\frac{4(2i+1)^2\pi^2}{(n+1)^2}<-\alpha\right\},$$

$$\tilde{N}_2(\alpha,\beta)=\operatorname{card}\left\{i\geqslant 1, i\neq\frac{k(n+1)-1}{2}: \alpha<\frac{4k^2\pi^2}{n}<\beta\right\},$$

$$\tilde{N}(\alpha,\beta)=\tilde{N}_1(\alpha,\beta)+\tilde{N}_2(\alpha,\beta);$$

$$\tilde{N}_1(\beta,\alpha)=\operatorname{card}\left\{i\geqslant 1, i\neq\frac{k(n+1)-1}{2}: -\alpha<\frac{4(2i+1)^2\pi^2}{(n+1)^2}<-\beta\right\},$$

$$\tilde{N}_2(\beta,\alpha)=\operatorname{card}\left\{i\geqslant 1, i\neq\frac{k(n+1)-1}{2}: \beta<\frac{4k^2\pi^2}{n}<\alpha\right\},$$

$$\tilde{N}(\beta,\alpha)=\tilde{N}_1(\beta,\alpha)+\tilde{N}_2(\beta,\alpha);$$

以及

$$\tilde{N}_1^0(\alpha)=\begin{cases}1, \left\{i\geqslant 1, i\neq\dfrac{k(n+1)-1}{2}:\alpha+\dfrac{4(2i+1)^2\pi^2}{(n+1)^2}=0\right\}\neq\varnothing,\\ 0, \left\{i\geqslant 1, i\neq\dfrac{k(n+1)-1}{2}:\alpha+\dfrac{4(2i+1)^2\pi^2}{(n+1)^2}=0\right\}=\varnothing,\end{cases}$$

$$\tilde{N}_2^0(\alpha)=\begin{cases}1, \left\{i\geqslant 1, i=\dfrac{k(n+1)-1}{2}:\alpha-\dfrac{4k^2\pi^2}{n}=0\right\}\neq\varnothing,\\ 0, \left\{i\geqslant 1, i=\dfrac{k(n+1)-1}{2}:\alpha-\dfrac{4k^2\pi^2}{n}=0\right\}=\varnothing;\end{cases}$$

$$\tilde{N}_1^0(\beta)=\begin{cases}1, \left\{i\geqslant 1, i\neq\dfrac{k(n+1)-1}{2}:\beta+\dfrac{4(2i+1)^2\pi^2}{(n+1)^2}=0\right\}\neq\varnothing,\\ 0, \left\{i\geqslant 1, i\neq\dfrac{k(n+1)-1}{2}:\beta+\dfrac{4(2i+1)^2\pi^2}{(n+1)^2}=0\right\}=\varnothing,\end{cases}$$

$$\tilde{N}_2^0(\beta)=\begin{cases}1, \left\{i\geqslant 1, i=\dfrac{k(n+1)-1}{2}:\beta-\dfrac{4k^2\pi^2}{n}=0\right\}\neq\varnothing,\\ 0, \left\{i\geqslant 1, i=\dfrac{k(n+1)-1}{2}:\beta-\dfrac{4k^2\pi^2}{n}=0\right\}=\varnothing.\end{cases}$$

和定理 4.1 ~ 定理 4.3 一样可证下列定理.

定理 4.4 设 (S_1) 和 (S_2) 成立, 则当

$$\tilde{m}=\max\{\tilde{N}(\alpha,\beta),\tilde{N}(\beta,\alpha)\}>0$$

时, 方程 (4.32) 至少有 $\tilde{m}$ 个几何上不同的 $n+1$-周期轨道, 满足 $x\left(t-\dfrac{n+1}{2}\right)=-x(t)$.

定理 4.5 设 (S_1), (S_2), (S_3^+) 和 (S_4^-) 成立, 则当

$$\tilde{m}=\tilde{N}(\alpha,\beta)+\tilde{N}_1^0(\alpha)+\tilde{N}_2^0(\alpha)+\tilde{N}_1^0(\beta)+\tilde{N}_2^0(\beta)>0$$

时, 方程 (4.32) 至少有 $\tilde{m}$ 个几何上不同的 $n+1$-周期轨道, 满足 $x\left(t-\dfrac{n+1}{2}\right)=-x(t)$.

定理 4.6 设 (S_1), (S_2), (S_3^-) 和 (S_4^+) 成立, 则当

$$\tilde{m}=\tilde{N}(\beta,\alpha)+\tilde{N}_1^0(\alpha)+\tilde{N}_2^0(\alpha)+\tilde{N}_1^0(\beta)+\tilde{N}_2^0(\beta)>0$$

时, 方程 (4.32) 至少有 $\tilde{m}$ 个几何上不同的 $n+1$-周期轨道, 满足 $x\left(t-\dfrac{n+1}{2}\right)=-x(t)$.

4.2.3 方程 (4.32) 的 n-周期轨道

现在讨论方程 (4.32) 的 n-周期轨道. 在 $x(t-n)=x(t)$ 的前提下方程 (4.32) 成为

$$x''(t)=-\sum_{i=0}^{n-1}f(x(t-i)). \tag{4.58}$$

引理 4.4 在 $\int_0^n x(t)dt=0$ 的前提下, 函数 $x(t)$ 是方程 (4.58) 的 n-周期轨道的充要条件为, 它是方程 (4.58) 的 1-周期轨道.

证明 如果方程 (4.58) 有以 n-周期函数 $x(t)$ 表示的周期轨道, 我们先证

$$x(t)=x(t-1). \tag{4.59}$$

由 $x(t)$ 的 n-周期性, 可得 $x'(t),x''(t)$ 的 n-周期性. 进一步由

$$x''(t-1)=-\sum_{i=0}^{n-1}f(x(t-i))$$

得

$$x''(t)-x''(t-1)=0,$$

于是,

$$0=\int_0^t[x''(s)-x''(s-1)]ds=x'(t)-x'(t-1)-x'(0)+x'(-1),$$

即

$$x'(t)-x'(t-1)=x'(0)-x'(-1),$$

两边在 $[0,t]$ 上积分得

$$[x'(0)-x'(-1)]\,t=\int_0^t[x'(s)-x'(s-1)]ds=x(t)-x(t-1)-x(0)+x(-1).$$

于是, 有

$$x(t)-x(t-1)=[x'(0)-x'(-1)]\,t+x(0)-x(-1). \tag{4.60}$$

然后再在 $[0,kn]$ 上积分得

$$
\begin{aligned}
0 &= \int_0^{kn} [x(s) - x(s-1)]ds \\
&= \int_0^{kn} [(x'(0) - x'(-1))s + x(0) - x(-1)]\, ds \\
&= (x'(0) - x'(-1))\frac{k^2n^2}{2} + (x(0) - x(-1))kn.
\end{aligned}
$$

因 k 是任意整数, 故得 $x'(0)-x'(-1)=0, x(0)-x(-1)=0$, 故 (4.60) 给出 (4.59), 即 $x(t)$ 所表示的周期轨道是 1-周期的.

反之, 如果 $x(t)$ 是 1-周期的, 即 $x(t)=x(t-1)$, 则必定有 n-周期性, 即有

$$x(t) = x(t-n).$$

由此, 在 1-周期轨道的前提下, 可将方程 (4.58) 转换为对方程

$$x''(t) = -nf(x(t)) \tag{4.61}$$

1-周期轨道的存在性的讨论.

显然在 $\int_0^1 x(s)ds = 0$ 的前提下, 方程 (4.61) 的定常解必定是平凡解.

对方程 (4.61), 取空间

$$\hat{X} = \left\{ x(t) = \sum_{i=1}^{\infty} (a_i \cos 2i\pi t + b_i \sin 2i\pi t) : a_i, b_i \in \mathbb{R}, \sum_{i=1}^{\infty} i^2(a_i^2 + b_i^2) < \infty \right\}$$

及 $\hat{X}$ 上的泛函

$$\Phi(x) = \frac{1}{2}\langle Lx, x\rangle + n\int_0^1 F(x(t))dt, \tag{4.62}$$

其中内积定义为

$$\langle x, y\rangle = \langle x, y\rangle_2 = \int_0^1 (P^2x(t), y(t))dt, \quad x,\ y \in \hat{X},$$

$L: \hat{X} \to \hat{X}$ 由 $L = P^{-2}D^2$ 定义. 令

$$\hat{X}(i) = \{x(t) = a_i \cos 2i\pi t + b_i \sin 2i\pi t : a_i, b_i \in \mathbb{R}\} \subset \hat{X}.$$

对 $x \in \hat{X}(i)$ 有

$$
\begin{aligned}
\langle Lx, x\rangle &= -4i^2\pi^2||x||^2, \\
\left\langle (L + n\beta P^{-2})x, x\right\rangle &= [n\beta - 4i^2\pi^2]||x||^2.
\end{aligned} \tag{4.63}
$$

令

$$\hat{X}_\infty^+ = \left\{\hat{X}(i) : \beta n - 4i^2\pi^2 > 0\right\},$$

$$\hat{X}_\infty^0 = \left\{\hat{X}(i) : \beta n - 4i^2\pi^2 = 0\right\},$$

$$\hat{X}_\infty^- = \left\{\hat{X}(i) : \beta n - 4i^2\pi^2 < 0\right\},$$

以及

$$\hat{X}_0^+ = \left\{\hat{X}(i) : \alpha n - 4i^2\pi^2 > 0\right\},$$

$$\hat{X}_0^0 = \left\{\hat{X}(i) : \alpha n - 4i^2\pi^2 = 0\right\},$$

$$\hat{X}_0^- = \left\{\hat{X}(i) : \alpha n - 4i^2\pi^2 < 0\right\},$$

并记

$$\hat{N}(\alpha,\beta) = \mathrm{card}\{i > 0 : \alpha n < 4i^2\pi^2 < \beta n\},$$

$$\hat{N}(\beta,\alpha) = \mathrm{card}\{i > 0 : \beta n < 4i^2\pi^2 < \alpha n\},$$

$$\hat{N}^0(\alpha) = \begin{cases} 1, & \{i > 0 : n\alpha - 4i^2\pi^2 = 0\} \neq \varnothing, \\ 0, & \{i > 0 : n\alpha - 4i^2\pi^2 = 0\} = \varnothing, \end{cases}$$

$$\hat{N}^0(\beta) = \begin{cases} 1, & \{i > 0 : n\beta - 4i^2\pi^2 = 0\} \neq \varnothing, \\ 0, & \{i > 0 : n\beta - 4i^2\pi^2 = 0\} = \varnothing. \end{cases}$$

和定理 4.1 ~ 定理 4.3 一样, 可证下列定理.

定理 4.7 设 (S_1) 和 (S_2) 成立, 则当

$$\hat{m} = \max\{\hat{N}(\alpha,\beta), \hat{N}(\beta,\alpha)\} > 0$$

时, 方程 (4.32) 至少有 $\hat{m}$ 个几何上不同的 1-周期轨道, 满足 $\int_0^1 x(s)ds = 0$.

定理 4.8 设 (S_1), (S_2), (S_3^+) 和 (S_4^-) 成立, 则当

$$\hat{m} = \hat{N}(\alpha,\beta) + \hat{N}^0(\alpha) + \hat{N}^0(\beta) > 0$$

时, 方程 (4.32) 至少有 $\hat{m}$ 个几何上不同的 1-周期轨道, 满足 $\int_0^1 x(s)ds = 0$.

定理 4.9 设 (S_1), (S_2), (S_3^-) 和 (S_4^+) 成立, 则当

$$\hat{m} = \hat{N}(\beta,\alpha) + \hat{N}^0(\alpha) + \hat{N}^0(\beta) > 0$$

时, 方程 (4.32) 至少有 $\hat{m}$ 个几何上不同的 1-周期轨道, 满足 $\int_0^1 x(s)ds = 0$.

4.2.4 本节定理的示例

例 4.1 设 $f \in C^0(\mathbb{R},\mathbb{R})$ 由

$$f(x) = \left(-4\pi^2 x - x^3\right)\left(1 - \mathrm{th}^2 x\right) + \left(\frac{3\pi^2}{2}x + x^{\frac{1}{3}}\right)\mathrm{th}^2 x \tag{4.64}$$

给定, 其中 $\mathrm{th}x = \dfrac{e^x - e^{-x}}{e^x + e^{-x}}$.

讨论方程

$$x''(t) = -\sum_{j=1}^{3} f(x(t-j)) \tag{4.65}$$

的 4-周期轨道. 这时, $n = 3, \alpha = -4\pi^2, \beta = \dfrac{3\pi^2}{2}$. 由此得

$$N(\alpha,\beta) = 3, \quad N_1^0(\alpha) = 1, \quad N_2^0(\alpha) = 0, \quad N_1^0(\beta) = N_2^0(\beta) = 0;$$
$$\tilde{N}(\alpha,\beta) = 0, \quad \tilde{N}_1^0(\alpha) = \tilde{N}_2^0(\alpha) = \tilde{N}_1^0(\beta) = \tilde{N}_2^0(\beta) = 0;$$
$$\hat{N}(\alpha,\beta) = 1, \quad \hat{N}_1^0(\alpha) = \hat{N}_2^0(\alpha) = \hat{N}_1^0(\beta) = \hat{N}_2^0(\beta) = 0.$$

应用定理 4.2、定理 4.4 和定理 4.7 可知, 方程 (4.32) 至少有 5 个不同的 4-周期轨道, 其中不同的奇周期轨道至少有 3 个, 1-周期轨道至少有 1 个.

4.3 2n 阶双滞量微分方程的周期轨道

本节讨论两类特殊的 2n 阶双滞量方程

$$x^{(2n)}(t) = -bf(x(t-l)) - bf(x(t-m)), \tag{4.66}$$
$$x^{(2n)}(t) = -bf(x(t-l)) + bf(x(t-m)), \tag{4.67}$$

其中 $b \in \mathbb{R}, b \neq 0, m = l+2k+1$, 且 $k \geqslant 0, l > 0, l, 2k+1$ 互质. 假设 $f \in C^0(\mathbb{R},\mathbb{R})$, 满足 $f(0) = 0$, 且有 $\alpha, \beta \in \mathbb{R}$ 使

$$\lim_{x\to 0}\frac{f(x)}{x} = \alpha, \quad \lim_{x\to\infty}\frac{f(x)}{x} = \beta \tag{4.68}$$

成立. 令 $F(x) = \int_0^x f(s)ds$. 这时有 $F(0) = 0$. $(S_1), (\mathrm{S}_2), (\mathrm{S}_3^{\pm}), (\mathrm{S}_4^{\pm})$ 等假设和 4.2 节中相同. 通过变量和符号替换

$$bx \to x, \quad f(b^{-1}\cdot) \to f,$$

方程 (4.66) 和 (4.67) 可分别转换为

$$x^{(2n)}(t) = -f(x(t-l)) - f(x(t-m)) \tag{4.69}$$

和

$$x^{(2n)}(t) = -f(x(t-l)) + f(x(t-m)) \tag{4.70}$$

等两种类型. 对 $a \in \mathbb{R}$, 记 $[a] = \max\{n \in \mathbb{Z} : n \leqslant a\}$. 方程 (4.70) 的函数 f, 还要求满足

$$f(-x) = -f(x).$$

4.3.1 同余映射

设 $r \in \mathbb{R}$, 记 $[r] = \max\{l \in \mathbb{N} : l \leqslant r\}$.

命题 4.19 由 $l, 2k+1$ 的互质及 $m = l+2k+1$ 的假设, 记 $h : \mathbb{Z} \to \mathbb{Z}$,

$$h(i) = h_i = l + (i+1)(2k+1) - \left[\frac{l+(i+1)(2k+1)}{2l+2k+1}\right](2l+2k+1). \tag{4.71}$$

得到数列 $h = \{h_0, h_1, \cdots, h_{l+m}, h_{l+m+1}, \cdots\}$, 则 h 具有 $2l+2k+1$-周期性, 即对 $\forall i \geqslant 0$ 满足

$$h_{i+2l+2k+1} = h_i, \tag{4.72}$$

且对 $A = \{0, 1, 2, \cdots, 2l+2k\}$, $h : A \to A$ 为一一映射, 满足

$$h_i + h_{2l+2k-i} = 2l+2k+1, \quad i \neq l+k \tag{4.73}$$

及

$$h_{i+1} = h_i + 2k+1 (\mathrm{mod}(2l+2k+1)), \quad i = 0, 1, 2, \cdots, 2l+2k. \tag{4.74}$$

证明 首先注意到, 由 $l, 2k+1$ 互质, 易得 $l, l+2k+1$ 互质. 显然,

$$\left[\frac{l+(i+1)(2k+1)}{2l+2k+1}\right] \leqslant \frac{l+(i+1)(2k+1)}{2l+2k+1} < \left[\frac{l+(i+1)(2k+1)}{2l+2k+1}\right] + 1,$$

故有

$$\begin{aligned}
&\left[\frac{l+(i+1)(2k+1)}{2l+2k+1}\right](2l+2k+1) \\
&\leqslant l+(i+1)(2k+1) \\
&< \left[\frac{l+(i+1)(2k+1)}{2l+2k+1}\right](2l+2k+1) + 2l+2k+1.
\end{aligned}$$

由此得 $0 \leqslant h(i) \leqslant 2l+2k$. 此即表明 $h: A \to A$. 下证一一对应.

设不然, 有 $i, j \in A, i < j$ 使 $h(i) = h(j)$, 则有

$$(j-i)(2k+1) = \left(\left[\frac{l+(j+1)(2k+1)}{2k+2l+1}\right] - \left[\frac{l+(i+1)(2k+1)}{2l+2k+1}\right]\right)(2l+2k+1),$$

显然,

$$\left[\frac{l+(j+1)(2k+1)}{2l+2k+1}\right] - \left[\frac{l+(i+1)(2k+1)}{2l+2k+1}\right] > 0.$$

在 A 中, $j-i \leqslant 2l+2k, 2k+1 < 2l+2k+1$, 故 $2k+1, 2l+2k+1$ 存在整数 $s > 1$ 为它们的公因子, 即有整数 $n_2 > n_1 \geqslant 1$ 使

$$2k+1 = n_1 s, \quad 2l+2k+1 = n_2 s.$$

由于 $2k+1, 2l+2k+1$ 都是奇数, 故 $s > 1$ 是奇数. 于是由

$$2m = 2l + 2(2k+1) = (n_2+n_1)s, \quad 2l = (n_2-n_1)s,$$

可知, s 是 l 与 $2k+1$ 的大于 1 的奇数公因子, 这与条件矛盾.

(4.72) 和 (4.74) 的结论显然. 下证 (4.73). 由 $i \neq l+k$ 及 $h_{l+k} = 0$, 可知 $h_i, h_{2l+2k} > 0$, 于是有

$$\begin{aligned}
&h_i + h_{2l+2k-i} \\
&= 2l + (2l+2k+2)(2k+1) \\
&\quad - \left(\left[\frac{l+(i+1)(2k+1)}{2l+2k+1}\right] + \left[\frac{l+(2l+2k-i+1)(2k+1)}{2l+2k+1}\right]\right)(2l+2k+1) \\
&= (2l+2k+1)(2k+2) \\
&\quad - \left(\left[\frac{l+(i+1)(2k+1)}{2l+2k+1}\right] + \left[(2k+2) - \frac{l+(i+1)(2k+1)}{2l+2k+1}\right]\right)(2l+2k+1),
\end{aligned}$$

我们先证

$$\left[\frac{l+(i+1)(2k+1)}{2l+2k+1}\right] < \frac{l+(i+1)(2k+1)}{2l+2k+1}.$$

设不然,

$$\left[\frac{l+(i+1)(2k+1)}{2l+2k+1}\right] = \frac{l+(i+1)(2k+1)}{2l+2k+1}.$$

则有整数 $n_1 > 0$ 使 $\dfrac{l+(i+1)(2k+1)}{2l+2k+1} = n_1$, 于是有 $h_i + h_{2l+2k-i} = 0$, 得出矛

盾. 由此知存在整数 $n_1 > 0$ 及 $r \in (0,1)$ 使 $\dfrac{l+(i+1)(2k+1)}{2l+2k+1} = n_1 + r$. 故有

$$\begin{aligned} h_i + h_{2l+2k-i} &= (2l+2k+1)(2k+2) - (n_1 + [(2k+2) - n_1 - r])\,(2l+2k+1) \\ &= (2l+2k+1)(2k+2) - (2l+2k+1)(2k+1) \\ &= 2l+2k+1. \end{aligned}$$

命题得证.

4.3.2 方程 (4.69) 的周期轨道

和 4.2 节中类似, 我们首先讨论方程 (4.69) 的 $l+m$-周期轨道, 即 $2l+2k+1$-周期轨道. 为此, 我们取 H^m 函数空间为

$$X = \left\{ \sum_{i=1}^{\infty} \left(a_i \cos\frac{2i\pi t}{l+m} + b_i \sin\frac{2i\pi t}{l+m} \right) : a_i, b_i \in \mathbb{R}, \sum_{i=1}^{\infty} i^{2m}(a_i^2 + b_i^2) < \infty \right\}.$$

记

$$X(i) = \left\{ x(t) = a_i \cos\frac{2i\pi t}{l+m} + b_i \sin\frac{2i\pi t}{l+m} : a_i, b_i \in \mathbb{R} \right\}.$$

则有

$$X = \sum_{i=1}^{\infty} X(i). \tag{4.75}$$

并按如下方法建立 X 上的泛函.

4.3.2.1 泛函的构造及临界点

首先构造向量 $\alpha = (\alpha_0, \alpha_1, \cdots, \alpha_{2l+2k})$. 根据 (4.71) 中映射 $h: A \to A$ 的像集 $\{h_0, h_1, \cdots, h_{2l+2k}\}$, 对每个 $j \in \{0, 1, \cdots, 2l+2k\}$, 在 $j = h_i$ 时, 令 $\alpha_j = \dfrac{1}{2}(-1)^i$. 这时当 $h_s = p = 2l+2k+1-h_i = 2l+2k+1-j$ 时, 由 (4.73) 知, i, s 有相同的奇偶性, 故有

$$\alpha_j = \frac{1}{2}(-1)^i = \frac{1}{2}(-1)^s = \alpha_p, \quad p = 2l+2k+1-j, j \neq l, l+2k+1. \tag{4.76}$$

从而按上述方法构造的向量是对称的. 且由 (4.74), 对 $i \in \{1, \cdots, 2l+2k-1\}$, 在 $j = h_i$ 位置和 $j+2k+1 = h_i+2k+1 = h_{i+1}(\mathrm{mod}(2l+2k+1))$ 位置上的两个数反号, 即

$$\alpha_j = \frac{1}{2}(-1)^i, \quad \alpha_j + 2k + 1 = \frac{1}{2}(-1)^{i+1}, \quad j \neq l. \tag{4.77}$$

唯独在 $h_0 = l+2k+1 = m$ 的位置上和 $h_{2l+2k} = l$ 位置上的两个数 $\alpha_{l+2k+1} = \alpha_m$ 和

$$\alpha_l = \frac{1}{2}(-1)^{2k+2l} = \frac{1}{2} = (-1)^0\frac{1}{2} = \alpha_m = \alpha_{l+2k+1} \tag{4.78}$$

为同号. 根据 (4.77) 和 (4.78) 可得

$$\begin{aligned}\Pi^l\alpha &= (\alpha_{l+2k+1}, \alpha_{l+2k+2}, \cdots, \alpha_{2l+2k}, \alpha_0, \alpha_1, \cdots, \alpha_{l+2k}),\\ \Pi^m\alpha &= (\alpha_l, \alpha_{l+1}, \cdots, \alpha_{2l-1}, \alpha_{2l}, \alpha_{2l+1}, \cdots, \alpha_{l-1}),\end{aligned}$$

于是有

$$\Pi^l\alpha + \Pi^m\alpha = (1, 0, \cdots, 0). \tag{4.79}$$

之后利用上述向量 α 令

$$Lx = P^{-2n}\sum_{j=0}^{2l+2k}\alpha_j x^{(2n)}(t-j).$$

在 X 上构造泛函

$$\Phi(x) = \frac{1}{2}\langle Lx, x\rangle + \int_0^{l+m} F(x(t))dt. \tag{4.80}$$

其中,

$$\langle x, y\rangle = \langle x, y\rangle_{2n} = \int_0^{l+m}(P^{2n}x(t), y(t))dt.$$

这时 (4.80) 也可直接写成

$$\begin{aligned}\Phi(x) &= \int_0^{l+m}\left[\frac{1}{2}\left(\sum_{j=0}^{2l+2k}\alpha_j x^{(2n)}(t-j), x(t)\right) + F(x(t))\right]dt\\ &= \int_0^{l+m}\left[\frac{(-1)^n}{2}\left(\sum_{j=0}^{2l+2k}\alpha_j x^{(n)}(t-j), x^{(n)}(t)\right) + F(x(t))\right]dt.\end{aligned} \tag{4.81}$$

引理 4.5 (4.80) 给出的泛函连续可微, 其微分可表示为

$$\begin{aligned}\langle\Phi'(x), y\rangle &= \left\langle Lx + P^{-2n}f(x), y\right\rangle\\ &= \int_0^{l+m}\left(\sum_{j=0}^{2l+2k}\alpha_j x^{(2n)}(t-j) + f(x(t)), x(t)\right)dt.\end{aligned} \tag{4.82}$$

证明 利用 (4.80) 的积分形式 (4.81) 给出证明. 任取

$$x = \sum_{i=1}^{\infty}x_i(t) \in X, \quad x_i(t) = a_i\cos\frac{2i\pi t}{l+m} + b_i\sin\frac{2i\pi t}{l+m} \in X(i).$$

我们有

$$\begin{aligned}\sum_{j=0}^{2l+2k}\alpha_j x(t-j) &= \sum_{j=0}^{2l+2k}\alpha_j\sum_{i=1}^{\infty}x_i(t-j)\\&=\sum_{i=1}^{\infty}\sum_{j=0}^{2l+2k}\alpha_j x_i(t-j)\\&=\sum_{i=1}^{\infty}\sum_{j=0}^{2l+2k}\alpha_j\left[x_i(t)\cos\frac{2ij\pi}{l+m}-(\Omega x_i)(t)\sin\frac{2ij\pi}{l+m}\right]\\&=\sum_{i=1}^{\infty}\left[x_i(t)\sum_{j=0}^{2l+2k}\alpha_j\cos\frac{2ij\pi}{l+m}-(\Omega x_i)(t)\sum_{j=0}^{2l+2k}\alpha_j\sin\frac{2ij\pi}{l+m}\right].\end{aligned}$$

于是易得

$$\begin{aligned}&\sum_{j=0}^{2l+2k}\alpha_j x^{(2n)}(t-j)\\&=\sum_{i=1}^{\infty}\left[x_i^{(2n)}(t)\sum_{j=0}^{2l+2k}\alpha_j\cos\frac{2ij\pi}{l+m}-\left(\Omega x_i^{(2n)}\right)(t)\sum_{j=0}^{2l+2k}\alpha_j\sin\frac{2ij\pi}{l+m}\right],\end{aligned}$$

利用

$$\int_0^{l+m}\left(x_i^{(2n)}(t),\left(\Omega x_i^{(2n)}\right)(t)\right)dt=0,$$

有

$$\begin{aligned}&\int_0^{l+m}\left(\sum_{j=0}^{2l+2k}\alpha_j x^{(2n)}(t-j),x(t)\right)dt\\&=\int_0^{l+m}\left(\sum_{i=1}^{\infty}x_i^{(2n)}(t)\sum_{j=0}^{2l+2k}\alpha_j\cos\frac{2ij\pi}{l+m},\sum_{i=1}^{\infty}x_i(t)\right)dt\\&=\sum_{i=1}^{\infty}\int_0^{l+m}\left(x_i^{(2n)}(t)\sum_{j=0}^{2l+2k}\alpha_j\cos\frac{2ij\pi}{l+m},x_i(t)\right)dt.\end{aligned}$$

记

$$y=x^{(n)},\quad \hat{\alpha}=\sum_{j=0}^{2l+2k}|\alpha_j|,$$

$$\hat{L}(t,x,y)=\frac{(-1)^n}{2}\left(\sum_{j=0}^{2l+2k}\alpha_j x^{(n)}(t-j),x^{(n)}(t)\right)+F(x(t)),$$

则

$$|\hat{L}(t,x,y)| \leqslant \frac{1}{2}\hat{\alpha}|y|^2 + F(x),$$
$$|\hat{L}_x(t,x,y)| \leqslant |f(x)|,$$
$$|\hat{L}_y(t,x,y)| \leqslant \hat{\alpha}|y|.$$

令

$$p = q = 2, \quad a(|x|) = \sup\{|f(x)|, |f(-x)|, |F(x)|, |F(-x)|\}.$$

根据定理 1.6 可得泛函的可微性, 且微分由 (4.82) 给出.

引理 4.6 设 $x \in X$ 是泛函 (4.80) 的一个临界点, 则 x 是方程 (4.69) 的一个 $(l+m)$-周期解, 从而是方程在 $\left(x, x^{(2n)}\right)$-相空间中的一个周期轨道.

证明 设 $x \in X$ 是泛函 (4.80) 的一个临界点, 由引理 4.5 知, x 满足

$$Lx + P^{-2n}f(x) = 0,$$

即

$$\sum_{j=0}^{2l+2k} \alpha_j x^{(2n)}(t-j) + f(x(t)) = 0, \quad \text{a.e.} \quad t \in [0, 2l+2k+1].$$

由 f, x 的连续性, 得 $(f \cdot x)(t) = f(x(t))$ 关于 t 的连续性和周期性, 故有

$$\sum_{j=0}^{2l+2k} \alpha_j x^{(2n)}(t-j) = -f(x(t)), \quad t \in \mathbb{R}. \tag{4.83}$$

记

$$\vec{\alpha} = (\alpha_0, \alpha_1, \cdots, \alpha_{2l+2k}), \quad M = \left(M_0, M_{-\frac{1}{l+m}}, \cdots, M_{-\frac{2l+2k}{l+m}}\right),$$

则 (4.83) 可表示为

$$(\vec{\alpha} \cdot M)x^{(2n)}(t) = -f(x(t)). \tag{4.84}$$

上式两边分别用移位算子 $M_{-\frac{l}{m+l}}$ 和 $M_{-\frac{m}{m+l}}$ 作用, 则有

$$(\Pi^l \vec{\alpha} \cdot M)x^{(2n)}(t) = -f(x(t-l)), \tag{4.85}$$
$$(\Pi^m \vec{\alpha} \cdot M)x^{(2n)}(t) = -f(x(t-m)), \tag{4.86}$$

两式相加得 $((\Pi^l + \Pi^m)\vec{\alpha} \cdot M)x^{(2n)}(t) = -f(x(t-l)) - f(x(t-m))$. 由 (4.79) 可知 $(\Pi^l + \Pi^m)\vec{\alpha} = (1, 0, \cdots, 0)$, 故有

$$x^{(2n)}(t) = -f(x(t-l)) - f(x(t-m)), \quad t \in \mathbb{R},$$

于是 x 为方程 (4.69) 的 $l+m$-周期解, 且是古典解, 它在 $\left(x, x^{(2n)}\right)$-相空间中的轨道为 $l+m$-周期轨道.

4.3.2.2 周期轨道个数的估计

我们还是依据定理 2.17 对方程 (4.69) 的周期轨道作个数估计. 为此就 $x_i(t) = a_i\cos\dfrac{2i\pi t}{l+m} + b_i\sin\dfrac{2i\pi t}{l+m} \in X(i)$ 计算

$$\begin{aligned}\frac{1}{2}\langle Lx_i, x_i\rangle &= \frac{1}{2}\int_0^{l+m}\left(x_i^{(2n)}(t)\sum_{j=0}^{2l+2k}\alpha_j\cos\frac{2ij\pi}{l+m}, x_i(t)\right)dt\\ &= \frac{(-1)^n}{2}\left(\frac{2i\pi}{l+m}\right)^{2n}\int_0^{l+m}\left(x_i(t)\sum_{j=0}^{2l+2k}\alpha_j\cos\frac{2ij\pi}{l+m}, x_i(t)\right)dt\\ &= \frac{(-1)^n}{2}\left(\frac{2\pi}{l+m}\right)^{2n}\left(\sum_{j=0}^{2l+2k}\alpha_j\cos\frac{2ij\pi}{l+m}\right)\int_0^{l+m}\left(i^{2n}x_i(t), x_i(t)\right)dt\\ &= \frac{(-1)^n}{2}\left(\frac{2\pi}{l+m}\right)^{2n}\left(\sum_{j=0}^{2l+2k}\alpha_j\cos\frac{2ij\pi}{l+m}\right)||x_i||^2,\end{aligned}$$

$$\begin{aligned}\frac{1}{2}\langle \beta P^{-2n}x_i, x_i\rangle &= \frac{\beta}{2}i^{-2n}\langle x_i, x_i\rangle = \frac{1}{2}\beta i^{-2n}||x_i||^2,\\ \frac{1}{2}\langle \alpha P^{-2n}x_i, x_i\rangle &= \frac{\alpha}{2}i^{-2n}\langle x_i, x_i\rangle = \frac{1}{2}\alpha i^{-2n}||x_i||^2.\end{aligned}$$

记 $\gamma(i) = \left(\sum\limits_{j=0}^{2l+2k}\alpha_j\cos\dfrac{2ij\pi}{l+m}\right)$, 则有 $\gamma(i+l+m) = \gamma(i)$. 于是,

$$\begin{aligned}\frac{1}{2}\langle Lx_i + \beta P^{-2n}x_i, x_i\rangle &= \frac{1}{2i^{2n}}\left[(-1)^n i^{2n}\left(\frac{2\pi}{l+m}\right)^{2n}\gamma(i) + \beta\right]||x_i||^2,\\ \frac{1}{2}\langle Lx_i + \alpha P^{-2n}x_i, x_i\rangle &= \frac{1}{2i^{2n}}\left[(-1)^n i^{2n}\left(\frac{2\pi}{l+m}\right)^{2n}\gamma(i) + \alpha\right]||x_i||^2.\end{aligned}$$

考虑到 $\gamma(i)$ 的 $2l+2k+1$-周期性, 将 (4.75) 表示为

$$X = \sum_{i=0}^{\infty}\sum_{s=1}^{2l+2k+1}X(i(2l+2k+1)+s), \tag{4.87}$$

进一步令

$$X_s = \sum_{i=0}^{\infty}X(i(2l+2k+1)+s), \quad s = 1, 2, \cdots, 2l+2k+1,$$

则有

$$X=\sum_{s=1}^{2l+2k+1}X_s. \tag{4.88}$$

对 $s\in\{1,2,\cdots,2l+2k+1\}$, 记

$$\begin{aligned}
X_{\infty,s}^{+}=&\{X(i(2l+2k+1)+s):\\
&(-1)^n(i(2l+2k+1)+s)^{2n}\left(\frac{2\pi}{l+m}\right)^{2n}\gamma(s)>-\beta\},\\
X_{\infty,s}^{0}=&\{X(i(2l+2k+1)+s):\\
&(-1)^n(i(2l+2k+1)+s)^{2n}\left(\frac{2\pi}{l+m}\right)^{2n}\gamma(s)=-\beta\},\\
X_{\infty,s}^{-}=&\{X(i(2l+2k+1)+s):\\
&(-1)^n(i(2l+2k+1)+s)^{2n}\left(\frac{2\pi}{l+m}\right)^{2n}\gamma(s)<-\beta\};\\
X_{0,s}^{+}=&\{X(i(2l+2k+1)+s):\\
&(-1)^n(i(2l+2k+1)+s)^{2n}\left(\frac{2\pi}{l+m}\right)^{2n}\gamma(s)>-\alpha\},\\
X_{0,s}^{0}=&\{X(i(2l+2k+1)+s):\\
&(-1)^n(i(2l+2k+1)+s)^{2n}\left(\frac{2\pi}{l+m}\right)^{2n}\gamma(s)=-\alpha\},\\
X_{0,s}^{-}=&\{X(i(2l+2k+1)+s):\\
&(-1)^n(i(2l+2k+1)+s)^{2n}\left(\frac{2\pi}{l+m}\right)^{2n}\gamma(s)<-\alpha\};
\end{aligned}$$

由于

$$\begin{aligned}
&\operatorname{cod}_{X_s}\left(X_s^{+}\cup X_s^{-}\right)\\
=&\dim X_s-\dim\left(X_s^{+}\cup X_s^{-}\right)\\
=&\dim X_s-\left[\dim X_s^{+}+\dim X_s^{-}-\dim\left(X_s^{+}\cap X_s^{-}\right)\right],
\end{aligned}$$

故

$$\dim\left(X_s^{+}\cap X_s^{-}\right)-\operatorname{cod}_{X_s}\left(X_s^{+}\cup X_s^{-}\right)=\dim X_s^{+}+\dim X_s^{-}-\dim X_s.$$

记

$$N_s(\alpha,\beta)$$

$$= \text{card}\left\{i \geqslant 0 : -\beta < (-1)^n(i(2l+2k+1)+s)^{2n}\left(\frac{2\pi}{l+m}\right)^{2n}\gamma(s) < -\alpha\right\},\quad \alpha < \beta, \tag{4.89}$$

$$N_s(\beta,\alpha)$$
$$= \text{card}\left\{i \geqslant 0 : \beta < (-1)^n(i(2l+2k+1)+s)^{2n}\left(\frac{2\pi}{l+m}\right)^{2n}\gamma(s) < \alpha\right\},\quad \alpha > \beta, \tag{4.90}$$

又记

$$N_s^0(\beta) = \begin{cases} 1, & \left\{i : (-1)^n(i(2l+2k+1)+s)^{2n}\left(\dfrac{2\pi}{l+m}\right)^{2n}\gamma(s) + \beta = 0\right\} \neq \varnothing, \\ 0, & \left\{i : (-1)^n(i(2l+2k+1)+s)^{2n}\left(\dfrac{2\pi}{l+m}\right)^{2n}\gamma(s) + \beta = 0\right\} = \varnothing, \end{cases}$$

$$N_s^0(\alpha) = \begin{cases} 1, & \left\{i : (-1)^n(i(2l+2k+1)+s)^{2n}\left(\dfrac{2\pi}{l+m}\right)^{2n}\gamma(s) + \alpha = 0\right\} \neq \varnothing, \\ 0, & \left\{i : (-1)^n(i(2l+2k+1)+s)^{2n}\left(\dfrac{2\pi}{l+m}\right)^{2n}\gamma(s) + \alpha = 0\right\} = \varnothing, \end{cases} \tag{4.91}$$

$$N(\alpha,\beta) = \sum_{s=1}^{2l+2k+1} N_s(\alpha,\beta),\quad N(\beta,\alpha) = \sum_{s=1}^{2l+2k+1} N_s(\beta,\alpha),$$
$$N^0(\beta) = \sum_{s=1}^{2l+2k+1} N_s^0(\beta),\quad N^0(\alpha) = \sum_{s=1}^{2l+2k+1} N_s^0(\alpha) \tag{4.92}$$

和定理 4.1 ~ 定理 4.3 一样可证

定理 4.10　设 (S_1) 和 (S_2) 成立, 则当

$$\hat{m} = \max\{N(\alpha,\beta), N(\beta,\alpha)\} > 0$$

时, 方程 (4.69) 至少有 $\hat{m}$ 个几何上不同的 $l+m$-周期轨道.

定理 4.11　设 (S_1), (S_2), (S_3^+) 和 (S_4^-) 成立, 则当

$$\hat{m} = N(\alpha,\beta) + N^0(\alpha) + N^0(\beta) > 0$$

时, 方程 (4.69) 至少有 $\hat{m}$ 个几何上不同的 $l+m$-周期轨道.

定理 4.12 设 (S_1), (S_2), (S_3^-) 和 (S_4^+) 成立, 则当

$$\hat{m} = N(\beta, \alpha) + N^0(\alpha) + N^0(\beta) > 0$$

时, 方程 (4.69) 至少有 $\hat{m}$ 个几何上不同的 $l+m$-周期轨道.

4.3.3 方程 (4.70) 的周期轨道

现在讨论方程 (4.70) 的 $2(l+m)$-周期轨道. 为此, 我们取 H^n 函数空间为

$$\tilde{X} = \left\{ \sum_{i=1}^{\infty} \left(a_i \cos \frac{(2i-1)\pi t}{l+m} + b_i \sin \frac{(2i-1)\pi t}{l+m} \right) : \right.$$
$$\left. a_i, b_i \in \mathbb{R}, \sum_{i=1}^{\infty} i^{2n}(a_i^2 + b_i^2) < \infty \right\}.$$

记

$$\tilde{X}(i) = \left\{ x(t) = a_i \cos \frac{(2i-1)\pi t}{l+m} + b_i \sin \frac{(2i-1)\pi t}{l+m} : a_i, b_i \in \mathbb{R} \right\},$$

则有

$$\tilde{X} = \sum_{i=1}^{\infty} \tilde{X}(i). \tag{4.93}$$

按如下方法建立 $\tilde{X}$ 上的泛函.

4.3.3.1 泛函的构造及临界点

首先构造向量 $\hat{\alpha} = (\alpha_0, \alpha_1, \cdots, \alpha_{2l+2k})$. 根据 (4.71) 中映射 $h : A \to A$ 的像集 $\{h_0, h_1, \cdots, h_{2l+2k}\}$, 对每个 $j \in \{0, 1, \cdots, 2l+2k\}$, 在

$$j = h_i = l + (i+1)(2k+1) - \left[\frac{l+(i+1)(2k+1)}{2l+2k+1} \right] (2l+2k+1)$$

时, 令 $\alpha_j = \frac{1}{2}(-1)^{\left[\frac{l+(i+1)(2k+1)}{2l+2k+1}\right]}$. 不难验证, 当 $i = l+k$ 时, 有 $h_{l+k} = 0$. 所以当 $i \neq l+k$ 时, 记

$$p = 2l + 2k + 1 - h_i = 2l + 2k + 1 - j,$$

则有唯一的 $s \in \{1, \cdots, 2l+2k\}$, 使 $p = h_s$. 由 (4.73) 知, $i + s = 2l + 2k$. 因 $i \neq l+k$, 故由

$$h_i = l + (i+1)(2k+1) - (2l+2k+1) \left[\frac{l+(i+1)(2k+1)}{2l+2k+1} \right],$$
$$h_s = h_{2l+2k-i} = l + (2l+2k-i+1)(2k+1)$$

$$-(2l+2k+1)\left[\frac{l+(2l+2k-i+1)(2k+1)}{2l+2k+1}\right],$$

可知 $\dfrac{l+(i+1)(2k+1)}{2l+2k+1},\dfrac{l+(2l+2k-i+1)(2k+1)}{2l+2k+1}\notin\mathbb{Z}^+$. 记

$$\left[\frac{l+(i+1)(2k+1)}{2l+2k+1}\right]=\kappa\in\mathbb{Z}^+. \tag{4.94}$$

则 $\dfrac{l+(i+1)(2k+1)}{2l+2k+1}=\kappa+\delta,\delta\in(0,1)$. 由于

$$\begin{aligned}h_i&=l+(i+1)(2k+1)-(2l+2k+1)\left[\frac{l+(i+1)(2k+1)}{2l+2k+1}\right]\\&=l+(i+1)(2k+1)-\kappa(2l+2k+1),\end{aligned}$$

故 $\alpha_j=\dfrac{1}{2}(-1)^\kappa$. 而由

$$\begin{aligned}\left[\frac{l+(2l+2k-i+1)(2k+1)}{2l+2k+1}\right]&=\left[2k+2-\frac{l+(i+1)(2k+1)}{2l+2k+1}\right]\\&=[2k+2-\kappa-\delta]\\&=2k+1-\kappa,\end{aligned}$$

就有

$$\begin{aligned}h_s=h_{2l+2k-i}&=l+(2l+2k-i+1)(2k+1)-\kappa(2l+2k+1),\\\alpha_p=\alpha_{2l+2k+1-j}&=\frac{1}{2}(-1)^{2k+1-\kappa}=-\frac{1}{2}(-1)^\kappa=-\alpha_j.\end{aligned} \tag{4.95}$$

至于 α_0, 因为

$$\begin{aligned}0&=h_{l+k}\\&=l+(l+k+1)(2k+1)-\left[\frac{(l+k+1)(2k+1)}{2l+2k+1}\right](2l+2k+1)\\&=l+(l+k+1)(2k+1)-(k+1)(2l+2k+1),\end{aligned}$$

可知 $\alpha_0=\dfrac{1}{2}(-1)^{k+1}$.

从而按上述方法构造的向量是反对称的. 且由 (4.94), 对

$$h_i\in\{0,1,\cdots,l-1,l+1,\cdots,2l-1\},$$

在 $j = h_i$ 位置上, 仍记 $\kappa = \left[\dfrac{l+(i+1)(2k+1)}{2l+2k+1}\right] \in \mathbb{N}^+$, 则有

$$h_i + \kappa(2l+2k+1) = l + (i+1)(2k+1).$$

在 $j+2k+1 = h_i+2k+1$ 位置上因为

$$\begin{aligned}
h_i+2k+1 &= l+(i+2)(2k+1) - \kappa(2l+2k+1) \\
&= l+(i+2)(2k+1) - (2l+2k+1)\left[\frac{\kappa(2l+2k+1)+h_i}{2l+2k+1}\right] \\
&= l+(i+2)(2k+1) - (2l+2k+1)\left[\kappa + \frac{h_i}{2l+2k+1}\right] \\
&= l+(i+2)(2k+1) - (2l+2k+1)\left[\kappa + \frac{h_i+2k+1}{2l+2k+1}\right] \\
&= l+(i+2)(2k+1) - (2l+2k+1)\left[\frac{l+(i+2)(2k+1)}{2l+2k+1}\right] \\
&= h_{i+1},
\end{aligned} \tag{4.96}$$

且由 $\left[\dfrac{l+(i+2)(2k+1)}{2l+2k+1}\right] = \left[\dfrac{l+(i+1)(2k+1)}{2l+2k+1}\right] = \kappa$, 故

$$\alpha_{j+2k+1} = \frac{1}{2}(-1)^{\kappa} = \alpha_j, \quad j \in \{0,1,\cdots,2l-1\}. \tag{4.97}$$

同理可得

$$\alpha_{j+2k+1} = -\alpha_{j-2l} = -\alpha_j, \quad j \in \{2l, 2l+1, \cdots, 2l+2k\}. \tag{4.98}$$

特别在 $h_0 = l+2k+1 = m$ 和 $h_{2l+2k} = l$ 位置上, 因

$$\left[\frac{l+2k+1}{2l+2k+1}\right] = 0, \quad \left[\frac{l+(2l+2k+1)(2k+1)}{2l+2k+1}\right] = 2k+1$$

的两个分量 $\alpha_{l+2k+1} = \alpha_m$ 和 α_l

$$\begin{aligned}
&\alpha_{l+2k+1} = \alpha_m = \frac{1}{2}(-1)^0 = \frac{1}{2}, \\
&\alpha_l = \frac{1}{2}(-1)^{2k+1} = -\frac{1}{2}
\end{aligned} \tag{4.99}$$

为异号. 显然, 这时有

$$\Gamma^{l+m}\hat{\alpha} = -\hat{\alpha}. \tag{4.100}$$

根据 (4.95)~(4.98) 可得

$$\begin{aligned}\Gamma^l\hat{\alpha}&=(-\alpha_{l+2k+1},-\alpha_{l+2k+2},\cdots,-\alpha_{2l+2k},\ \alpha_0,\ \alpha_1,\ \cdots,\ \alpha_{2k},\ \alpha_{2k+1},\cdots,\alpha_{l+2k}),\\ \Gamma^m\hat{\alpha}&=(-\alpha_l,\ -\alpha_{l+1},\ \cdots,-\alpha_{2l-1},\ -\alpha_{2l},-\alpha_{2l+1},\cdots,-\alpha_{2l+2k},\alpha_0,\ \cdots,\alpha_{l-1})\\ &=(-\alpha_l,\ -\alpha_{l+1},\ \cdots,-\alpha_{2l-1},\ \alpha_0,\ \alpha_1,\ \cdots,\ \alpha_{2k},\ \alpha_0,\ \cdots,\alpha_{l-1}).\end{aligned}$$

于是,

$$\Gamma^m\hat{\alpha}-\Gamma^l\hat{\alpha}=(1,0,\cdots,0). \tag{4.101}$$

之后利用上述向量 $\hat{\alpha}$, 令

$$Lx=-P^{-2n}\sum_{j=0}^{2l+2k}\alpha_j x^{(2n)}(t-j).$$

在 $\tilde{X}$ 上构造泛函

$$\Phi(x)=\frac{1}{2}\langle Lx,x\rangle+\int_0^{2(l+m)}F(x(t))dt, \tag{4.102}$$

其中,

$$\langle x,y\rangle:=\int_0^{2(l+m)}(P^{2n}x(t),y(t))dt.$$

同时 (4.102) 也可直接写成

$$\begin{aligned}\Phi(x)&=\int_0^{2(l+m)}\left[-\frac{1}{2}\left(\sum_{j=0}^{2l+2k}\alpha_j x^{(2n)}(t-j),x(t)\right)+F(x(t))\right]dt\\ &=\int_0^{2(l+m)}\left[\frac{(-1)^{n+1}}{2}\left(\sum_{j=0}^{2l+2k}\alpha_j x^{(n)}(t-j),x^{(n)}(t)\right)+F(x(t))\right]dt. \end{aligned}\tag{4.103}$$

引理 4.7　(4.102) 给出的泛函连续可微, 其微分可表示为

$$\begin{aligned}\langle\Phi'(x),y\rangle&=\left\langle Lx+P^{-2n}f(x),y\right\rangle\\ &=\int_0^{l+m}\left(-\sum_{j=0}^{2l+2k}\alpha_j x^{(2n)}(t-j)+f(x(t)),x(t)\right)dt. \end{aligned}\tag{4.104}$$

证明　利用 (4.102) 的积分形式 (4.103) 给出证明. 任取

$$x=\sum_{i=1}^{\infty}x_i(t)\in\tilde{X},\quad x_i(t)=a_i\cos\frac{(2i-1)\pi t}{l+m}+b_i\sin\frac{(2i-1)\pi t}{l+m}\in\tilde{X}(i).$$

我们有

$$\begin{aligned}
&\sum_{j=0}^{2l+2k}\alpha_j x(t-j)\\
=&\sum_{j=0}^{2l+2k}\alpha_j\sum_{i=1}^{\infty}x_i(t-j)\\
=&\sum_{i=1}^{\infty}\sum_{j=0}^{2l+2k}\alpha_j x_i(t-j)\\
=&\sum_{i=1}^{\infty}\sum_{j=0}^{2l+2k}\alpha_j\left[x_i(t)\cos\frac{(2i-1)j\pi}{l+m}-(\Omega x_i)(t)\sin\frac{(2i-1)j\pi}{l+m}\right]\\
=&\sum_{i=1}^{\infty}\left[x_i(t)\sum_{j=0}^{2l+2k}\alpha_j\cos\frac{(2i-1)j\pi}{l+m}-(\Omega x_i)(t)\sum_{j=0}^{2l+2k}\alpha_j\sin\frac{(2i-1)j\pi}{l+m}\right].
\end{aligned}$$

于是易得

$$\begin{aligned}
&\sum_{j=0}^{2l+2k}\alpha_j x^{(2n)}(t-j)\\
=&\sum_{i=1}^{\infty}\left[x_i^{(2n)}(t)\sum_{j=0}^{2l+2k}\alpha_j\cos\frac{(2i-1)j\pi}{l+m}-(\Omega x_i^{(2n)})(t)\sum_{j=0}^{2l+2k}\alpha_j\sin\frac{(2i-1)j\pi}{l+m}\right],
\end{aligned}$$

利用

$$\int_0^{2(l+m)}\left(x_i^{(2n)}(t),(\Omega x_i^{(2n)})(t)\right)dt=0$$

有

$$\begin{aligned}
&\int_0^{2(l+m)}\left(\sum_{j=0}^{2l+2k}\alpha_j x^{(2n)}(t-j),x(t)\right)dt\\
=&\int_0^{2(l+m)}\left(\sum_{i=1}^{\infty}x_i^{(2n)}(t)\sum_{j=0}^{2l+2k}\alpha_j\cos\frac{(2i-1)j\pi}{l+m},\sum_{i=1}^{\infty}x_i(t)\right)dt\\
=&\sum_{i=1}^{\infty}\int_0^{2(l+m)}\left(x_i^{(2n)}(t)\sum_{j=0}^{2l+2k}\alpha_j\cos\frac{(2i-1)j\pi}{l+m},x_i(t)\right)dt.
\end{aligned}$$

记

$$y=x^{(n)},\quad |\hat{\alpha}|=\sum_{j=0}^{2l+2k}|\alpha_j|,$$

$$\hat{L}(t,x,y)=\frac{(-1)^{n+1}}{2}\left(\sum_{j=0}^{2l+2k}\alpha_j x^{(n)}(t-j),x^{(n)}(t)\right)+F(x(t)),$$

则

$$|\hat{L}(t,x,y)|\leqslant\frac{1}{2}|\hat{\alpha}|\cdot|y|^2+F(x),$$
$$|\hat{L}_x(t,x,y)|\leqslant|f(x)|,$$
$$|\hat{L}_y(t,x,y)|\leqslant|\hat{\alpha}|\cdot|y|.$$

令

$$p=q=2,\quad a(|x|)=\sup\{|f(x)|,|f(-x)|,|F(x)|,|F(-x)|\},$$

根据定理 1.6 可得泛函的可微性, 且微分由 (4.104) 给出.

引理 4.8 设 $x\in\tilde{X}$ 是泛函 (4.102) 的一个临界点, 则 x 是方程 (4.70) 的一个 $2(l+m)$-周期解, 从而它是方程在 $\left(x,x^{(2n)}\right)$-相空间中的一个 $2(l+m)$-周期轨道.

证明 设 $x\in\hat{X}$ 是泛函 (4.102) 的一个临界点, 由引理 4.7 知, x 满足

$$Lx+P^{-2n}f(x)=0,$$

即

$$-\sum_{j=0}^{2l+2k}\alpha_j x^{(2n)}(t-j)+f(x(t))=0,\quad \text{a.e.}\quad t\in[0,2(l+m)].$$

由 f,x 的连续性, 得 $(f\cdot x)(t)=f(x(t))$ 关于 t 的连续性和 $2(l+m)$-周期性, 故有

$$-\sum_{j=0}^{2l+2k}\alpha_j x^{(2n)}(t-j)=-f(x(t)),\quad t\in\mathbb{R}.\tag{4.105}$$

记

$$\vec{\alpha}=-(\alpha_0,\alpha_1,\cdots,\alpha_{2l+2k}),M=\left(M_0,M_{-\frac{1}{l+m}},\cdots,M_{-\frac{2l+2k}{l+m}}\right),$$

则 (4.105) 可表示为

$$(\vec{\alpha}\cdot M)x^{(2n)}(t)=-f(x(t)),\tag{4.106}$$

上式两边分别用移位算子 $M_{-\frac{l}{m+l}}$ 和 $M_{-\frac{m}{m+l}}$ 作用, 则有

$$(\Gamma^l\vec{\alpha}\cdot M)x^{(2n)}(t)=-f(x(t-l)),\tag{4.107}$$
$$(\Gamma^m\vec{\alpha}\cdot M)x^{(2n)}(t)=-f(x(t-m)),\tag{4.108}$$

两式相减得 $((\Gamma^l-\Gamma^m)\vec{\alpha}\cdot M)x^{(2n)}(t)=-f(x(t-l))+f(x(t-m))$. 由 (4.100) 可知 $(\Gamma^l-\Gamma^m)\vec{\alpha}=(1,0,\cdots,0)$, 故有

$$x^{(2n)}(t)=-f(x(t-l))+f(x(t-m)),\quad t\in\mathbb{R},$$

于是 x 为方程 (4.70) 的 $2(l+m)$-周期解, 且是古典解, 它在 $\left(x,x^{(2n)}\right)$-相空间中的轨道为 $2(l+m)$-周期轨道.

4.3.3.2　周期轨道个数的估计

我们还是依据定理 2.17 对方程 (4.70) 的周期轨道作个数估计. 为此就 $x_i(t)=a_i\cos\dfrac{(2i-1)\pi t}{l+m}+b_i\sin\dfrac{(2i-1)\pi t}{l+m}\in\tilde{X}(i)$ 计算

$$\begin{aligned}
\frac{1}{2}\langle Lx_i,x_i\rangle&=\frac{1}{2}\int_0^{2(l+m)}\left(-x_i^{(2n)}(t)\sum_{j=1}^{2l+2k}\alpha_j\cos\frac{(2i-1)j\pi}{l+m},x_i(t)\right)dt\\
&=\frac{(-1)^{n+1}}{2}\left(\frac{(2i+1)\pi}{l+m}\right)^{2n}\\
&\quad\cdot\int_0^{2(l+m)}\left(x_i(t)\sum_{j=0}^{2l+2k}\alpha_j\cos\frac{(2i-1)j\pi}{l+m},x_i(t)\right)dt\\
&=\frac{(-1)^{n+1}}{2}\left(\frac{\pi}{l+m}\right)^{2n}\left(\sum_{j=0}^{2l+2k}\alpha_j\cos\frac{(2i-1)j\pi}{l+m}\right)\\
&\quad\cdot\int_0^{2(l+m)}\left((2i-1)^{2n}x_i(t),x_i(t)\right)dt\\
&=\frac{(-1)^{n+1}}{2}\left(\frac{\pi}{l+m}\right)^{2n}\left(\sum_{j=0}^{2l+2k}\alpha_j\cos\frac{(2i-1)j\pi}{l+m}\right)||x_i||^2,
\end{aligned}$$

$$\begin{aligned}
\frac{1}{2}\left\langle\beta P^{-2n}x_i,x_i\right\rangle&=\frac{\beta}{2}i^{-2n}\left\langle x_i,x_i\right\rangle=\frac{1}{2}\beta i^{-2n}||x_i||^2,\\
\frac{1}{2}\left\langle\alpha P^{-2n}x_i,x_i\right\rangle&=\frac{\alpha}{2}i^{-2n}\left\langle x_i,x_i\right\rangle=\frac{1}{2}\alpha i^{-2n}||x_i||^2,
\end{aligned}$$

记 $\gamma(i)=\left(\sum\limits_{j=0}^{2l+2k}\alpha_j\cos\dfrac{(2i-1)j\pi}{l+m}\right)$, 则有 $\gamma(i+l+m)=\gamma(i)$. 于是,

$$\frac{1}{2}\left\langle Lx_i+\beta P^{-2n}x_i,x_i\right\rangle=\frac{1}{2i^{2n}}\left[(-)^{n+1}\left(\frac{\pi}{l+m}\right)^{2n}i^2\gamma(i)+\beta\right]||x_i||^2,$$

$$\frac{1}{2}\left\langle Lx_i+\alpha P^{-2n}x_i,x_i\right\rangle=\frac{1}{2i^{2n}}\left[(-1)^{n+1}\left(\frac{\pi}{l+m}\right)^{2n}i^2\gamma(i)+\alpha\right]||x_i||^2.$$

考虑到 $\gamma(i)$ 的 $2l+2k+1$-周期性, 将 (4.93) 表示为

$$\tilde{X}=\sum_{i=0}^{\infty}\sum_{s=1}^{2l+2k+1}\tilde{X}(i(2l+2k+1)+s). \tag{4.109}$$

进一步令

$$\tilde{X}_s=\sum_{i=0}^{\infty}\tilde{X}(i(2l+2k+1)+s),\quad s=1,2,\cdots,2l+2k+1,$$

则有

$$\tilde{X}=\sum_{s=1}^{2l+2k+1}\tilde{X}_s. \tag{4.110}$$

对 $s\in\{1,2,\cdots,2l+2k+1\}$, 记

$$\tilde{X}^{+}_{\infty,s}=\Bigg\{\tilde{X}(i(2l+2k+1)+s):$$
$$(-1)^n(2i(2l+2k+1)+2s-1)^{2n}\left(\frac{\pi}{l+m}\right)^{2n}\gamma(s)>-\beta\Bigg\}$$

$$\tilde{X}^{0}_{\infty,s}=\Bigg\{\tilde{X}(i(2l+2k+1)+s):$$
$$(-1)^n(2i(2l+2k+1)+2s-1)^{2n}\left(\frac{\pi}{l+m}\right)^{2n}\gamma(s)=-\beta\Bigg\}$$

$$\tilde{X}^{-}_{\infty,s}=\Bigg\{\tilde{X}(i(2l+2k+1)+s):$$
$$(-1)^n(2i(2l+2k+1)+2s-1)^{2n}\left(\frac{\pi}{l+m}\right)^{2n}\gamma(s)<-\beta\Bigg\}$$

$$\tilde{X}^{+}_{0,s}=\Bigg\{\tilde{X}(i(2l+2k+1)+s):$$
$$(-1)^n(2i(2l+2k+1)+2s-1)^{2n}\left(\frac{\pi}{l+m}\right)^{2n}\gamma(s)>-\alpha\Bigg\}$$

$$\tilde{X}^{0}_{0,s}=\Bigg\{\tilde{X}(i(2l+2k+1)+s):$$
$$(-1)^n(2i(2l+2k+1)+2s-1)^{2n}\left(\frac{\pi}{l+m}\right)^{2n}\gamma(s)=-\alpha\Bigg\}$$

$$\tilde{X}_{0,s}^{-}=\Big\{\tilde{X}(i(2l+2k+1)+s):$$
$$(-1)^n(2i(2l+2k+1)+2s-1)^{2n}\left(\frac{\pi}{l+m}\right)^{2n}\gamma(s)<-\alpha\Big\},$$

和 4.3.2 节中一样可得

$$\dim\left(\tilde{X}_s^+\cap\tilde{X}_s^-\right)-\mathrm{cod}_{\tilde{X}_s}\left(\tilde{X}_s^+\cup\tilde{X}_s^-\right)=\dim\tilde{X}_s^++\dim\tilde{X}_s^--\dim\tilde{X}_s\ .$$

记

$$\tilde{N}_s(\alpha,\beta)=\mathrm{card}\Big\{i\geqslant 0:-\beta<(-1)^n(2i(2l+2k+1)+2s-1)^{2n}$$
$$\cdot\left(\frac{\pi}{l+m}\right)^{2n}\gamma(s)<-\alpha\Big\},\tag{4.111}$$
$$\tilde{N}_s(\beta,\alpha)=\mathrm{card}\Big\{i\geqslant 0:\alpha<(-1)^n(2i(2l+2k+1)+2s-1)^{2n}$$
$$\cdot\left(\frac{\pi}{l+m}\right)^{2n}\gamma(s)<\beta\Big\}.\tag{4.112}$$

又记

$$\tilde{N}_s^0(\beta)=\begin{cases}1, & \Big\{i\geqslant 0:(-1)^{n+1}(2i(2l+2k+1)+2s-1)^{2n}\\ & \quad\cdot\left(\frac{\pi}{l+m}\right)^{2n}\gamma(s)+\beta=0\Big\}\neq\varnothing,\\ 0, & \Big\{i\geqslant 0:(-1)^{n+1}(2i(2l+2k+1)+2s-1)^{2n}\\ & \quad\cdot\left(\frac{\pi}{l+m}\right)^{2n}\gamma(s)+\beta=0\Big\}=\varnothing,\end{cases}\tag{4.113}$$

$$\tilde{N}_s^0(\alpha)=\begin{cases}1, & \Big\{i\geqslant 0:(-1)^{n+1}(2i(2l+2k+1)+2s-1)^{2n}\\ & \quad\cdot\left(\frac{\pi}{l+m}\right)^{2n}\gamma(s)+\alpha=0\Big\}\neq\varnothing,\\ 0, & \Big\{i\geqslant 0:(-1)^{n+1}(2i(2l+2k+1)+2s-1)^{2n}\\ & \quad\cdot\left(\frac{\pi}{l+m}\right)^{2n}\gamma(s)+\alpha=0\Big\}=\varnothing,\end{cases}\tag{4.114}$$

$$\tilde{N}^0(\beta)=\sum_{s=1}^{2l+2k+1}\tilde{N}_s^0(\beta),\quad \tilde{N}^0(\alpha)=\sum_{s=1}^{2l+2k+1}\tilde{N}_s^0(\alpha).\tag{4.115}$$

和定理 4.1~定理 4.3 一样可证下列定理.

定理 4.13 设 (S_1) 和 (S_2) 成立, 则当

$$\tilde{m} = \max\{\tilde{N}(\alpha,\beta), \tilde{N}(\beta,\alpha)\} > 0$$

时, 方程 (4.69) 至少有 $\tilde{m}$ 个几何上不同的 $2(l+m)$-周期轨道.

定理 4.14 设 (S_1), (S_2), (S_3^+) 和 (S_4^-) 成立, 则当

$$\tilde{m} = \tilde{N}(\alpha,\beta) + \tilde{N}^0(\alpha) + \tilde{N}^0(\beta) > 0$$

时, 方程 (4.69) 至少有 $\tilde{m}$ 个几何上不同的 $2(l+m)$-周期轨道.

定理 4.15 设 (S_1), (S_2), (S_3^-) 和 (S_4^+) 成立, 则当

$$\tilde{m} = \tilde{N}(\beta,\alpha) + \tilde{N}^0(\alpha) + \tilde{N}^0(\beta) > 0$$

时, 方程 (4.69) 至少有 $\tilde{m}$ 个几何上不同的 $2(l+m)$-周期轨道.

4.3.4 定理 4.11 和定理 4.14 的示例

现在分别讨论 4 阶时滞微分方程

$$x^{(4)}(t) = -f(x(t-1)) - f(x(t-4)) \tag{4.116}$$

的 5-周期轨道和

$$x^{(4)}(t) = -f(x(t-1)) + f(x(t-5)) \tag{4.117}$$

满足 $x(t-5) = -x(t)$ 的 10-周期轨道, 其中,

$$f(x) = \left(-8\pi^4 x - 3x^3\right)\left(1-\tanh^2 x\right) + \left(\frac{5\pi^4}{2}x + 2x^{\frac{1}{3}}\right)\tanh^2 x, \tag{4.118}$$

$$\alpha = \lim_{x\to 0}\frac{f(x)}{x} = -8\pi^4, \quad \beta = \lim_{x\to\infty}\frac{f(x)}{x} = \frac{5\pi^4}{2}. \tag{4.119}$$

此外, 对方程 (4.117) 而言, 还要求

$$f(-x) = -f(x). \tag{4.120}$$

首先讨论方程 (4.116) 的 5-周期轨道. 因为 $n=2, l+m=5$, 这时,

$$(-1)^n\gamma(i) = \left(\sum_{j=0}^{4}\alpha_j\cos\frac{2ij\pi}{l+m}\right), \quad \vec{\alpha} = \left(\frac{1}{2}, \frac{1}{2}, -\frac{1}{2}, -\frac{1}{2}, \frac{1}{2}\right),$$

故

$$\gamma(1) = \frac{1}{2}\left(1+\cos\frac{2\pi}{5} - \cos\frac{4\pi}{5} - \cos\frac{6\pi}{5} + \cos\frac{8\pi}{5}\right) = \frac{1}{2}\csc\frac{\pi}{10} = 1.618,$$

$$\gamma(2) = \frac{1}{2}\left(1 + \cos\frac{4\pi}{5} - \cos\frac{8\pi}{5} - \cos\frac{12\pi}{5} + \cos\frac{16\pi}{5}\right) = 1 - \frac{1}{2}\csc\frac{\pi}{10} = -0.618,$$
$$\gamma(3) = \frac{1}{2}\left(1 + \cos\frac{6\pi}{5} - \cos\frac{12\pi}{5} - \cos\frac{18\pi}{5} + \cos\frac{24\pi}{5}\right) = 1 - \frac{1}{2}\csc\frac{\pi}{10} = -0.618,$$
$$\gamma(4) = \frac{1}{2}\left(1 + \cos\frac{8\pi}{5} - \cos\frac{16\pi}{5} - \cos\frac{24\pi}{5} + \cos\frac{32\pi}{5}\right) = \frac{1}{2}\csc\frac{\pi}{10} = 1.618,$$
$$\gamma(5) = \frac{1}{2}\left(1 + \cos\frac{10\pi}{5} - \cos\frac{20\pi}{5} - \cos\frac{30\pi}{5} + \cos\frac{40\pi}{5}\right) = \frac{1}{2} = 0.500.$$

可知

$$N_1(\alpha,\beta) = \mathrm{card}\left\{i \geqslant 0 : -\frac{5}{2}\pi^4 < 1.618(5i+1)^4\left(\frac{2\pi}{5}\right)^4 < 8\pi^4\right\} = 1,$$
$$N_2(\alpha,\beta) = \mathrm{card}\left\{i \geqslant 0 : -\frac{5}{2}\pi^4 < -0.618(5i+2)^4\left(\frac{2\pi}{5}\right)^4 < 8\pi^4\right\} = 1,$$
$$N_3(\alpha,\beta) = \mathrm{card}\left\{i \geqslant 0 : -\frac{5}{2}\pi^4 < -0.618(5i+3)^4\left(\frac{2\pi}{5}\right)^4 < 8\pi^4\right\} = 1,$$
$$N_4(\alpha,\beta) = \mathrm{card}\left\{i \geqslant 0 : -\frac{5}{2}\pi^4 < 1.618(5i+4)^4\left(\frac{2\pi}{5}\right)^4 < 8\pi^4\right\} = 1,$$
$$N_5(\alpha,\beta) = \mathrm{card}\left\{i \geqslant 0 : -\frac{5}{2}\pi^4 < 0.500(5i+5)^4\left(\frac{2\pi}{5}\right)^4 < 8\pi^4\right\} = 0.$$

因此有 $N(\alpha,\beta) = 4$. 同时可知, $N^0(\beta) = N^0(\alpha) = 0$, 故

$$\hat{m} = N(\alpha,\beta) = 4 > 0.$$

由定理 4.11 知, 方程 (4.116) 至少有 4 个各不相同的 5 周期轨道.

现在讨论方程 (4.117) 的 10-周期轨道. 因为 $n = 2, l + m = 5$, 这时 $(-1)^{n+1}$ $\gamma(i) = \left(\sum_{j=0}^{4}\alpha_j\cos\frac{(2i-1)j\pi}{5}\right)$, $\vec{\alpha} = -\left(\frac{1}{2}, -\frac{1}{2}, -\frac{1}{2}, \frac{1}{2}, \frac{1}{2}\right)$, 故

$$\gamma(1) = \frac{1}{2}\left(-1 + \cos\frac{1\pi}{5} + \cos\frac{2\pi}{5} - \cos\frac{3\pi}{5} - \cos\frac{4\pi}{5}\right) = -1 + \frac{1}{2}\csc\frac{\pi}{10} = 0.618,$$
$$\gamma(2) = \frac{1}{2}\left(-1 + \cos\frac{3\pi}{5} + \cos\frac{6\pi}{5} - \cos\frac{9\pi}{5} - \cos\frac{12\pi}{5}\right) = -\frac{1}{2}\csc\frac{\pi}{10} = -1.618,$$
$$\gamma(3) = \frac{1}{2}\left(-1 + \cos\frac{5\pi}{5} + \cos\frac{10\pi}{5} - \cos\frac{15\pi}{5} - \cos\frac{20\pi}{5}\right) = -\frac{1}{2} = -0.500,$$

$$\gamma(4) = \frac{1}{2}\left(-1 + \cos\frac{7\pi}{5} + \cos\frac{14\pi}{5} - \cos\frac{21\pi}{5} - \cos\frac{28\pi}{5}\right) = -\frac{1}{2}\csc\frac{\pi}{10} = -1.618$$

$$\gamma(5) = \frac{1}{2}\left(-1 + \cos\frac{9\pi}{5} + \cos\frac{18\pi}{5} - \cos\frac{27\pi}{5} - \cos\frac{36\pi}{5}\right)$$
$$= -1 + \frac{1}{2}\csc\frac{\pi}{10} = 0.618,$$

可知

$$\tilde{N}_1(\alpha,\beta) = \operatorname{card}\left\{i : -\frac{5\pi^4}{2} < 0.618(10i+1)^4\left(\frac{\pi}{5}\right)^4 < 8\pi^4\right\} = 1,$$

$$\tilde{N}_2(\alpha,\beta) = \operatorname{card}\left\{i : -\frac{5\pi^4}{2} < -1.618(10i+3)^4\left(\frac{\pi}{5}\right)^4 < 8\pi^4\right\} = 1,$$

$$\tilde{N}_3(\alpha,\beta) = \operatorname{card}\left\{i : -\frac{5\pi^4}{2} < -0.500(10i+5)^4\left(\frac{\pi}{5}\right)^4 < 8\pi^4\right\} = 1,$$

$$\tilde{N}_4(\alpha,\beta) = \operatorname{card}\left\{i : -\frac{5\pi^4}{2} < -1.618(10i+7)^4\left(\frac{\pi}{5}\right)^4 < 8\pi^4\right\} = 0,$$

$$\tilde{N}_5(\alpha,\beta) = \operatorname{card}\left\{i : -\frac{5\pi^4}{2} < 0.618(10i+9)^4\left(\frac{\pi}{5}\right)^4 < 8\pi^4\right\} = 1,$$

因此有 $\tilde{N}(\alpha,\beta) = 4$. 同时可知, $\tilde{N}^0(\beta) = \tilde{N}^0(\alpha) = 0$, 故

$$\hat{m} = \tilde{N}(\alpha,\beta) = 4.$$

由定理 4.14 知, 方程 (4.117) 至少有 4 个各不相同的 10-周期轨道.

4.4 非 Kaplan-Yorke 型 $2n$-阶多滞量微分方程的周期轨道 (1)

以上所研究的时滞微分方程, 无论是多滞量的还是双滞量的, 不同滞量的变量都蕴含在彼此相加的形式相同的非线性项中, 我们称之为**滞量分离型方程**, 或 Kaplan-Yorke **型方程**. 本节及其后各节, 我们将讨论变量的不同滞后状态出现在同一个非线性函数中的情况, 即**滞量非分离型**, 或称非 Kaplan-Yorke **型方程**的情况:

$$x^{(2n)}(t) = -f(x(t), x(t-1), \cdots, x(t-m)), \quad n \geqslant 2. \tag{4.121}$$

研究此方程多重周期轨道的存在条件, 其中 $f \in C^1(\mathbb{R}^{m+1}, \mathbb{R})$. 方程 (4.121) 与方程 (4.69) 和 (4.70) 相比, 有更广的适用范围. 记

$$x_i = x(t-i), \quad i = 0, 1, \cdots, m, \quad z = (x_0, x_1, \cdots, x_m), f(z) = f(x_0, x_1, \cdots, x_m), \tag{4.122}$$

记 $|z|=\sqrt{\sum\limits_{i=0}^{m}|x_i|^2}$. 本章将根据以下 3 种不同情况讨论方程 (4.121) 周期轨道的多重性.

情况 1 假设 $m\geqslant 1$,

$$
\begin{gathered}
f(z)=\alpha x_0+\beta\sum_{i=1}^{m}x_i+\psi(z)=\delta x_0+\gamma\sum_{i=1}^{m}x_i+\varepsilon(z),\\
\lim_{|z|\to\infty}\frac{|\psi(z)|}{|z|}=0,\quad \lim_{|z|\to 0}\frac{|\varepsilon(z)|}{|z|}=0,\\
\psi(z)=\psi\left(\sum_{i=0}^{m}x_i\right),\quad \varepsilon(z)=\varepsilon\left(\sum_{i=0}^{m}x_i\right).
\end{gathered}
\tag{4.123}
$$

情况 2 假设 $m=2k-1,k\geqslant 2$,

$$
\begin{gathered}
f(z)=\alpha x_0+\beta\sum_{i=1}^{2k-1}(-1)^{i+1}x_i+\psi(z)=\delta x_0+\gamma\sum_{i=1}^{2k-1}(-1)^{i+1}x_i+\varepsilon(z),\\
\lim_{|z|\to\infty}\frac{|\psi(z)|}{|z|}=0,\quad \lim_{|z|\to 0}\frac{|\varepsilon(z)|}{|z|}=0,\\
\psi(z)=\psi\left(\sum_{i=0}^{2k-1}(-1)^{i+1}x_i\right),\quad \varepsilon(z)=\varepsilon\left(\sum_{i=0}^{2k-1}(-1)^{i+1}x_i\right).
\end{gathered}
\tag{4.124}
$$

情况 3 假设 $m=2k,k\geqslant 1$,

$$
\begin{gathered}
f(z)=\alpha x_0+\beta\sum_{i=1}^{2k}(-1)^{i+1}x_i+\psi(z)=\delta x_0+\gamma\sum_{i=1}^{2k}(-1)^{i+1}x_i+\varepsilon(z),\\
\lim_{|z|\to\infty}\frac{|\psi(z)|}{|z|}=0,\quad \lim_{|z|\to 0}\frac{|\varepsilon(z)|}{|z|}=0,\\
\psi(z)=\psi\left(\sum_{i=0}^{2k}(-1)^{i+1}x_i\right),\quad \varepsilon(z)=\varepsilon\left(\sum_{i=0}^{2k}(-1)^{i+1}x_i\right).
\end{gathered}
\tag{4.125}
$$

以上各种情况均设 $f(-z)=-f(z)$.

满足以上要求的函数 $f(z)$, 在情况 1 中可举如下函数为例.

$$
f(z)=\frac{\delta x_0+\gamma\sum\limits_{i=1}^{m}x_i+\left(\alpha x_0+\beta\sum\limits_{i=1}^{m}x_i\right)|z|^2}{1+|z|^2}+E(z)
\tag{4.126}
$$

其中 $z=\sum\limits_{i=1}^{m}x_i$, $\lim\limits_{|z|\to 0}\dfrac{|E(z)|}{|z|}=\lim\limits_{|z|\to\infty}\dfrac{|E(z)|}{|z|}=0$. 这时记

$$\varepsilon(z)=E(z)+\frac{\left((\alpha-\delta)x_0+(\beta-\gamma)\sum\limits_{i=1}^{m}x_i\right)|z|^2}{1+|z|^2},$$

$$\psi(z)=E(z)+\frac{(\delta-\alpha)x_0+(\gamma-\beta)\sum\limits_{i=1}^{m}x_i}{1+|z|^2},$$

则有 $\lim\limits_{|z|\to\infty}\dfrac{|\psi(z)|}{|z|}=0$, $\lim\limits_{|z|\to 0}\dfrac{|\varepsilon(z)|}{|z|}=0$. 于是 (4.126) 中的函数 $f(z)$ 满足 (4.123) 中的要求. 其他情况也可列举类似例子.

4.4.1 预备引理

为了构建与方程 (4.121) 相适应的泛函, 使泛函的临界点对应方程的周期解, 首先需要研究：给定函数向量

$$(f_0(z),f_1(z),\cdots,f_m(z)),\quad f_i\in C^1(\mathbb{R}^{m+1},\mathbb{R}),$$

满足

$$\frac{\partial f_i}{\partial x_j}=\frac{\partial f_j}{\partial x_i},\quad 0\leqslant i<j\leqslant m \tag{4.127}$$

时, 如何确定一个可微函数 $F(z)=F(x_0,x_1,\cdots,x_m)$, 使它满足

$$\nabla F(z)=\nabla F(x_0,x_1,\cdots,x_m)=(f_0(z),f_1(z),\cdots,f_m(z)), \tag{4.128}$$

其中,

$$f_i(z)=f_i(x_0,x_1,\cdots,x_m),\quad i=0,1,\cdots,m.$$

我们定义

$$F(z)=\int_0^{x_0}f_0(s,x_1,\cdots,x_m)ds+\sum_{i=1}^{m-1}\int_0^{x_i}f_i(0,\cdots,0,s,x_{i+1},\cdots,x_m)ds$$
$$+\int_0^{x_m}f_m(0,\cdots,0,s)ds. \tag{4.129}$$

引理 4.9 假设条件 (4.127) 成立, 则由 (4.129) 定义的函数满足 (4.128) 的要求.

证明 首先,

$$\frac{\partial F}{\partial x_0} = f_0(x_0, x_1, \cdots, x_m) = f_0(z) \tag{4.130}$$

显然成立. 对 $\forall k \in \{1, 2, \cdots, m\}$, 我们有

$$\begin{aligned}
&\frac{\partial F(z)}{\partial x_k} \\
&= \frac{\partial}{\partial x_k}\int_0^{x_0} f_0(s, x_1, \cdots, x_m)ds + \sum_{l=1}^{k-1}\frac{\partial}{\partial x_k}\int_0^{x_l} f_l(0, \cdots, 0, s, x_{l+1}, \cdots, x_m)ds \\
&\quad + \frac{\partial}{\partial x_k}\int_0^{x_k} f_l(0, \cdots, 0, s, x_{k+1}, \cdots, x_m)ds \\
&= \int_0^{x_0}\frac{\partial}{\partial x_0} f_k(s, x_1, \cdots, x_m)ds + \sum_{l=1}^{k-1}\int_0^{x_l}\frac{\partial}{\partial x_l} f_k(0, \cdots, 0, s, x_{l+1}, \cdots, x_m)ds \\
&\quad + f_k(0, \cdots, 0, 0, x_k, \cdots, x_m) \\
&= f_k(x_0, x_1, \cdots, x_{k+1}, \cdots, x_m) - f_k(0, x_1, \cdots, x_{k+1}, \cdots, x_m) \\
&\quad + \sum_{l=1}^{k-1}[f_k(0, \cdots, 0, x_l, x_{l+1}, \cdots, x_m) - f_k(0, \cdots, 0, 0, x_{l+1}, \cdots, x_m)] \\
&\quad + f_k(0, \cdots, 0, 0, x_k, \cdots, x_m) \\
&= f_k(x_0, x_1, \cdots, x_k, \cdots, x_m).
\end{aligned} \tag{4.131}$$

当取 $k = m$, 即知 (4.127) 的条件满足. 引理得证.

引理 4.10 假设条件 (4.127) 成立, 且

$$f_i(z) = g_i(z) + h_i(z), \quad i = 0, 1, \cdots, m,$$

且 $(g_0(x), g_1(x), \cdots, g_m(x))$ 满足

$$\frac{\partial g_i}{\partial x_j} = \frac{\partial g_j}{\partial x_i}, \quad 0 \leqslant i < j \leqslant m,$$

则 $(h_0(x), h_1(x), \cdots, h_m(x))$ 满足

$$\frac{\partial h_i}{\partial x_j} = \frac{\partial h_j}{\partial x_i}, \quad 0 \leqslant i < j \leqslant m, \tag{4.132}$$

且当 $G(x)$ 满足

$$\nabla G(z) = \nabla G(x_0, x_1, \cdots, x_m) = (g_0(z), g_1(z), \cdots, g_m(z))$$

时, 则 $H(x)=F(x)-G(x)$ 满足

$$\nabla H(z)=\nabla H(x_0,x_1,\cdots,x_m)=(h_0(z),h_1(z),\cdots,h_m(z)). \tag{4.133}$$

此外, 如果

$$\lim_{|z|\to\infty(0)}\frac{|h_i(z)|}{|z|}=0,\quad i=0,1,\cdots,m,$$

成立, 则有

$$\lim_{|z|\to\infty(0)}\frac{|H(z)|}{|z|^2}=0,\quad i=0,1,\cdots,m. \tag{4.134}$$

证明 此引理中 (4.132) 和 (4.133) 的结论显然, 我们对 $|z|\to\infty$ 证结论 (4.134). 在 $|z|\to 0$ 时证法相同, 不作重复.

对任意小 $\varepsilon>0$, 由条件知存在 $D_2>D_1>0$, 当 $|z|>D_1$ 时, $|f_i(z)|<\dfrac{\varepsilon}{m+1}|z|$, 当 $|z|>D_2$ 时, $|f_i(\xi)|<\dfrac{\varepsilon}{m+1}|z|,|\xi|\leqslant D_1$. 故 $|z|>D_2$ 时有

$$|f_i(0,\cdots,0,s,x_{i+1},\cdots,x_m)|\leqslant\frac{\varepsilon}{m+1}|z|.$$

于是由 (4.130) 得

$$|F(z)|\leqslant\frac{\varepsilon}{m+1}|z|(|x_0|+|x_1|+\cdots+|x_m|)\leqslant\varepsilon|z|^2,$$

故 $|z|\to\infty$ 时 (4.134) 成立.

4.4.2 情况 1 中方程 (4.121) 的周期轨道

为讨论方程 (4.121) 在情况 1 时的 $m+1$-周期轨道, 取函数空间

$$X=\mathrm{cl}\left\{\sum_{i=1}^{\infty}\left(a_i\cos\frac{2i\pi t}{m+1}+b_i\sin\frac{2i\pi t}{m+1}\right):a_i,b_i\in\mathbb{R},\sum_{i=1}^{\infty}i^{2n}(a_i^2+b_i^2)<\infty\right\}.$$

这是一个线性空间. 仍记 $z=(x_0,x_1,\cdots,x_m)$, 在 X^{m+1} 上定义内积:

$$\langle z,y\rangle=\langle z,y\rangle_{2n}=\int_0^{m+1}(P^{2n}z(t),y(t))dt,\quad x,y\in X^{m+1}, \tag{4.135}$$

并按 $||z||=\sqrt{\langle z,z\rangle}$ 定义范数, 则 $(X^{m+1},||\cdot||)$ 为 H^n 空间. 与此同时我们记

$$\langle z,y\rangle_0=\int_0^{m+1}(z(t),y(t))dt,\quad x,y\in X^{m+1}, \tag{4.136}$$

定义 $||z||_0=\sqrt{\langle z,z\rangle_0}$.

对 $f(z) = f(x_0, x_1, \cdots, x_m)$, 规定

$$f_i(z) = f(x_i, x_{i+1}, \cdots, x_m, x_0, \cdots, x_{i-1}), \quad i = 0, 1, \cdots, m, \tag{4.137}$$

并假定条件 (4.122) 和 (4.127) 成立. 这时令

$$g(z) = \alpha x_0 + \beta \sum_{i=1}^{m} x_i, \quad h(z) = \delta x_0 + \gamma \sum_{i=1}^{m} x_i, \tag{4.138}$$

同样可得到 $g_i(z), h_i(z), i = 0, 1, \cdots, m$, 于是有

$$f_i(z) = g_i(z) + \psi_i(z), \quad f_i(z) = h_i(z) + \varepsilon_i(z).$$

易验证, $g_i(z), h_i(z)$ 分别满足 (4.127) 的要求, 即

$$\frac{\partial g_i}{\partial x_j} = \frac{\partial g_j}{\partial x_i}, \quad \frac{\partial h_i}{\partial x_j} = \frac{\partial h_j}{\partial x_i}, \quad 0 \leqslant i < j \leqslant m, \tag{4.139}$$

由引理 4.9 知分别有函数 $G(z), H(z)$, 满足

$$\begin{aligned} \nabla G(z) &= g(z) = (g_0(z), g_1(z), \cdots, g_m(z)), \\ \nabla H(z) &= h(z) = (h_0(z), h_1(z), \cdots, h_m(z)). \end{aligned} \tag{4.140}$$

同时由 (4.139) 及引理 4.10 可知, 存在 $\Psi(z), E(z)$, 满足

$$\nabla \Psi(z) = (\psi_0(z), \psi_1(z), \cdots, \psi_m(z)), \quad \nabla E(z) = (\varepsilon_0(z), \varepsilon_1(z), \cdots, \varepsilon_m(z)).$$

且有

$$\Psi(z) = F(z) - G(z), E(z) = F(z) - H(z), \tag{4.141}$$

在 (4.137) 中, 定义线性算子 $\Pi : \mathbb{R}^{m+1} \to \mathbb{R}^{m+1}$, 使

$$\Pi z = \Pi(x_0, x_1, \cdots, x_m) = (x_1, \cdots, x_m, x_0),$$

于是,

$$\psi_i(z) = \psi(\Pi^i z), \quad \varepsilon_i(z) = \varepsilon(\Pi^i z).$$

这时显然有 $|\Pi^i z| = |z|$. 因此由 (4.123) 中条件可得

$$\lim_{|z|\to\infty} \frac{|\psi_i(z)|}{|z|} = \lim_{|z|\to\infty} \frac{|\psi(\Pi^i z)|}{|\Pi^i z|} = 0, \quad \lim_{|z|\to 0} \frac{|\varepsilon_i(z)|}{|z|} = \lim_{|z|\to 0} \frac{|\varepsilon(\Pi^i z)|}{|\Pi^i z|} = 0.$$

根据引理 4.10, 我们有

$$\lim_{|z|\to\infty} \frac{|\Psi(z)|}{|z|^2} = 0, \quad \lim_{|z|\to 0} \frac{|E(z)|}{|z|^2} = 0. \tag{4.142}$$

同时, 根据 (4.138) 并应用引理 4.9, 可得

$$G(z)=\frac{\alpha}{2}\sum_{i=0}^{m}x_i^2+\beta\sum_{0\leqslant i<j\leqslant m}x_ix_j=\frac{1}{2}\sum_{i=0}^{m}(g_i(z),x_i)=\frac{1}{2}(g(z),z),$$

$$H(z)=\frac{\delta}{2}\sum_{i=0}^{m}x_i^2+\gamma\sum_{0\leqslant i<j\leqslant m}x_ix_j=\frac{1}{2}\sum_{i=0}^{m}(h_i(z),x_i)=\frac{1}{2}(h(z),z). \tag{4.143}$$

我们在 H^n 空间 X^{m+1} 上定义泛函

$$\Phi(z)=\frac{1}{2}\left\langle P^{-2n}z^{(2n)},z\right\rangle+\int_0^{m+1}F(z(t))dt, \tag{4.144}$$

其中, $\left\langle P^{-2n}z^{(2n)},z\right\rangle=\int_0^{m+1}\sum\limits_{i=0}^{m}\left(x_i^{(2n)}(t),x_i(t)\right)dt=\sum\limits_{i=0}^{m}\int_0^{m+1}\left(x_i^{(2n)}(t),x_i(t)\right)dt.$
根据 (4.140) 和 (4.142) 的结果及内积的定义, (4.144) 中的泛函又可表示为

$$\Phi(z)=\frac{1}{2}\left\langle P^{-2n}\left(z^{(2n)}+g(z)\right),z\right\rangle+\int_0^{m+1}\Psi(z(t))dt \tag{4.145}$$

和

$$\Phi(z)=\frac{1}{2}\left\langle P^{-2n}\left(z^{(2n)}+h(z)\right),z\right\rangle+\int_0^{m+1}E(z(t))dt. \tag{4.146}$$

由 (4.138) 和 (4.140) 的定义可知, $g,h:X^{m+1}\to X^{m+1}$ 均为 z 的线性函数.

记

$$L_\infty z=P^{-2n}\left(z^{(2n)}+g(z)\right),\quad L_0z=P^{-2n}\left(z^{(2n)}+h(z)\right),$$

则 $L_\infty=(l_{\infty,0},l_{\infty,1},\cdots,l_{\infty,m}),L_0=(l_{0,0},l_{0,1},\cdots,l_{0,m}):X^{m+1}\to X^{m+1}$ 都是空间 Z 上的自伴线性算子, 其中,

$$l_{\infty,i},l_{0,i}:X^{m+1}\to X,\quad i=0,1,\cdots,m.$$

这时 (4.145) 和 (4.146) 可分别表示为

$$\begin{aligned}\Phi(z)&=\frac{1}{2}\left\langle P^{-2n}z^{(2n)}+g(z),z\right\rangle+\int_0^{m+1}\Psi(z(t))dt\\&=\frac{1}{2}\left\langle L_\infty z,z\right\rangle+\int_0^{m+1}\Psi(z(t))dt\end{aligned} \tag{4.147}$$

和

$$\Phi(z)=\frac{1}{2}\left\langle P^{-2n}\left(z^{(2n)}+h(z)\right),z\right\rangle+\int_0^{m+1}E(z(t))dt$$

$$= \frac{1}{2}\langle L_0 z, z\rangle + \int_0^{m+1} E(z(t))dt, \tag{4.148}$$

$\Phi : X^{m+1} \to \mathbb{R}$ 是一个有界可微泛函.

记

$$X(j) = \left\{ x_{(j)}(t) = a_j \cos\frac{2j\pi}{m+1}t + b_j \sin\frac{2j\pi}{m+1}t : a_j, b_j \in \mathbb{R} \right\},$$

则

$$X = \sum_{i=1}^{\infty} X(i).$$

当 $i \neq j$ 时, $X(i), X(j)$ 是正交的, 且有

$$x_{(j)}(t) \in X(j) \Rightarrow \left(\Omega x_{(j)}\right)(t) \in X(j), \quad \left\langle \Omega x_{(j)}, x_{(j)} \right\rangle = 0. \tag{4.149}$$

对 $x_{(j)}(t) = a_j \cos\frac{2j\pi t}{m+1} + b_j \sin\frac{2j\pi t}{m+1} \in X(j)$, 记

$$Z(j) = \left\{ \left(x_{(j)}(t), x_{(j)}(t-1), \cdots, x_{(j)}(t-m)\right) : x_{(j)}(t) \in X(j) \right\} \subset X(j)^{m+1}.$$

进一步记

$$Z = \sum_{j=1}^{\infty} Z(j) \subset X^{m+1}, \tag{4.150}$$

则 Z 是 X^{m+1} 的闭子空间. 当泛函 (4.147) 和 (4.148) 限制在空间 Z 上时, 我们有

$$\begin{aligned} g_0\left(z_{(j)}\right) &= \alpha x_{(j)}(t) + \beta \sum_{i=1}^{m} x_{(j)}(t-i) \\ &= \left(\alpha + \beta \sum_{i=1}^{m} \cos\frac{2ij\pi}{m+1}\right) x_{(j)}(t) - \beta \sum_{i=1}^{m} \sin\frac{2ij\pi}{m+1} (\Omega x)(t) \\ &= \begin{cases} (\alpha - \beta)\, x_{(j)}(t), & j \neq k(m+1), \\ (\alpha + m\beta)\, x_{(j)}(t), & j = k(m+1), \end{cases} \end{aligned} \tag{4.151}$$

以及

$$\begin{aligned} h_0\left(z_{(j)}\right) &= \delta x_{(j)}(t) + \gamma \sum_{i=1}^{m} x_{(j)}(t-i) \\ &= \left(\delta + \gamma \sum_{i=1}^{m} \cos\frac{2ij\pi}{m+1}\right) x_{(j)}(t) - \gamma \sum_{i=1}^{m} \sin\frac{2ij\pi}{m+1} (\Omega x)(t) \end{aligned}$$

$$= \begin{cases} (\delta-\gamma)x_{(j)}(t), & j \neq k(m+1), \\ (\delta+m\gamma)\, x_{(j)}(t), & j = k(m+1). \end{cases} \tag{4.152}$$

$$P^{-2n}x_{(j)}^{(2n)}(t) = (-1)^n \left(\frac{2\pi}{m+1}\right)^{2n} j^{2n} P^{-2n} x_{(j)}(t), \tag{4.153}$$

$$\begin{aligned} P^{-2n}g\left(z_j(t)\right) &= P^{-2n}\left(g_0\left(x_{(j)}\right), g_1\left(x_{(j)}\right), \cdots, g_m\left(x_{(j)}\right)\right), \\ P^{-2n}h\left(z_j(t)\right) &= P^{-2n}\left(h_0\left(x_{(j)}\right), h_1\left(x_{(j)}\right), \cdots, h_m\left(x_{(j)}\right)\right). \end{aligned}$$

这时,

$$\begin{aligned} \Phi(z) &= \frac{1}{2}\left\langle P^{-2n}z^{(2n)}, z\right\rangle + \int_0^{m+1} F(z(t))dt \\ &= \frac{1}{2}\left\langle P^{-2n}\left(z^{(2n)}+g(z)\right), z\right\rangle + \int_0^{m+1} \Psi(z(t))dt \\ &= \frac{1}{2}\sum_{i=0}^{m}\left\langle P^{-2n}\left(x^{(2n)}(t-i)+g_i(z)\right), x(t-i)\right\rangle + \int_0^{m+1} \Psi(z(t))dt \\ &= \frac{m+1}{2}\left\langle P^{-2n}\left(x^{(2n)}(t)+g_0(z)\right), x(t)\right\rangle + \int_0^{m+1} \Psi(z(t))dt, \end{aligned} \tag{4.154}$$

$$\begin{aligned} \Phi(z) &= \frac{1}{2}\left\langle P^{-2n}z^{(2n)}, z\right\rangle + \int_0^{m+1} F(z(t))dt \\ &= \frac{1}{2}\left\langle P^{-2n}\left(z^{(2n)}+h(z)\right), z\right\rangle + \int_0^{m+1} E(z(t))dt \\ &= \frac{1}{2}\sum_{i=0}^{m}\left\langle P^{-2n}\left(x^{(2n)}(t-i)+h_i(z)\right), x(t-i)\right\rangle + \int_0^{m+1} E(z(t))dt \\ &= \frac{m+1}{2}\left\langle P^{-2n}\left(x^{(2n)}(t)+h_0(z)\right), x(t)\right\rangle + \int_0^{m+1} E(z(t))dt. \end{aligned} \tag{4.155}$$

引理 4.11　在条件 (4.139) 之下, 由 (4.145) 所定义的泛函是连续可微的, 且其临界点可给出

$$z^{(2n)} = -\nabla F(z), \quad z \in Z \tag{4.156}$$

的 $m+1$-周期解.

证明　如果在空间 X^{m+1} 上讨论 (4.144) 所定义泛函的可微性, 则根据 f 的连续可微性可得泛函 Φ 在 X^{m+1} 上的可微性, 从而得到它在闭子空间 Z 上的可微性. 同时, 也可得到 Φ 在 X^{m+1} 上的微分表示

$$\left\langle P^{-2n}z^{(2n)}, y\right\rangle = -\left\langle P^{-2n}\nabla F(z), y\right\rangle, \quad y \in X^{m+1}. \tag{4.157}$$

由于 $y=(y_0,y_1,\cdots,y_m)=(y(t),y(t-1),\cdots,y(t-m))$ 中第一分量 $y_0\in X$ 是任意的, 故有

$$x_0^{(2n)}(t)=f_0(z(t)),$$

即

$$x^{(2n)}(t)=-f_0(x(t),x(t-1),\cdots,x(t-m)),\quad \text{a.e. } t\in[0,m+1].$$

根据 $f_0=f$ 的连续性和 x 的周期性, 进一步得

$$x^{(2n)}(t)=-f_0(x(t),x(t-1),\cdots,x(t-m)),\quad \forall t\in\mathbb{R}.$$

由 f 关于 $x_0,x_1,\cdots,x_m$ 的对称性, 可知

$$\begin{aligned}&x^{(2n)}(t-i)\\=&-f_i(x(t),x(t-1),\cdots,x(t-m))\\=&-f(x(t-i),\cdots,x(t-m),x(t),x(t-1),\cdots,x(t-i+1)),\quad \forall t\in\mathbb{R},\end{aligned}$$

于是 (4.156) 成立.

由上述引理可得以下引理.

引理 4.12 空间 Z 上由 (4.154) 定义的可微泛函, 其临界点的第一个分量是方程 (4.121) 的 $m+1$-周期解.

以下我们在 Z 上计算 $z_0(t)=x(t)\in X(i)$ 时的泛函

$$\begin{aligned}\Phi(z)&=\frac{1}{2}\left\langle P^{-2n}\left(z^{(2n)}+g(z)\right),z\right\rangle+\int_0^{m+1}\Psi(z(t))dt\\&=\begin{cases}\dfrac{1}{2}\left[(-1)^n\left(\dfrac{2i\pi}{m+1}\right)^{2n}+(\alpha-\beta)\right]\langle P^{-2n}z,z\rangle+\displaystyle\int_0^{m+1}\Psi(z(t))dt,\\ \qquad\qquad i\neq k(m+1),\\ \dfrac{1}{2}\left[(-1)^n\left(\dfrac{2i\pi}{m+1}\right)^{2n}+(\alpha+m\beta)\right]\langle P^{-2n}z,z\rangle+\displaystyle\int_0^{m+1}\Psi(z(t))dt,\\ \qquad\qquad i=k(m+1)\end{cases}\\&=\begin{cases}\dfrac{m+1}{2}\left[(-1)^n\left(\dfrac{2\pi}{m+1}\right)^{2n}+(\alpha-\beta)\,i^{-2n}\right]||x||^2+\displaystyle\int_0^{m+1}\Psi(z(t))dt,\\ \qquad\qquad i\neq k(m+1),\\ \dfrac{m+1}{2}\left[(-1)^n\left(\dfrac{2\pi}{m+1}\right)^{2n}+(\alpha+m\beta)\,i^{-2n}\right]||x||^2+\int_0^{m+1}\Psi(z(t))dt,\\ \qquad\qquad i=k(m+1).\end{cases}\end{aligned}\tag{4.158}$$

上式中我们利用了 $\langle x(t-i), x(t-i)\rangle = \langle x(t), x(t)\rangle$ 这一关系.

同样, 对泛函 Φ 的另一种表示是

$$\Phi(z) = \frac{1}{2}\left\langle P^{-2n}\left(z^{(2n)} + g(z)\right), z\right\rangle + \int_0^{m+1} \Psi(z(t))dt$$
$$= \begin{cases} \dfrac{m+1}{2}\left[(-1)^n\left(\dfrac{2\pi}{m+1}\right)^{2n} + (\delta-\gamma)\, i^{-2n}\right]||x||^2 + \displaystyle\int_0^{m+1} E(z(t))dt, \\ \qquad\qquad i \neq k(m+1), \\ \dfrac{m+1}{2}\left[(-1)^n\left(\dfrac{2\pi}{m+1}\right)^{2n} + (\delta+m\gamma)\, i^{-2n}\right]||x||^2 + \displaystyle\int_0^{m+1} E(z(t))dt, \\ \qquad\qquad i = k(m+1). \end{cases} \tag{4.159}$$

我们定义

$$\begin{aligned} X_\infty^+ &= \left\{X(i) : i \neq k(m+1), (-1)^n\left(\frac{2\pi}{m+1}\right)^{2n} i^{2n} + (\alpha-\beta) > 0\right\} \\ &\quad \oplus \left\{X(k(m+1)) : k \geqslant 1, (-1)^n(2\pi)^{2n}k^{2n} + (\alpha+m\beta) > 0\right\}, \\ X_\infty^0 &= \left\{X(i) : i \neq k(m+1), (-1)^n\left(\frac{2\pi}{m+1}\right)^{2n} i^{2n} + (\alpha-\beta) = 0\right\} \\ &\quad \oplus \left\{X(k(m+1)) : k \geqslant 1, (-1)^n(2\pi)^{2n}k^{2n} + (\alpha+m\beta) = 0\right\}, \\ X_\infty^- &= \left\{X(i) : i \neq k(m+1), (-1)^n\left(\frac{2\pi}{m+1}\right)^{2n} i^{2n} + (\alpha-\beta) < 0\right\} \\ &\quad \oplus \left\{X(k(m+1)) : k \geqslant 1, (-1)^n(2\pi)^{2n}k^{2n} + (\alpha+m\beta) < 0\right\}, \end{aligned} \tag{4.160}$$

$$\begin{aligned} X_0^+ &= \left\{X(i) : i \neq k(m+1), (-1)^n\left(\frac{2\pi}{m+1}\right)^{2n} i^{2n} + (\delta-\gamma) > 0\right\} \\ &\quad \oplus \left\{X(k(m+1)) : k \geqslant 1, (-1)^n(2\pi)^{2n}k^{2n} + (\delta+m\gamma) > 0\right\}, \\ X_0^0 &= \left\{X(i) : i \neq k(m+1), (-1)^n\left(\frac{2\pi}{m+1}\right)^{2n} i^{2n} + (\delta-\gamma) = 0\right\} \\ &\quad \oplus \left\{X(k(m+1)) : k \geqslant 1, (-1)^n(2\pi)^{2n}k^{2n} + (\delta+m\gamma) = 0\right\}, \\ X_0^- &= \left\{X(i) : i \neq k(m+1), (-1)^n\left(\frac{2\pi}{m+1}\right)^{2n} i^{2n} + (\delta-\gamma) < 0\right\} \\ &\quad \oplus \left\{X(k(m+1)) : k \geqslant 1, (-1)^n(2\pi)^{2n}k^{2n} + (\delta+m\gamma) < 0\right\}, \end{aligned} \tag{4.161}$$

显然 X_∞^0 和 X_0^0 为有限维空间.

记 Π, N, Z 分别为 X 向 $X_\infty^+, X_\infty^-, X_\infty^0$ 的正投影, 和引理 4.3 一样, 通过证明

引理 4.13 在 (4.123) 的条件下, 存在 $\sigma > 0$ 使

$$\begin{aligned}\langle L_\infty x, x\rangle &> \sigma\|x\|^2, \quad x\in X_\infty^+,\\ \langle L_\infty x, x\rangle &< -\sigma\|x\|^2, \quad x\in X_\infty^-,\end{aligned} \tag{4.162}$$

得出

$$\begin{aligned}\langle L_\infty z, z\rangle &= (m+1)\langle L_\infty x, x\rangle > (m+1)\sigma\|x\|^2 = \sigma\|z\|^2, \quad x\in X_\infty^+,\\ \langle L_\infty z, z\rangle &= (m+1)\langle L_\infty x, x\rangle < -(m+1)\sigma\|x\|^2 = -\sigma\|z\|^2, \quad x\in X_\infty^-.\end{aligned} \tag{4.163}$$

可证 (4.144) 定义的泛函 Φ 满足 (PS)-条件.

以下我们定义

$$N_1(a,b) = \begin{cases}\operatorname{card}\left\{i\geqslant 1: -b < (-1)^n\left(\dfrac{2\pi}{m+1}\right)^{2n} i^{2n} < -a\right\}, & a<b,\\ -\operatorname{card}\left\{i\geqslant 1: -a \leqslant (-1)^n\left(\dfrac{2\pi}{m+1}\right)^{2n} i^{2n} \leqslant -b\right\}, & b<a;\end{cases}$$

$$N_2(a,b) = \begin{cases}\operatorname{card}\left\{k\geqslant 1: -b < (-1)^n (2\pi)^{2n} k^{2n} < -a\right\}, & a<b,\\ -\operatorname{card}\left\{k\geqslant 1: -a \leqslant (-1)^n (2\pi)^{2n} k^{2n} \leqslant -b\right\}, & b<a.\end{cases}$$

定理 4.16 方程 (4.121) 按照 (4.137) 定义的函数组 $\{f_0, f_1, \cdots, f_m\}$ 满足条件 (4.127), 则当

$$\begin{aligned}\hat{k} = \max\{&N_1(\delta-\gamma, \alpha-\beta) + N_2(\delta+m\gamma, \alpha+m\beta),\\ &N_1(\alpha-\beta, \delta-\gamma) + N_2(\alpha+m\beta, \delta+m\gamma)\} > 0\end{aligned}$$

时, 方程 (4.121) 至少有 $\hat{k}$ 个几何上不同的 $m+1$-周期轨道.

证明 不失一般性, 设

$$\hat{k} = N_1(\delta-\gamma, \alpha-\beta) + N_2(\delta+m\gamma, \alpha+m\beta) > 0. \tag{4.164}$$

且不妨设 $N_1(\delta-\gamma, \alpha-\beta) > 0 > N_2(\delta+m\gamma, \alpha+m\beta)$. 对于另外的情况, 相同的方法证明. 这时有 $\delta-\gamma < \alpha-\beta, \delta+m\gamma > \alpha+m\beta$.

令 $X^+ = X_\infty^+, X^- = X_0^-$. 则

$$X\backslash(X^+\cup X^-) = X\backslash(X_\infty^+\cup X_0^-) \subseteq X_\infty^0\cup X_0^0\cup(X_\infty^+\cap X_0^-). \tag{4.165}$$

显然,

$$\mathrm{cod}_X(X^+ + X^-) \leqslant \dim X_\infty^0 + \dim X_0^0 + \dim(X_\infty^+ \cap X_0^-) < \infty. \tag{4.166}$$

当 $x \in X(j)$ 时, 有 $z \in Z(j)$, 从而 $l_{\infty,0}(z) \subset X(j)$.

在 (4.163) 之后已说明 (PS)-条件成立, 现在只需对空间 X 所作子空间划分, 验证定理 2.17 中的其他条件成立.

实际上 (4.123) 蕴含的条件可保证, 在 X^- 上当 $0 < ||x|| \ll 1$ 时 $\Phi(z) < 0$, 即存在 $r > 0$ 和 $c_\infty < 0$ 使

$$\Phi(z) \leqslant c_\infty < 0 = \Phi(0), \quad \forall x \in X^- \cap S_r = \{x \in X : ||x|| = r\}. \tag{4.167}$$

同时由 (4.163) 知, 在子空间 $Z(i)$ 上存在 $\sigma > 0$ 使

$$\langle L_\infty z, z\rangle > \sigma ||z||^2, \quad x \in X_\infty^+ \tag{4.168}$$

成立, 另一方面因

$$|F(z) - G(z)| = |\Psi(z)| < \frac{1}{4}\sigma |z|^2 + M_1, \quad x \in \mathbb{R}$$

对某个 $M_1 > 0$ 成立, 故当 $x \in X^+$ 时, 有

$$\begin{aligned}\Phi(x) &= \frac{1}{2}\langle L_\infty z, z\rangle + \int_0^{m+1} \Psi(z(t))dt \\ &\geqslant \frac{1}{2}\sigma||z||^2 - \frac{1}{4}\sigma||z||_2^2 - 4(m+1)M_1 \\ &\geqslant \frac{1}{2}\sigma||z||^2 - \frac{1}{4}\sigma||z||^2 - 4(m+1)M_1 \\ &\geqslant \frac{1}{4}\sigma||z||^2 - 4(m+1)M_1.\end{aligned} \tag{4.169}$$

因此显然有 $c_0 < c_\infty$ 使 $\Phi(x) \geqslant c_0, x \in X^+$. 于是定理 2.17 中的条件成立.

为讨论周期轨道的重数, 我们将空间 $X, X^+ = X_\infty^+, X^- = X_0^-$ 各分成两部分:

$$\begin{aligned} X_1 &= \{X(i) \subset X : i \neq k(m+1)\}, \quad X_2 = \{X(i) \subset X : i = k(m+1)\}, \\ X_1^+ &= \{X(i) \subset X^+ : i \neq k(m+1)\}, \quad X_2^+ = \{X(i) \subset X^+ : i = k(m+1)\}, \\ X_1^- &= \{X(i) \subset X^- : i \neq k(m+1)\}, \quad X_2^- = \{X(i) \subset X^- : i = k(m+1)\}. \end{aligned}$$

由于 $X_1 \cap X_2 = \varnothing$, 故有

$$X^+ \cap X^- = (X_1^+ \cap X_1^-) \oplus (X_2^+ \cap X_2^-),$$

$$\begin{aligned}C_X(X^+\cup X^-)&=C_{X_1}(X_1^+\cup X_1^-)\oplus C_{X_2}(X_2^+\cup X_2^-),\\ \dim(X^+\cap X^-)&=\dim(X_1^+\cap X_1^-)+\dim(X_2^+\cap X_2^-),\\ \mathrm{cod}_X(X^+\cup X^-)&=\mathrm{cod}_{X_1}(X_1^+\cup X_1^-)+\mathrm{cod}_{X_2}(X_2^+\cup X_2^-).\end{aligned}$$

于是

$$\begin{aligned}&\dim(X^+\cap X^-)\\ =&\dim(X_1^+\cap X_1^-)+\dim(X_2^+\cap X_2^-)\\ =&2\mathrm{card}\left\{i\geqslant 1:-(\alpha-\beta)<(-1)^n\left(\frac{2\pi}{m+1}\right)^{2n}i^{2n}<-(\delta-\gamma)\right\}\\ &+2\mathrm{card}\left\{k\geqslant 1:-(\alpha+m\beta)<(-1)^n(2\pi)^{2n}k^{2n}<-(\delta+m\gamma)\right\}\\ =&2N_1(\delta-\gamma,\alpha-\beta),\\ &\mathrm{cod}_X(X^+\cup X^-)\\ =&\mathrm{cod}_{X_1}(X_1^+\cup X_1^-)+\mathrm{cod}_{X_2}(X_2^+\cup X_2^-)\\ =&2\mathrm{card}\left\{i\geqslant 1:-(\delta-\gamma)\leqslant(-1)^n\left(\frac{2\pi}{m+1}\right)^{2n}i^{2n}\leqslant-(\alpha-\beta)\right\}\\ &+2\mathrm{card}\left\{k\geqslant 1:-(\delta+m\gamma)\leqslant(-1)^n(2\pi)^{2n}k^{2n}\leqslant-(\alpha+m\beta)\right\}\\ =&2N_2(\delta+m\gamma,\alpha+m\beta).\end{aligned}\tag{4.170}$$

最后得到

$$\begin{aligned}&\dim(X^+\cap X^-)-\mathrm{cod}_X(X^+\cup X^-)\\ =&2N_1(\delta-\gamma,\alpha-\beta)+2N_2(\delta+m\gamma,\alpha+m\beta),\end{aligned}\tag{4.171}$$

所以根据定理 2.17 可知, 方程 (4.121) 至少有

$$\hat{k}=\frac{1}{2}\left[\dim(X^+\cap X^-)-\mathrm{cod}_X(X^+\cup X^-)\right]=N_1(\delta-\gamma,\alpha-\beta)+N_2(\delta+m\gamma,\alpha+m\beta)$$

个几何上互不相同的 $m+1$-周期轨道.

4.4.3 情况 2 中方程 (4.121) 的周期轨道

为讨论方程 (4.121) 在情况 2 时的 $2k$-周期轨道, 取函数空间

$$\hat{X}=\mathrm{cl}\left\{\sum_{i=1}^{\infty}\left(a_i\cos\frac{i\pi t}{k}+b_i\sin\frac{i\pi t}{k}\right):a_i,b_i\in\mathbb{R},\sum_{i=1}^{\infty}i^{2n}(a_i^2+b_i^2)<\infty\right\}.$$

并记 $z=(x_0,x_1,\cdots,x_{2k-1})=(x(t),x(t-1),\cdots,x(t-2k+1))$, 与 (4.135) 一样在 X^{2k} 上定义内积和范数.

对 $f(z)=f(x_0,x_1,\cdots,x_{2k-1})$, 规定

$$\hat{f}_i(z)=f(x_i,x_{i+1},\cdots,x_{2k-1},x_0,\cdots,x_{i-1}),\quad i=0,1,\cdots,2k-1, \tag{4.172}$$

并假定条件 (2.122) 和 (4.139) 成立. 这时令

$$\hat{g}(z)=\alpha x_0+\beta\sum_{i=1}^{2k-1}(-1)^{i+1}x_i,\quad \hat{h}(z)=\delta x_0+\gamma\sum_{i=1}^{2k-1}(-1)^{i+1}x_i, \tag{4.173}$$

同样可得到 $\hat{g}_i(z),\hat{h}_i(z),i=0,1,\cdots,2k-1$, 于是有

$$\hat{f}_i(z)=\hat{g}_i(z)+\psi_i(z),\quad \hat{f}_i(z)=\hat{h}_i(z)+\varepsilon_i(z).$$

易验证, $\hat{g}_i(z),\hat{h}_i(z)$ 分别满足 (4.127) 的要求, 即

$$\frac{\partial\hat{g}_i}{\partial x_j}=\frac{\partial\hat{g}_j}{\partial x_i},\quad \frac{\partial\hat{h}_i}{\partial x_j}=\frac{\partial\hat{h}_j}{\partial x_i},\quad 0\leqslant i<j\leqslant 2k-1, \tag{4.174}$$

由引理 4.9 知分别有函数 $G(z),H(z)$, 满足

$$\begin{aligned}\nabla G(z)&=\hat{g}(z)=(\hat{g}_0(z),\hat{g}_1(z),\cdots,\hat{g}_{2k-1}(z)),\\ \nabla H(z)&=\hat{h}(z)=\left(\hat{h}_0(z),\hat{h}_1(z),\cdots,\hat{h}_{2k-1}(z)\right).\end{aligned} \tag{4.175}$$

同时由 (4.174) 及引理 4.10 可知, 存在 $\Psi(z),E(z)$, 满足

$$\nabla\Psi(z)=(\psi_0(z),\psi_1(z),\cdots,\psi_{2k-1}(z)),\quad \nabla E(z)=(\varepsilon_0(z),\varepsilon_1(z),\cdots,\varepsilon_{2k-1}(z))$$

且有

$$\Psi(z)=F(z)-G(z),\quad E(z)=F(z)-H(z),$$

在 H^n 空间 X^{2k} 上定义泛函

$$\Phi(z)=\frac{1}{2}\langle P^{-2n}z^{(2n)},z\rangle+\int_0^{2k}F(z(t))dt, \tag{4.176}$$

其中 $\langle P^{-2n}z^{(2n)},z\rangle=\int_0^{2k}\sum_{i=0}^{2k-1}\left(x_i^{(2n)}(t),x_i(t)\right)dt=\sum_{i=0}^{2k-1}\int_0^{2k}\left(x_i^{(2n)}(t),x_i(t)\right)dt.$ (4.176) 中的泛函又可表示为

$$\Phi(z)=\frac{1}{2}\langle P^{-2n}\left(z^{(2n)}+\hat{g}(z)\right),z\rangle+\int_0^{2k}\Psi(z(t))dt \tag{4.177}$$

和

$$\Phi(z)=\frac{1}{2}\left\langle P^{-2n}\left(z^{(2n)}+\hat{h}(z)\right),z\right\rangle+\int_0^{2k}E(z(t))dt, \tag{4.178}$$

$\hat{g},\hat{h}:X^{2k}\to X^{2k}$ 均为 z 的线性函数.

记

$$\hat{X}(j)=\left\{x_{(j)}(t)=a_j\cos\frac{j\pi}{k}t+b_j\sin\frac{j\pi}{k}t:a_j,b_j\in\mathbb{R}\right\}.$$

则

$$\hat{X}=\sum_{j=1}^{\infty}\hat{X}(j).$$

当 $i\neq j$ 时, $\hat{X}(i),\hat{X}(j)$ 是正交的,

对 $x_{(j)}(t)=a_j\cos\dfrac{j\pi t}{k}+b_j\sin\dfrac{j\pi t}{k}\in\hat{X}(j)$, 记

$$\hat{Z}(j)=\left\{\left(x_{(j)}(t),x_{(j)}(t-1),\cdots,x_{(j)}(t-2k+1)\right):x_{(j)}(t)\in\hat{X}(j)\right\}\subset\hat{X}(j)^{2k}.$$

于是,

$$\hat{Z}=\sum_{j=1}^{\infty}\hat{Z}(j)\subset\hat{X}^{2k},$$

则 $\hat{Z}$ 是 $\hat{X}^{2k}$ 的闭子空间. 当泛函 (4.177) 和 (4.178) 限制在空间 $\hat{Z}(j)$ 上时, 有

$$\begin{aligned}
&\hat{g}_0\left(z_{(j)}\right)\\
&=\alpha x_{(j)}(t)+\beta\sum_{i=1}^{2k-1}(-1)^{i+1}x_{(j)}(t-i)\\
&=\left(\alpha+\beta\sum_{i=1}^{2k-1}(-1)^{i+1}\cos\frac{ij\pi}{k}\right)x_{(j)}(t)-\beta\sum_{i=1}^{2k-1}(-1)^{i+1}\sin\frac{ij\pi}{k}\left(\Omega x_{(j)}\right)(t)\\
&=\begin{cases}(\alpha+\beta)\,x_{(j)}(t)-\beta\displaystyle\sum_{i=1}^{2k-1}(-1)^{i+1}\sin\frac{ij\pi}{k}(\Omega x)(t), & j\neq 2lk+k,\\[2ex] [\alpha-(2k-1)\,\beta]x_{(j)}(t)-\beta\displaystyle\sum_{i=1}^{2k-1}(-1)^{i+1}\sin\frac{ij\pi}{k}\left(\Omega x_{(j)}\right)(t), & j=2lk+k.\end{cases}
\end{aligned} \tag{4.179}$$

$$\hat{h}_0(z_{(j)})$$
$$= \begin{cases} (\delta+\gamma)x_{(j)}(t) - \beta \sum_{i=1}^{2k-1} (-1)^{i+1} \sin \frac{ij\pi}{k} \left(\Omega x_{(j)}\right)(t), & j \neq 2lk+k, \\ [\delta-(2k-1)\gamma]x_{(j)}(t) - \beta \sum_{i=1}^{2k-1} (-1)^{i+1} \sin \frac{ij\pi}{k} \left(\Omega x_{(j)}\right)(t), & j = 2lk+k. \end{cases} \tag{4.180}$$

$$P^{-2n}x_{(j)}^{(2n)}(t) = (-1)^n \left(\frac{\pi}{k}\right)^{2n} j^{2n} P^{-2n} x_{(j)}(t),$$
$$P^{-2n}\hat{g}\left(z_j(t)\right) = P^{-2n}\left(\hat{g}_0\left(x_{(j)}\right), \hat{g}_1\left(x_{(j)}\right), \cdots, \hat{g}_{2k-1}\left(x_{(j)}\right)\right),$$
$$P^{-2n}\hat{h}\left(z_j(t)\right) = P^{-2n}\left(\hat{h}_0\left(x_{(j)}\right), \hat{h}_1\left(x_{(j)}\right), \cdots, \hat{h}_{2k-1}\left(x_{(j)}\right)\right).$$

故这时有

$$\begin{aligned}
\Phi(z) &= \frac{1}{2}\left\langle P^{-2n}z^{(2n)}, z\right\rangle + \int_0^{2k} F(z(t))dt \\
&= \frac{1}{2}\left\langle P^{-2n}\left(z^{(2n)} + \hat{g}(z)\right), z\right\rangle + \int_0^{2k} \Psi(z(t))dt \\
&= k\left\langle P^{-2n}\left(x^{(2n)}(t) + \hat{g}_0(z)\right), x(t)\right\rangle + \int_0^{2k} \Psi(z(t))dt \\
&= \begin{cases} k\left\langle \left[(-1)^n \left(\frac{\pi}{k}\right)^{2n} j^{2n} + \alpha + \beta\right] P^{-2n}x_{(j)}, x_{(j)}\right\rangle + \int_0^{2k} \Psi(z(t))dt, \\ \qquad j \neq 2lk+k, \\ k\left\langle \left[(-1)^n \left(\frac{\pi}{k}\right)^{2n} j^{2n} + \alpha - (2k-1)\beta\right] P^{-2n}x_{(j)}, x_{(j)}\right\rangle + \int_0^{2k} \Psi(z(t))dt, \\ \qquad j = 2lk+k \end{cases} \\
&= \begin{cases} k\left[(-1)^n \left(\frac{\pi}{k}\right)^{2n} j^{2n} + \alpha + \beta\right] ||x_{(j)}||_2^2 + \int_0^{2k} \Psi(z(t))dt, \\ \qquad j \neq 2lk+k, \\ k\left[(-1)^n \left(\frac{\pi}{k}\right)^{2n} j^{2n} + \alpha - (2k-1)\beta\right] ||x_{(j)}||_2^2 + \int_0^{2k} \Psi(z(t))dt, \\ \qquad j = 2lk+k \end{cases} \\
&= \begin{cases} k\left[(-1)^n \left(\frac{\pi}{k}\right)^{2n} + (\alpha+\beta)j^{-2n}\right] ||x_{(j)}||^2 + \int_0^{2k} \Psi(z(t))dt, \\ \qquad j \neq 2lk+k, \\ k\left[(-1)^n \left(\frac{\pi}{k}\right)^{2n} + (\alpha-(2k-1)\beta)j^{-2n}\right] ||x_{(j)}||^2 + \int_0^{2k} \Psi(z(t))dt, \\ \qquad j = 2lk+k. \end{cases}
\end{aligned} \tag{4.181}$$

$$
\begin{aligned}
\Phi(z) &= \frac{1}{2}\left\langle P^{-2n}z^{(2n)}, z\right\rangle + \int_0^{2k} F(z(t))dt \\
&= \frac{1}{2}\left\langle P^{-2n}\left(z^{(2n)} + \hat{h}(z)\right), z\right\rangle + \int_0^{2k} E(z(t))dt \\
&= k\left\langle P^{-2n}\left(x^{(2n)}(t) + \hat{h}_0(z)\right), x(t)\right\rangle + \int_0^{2k} E(z(t))dt \\
&= \begin{cases} k\left[(-1)^n\left(\dfrac{\pi}{k}\right)^{2n} + (\delta+\gamma)j^{-2n}\right]||x_{(j)}||^2 + \displaystyle\int_0^{2k} E(z(t))dt, \\ \hfill j \neq 2lk+k, \\ k\left[(-1)^n\left(\dfrac{\pi}{k}\right)^{2n} + (\delta-(2k-1)\gamma)j^{-2n}\right]||x_{(j)}||^2 + \displaystyle\int_0^{2k} E(z(t))dt, \\ \hfill j = 2lk+k. \end{cases}
\end{aligned}
\tag{4.182}
$$

我们定义

$$
\begin{aligned}
X_\infty^+ &= \left\{X(j) : j \neq (2l+1)k, (-1)^n\left(\frac{\pi}{k}\right)^{2n} j^{2n} + \alpha + \beta > 0\right\} \\
&\quad \oplus \left\{X((2l+1)k) : l \geqslant 0, (-1)^n\pi^{2n}(2l+1)^{2n} + \alpha - (2k-1)\beta > 0\right\}, \\
X_\infty^0 &= \left\{X(j) : j \neq (2l+1)k, (-1)^n\left(\frac{\pi}{k}\right)^{2n} j^{2n} + \alpha + \beta = 0\right\} \\
&\quad \oplus \left\{X((2l+1)k) : l \geqslant 0, (-1)^n\pi^{2n}(2l+1)^{2n} + \alpha - (2k-1)\beta = 0\right\}, \\
X_\infty^- &= \left\{X(j) : j \neq (2l+1)k, (-1)^n\left(\frac{\pi}{k}\right)^{2n} j^{2n} + \alpha + \beta < 0\right\} \\
&\quad \oplus \left\{X((2l+1)k) : l \geqslant 0, (-1)^n\pi^{2n}(2l+1)^{2n} + \alpha - (2k-1)\beta < 0\right\}, \\
X_0^+ &= \left\{X(j) : j \neq (2l+1)k, (-1)^n\left(\frac{\pi}{k}\right)^{2n} j^{2n} + \delta + \gamma > 0\right\} \\
&\quad \oplus \left\{X((2l+1)k) : l \geqslant 0, (-1)^n\pi^{2n}(2l+1)^{2n} + \delta - (2k-1)\gamma < 0\right\}, \\
X_0^0 &= \left\{X(j) : j \neq (2l+1)k, (-1)^n\left(\frac{\pi}{k}\right)^{2n} j^{2n} + \delta + \gamma = 0\right\} \\
&\quad \oplus \left\{X((2l+1)k) : l \geqslant 0, (-1)^n\pi^{2n}(2l+1)^{2n} + \delta - (2k-1)\gamma = 0\right\}, \\
X_0^- &= \left\{X(j) : j \neq (2l+1)k, (-1)^n\left(\frac{\pi}{k}\right)^{2n} j^{2n} + \delta + \gamma < 0\right\} \\
&\quad \oplus \left\{X((2l+1)k) : l \geqslant 0, (-1)^n\pi^{2n}(2l+1)^{2n} + \delta - (2k-1)\gamma < 0\right\},
\end{aligned}
$$

给出记号

$$N_1(a,b)=\begin{cases}\operatorname{card}\left\{i\geqslant 1: i\neq(2l+1)k, -b<(-1)^n\left(\dfrac{\pi}{k}\right)^{2n}i^{2n}<-a\right\}, & a<b,\\ -\operatorname{card}\left\{i\geqslant 1: i\neq(2l+1)k, -a\leqslant(-1)^n\left(\dfrac{\pi}{k}\right)^{2n}i^{2n}\leqslant-b\right\}, & b<a;\end{cases}$$

$$N_2(a,b)=\begin{cases}\operatorname{card}\{l\geqslant 0: -b<(-1)^n\pi^{2n}(2l+1)^{2n}<-a\}, & a<b,\\ -\operatorname{card}\{l\geqslant 0: -a\leqslant(-1)^n\pi^{2n}(2l+1)^{2n}\leqslant-b\}, & b<a.\end{cases}$$

和定理 4.16 一样可证如下定理.

定理 4.17 方程 (4.121) 按照 (4.172) 定义的函数组 $\{f_0,f_1,\cdots,f_{2k-1}\}$ 满足条件 (4.127), 则当

$$\begin{aligned}\hat{k}=\max\{&N_1(\delta+\gamma,\alpha+\beta)+N_2(\delta-(2k-1)\gamma,\alpha-(2k-1)\beta),\\ &N_1(\alpha+\beta,\delta+\gamma)+N_2(\alpha-(2k-1)\beta,\delta-(2k-1)\gamma)\}>0\end{aligned}$$

时, 方程 (4.121) 至少有 $\hat{k}$ 个几何上互不相同的 $2k$-周期轨道.

4.4.4 情况 3 中方程 (4.121) 的周期轨道

为讨论方程 (4.121) 在情况 3 时的 $2(2k+1)$-周期轨道, 取函数空间

$$\begin{aligned}\tilde{X}=\mathrm{cl}\bigg\{&\sum_{i=0}^{\infty}\left(a_i\cos\frac{(2i+1)\pi t}{2k+1}+b_i\sin\frac{(2i+1)\pi t}{2k+1}\right):\\ &a_i,b_i\in\mathbb{R},\sum_{i=1}^{\infty}(2i+1)^{2n}(a_i^2+b_i^2)^n<\infty\bigg\}.\end{aligned}$$

并记 $z=(x_0,x_1,\cdots,x_{2k})=(x(t),x(t-1),\cdots,x(t-2k))$, 与 (4.135) 一样在 $\tilde{X}^{2k+1}$ 上定义内积和范数.

对 $f(z)=f(x_0,x_1,\cdots,x_{2k})$, 规定

$$\tilde{f}_i(z)=f(x_i,x_{i+1},\cdots,x_{2k},-x_0,\cdots,-x_{i-1}),\quad i=0,1,\cdots,2k, \tag{4.183}$$

这时条件 (4.125) 和 (4.127) 成立. 令

$$\begin{aligned}&\tilde{g}(z)=\alpha x_0+\beta\sum_{i=1}^{2k}(-1)^{i+1}x_i,\quad \tilde{h}(z)=\delta x_0+\gamma\sum_{i=1}^{2k}(-1)^{i+1}x_i,\\ &\tilde{\psi}(z)=\psi\left(\sum_{i=0}^{2k}(-1)^{i+1}x_i\right),\quad \tilde{\varepsilon}(z)=\varepsilon\left(\sum_{i=0}^{2k}(-1)^{i+1}x_i\right).\end{aligned}\tag{4.184}$$

同样可得到 $\tilde{g}_i(z),\tilde{h}_i(z),\tilde{\psi}_i(z),\tilde{\varepsilon}_i(z),i=0,1,\cdots,2k$, 于是有

$$\tilde{f}_i(z)=\tilde{g}_i(z)+\tilde{\psi}_i(z),\quad \tilde{f}_i(z)=\tilde{h}_i(z)+\tilde{\varepsilon}_i(z). \tag{4.185}$$

易验证, $\tilde{g}_i(z),\tilde{h}_i(z),\tilde{\psi}_i(z),\tilde{\varepsilon}_i(z),i=0,1,\cdots,2k$, 分别满足 (4.127) 的要求, 即

$$\frac{\partial\tilde{g}_i}{\partial x_j}=\frac{\partial\tilde{g}_j}{\partial x_i},\frac{\partial\tilde{h}_i}{\partial x_j}=\frac{\partial\tilde{h}_j}{\partial x_i},\quad \frac{\partial\tilde{\psi}_i}{\partial x_j}=\frac{\partial\tilde{\psi}_j}{\partial x_i},\quad \frac{\partial\tilde{\varepsilon}_i}{\partial x_j}=\frac{\partial\tilde{\varepsilon}_j}{\partial x_i},\quad 0\leqslant i<j\leqslant 2k,$$

由引理 4.9 知分别有函数 $G(z),H(z),\Psi(z),E(z)$, 满足

$$\begin{aligned}&\nabla G(z)=(\tilde{g}_0(z),\tilde{g}_1(z),\cdots,\tilde{g}_{2k}(z)),\quad \nabla H(z)=\left(\tilde{h}_0(z),\tilde{h}_1(z),\cdots,\tilde{h}_{2k}(z)\right),\\&\nabla\Psi(z)=(\tilde{\psi}_0(z),\tilde{\psi}_1(z),\cdots,\tilde{\psi}_{2k}(z)),\quad \nabla E(z)=(\tilde{\varepsilon}_0(z),\tilde{\varepsilon}_1(z),\cdots,\tilde{\varepsilon}_{2k}(z)).\end{aligned} \tag{4.186}$$

这时,

$$F(z)=G(z)+\Psi(z),\quad F(z)=H(z)+E(z),$$

在 H^n 空间 $\tilde{X}^{2k+1}$ 上定义泛函

$$\Phi(z)=\frac{1}{2}\left\langle P^{-2n}z^{(2n)},z\right\rangle+\int_0^{2(2k+1)}F(z(t))dt, \tag{4.187}$$

其中,

$$\begin{aligned}\left\langle P^{-2n}z^{(2n)},z\right\rangle&=\int_0^{2(2k+1)}\sum_{i=0}^{2k}\left(x_i^{(2n)}(t),x_i(t)\right)dt\\&=\sum_{i=0}^{2k}\int_0^{2(2k+1)}\left(x_i^{(2n)}(t),x_i(t)\right)dt.\end{aligned}$$

(4.187) 中的泛函又可表示为

$$\Phi(z)=\frac{1}{2}\left\langle P^{-2n}\left(z^{(2n)}+\hat{g}(z)\right),z\right\rangle+\int_0^{2(2k+1)}\Psi(z(t))dt \tag{4.188}$$

和

$$\Phi(z)=\frac{1}{2}\left\langle P^{-2n}\left(z^{(2n)}+\hat{h}(z)\right),z\right\rangle+\int_0^{2(2k+1)}E(z(t))dt, \tag{4.189}$$

$\tilde{g}=(\tilde{g}_0,\tilde{g}_1,\cdots,\tilde{g}_{2k}),\tilde{h}=\left(\tilde{h}_0,\tilde{h}_1,\cdots,\tilde{h}_{2k}\right):\tilde{X}^{2k+1}\to\tilde{X}^{2k+1}$ 均为 z 的线性函数.

记

$$\tilde{X}(j)=\left\{x_{(j)}(t)=a_j\cos\frac{(2j+1)\pi}{2k+1}t+b_j\sin\frac{(2j+1)\pi}{2k+1}t:a_j,b_j\in\mathbb{R}\right\},$$

则

$$\tilde{X} = \sum_{j=0}^{\infty} \tilde{X}(j).$$

当 $i \neq j$ 时, $\tilde{X}(i), \tilde{X}(j)$ 是正交的,

对 $x_{(j)}(t) = a_j \cos\dfrac{(2j+1)\pi t}{2k+1} + b_j \sin\dfrac{(2j+1)\pi t}{2k+1} \in \tilde{X}(j)$, 记

$$\tilde{Z}(j) = \left\{ \left(x_{(j)}(t), x_{(j)}(t-1), \cdots, x_{(j)}(t-2k)\right) : x_{(j)}(t) \in \tilde{X}(j) \right\} \subset \tilde{X}(j)^{2k+1},$$

于是,

$$\tilde{Z} = \sum_{j=1}^{\infty} \tilde{Z}(j) \subset \tilde{X}^{2k+1},$$

则 $\tilde{Z}$ 是 $\tilde{X}^{2k+1}$ 的闭子空间. 当泛函 (4.188) 和 (4.189) 限制在空间 $\tilde{Z}(j)$ 上时, 有

$$\begin{aligned}
\tilde{g}_0(z_{(j)}) &= \alpha x_{(j)}(t) + \beta \sum_{i=1}^{2k} (-1)^{i+1} x_{(j)}(t-i) \\
&= \left(\alpha + \beta \sum_{i=1}^{2k} (-1)^{i+1} \cos\frac{i(2j+1)\pi}{2k+1} \right) x_{(j)}(t) \\
&\quad - \beta \sum_{i=1}^{2k} (-1)^{i+1} \sin\frac{i(2j+1)\pi}{2k+1} \left(\Omega x_{(j)}\right)(t) \\
&= \begin{cases}
(\alpha+\beta)\, x_{(j)}(t) - \beta \displaystyle\sum_{i=1}^{2k} (-1)^{i+1} \sin\frac{i(2j+1)\pi}{2k+1} (\Omega x)(t), \\
\qquad\qquad j \neq l(2k+1)+k, \\
[\alpha - 2k\beta] x_{(j)}(t) - \beta \displaystyle\sum_{i=1}^{2k} (-1)^{i+1} \sin\frac{i(2j+1)\pi}{2k+1} \left(\Omega x_{(j)}\right)(t), \\
\qquad\qquad j = l(2k+1)+k;
\end{cases}
\end{aligned} \tag{4.190}$$

$$\tilde{h}_0(z_{(j)}) = \begin{cases}
(\delta+\gamma) x_{(j)}(t) - \beta \displaystyle\sum_{i=1}^{2k} (-1)^{i+1} \sin\frac{i(2j+1)\pi}{2k+1} + \left(\Omega x_{(j)}\right)(t), \\
\qquad\qquad j \neq l(2k+1)+k, \\
(\delta - 2k\gamma) x_{(j)}(t) - \beta \displaystyle\sum_{i=1}^{2k} (-1)^{i+1} \sin\frac{i(2j+1)\pi}{2k+1} \left(\Omega x_{(j)}\right)(t), \\
\qquad\qquad j = l(2k+1)+k;
\end{cases} \tag{4.191}$$

$$P^{-2n}x_{(j)}^{(2n)}(t)=(-1)^n\left(\frac{\pi}{2k+1}\right)^{2n}(2j+1)^{2n}P^{-2n}x_{(j)}(t);$$

$$P^{-2n}\tilde{g}\left(z_j(t)\right)=P^{-2n}\left(\tilde{g}_0\left(x_{(j)}\right),\tilde{g}_1\left(x_{(j)}\right),\cdots,\tilde{g}_{2k}\left(x_{(j)}\right)\right);$$

$$P^{-2n}\tilde{h}\left(z_j(t)\right)=P^{-2n}\left(\tilde{h}_0\left(x_{(j)}\right),\tilde{h}_1\left(x_{(j)}\right),\cdots,\tilde{h}_{2k}\left(x_{(j)}\right)\right).$$

这时有

$$\begin{aligned}
&\Phi(z)\\
=&\frac{1}{2}\left\langle P^{-2n}z^{(2n)},z\right\rangle+\int_0^{2(2k+1)}F(z(t))dt\\
=&\frac{1}{2}\left\langle P^{-2n}\left(z^{(2n)}+\tilde{g}(z)\right),z\right\rangle+\int_0^{2(2k+1)}\Psi(z(t))dt\\
=&\frac{2k+1}{2}\left\langle P^{-2n}\left(x^{(2n)}(t)+\tilde{g}_0(z)\right),x(t)\right\rangle+\int_0^{2(2k+1)}\Psi(z(t))dt\\
=&\begin{cases}
k\left\langle\left[(-1)^n\left(\dfrac{\pi}{2k+1}\right)^{2n}(2j+1)^{2n}+\alpha+\beta\right]P^{-2n}x_{(j)},x_{(j)}\right\rangle\\
\quad+\displaystyle\int_0^{2(2k+1)}\Psi(z(t))dt,\quad j\neq l(2k+1)+k,\\
k\left\langle\left[(-1)^n\left(\dfrac{\pi}{2k+1}\right)^{2n}(2j+1)^{2n}+\alpha-2k\beta\right]P^{-2n}x_{(j)},x_{(j)}\right\rangle\\
\quad+\displaystyle\int_0^{2(2k+1)}\Psi(z(t))dt,\quad j=l(2k+1)+k
\end{cases}\\
=&\begin{cases}
k\left[(-1)^n\left(\dfrac{\pi}{2k+1}\right)^{2n}(2j+1)^{2n}+\alpha+\beta\right]||x_{(j)}||_2^2\\
\quad+\displaystyle\int_0^{2(2k+1)}\Psi(z(t))dt,\quad j\neq l(2k+1)+k,\\
k\left[(-1)^n\left(\dfrac{\pi}{2k+1}\right)^{2n}(2j+1)^{2n}+\alpha-2k\beta\right]||x_{(j)}||_2^2\\
\quad+\displaystyle\int_0^{2(2k+1)}\Psi(z(t))dt,\quad j=l(2k+1)+k
\end{cases}
\end{aligned}$$

$$
=\begin{cases} k\left[(-1)^n\left(\dfrac{\pi}{2k+1}\right)^{2n}+(\alpha+\beta)(2j+1)^{-2n}\right]||x_{(j)}||^2 \\ \quad +\displaystyle\int_0^{2(2k+1)}\Psi(z(t))dt, \quad j\neq l(2k+1)+k, \\ k\left[(-1)^n\left(\dfrac{\pi}{2k+1}\right)^{2n}+(\alpha-2k\beta)(2j+1)^{-2n}\right]||x_{(j)}||^2 \\ \quad +\displaystyle\int_0^{2(2k+1)}\Psi(z(t))dt, \quad j=l(2k+1)+k; \end{cases} \tag{4.192}
$$

$$
\begin{aligned}
&\Phi(z)\\
=&\frac{1}{2}\left\langle P^{-2n}z^{(2n)},z\right\rangle+\int_0^{2(2k+1)}F(z(t))dt\\
=&\frac{1}{2}\left\langle P^{-2n}(z^{(2n)}+\tilde{h}(z)),z\right\rangle+\int_0^{2(2k+1)}E(z(t))dt\\
=&\frac{2k+1}{2}\left\langle P^{-2n}(x^{(2n)}(t)+\tilde{h}_0(z)),x(t)\right\rangle+\int_0^{2(2k+1)}E(z(t))dt
\end{aligned}
$$

$$
=\begin{cases} \dfrac{2k+1}{2}\left[(-1)^n\left(\dfrac{\pi}{2k+1}\right)^{2n}+(\delta+\gamma)(2j+1)^{-2n}\right]||x_{(j)}||^2 \\ \quad +\displaystyle\int_0^{2(2k+1)}E(z(t))dt, \quad j\neq l(2k+1)+k, \\ \dfrac{2k+1}{2}\left[(-1)^n\left(\dfrac{\pi}{2k+1}\right)^{2n}+(\delta-2k\gamma)(2j+1)^{-2n}\right]||x_{(j)}||^2 \\ \quad +\displaystyle\int_0^{2(2k+1)}E(z(t))dt, \quad j=l(2k+1)+k. \end{cases} \tag{4.193}
$$

给出记号

$$
N_1(a,b)=\begin{cases} \operatorname{card}\left\{i\geqslant 0, i\neq l(2k+1)+k: -b<(-1)^n\left(\dfrac{\pi}{2k+1}\right)^{2n}(2i+1)^{2n}\right. \\ \quad \left.<-a\right\}, \quad a<b, \\ -\operatorname{card}\left\{i\geqslant 0, i\neq l(2k+1)+k: -a\leqslant(-1)^n\left(\dfrac{\pi}{2k+1}\right)^{2n}(2i+1)^{2n}\right. \\ \quad \left.\leqslant -b\right\}, \quad b<a, \end{cases}
$$

$$N_2(a,b)=\begin{cases}\operatorname{card}\left\{i\geqslant 1, i=l(2k+1)+k:-b<(-1)^n\left(\dfrac{\pi}{2k+1}\right)^{2n}(2i+1)^{2n}\right.\\ \left.\qquad<-a\right\},\quad a<b,\\ -\operatorname{card}\left\{i\geqslant 1, i\neq l(2k+1)+k:-a\leqslant(-1)^n\left(\dfrac{\pi}{2k+1}\right)^{2n}(2i+1)^{2n}\right.\\ \left.\qquad\leqslant -b\right\},\quad b<a,\end{cases}$$

$$=\begin{cases}\operatorname{card}\{l\geqslant 0:-b<(-1)^n\pi^{2n}(2l+1)^{2n}<-a\}, & a<b,\\ -\operatorname{card}\{l\geqslant 0,:-a\leqslant(-1)^n\pi^{2n}(2l+1)^{2n}\leqslant -b\}, & b<a.\end{cases}$$

和定理 4.16 一样可证

定理 4.18 方程 (4.121) 按照 (4.183) 定义的函数组 $\{\tilde{f}_0,\tilde{f}_1,\cdots,\tilde{f}_{2k}\}$ 满足条件 (4.127), 当

$$\hat{k}=\max\{N_1(\delta+\gamma,\alpha+\beta)+N_2(\delta-2k\gamma,\alpha-2k\beta),\\ N_1(\alpha+\beta,\delta+\gamma)+N_2(\alpha-2k\beta,\delta-2k\gamma)\}>0$$

时, 方程 (4.121) 至少有 $\tilde{k}$ 个几何上互不相同的 $2(2k+1)$-周期轨道.

4.4.5 定理 4.16、定理 4.17 和定理 4.18 的示例

现分别对以下 3 个方程

$$x^{(4)}(t)\\ =-\pi^4\frac{2x(t)-6\displaystyle\sum_{i=1}^{4}x(t-i)+\left[-x(t)+5\displaystyle\sum_{i=1}^{4}x(t-i)\right]\displaystyle\sum_{i=0}^{4}x^2(t-i)}{1+\displaystyle\sum_{i=0}^{4}x^2(t-i)} \tag{4.194}$$

$$x^{(4)}(t)\\ =-\pi^4\frac{-7x(t)+4\displaystyle\sum_{i=1}^{3}(-1)^{i+1}x(t-i)+\left[3x(t)+8\displaystyle\sum_{i=1}^{3}(-1)^{i+1}x(t-i)\right]\displaystyle\sum_{i=0}^{3}x^2(t-i)}{1+\displaystyle\sum_{i=0}^{3}x^2(t-i)} \tag{4.195}$$

和

$$x^{(4)}(t)$$

$$= -\pi^4 \frac{-12x(t)-3\sum_{i=1}^{4}(-1)^{i+1}x(t-i)+\left[6x(t)-5\sum_{i=1}^{4}(-1)^{i+1}x(t-i)\right]\sum_{i=0}^{4}x^2(t-i)}{1+\sum_{i=0}^{4}x^2(t-i)}$$

(4.196)

分别讨论 5-周期轨道、4-周期轨道和 10-周期轨道的个数.

与上述 3 个方程对应的函数空间分别是

$$X = \left\{x(t) = \sum_{i=1}^{\infty}\left(a_i\cos\frac{2i\pi t}{5} + b_i\sin\frac{2i\pi t}{5}\right) : a_i, b_i \in \mathbb{R}, \sum_{i=1}^{\infty} i^4(a_i^2+b_i^2) < \infty\right\},$$

$$\hat{X} = \left\{x(t) = \sum_{i=1}^{\infty}\left(a_i\cos\frac{i\pi t}{2} + b_i\sin\frac{i\pi t}{2}\right) : a_i, b_i \in \mathbb{R}, \sum_{i=1}^{\infty} i^4(a_i^2+b_i^2) < \infty\right\},$$

$$\tilde{X} = \left\{x(t) = \sum_{i=1}^{\infty}\left(a_i\cos\frac{(2i+1)\pi t}{5} + b_i\sin\frac{(2i+1)\pi t}{5}\right) : \right.$$

$$\left. a_i, b_i \in \mathbb{R}, \sum_{i=1}^{\infty} i^4(a_i^2+b_i^2) < \infty\right\}.$$

因此有如下命题.

命题 4.20　分别记

$$f(x(t), x(t-1), \cdots, x(t-4))$$

$$= -\pi^4 \frac{2x(t)-6\sum_{i=1}^{4}x(t-i)+\left[-x(t)+5\sum_{i=1}^{4}x(t-i)\right]\sum_{i=0}^{4}x^2(t-i)}{1+\sum_{i=0}^{4}x^2(t-i)}, \tag{4.197}$$

$$f(x(t), x(t-1), \cdots, x(t-3))$$

$$= -\pi^4 \frac{-7x(t)+4\sum_{i=1}^{3}(-1)^{i+1}x(t-i)+\left[3x(t)+8\sum_{i=1}^{3}(-1)^{i+1}x(t-i)\right]\sum_{i=0}^{3}x^2(t-i)}{1+\sum_{i=0}^{3}x^2(t-i)}$$

(4.198)

和

$$f(x(t), x(t-1), \cdots, x(t-4))$$

$$
= -\pi^4 \frac{2x(t)-3\sum_{i=1}^{4}(-1)^{i+1}x(t-i)+\left[6x(t)-5\sum_{i=1}^{4}(-1)^{i+1}x(t-i)\right]\sum_{i=0}^{4}x^2(t-i)}{1+\sum_{i=0}^{4}x^2(t-i)}. \tag{4.199}
$$

在 (4.197)、(4.198) 和 (4.199) 中分别按 (4.137)、(4.172) 和 (4.183) 的方式定义 $f_i, \hat{f}_i, \tilde{f}_i$, 则它们都满足 (4.127) 的要求.

证明 我们仅对 (4.198) 中的函数给出验证, 其余情况同样验证. 这时

$$
\begin{aligned}
&\hat{f}_0(x_0,x_1,x_2,x_3)\\
&=\pi^4\frac{-7x_0+4\sum_{i=1}^{3}(-1)^{i+1}x_i+\left[3x_0+8\sum_{i=1}^{3}(-1)^{i+1}x_i\right]\sum_{i=0}^{3}x_i^2}{1+\sum_{i=0}^{3}x_i^2},\\
&\hat{f}_1(x_0,x_1,x_2,x_3)\\
&=\pi^4\frac{-7x_1+4\sum_{i=2}^{3}(-1)^{i}x_i+4x_0+\left[3x_1+8\sum_{i=2}^{3}(-1)^{i}x_i+8x_0\right]\sum_{i=0}^{3}x_i^2}{1+\sum_{i=0}^{3}x_i^2},\\
&\hat{f}_2(x_0,x_1,x_2,x_3)\\
&=\pi^4\frac{-7x_2+4x_3+4\sum_{i=0}^{1}(-1)^{i+1}x_i+\left[3x_2+8x_3+8\sum_{i=0}^{1}(-1)^{i+1}x_i\right]\sum_{i=0}^{3}x_i^2}{1+\sum_{i=0}^{3}x_i^2},\\
&\hat{f}_3(x_0,x_1,x_2,x_3)\\
&=\pi^4\frac{-7x_3+4\sum_{i=0}^{2}(-1)^{i}x_i+\left[3x_3+8\sum_{i=0}^{2}(-1)^{i}x_i\right]\sum_{i=0}^{3}x_i^2}{1+\sum_{i=0}^{3}x_i^2}.
\end{aligned}
$$

通过一一验证, 可知对 $0\leqslant i<j\leqslant 3$, 关系式 $\dfrac{\partial \hat{f}_i}{\partial x_j}=\dfrac{\partial \hat{f}_j}{\partial x_i}$ 成立.

由此知, 定理 4.16、定理 4.17 和定理 4.18 分别适用于方程 (4.194)、(4.195) 和 (4.196). 其中 $n = 2$.

对方程 (4.194) 而言,

$$m = 4; \quad \alpha = -\pi^4, \beta = 5\pi^4; \quad \delta = 2\pi^4, \gamma = -6\pi^4.$$

于是,

$$\alpha - \beta = -6\pi^4, \alpha + m\beta = 19\pi^4; \quad \delta - \gamma = 8\pi^4, \delta + m\gamma = -22\pi^4.$$

由计算得

$$\begin{aligned}\hat{k} &= \max\{N_1(8\pi^4, -6\pi^4) + N_2(-22\pi^4, 19\pi^4),\\ &\quad N_1(-6\pi^4, 8\pi^4) + N_2(19\pi^4, -22\pi^4)\}\\ &= \max\{-2 + 1, 2 - 1\}\\ &= 1.\end{aligned}$$

因此方程 (4.194) 至少有 1 个互不相同的 5-周期轨道.

现讨论方程 (4.195) 的 4-周期轨道. 这时

$$k = 2; \quad \alpha = 3\pi^4,\ \beta = 8\pi^4; \quad \delta = -7\pi^4,\ \gamma = 4\pi^4.$$

于是,

$$\alpha + \beta = 11\pi^4,\ \alpha - 3\beta = -21\pi^4; \quad \delta + \gamma = -3\pi^4,\ \delta - 3\gamma = -19\pi^4.$$

由计算得

$$N_1(-3, 11) = 2, \quad N_2(-19, -21) = 0, \quad N_1(11, -3) = -2, \quad N_2(-21, -19) = 0,$$

于是

$$\hat{k} = N_1(-3, 11) + N_2(-19, -21) = 2.$$

故方程 (4.195) 至少有 2 个几何上互不相同的 4-周期轨道.

最后讨论方程 (4.196) 的 10-周期轨道. 这时

$$k = 2; \quad \alpha = 6\pi^4,\ \beta = -5\pi^4; \quad \delta = -12\pi^4,\ \gamma = -3\pi^4.$$

于是,

$$\alpha + \beta = \pi^4,\ \alpha - 4\beta = 26\pi^4; \quad \delta + \gamma = -15\pi^4,\ \delta - 4\gamma = 0.$$

由计算得

$$N_1(-15\pi^4, \pi^4) = 3, \quad N_2(0, 26\pi^4) = 0, \quad N_1(\pi^4, -15\pi^4) = N_2(26\pi^4, 0) = 0,$$

于是有

$$k = 3 > 0.$$

故方程 (4.196) 至少有 3 个周期为 10 的奇周期轨道.

4.5 非 Kaplan-Yorke 型 $2n$-阶多滞量微分方程的周期轨道 (2)

4.4 节所研究的非分离型 $2n$-阶多滞量微分方程, 其形式是在极限情况下为一个线性函数外加一个非分离型非线性项, 本节将讨论在通常的分离型非线性项之外另有非线性非分离型的情况, 可以看作是 4.4 节所作研究的进一步深入. 对于偶数阶多滞量非线性方程的一般形式仍按 (4.121) 记为

$$x^{(2n)}(t) = -f(x(t), x(t-1), \cdots, x(t-m)), \quad n \geqslant 2,$$

其中 $f \in C^1(\mathbb{R}^{m+1}, \mathbb{R})$. 按 (4.122) 记

$$x_i = x(t-i), \quad i = 0, 1, \cdots, m, \quad z = (x_0, x_1, \cdots, x_m),$$

$$f(z) = f(x_0, x_1, \cdots, x_{m-1}, x_m), \quad |z| = \sqrt{\sum_{i=0}^{m} |x_i|^2}.$$

本节将就以下 5 类方程分别讨论多重周期轨道的个数. 各方程中的非线性连续函数均要求是奇函数, 即满足

$$f(-z) = -f(z), \quad g(-z) = -g(z), \quad h(-z) = -h(z), \quad z \in \mathbb{R}^{m+1}. \tag{4.200}$$

此条件实际蕴含了

$$f(0) = g(0) = h(0) = 0.$$

第 1 类 假设 $m \geqslant 1, \alpha \neq 1, -m$,

$$x^{(2n)}(t) = -\left[\alpha f(x(t)) + \sum_{i=1}^{m} f(x(t-i)) + g\left(\sum_{i=0}^{m} x(t-i)\right)\right], \tag{4.201}$$

第 2 类 假设 $m = 2l, l \geqslant 1, \alpha \neq -1, 2l$,

$$x^{(2n)}(t) = -\left[\alpha f(x(t)) + \sum_{i=1}^{2l} (-1)^{i+1} f(x(t-i)) + h\left(\sum_{i=0}^{2l} (-1)^i x(t-i)\right)\right], \tag{4.202}$$

第 3 类 假设 $m=2l-1, l\geqslant 2, \alpha\neq 1, -2l+1$,

$$
\begin{aligned}
&x^{(2n)}(t)\\
&=-\left[\alpha f(x(t))+\sum_{i=1}^{2l-1} f(x(t-i))+g\left(\sum_{i=0}^{2l-1} x(t-i)\right)+h\left(\sum_{i=0}^{2l-1}(-1)^i x(t-i)\right)\right],
\end{aligned} \tag{4.203}
$$

第 4 类 假设 $m=2l-1, l\geqslant 2, \alpha\neq -1, 2l-1$,

$$
\begin{aligned}
x^{(2n)}(t)=&-\left[\alpha f(x(t))+\sum_{i=1}^{2l-1}(-1)^{i+1} f(x(t-i))+g\left(\sum_{i=0}^{2l-1} x(t-i)\right)\right.\\
&\left.+h\left(\sum_{i=0}^{2l-1}(-1)^i x(t-i)\right)\right],
\end{aligned} \tag{4.204}
$$

第 5 类 假设 $l\geqslant 2$, 且

$$
\alpha\neq\gamma, l^2\beta^2\neq(\alpha+(l-1)\gamma)^2, \quad l(l-1)\beta^2\neq(\alpha+(l-1)\gamma)(\alpha+(l-2)\gamma)
$$

$$
\begin{aligned}
x^{(2n)}(t)=&-\left[\alpha f(x(t))+\frac{1}{2}\sum_{i=1}^{2l-1}[(\beta+\gamma)+(-1)^{i+1}(\beta-\gamma)] f(x(t-i))\right.\\
&\left.+g\left(\sum_{i=0}^{2l-1} x(t-i)\right)+h\left(\sum_{i=0}^{2l-1}(-1)^i x(t-i)\right)\right],
\end{aligned} \tag{4.205}
$$

其中第 5 类方程是第 3 类和第 4 类方程在 $m=2l-1$ 时的进一步推广, 即不同的非线性时滞项 f 前的系数不仅可以有正负符号的差异, 而且可以是两个不同数的交替相间.

对上列 5 个方程中的非线性函数, 均要求存在 $f_\infty, f_0, g_\infty, g_0, h_\infty, h_0\in\mathbb{R}$, 使

$$
\begin{aligned}
&\lim_{x\to\infty}\frac{f(x)}{x}=f_\infty, \quad \lim_{x\to\infty}\frac{g(x)}{x}=g_\infty, \quad \lim_{x\to\infty}\frac{h(x)}{x}=h_\infty;\\
&\lim_{x\to 0}\frac{f(x)}{x}=f_0, \quad \lim_{x\to 0}\frac{g(x)}{x}=g_0, \quad \lim_{x\to 0}\frac{h(x)}{x}=h_0.
\end{aligned} \tag{4.206}
$$

我们记

$$
F(x)=\int_0^x f(s)ds, \quad G(x)=\int_0^x g(s)ds, \quad H(x)=\int_0^x h(s)ds. \tag{4.207}
$$

4.5.1 方程 (4.201) 的 $m+1$-周期轨道

为讨论方程 (4.201) 的 $m+1$-周期轨道, 首先考虑 $m+1$-周期函数构成的线性空间

$$X = \mathrm{cl}\left\{\sum_{i=1}^{\infty}\left(a_i\cos\frac{2i\pi t}{m+1}+b_i\sin\frac{2i\pi t}{m+1}\right): a_i, b_i\in\mathbb{R}, \sum_{i=1}^{\infty} i^{2n}(a_i^2+b_i^2)<\infty\right\},$$

其中每个函数均值为零.

对 $x, y \in X$ 定义

$$\langle x,y\rangle = \langle x,y\rangle_{2n} = \int_0^{m+1}(P^{2n}x(t), y(t))dt, \quad \langle x,y\rangle_0 = \int_0^{m+1}(x(t),y(t))dt,$$

并定义范数 $\|x\| = \sqrt{\langle x,x\rangle}$, 使 $(X, \|\cdot\|)$ 为 H^n 空间. 同时记 $\|x\|_0 = \sqrt{\langle x,x\rangle_0}$.

对 $z = (x_0, x_1, \cdots, x_m) \in X^{m+1}$, 我们在 H^n 空间 X^{m+1} 上定义泛函

$$\Phi(z) = \frac{1}{2}\langle Lz, z\rangle + \sum_{j=0}^{m}\int_0^{m+1}F(x_j(t))dt + \frac{1}{\alpha+m}\int_0^{m+1}G\left(\sum_{j=0}^{m}x_j(t)\right)dt, \tag{4.208}$$

其中,

$$Lz = (L_0x_0, L_1x_1, \cdots, L_mx_m), \quad F(x_j) = \int_0^{x_j}f(s)ds, \quad G(u) = \int_0^{u}g(s)ds,$$

$$L_jx_j = \frac{1}{(1-\alpha)(\alpha+m)}P^{-2n}\left[(1-\alpha-m)x_j^{(2n)} + \sum_{0\leqslant l\leqslant m, l\neq j}x_l^{(2n)}\right]. \tag{4.209}$$

这时由条件易知, $\Phi : X^{m+1} \to \mathbb{R}$ 是一个连续可微泛函, 和 4.4 节中一样, 其 Fréchet 导数 Φ' 可表示为对任意 $y \in X^{m+1}$ 有

$$\begin{aligned}&\langle\Phi'(z), y\rangle\\ &= \left\langle Lz + P^{-2n}\left[(f(x_0), f(x_1), \cdots, f(x_m))\right.\right.\\ &\quad \left.\left.+\frac{1}{\alpha+m}g\left(\sum_{j=0}^{m}x_j(t)\right)(1,1,\cdots,1)\right], y\right\rangle.\end{aligned} \tag{4.210}$$

由此可得 $\Phi(z)$ 在空间 X^{m+1} 上的临界点对 $j = 0, 1, 2, \cdots, m$, 满足

$$\frac{1}{(1-\alpha)(\alpha+m)}\left[(1-\alpha-m)x_j^{(2n)} + \sum_{0\leqslant l\leqslant m, l\neq j}x_l^{(2n)}\right]$$

$$+\left[f(x_j)+\frac{1}{\alpha+m}g\left(\sum_{j=0}^{m}x_j\right)\right]=0. \tag{4.211}$$

现在取

$$Z=\{(x(t),x(t-1),\cdots,x(t-m)):x\in X\}\subset X^{m+1}, \tag{4.212}$$

则 $Z\subset X^{m+1}$ 是一个闭子空间. 当泛函 Φ 限定在空间 Z 上时, $\forall y\in Z$ 意味着在 (4.210) 中 y 只有第一个分量是任意的, 其余分量由第一个分量确定. 故首先可以得到 (4.211) 中 $j=0$ 时的第一个等式. 但由 $(y(t),y(t-1),\cdots,y(t-m))\in Z$ 中各分量的循环性, 可得 (4.211) 对 $j=1,2,\cdots,m$ 都成立. 即

$$\begin{aligned}&\frac{1}{(1-\alpha)(\alpha+m)}\left[(1-\alpha-m)x^{(2n)}(t-j)+\sum_{0\leqslant l\leqslant m,l\neq j}x^{(2n)}(t-l)\right]\\ =&-\left[f\left(x(t-j)\right)+\frac{1}{\alpha+m}g\left(\sum_{l=0}^{m}x(t-l)\right)\right].\end{aligned} \tag{4.213}$$

引理 4.14　设泛函 Φ 由 (4.208) 定义, 则它的临界点是方程 (4.201) 的 $m+1$-周期解.

证明　设 $z\in Z$ 是泛函 Φ 在 Z 上的一个临界点, 由 (4.210) 得

$$\begin{aligned}&(1-\alpha-m)x^{(2n)}(t)\\ &+\sum_{i=1}^{m}x^{(2n)}(t-i)+(1-\alpha)(\alpha+m)f(x(t))+(1-\alpha)g\left(\sum_{i=0}^{m}x(t-i)\right)=0,\end{aligned}$$

即

$$\begin{aligned}&(1-\alpha-m)x^{(2n)}(t)\\ &+\sum_{i=1}^{m}x^{(2n)}(t-i)=-(1-\alpha)(\alpha+m)f(x(t))-(1-\alpha)g\left(\sum_{i=0}^{m}x(t-i)\right).\end{aligned}$$

根据函数空间 X 的 $m+1$-周期性, 对 $j=0,1,\cdots,m,x$ 满足

$$\begin{aligned}&(1-\alpha-m)x^{(2n)}(t-j)+\sum_{i=1}^{m-j}x^{(2n)}(t-i-j)+\sum_{i=m-j+1}^{m}x^{(2n)}(t-i-j)\\ =&-(1-\alpha)(\alpha+m)f(x(t-j))-(1-\alpha)g\left(\sum_{i=0}^{m}x(t-i-j)\right),\end{aligned}$$

即

$$
\begin{aligned}
&\sum_{i=0}^{j-1} x^{(2n)}(t-i)+(1-\alpha-m)x^{(2n)}(t-j)+\sum_{i=j+1}^{m} x^{(2n)}(t-i)\\
=&-(1-\alpha)(\alpha+m)f(x(t-j))-(1-\alpha)g\left(\sum_{i=0}^{m} x(t-i)\right).
\end{aligned}
\tag{4.214}
$$

记

$$
A=\begin{pmatrix}
1-\alpha-m & 1 & 1 & \cdots & 1 & 1\\
1 & 1-\alpha-m & 1 & \cdots & 1 & 1\\
1 & 1 & 1-\alpha-m & \cdots & 1 & 1\\
\vdots & \vdots & \vdots & & \vdots & \vdots\\
1 & 1 & 1 & \cdots & 1-\alpha-m & 1\\
1 & 1 & 1 & \cdots & 1 & 1-\alpha-m
\end{pmatrix}
$$

及

$$
\begin{aligned}
&\vec{f}=(f(x(t)),f(x(t-1)),\cdots,f(x(t-m)))^{\mathrm{T}},\quad g=g\left(\sum_{i=0}^{m} x(t-i)\right),\\
&\vec{x}^{(2n)}=(x^{(2n)}(t),x^{(2n)}(t-1),\cdots,x^{(2n)}(t-m))^{\mathrm{T}},\quad B=(1,1,\cdots,1)^{\mathrm{T}},
\end{aligned}
$$

则 x 满足 (4.214), 即满足

$$
A\vec{x}^{(2n)}=-(1-\alpha)(\alpha+m)\vec{f}-(1-\alpha)Bg. \tag{4.215}
$$

对上式所表示的方程组, 将第 1 个方程乘以 α 后再依次加上后面的各方程, 可知 x 满足由此得到的新方程

$$
\begin{aligned}
&(1-\alpha)(\alpha+m)x^{(2n)}(t)\\
=&-(1-\alpha)(\alpha+m)\left[\alpha f(x(t))+\sum_{j=1}^{m} f\left(x(t-j)\right)+g\left(\sum_{j=0}^{m} x(t-j)\right)\right],
\end{aligned}
$$

即满足

$$
x^{(2n)}(t)=-\left[\alpha f(x(t))+\sum_{j=1}^{m} f\left(x(t-j)\right)+g\left(\sum_{j=0}^{m} x(t-j)\right)\right].
$$

引理得证.

记 $X(i)=\left\{a_i\cos\dfrac{2i\pi t}{m+1}+b_i\sin\dfrac{2i\pi t}{m+1}:a_i,b_i\in\mathbb{R}\right\}$, 则

$$X=\sum_{i=1}^{\infty}X(i).$$

当 $i\neq j$ 时 $X(i),X(j)$ 是正交的, 且有

$$x(t)\in X(i)\Rightarrow(\Omega x)(t)\in X(i),\quad\langle\Omega x,x\rangle=0.\tag{4.216}$$

对 $x_{(i)}(t)\in X(i)$, 记

$$Z(j)=\{(x_{(j)}(t),x_{(j)}(t-1),\cdots,x_{(j)}(t-m)):x_{(j)}(t)\in X(j)\}\subset X(j)^{m+1},$$

则

$$Z=\sum_{j=1}^{\infty}Z(j)\subset X^{m+1},\tag{4.217}$$

且当记

$$X_1=\sum_{i\geqslant1,i\neq l(m+1)}X(i),\quad X_2=\sum_{l=1}^{\infty}X(l(m+1))$$

时, 有 $X=X_1\oplus X_2$.

以下我们计算泛函 Φ. 假设 $x\in X(i),z\in Z$, 则 $x_l=x(t-l)\in X(i)$,

$$\begin{aligned}L_0x_0&=\frac{(-1)^n}{(1-\alpha)(\alpha+m)}\left(\frac{2i\pi}{m+1}\right)^{2n}P^{-2n}\left[(1-\alpha-m)x(t)+\sum_{j=1}^{m}x(t-j)\right]\\&=\frac{(-1)^n}{(1-\alpha)(\alpha+m)}\left(\frac{2i\pi}{m+1}\right)^{2n}\begin{cases}-(\alpha+m)P^{-2n}x(t),&i\neq l(m+1),\\(1-\alpha)P^{-2n}x(t),&i=l(m+1)\end{cases}\\&=(-1)^n\left(\frac{2i\pi}{m+1}\right)^{2n}\begin{cases}-\dfrac{1}{1-\alpha}P^{-2n}x(t),&i\neq l(m+1),\\\dfrac{1}{\alpha+m}P^{-2n}x(t),&i=l(m+1),\end{cases}\end{aligned}$$

于是,

$$\langle L_0x_0,x_0\rangle=(-1)^n\left(\frac{2\pi}{m+1}\right)^{2n}\begin{cases}-\dfrac{i^{2n}}{1-\alpha}||x||_0^2,&i\neq l(m+1),\\\dfrac{i^{2n}}{\alpha+m}||x||_0^2,&i=l(m+1)\end{cases}$$

$$= (-1)^n \left(\frac{2\pi}{m+1}\right)^{2n} \begin{cases} -\dfrac{1}{1-\alpha}||x||^2, & i \neq l(m+1), \\ \dfrac{1}{\alpha+m}||x||^2, & i = l(m+1). \end{cases}$$

鉴于函数 $x(t)$ 的 $m+1$-周期性, 在空间 Z 上, 我们有

$$\begin{aligned} \langle Lz, z\rangle &= (m+1)\langle L_0x_0, x_0\rangle \\ &= (-1)^n(m+1)\left(\frac{2\pi}{m+1}\right)^{2n} \begin{cases} -\dfrac{1}{1-\alpha}||x||^2, & i \neq l(m+1), \\ \dfrac{1}{\alpha+m}||x||^2, & i = l(m+1), \end{cases} \end{aligned}$$

同时由 $\lim\limits_{x\to\infty}\dfrac{f(x)}{x} = f_\infty$, 可知 $x \to \infty$ 时,

$$F(x) = \int_0^x f(s)ds = \frac{1}{2}f_\infty x^2 + \int_0^x [f(s) - f_\infty s]ds = \frac{1}{2}f_\infty x^2 + \circ(|x|^2).$$

因此 $||x||_0 \to \infty$ 时,

$$\int_0^{m+1} F(x(t))dt = \frac{1}{2}f_\infty||x||_0^2 + \circ(||x||_0^2) = \frac{i^{-2n}}{2}f_\infty||x||^2 + \circ(||x||^2).$$

这时,

$$\sum_{j=0}^{m}\int_0^{m+1} F(x_j(t))dt = (m+1)\int_0^{m+1} F(x(t))dt = \frac{i^{-2n}}{2}(m+1)f_\infty||x||^2 + \circ(||x||^2). \tag{4.218}$$

对于函数 g, 我们有条件 $\lim\limits_{x\to\infty}\dfrac{g(x)}{x} = g_\infty$, 注意到

$$\sum_{j=0}^{m} x(t-j) = \begin{cases} 0, & i \neq l(m+1), \\ (m+1)x(t), & i = l(m+1), \end{cases}$$

故

$$g\left(\sum_{j=0}^{m} x(t-j)\right) = \begin{cases} 0, & i \neq l(m+1), \\ g((m+1)x(t)), & i = l(m+1). \end{cases}$$

对于 $x \in X(i)$, 当 $i \neq l(m+1)$ 时 $G\left(\sum\limits_{j=0}^{m} x(t-j)\right) = 0$, 当 $i = l(m+1)$, 且 $|x| \to \infty$ 时,

$$G\left(\sum_{j=0}^{m} x(t-j)\right) = \int_0^{(m+1)x} g_\infty s ds + \int_0^{(m+1)x} [g(s) - g_\infty s]ds$$

$$= \frac{g_\infty}{2}(m+1)^2|x|^2 + \circ(|x|^2). \tag{4.219}$$

因此根据命题 4.10, $||x||_0 \to \infty$ 时

$$\begin{aligned}\frac{1}{a+m}\int_0^{m+1} G\left(\sum_{j=0}^{m} x(t-j)\right) dt &= \frac{g_\infty(m+1)^2}{2(a+m)}||x||_0^2 + \circ(||x||_0^2)\\ &= \frac{g_\infty(m+1)^2}{2(a+m)}i^{-2n}||x||^2 + \circ(||x||^2).\end{aligned} \tag{4.220}$$

于是,

$$\begin{aligned}&\Phi(z)\\ =&\begin{cases}\dfrac{(m+1)}{2}\left[-\dfrac{(-1)^n}{1-\alpha}\left(\dfrac{2\pi}{m+1}\right)^{2n} + i^{-2n}f_\infty\right]||x||^2 + \circ(||x||^2),\\ \quad i \neq l(m+1),\\ \dfrac{(m+1)}{2}\left[\dfrac{(-1)^n}{\alpha+m}\left(\dfrac{2\pi}{m+1}\right)^{2n} + i^{-2n}\left(f_\infty + \left(\dfrac{m+1}{\alpha+m}\right)g_\infty\right)\right]||x||^2\\ \quad + \circ\left(||x||^2\right), \quad i = l(m+1),\end{cases}\end{aligned} \tag{4.221}$$

记

$$A_1^+ = \left\{i \geqslant 1 : i \neq l(m+1), -\frac{(-1)^n i^{2n}}{1-\alpha}\left(\frac{2\pi}{m+1}\right)^{2n} + f_\infty > 0\right\},$$

$$A_1^0 = \left\{i \geqslant 1 : i \neq l(m+1), -\frac{(-1)^n i^{2n}}{1-\alpha}\left(\frac{2\pi}{m+1}\right)^{2n} + f_\infty = 0\right\},$$

$$A_1^- = \left\{i \geqslant 1 : i \neq l(m+1), -\frac{(-1)^n i^{2n}}{1-\alpha}\left(\frac{2\pi}{m+1}\right)^{2n} + f_\infty < 0\right\},$$

$$A_2^+ = \left\{i = l(m+1) : l \geqslant 1, \frac{(-1)^n}{\alpha+m}(2\pi l)^{2n} + f_\infty + \frac{m+1}{\alpha+m}g_\infty > 0\right\},$$

$$A_2^0 = \left\{i = l(m+1) : l \geqslant 1, \frac{(-1)^n}{\alpha+m}(2\pi l)^{2n} + f_\infty + \frac{m+1}{\alpha+m}g_\infty = 0\right\},$$

$$A_2^- = \left\{i = l(m+1) : l \geqslant 1, \frac{(-1)^n}{\alpha+m}(2\pi l)^{2n} + f_\infty + \frac{m+1}{\alpha+m}g_\infty < 0\right\},$$

则 A_1^0, A_2^0 为空集或有限点集, 记

$$\begin{aligned}\delta_1 &= -\frac{(-1)^n}{1-\alpha}\left(\frac{2\pi}{m+1}\right)^{2n}, \quad \gamma_{1,\infty} = f_\infty, \\ \delta_2 &= \frac{(-1)^n}{\alpha+m}\left(\frac{2\pi}{m+1}\right)^{2n}, \quad \gamma_{2,\infty} = f_\infty + \frac{(m+1)}{(\alpha+m)}g_\infty,\end{aligned} \tag{4.222}$$

显然

$\delta_1 > 0, \gamma_{1,\infty} \geqslant 0$ 时, $A_1^+ = \{l(m+1)+j : l \geqslant 0, j = 1, 2, \cdots, m\}, A_1^- = \varnothing$,

$\delta_1 < 0, \gamma_{1,\infty} \leqslant 0$ 时, $A_1^- = \{l(m+1)+j : l \geqslant 0, j = 1, 2, \cdots, m\}, A_1^+ = \varnothing$,

$\delta_2 > 0, \gamma_{2,\infty} \geqslant 0$ 时, $A_2^+ = \{l(m+1) : l \geqslant 1\}, A_2^- = \varnothing$,

$\delta_2 < 0, \gamma_{2,\infty} \leqslant 0$ 时, $A_2^- = \{l(m+1) : l \geqslant 1\}, A_2^+ = \varnothing$.

又记

$$X_\infty^+ = \bigoplus_{i\in A_1^+\cup A_2^+} X(i), \quad X_\infty^0 = \bigoplus_{i\in A_1^0\cup A_2^0} X(i), \quad X_\infty^- = \bigoplus_{i\in A_1^-\cup A_2^-} X(i), \tag{4.223}$$

和引理 4.2 一样可证如下引理.

引理 4.15 存在 $\sigma > 0$, 成立

$$\Phi(z) > \sigma\|x\|^2,\ x \in X_\infty^+; \quad \Phi(z) < -\sigma\|x\|^2,\ x \in X_\infty^-. \tag{4.224}$$

证明 先证存在 $\sigma_1 > 0$ 使

$$\Phi(z) > \sigma_1\|x\|^2,\ x \in X_\infty^+ \cap X_1; \quad \Phi(z) < -\sigma_1\|x\|^2,\ x \in X_\infty^- \cap X_1. \tag{4.225}$$

(1) 设 $\delta_1 > 0, \gamma_{1,\infty} \geqslant 0$, 取 $\sigma_1 = \delta_1$.

(2) 设 $\delta_1 < 0, \gamma_{1,\infty} \leqslant 0$, 取 $\sigma_1 = -\delta_1$.

(3) 设 $\delta_1 > 0, \gamma_{1,\infty} < 0$, 记 $i_1^+ = \min A_1^+, i_1^- = \max A_1^-$, 取

$$\sigma_1 = \min\{\delta_1 + (i_1^+)^{-2n}\gamma_{1,\infty}, -(\delta_1 + (i_1^-)^{-2n}\gamma_{1,\infty})\}.$$

(4) 设 $\delta_1 < 0, \gamma_{1,\infty} > 0$, 令 $i_1^+ = \max A_1^+, i_1^- = \min A_1^-$, 取

$$\sigma_1 = \min\{\delta_1 + (i_1^+)^{-2n}\gamma_{1,\infty}, -(\delta_1 + (i_1^-)^{-2n}\gamma_{1,\infty})\}.$$

这时 (4.225) 成立.

同样可证, 存在 $\sigma_2 > 0$ 使

$$\Phi(z) > \sigma_2\|x\|^2,\ x \in X_\infty^+ \cap X_2; \quad \Phi(z) < -\sigma_2\|x\|^2,\ x \in X_\infty^- \cap X_2. \tag{4.226}$$

令

$$\sigma = \min\{\sigma_1\sigma_2\} > 0,$$

则 (4.224) 成立.

引理 4.16 由 (4.208) 定义的泛函 $\Phi(z)$ 在空间 Z 上满足 (PS)-条件.

证明 根据 (4.224) 式, 按照引理 4.3 的论证方式, 可证得引理成立, 证明过程从略.

又记

$$B_1^+ = \left\{i \geqslant 1 : i \neq l(m+1), \frac{(-1)^n i^{2n}}{\alpha - 1}\left(\frac{2\pi}{m+1}\right)^{2n} + f_0 > 0\right\},$$

$$B_1^0 = \left\{i \geqslant 1 : i \neq l(m+1), \frac{(-1)^n i^{2n}}{\alpha - 1}\left(\frac{2\pi}{m+1}\right)^{2n} + f_0 = 0\right\},$$

$$B_1^- = \left\{i \geqslant 1 : i \neq l(m+1), \frac{(-1)^n i^{2n}}{\alpha - 1}\left(\frac{2\pi}{m+1}\right)^{2n} + f_0 < 0\right\},$$

$$B_2^+ = \left\{i = l(m+1) : l \geqslant 1, \frac{(-1)^n}{\alpha + m}(2\pi l)^{2n} + f_0 + \frac{m+1}{\alpha+m} g_0 > 0\right\},$$

$$B_2^0 = \left\{i = l(m+1) : l \geqslant 1, \frac{(-1)^n}{\alpha + m}(2\pi l)^{2n} + f_0 + \frac{m+1}{\alpha+m} g_0 = 0\right\},$$

$$B_2^- = \left\{i = l(m+1) : l \geqslant 1, \frac{(-1)^n}{\alpha + m}(2\pi l)^{2n} + f_0 + \frac{m+1}{\alpha+m} g_0 < 0\right\},$$

以及

$$X_0^+ = \bigoplus_{i \in B_1^+ \cup B_2^+} X(i), \quad X_0^0 = \bigoplus_{i \in B_1^0 \cup B_2^0} X(i), \quad X_0^- = \bigoplus_{i \in B_1^- \cup B_2^-} X(i), \tag{4.227}$$

令

$$\gamma_{1,0} = f_0, \quad \gamma_{2,0} = f_0 + \frac{(m+1)}{(\alpha+m)} g_0. \tag{4.228}$$

$$N_1(a,b) = \begin{cases} \mathrm{card}\{i \geqslant 1, i \neq l(m+1) : -b < \delta_1 i^{2n} < -a\}, & a < b, \\ -\mathrm{card}\{i \geqslant 1, i \neq l(m+1) : -a \leqslant \delta_1 i^{2n} \leqslant -b\}, & b < a, \end{cases}$$

$$N_2(a,b) = \begin{cases} \mathrm{card}\{i \geqslant 1, i = l(m+1) : -b < \delta_2 i^{2n} < -a\}, & a < b, \\ -\mathrm{card}\{i \geqslant 1, i = l(m+1) : -a \leqslant \delta_2 i^{2n} \leqslant -b\}, & b < a. \end{cases}$$

定理 4.19 设条件 (4.206) 成立, 则方程 (4.201) 在

$$k = \max\{N_1(\gamma_{1,0}, \gamma_{1,\infty}) + N_2(\gamma_{2,0}, \gamma_{2,\infty}), N_1(\gamma_{1,\infty}, \gamma_{1,0}) + N_2(\gamma_{2,\infty}, \gamma_{2,0})\}$$

时至少有 k 个几何上互不相同的 $m+1$-周期轨道.

证明 不失一般性, 设

$$k = N_1(\gamma_{1,0}, \gamma_{1,\infty}) + N_2(\gamma_{2,0}, \gamma_{2,\infty}) > 0, \tag{4.229}$$

且假定 $N_1(\gamma_{1,0}, \gamma_{1,\infty}) > 0, N_2(\gamma_{2,0}, \gamma_{2,\infty}) < 0$. 这时意味着

$$\gamma_{1,0} < \gamma_{1,\infty}, \quad \gamma_{2,0} > \gamma_{2,\infty}. \tag{4.230}$$

令 $X^+ = X_\infty^+, X^- = X_0^-$. 则

$$\dim(X^+ \cap X^-) = \dim(X_\infty^+ \cap X_0^-) < \infty, \tag{4.231}$$

且

$$X \backslash (X^+ \cup X^-) = X \backslash (X_\infty^+ \cup X_0^-) \subseteq X_\infty^0 \cup X_0^0 \cup (X_\infty^- \cap X_0^+).$$

显然,

$$\mathrm{cod}_X(X^+ + X^-) \leqslant \dim X_\infty^0 + \dim X_0^0 + \dim(X^+ \cap X^-) < \infty, \tag{4.232}$$

且当 $x \in X(j)$ 时有 $z \in Z(j)$, 从而 $L_0(z) = L_0(x) \subset X(j)$.

引理 4.16 保证 (PS)-条件成立, 现在只需对空间 X 作子空间划分, 验证定理 2.17 中的其他条件成立.

实际上 (4.206) 蕴含的条件可保证在 X^- 上当 $0 < ||x|| \ll 1$ 时, $\Phi(z) < 0$, 即存在 $r > 0$ 和 $c_\infty < 0$ 使

$$\Phi(z) \leqslant c_\infty < 0 = \Phi(0), \quad \forall x \in X^- \cap S_r = \{x \in X : ||x|| = r\}. \tag{4.233}$$

同时由 (4.224) 知, 在子空间 $Z(i)$ 上存在 $\sigma > 0$ 使

$$\Phi(z) > \sigma ||z||^2, \quad x \in X_\infty^+ \tag{4.234}$$

成立. 如果 $x \in X^+$, 显然有 $c_0 < c_\infty$ 使 $\Phi(x) \geqslant c_0, x \in X^+$. 于是定理 2.17 中的条件成立.

现将空间 $X, X^+ = X_\infty^+, X^- = X_0^-$ 各分成两部分:

$$\begin{aligned}
X_1 &= \{X(i) \subset X : i \neq l(m+1)\}, \quad X_2 = \{X(i) \subset X : i = l(m+1)\}, \\
X_1^+ &= \{X(i) \subset X^+ : i \neq l(m+1)\}, \quad X_2^+ = \{X(i) \subset X^+ : i = l(m+1)\}, \\
X_1^- &= \{X(i) \subset X^- : i \neq l(m+1)\}, \quad X_2^- = \{X(i) \subset X^- : i = l(m+1)\}.
\end{aligned}$$

由于 $X_1 \cap X_2 = \varnothing$, 故有

$$X^+ \cap X^- = (X_1^+ \cap X_1^-) \oplus (X_2^+ \cap X_2^-),$$
$$C_X(X^+ \cup X^-) = C_{X_1}(X_1^+ \cup X_1^-) \oplus C_{X_2}(X_2^+ \cup X_2^-)$$

以及

$$\begin{aligned}&\dim(X^+ \cap X^-) - \mathrm{cod}_X(X^+ + X^-)\\ =&\dim(X_1^+ \cap X_1^-) - \mathrm{cod}_X(X_1^+ + X_1^-) + \dim(X_2^+ \cap X_2^-) - \mathrm{cod}_X(X_2^+ + X_2^-).\end{aligned} \tag{4.235}$$

因此,

$$\begin{aligned}&\dim(X^+ \cap X^-) - \mathrm{cod}_X(X^+ + X^-)\\ =&2[\mathrm{card}\{i \geqslant 1 : i \neq l(m+1), -\gamma_{1,\infty} < \delta_1 i^{2n} < -\gamma_{1,0}\}\\ &- \mathrm{card}\{i \geqslant 1 : i \neq l(m+1), -\gamma_{1,0} \leqslant \delta_1 i^{2n} \leqslant -\gamma_{1,\infty}\}]\\ &+ 2[\mathrm{card}\{i \geqslant 1 : i = l(m+1), -\gamma_{2,\infty} < \delta_2 i^{2n} < -\gamma_{2,0}\}\\ &- \mathrm{card}\{i \geqslant 1 : i = l(m+1), -\gamma_{2,0} \leqslant \delta_2 i^{2n} \leqslant -\gamma_{2,\infty}\}]\\ =&2[N_1(\gamma_{1,0}, \gamma_{1,\infty}) + N_2(\gamma_{2,0}, \gamma_{2,\infty})].\end{aligned} \tag{4.236}$$

根据定理 2.17 可知, 方程 (4.201) 至少有

$$k = \frac{1}{2}[\dim(X^+ \cap X^-) - \mathrm{cod}_X(X^+ \cup X^-)] = N_1(\gamma_{1,0}, \gamma_{1,\infty}) + N_2(\gamma_{2,0}, \gamma_{2,\infty})$$

个几何上互不相同的 $m+1$-周期轨道.

如果是另外的情况, 即 $k = N_1(\gamma_{1,\infty}, \gamma_{1,0}) + N_2(\gamma_{2,\infty}, \gamma_{2,0}) > 0$, 可取

$$X^+ = X_0^+, \quad X^- = X_\infty^-$$

进行论证.

4.5.2 方程 (4.202) 的 $2(2l+1)$-周期轨道

为讨论方程 (4.202) 的 $2(2l+1)$-周期轨道, 取函数空间

$$\hat{X} = \mathrm{cl}\left\{ \sum_{i=0}^{\infty} \left(a_i \cos\frac{(2i+1)\pi t}{2l+1} + b_i \sin\frac{(2i+1)\pi t}{2l+1} \right) : \right.$$
$$\left. a_i, b_i \in \mathbb{R}, \sum_{i=1}^{\infty} (2i+1)^{2n}(a_i^2 + b_i^2) < \infty \right\},$$

并记 $z=(x_0,x_1,\cdots,x_{2l})=(x(t),x(t-1),\cdots,x(t-2l))$, 这是一个均值为零的 $2(2l+1)$-周期函数构成的线性空间, 对 $x,y\in\hat{X}$ 定义

$$\langle x,y\rangle=\langle x,y\rangle_{2n}=\int_0^{2(2l+1)}(P^{2n}x(t),y(t))dt,\quad \langle x,y\rangle_0=\int_0^{2(2l+1)}(x(t),y(t))dt,$$

据此定义范数 $||x||=\sqrt{\langle x,x\rangle}$, 使 $(\hat{X},||\cdot||)$ 为 H^n 空间. 同时记 $||x||_0=\sqrt{\langle x,x\rangle_0}$. 令 $z=(x_0,x_1,\cdots,x_{2l})\in\hat{X}^{2l+1}$. 我们在 H^n 空间 $\hat{X}^{2l+1}$ 上定义泛函

$$\begin{aligned}\hat{\Phi}(z)=&\frac{1}{2}\langle Lz,z\rangle+\sum_{j=0}^{2l}\int_0^{2(2l+1)}F(x_j(t))dt\\&+\frac{1}{\alpha-2l}\int_0^{2(2l+1)}H\left(\sum_{j=0}^{2l}(-1)^jx_j(t)\right)dt,\end{aligned}\tag{4.237}$$

其中,

$$Lz=(L_0x_0,L_1x_1,\cdots,L_{2l}x_{2l}),\quad F(x_j)=\int_0^{x_j}f(s)ds,\quad H(u)=\int_0^u h(s)ds,$$

$$L_jx_j=\frac{1}{(1+\alpha)(\alpha-2l)}P^{-2n}\left[(1+\alpha-2l)x_j^{(2n)}+\sum_{0\leqslant i\leqslant 2l,l\neq j}(-1)^{i+j+1}{x_i}^{(2n)}\right].\tag{4.238}$$

这时由条件易知, $\hat{\Phi}:X^{2l+1}\to\mathbb{R}$ 是一个连续可微泛函, 和 4.5.1 节中一样, 其 Fréchet 导数 $\hat{\Phi}'$ 可表示为

$$\begin{aligned}&\left\langle\hat{\Phi}'(z),y\right\rangle\\=&\left\langle Lz+P^{-2n}\left[(f(x_0),f(x_1),\cdots,f(x_{2l}))\right.\right.\\&\left.\left.+\frac{1}{\alpha-2l}h\left(\sum_{j=0}^{2l}(-1)^jx_j(t)\right)(1,\cdots,(-1)^i,\cdots,1)\right],y\right\rangle,\end{aligned}\tag{4.239}$$

其中 $y\in\hat{X}^{2l+1}$ 为任意函数. 由此可得 $\hat{\Phi}(z)$ 在空间 $\hat{X}^{2l+1}$ 上的临界点满足

$$\begin{aligned}&\frac{1}{(1+\alpha)(\alpha-2l)}\left[(1+\alpha-2l)x_j^{(2n)}+\sum_{0\leqslant i\leqslant 2l,i\neq j}(-1)^{i+j+1}{x_i}^{(2n)}\right]\\&+\left[f(x_j)+\frac{(-1)^j}{\alpha-2l}h\left(\sum_{i=0}^{2l}(-1)^ix_i\right)\right]=0.\end{aligned}\tag{4.240}$$

由于 $j=0,1,2,\cdots,2l$, 故 (4.240) 表示了 $2l+1$ 个等式. 现在取

$$Z=\left\{(x(t),x(t-1),\cdots,x(t-2l)):x\in\hat{X}\right\}\subset\hat{X}^{2l+1},$$

则 $Z\subset\hat{X}^{2l+1}$ 是一个闭子空间. 当泛函 Φ 限定在空间 Z 上时, $\forall y\in Z$ 意味着在 (4.240) 中的 $y\in Z$ 只有第一个分量是任意的, 可直接得到 (4.240) 中 $j=0$ 时的第一个等式. 但由 $(y(t),y(t-1),\cdots,y(t-2l))\in Z$ 中各分量的循环性, 可得 (4.240) 对 $j=1,2,\cdots,2l$ 都成立. 即

$$\begin{aligned}&\frac{1}{(1+\alpha)(\alpha-2l)}\left[(1+\alpha-2l)x(t-j)^{(2n)}+\sum_{0\leqslant i\leqslant 2l,l\neq j}(-1)^{i+j+1}x(t-i)^{(2n)}\right]\\&=-\left[f\left(x(t-j)\right)+\frac{(-1)^j}{\alpha-2l}h\left(\sum_{j=0}^{2l}(-1)^jx(t-j)\right)\right].\end{aligned}\tag{4.241}$$

引理 4.17　设泛函 $\hat{\Phi}$ 由 (4.237) 定义, 则它的临界点是方程 (4.202) 的 $2(2l+1)$-周期解.

证明　设 $z\in Z$ 是泛函 $\hat{\Phi}$ 在 Z 上的一个临界点, 由 (4.241) 得 z 的各分量满足

$$\begin{aligned}&(1+\alpha-2l)x^{(2n)}(t-j)+\sum_{i=1}^{2l}(-1)^{i+j+1}x^{(2n)}(t-i)\\&=-(1+\alpha)(\alpha-2l)f(x(t-j))\\&\quad-(1+\alpha)(-1)^jh\left(\sum_{i=0}^{2l}(-1)^ix(t-i)\right),\quad j=0,1,\cdots,2l.\end{aligned}\tag{4.242}$$

在以上各式中, 对第一个等式, 即 $j=0$ 时的等式乘上 α, 随后各等式依次交叉乘上 1 和 -1, 最后加到一起, 可知 x 满足由此得到的新等式, 即

$$\begin{aligned}&(1+\alpha)(\alpha-2l)x^{(2n)}(t)\\&=-(1+\alpha)(\alpha-2l)\left[\alpha f(x(t))+\sum_{i=1}^{2l}(-1)^{i+1}f(x(t-i))+h\left(\sum_{i=0}^{2l}(-1)^ix(t-i)\right)\right],\end{aligned}$$

故 x 满足

$$x^{(2n)}(t)=-\left[\alpha f(x(t))+\sum_{i=1}^{2l}(-1)^{i+1}f(x(t-i))+h\left(\sum_{i=0}^{2l}(-1)^ix(t-i)\right)\right].$$

引理得证.

记 $\hat{X}(i)=\left\{a_i\cos\dfrac{(2i+1)\pi t}{2l+1}+b_i\sin\dfrac{(2i+1)\pi t}{2l+1}:a_i,b_i\in\mathbb{R}\right\}$, 则

$$\hat{X}=\sum_{i=1}^{\infty}\hat{X}(i).$$

当 $i\neq j$ 时, $\hat{X}(i),\hat{X}(j)$ 是正交的, 且有

$$x(t)\in\hat{X}(i)\Rightarrow(\Omega x)(t)\in\hat{X}(i),\quad\langle\Omega x,x\rangle=0.\tag{4.243}$$

对 $x_{(i)}(t)\in\hat{X}(i)$, 记

$$\hat{Z}(j)=\{(x_{(j)}(t),x_{(j)}(t-1),\cdots,x_{(j)}(t-2l)):x_{(j)}(t)\in\hat{X}(j)\}\subset\hat{X}(j)^{2l+1},$$

则

$$\hat{Z}=\sum_{j=1}^{\infty}Z(j)\subset\hat{X}^{2l+1},\tag{4.224}$$

且当记

$$\hat{X}_1=\sum_{i\geqslant1,i\neq k(2l+1)+l}\hat{X}(i),\quad\hat{X}_2=\sum_{k=0}^{\infty}\hat{X}(k(2l+1)+l)$$

时, 有 $\hat{X}=\hat{X}_1\oplus\hat{X}_2$.

以下我们计算泛函 Φ. 假设 $x\in\hat{X}(i),z\in\hat{Z}$, 则 $x_l=x(t-l)\in\hat{X}(i)$,

$$\begin{aligned}L_0x_0&=\frac{(-1)^n}{(1+\alpha)(\alpha-2l)}\left(\frac{(2i+1)\pi}{2l+1}\right)^{2n}\\&\quad\cdot P^{-2n}\left[(1+\alpha-2l)x(t)+\sum_{j=1}^{2l}(-1)^jx(t-j)\right]\\&=\frac{(-1)^n}{(1+\alpha)(\alpha-2l)}\left(\frac{(2i+1)\pi}{2l+1}\right)^{2n}\begin{cases}(\alpha-2l)P^{-2n}x(t), & i\neq k(2l+1)+l,\\(1+\alpha)P^{-2n}x(t), & i=k(2l+1)+l\end{cases}\\&=(-1)^n\left(\frac{(2i+1)\pi}{2l+1}\right)^{2n}\begin{cases}\dfrac{1}{1+\alpha}P^{-2n}x(t), & i\neq k(2l+1)+l,\\\dfrac{1}{\alpha-2l}P^{-2n}x(t), & i=k(2l+1)+l,\end{cases}\end{aligned}$$

于是,

$$\langle L_0x_0,x_0\rangle=(-1)^n\left(\frac{\pi}{2l+1}\right)^{2n}\begin{cases}\dfrac{(2i+1)^{2n}}{1+\alpha}\|x\|_0^2, & i\neq k(2l+1)+l,\\\dfrac{(2i+1)^{2n}}{\alpha-2l}\|x\|_0^2, & i=k(2l+1)+l\end{cases}$$

$$= (-1)^n \left(\frac{\pi}{2l+1}\right)^{2n} \begin{cases} \dfrac{1}{1+\alpha}\|x\|^2, & i \neq k(2l+1)+l, \\ \dfrac{1}{\alpha - 2l}\|x\|^2, & i = k(2l+1)+l. \end{cases}$$

鉴于函数 $x(t)$ 的 $2(2l+1)$-周期性, 在空间 $\hat{Z}$ 上, 我们有

$$\begin{aligned} \langle Lz, z\rangle &= (2l+1)\langle L_0 x_0, x_0\rangle \\ &= (-1)^n(2l+1)\left(\frac{\pi}{2l+1}\right)^{2n} \begin{cases} \dfrac{1}{1+\alpha}\|x\|^2, & i \neq k(2l+1)+l, \\ \dfrac{1}{\alpha - 2l}\|x\|^2, & i = k(2l+1)+l, \end{cases} \end{aligned}$$

同时由 $\lim\limits_{x\to\infty}\dfrac{f(x)}{x} = f_0$, 可知 $x \to \infty$ 时

$$F(x) = \int_0^x f(s)ds = \frac{1}{2}f_\infty x^2 + \int_0^x [f(s) - f_\infty s]ds = \frac{1}{2}f_\infty x^2 + \circ(|x|^2).$$

因此 $||x||_0 \to \infty$ 时,

$$\int_0^{2(2l+1)} F(x(t))dt = \frac{1}{2}f_\infty ||x||_0^2 + \circ(||x||_0^2) = \frac{(2i+1)^{-2n}}{2} f_\infty ||x||^2 + \circ(||x||^2).$$

这时,

$$\begin{aligned} \sum_{j=0}^{2l}\int_0^{2(2l+1)} F(x_j(t))dt &= (2l+1)\int_0^{2(2l+1)} F(x(t))dt \\ &= \frac{2l+1}{2} f_\infty ||x||_0^2 + \circ(||x||_0^2) \\ &= \frac{(2l+1)(2i+1)^{-2n}}{2} f_\infty ||x||^2 + \circ(||x||^2). \end{aligned} \tag{4.245}$$

对于函数 h, 我们有条件 $\lim\limits_{x\to\infty}\dfrac{h(x)}{x} = h_0$, 但注意到

$$h\left(\sum_{j=0}^{2l}(-1)^j x(t-j)\right) = \begin{cases} 0, & i \neq k(2l+1)+l, \\ h((2l+1)x(t)), & i = k(2l+1)+l, \end{cases}$$

故对于 $x \in X(i)$, 当 $i \neq k(2l+1)+l$ 时, $H\left(\sum\limits_{j=0}^{2l} x(t-j)\right) = 0$, 当 $i = k(2l+1)+l$, 且 $|x| \to \infty$ 时,

$$H\left(\sum_{j=0}^{2l}(-1)^j x(t-j)\right) = \int_0^{(2l+1)x} h_\infty s ds + \int_0^{(2l+1)x} [h(s) - h_\infty s]ds$$

$$= \frac{1}{2}(2l+1)^2 h_\infty |x|^2 + \circ(|x|^2). \tag{4.246}$$

因此 $||x||_0 \to \infty$ 时,

$$\frac{1}{\alpha - 2l}\int_0^{2(2l+1)} H\left(\sum_{j=0}^{2l} x(t-j)\right) dt = \frac{(2l+1)^2}{2(\alpha-2l)} h_\infty ||x||_0^2 + \circ(||x||_0^2)$$
$$= \frac{(2l+1)^2(2i+1)^{-2n}}{2(\alpha-2l)} h_\infty ||x||^2 + \circ(||x||^2). \tag{4.247}$$

于是,

$$\hat{\Phi}(z) = \begin{cases} \dfrac{(2l+1)}{2}\left[\dfrac{(-1)^n}{1+\alpha}\left(\dfrac{\pi}{2l+1}\right)^{2n} + (2i+1)^{-2n} f_\infty\right] \\ \quad \cdot ||x||^2 + \circ(||x||^2), \quad i \neq k(2l+1)+l, \\ \dfrac{(2l+1)}{2}\left[\dfrac{(-1)^n}{\alpha-2l}\left(\dfrac{\pi}{2l+1}\right)^{2n} + (2i+1)^{-2n}\left(f_\infty + \dfrac{(2l+1)}{\alpha-2l} h_\infty\right)\right] \\ \quad \cdot ||x||^2 + \circ(||x||^2), \quad i = k(2l+1)+l, \end{cases} \tag{4.248}$$

记

$$A_1^+ = \left\{ i \geqslant 1 : i \neq k(2l+1)+l, \frac{(-1)^n(2i+1)^{2n}}{1+\alpha}\left(\frac{\pi}{2l+1}\right)^{2n} + f_\infty > 0 \right\},$$

$$A_1^0 = \left\{ i \geqslant 1 : i \neq k(2l+1)+l, \frac{(-1)^n(2i+1)^{2n}}{1+\alpha}\left(\frac{\pi}{2l+1}\right)^{2n} + f_\infty = 0 \right\},$$

$$A_1^- = \left\{ i \geqslant 1 : i \neq k(2l+1)+l, \frac{(-1)^n(2i+1)^{2n}}{1+\alpha}\left(\frac{\pi}{2l+1}\right)^{2n} + f_\infty < 0 \right\},$$

$$A_2^+ = \left\{ i \geqslant 1 : i = k(2l+1)+l, \frac{(-1)^n(2i+1)^{2n}}{\alpha-2l}\left(\frac{\pi}{2l+1}\right)^{2n} + f_\infty + \frac{(2l+1)}{(\alpha-2l)} h_\infty > 0 \right\},$$

$$A_2^0 = \left\{ i \geqslant 1 : i = k(2l+1)+l, \frac{(-1)^n(2i+1)^{2n}}{\alpha-2l}\left(\frac{\pi}{2l+1}\right)^{2n} + f_\infty + \frac{(2l+1)}{(\alpha-2l)} h_\infty = 0 \right\},$$

$$A_2^- = \left\{ i \geqslant 1 : i = k(2l+1)+l, \frac{(-1)^n(2i+1)^{2n}}{\alpha - 2l}\left(\frac{\pi}{2l+1}\right)^{2n} \right.$$
$$\left. + f_\infty + \frac{(2l+1)}{(\alpha-2l)}h_\infty < 0 \right\},$$

则 A_1^0, A_2^0 为空集或有限点集, 且

$\dfrac{(-1)^n}{1+\alpha}, f_\infty \geqslant 0$ 时,

$A_1^+ = \{k(2l+1)+j : l \geqslant 0, j = 1,2,\cdots,l-1,l+1,\cdots,2l\}, A_1^- = \varnothing;$

$\dfrac{(-1)^n}{1+\alpha}, f_\infty \leqslant 0$ 时,

$A_1^- = \{k(2l+1)+j : k \geqslant 0, j = 1,2,\cdots,l-1,l+1,\cdots,2l\}, A_1^+ = \varnothing;$

$\dfrac{(-1)^n}{\alpha-2l}, f_\infty + \dfrac{2l+1}{\alpha-2l}h_\infty \geqslant 0$ 时, $A_2^+ = \{k(2l+1)+l : k \geqslant 0\}, A_2^- = \varnothing;$

$\dfrac{(-1)^n}{\alpha-2l}, f_\infty + \dfrac{2l+1}{\alpha-2l}h_\infty \leqslant 0$ 时, $A_2^- = \{k(2l+1)+l : k \geqslant 0\}, A_2^+ = \varnothing.$

又记

$$\hat{X}_\infty^+ = \bigoplus_{i\in A_1^+\cup A_2^+} \hat{X}(i), \quad \hat{X}_\infty^0 = \bigoplus_{i\in A_1^0\cup A_2^0} \hat{X}(i), \quad \hat{X}_\infty^- = \bigoplus_{i\in A_1^-\cup A_2^-} \hat{X}(i). \tag{4.249}$$

和引理 4.15 一样, 我们有如下引理.

引理 4.18 存在 $\sigma > 0$, 成立

$$\hat{\Phi}(z) > \sigma\|x\|^2, \quad x \in \hat{X}_\infty^+; \quad \hat{\Phi}(z) < -\sigma\|x\|^2, \quad x \in \hat{X}_\infty^-. \tag{4.250}$$

并得到

引理 4.19 由 (4.237) 定义的泛函 $\hat{\Phi}(z)$ 在空间 $\hat{Z}$ 上是满足 (PS)-条件的.

又记

$$B_1^+ = \left\{ i \geqslant 1 : i \neq k(2l+1)+l, \frac{(-1)^n(2i+1)^{2n}}{1+\alpha}\left(\frac{\pi}{2l+1}\right)^{2n} + f_0 > 0 \right\},$$

$$B_1^0 = \left\{ i \geqslant 1 : i \neq k(2l+1)+l, \frac{(-1)^n(2i+1)^{2n}}{1+\alpha}\left(\frac{\pi}{2l+1}\right)^{2n} + f_0 = 0 \right\},$$

$$B_1^- = \left\{ i \geqslant 1 : i \neq k(2l+1)+l, \frac{(-1)^n(2i+1)^{2n}}{1+\alpha}\left(\frac{\pi}{2l+1}\right)^{2n} + f_0 < 0 \right\},$$

$$B_2^+ = \left\{ i \geqslant 1 : i = k(2l+1)+l, \frac{(-1)^n(2i+1)^{2n}}{\alpha-2l}\left(\frac{\pi}{2l+1}\right)^{2n} \right.$$

$$+ f_0 + \frac{(2l+1)}{\alpha - 2l} h_0 > 0 \Bigg\},$$

$$B_2^0 = \left\{ i \geqslant 1 : i = k(2l+1) + l, \frac{(-1)^n (2i+1)^{2n}}{\alpha - 2l} \left(\frac{\pi}{2l+1} \right)^{2n} \right.$$

$$\left. + f_0 + \frac{(2l+1)}{\alpha - 2l} h_0 = 0 \right\},$$

$$B_2^- = \left\{ i \geqslant 1 : i = k(2l+1) + l, \frac{(-1)^n (2i+1)^{2n}}{\alpha - 2l} \left(\frac{\pi}{2l+1} \right)^{2n} \right.$$

$$\left. + f_0 + \frac{(2l+1)}{\alpha - 2l} h_0 < 0 \right\},$$

以及

$$\hat{X}_0^+ = \bigoplus_{i \in B_1^+ \cup B_2^+} \hat{X}(i), \quad \hat{X}_0^0 = \bigoplus_{i \in B_1^0 \cup B_2^0} \hat{X}(i), \quad \hat{X}_0^- = \bigoplus_{i \in B_1^- \cup B_2^-} \hat{X}(i), \tag{4.251}$$

令

$$\hat{\delta}_1 = \frac{(-1)^n}{1+\alpha} \left(\frac{\pi}{2l+1} \right)^{2n}, \quad \hat{\delta}_2 = \frac{(-1)^n}{\alpha - 2l} \left(\frac{\pi}{2l+1} \right)^{2n},$$

$$\hat{\gamma}_{1,\infty} = f_\infty, \quad \hat{\gamma}_{2,\infty} = f_\infty + \frac{2l+1}{\alpha - 2l} h_\infty, \quad \hat{\gamma}_{1,0} = f_0, \quad \hat{\gamma}_{2,0} = f_0 + \frac{2l+1}{\alpha - 2l} h_0, \tag{4.252}$$

同时记

$$\hat{N}_1(a,b) = \begin{cases} \operatorname{card}\{i \geqslant 0, i \neq k(2l+1)+l : -b < \delta_1 (2i+1)^{2n} < -a\}, & a < b, \\ -\operatorname{card}\{i \geqslant 0, i \neq k(2l+1)+l : -a \leqslant \delta_1 (2i+1)^{2n} \leqslant -b\}, & b < a, \end{cases}$$

$$\hat{N}_2(a,b) = \begin{cases} \operatorname{card}\{i \geqslant 0, i = k(2l+1)+l : -b < \delta_2 (2i+1)^{2n} < -a\}, & a < b, \\ -\operatorname{card}\{i \geqslant 0, i = k(2l+1)+l : -a \leqslant \delta_2 (2i+1)^{2n} \leqslant -b\}, & b < a, \end{cases}$$

则和定理 4.19 一样可证如下定理.

定理 4.20 设条件 (4.206) 成立, 则方程 (4.202) 在

$$\hat{k} = \max\{\hat{N}_1(\hat{\gamma}_{1,0}, \hat{\gamma}_{1,\infty}) + \hat{N}_2(\hat{\gamma}_{2,0}, \hat{\gamma}_{2,\infty}), \hat{N}_1(\hat{\gamma}_{1,\infty}, \hat{\gamma}_{1,0}) + \hat{N}_2(\hat{\gamma}_{2,\infty}, \hat{\gamma}_{2,0})\}$$

时, 至少有 $\hat{k}$ 个几何上互不相同的 $2(2l+1)$-周期轨道.

4.5.3 方程 (4.203) 的 $2l$-周期轨道

为讨论方程 (4.203) 的 $2l$-周期轨道, 取函数空间

$$\tilde{X} = \operatorname{cl} \left\{ \sum_{i=1}^{\infty} \left(a_i \cos \frac{i\pi t}{l} + b_i \sin \frac{i\pi t}{l} \right) : a_i, b_i \in \mathbb{R}, \sum_{i=1}^{\infty} i^{2n} (a_i^2 + b_i^2) < \infty \right\},$$

这是一个均值为零的 $2l$-周期函数构成的线性空间, 对 $x,y\in\tilde{X}$, 定义

$$\langle x,y\rangle=\langle x,y\rangle_{2n}=\int_0^{2l}(P^{2n}x(t),y(t))dt,\quad \langle x,y\rangle_0=\int_0^{2l}(x(t),y(t))dt,$$

并定义范数 $\|x\|=\sqrt{\langle x,x\rangle}$, 使 $(\tilde{X},\|\cdot\|)$ 为 H^n 空间. 同时记 $\|x\|_0=\sqrt{\langle x,x\rangle_0}$.

记 $z=(x_0,x_1,\cdots,x_{2l-1})\in\tilde{X}^{2l}$, 我们在 H^n 空间 $\tilde{X}^{2l}$ 上定义泛函

$$\begin{aligned}\tilde{\Phi}(z)=&\frac{1}{2}\langle Lz,z\rangle+\sum_{j=0}^{2l-1}\int_0^{2l}F(x_j(t))dt+\frac{1}{\alpha+2l-1}\int_0^{2l}G\left(\sum_{j=0}^{2l-1}x_j(t)\right)dt\\&+\frac{1}{\alpha-1}\int_0^{2l}H\left(\sum_{j=0}^{2l-1}(-1)^jx_j(t)\right)dt,\end{aligned}\tag{4.253}$$

其中

$$\begin{aligned}&Lz=(L_0x_0,L_1x_1,\cdots,L_{2l-1}x_{2l-1}),\\&L_jx_j=\frac{1}{(1-\alpha)(\alpha+2l-1)}P^{-2n}\left[(2-\alpha-2l)x_j^{(2n)}+\sum_{0\leqslant i\leqslant 2l-1,i\neq j}x_i^{(2n)}\right]\\&\quad=\frac{1}{(1-\alpha)(\alpha+2l-1)}P^{-2n}\left[\sum_{i=0}^{j-1}x_i^{(2n)}+(2-\alpha-2l)x_j^{(2n)}+\sum_{i=j+1}^{2l-1}x_i^{(2n)}\right].\end{aligned}\tag{4.254}$$

这时由条件易知, $\tilde{\Phi}:\tilde{X}^{2l}\to\mathbb{R}$ 是一个连续可微泛函, 和 4.5.1 节中一样, 其 Fréchet 导数 $\tilde{\Phi}'$ 可表示为

$$\begin{aligned}&\left\langle\tilde{\Phi}'(z),y\right\rangle\\&=\Bigg\langle Lz+P^{-2n}\Bigg[(f(x_0),f(x_1),\cdots,f(x_{2l-1}))\\&\quad+\frac{1}{\alpha+2l-1}g\left(\sum_{j=0}^{2l-1}x_j(t)\right)(1,1,\cdots,1)\\&\quad+\frac{1}{\alpha-1}h\left(\sum_{j=0}^{2l-1}(-1)^jx_j(t)\right)(1,\cdots,(-1)^i,\cdots,-1)\Bigg],y\Bigg\rangle,\end{aligned}\tag{4.255}$$

其中 $y\in\tilde{X}^{2l}$ 为任意函数. 由此可得, $\tilde{\Phi}(z)$ 在空间 $\tilde{X}^{2l}$ 上的临界点满足

$$\frac{1}{(1-\alpha)(\alpha+2l-1)}\left[\sum_{i=0}^{j-1}x_i^{(2n)}+(2-\alpha-2l)x_j^{(2n)}+\sum_{i=j+1}^{2l-1}x_i^{(2n)}\right]+f(x_j)$$

$$+\frac{1}{\alpha+2l-1}g\left(\sum_{j=0}^{2l-1}x_j(t)\right)+\frac{(-1)^j}{\alpha-1}h\left(\sum_{j=0}^{2l-1}(-1)^jx_j(t)\right)=0, \tag{4.256}$$

其中 $j=0,1,2,\cdots,2l-1$. 现在取

$$Z=\{(x(t),x(t-1),\cdots,x(t-2l+1)):x\in\tilde{X}\}\subset\tilde{X}^{2l}, \tag{4.257}$$

则 $Z\subset\tilde{X}^{2l}$ 是一个闭子空间. 当泛函 Φ 限定在空间 Z 上时, $\forall y\in Z$ 意味着在 (4.256) 中只有第一个分量是任意的, 即 (4.256) 可以得到 $j=0$ 时的第一个等式. 但是由 $(y(t),y(t-1),\cdots,y(t-2l+1))\in Z$ 中各分量的循环性, 可得 (4.256) 对 $j=1,2,\cdots,2l-1$ 也都成立. 即

$$\begin{aligned}&\sum_{i=0}^{j-1}x_i^{(2n)}+(2-\alpha-2l)x_j^{(2n)}+\sum_{i=j+1}^{2l-1}x_i^{(2n)}\\&=-(1-\alpha)(\alpha+2l-1)f(x_j)-(1-\alpha)g\left(\sum_{i=0}^{2l-1}x_i\right)\\&\quad+(-1)^j(\alpha+2l-1)h\left(\sum_{i=0}^{2l-1}(-1)^ix_i\right).\end{aligned} \tag{4.258}$$

引理 4.20 设泛函 $\tilde{\Phi}$ 由 (4.253) 定义, 则它的临界点是方程 (4.203) 的 $2l$-周期解.

证明 设 $z=(x_0,x_1,\cdots,x_{2l-1})\in Z$ 是泛函 $\tilde{\Phi}$ 在 Z 上的一个临界点, 由 (4.258) 知等式

$$\begin{aligned}&(2-\alpha-2l)x_j^{(2n)}+\sum_{0\leqslant i\leqslant 2l-1,i\neq j}{x_i}^{(2n)}\\&=-(1-\alpha)(\alpha+2l-1)f(x_j)-(1-\alpha)g\left(\sum_{i=0}^{2l-1}x_i\right)\\&\quad+(-1)^j(\alpha+2l-1)h\left(\sum_{i=0}^{2l-1}(-1)^ix_i\right)\end{aligned}$$

对 $j=0,1,\cdots,2l-1$ 成立. 因此上列各式可合并用向量形式表示为

$$\begin{pmatrix}2-\alpha-2l&1&1&\cdots&1&1\\1&2-\alpha-2l&1&\cdots&1&1\\1&1&2-\alpha-2l&\cdots&1&1\\\vdots&\vdots&\vdots&&\vdots&\vdots\\1&1&1&\cdots&2-\alpha-2l&1\\1&1&1&\cdots&1&2-\alpha-2l\end{pmatrix}\begin{pmatrix}x_0^{(2n)}\\x_1^{(2n)}\\x_2^{(2n)}\\\vdots\\x_{2l-2}^{(2n)}\\x_{2l-1}^{(2n)}\end{pmatrix}$$

$$
= (\alpha-1)(\alpha+2l-1)\begin{pmatrix} f(x_0) \\ f(x_1) \\ f(x_2) \\ \vdots \\ f(x_{2l-2}) \\ f(x_{2l-1}) \end{pmatrix} - (1-\alpha)\begin{pmatrix} g\left(\sum\limits_{i=0}^{2l-1} x_i\right) \\ g\left(\sum\limits_{i=0}^{2l-1} x_i\right) \\ g\left(\sum\limits_{i=0}^{2l-1} x_i\right) \\ \vdots \\ g\left(\sum\limits_{i=0}^{2l-1} x_i\right) \\ g\left(\sum\limits_{i=0}^{2l-1} x_i\right) \end{pmatrix}
$$

$$
- (\alpha+2l-1)\begin{pmatrix} h\left(\sum\limits_{i=0}^{2l-1} (-1)^i x_i\right) \\ -h\left(\sum\limits_{i=0}^{2l-1} (-1)^i x_i\right) \\ h\left(\sum\limits_{i=0}^{2l-1} (-1)^i x_i\right) \\ \vdots \\ h\left(\sum\limits_{i=0}^{2l-1} (-1)^i x_i\right) \\ -h\left(\sum\limits_{i=0}^{2l-1} (-1)^i x_i\right) \end{pmatrix}.
$$

对于上列各式, 在 $j=0$ 时乘上 α, 然后与后面各式相加, 就有

$$
\begin{aligned}
&(1-\alpha)(\alpha+2l-1)x_0^{(2n)} \\
&= -(1-\alpha)(\alpha+2l-1)\left[\alpha f(x_0) + \sum_{i=1}^{2l-1} f(x_i)\right] \\
&\quad - (1-\alpha)(\alpha+2l-1)g\left(\sum_{i=0}^{2l-1} x_i\right) - (1-\alpha)(\alpha+2l-1)h\left(\sum_{i=0}^{2l-1}(-1)^i x_i\right),
\end{aligned}
$$

即

$$x_0^{(2n)}(t) = -\left[\alpha f(x_0(t)) + \sum_{i=1}^{2l-1} f(x_i(t)) + g\left(\sum_{i=0}^{2l-1} x_i(t)\right) + h\left(\sum_{i=0}^{2l-1}(-1)^i x_i(t)\right)\right],$$

因 $x_i(t) = x(t-i)$, 故有

$$\begin{aligned}&x^{(2n)}(t)\\ =& -\left[\alpha f(x(t)) + \sum_{i=1}^{2l-1} f(x(t-i)) + g\left(\sum_{i=0}^{2l-1} x(t-i)\right) + h\left(\sum_{i=0}^{2l-1}(-1)^i x(t-i)\right)\right].\end{aligned}$$

引理得证.

记 $X(i) = \left\{x(t) = a_i \cos\dfrac{i\pi t}{l} + b_i \sin\dfrac{i\pi t}{l} : a_i, b_i \in \mathbb{R}\right\}$. 则

$$\tilde{X} = \sum_{i=1}^{\infty} X(i).$$

当 $i \neq j$ 时, $X(i), X(j)$ 是正交的, 且有

$$x(t) \in X(i) \Rightarrow (\Omega x)(t) \in X(i), \quad \langle \Omega x, x\rangle = 0. \tag{4.259}$$

对 $x(t) \in X(i)$, 记

$$Z(j) = \{(x(t), x(t-1), \cdots, x(t-2l+1)) : x \in X(j)\} \subset \tilde{X}^{2l}(j).$$

则

$$Z = \sum_{i=1}^{\infty} Z(i) \subset \tilde{X}^{2l}. \tag{4.260}$$

且当记

$$\tilde{X}_1 = \sum_{i\geqslant 1, i\neq kl} X(i), \quad \tilde{X}_2 = \sum_{k=1}^{\infty} X(2kl), \quad \tilde{X}_3 = \sum_{k=0}^{\infty} X((2k+1)l),$$

时, 有 $\tilde{X} = \tilde{X}_1 \oplus \tilde{X}_2 \oplus \tilde{X}_3$.

以下我们对泛函作计算. 假设 $x \in X(i), z \in Z$, 则 $x_l = x(t-l) \in X(i)$,

$$\begin{aligned}L_0 x_0 &= \frac{(-1)^n}{(1-\alpha)(\alpha+2l-1)}\left(\frac{i\pi}{l}\right)^{2n} P^{-2n}\left[(2-\alpha-2l)x(t) + \sum_{j=1}^{2l-1} x(t-j)\right]\\ &= \frac{(-1)^n}{(1-\alpha)(\alpha+2l-1)}\left(\frac{i\pi}{l}\right)^{2n}\begin{cases} -(\alpha+2l-1)P^{-2n}x(t), & i \neq 2kl,\\ (1-\alpha)P^{-2n}x(t), & i = 2kl\end{cases}\end{aligned}$$

$$= (-1)^n \left(\frac{i\pi}{l}\right)^{2n} \begin{cases} -\dfrac{1}{1-\alpha} P^{-2n} x(t), & i \neq 2kl, \\ \dfrac{1}{\alpha+2l-1} P^{-2n} x(t), & i = 2kl, \end{cases}$$

于是,

$$\begin{aligned} \langle L_0 x_0, x_0 \rangle &= (-1)^n \left(\frac{\pi}{l}\right)^{2n} \begin{cases} \dfrac{i^{2n}}{\alpha-1} ||x||_0^2, & i \neq 2kl, \\ \dfrac{i^{2n}}{\alpha+2l-1} ||x||_0^2, & i = 2kl \end{cases} \\ &= (-1)^n \left(\frac{\pi}{l}\right)^{2n} \begin{cases} \dfrac{1}{\alpha-1} ||x||^2, & i \neq 2kl, \\ \dfrac{1}{\alpha+2l-1} ||x||^2, & i = 2kl, \end{cases} \end{aligned}$$

鉴于函数 $x(t)$ 的 $2l$ 周期性, 在空间 Z 上我们有

$$\begin{aligned} \langle Lz, z \rangle &= 2l \langle L_0 x_0, x_0 \rangle \\ &= (-1)^n 2l \left(\frac{\pi}{l}\right)^{2n} \begin{cases} \dfrac{1}{\alpha-1} ||x||^2, & i \neq 2kl, \\ \dfrac{1}{\alpha+2l-1} ||x||^2, & i = 2kl, \end{cases} \end{aligned}$$

同时由 $\lim\limits_{x\to\infty} \dfrac{f(x)}{x} = f_\infty$, 可知 $x \to \infty$ 时,

$$F(x) = \int_0^x f(s)ds = \frac{1}{2} f_\infty x^2 + \int_0^x [f(s) - f_\infty s]ds = \frac{1}{2} f_\infty x^2 + \circ(|x|^2),$$

因此 $||x||_0 \to \infty$ 时,

$$\int_0^{2l} F(x(t))dt = \frac{1}{2} f_\infty ||x||_0^2 + \circ(||x||_0^2) = \frac{i^{-2n}}{2} f_\infty ||x||^2 + \circ(||x||^2).$$

此时,

$$\sum_{j=0}^{2l-1} \int_0^{2l} F(x_j(t))dt = 2l \int_0^{2l} F(x(t))dt = i^{-2n} l f_\infty ||x||^2 + \circ(||x||^2). \tag{4.261}$$

对于函数 g, 我们有条件 $\lim\limits_{x\to\infty} \dfrac{g(x)}{x} = g_\infty$, 但注意到

$$g\left(\sum_{j=0}^{2l-1} x(t-j)\right) = \begin{cases} 0, & i \neq 2kl, \\ g(2lx(t)), & i = 2kl, \end{cases}$$

故对于 $x\in X(i)$, 当 $i\neq 2kl$ 时 $G\left(\sum\limits_{j=0}^{2l-1}x(t-j)\right)=0$, 当 $i=2kl$, 且 $|x|\to\infty$ 时,

$$G\left(\sum_{j=0}^{2l-1}x(t-j)\right)=\int_0^{2lx}g_\infty sds+\int_0^{2lx}[g(s)-g_\infty s]ds=2g_\infty l^2|x|^2+\circ(|x|^2). \tag{4.262}$$

因此根据命题 4.10, $||x||_0\to\infty$ 时,

$$\begin{aligned}\frac{1}{a+2l-1}\int_0^{2l}G\left(\sum_{j=0}^{2l-1}x(t-j)\right)dt&=\frac{2l^2g_\infty}{a+2l-1}||x||_0^2+\circ(||x||_0^2)\\&=\frac{2l^2g_\infty}{a+2l-1}i^{-2n}||x||^2+\circ(||x||^2).\end{aligned} \tag{4.263}$$

对于函数 h 我们有条件 $\lim\limits_{x\to\infty}\dfrac{h(x)}{x}=h_\infty$, 注意到

$$h\left(\sum_{j=0}^{2l-1}(-1)^jx(t-j)\right)=\begin{cases}0, & i\neq(2k+1)l,\\ h(2lx(t)), & i=(2k+1)l.\end{cases}$$

故对于 $x\in X(i)$, 当 $i\neq(2k+1)l$ 时, $H\left(\sum\limits_{j=0}^{m}(-1)^jx(t-j)\right)=0$, 当 $i=(2k+1)l$, 且 $|x|\to\infty$ 时, 有

$$H\left(\sum_{j=0}^{2l-1}(-1)^jx(t-j)\right)=\int_0^{2lx}h_\infty sds+\int_0^{2lx}[h(s)-g_\infty s]ds=2l^2h_\infty|x|^2+\circ(|x|^2). \tag{4.264}$$

因此 $||x||_0\to\infty$ 时,

$$\begin{aligned}\frac{1}{\alpha-1}\int_0^{2l}H\left(\sum_{j=0}^{2l}x(t-j)\right)dt&=\frac{2l^2}{\alpha-1}h_\infty||x||_0^2+\circ(||x||_0^2)\\&=\frac{2l^2(i)^{-2n}}{\alpha-1}h_\infty||x||^2+\circ(||x||^2),\end{aligned} \tag{4.265}$$

于是,

$$
\tilde{\Phi}(z)=\begin{cases} l\left[\dfrac{(-1)^n}{\alpha-1}\left(\dfrac{\pi}{l}\right)^{2n}+i^{-2n}f_\infty\right]||x||^2+\circ\left(||x||^2\right), \quad i\neq kl, \\ l\left[\dfrac{(-1)^n}{\alpha+2l-1}\left(\dfrac{\pi}{l}\right)^{2n}+i^{-2n}\left(f_\infty+\dfrac{2l}{\alpha+2l-1}g_\infty\right)\right]||x||^2 \\ \quad +\circ\left(||x||^2\right), \quad i=2kl, \\ l\left[\dfrac{(-1)^n}{\alpha-1}\left(\dfrac{\pi}{l}\right)^{2n}+i^{-2n}\left(f_\infty+\dfrac{2l}{\alpha-1}h_\infty\right)\right]||x||^2 \\ \quad +\circ\left(||x||^2\right), \quad i=(2k+1)\,l. \end{cases} \tag{4.266}
$$

记

$$
\begin{aligned}
&\delta_1=\frac{(-1)^n l}{\alpha-1}\left(\frac{\pi}{l}\right)^{2n}, \quad \delta_2=\frac{(-1)^n}{\alpha+2l-1}\left(\frac{\pi}{l}\right)^{2n}, \\
&\gamma_{1,\infty}=f_\infty, \quad \gamma_{2,\infty}=f_\infty+\frac{2l}{\alpha+2l-1}g_\infty, \quad \gamma_{3,\infty}=f_\infty+\frac{2l}{\alpha-1}h_\infty,
\end{aligned} \tag{4.267}
$$

以及

$$
\begin{aligned}
A_1^+&=\{i\geqslant 1: i\neq kl, \delta_1 i^{2n}+\gamma_{1,\infty}>0\}, \\
A_1^0&=\{i\geqslant 1: i\neq kl, \delta_1 i^{2n}+\gamma_{1,\infty}=0\}, \\
A_1^-&=\{i\geqslant 1: i\neq kl, \delta_1 i^{2n}+\gamma_{1,\infty}<0\}, \\
A_2^+&=\{i\geqslant 1: i=2kl, \delta_2 i^{2n}+\gamma_{2,\infty}>0\}, \\
A_2^0&=\{i\geqslant 1: i=2kl, \delta_2 i^{2n}+\gamma_{2,\infty}=0\}, \\
A_2^-&=\{i\geqslant 1: i=2kl, \delta_2 i^{2n}+\gamma_{2,\infty}<0\}
\end{aligned}
$$

和

$$
\begin{aligned}
A_3^+&=\{i\geqslant 1: i=(2k+1)l, \delta_1 i^{2n}+\gamma_{3,\infty}>0\}, \\
A_3^0&=\{i\geqslant 1: i=(2k+1)l, \delta_1 i^{2n}+\gamma_{3,\infty}=0\}, \\
A_3^-&=\{i\geqslant 1: i=(2k+1)l, \delta_1 i^{2n}+\gamma_{3,\infty}<0\}.
\end{aligned}
$$

A_1^0, A_2^0 显然是空集或有限点集. 又记

$$
X_\infty^+=\bigoplus_{i\in A_1^+\cup A_2^+\cup A_3^+}X(i), \quad X_\infty^0=\bigoplus_{i\in A_1^0\cup A_2^0\cup A_3^0}X(i), \quad X_\infty^-=\bigoplus_{i\in A_1^-\cup A_2^-\cup A_3^-}X(i), \tag{4.268}
$$

和引理 4.18、引理 4.19 一样可证下列引理.

引理 4.21 存在 $\sigma > 0$, 成立

$$\tilde{\Phi}(z) > \sigma \|x\|^2, \ x \in X_{\infty}^{+}; \quad \tilde{\Phi}(z) < -\sigma \|x\|^2, \ x \in X_{\infty}^{-}. \tag{4.269}$$

引理 4.22 由 (4.253) 定义的泛函 $\Phi(z)$ 在空间 Z 上是满足 (PS)-条件的.

进一步记

$$\gamma_{1,0} = f_0, \quad \gamma_{2,0} = f_0 + \frac{2l}{\alpha + 2l - 1} g_0, \quad \gamma_{3,0} = f_0 + \frac{2l}{\alpha - 1} h_0, \tag{4.270}$$

以及

$$\begin{aligned}
B_1^+ &= \{i \geqslant 1 : i \neq kl, \delta_1 i^{2n} + \gamma_{1,0} > 0\}, \\
B_1^0 &= \{i \geqslant 1 : i \neq kl, \delta_1 i^{2n} + \gamma_{1,0} = 0\}, \\
B_1^- &= \{i \geqslant 1 : i \neq kl, \delta_1 i^{2n} + \gamma_{1,0} < 0\}, \\
B_2^+ &= \{i \geqslant 1 : i = 2kl, \delta_2 i^{2n} + \gamma_{2,0} > 0\}, \\
B_2^0 &= \{i \geqslant 1 : i = 2kl, \delta_2 i^{2n} + \gamma_{2,0} = 0\}, \\
B_2^- &= \{i \geqslant 1 : i = 2kl, \delta_2 i^{2n} + \gamma_{2,0} < 0\}, \\
B_3^+ &= \{i \geqslant 0 : i = (2k+1)l, \delta_1 i^{2n} + \gamma_{3,0} > 0\}, \\
B_3^0 &= \{i \geqslant 0 : i = (2k+1)l, \delta_1 i^{2n} + \gamma_{3,0} = 0\}, \\
B_3^- &= \{i \geqslant 0 : i = (2k+1)l, \delta_1 i^{2n} + \gamma_{3,0} < 0\}.
\end{aligned}$$

并记

$$X_0^+ = \bigoplus_{i \in B_1^+ \cup B_2^+ \cup B_3^+} X(i), \quad X_0^0 = \bigoplus_{i \in B_1^0 \cup B_2^0 \cup B_3^0} X(i), \quad X_0^- = \bigoplus_{i \in B_1^- \cup B_2^- \cup B_3^-} X(i),$$

$$\begin{aligned}
\tilde{N}_1(a,b) &= \begin{cases} \operatorname{card}\{i \geqslant 1 : i \neq kl, -b < \delta_1 i^{2n} < -a\}, & a < b, \\ -\operatorname{card}\{i \geqslant 1 : i \neq kl, -a \leqslant \delta_1 i^{2n} < -b\}, & a > b. \end{cases} \\
\tilde{N}_2(a,b) &= \begin{cases} \operatorname{card}\{i \geqslant 1 : i = 2kl, -b < \delta_2 i^{2n} < -a\}, & a < b, \\ -\operatorname{card}\{i \geqslant 1 : i = 2kl, -a \leqslant \delta_2 i^{2n} < -b\}, & a > b. \end{cases} \\
\tilde{N}_3(a,b) &= \begin{cases} \operatorname{card}\{i \geqslant 1 : i = (2k+1)l, -b < \delta_3 i^{2n} < -a\}, & a < b, \\ -\operatorname{card}\{i \geqslant 1 : i = (2k+1)l, -a \leqslant \delta_3 i^{2n} < -b\}, & a > b. \end{cases}
\end{aligned} \tag{4.271}$$

定理 4.21 设条件 (4.206) 成立, 则方程 (4.203) 在

$$\tilde{k} = \max\left\{\sum_{j=1}^{3} \tilde{N}_j(\gamma_{j,0}, \gamma_{j,\infty}), \sum_{j=1}^{3} \tilde{N}_j(\gamma_{j,\infty}, \gamma_{j,0})\right\} > 0$$

时, 至少有 $\tilde{k}$ 个几何上互不相同的 $2l$-周期轨道.

4.5.4 方程 (4.204) 的 $2l$-周期轨道

这时 $m=2l-1$, 我们设 $l\geqslant 2, \alpha\neq -1, 2l-1$,

$$x^{(2n)}(t)=-\left[\alpha f(x(t))+\sum_{i=1}^{2l-1}(-1)^{i+1}f(x(t-i))\right.$$
$$\left.+g\left(\sum_{i=0}^{2l-1}x(t-i)\right)+h\left(\sum_{i=0}^{2l-1}(-1)^i x(t-i)\right)\right],$$

为讨论方程 (4.204) 的 $2l$-周期轨道, 取函数空间

$$\widehat{X}=\mathrm{cl}\left\{\sum_{i=1}^{\infty}\left(a_i\cos\frac{i\pi t}{l}+b_i\sin\frac{i\pi t}{l}\right):a_i,b_i\in\mathbb{R},\sum_{i=1}^{\infty}i^{2n}(a_i^2+b_i^2)<\infty\right\}.$$

这是一个均值为零的 $2l$-周期函数构成的线性空间, 当定义

$$\langle x,y\rangle=\langle x,y\rangle_{2n}=\int_0^{2l}(P^{2n}x(t),y(t))dt,\quad \langle x,y\rangle_0=\int_0^{2l}(x(t),y(t))dt,$$

并定义范数 $\|x\|=\sqrt{\langle x,x\rangle}$, 使 $(\widehat{X},\|\cdot\|)$ 为 H^n 空间. 同时记 $\|x\|_0=\sqrt{\langle x,x\rangle_0}$.

对 $z=(x_0,x_1,\cdots,x_{2l-1})\in\widehat{X}^{2l}$, 我们在 H^n 空间 $\widehat{X}^{2l}$ 上定义泛函

$$\widehat{\Phi}(z)=\frac{1}{2}\langle Lz,z\rangle+\sum_{j=0}^{2l-1}\int_0^{2l}F(x_j(t))dt+\frac{1}{\alpha+1}\int_0^{2l}G\left(\sum_{j=0}^{2l-1}x_j(t)\right)dt$$
$$+\frac{1}{\alpha-2l+1}\int_0^{2l}H\left(\sum_{j=0}^{2l-1}(-1)^j x_j(t)\right)dt, \tag{4.272}$$

其中,

$$Lz=(L_0x_0,L_1x_1,\cdots,L_{2l-1}x_{2l-1}),$$
$$L_jx_j=\frac{1}{(\alpha+1)(\alpha-2l+1)}P^{-2n}\left[(\alpha-2l+2)x_j^{(2n)}+\sum_{0\leqslant i\leqslant 2l-1,i\neq j}(-1)^{j+i}{x_i}^{(2n)}\right]. \tag{4.273}$$

这时由条件易知, $\widehat{\Phi}:\widehat{X}^{2l}\to\mathbb{R}$ 是一个连续可微泛函, 和 4.5.1 节中一样, 其 Fréchet 导数 $\widehat{\Phi}'$ 可表示为

$$
\begin{aligned}
&\left\langle \widehat{\Phi}'(z), y \right\rangle \\
=& \left\langle Lz + P^{-2n}\left[\left(f\left(x_0\right), f\left(x_1\right), \cdots, f\left(x_j\right), \cdots, f(x_{2l-1})\right) \right.\right. \\
&+ \frac{1}{\alpha+1} g\left(\sum_{j=0}^{2l-1} x_j(t)\right)(1,1,\cdots,1) \\
&\left.\left. + \frac{1}{\alpha-2l+1} h\left(\sum_{i=0}^{2l-1} (-1)^i x_i(t)\right)(1,\cdots,(-1)^j,\cdots,-1)\right], y \right\rangle. \qquad (4.274)
\end{aligned}
$$

其中 $y \in \widehat{X}^{2l}$ 为任意函数. 由此可得 $\widehat{\Phi}(z)$ 在空间 $\widehat{X}^{2l}$ 上的临界点满足

$$
\begin{aligned}
&\frac{1}{(\alpha+1)(\alpha-2l+1)}\left[(\alpha-2l+2)x_j^{(2n)} + \sum_{0\leqslant i\leqslant 2l-1, i\neq j} (-1)^{i+j} {x_i}^{(2n)}\right] + f(x_j) \\
&+ \frac{1}{\alpha+1} g\left(\sum_{i=0}^{2l-1} x_i\right) + \frac{(-1)^j}{\alpha-2l+1} h\left(\sum_{i=0}^{2l-1}(-1)^i x_i\right) = 0, \qquad (4.275)
\end{aligned}
$$

其中 $j = 0, 1, 2, \cdots, 2l-1$. 现在取

$$
Z = \{(x(t), x(t-1), \cdots, x(t-2l+1)) : x \in \widehat{X}\} \subset \widehat{X}^{2l}, \qquad (4.276)
$$

则 $Z \subset \widehat{X}^{2l}$ 是一个闭子空间. 当泛函 $\widehat{\Phi}$ 限定在空间 Z 上时, $\forall y \in Z$ 意味着在 (4.275) 中只有第一个分量是任意的, 即 (4.275) 可以得到 $j = 0$ 时的第一个等式. 但由 $(y(t), y(t-1), \cdots, y(t-2l+1)) \in Z$ 中各分量的循环性, 可得 (4.275) 对 $j = 1, 2, \cdots, 2l-1$ 也都成立. 即

$$
\begin{aligned}
&(\alpha-2l+2)x_j^{(2n)} + \sum_{0\leqslant i\leqslant 2l-1, i\neq j} (-1)^{i+j} x_i^{(2n)} \\
=& -(1+\alpha)(\alpha-2l+1) f\left(x_j\right) - (\alpha-2l+1) g\left(\sum_{i=0}^{2l-1} x_i\right) \\
&+ (-1)^j (\alpha+1) h\left(\sum_{i=0}^{2l-1} (-1)^i x_i\right). \qquad (4.277)
\end{aligned}
$$

引理 4.23 设泛函 $\widehat{\Phi}$ 由 (4.272) 定义, 则它的临界点是方程 (4.204) 的 $2l$-周期解.

证明　设 $z=(x_0,x_1,\cdots,x_{2l-1})\in Z$ 是泛函 $\widehat{\Phi}$ 在 Z 上的一个临界点, 由 (4.277) 知等式

$$\begin{aligned}&(\alpha-2l+2)x_j^{(2n)}+\sum_{0\leqslant i\leqslant 2l-1,i\neq j}(-1)^{i+j}x_i^{(2n)}\\&=-(\alpha+1)(\alpha-2l+1)f(x_j)-(\alpha-2l+1)g\left(\sum_{i=0}^{2l-1}x_i\right)\\&\quad+(-1)^j(\alpha+1)h\left(\sum_{i=0}^{2l-1}(-1)^ix_i\right)\end{aligned}$$

对 $j=0,1,\cdots,2l-1$ 成立. 这时用向量形式表示可写成

$$\begin{pmatrix}\alpha-2l+2 & -1 & 1 & \cdots & 1 & -1\\ -1 & \alpha-2l+2 & -1 & \cdots & -1 & 1\\ 1 & -1 & \alpha-2l+2 & \cdots & 1 & -1\\ \vdots & \vdots & \vdots & & \vdots & \vdots\\ 1 & -1 & 1 & \cdots & \alpha-2l+2 & -1\\ -1 & 1 & -1 & \cdots & 1 & \alpha-2l+2\end{pmatrix}\begin{pmatrix}x_0^{(2n)}\\ x_1^{(2n)}\\ x_2^{(2n)}\\ \vdots\\ x_{2l-2}^{(2n)}\\ x_{2l-1}^{(2n)}\end{pmatrix}$$

$$=-(1+\alpha)(\alpha-2l+1)\begin{pmatrix}f(x_0)\\ f(x_1)\\ f(x_2)\\ \vdots\\ f(x_{2l-2})\\ f(x_{2l-1})\end{pmatrix}-(\alpha-2l+1)\begin{pmatrix}g\left(\sum_{i=0}^{2l-1}x_i\right)\\ g\left(\sum_{i=0}^{2l-1}x_i\right)\\ g\left(\sum_{i=0}^{2l-1}x_i\right)\\ \vdots\\ g\left(\sum_{i=0}^{2l-1}x_i\right)\\ g\left(\sum_{i=0}^{2l-1}x_i\right)\end{pmatrix}$$

$$
-(\alpha+1)\begin{pmatrix} h\left(\sum_{i=0}^{2l-1}(-1)^i x_i\right) \\ -h\left(\sum_{i=0}^{2l-1}(-1)^i x_i\right) \\ h\left(\sum_{i=0}^{2l-1}(-1)^i x_i\right) \\ \vdots \\ h\left(\sum_{i=0}^{2l-1}(-1)^i x_i\right) \\ -h\left(\sum_{i=0}^{2l-1}(-1)^i x_i\right) \end{pmatrix}.
$$

对于上列各式, 在 $j=0$ 时, 对第一个方程乘上 α, 在 $j=1,2,\cdots,2l-1$ 时, 即对第 $j+1$ 个方程乘 $(-1)^{j+1}$, 然后将所得各式相加, 就有

$$
\begin{aligned}
&(\alpha+1)(\alpha-2l+1)x_0^{(2n)} \\
=& -(\alpha+1)(\alpha-2l+1)\left[\alpha f(x_0)+\sum_{i=1}^{2l-1}(-1)^{i+1}f(x_i)\right] \\
&-(\alpha+1)(\alpha-2l+1)g\left(\sum_{i=0}^{2l-1}x_i\right)-(\alpha+1)(\alpha-2l+1)h\left(\sum_{i=0}^{2l-1}(-1)^i x_i\right),
\end{aligned}
$$

即 $x_0=x(t)$ 满足

$$
\begin{aligned}
x^{(2n)}(t)=-\Bigg[&\alpha f(x(t))+\sum_{i=1}^{2l-1}(-1)^{i+1}f(x(t-i)) \\
&+g\left(\sum_{i=0}^{2l-1}x(t-i)\right)+h\left(\sum_{i=0}^{2l-1}(-1)^i x(t-i)\right)\Bigg].
\end{aligned}
$$

引理得证.

记

$$
X(i)=\left\{x(t)=a_i\cos\frac{i\pi t}{l}+b_i\sin\frac{i\pi t}{l}:a_i,b_i\in\mathbb{R}\right\}.
$$

则

$$
\widehat{X}=\sum_{i=1}^{\infty}X(i).
$$

当 $i \neq j$ 时, $X(i), X(j)$ 是正交的, 且有

$$x(t) \in X(i) \Rightarrow (\Omega x)(t) \in X(i), \quad \langle \Omega x, x \rangle = 0. \tag{4.278}$$

对 $x(t) \in X(i)$, 记

$$Z(j) = \{(x(t), x(t-1), \cdots, x(t-2l+1)) : x(t) \in X(j)\} \subset X^{2l}(j),$$

则

$$Z = \sum_{i=1}^{\infty} Z(i) \subset \widehat{X}^{2l}. \tag{4.279}$$

当记

$$\widehat{X}_1 = \sum_{i \geqslant 1, i \neq kl} X(i), \quad \widehat{X}_2 = \sum_{k=1}^{\infty} X(2kl), \quad \widehat{X}_3 = \sum_{k=0}^{\infty} X((2k+1)l)$$

时, 有 $\widehat{X} = \widehat{X}_1 \oplus \widehat{X}_2 \oplus \widehat{X}_3$.

以下我们对泛函作计算. 假设 $x \in X(i), z \in Z$, 则 $x_l = x(t-l) \in X(i)$,

$$\begin{aligned}
L_0 x_0 &= \frac{(-1)^n}{(\alpha+1)(\alpha-2l+1)} \left(\frac{i\pi}{l}\right)^{2n} P^{-2n} \left[(\alpha - 2l + 2)x(t) + \sum_{j=1}^{2l-1} (-1)^j x(t-j)\right] \\
&= \frac{(-1)^n}{(\alpha+1)(\alpha-2l+1)} \left(\frac{i\pi}{l}\right)^{2n} \begin{cases} (\alpha-2l+1)P^{-2n}x(t), & i \neq (2k+1)l, \\ (\alpha+1)P^{-2n}x(t), & i = (2k+1)l \end{cases} \\
&= (-1)^n \left(\frac{i\pi}{l}\right)^{2n} \begin{cases} \dfrac{1}{(\alpha+1)} P^{-2n}x(t), & i \neq (2k+1)l, \\ \dfrac{1}{(\alpha-2l+1)} P^{-2n}x(t), & i = (2k+1)l, \end{cases}
\end{aligned}$$

于是,

$$\begin{aligned}
\langle L_0 x_0, x_0 \rangle &= (-1)^n \left(\frac{\pi}{l}\right)^{2n} \begin{cases} \dfrac{i^{2n}}{\alpha+1} ||x||_0^2, & i \neq (2k+1)l, \\ \dfrac{i^{2n}}{\alpha-2l+1} ||x||_0^2, & i = (2k+1)l \end{cases} \\
&= (-1)^n \left(\frac{\pi}{l}\right)^{2n} \begin{cases} \dfrac{1}{\alpha+1} ||x||^2, & i \neq (2k+1)l, \\ \dfrac{1}{\alpha-2l+1} ||x||^2, & i = (2k+1)l, \end{cases}
\end{aligned}$$

鉴于函数 $x(t)$ 的 $2l$-周期性, 在空间 Z 上我们有

$$\langle Lz, z \rangle = 2l \langle L_0 x_0, x_0 \rangle$$

$$= (-1)^n 2l\left(\frac{\pi}{l}\right)^{2n}\begin{cases}\dfrac{1}{\alpha+1}||x||^2, & i\neq(2k+1)l,\\ \dfrac{1}{\alpha-2l+1}||x||^2, & i=(2k+1)l,\end{cases}$$

由于 $\lim\limits_{x\to\infty}\dfrac{f(x)}{x}=f_\infty$, 可知 $x\to\infty$ 时,

$$F(x)=\int_0^x f(s)ds=\frac{1}{2}f_\infty x^2+\int_0^x[f(s)-f_\infty s]ds=\frac{1}{2}f_\infty x^2+\circ(|x|^2),$$

因此 $||x||_0\to\infty$ 时,

$$\int_0^{2l}F(x(t))dt=\frac{1}{2}f_\infty||x||_0^2+\circ(||x||_0^2)=\frac{i^{-2n}}{2}f_\infty||x||^2+\circ(||x||^2).$$

这时,

$$\sum_{j=0}^{2l-1}\int_0^{2l}F(x_j(t))dt=2l\int_0^{2l}F(x(t))dt=i^{-2n}lf_\infty||x||^2+\circ(||x||^2). \tag{4.280}$$

对于函数 g 我们有条件 $\lim\limits_{x\to\infty}\dfrac{g(x)}{x}=g_\infty$, 但注意到

$$g\left(\sum_{j=0}^{2l-1}x(t-j)\right)=\begin{cases}0, & i\neq 2kl,\\ g(2lx(t)), & i=2kl,\end{cases}$$

故对于 $x\in X(i)$, 当 $i\neq 2kl$ 时, $G\left(\sum\limits_{j=0}^{2l-1}x(t-j)\right)=0$, 当 $i=2kl$, 且 $|x|\to\infty$ 时,

$$G\left(\sum_{j=0}^{2l-1}x(t-j)\right)=\int_0^{2lx}g_\infty sds+\int_0^{2lx}[g(s)-g_\infty s]ds=2g_\infty l^2|x|^2+\circ(|x|^2). \tag{4.281}$$

因此根据命题 4.10, $||x||_0\to\infty$ 时,

$$\begin{aligned}\frac{1}{a+2l-1}\int_0^{2l}G\left(\sum_{j=0}^{2l-1}x(t-j)\right)dt&=\frac{2l^2g_\infty}{a+2l-1}||x||_0^2+\circ(||x||_0^2)\\&=\frac{2l^2g_\infty}{a+2l-1}i^{-2n}||x||^2+\circ(||x||^2).\end{aligned} \tag{4.282}$$

对于函数 h, 我们有条件 $\lim\limits_{x\to\infty}\dfrac{h(x)}{x}=h_\infty$, 注意到

$$h\left(\sum_{j=0}^{2l-1}(-1)^jx(t-j)\right)=\begin{cases}0, & i\neq(2k+1)l,\\ h(2lx(t)), & i=(2k+1)l,\end{cases}$$

故对于 $x \in X(i)$, 当 $i \neq (2k+1)l$ 时 $H\left(\sum_{j=0}^{m}(-1)^j x(t-j)\right)=0$, 当 $i=(2k+1)l$, 且 $|x| \to \infty$ 时,

$$H\left(\sum_{j=0}^{2l-1}(-1)^j x(t-j)\right)=\int_0^{2lx} h_\infty s ds+\int_0^{2lx}[h(s)-g_\infty s]ds=2l^2 h_\infty |x|^2+\circ(|x|^2). \tag{4.283}$$

因此 $||x||_2 \to \infty$ 时,

$$\begin{aligned}\frac{1}{\alpha-2l+1}\int_0^{2l} H\left(\sum_{j=0}^{2l-1}(-1)^j x(t-j)\right)dt &= \frac{2l^2 h_\infty}{\alpha-2l+1}||x||_2^2+\circ(||x||_2^2)\\ &= \frac{2l^2 h_\infty}{\alpha-2l+1} i^{-2n}||x||^2+\circ(||x||^2).\end{aligned} \tag{4.284}$$

于是,

$$\widehat{\Phi}(z)=\begin{cases} l\left[\dfrac{(-1)^n}{\alpha+1}\left(\dfrac{\pi}{l}\right)^{2n}+i^{-2n}f_\infty\right]||x||^2 \\ \quad +\circ(||x||^2), \quad i \neq kl, \\ l\left[\dfrac{(-1)^n}{\alpha+1}\left(\dfrac{\pi}{l}\right)^{2n}+i^{-2n}\left(f_\infty+\dfrac{2l}{\alpha+1}g_\infty\right)\right]||x||^2 \\ \quad +\circ(||x||^2), \quad i=2kl, \\ l\left[\dfrac{(-1)^n}{\alpha-2l+1}\left(\dfrac{\pi}{l}\right)^{2n}+i^{-2n}\left(f_\infty+\dfrac{2l}{\alpha-2l+1}h_\infty\right)\right]||x||^2 \\ \quad +\circ(||x||^2), \quad i=(2k+1)l, \end{cases} \tag{4.285}$$

记

$$\begin{aligned}&\delta_1=\frac{(-1)^n l}{\alpha+1}\left(\frac{\pi}{l}\right)^{2n}, \quad \delta_2=\frac{(-1)^n}{\alpha-2l+1}\left(\frac{\pi}{l}\right)^{2n},\\ &\gamma_{1,\infty}=f_\infty, \quad \gamma_{2,\infty}=f_\infty+\frac{2l}{\alpha+1}g_\infty, \quad \gamma_{3,\infty}=f_\infty+\frac{2l}{\alpha-2l+1}h_\infty,\end{aligned} \tag{4.286}$$

以及

$$\begin{aligned}A_1^+&=\{i \geqslant 1: i \neq kl, \delta_1 i^{2n}+\gamma_{1,\infty}>0\},\\ A_1^0&=\{i \geqslant 1: i \neq kl, \delta_1 i^{2n}+\gamma_{1,\infty}=0\},\\ A_1^-&=\{i \geqslant 1: i \neq kl, \delta_1 i^{2n}+\gamma_{1,\infty}<0\},\\ A_2^+&=\{i \geqslant 1: i=2kl, \delta_1 i^{2n}+\gamma_{2,\infty}>0\},\end{aligned}$$

$$
\begin{aligned}
A_2^0 &= \{i \geqslant 1 : i = 2kl, \delta_1 i^{2n} + \gamma_{2,\infty} = 0\},\\
A_2^- &= \{i \geqslant 1 : i = 2kl, \delta_1 i^{2n} + \gamma_{2,\infty} < 0\},\\
A_3^+ &= \{i \geqslant 1 : i = (2k+1)l, \delta_2 i^{2n} + \gamma_{3,\infty} > 0\},\\
A_3^0 &= \{i \geqslant 1 : i = (2k+1)l, \delta_2 i^{2n} + \gamma_{3,\infty} = 0\},\\
A_3^- &= \{i \geqslant 1 : i = (2k+1)l, \delta_2 i^{2n} + \gamma_{3,\infty} < 0\}.
\end{aligned}
$$

则 A_1^0, A_2^0 显然是空集或有限点集. 又记

$$
X_\infty^+ = \bigoplus_{i\in A_1^+\cup A_2^+\cup A_3^+} X(i),\quad X_\infty^0 = \bigoplus_{i\in A_1^0\cup A_2^0\cup A_3^0} X(i),\quad X_\infty^- = \bigoplus_{i\in A_1^-\cup A_2^-\cup A_3^-} X(i), \tag{4.287}
$$

和引理 4.18、引理 4.19 一样可证下列引理.

引理 4.24 存在 $\sigma > 0$, 成立

$$
\widehat{\Phi}(z) > \sigma \|x\|^2,\ x \in X_\infty^+;\quad \widehat{\Phi}(z) < -\sigma \|x\|^2,\ x \in X_\infty^-. \tag{4.288}
$$

引理 4.25 由 (4.272) 定义的泛函 $\widehat{\Phi}(z)$ 在空间 Z 上是满足 (PS)-条件的.

进一步记

$$
\gamma_{1,0} = f_0,\quad \gamma_{2,0} = f_0 + \frac{2l}{\alpha+2l-1} g_0,\quad \gamma_{3,0} = f_0 + \frac{2l}{\alpha-1} h_0, \tag{4.289}
$$

以及

$$
\begin{aligned}
B_1^+ &= \{i \geqslant 1 : i \neq kl, \delta_1 i^{2n} + \gamma_{1,0} > 0\},\\
B_1^0 &= \{i \geqslant 1 : i \neq kl, \delta_1 i^{2n} + \gamma_{1,0} = 0\},\\
B_1^- &= \{i \geqslant 1 : i \neq kl, \delta_1 i^{2n} + \gamma_{1,0} < 0\},\\
B_2^+ &= \{i \geqslant 1 : i = 2kl, \delta_1 i^{2n} + \gamma_{2,0} > 0\},\\
B_2^0 &= \{i \geqslant 1 : i = 2kl, \delta_1 i^{2n} + \gamma_{2,0} = 0\},\\
B_2^- &= \{i \geqslant 1 : i = 2kl, \delta_1 i^{2n} + \gamma_{2,0} < 0\},\\
B_3^+ &= \{i \geqslant 0 : i = (2k+1)l, \delta_2 i^{2n} + \gamma_{3,0} > 0\},\\
B_3^0 &= \{i \geqslant 0 : i = (2k+1)l, \delta_2 i^{2n} + \gamma_{3,0} = 0\},\\
B_3^- &= \{i \geqslant 0 : i = (2k+1)l, \delta_2 i^{2n} + \gamma_{3,0} < 0\}.
\end{aligned}
$$

并记

$$
X_0^+ = \bigoplus_{i\in B_1^+\cup B_2^+\cup B_3^+} X(i),\quad X_0^0 = \bigoplus_{i\in B_1^0\cup B_2^0\cup B_3^0} X(i),\quad X_0^- = \bigoplus_{i\in B_1^-\cup B_2^-\cup B_3^-} X(i),
$$

令

$$\widehat{N}_1(a,b)=\begin{cases}\operatorname{card}\{i\geqslant 1: i\neq kl, -b<\delta_1 i^{2n}<-a\}, & a<b,\\ -\operatorname{card}\{i\geqslant 1: i\neq kl, -a\leqslant \delta_1 i^{2n}<-b\}, & a>b.\end{cases}$$

$$\widehat{N}_2(a,b)=\begin{cases}\operatorname{card}\{i\geqslant 1: i=2kl, -b<\delta_2 i^{2n}<-a\}, & a<b,\\ -\operatorname{card}\{i\geqslant 1: i=2kl, -a\leqslant \delta_2 i^{2n}<-b\}, & a>b.\end{cases}$$

则有

定理 4.22 设条件 (4.206) 成立, 则方程 (4.204) 在

$$\begin{aligned}\widehat{k}=\max\{&\widehat{N}_1(\gamma_{1,0},\gamma_{1,\infty})+\widehat{N}_1(\gamma_{2,0},\gamma_{2,\infty})+\widehat{N}_2(\gamma_{3,0},\gamma_{3,\infty}),\\ &\widehat{N}_1(\gamma_{1,\infty},\gamma_{1,0})+\widehat{N}_1(\gamma_{2,\infty},\gamma_{2,0})+\widehat{N}_2(\gamma_{3,\infty},\gamma_{3,0})\}>0\end{aligned}$$

时, 至少有 $\widehat{k}$ 个几何上互不相同的 $2l$-周期轨道.

4.5.5 方程 (4.205) 的 2l-周期轨道

设 $l\geqslant 2$, 且

$$\alpha\neq\gamma; l^2\beta^2\neq(\alpha+(l-1)\gamma)^2, l(l-1)\beta^2\neq(\alpha+(l-1)\gamma)(\alpha+(l-2)\gamma). \tag{4.290}$$

这时方程 (4.205) 也可写成

$$\begin{aligned}x^{(2n)}(t)=-\Bigg[&\alpha f(x(t))+\sum_{i=0}^{l-1}\beta f(x(t-2i-1))+\sum_{i=1}^{l-1}\gamma f(x(t-2i))\\ &+g\left(\sum_{i=0}^{2l-1}x(t-i)\right)+h\left(\sum_{i=0}^{2l-1}(-1)^i x(t-i)\right)\Bigg].\end{aligned} \tag{4.291}$$

为讨论 (4.205) 的 $2l$-周期轨道, 我们仍取函数空间

$$\breve{X}=cl\left\{\sum_{i=1}^{\infty}\left(a_i\cos\frac{i\pi t}{l}+b_i\sin\frac{i\pi t}{l}\right): a_i,b_i\in\mathbb{R},\sum_{i=1}^{\infty}i^{2n}(a_i^2+b_i^2)<\infty\right\}.$$

这是一个均值为零的 $2l$-周期函数构成的线性空间, 当定义

$$\langle x,y\rangle=\langle x,y\rangle_{2n}=\int_0^{2l}(P^{2n}x(t),y(t))dt,\quad \langle x,y\rangle_0=\int_0^{2l}(x(t),y(t))dt,$$

并定义范数 $\|x\|=\sqrt{\langle x,x\rangle}$, 使 $(\breve{X},\|\cdot\|)$ 为 H^n 空间. 同时记 $\|x\|_0=\sqrt{\langle x,x\rangle_0}$.

对于方程 (4.291), 由函数 $x(t)$ 的 $2l$ 周期性, 对 $j=1,2,\cdots,l-1$, 可得等价方程

$$x^{(2n)}(t-2j)$$

$$
\begin{aligned}
&= -\left[\alpha f(x(t-2j)) + \sum_{i=0}^{l-1}\beta f(x(t-2i-1-2j)) + \sum_{i=1}^{l-1}\gamma f(x(t-2i-2j))\right. \\
&\quad \left. + g\left(\sum_{i=0}^{2l-1} x(t-i-2j)\right) + h\left(\sum_{i=0}^{2l-1}(-1)^i x(t-i-2j)\right)\right] \\
&= -\left[\alpha f(x(t-2j)) + \sum_{i=j}^{l+j-1}\beta f(x(t-2i-1)) + \sum_{i=j}^{l+j-1}\gamma f(x(t-2i))\right. \\
&\quad \left. + g\left(\sum_{i=0}^{2l-1} x(t-i)\right) + h\left(\sum_{i=0}^{2l-1}(-1)^i x(t-i)\right)\right] \\
&= -\left[\sum_{i=l}^{l+j-1}\beta f(x(t-2i-1)) + \sum_{i=l}^{l+j-1}\gamma f(x(t-2i)) + \alpha f(x(t-2j))\right. \\
&\quad + \sum_{i=j}^{l-1}\beta f(x(t-2i-1)) + \sum_{i=j+1}^{l-1}\gamma f(x(t-2i)) \\
&\quad \left. + g\left(\sum_{i=0}^{2l-1} x(t-i)\right) + h\left(\sum_{i=0}^{2l-1}(-1)^i x(t-i)\right)\right] \\
&= -\left[\sum_{i=0}^{j-1}\gamma f(x(t-2i)) + \sum_{i=0}^{j-1}\beta f(x(t-2i-1)) + \alpha f(x(t-2j))\right. \\
&\quad + \sum_{i=j}^{l-1}\beta f(x(t-2i-1)) + \sum_{i=j+1}^{l-1}\gamma f(x(t-2i)) \\
&\quad \left. + g\left(\sum_{i=0}^{2l-1} x(t-i)\right) + h\left(\sum_{i=0}^{2l-1}(-1)^i x(t-i)\right)\right],
\end{aligned}
$$

$$
\begin{aligned}
&x^{(2n)}(t-2j-1) \\
&= -\left[\alpha f(x(t-2j-1)) + \sum_{i=0}^{l-1}\beta f(x(t-2i-1-2j-1))\right. \\
&\quad + \sum_{i=1}^{l-1}\gamma f(x(t-2i-2j-1)) \\
&\quad \left. + g\left(\sum_{i=0}^{2l-1} x(t-i-2j-1)\right) + h\left(\sum_{i=0}^{2l-1}(-1)^i x(t-i-2j-1)\right)\right] \\
&= -\left[\alpha f(x(t-2j-1)) + \sum_{i=j+1}^{l+j}\beta f(x(t-2i)) + \sum_{i=j}^{l+j-1}\gamma f(x(t-2i-1))\right.
\end{aligned}
$$

$$+ g\left(\sum_{i=0}^{2l-1} x(t-i)\right) + h\left(\sum_{i=0}^{2l-1} (-1)^i x(t-i)\right)\Bigg]$$

$$= -\Bigg[\sum_{i=l}^{l+j} \beta f(x(t-2i)) + \sum_{i=l}^{l+j-1} \gamma f(x(t-2i-1)) + \alpha f(x(t-2j-1))$$

$$+ \sum_{i=j+1}^{l-1} \beta f(x(t-2i)) + \sum_{i=j}^{l-1} \gamma f(x(t-2i-1))$$

$$+ g\left(\sum_{i=0}^{2l-1} x(t-i)\right) + h\left(\sum_{i=0}^{2l-1} (-1)^i x(t-i)\right)\Bigg].$$

定义 $z = (z_0, z_1, \cdots, z_{2l-1}) = (x(t), x(t-1), \cdots, x(t-2l+1))$, 并记

$$Z = \{z = (x(t), x(t-1), \cdots, x(t-2l+1)) : x(t) \in \breve{X}\} \subset \breve{X}^{2l},$$

则方程可以扩展为方程组

$$z^{(2m)} = -\left[A_{2l}\left(f(z_0), f(z_1), \cdots, f(z_{2l-1})\right)^{\mathrm{T}} + Eg\left(\sum_{i=0}^{2l-1} z_i\right) + Kh\left(\sum_{i=0}^{2l-1} (-1)^i z_i\right)\right], \tag{4.292}$$

其中

$$A_{2l} = \begin{pmatrix} \alpha & \beta & \gamma & \cdots & \gamma & \beta \\ \beta & \alpha & \beta & \cdots & \beta & \gamma \\ \gamma & \beta & \alpha & \cdots & \gamma & \beta \\ \vdots & \vdots & \vdots & & \vdots & \vdots \\ \gamma & \beta & \gamma & \cdots & \alpha & \beta \\ \beta & \gamma & \beta & \cdots & \beta & \alpha \end{pmatrix}, \quad E = \begin{pmatrix} 1 \\ 1 \\ 1 \\ \vdots \\ 1 \\ 1 \end{pmatrix}, \quad K = \begin{pmatrix} 1 \\ -1 \\ 1 \\ \vdots \\ 1 \\ -1 \end{pmatrix}, \tag{4.293}$$

它们分别是 $2l$-阶对称阵和 $2l$-阶常向量, 向量 E 的元素全是 1, 向量 K 的元素则是 1 和 -1 交错.

令

$$\begin{aligned} \Delta &= (\alpha-\gamma)(\alpha+l\beta+(l-1)\gamma)(\alpha-l\beta+(l-1)\gamma), \\ \Delta_1 &= (\alpha+(l-1)\gamma)(\alpha+(l-2)\gamma) - l(l-1)\beta^2, \\ \Delta_2 &= -\beta(\alpha-\gamma), \end{aligned} \tag{4.294}$$

$$\Delta_3 = l(\beta^2 - \gamma^2) - (\alpha - \gamma)\gamma,$$

则有

$$\begin{cases} \alpha\Delta_1 + \quad l\beta\Delta_2 + \quad (l-1)\gamma\Delta_3 = \Delta, \\ \beta\Delta_1 + [\alpha + (l-1)\gamma]\Delta_2 + \quad (l-1)\beta\Delta_3 = 0, \\ \gamma\Delta_1 + \quad l\beta\Delta_2 + [\alpha + (l-2)\gamma]\Delta_3 = 0. \end{cases} \tag{4.295}$$

记

$$B_{2l} = \frac{1}{\Delta}\begin{pmatrix} \Delta_1 & \Delta_2 & \Delta_3 & \cdots & \Delta_3 & \Delta_2 \\ \Delta_2 & \Delta_1 & \Delta_2 & \cdots & \Delta_2 & \Delta_3 \\ \Delta_3 & \Delta_2 & \Delta_1 & \cdots & \Delta_3 & \Delta_2 \\ \vdots & \vdots & \vdots & & \vdots & \vdots \\ \Delta_3 & \Delta_2 & \Delta_3 & \cdots & \Delta_1 & \Delta_2 \\ \Delta_2 & \Delta_3 & \Delta_2 & \cdots & \Delta_2 & \Delta_1 \end{pmatrix},$$

由 (4.295) 易知, $B_{2l} = A_{2l}^{-1}$. 经计算有

$$B_{2l}E = \frac{\Delta_1 + l\Delta_2 + (l-1)\Delta_3}{\Delta}E = \frac{1}{\alpha + l\beta + (l-1)\gamma}E,$$

$$B_{2l}K = \frac{\Delta_1 - l\Delta_2 + (l-1)\Delta_3}{\Delta}K = \frac{1}{\alpha - l\beta + (l-1)\gamma}K.$$

对 $z \in Z \subset \breve{X}^{2l}$, 我们在 H^n 空间 $\breve{X}^{2l}$ 上定义泛函 $\breve{\Phi}: \breve{X}^{2l} \to \mathbb{R}$,

$$\breve{\Phi}(z) = \frac{1}{2}\langle Lz, z\rangle + \sum_{i=0}^{2l-1}\int_0^{2l} F(z_i)dt + \frac{1}{\alpha + l\beta + (l-1)\gamma}\int_0^{2l} G\left(\sum_{j=0}^{2l-1} z_j\right)dt$$
$$+ \frac{1}{\alpha - l\beta + (l-1)\gamma}\int_0^{2l} H\left(\sum_{j=0}^{2l-1}(-1)^j z_j\right)dt, \tag{4.296}$$

其中

$$Lz = \left(L_0 z_0^{(2n)}, L_1 z_1^{(2n)}, \cdots, L_{2l-1} z_{2l-1}^{(2n)}\right),$$

$$L_j z_j = P^{-2n}\left(\Delta_1 z_j + \Delta_2 \sum_{i=0}^{l-1} z_{j+2i+1} + \Delta_3 \sum_{i=1}^{l-1} z_{j+2i}\right)$$

$$
= \begin{cases} P^{-2n}\Bigg[\Delta_3 \sum_{i=1}^{k-1} z_{2i}^{(2n)} + \Delta_2 \sum_{i=0}^{k-1} z_{2i+1}^{(2n)} + \Delta_1 z_{2k}^{(2n)} \\ \quad + \Delta_3 \sum_{i=k+1}^{l-1} z_{2i}^{(2n)} + \Delta_2 \sum_{i=k}^{l-1} z_{2i+1}^{(2n)}\Bigg], \quad j = 2k, \\ P^{-2n}\Bigg[\Delta_2 \sum_{i=0}^{k} z_{2i}^{(2n)} + \Delta_3 \sum_{i=0}^{k-1} z_{2i+1}^{(2n)} + \Delta_1 z_{2k}^{(2n)} \\ \quad + \Delta_2 \sum_{i=k+1}^{l-1} z_{2i}^{(2n)} + \Delta_3 \sum_{i=k}^{l-1} z_{2i+1}^{(2n)}\Bigg], \quad j = 2k+1, \end{cases}
$$

此时有

$$
Lz = B_{2l} P^{-2n} z^{(2n)}.
$$

记 $\hat{f}(z) = f(z_0, z_1, \cdots, z_{2l-1})$, 这时由条件易知, $\breve{\Phi} : Z \subset \breve{X}^{2l} \to \mathbb{R}$ 是一个连续可微泛函, 和 4.5.1 节中一样, 其 Fréchet 导数 $\breve{\Phi}'$ 可表示为

$$
\begin{aligned}
&\left\langle \breve{\Phi}'(z), y \right\rangle \\
&= \left\langle Lz + P^{-2n}\left[\tilde{f}(z) + B_{2l} E g\left(\sum_{i=0}^{2l-1} z_i\right) + B_{2l} K h\left(\sum_{i=0}^{2l-1} (-1)^i z_i\right)\right], y \right\rangle,
\end{aligned} \tag{4.297}
$$

其中 $y = (y_0, y_1, \cdots, y_{2l-1}) = (y(t), y(t-1), \cdots, y(t-2l+1)) \in Z \subset \breve{X}^{2l}$ 中的 $y(t) \in \breve{X}$ 是任意函数, 由此得 $y(t-j) \in \breve{X}$ 可取任意函数. 故 $\breve{\Phi}(z)$ 在空间 $\breve{X}^{2l}$ 上的临界点满足

$$
B_{2l} z^{(2l)} + \hat{f}(z) + B_{2l} E g\left(\sum_{i=0}^{2l-1} z_i\right) + B_{2l} K h\left(\sum_{i=0}^{2l-1} (-1)^i z_i\right) = 0. \tag{4.298}
$$

引理 4.26 设泛函 $\breve{\Phi}$ 由 (4.296) 定义, 则它的临界点 z^* 的第一个分量是方程 (4.205) 的 $2l$-周期解.

证明 设 $z^* = (z_0^*, z_1^*, \cdots, z_{2l-1}^*)$ 是泛函 $\breve{\Phi}$ 在 Z 上的一个临界点, 则由 (4.298) 有

$$
B_{2l} z^{*(2l)} + \hat{f}(z^*) + B_{2l} E g\left(\sum_{i=0}^{2l-1} z_i^*\right) + B_{2l} K h\left(\sum_{i=0}^{2l-1} (-1)^i z_i^*\right) = 0 \tag{4.299}
$$

成立. 这时在 (4.299) 式两边左乘矩阵 A_{2l}, 即得

$$
z^{*(2l)} + A_{2l} \hat{f}(z^*) + E g\left(\sum_{i=0}^{2l-1} z_i^*\right) + K h\left(\sum_{i=0}^{2l-1} (-1)^i z_i^*\right) = 0,
$$

由第一个等式可得

$$x^{*(2n)}(t) = -\left[\alpha f(x^*(t)) + \sum_{i=0}^{l-1} \beta f(x^*(t-2i-1)) + \sum_{i=1}^{l-1} \gamma f(x^*(t-2i)) + g\left(\sum_{i=0}^{2l-1} x^*(t-i)\right) + h\left(\sum_{i=0}^{2l-1} (-1)^{i+1} x^*(t-i)\right)\right].$$

引理得证.

对 $2l$-周期函数 $x(t)$, 由移位算子 $M_i : \breve{X} \to \breve{X}, M_i : x(t) \mapsto x(t-i)$ 定义

$$M : \breve{X} \to Z, \quad M : x(t) \mapsto (M_0 x(t), M_1 x(t), \cdots, M_{2l-1} x(t)).$$

对泛函 $\breve{\Phi}$, 令 $\breve{\Phi}(z) = \breve{\Phi}(Mx) =: \tilde{\Phi}(x)$, 则有 $\tilde{\Phi} : \breve{X} \to \mathbb{R}$. 这时

$$\begin{aligned}
\tilde{\Phi}(x) &= \frac{1}{2}\langle LMx, Mx\rangle + \sum_{i=0}^{2l-1} \int_0^{2l} F(M_i x) dt \\
&\quad + \frac{1}{\alpha + l\beta + (l-1)\gamma} \int_0^{2l} G\left(\sum_{j=0}^{2l-1} M_j x\right) dt \\
&\quad + \frac{1}{\alpha - l\beta + (l-1)\gamma} \int_0^{2l} H\left(\sum_{j=0}^{2l-1} (-1)^j M_j x\right) dt \\
&= \frac{1}{2}\sum_{i=0}^{2l-1} \langle L_i M_i x, M_i x\rangle + 2l \int_0^{2l} F(x) dt \\
&\quad + \frac{1}{\alpha + l\beta + (l-1)\gamma} \int_0^{2l} G\left(\sum_{j=0}^{2l-1} M_j x\right) dt \\
&\quad + \frac{1}{\alpha - l\beta + (l-1)\gamma} \int_0^{2l} H\left(\sum_{j=0}^{2l-1} (-1)^j M_j x\right) dt \\
&= l\langle L_0 x, x\rangle + 2l \int_0^{2l} F(x) dt + \frac{1}{\alpha + l\beta + (l-1)\gamma} \int_0^{2l} G\left(\sum_{j=0}^{2l-1} M_j x\right) dt \\
&\quad + \frac{1}{\alpha - l\beta + (l-1)\gamma} \int_0^{2l} H\left(\sum_{j=0}^{2l-1} (-1)^j M_j x\right) dt.
\end{aligned}$$

我们根据 $\tilde{\Phi}(x)$ 对空间 $\breve{X}$ 作分解.

记

$$X(i) = \left\{ x_i(t) = a_i \cos\frac{i\pi t}{l} + b_i \cos\frac{i\pi t}{l} : a_i, b_i \in \mathbb{R} \right\},$$

则

$$\breve{X}=\sum_{i=1}^{\infty}X(i).$$

当 $i\neq j$ 时 $X(i),X(j)$ 是正交的, 且有

$$x(t)\in X(i)\Rightarrow(\Omega x)(t)\in X(i),\quad\langle\Omega x,x\rangle=0.\tag{4.300}$$

且当记

$$\breve{X}_1=\sum_{i\geqslant1,i\neq kl}X(i),\quad\breve{X}_2=\sum_{k=1}^{\infty}X(2kl),\quad\breve{X}_3=\sum_{k=0}^{\infty}X((2k+1)l),$$

时, 有

$$\breve{X}=\breve{X}_1\oplus\breve{X}_2\oplus\breve{X}_3.\tag{4.301}$$

以下我们对泛函 $\tilde{\Phi}(x)$ 作计算. 假设 $x=a\cos\dfrac{i\pi t}{l}+b\sin\dfrac{i\pi t}{l}\in X(i),z\in Z$, 则

$$\begin{aligned}
x_s&=x(t-s)=a\cos\frac{i\pi(t-s)}{l}+b\sin\frac{i\pi(t-s)}{l}\in X(i),\\
L_0x_0&=\frac{(-1)^n}{\Delta}\left(\frac{i\pi}{l}\right)^{2n}P^{-2n}\left[\Delta_1x(t)+\Delta_2\sum_{s=0}^{l-1}x(t-2s-1)+\Delta_3\sum_{s=1}^{l-1}x(t-2s)\right]\\
&=\frac{(-1)^n}{\Delta}\left(\frac{i\pi}{l}\right)^{2n}P^{-2n}\Bigg[\Delta_1x(t)+\Delta_2x(t)\sum_{s=0}^{l-1}\cos\frac{i(2s+1)\pi}{l}\\
&\quad-\Delta_2\Omega x(t)\sum_{s=0}^{l-1}\sin\frac{i(2s+1)\pi}{l}\\
&\quad+\Delta_3x(t)\sum_{s=1}^{l-1}\cos\frac{2si\pi}{l}-\Delta_3\Omega x(t)\sum_{s=1}^{l-1}\sin\frac{2si\pi}{l}\Bigg]\\
&=\frac{(-1)^n}{\Delta}\left(\frac{i\pi}{l}\right)^{2n}P^{-2n}\Bigg[\Delta_1x(t)+\Delta_2x(t)\sum_{s=0}^{l-1}\cos\frac{i(2s+1)\pi}{l}\\
&\quad-\Delta_2\Omega x(t)\sum_{s=0}^{l-1}\sin\frac{i(2s+1)\pi}{l}\\
&\quad+\Delta_2x(t)\sum_{s=1}^{l-1}\cos\frac{2si\pi}{l}-\Delta_2\Omega x(t)\sum_{s=1}^{l-1}\sin\frac{2si\pi}{l}\Bigg]\\
&=\frac{(-1)^n}{\Delta}\left(\frac{i\pi}{l}\right)^{2n}P^{-2n}\begin{cases}(\Delta_1-\Delta_3)x(t), & i\neq kl,\\(\Delta_1+l\Delta_2+(l-1)\Delta_3)x(t), & i=2kl,\\(\Delta_1-l\Delta_2+(l-1)\Delta_3)x(t), & i=(2k+1)l,\end{cases}
\end{aligned}$$

$$
= \frac{(-1)^n}{\Delta}\left(\frac{i\pi}{l}\right)^{2n} P^{-2n}\begin{cases}[(\alpha-\gamma)(\alpha+(2l-1)\gamma)+l^2(\gamma^2-\beta^2)]x(t), \\ \quad i \neq kl, \\ (\alpha-\gamma)(\alpha-l\beta+(l-1)\gamma)x(t), \quad i=2kl, \\ (\alpha-\gamma)(\alpha+l\beta+(l-1)\gamma)x(t), \quad i=(2k+1)l,\end{cases}
$$

$$
= (-1)^n\left(\frac{i\pi}{l}\right)^{2n} P^{-2n}\begin{cases}\dfrac{1}{\Delta}[(\alpha-\gamma)(\alpha+(2l-1)\gamma)+l^2(\gamma^2-\beta^2)]x(t), \\ \quad i \neq kl, \\ \dfrac{1}{\alpha+l\beta+(l-1)\gamma}x(t), \quad i=2kl, \\ \dfrac{1}{\alpha-l\beta+(l-1)\gamma}x(t), \quad i=(2k+1)l,\end{cases}
$$

于是

$$
\begin{aligned}
\langle L_0x_0, x_0\rangle = &(-1)^n\left(\frac{\pi}{l}\right)^{2n} \\
&\cdot\begin{cases}\dfrac{(\alpha-\gamma)(\alpha+(2l-1)\gamma)+l^2(\gamma^2-\beta^2)}{(\alpha-\gamma)(\alpha-\gamma+l(\gamma+\beta))(\alpha-\gamma+l(\gamma-\beta))}||x||^2, & i\neq kl, \\ \dfrac{1}{\alpha-\gamma+l(\gamma+\beta)}||x||^2, & i=2kl, \\ \dfrac{1}{\alpha-\gamma+l(\gamma-\beta)}||x||^2, & i=(2k+1)l,\end{cases}
\end{aligned}
$$

在空间 Z 上, 我们有

$$
\begin{aligned}
\langle Lz, z\rangle &= 2l\,\langle L_0x_0, x_0\rangle \\
&= (-1)^n 2l\left(\frac{\pi}{l}\right)^{2n} \\
&\quad\cdot\begin{cases}\dfrac{(\alpha-\gamma)(\alpha+(2l-1)\gamma)+l^2(\gamma^2-\beta^2)}{(\alpha-\gamma)(\alpha-\gamma+l(\gamma+\beta))(\alpha-\gamma+l(\gamma-\beta))}||x||^2, & i\neq kl, \\ \dfrac{1}{\alpha-\gamma+l(\gamma+\beta)}||x||^2, & i=2kl, \\ \dfrac{1}{\alpha-\gamma+l(\gamma-\beta)}||x||^2, & i=(2k+1),\end{cases}
\end{aligned}
$$

这时记

$$
\lambda = \frac{(\alpha-\gamma)(\alpha+(2l-1)\gamma)+l^2(\gamma^2-\beta^2)}{(\alpha-\gamma)(\alpha-\gamma+l(\gamma+\beta))(\alpha-\gamma+l(\gamma-\beta))},
$$

则

$$\langle Lz,z\rangle=(-1)^n2l\left(\frac{\pi}{l}\right)^{2n}\begin{cases}\lambda||x||^2, & i\neq kl,\\ \dfrac{1}{\alpha-\gamma+l(\gamma+\beta)}||x||^2, & i=2kl,\\ \dfrac{1}{\alpha-\gamma+l(\gamma-\beta)}||x||^2, & i=(2k+1)l,\end{cases} \tag{4.302}$$

由 $\lim\limits_{x\to\infty}\dfrac{f(x)}{x}=f_\infty$, 可知 $x\to\infty$ 时,

$$\sum_{j=0}^{2l-1}\int_0^{2l}F(x_j(t))dt=2l\int_0^{2l}F(x(t))dt=i^{-2n}lf_\infty||x||^2+\circ(||x||^2). \tag{4.303}$$

对于函数 g, 我们因 $\lim\limits_{x\to\infty}\dfrac{g(x)}{x}=g_\infty$ 及

$$g\left(\sum_{j=0}^{2l-1}x(t-j)\right)=\begin{cases}0, & i\neq 2kl,\\ g(2lx(t)), & i=2kl,\end{cases}$$

故对 $x\in X(i)$, 当 $i\neq 2kl$ 时, $G\left(\sum\limits_{j=0}^{2l-1}x(t-j)\right)=0$, 当 $i=2kl$, 且 $|x|\to\infty$ 时,

$$G\left(\sum_{j=0}^{2l-1}x(t-j)\right)=\int_0^{2lx}g_\infty sds+\int_0^{2lx}[g(s)-g_\infty s]ds=2g_\infty l^2|x|^2+\circ(|x|^2).$$

因此 $||x||_0\to\infty$ 时,

$$\frac{1}{\alpha-\gamma+l(\gamma+\beta)}\int_0^{2l}G\left(\sum_{j=0}^{2l-1}x(t-j)\right)dt=\frac{2l^2g_\infty i^{-2n}}{\alpha-\gamma+l(\gamma+\beta)}||x||^2+\circ(||x||^2). \tag{4.304}$$

对于函数 h, 同样因 $\lim\limits_{x\to\infty}\dfrac{h(x)}{x}=h_\infty$, 且

$$h\left(\sum_{j=0}^{2l-1}x(t-j)\right)=\begin{cases}0, & i\neq(2k+1)l,\\ h(2lx(t)), & i=(2k+1)l,\end{cases}$$

故对 $x\in X(i)$, 当 $i\neq(2k+1)l$ 时, $H\left(\sum\limits_{j=0}^{m}(-1)^jx(t-j)\right)=0$, 当 $i=(2k+1)l$, 且 $|x|\to\infty$ 时,

$$\frac{1}{\alpha-\gamma+l(\gamma-\beta)}\int_0^{2l}H\left(\sum_{j=0}^{2l-1}(-1)^jx(t-j)\right)dt$$

$$= \frac{2l^2 h_\infty i^{-2n}}{\alpha-\gamma+l(\gamma-\beta)}||x||^2 + \circ(||x||^2). \tag{4.305}$$

于是, 对 $x \in X(i)$ 有

$$\begin{aligned} &\breve{\Phi}(z) \\ &= \begin{cases} l\left[(-1)^n\left(\frac{\pi}{l}\right)^{2n}\lambda + i^{-2n}f_\infty\right]||x||^2 + \circ(||x||^2), \quad i \neq kl, \\ \frac{l}{\alpha-\gamma+l(\gamma+\beta)}\left[(-1)^n\left(\frac{\pi}{l}\right)^{2n} + ((\alpha-\gamma+l(\gamma+\beta))f_\infty + 2lg_\infty)\,i^{-2n}\right] \\ \quad \cdot||x||^2 + \circ(||x||^2), \quad i = 2kl, \\ \frac{l}{\alpha-\gamma+l(\gamma-\beta)}\left[(-1)^n\left(\frac{\pi}{l}\right)^{2n} + ((\alpha-\gamma+l(\gamma-\beta))f_\infty + 2lh_\infty)\,i^{-2n}\right] \\ \quad \cdot||x||^2 + \circ(||x||^2), \quad i = (2k+1)l, \end{cases} \end{aligned} \tag{4.306}$$

记

$$\begin{aligned} &\delta_1 = (-1)^n\lambda\left(\frac{\pi}{l}\right)^{2n}, \quad \delta_2 = \frac{(-1)^n}{\alpha-\gamma+l(\gamma+\beta)}\left(\frac{\pi}{l}\right)^{2n}, \\ &\delta_3 = \frac{(-1)^n}{\alpha-\gamma+l(\gamma-\beta)}\left(\frac{\pi}{l}\right)^{2n}, \\ &\gamma_{1,\infty} = f_\infty, \quad \gamma_{2,\infty} = f_\infty + \frac{2lg_\infty}{\alpha-\gamma+l(\gamma+\beta)}, \quad \gamma_{3,\infty} = f_\infty + \frac{2lh_\infty}{\alpha-\gamma+l(\gamma-\beta)}, \end{aligned} \tag{4.307}$$

以及

$$\begin{aligned} A_1^+ &= \{i \geqslant 1 : i \neq kl, \delta_1 i^{2n} + \gamma_{1,\infty} > 0\}, \\ A_1^0 &= \{i \geqslant 1 : i \neq kl, \delta_1 i^{2n} + \gamma_{1,\infty} = 0\}, \\ A_1^- &= \{i \geqslant 1 : i \neq kl, \delta_1 i^{2n} + \gamma_{1,\infty} < 0\}, \\ A_2^+ &= \{i \geqslant 1 : i = 2kl, \delta_2 i^{2n} + \gamma_{2,\infty} > 0\}, \\ A_2^0 &= \{i \geqslant 1 : i = 2kl, \delta_2 i^{2n} + \gamma_{2,\infty} = 0\}, \\ A_2^- &= \{i \geqslant 1 : i = 2kl, \delta_2 i^{2n} + \gamma_{2,\infty} < 0\} \end{aligned}$$

和

$$\begin{aligned} A_3^+ &= \{i \geqslant 1 : i = (2k+1)l, \delta_3 i^{2n} + \gamma_{3,\infty} > 0\}, \\ A_3^0 &= \{i \geqslant 1 : i = (2k+1)l, \delta_3 i^{2n} + \gamma_{3,\infty} = 0\}, \end{aligned}$$

$$A_3^- = \{i \geqslant 1 : i = (2k+1)l, \delta_3 i^{2n} + \gamma_{3,\infty} < 0\}.$$

则 A_1^0, A_2^0 显然是空集或有限点集. 又记

$$X_\infty^+ = \bigoplus_{i \in A_1^+ \cup A_2^+ \cup A_3^+} X(i), \quad X_\infty^0 = \bigoplus_{i \in A_1^0 \cup A_2^0 \cup A_3^0} X(i), \quad X_\infty^- = \bigoplus_{i \in A_1^- \cup A_2^- \cup A_3^-} X(i), \tag{4.308}$$

和引理 4.18、引理 4.19 一样可证下列引理.

引理 4.27 存在 $\sigma > 0$, 成立

$$\breve{\Phi}(z) > \sigma \|x\|^2, \ x \in X_\infty^+; \quad \breve{\Phi}(z) < -\sigma \|x\|^2, \ x \in X_\infty^-. \tag{4.309}$$

引理 4.28 由 (4.296) 定义的泛函 $\breve{\Phi}(z)$ 在空间 Z 上是满足 (PS)-条件的.

进一步记

$$\gamma_{1,0} = f_0, \quad \gamma_{2,0} = f_0 + \frac{2lg_0}{\alpha - \gamma + l(\gamma+\beta)}, \quad \gamma_{3,0} = f_0 + \frac{2lh_0}{\alpha - \gamma + l(\gamma-\beta)}, \tag{4.310}$$

以及

$$\begin{aligned}
B_1^+ &= \{i \geqslant 1 : i \neq kl, \delta_1 i^{2n} + \gamma_{1,0} > 0\}, \\
B_1^0 &= \{i \geqslant 1 : i \neq kl, \delta_1 i^{2n} + \gamma_{1,0} = 0\}, \\
B_1^- &= \{i \geqslant 1 : i \neq kl, \delta_1 i^{2n} + \gamma_{1,0} < 0\}, \\
B_2^+ &= \{i \geqslant 1 : i = 2kl, \delta_2 i^{2n} + \gamma_{2,0} > 0\}, \\
B_2^0 &= \{i \geqslant 1 : i = 2kl, \delta_2 i^{2n} + \gamma_{2,0} = 0\}, \\
B_2^- &= \{i \geqslant 1 : i = 2kl, \delta_2 i^{2n} + \gamma_{2,0} < 0\}
\end{aligned}$$

以及

$$\begin{aligned}
B_3^+ &= \{i \geqslant 0 : i = (2k+1)l, \delta_3 i^{2n} + \gamma_{3,0} > 0\}, \\
B_3^0 &= \{i \geqslant 0 : i = (2k+1)l, \delta_3 i^{2n} + \gamma_{3,0} = 0\}, \\
B_3^- &= \{i \geqslant 0 : i = (2k+1)l, \delta_3 i^{2n} + \gamma_{3,0} < 0\}.
\end{aligned}$$

并记

$$X_0^+ = \bigoplus_{i \in B_1^+ \cup B_2^+ \cup B_3^+} X(i), \quad X_0^0 = \bigoplus_{i \in B_1^0 \cup B_2^0 \cup B_3^0} X(i), \quad X_0^- = \bigoplus_{i \in B_1^- \cup B_2^- \cup B_3^-} X(i), \tag{4.311}$$

令

$$\breve{N}_1(a,b)=\begin{cases}\operatorname{card}\{i\geqslant 1: i\neq kl, -b<\delta_1 i^{2n}<-a\}, & a<b,\\ -\operatorname{card}\{i\geqslant 1: i\neq kl, -a\leqslant \delta_1 i^{2n}\leqslant -b\}, & a\leqslant b,\end{cases}$$

$$\breve{N}_2(a,b)=\begin{cases}\operatorname{card}\{i\geqslant 1: i=2kl, -b<\delta_2 i^{2n}<-a\}, & a<b,\\ -\operatorname{card}\{i\geqslant 1: i=2kl, -a\leqslant \delta_2 i^{2n}\leqslant -b\}, & a\leqslant b,\end{cases}$$

$$\breve{N}_3(a,b)=\begin{cases}\operatorname{card}\{i\geqslant 1: i=(2k+1)l, -b<\delta_3 i^{2n}<-a\}, & a<b,\\ -\operatorname{card}\{i\geqslant 1: i=(2k+1)l, -a\leqslant \delta_3 i^{2n}\leqslant -b\}, & a\leqslant b,\end{cases}$$

定理 4.23 设条件 (4.206) 成立, 则方程 (4.205) 在

$$\breve{k}=\max\left\{\sum_{j=1}^{3}\breve{N}_j(\gamma_{j,0},\gamma_{j,\infty}),\sum_{j=1}^{3}\breve{N}_j(\gamma_{j,\infty},\gamma_{j,0})\right\}$$

时, 至少有 $\breve{k}$ 个几何上互不相同的 $2l$-周期轨道.

4.5.6 定理 4.23 的示例

由于定理 4.21 和定理 4.22 是定理 4.23 的特例, 故仅对定理 4.23 给出示例. 设方程

$$\begin{aligned}x^{(4)}(t)=-\Bigg[&3f(x(t))+f(x(t-1))-2f(x(t-2))+f(x(t-3))\\&+g\left(\sum_{j=1}^{4}x(t-j)\right)+h\left(\sum_{j=1}^{4}(-1)^{j+1}x(t-j)\right)\Bigg]\end{aligned}\tag{4.312}$$

中函数 f,g,h 都是连续奇函数, 且

$$f_\infty=5\pi^4,\quad f_0=-4\pi^4,\quad g_\infty=8\pi^4,\quad g_0=-\pi^4,\quad h_\infty=-3\pi^4,\quad h_0=\pi^4.\tag{4.313}$$

这时 $n=2,l=2,\alpha=3,\beta=1,\gamma=-2$, 因此 $\lambda=\frac{1}{5}$, 且

$$\delta_1=\frac{\pi^4}{80},\quad \delta_2=\frac{\pi^4}{48},\quad \delta_3=-\frac{\pi^4}{16},$$

$$\gamma_{1,\infty}=5\pi^4,\quad \gamma_{2,\infty}=\frac{47\pi^4}{3},\quad \gamma_{3,\infty}=17\pi^4,$$

$$\gamma_{1,0}=-4\pi^4,\quad \gamma_{2,0}=-\frac{16}{3}\pi^4,\quad \gamma_{3,0}=-8\pi^4.$$

于是,

$$\breve{N}_1(\gamma_{1,0},\gamma_{1,\infty})=2,\quad \breve{N}_1(\gamma_{2,0},\gamma_{2,\infty})=0,\quad \breve{N}_1(\gamma_{3,0},\gamma_{3,\infty})=1,$$

$$\breve{k}=\sum_{j=1}^{3}\breve{N}_j(\gamma_{j,0},\gamma_{j,\infty})=3.$$

故在条件 (4.313) 下方程 (4.312) 至少有 3 个几何上互异的 4-周期轨道.

评注 4.1

通常的微分方程边值问题, 是由一个含有未知函数导数的等式再加上函数定义区间上若干点处的限制条件构成, 当考虑等式中的未知函数有时间滞后时, 就成为时滞微分方程边值问题. 其中广受关注的是时滞微分方程的周期边值问题, 对自治型的时滞微分方程而言, 就是周期轨道的存在性及多个几何上不同的周期轨道的存在性问题.

给定 $f\in C^0(\mathbb{R}^+,\mathbb{R}^+)$, 满足 $f(-x)=-f(x),xf(x)>0,x\neq 0$. J.Kaplan 和 J.Yorke[75] 研究了时滞微分方程

$$x'(t)=-f(x(t-1))$$

4-周期轨道的存在性和

$$x'(t)=-f(x(t-1))-f(x(t-2))$$

6-周期轨道的存在性. 其所用方法, 是将前一个方程中未知函数 $x(t)$ 经移位算子 M_1 作用后所得的函数 $x(t-1)$ 设为新的变量 $y(t)$, 然后在 x,y-平面上用定性理论的方法讨论方程组

$$\begin{cases} x'(t)=-f(y(t)), \\ y'(t)=\ \ f(x(t)) \end{cases}$$

4-周期轨道的存在条件. 对后一个方程则令 $y(t)=x(t-1),z(t)=x(t-2)$, 转换为讨论方程组

$$\begin{cases} x'(t)=-f(y(t))-f(z(t)), \\ y'(t)=\ \ f(x(t))-f(z(t)), \\ z'(t)=\ \ f(x(t))+f(y(t)) \end{cases}$$

6-周期解的存在条件. 当然, 无论 4-周期解还是 6-周期解, 都是指相应微分方程组可能的最大周期, 而非最小周期. 其后许多学者将其扩展到多滞量时滞微分方程, 研究

$$x'(t)=-\sum_{i=1}^{n}f(x(t-i))$$

$2(n+1)$-周期轨道的存在性. 但是这些工作几乎都是研究一阶时滞微分方程. 直到 2009 年郭成军和郭志明 [65] 研究了最终形式为

$$x''(t)=-f(x(t-\pi)) \tag{4.314}$$

的二阶时滞微分系统多个 2π-周期轨道的存在性. 通过改变时间尺度 $t \to \pi t$ 和重新定义函数 $\pi^2 f \to f$, 将 (4.314) 改写为

$$x''(t) = -f(x(t-1))$$

的形式. 由于以上这些形式的方程由 Kaplan 和 Yorke 最早的研究工作推广而来, 所以我们称之为 Kaplan-Yorke 型时滞微分方程.

评注 4.2

对半线性多滞量微分方程, 需要构造一个泛函 Φ, 使 Φ 的临界点对应于所给方程的解. 由于泛函通常取

$$\Phi(x) = \frac{1}{2}\langle Lx, x\rangle + \Psi(x) \tag{4.315}$$

的形式, 其中线性算子 L 的具体形式和方程的阶次, 尤其是阶次的奇偶性以及滞量的个数有关. 在随后对内积 $\langle Lx, x\rangle$ 进行计算时, 方程阶次的奇偶性不同, 结果也有很大差异. 所以在讨论半线性方程周期轨道时, 首先将方程区分为偶数阶方程还是奇数阶方程, 这一点十分重要.

对于一个含周期函数的泛函 Φ, 是在设定周期的前提下研究其临界点个数的, 这个周期既与方程阶次的奇偶性, 又与方程中非线性时滞项的个数有关. 通常设定各个非线性时滞项形式相似, 仅仅滞量不同, 如

$$f(x(t-1)), f(x(t-2)), \cdots, f(x(t-m)). \tag{4.316}$$

然后结合各非线性时滞项前的正负号, 设定周期函数空间中的函数周期. 同样 m 个滞量, 对偶数阶方程, 通常设函数周期为 $m+1$, 而对奇数阶方程, 则一般设周期为 $2(m+1)$. 这样做的原因是, 奇数阶微分方程中的函数需要具有半周期反号的性质.

评注 4.3

对偶数阶次的微分方程, 如果方程中出现的非线性函数是 (4.316) 中各非线性时滞项的线性组合, 则根据非线性时滞项的个数及各非线性时滞项前系数的正负号, 选取函数空间

$$X = \mathrm{cl}\left\{\sum_{i=1}^{\infty}\left(a_i \cos\frac{2i\pi t}{m+1} + b_i \sin\frac{2i\pi t}{m+1}\right) : a_i, b_i \in \mathbb{R}, \sum_{i=1}^{\infty} i^{2n}(a_i^2 + b_i^2) < \infty\right\} \tag{4.317}$$

或是

$$X = \mathrm{cl}\left\{\sum_{i=0}^{\infty}\left(a_i \cos\frac{(2i+1)\pi t}{m+1} + b_i \sin\frac{(2i+1)\pi t}{m+1}\right) :\right.$$

$$a_i, b_i \in \mathbb{R}, \sum_{i=1}^{\infty} i^{2n}(a_i^2 + b_i^2) < \infty \Bigg\}. \tag{4.318}$$

选取不同的函数空间, 其目的是为了保证泛函 (4.315) 中的算子 L 是自伴线性算子.

评注 4.4

本章在 Hilbert 空间中定义了两个算子 P, Ω, 算子 P 的作用在于使泛函 (4.315) 中的线性算子 L 是 $L: X \to X$ 的, 算子 Ω 的作用则是使泛函的计算更加方便. 这主要是由于

$$\langle \Omega x, x \rangle = 0 \tag{4.319}$$

这一性质, 使相关的计算得以简化. 而当求导运算表示为 $Dx = (P\Omega)x$ 后, 可使泛函计算中避免运用分部积分而减少计算量. 与此同时, 算子 Ω 的引入, 也使 $x(t)$ 和各相关滞量 $x(t-i)$ 之间的转换更加方便. 当然, 上述表示的前提是函数 x 必须是周期函数空间的元素.

评注 4.5

等式 (4.319) 也决定了泛函 (4.315) 中 $\langle Lx, x \rangle$ 所出现的线性算子 L 如果含有对 x 的奇数阶求导方次, 必须考虑时滞因素, 才能使相关的内积不为零. 如果做不到这一点, 则奇数阶方次的导数就不能在泛函的实际计算中体现出它的作用.

评注 4.6

对通常的微分方程, 目前研究较多的是同一变量 x 的不同滞后状态 $x(t-i)$ 分别代入相同的非线性函数中, 如 (4.316) 所示. 而对偶数阶微分方程, 我们注意到可以讨论不同滞后状态同在一个非线性函数中的情况. 在 4.5 节中考虑了函数多个滞量状态出现在同一非线性函数中的情况, 如

$$g\left(\sum_{i=1}^{m} x(t-i)\right), \quad h\left(\sum_{i=1}^{2l-1} (-1)^i x(t-i)\right). \tag{4.320}$$

至于 (4.316) 那种同一函数的不同时滞状态彼此分离的情况, 除了我们已经在 4.5.5 节讨论过的几类方程外, 还可以研究更广泛的时滞微分方程, 例如,

$$x^{(2n)}(t) = -\left[\alpha f(x(t)) + \sum_{i=1}^{m} \beta_i f(x(t-i)) + g\left(\sum_{i=0}^{m} x(t-i)\right)\right], \tag{4.321}$$

其前提是 $\beta_i = \beta_j, i+j = m+1, 1 \leqslant i, j \leqslant m$ 成立. 由此会出现很大的计算量, 而且给出的判据将更加复杂, 但这是深入研究必须付出的代价.

评注 4.7

本章中我们主要着眼于双滞量时滞微分方程和非 Kaplan-Yorke 型时滞微分方程相应泛函的构造, 故还是在均值为零的周期函数空间中利用 S^1 指标理论研究周期轨道的多重性. 如果在偶泛函的情况下运用 S^n 指标理论在允许均值不为零的周期函数空间上讨论, 可以得到更多更深入的结果.

第 5 章　奇数阶时滞微分方程的周期轨道

5.1　反自伴算子和微分系统的分解

5.1.1　反自伴线性算子和对称向量

本章研究奇数阶时滞微分方程和时滞微分系统周期轨道的多重性. 方程的一般形式为

$$D^{2m+1}x(t) = -\sum_{i=1}^{n} a_i f(x(t-i)), \quad a_i = a_{n+1-i} \in \mathbb{R}, \tag{5.1}$$

其中 $x : \mathbb{R} \to \mathbb{R}^N, x(t-(n+1)) = -x(t), f \in C(\mathbb{R}^N, \mathbb{R}^N), f(-x) = -f(x)$, 算子

$$D = \left(\frac{d}{dt}, \frac{d}{dt}, \cdots, \frac{d}{dt}\right), \quad D^m = \left(\frac{d^m}{dt^m}, \frac{d^m}{dt^m}, \cdots, \frac{d^m}{dt^m}\right), \quad D^{m+1} = DD^m = D^m D$$

都是 N 维形式向量. 我们将在函数空间

$$X = \left\{ x(t) = \sum_{i=0}^{\infty} \left(c_i \cos\frac{(2i+1)\pi t}{n+1} + d_i \sin\frac{(2i+1)\pi t}{n+1} \right) : c_i, d_i \in \mathbb{R}^N, \right.$$
$$\left. \sum_{i=0}^{\infty} (2i+1)^{2m+1}(c_i^2 + d_i^2) < \infty \right\} \tag{5.2}$$

中讨论方程 (5.1) 的 $2(n+1)$-周期轨道的多重性. 在 X 上定义范数

$$\|x\| = \sqrt{\langle x, x\rangle_{2m+1}} = \sqrt{\int_0^{2(n+1)} (P^{2m+1}x(t), x(t))\, dt},$$

则 $(X, \|\cdot\|)$ 是一个 $H^{m+\frac{1}{2}}$ Hilbert 空间.

命题 5.1　算子 D^{2m+1} 是**反自伴线性算子**, 即定义内积 $\langle\cdot,\cdot\rangle$ 之后对 $x, y \in X$ 满足

$$\left\langle D^{2m+1}x, y\right\rangle = -\left\langle x, D^{2m+1}y\right\rangle. \tag{5.3}$$

这是命题 4.2 的特例, 证明从略.

一个 $n+1$ 维向量 $a = (a_0, a_1, \cdots, a_n)$, 如果满足

$$a_i = a_{n+1-i}, \quad i = 1, 2, \cdots, n; \quad a_0 = 0,$$

我们称之为**首零对称向量**.

对首零对称向量 a, 我们按如下方式将其扩展为循环向量:

$$a_{i+l(n+1)} = (-1)^l a_i, \quad i = 0, 1, \cdots, n; \quad l \in \mathbb{N}, \tag{5.4}$$

由此得到的循环向量称为**反号循环向量**. 这时可导出关系式

$$a_{l(n+1)} = 0, \quad a_{-i+l(n+1)} = -a_{i+l(n+1)}, \quad a_{-i} = -a_i, \quad i = 0, 1, \cdots, n; \quad l \in \mathbb{N},$$

定义算子 $M : X \to X$ 为

$$(Mx)(t) = x(t-1), \quad (M^{i+1}x)(t) = (M(M^i x))(t) = x(t-i-1).$$

对首零 $n+1$ 维对称向量 $a = (a_0, a_1, \cdots, a_n)$, 按 (5.4) 作反号扩展, 并由多项式 $q(\lambda) = \sum\limits_{i=1}^{n} a_i \lambda^i$ 定义算子 $q(M) = \sum\limits_{i=1}^{n} a_i M^i : X \to X$.

命题 5.2 设向量 $a = (a_0, a_1, \cdots, a_n)$ 是 $n+1$ 维首零对称向量, 则函数移位算子 $q(M) = \sum\limits_{j=1}^{n} a_j M^j$ 是反自伴线性算子.

证明

$$\begin{aligned}
\langle q(M)x, y \rangle &= \left\langle \sum_{j=1}^{n} a_j M^j x, y \right\rangle \\
&= \sum_{j=1}^{n} a_j \langle x(t-j), y(t) \rangle \\
&= \sum_{j=1}^{n} a_j \langle x(t), y(t+j) \rangle \\
&= \sum_{j=1}^{n} a_{n+1-j} \langle x(t), y(t+n+1-j) \rangle \\
&= -\left\langle x(t), \sum_{j=1}^{n} a_{n+1-j} y(t-j) \right\rangle \\
&= -\left\langle x(t), \sum_{l=1}^{n} a_j y(t-j) \right\rangle \\
&= -\langle x, q(M)y \rangle .
\end{aligned}$$

命题得证.

由此很容易得到如下命题.

命题 5.3 设 $q(M)$ 是反自伴线性算子, 则 $P^{-(2m+1)} D p_m(D^2) q(M) : X \to X$ 是自伴线性算子.

5.1.2 对称矩阵耦与欧氏空间 $\mathbb{R}^N$ 的正交分解

设实对称矩阵 $A_0, A_\infty : \mathbb{R}^N \to \mathbb{R}^N$ 的实特征值分别为

$$\alpha_1, \alpha_2, \cdots, \alpha_N; \quad \beta_1, \beta_2, \cdots, \beta_N, \tag{5.5}$$

它们在空间 $\mathbb{R}^N$ 中各自对应的两两正交单位特征向量分别记为

$$u_1, u_2, \cdots, u_N; \quad v_1, v_2, \cdots, v_N, \tag{5.6}$$

则 $\{u_1, u_2, \cdots, u_N\}, \{v_1, v_2, \cdots, v_N\}$ 分别构成空间 $\mathbb{R}^N$ 中的两个单位正交基.

同时记对应各特征向量的一维空间为

$$U_j = \text{span}\{u_j\}, \quad V_j = \text{span}\{v_j\}, \quad j = 1, 2, \cdots, N. \tag{5.7}$$

现对 $\mathbb{R}^N$ 作直和分解

$$\mathbb{R}^N = W_1 \oplus W_2 \oplus \cdots \oplus W_n, \tag{5.8}$$

其中,

$$\begin{gathered} W_i = \text{span}\{u_{n_{i-1}+1}, u_{n_{i-1}+2}, \cdots, u_{n_i}\} = \text{span}\{v_{n_{i-1}+1}, v_{n_{i-1}+2}, \cdots, v_{n_i}\}, \\ \dim W_i = n_i - n_{i-1}, \end{gathered} \tag{5.9}$$

上述 (5.8) 中的直和分解称为 $\mathbb{R}^N$ 关于正交矩阵耦 (A_0, A_∞) 的一个**正交分解**. 如果直和分解中的每个 W_i, 在用 W_i 代替 $\mathbb{R}^N$ 作进一步直和分解的讨论时只能得到平凡分解, 则说 (5.8) 中的直和分解是 $\mathbb{R}^N$ 关于正交矩阵耦 (A_0, A_∞) 的一个**最佳正交分解**.

命题 5.4 欧氏空间 $\mathbb{R}^N$ 关于正交矩阵耦 (A_0, A_∞) 存在唯一的最佳直和分解.

证明 先证直和分解的存在性.

第一步 确定 W_1.

设 $\mathbb{R}^N = \text{span}\{u_1, u_2, \cdots, u_N\} = \text{span}\{v_1, v_2, \cdots, v_N\}$, 其中 $\{u_1, u_2, \cdots, u_N\}$, $\{v_1, v_2, \cdots, v_N\}$ 是 $\mathbb{R}^N$ 中分别由 A_0, A_∞ 的正交特征向量构成的正交基. 首先在向量组 $\{u_1, u_2, \cdots, u_N\}$ 中选一向量, 不妨设是 u_1. 之后在向量组 $\{v_1, v_2, \cdots, v_N\}$ 中删去与 u_1 正交的所有向量, 即满足

$$(u_1, v_i) = 0$$

的向量. 设删去上述向量后余下 t_1 个向量, 不妨设是 $\{v_1, v_2, \cdots, v_{t_1}\}$, 则 $1 \leqslant t_1 \leqslant N$. 我们注意到, 当从正交向量组 $\{u_1, u_2, \cdots, u_N\}$ 中选好第一个向量 u_1, 从

$\{v_1, v_2, \cdots, v_N\}$ 中删去与 u_1 正交的所有向量, 所得的向量组 $\{v_1, v_2, \cdots, v_{t_1}\}$ 是由选取的向量 u_1 唯一确定的. 如果 $t_1 = 1$, 则表明单位向量 $u_1 = v_1$. 故可取

$$W_1 = \mathrm{span}\{u_1\} = \mathrm{span}\{v_1\}.$$

如果 $t_1 > 1$, 则表明 $u_1 \in \mathrm{span}\{v_1, v_2, \cdots, v_{t_1}\}$. 接着在向量组 $\{u_1, u_2, \cdots, u_N\}$ 中删去所有与空间 $\mathrm{span}\{v_1, v_2, \cdots, v_{t_1}\}$ 正交的向量, 即删去满足

$$(u_i, v_j) = 0, \quad j = 1, 2, \cdots, t_1$$

的 u_i. 显然, u_1 不在删去之列. 设删去以后向量组 $\{u_1, u_2, \cdots, u_N\}$ 中还余下 t_2 个向量, 不妨设是 $\{u_1, u_2, \cdots, u_{t_2}\}$. 这时有 $\mathrm{span}\{v_1, v_2, \cdots, v_{t_1}\} \subset \mathrm{span}\{u_1, u_2, \cdots, u_{t_2}\}$, 且因 $\{v_1, v_2, \cdots, v_{t_1}\}$ 是正交向量组, 故 $t_1 \leqslant t_2 \leqslant N$. 这时向量组 $\{u_1, u_2, \cdots, u_{t_2}\}$ 是由 $\{v_1, v_2, \cdots, v_{t_1}\}$ 唯一确定的. 从而间接地由向量 u_1 唯一确定. 如果 $t_2 = t_1$, 则可取

$$W_1 = \mathrm{span}\{v_1, v_2, \cdots, v_{t_1}\} = \mathrm{span}\{u_1, u_2, \cdots, u_{t_1}\}.$$

W_1 同样由向量 u_1 唯一确定.

如果 $t_2 > t_1$, 表明 $\mathrm{span}\{v_1, v_2, \cdots, v_{t_1}\} \subset \mathrm{span}\{u_1, u_2, \cdots, u_{t_2}\}$, 则继续从向量组 $\{v_1, v_2, \cdots, v_N\}$ 中去掉与 $\mathrm{span}\{u_1, u_2, \cdots, u_{t_2}\}$ 正交的向量, 得到向量组 $\{v_1, v_2, \cdots, v_{t_3}\}$, $t_2 \leqslant t_3 \leqslant N$. 与前面相同的理由, 向量组 $\{v_1, v_2, \cdots, v_{t_3}\}$ 间接地由向量 u_1 唯一确定. 在 $t_2 = t_3$ 时, 得到由向量 u_1 唯一确定的

$$W_1 = \mathrm{span}\{v_1, v_2, \cdots, v_{t_2}\} = \mathrm{span}\{u_1, u_2, \cdots, u_{t_2}\},$$

否则重复进行如上过程. 每重复一次上述过程, 则所选取向量组中的正交向量个数至少增加 1, 这表明上述过程至多进行 N 次即可结束, 得出

$$W_1 = \mathrm{span}\{v_1, v_2, \cdots, v_{n_1}\} = \mathrm{span}\{u_1, u_2, \cdots, u_{n_1}\}, \tag{5.10}$$

W_1 由选取的向量 u_1 唯一确定, 且是满足 (5.9) 要求的最小空间. 如果 $n_1 = N$, 则 $\mathbb{R}^N$ 本身相对于矩阵耦 (A_0, A_∞) 就是一个平凡的正交分解, 在 u_1 取定的前提下也是最佳正交分解. 当 $n_1 < N$ 时进行下一步.

第二步 在 $\{u_{n_1+1}, u_{n_1+2}, \cdots, u_N\}$ 中选取一个向量, 不妨设是 u_{n_1+1}. 用

$$u_{n_1+1}, \{u_{n_1+1}, u_{n_1+2}, \cdots, u_N\}, \{v_{n_1+1}, v_{n_1+2}, \cdots, v_N\}$$

分别代替第一步中的

$$u_1, \quad \{u_1, u_2, \cdots, u_N\}, \quad \{v_1, v_2, \cdots, v_N\},$$

进行与第一步相同的过程, 得到 $\mathbb{R}^N$ 由 u_{n_1+1} 唯一确定的子空间

$$W_2 = \text{span}\{v_{n_1+1}, v_{n_1+2}, \cdots, v_{n_2}\} = \text{span}\{u_{n_1+1}, u_{n_1+2}, \cdots, u_{n_2}\}.$$

显然, $W_2 \perp W_1$. 如果 $n_2 = N$, 则有

$$\mathbb{R}^N = W_1 \oplus W_2,$$

这是 $\mathbb{R}^N$ 关于 (A_0, A_∞) 的一个正交分解, 且也是取定 u_1, u_{n_1+1} 后的最佳正交分解.

如果 $n_2 < N$, 则用 $u_{n_2+1}, \{u_{n_2+1}, u_{n_2+2}, \cdots, u_N\}, \{v_{n_2+1}, v_{n_2+2}, \cdots, v_N\}$ 分别代替第二步中的

$$u_{n_1+1}, \quad \{u_{n_1+1}, u_{n_1+2}, \cdots, u_N\}, \quad \{v_{n_1+1}, v_{n_1+2}, \cdots, v_N\},$$

继续上述过程. 最终得到两两正交的 $\{W_1, W_2, \cdots, W_n\}$, 使

$$\mathbb{R}^N = \bigoplus_{1\leqslant i\leqslant n} W_i, \tag{5.11}$$

它是一个关于 (A_0, A_∞) 的正交分解, 且也是在依次给定 $u_1, u_{n_1+1}, \cdots, u_{n_{k-1}+1}$ 之后的唯一正交分解, 且是最佳的, 其中,

$$\begin{gathered}
W_1 = \text{span}\{v_1, v_2, \cdots, v_{n_1}\} = \text{span}\{u_1, u_2, \cdots, u_{n_1}\}, \\
W_i = \text{span}\{v_{n_{i-1}+1}, v_{n_{i-1}+2}, \cdots, v_{n_i}\} = \text{span}\{u_{n_{i-1}+1}, u_{n_{i-1}+2}, \cdots, u_{n_i}\}, \\
i = 2, 3, \cdots, n-1, \\
W_n = \text{span}\{v_{n_{n-1}+1}, v_{n_{n-1}+2}, \cdots, v_N\} = \text{span}\{u_{n_{n-1}+1}, u_{n_{n-1}+2}, \cdots, u_N\}.
\end{gathered}$$

这就证明了正交分解的存在性.

然后证明, 如果 $u_1, u_{n_1+1}, \cdots, u_{n_{n-1}+1}$ 分别用

$$\{u_2, u_3, \cdots, u_{n_1}\}, \{u_{n_1+2}, u_{n_1+3}, \cdots, u_{n_2}\}, \cdots, \{u_{n_{n-1}+2}, u_{n_{n-1}+3}, \cdots, u_N\}$$

相应集合中的其他元素代替, 正交分解 (5.11) 不变.

设不然, 在 $\{W_1, W_2, \cdots, W_n\}$ 中有某个 W_i, 不妨设是

$$W_1 = \text{span}\{u_1, u_2, \cdots, u_{n_1}\} = \text{span}\{v_1, v_2, \cdots, v_{n_1}\},$$

用子空间 W_1 代替 $\mathbb{R}^N$, 并且在 $\{u_1, u_2, \cdots, u_{n_1}\}$ 中另取 $u_i, i \in \{2, 3, \cdots, n_1\}$, 不妨设是 u_2, 代替 u_1 开始第一步中的存在性证明, 最后得到正交向量集

$$\{u_2, u_{p_2}, \cdots, u_{p_l}\} \subset \{u_1, u_2, \cdots, u_{n_1}\}, \{v_{p_1}, v_{p_2}, \cdots, v_{p_l}\} \subset \{v_1, v_2, \cdots, v_{n_1}\}.$$

有

$$\hat{W}_1 = \text{span}\{u_2, u_{p_2}, \cdots, u_{p_l}\} = \text{span}\{v_{p_1}, v_{p_2}, \cdots, v_{p_l}\} \subset W_1,$$

如果 $p_l = n_1$, 则 $\hat{W}_1 = W_1$, 则在 (5.9) 的要求下 W_1 的不可分解得证. 如果 $p_l < n_1$, 设

$$\{u_{q_1}, u_{q_2}, \cdots, u_{q_l}\} = \{u_1, u_2, \cdots, u_{n_1}\} \backslash \{u_2, u_{p_2}, \cdots, u_{p_l}\},$$
$$\{v_{q_1}, v_{q_2}, \cdots, v_{q_l}\} = \{v_1, v_2, \cdots, v_{n_1}\} \backslash \{v_{p_1}, v_{p_2}, \cdots, v_{p_l}\},$$

显然, $1 \leqslant p_l, q_l < n_1, p_l + q_l = n_1$, 且 $\text{span}\{u_{q_1}, u_{q_2}, \cdots, u_{q_l}\} = \text{span}\{v_{q_1}, v_{q_2}, \cdots, v_{q_l}\}$. 令

$$\breve{W}_1 = \text{span}\{u_{q_1}, u_{q_2}, \cdots, u_{q_l}\} = \text{span}\{v_{q_1}, v_{q_2}, \cdots, v_{q_l}\},$$

则

$$W_1 = \hat{W}_1 \oplus \breve{W}_1,$$

无论 $u_1 \in \hat{W}_1$ 还是 $u_1 \in \breve{W}_1$, 都和 W_1 是满足 (5.9) 要求的最小空间矛盾.

最后证 $\mathbb{R}^N$ 关于 (A_0, A_∞) 的最佳正交分解是唯一的. 设不然, $\mathbb{R}^N$ 关于 (A_0, A_∞) 有两组最佳正交分解, 即

$$\mathbb{R}^N = \bigoplus_{1 \leqslant i \leqslant m_1} W_i = \bigoplus_{1 \leqslant j \leqslant m_2} \tilde{W}_j.$$

任取 $j \in \{1, 2, \cdots, m_2\}$, 设 $u_j \subset \tilde{W}_j$, 则有唯一的 $i \in \{1, 2, \cdots, m_1\}$, 使 $u_j \subset W_i$. 这时用 u_j 代替存在性证明第一步中的 u_1, 可求得 $\mathbb{R}^N$ 中满足 (5.9) 要求的最小子空间, 设为 $\hat{W}_l$.

这时我们有

$$\hat{W}_l = W_i = \tilde{W}_j.$$

设不然, 例如 $\hat{W}_l \subset W_i, \hat{W}_l \neq W_i$, 则 W_i 不是满足 (5.9) 要求的最小空间, 导致矛盾. 由此可知, 对 $\{\tilde{W}_1, \tilde{W}_2, \cdots, \tilde{W}_{m_2}\}$ 中的每个 $\tilde{W}_j$, 有且仅有一个 $W_i \in \{W_1, W_2, \cdots, W_{m_1}\}$ 满足 $W_i = \tilde{W}_j$. 反之亦然. 故 $\mathbb{R}^N$ 关于 (A_0, A_∞) 的最佳正交分解是唯一的.

在对空间 $\mathbb{R}^N$ 正交分解后, 将分组中每个特征值根据它所对应的特征向量所在的组重新标示, 即在 $W_i = \text{span}\{u_{n_{i-1}+1}, u_{n_{i-1}+2}, \cdots, u_{n_i}\} = \text{span}\{v_{n_{i-1}+1}, v_{n_{i-1}+2}, \cdots, v_{n_i}\}$ 中, 将分别所对应的、取自 $\sigma(A_0), \sigma(A_\infty)$ 的特征值, 记为

$$W_i = \text{span}\{u_{n_{i-1}+1}, u_{n_{i-1}+2}, \cdots, u_{n_i}\} = \text{span}\{v_{n_{i-1}+1}, v_{n_{i-1}+2}, \cdots, v_{n_i}\}.$$

在取定单位正交基 $\{e_1, e_2, \cdots, e_N\}$ 后, 空间 $\mathbb{R}^N$ 中的点可以用数组 $\{a_1, a_2, \cdots, a_N\}$ 表示. 记 W_i 中的正交基为 $\{\hat{e}_{n_{i-1}+1}, \hat{e}_{n_{i-1}+2}, \cdots, \hat{e}_{n_i}\}$, 由于 $\mathbb{R}^N = \bigoplus\limits_{i=1}^{n} W_i$, 故

$$\{\hat{e}_1, \hat{e}_2, \cdots, \hat{e}_{n_1}, \hat{e}_{n_1+1}, \hat{e}_{n_1+2}, \cdots, \hat{e}_{n_2}, \cdots, \hat{e}_{n_{i-1}+1}, \hat{e}_{n_{i-1}+2}, \cdots, \hat{e}_{n_i}\}$$

也是 $\mathbb{R}^N$ 中的正交基. 下面为讨论简单起见, 不妨设

$$\{\hat{e}_1, \hat{e}_2, \cdots, \hat{e}_N\} = \{e_1, e_2, \cdots, e_N\}. \tag{5.12}$$

5.1.3 时滞微分系统的分解

本章将在 5.4 节和 5.5 节中讨论时滞微分系统

$$x^{(m)}(t) = -\sum_{l=1}^{k} a_l \nabla F(x(t-l)), \quad x \in \mathbb{R}^N, \quad a_l \in \mathbb{R} \tag{5.13}$$

几何上不同的周期轨道的存在性, 其中,

$$F \in C^1(\mathbb{R}^N, \mathbb{R}), \quad \nabla F = \left(\frac{\partial F}{\partial x_1}, \frac{\partial F}{\partial x_2}, \cdots, \frac{\partial F}{\partial x_N}\right)^{\mathrm{T}}.$$

对系统 (5.13) 通常提出条件

$$\begin{aligned} &|\nabla F(x) - A_0 x| \to \circ(|x|), \quad |x| \to 0, \\ &|\nabla F(x) - A_\infty x| \to \circ(|x|), \quad |x| \to \infty, \end{aligned} \tag{5.14}$$

其中 A_0, A_∞ 均为 N 阶对称阵. 我们在 5.1.2 节对 $\mathbb{R}^N$ 按矩阵耦 (A_0, A_∞) 作正交分解

$$\mathbb{R}^N = \bigoplus_{i=1}^{n} W_i$$

的基础上对系统 (5.13) 作分解.

记 $z_1 = (x_1, x_2, \cdots, x_r)^{\mathrm{T}}, z_2 = (x_{r+1}, x_{r+2}, \cdots, x_N)^{\mathrm{T}}$, 则 (5.13) 可写成

$$\begin{cases} z_1^{(m)} = -\sum_{l=1}^{k} a_l \nabla_1 F(z_1(t-l), z_2(t-l)), & z_1 = (x_1, x_2, \cdots, x_r)^{\mathrm{T}} \in \mathbb{R}^r, \\ z_2^{(m)} = -\sum_{l=1}^{k} a_l \nabla_2 F(z_1(t-l), z_2(t-l)), & z_2 = (x_{r+1}, x_{r+2}, \cdots, x_N)^{\mathrm{T}} \in \mathbb{R}^{N-r}, \end{cases} \tag{5.15}$$

其中 $\nabla_1 F(x) = \left(\frac{\partial F}{\partial x_1}, \frac{\partial F}{\partial x_2}, \cdots, \frac{\partial F}{\partial x_r}\right)^{\mathrm{T}}, \nabla_2 F(x) = \left(\frac{\partial F}{\partial x_{r+1}}, \frac{\partial F}{\partial x_{r+2}}, \cdots, \frac{\partial F}{\partial x_N}\right)^{\mathrm{T}}$.

定义 5.1 在微分系统 (5.15) 中, 如果梯度向量 $\nabla_1 F(z_1, z_2), \nabla_2 F(z_1, z_2)$ 满足

$$\nabla_1 F(0, z_2) = 0, \quad \nabla_2 F(z_1, 0) = 0,$$

则说它是**可分解**的. 显然, 如果子系统

$$z_1^{(m)} = -\sum_{l=1}^{k} a_l \nabla_1 F(z_1(t-l), 0) \tag{5.16}$$

有解 z_1, 子系统

$$z_2^{(m)} = -\sum_{l=1}^{k} a_l \nabla_2 F(0, z_2(t-l)) \tag{5.17}$$

有解 z_2, 则 $(z_1, 0), (0, z_2)$ 都是 (5.13) 的解.

根据定义 5.1, 我们对系统 (5.13) 按如下步骤进行分解.

首先, 在对对称阵耦 (A_0, A_∞) 作 (5.12) 假设的前提下, 不妨设

$$A_0 = \mathrm{diag}\{B_{0,1}, B_{0,2}, \cdots, B_{0,n}\}, \quad A_\infty = \mathrm{diag}\{B_{\infty,1}, B_{\infty,2}, \cdots, B_{\infty,n}\},$$

其中 $B_{0,i}, B_{\infty,i}$ 为分别以

$$\{\alpha_{r_{i-1}+1}, \alpha_{r_{i-1}+2}, \cdots, \alpha_{r_i}\}, \quad \{\beta_{r_{i-1}+1}, \beta_{r_{i-1}+2}, \cdots, \beta_{r_i}\}$$

为特征值的 $r_i - r_{i-1}$ 阶实对称阵, 规定 $r_0 = 0, r_n = N$.

设不然, 记 $U = (u_1, u_2, \cdots, u_{r_1}, u_{r_1+1}, , \cdots, u_{r_2}, \cdots, u_{r_{n-1}+1}, \cdots, u_{r_n})^{\mathrm{T}}, r_n = N$. 令

$$x = Uz,$$

则系统 (5.13) 转换为等价系统

$$D^m z(t) = -\sum_{l=1}^{n} a_l \nabla_z H(z(t-l)), \quad z \in \mathbb{R}^N, \tag{5.18}$$

其中,

$$H(z) = F(Uz), \quad \nabla_z H(z) = U^{\mathrm{T}} \nabla_x F(Uz) = U^{-1} \nabla_x F(Uz).$$

这时 $z = (z_1, z_2, \cdots, z_N)$, 由 (5.14) 可得

$$\begin{aligned} |\nabla_z H(z) - U^{-1} A_0 U z| &= |U^{-1} \nabla_x F(x) - U^{-1} A_0 U z| \\ &= |U^{-1}(\nabla_x F(x) - A_0 x)| \\ &= o(|U^{-1} x|) \\ &= o(|z|), \quad |z| \to 0, \end{aligned} \tag{5.19}$$

同样有

$$\begin{aligned} |\nabla_z H(z) - U^{-1} A_\infty U z| &= |U^{-1} \nabla_x F(x) - U^{-1} A_\infty U z| \\ &= |U^{-1}(\nabla_x F(x) - A_\infty x)| \\ &= o(|U^{-1} x|) \\ &= o(|z|), \quad |z| \to \infty, \end{aligned} \tag{5.20}$$

这时,

$$B_0 = U^{-1}A_0U = \mathrm{diag}\{B_{0,1}, B_{0,2}, \cdots, B_{0,n}\},$$
$$B_\infty = U^{-1}A_\infty U = \mathrm{diag}\{B_{\infty,1}, B_{\infty,2}, \cdots, B_{\infty,n}\},$$

分别用 B_0, B_∞ 代替 A_0, A_∞ 便满足上述要求.

将 z 表示为

$$z = (y_1, y_2, \cdots, y_n), \quad y_i = (z_{r_{i-1}+1}, z_{r_{i-1}+2}, \cdots, z_{r_i}).$$

第一步 在 z 中确定变量组 y_1 能否从微分系统 (5.18) 中分解出来. 为此除 y_1 外, 记 $\xi = (y_2, y_3, \cdots, y_n)$, 将 (5.18) 表示为

$$\begin{cases} D^{2m+1}y_1(t) = -\sum\limits_{l=1}^{n} a_l \nabla_{y_1} H(y_1(t-l), \xi(t-l)), \\ D^{2m+1}\xi(t) = -\sum\limits_{l=1}^{n} a_l \nabla_{\xi} H(y_1(t-l), \xi(t-l)), \end{cases} \quad (y_1, \xi) \in \mathbb{R}^N. \tag{5.21}$$

如果在 (5.21) 中满足

$$\begin{cases} \nabla_{y_1} H(0, \xi(t-l)) = 0, \\ \nabla_{\xi} H(y_1(t-l), 0) = 0, \end{cases} \quad (y_1, \xi) \in \mathbb{R}^N, \tag{5.22}$$

则系统 (5.18) 可分解出两个系统

$$D^{2m+1}y_1(t) = -\sum_{l=1}^{n} a_l \nabla_{y_1} H(y_1(t-l), 0), \quad y_1 \in \mathbb{R}^{r_1}, \tag{5.23}$$

$$D^{2m+1}\xi(t) = -\sum_{l=1}^{n} a_l \nabla_{\xi} H(0, \xi(t-l)), \quad \xi \in \mathbb{R}^{N-r_1}, \tag{5.24}$$

即变量组 y_1 可以从系统 (5.18) 分解出来. 如果 (5.22) 不成立, 则变量组 y_1 不能从系统 (5.18) 分解出来.

第二步 确定变量组 y_2 能否从系统 (5.18) 中分解出来. 为此分两种情况.

如果第一步中 y_1 已确定不可分解, 则将 z 中除 y_2 外的变量组记为 ξ, 即令 $\xi = (y_1, y_3, y_4, \cdots, y_n)$, 按照第一步中的过程对 y_2 能否从系统 (5.18) 分解作出判断.

如果第一步中 y_1 确定可以分解, 则对系统 (5.24) 进一步确定变量组 y_2 能否从系统中分解出来. 为此在变量组 $(y_2, y_3, \cdots, y_n)$ 中除 y_2 外记 $\eta = (y_3, y_4, \cdots, y_n)$, 将 (5.24) 写成与 (5.21) 类似的两组微分系统, 按第一步中的方式确定 y_2 的可分解性.

第三步 依次类推确定每个变量组 y_i 的可分解性.

第四步 假设按上述步骤分解出 $n-3$ 个或 $n-2$ 个变量组, 余下的是由 3 个或 2 个变量组构成的微分系统, 则分解工作终止. 如果最终余下的微分系统由 4 个或 4 个以上的变量组构成, 则转入下一步.

第五步 不妨设余下的微分系统为

$$D^{2m+1}\xi(t)=-\sum_{l=1}^{n}a_l\nabla\tilde{H}(\xi(t-l)), \tag{5.25}$$

其中 $\xi=(y_k,y_{k+1},\cdots,y_n),\tilde{H}(\xi)=H(0,\xi)$. 这时可考虑令

$$w=(y_k,y_{k+2}),\quad \varsigma=(y_{k+3},\cdots,y_n),$$

将 (5.25) 表示为

$$\begin{cases}D^{2m+1}w(t)=-\sum\limits_{l=1}^{n}a_l\nabla_w\tilde{H}(w(t-l),\varsigma(t-l)),\\ D^{2m+1}\varsigma(t)=-\sum\limits_{l=1}^{n}a_l\nabla_\varsigma\tilde{H}(w(t-l),\varsigma(t-l)).\end{cases} \tag{5.26}$$

按照定义 5.1 作出 (5.26) 中两组方程是否可分解的判断, 然后重复第二步的类似过程, 就 $w=(y_k,y_{k+3}),\varsigma=(y_{k+2},y_{k+4},\cdots,y_n)$ 等各种情况, 对类似系统 (5.26) 进一步作可分解性的讨论.

例 5.1 时滞微分系统

$$x^{(3)}(t)=-\sum_{l=1}^{3}\nabla F(x(t-l)),\quad x\in\mathbb{R}^2, \tag{5.27}$$

其中,

$$(1)\ F(x)=\frac{(-8x_1^2+x_2^2)+(12x_1^2+3x_2^2)(2x_1^2+x_2^2)}{1+2x_1^2+x_2^2}, \tag{5.28}$$

$$(2)\ F(x)=\frac{(-8x_1^2+x_2^2)+(12x_1^2+3x_2^2)(2x_1^2+x_2^2)}{1+2x_1^2+x_1x_2+x_2^2}. \tag{5.29}$$

则在 (1) 的情况下系统 (5.27) 可分解为两个方程

$$x_1^{(3)}(t)=-\sum_{l=1}^{3}\left[\frac{-16x_1(t-l)+96x_1^3(t-l)}{1+2x_1^2}+\frac{32x_1^3(t-l)-96x_1^5(t-l)}{(1+2x_1^2(t-l))^2}\right] \tag{5.30}$$

和

$$x_2^{(3)}(t)=-\sum_{l=1}^{3}\left[\frac{2x_2(t-l)+12x_2^3(t-l)}{1+x_2^2(t-l)}-\frac{2x_2^3(t-l)+6x_2^5(t-l)}{(1+x_2^2(t-l))^2}\right], \tag{5.31}$$

在 (2) 的情况下, 系统 (5.27) 则因

$$\left.\frac{\partial F}{\partial x_1}\right|_{x_1=0} = -\frac{x_2^3+3x_2^5}{(1+x_2^2)^2} \neq 0, \quad \left.\frac{\partial F}{\partial x_2}\right|_{x_2=0} = \frac{8x_1^3-12x_1^5}{(1+2x_1^2)^2} \neq 0,$$

不可分解.

5.2 两类奇数阶多滞量时滞微分方程的周期轨道

5.2.1 两类奇数阶多滞量微分方程的周期轨道

本节首先讨论两类奇数阶时滞微分方程

$$\sum_{j=0}^{m} \delta_j x^{(2j+1)}(t) = -\sum_{i=1}^{2k-1} af(x(t-i)), \quad \delta_j, a \in \mathbb{R}, \quad a, \delta_m \neq 0 \tag{5.32}$$

和

$$\sum_{j=0}^{m} \delta_j x^{(2j+1)}(t) = -\sum_{i=1}^{2k-1} (-1)^{i+1} af(x(t-i)), \quad \delta_j, a \in \mathbb{R}, \quad a, \delta_m \neq 0 \tag{5.33}$$

周期轨道的多重性, 其中限定 $x:\mathbb{R}\to\mathbb{R}, x(t-2k)=-x(t)$, 且函数 f 满足

$$\begin{aligned} &f \in C(\mathbb{R},\mathbb{R}), f(-x)=-f(x), \quad \lim_{x\to 0}\frac{f(x)}{x}=\alpha, \quad \lim_{x\to\infty}\frac{f(x)}{x}=\beta, \\ &\lim_{x\to\infty}\left[F(x)-\frac{1}{2}\beta x^2\right] = \lim_{x\to\infty}\int_0^x [f(s)-\beta s]ds = +\infty(-\infty). \end{aligned} \tag{5.34}$$

我们记算子 $p_m(D^2)=\sum\limits_{j=0}^{m}\delta_j D^{2j}$, 则

$$\sum_{j=0}^{m} \delta_j x^{(2j+1)}(t) = p_m(D^2)Dx(t).$$

选取函数空间

$$\begin{aligned} X = \Bigg\{ x(t) = \sum_{i=0}^{\infty}\left(c_i \cos\frac{(2i+1)\pi t}{2k} + d_i \sin\frac{(2i+1)\pi t}{2k}\right): \\ c_i, d_i \in \mathbb{R}, \sum_{i=0}^{\infty}(2i+1)^{2m+1}(c_i^2+d_i^2) < \infty \Bigg\}, \end{aligned} \tag{5.35}$$

并对 $x, y \in X$ 定义

$$\langle x, y\rangle = \langle x, y\rangle_{2m+1} = \int_0^{4k} (P^{2m+1}x(t), y(t))dt, \quad \|x\| = \sqrt{\langle x, x\rangle},$$

$(X, \|\cdot\|)$ 是一个可记为 $H^{m+\frac{1}{2}}$ 的 Hilbert 空间.

5.2.2 方程 (5.32) 的 4k-周期轨道

设 $L: X \to X$ 是一个线性自伴算子, 由

$$\Phi(x) = \frac{1}{2}\langle Lx, x\rangle + \Psi(x), \tag{5.36}$$

定义泛函 $\Phi: X \to X$, 其中,

$$L = P^{-(2m+1)}p_m(D^2)Dq(M), \quad q(M) = \frac{1}{a}\sum_{i=1}^{2k-1}(-1)^i M^i,$$
$$\Psi(x) = \int_0^{4k} F(x(t))dt,$$

多项式 $q(\lambda) = \sum\limits_{i=1}^{2k-1}\frac{(-1)^i}{a}\lambda^i$ 的系数向量 $\left(0, -\frac{1}{a}, \frac{1}{a}, \cdots, \frac{1}{a}, -\frac{1}{a}\right)$ 是一个 $2k$ 维首零对称向量, 与空间 X 对应, 作反号无穷扩展, 则 $q(M)$ 是 X 上的一个反号自伴算子, L 则是 X 上有界自伴算子. 由此可知 Φ 在 X 上是一个有界可微泛函. 若 $x \in X$, 对 $\forall y \in X$ 满足

$$\begin{aligned}\langle\Phi'(x), y\rangle &= \langle Lx, y\rangle + \left\langle P^{-(2m+1)}\Psi'(x), y\right\rangle \\ &= \left\langle P^{-(2m+1)}\left(p_m(D^2)D\sum_{i=1}^{2k-1}\frac{(-1)^i}{a}x(t-i) + f(x(t))\right), y\right\rangle \\ &= 0,\end{aligned}$$

则 x 是泛函 Φ 的一个临界点, 即 x 满足

$$p_m(D^2)D\sum_{i=1}^{2k-1}\frac{(-1)^i}{a}x(t-i) + f(x(t)) = 0. \tag{5.37}$$

引理 5.1 泛函 Φ 的临界点是方程 (5.32) 满足约束条件 $x(t-2k) = -x(t)$ 的 4k-周期轨道.

证明 设 x_0 是泛函 $\Phi(x)$ 的一个临界点, 则

$$\sum_{i=1}^{2k-1}\frac{(-1)^i}{a}p_m(D^2)Dx_0(t-i) + f(x_0(t)) = 0, \quad \text{a.e.} \quad t \in [0, 4k]. \tag{5.38}$$

由 $x_0(t)$ 的周期性, 对 $j = 1, 2, \cdots, 2k-1$ 可得

$$\sum_{i=1}^{2k-1}\frac{(-1)^i}{a}p_m(D^2)Dx_0(t-i-j) + f(x_0(t-j)) = 0, \quad \text{a.e.} \quad t \in [0, 4k]. \tag{5.39-j}$$

再由 $x_0(t)$ 关于半周期 $2k$ 的反号性, 以上各式可写成

$$
\begin{aligned}
&-f(x_0(t-j))\\
&=\sum_{i=2k-j}^{2k-1}\frac{(-1)^i}{a}p_m(D^2)Dx_0(t-i-j)+\sum_{i=1}^{2k-1-j}\frac{(-1)^i}{a}p_m(D^2)Dx_0(t-i-j)\\
&=\sum_{l=2k}^{2k+j-1}\frac{(-1)^{l-j}}{a}p_m(D^2)Dx_0(t-l)+\sum_{l=1+j}^{2k-1}\frac{(-1)^{l-j}}{a}p_m(D^2)Dx_0(t-l)\\
&=(-1)^j\left[\sum_{l=2k}^{2k+j-1}\frac{(-1)^l}{a}p_m(D^2)Dx_0(t-l)+\sum_{l=j+1}^{2k-1}\frac{(-1)^l}{a}p_m(D^2)Dx_0(t-l)\right]\\
&=(-1)^j\left[-\sum_{l=0}^{j-1}\frac{(-1)^l}{a}p_m(D^2)Dx_0(t-l)+\sum_{l=j+1}^{2k-1}\frac{(-1)^l}{a}p_m(D^2)Dx_0(t-l)\right],
\end{aligned}
\tag{5.40-j}
$$

即

$$
\begin{aligned}
&(-1)^j\left[-\sum_{i=0}^{j-1}\frac{(-1)^i}{a}p_m(D^2)Dx_0(t-i)+\sum_{l=j+1}^{2k-1}\frac{(-1)^i}{a}p_m(D^2)Dx_0(t-i)\right]\\
&=-f(x_0(t-j)).
\end{aligned}
$$

以上各式可以用向量表示为

$$
\frac{1}{a}\begin{pmatrix}
0 & -1 & 1 & \cdots & 1 & -1\\
1 & 0 & -1 & \cdots & -1 & 1\\
-1 & 1 & 0 & \cdots & 1 & -1\\
\vdots & \vdots & \vdots & & \vdots & \vdots\\
-1 & 1 & -1 & \cdots & 0 & -1\\
1 & -1 & 1 & \cdots & 1 & 0
\end{pmatrix}
\begin{pmatrix}
p_m(D^2)Dx_0(t)\\
p_m(D^2)Dx_0(t-1)\\
p_m(D^2)Dx_0(t-2)\\
\vdots\\
p_m(D^2)Dx_0(t-2k+2)\\
p_m(D^2)Dx_0(t-2k+1)
\end{pmatrix}
=-\begin{pmatrix}
f(x(t))\\
f(x(t-1))\\
f(x(t-2))\\
\vdots\\
f(x(t-2k+2))\\
f(x(t-2k+1))
\end{pmatrix}.
$$

将上列各方程 (5.40-1) 一直加到 (5.40-$(2k-1)$), 就得到

$$\frac{1}{a}p_m(D^2)Dx_0(t) = -\sum_{j=1}^{2k-1} f(x_0(t-j)).$$

故 $x_0(t)$ 是方程 (5.32) 的一个 $4k$-周期解, 它所对应的轨道就是方程 (5.32) 的一个 $4k$-周期轨道. 引理证毕.

记

$$X(i) = \left\{ x(t) = c_i \cos\frac{(2i+1)\pi}{2k}t + d_i \sin\frac{(2i+1)\pi}{2k}t : c_i, d_i \in \mathbb{R} \right\},$$

则

$$X = \sum_{i=1}^{\infty} X(i), \quad \sum_{i=0}^{\infty} (2i+1)^{2m+1}(c_i^2 + d_i^2) < \infty.$$

当 $i \neq j$ 时, $X(i), X(j)$ 是正交的, 且有

$$x_i(t) \in X(i) \Rightarrow (\Omega x_i)(t) \in X(i), \quad \langle \Omega x_i, x_i \rangle = 0. \tag{5.41}$$

当

$$x_i(t) = c_i \cos\frac{(2i+1)\pi t}{2k} + d_i \sin\frac{(2i+1)\pi t}{2k} \in X(i),$$

有

$$\begin{aligned}
& p_m(D^2)Dq(M)x_i(t) \\
&= p_m\left(-\frac{(2i+1)^2\pi^2}{4k^2}\right) D\sum_{j=1}^{2k-1}\frac{(-1)^j}{a}x_i(t-j) \\
&= p_m\left(-\frac{(2i+1)^2\pi^2}{4k^2}\right) \\
&\quad \cdot D\sum_{j=1}^{2k-1}\frac{(-1)^j}{a}\left(\cos\frac{(2i+1)j\pi}{2k}x_i(t) - \sin\frac{(2i+1)j\pi}{2k}(\Omega x_i)(t)\right) \\
&= \frac{(2i+1)\pi}{2k}p_m\left(-\frac{(2i+1)^2\pi^2}{4k^2}\right)\sum_{j=1}^{2k-1}\frac{(-1)^j}{a} \\
&\quad \cdot \left(\cos\frac{(2i+1)j\pi}{2k}\Omega x_i(t) + \sin\frac{(2i+1)j\pi}{2k}x_i(t)\right) \\
&= -\frac{(2i+1)\pi}{2ak}p_m\left(-\frac{(2i+1)^2\pi^2}{4k^2}\right)x_i(t)\tan\frac{(2i+1)\pi}{4k}.
\end{aligned} \tag{5.42}$$

于是,

$$\langle Lx_i, x_i \rangle = -\frac{(2i+1)\pi}{2ak}p_m\left(-\frac{(2i+1)^2\pi^2}{4k^2}\right)\tan\frac{(2i+1)\pi}{4k}\|x_i\|_0^2$$

$$= -\frac{\pi}{2ak(2i+1)^{2m}} p_m \left(-\frac{(2i+1)^2\pi^2}{4k^2}\right) \tan\frac{(2i+1)\pi}{4k} \|x_i\|^2,$$

以及

$$\begin{aligned}&\left\langle (L+\beta P^{-(2m+1)})x_i, x_i \right\rangle \\ =& \left[-\frac{\pi}{2ak(2i+1)^{2m}} p_m \left(-\frac{(2i+1)^2\pi^2}{4k^2}\right) \tan\frac{(2i+1)\pi}{4k} + \beta(2i+1)^{-(2m+1)}\right] \|x_i\|^2.\end{aligned} \tag{5.43}$$

令

$$\begin{aligned} X_\infty^+ &= \left\{X(i) : -\frac{(2i+1)\pi}{2ak} p_m \left(-\frac{(2i+1)^2\pi^2}{4k^2}\right) \tan\frac{(2i+1)\pi}{4k} + \beta > 0\right\}, \\ X_\infty^0 &= \left\{X(i) : -\frac{(2i+1)\pi}{2ak} p_m \left(-\frac{(2i+1)^2\pi^2}{4k^2}\right) \tan\frac{(2i+1)\pi}{4k} + \beta = 0\right\}, \\ X_\infty^- &= \left\{X(i) : -\frac{(2i+1)\pi}{2ak} p_m \left(-\frac{(2i+1)^2\pi^2}{4k^2}\right) \tan\frac{(2i+1)\pi}{4k} + \beta < 0\right\}, \end{aligned} \tag{5.44}$$

$$\begin{aligned} X_0^+ &= \left\{X(i) : -\frac{(2i+1)\pi}{2ak} p_m \left(-\frac{(2i+1)^2\pi^2}{4k^2}\right) \tan\frac{(2i+1)\pi}{4k} + \alpha > 0\right\}, \\ X_0^0 &= \left\{X(i) : -\frac{(2i+1)\pi}{2ak} p_m \left(-\frac{(2i+1)^2\pi^2}{4k^2}\right) \tan\frac{(2i+1)\pi}{4k} + \alpha = 0\right\}, \\ X_0^- &= \left\{X(i) : -\frac{(2i+1)\pi}{2ak} p_m \left(-\frac{(2i+1)^2\pi^2}{4k^2}\right) \tan\frac{(2i+1)\pi}{4k} + \alpha < 0\right\}. \end{aligned} \tag{5.45}$$

显然 X_∞^0 和 X_0^0 至多为有限维空间. 由 X_∞^+, X_∞^0 的定义及 (5.43) 式可知

$$(L+\beta P^{-(2m+1)})X_\infty^+ \subset X_\infty^+, \quad (L+\beta P^{-(2m+1)})X_\infty^0 \subset X_\infty^0. \tag{5.46}$$

和引理 4.4 一样可证下列引理.

引理 5.2　设条件 (5.34) 成立, 则由 (5.36) 定义的泛函 Φ 满足 (PS)-条件.

以下给出 4 组记号.

$$\begin{aligned} N &= \dim\left\{X(i) : -\beta < -\frac{(2i+1)\pi}{2ak} p_m \left(-\frac{(2i+1)^2\pi^2}{4k^2}\right) \tan\frac{(2i+1)\pi}{4k} < -\alpha\right\}, \\ N_- &= \dim\left\{X(i) : -\alpha < -\frac{(2i+1)\pi}{2ak} p_m \left(-\frac{(2i+1)^2\pi^2}{4k^2}\right) \tan\frac{(2i+1)\pi}{4k} < -\beta\right\}, \\ \bar{N} &= \dim\left\{X(i) : -\beta \leqslant -\frac{(2i+1)\pi}{2ak} p_m \left(-\frac{(2i+1)^2\pi^2}{4k^2}\right) \tan\frac{(2i+1)\pi}{4k} \leqslant -\alpha\right\}, \\ \bar{N}_- &= \dim\left\{X(i) : -\alpha \leqslant -\frac{(2i+1)\pi}{2ak} p_m \left(-\frac{(2i+1)^2\pi^2}{4k^2}\right) \tan\frac{(2i+1)\pi}{4k} \leqslant -\beta\right\}. \end{aligned}$$

在此基础上有下列定理.

定理 5.1 设 (5.34) 成立, 则当

$$\tilde{m} = \frac{1}{2}\max\{N - \bar{N}_-, N_- - \bar{N}\} > 0$$

时, 方程 (5.32) 至少有 $\tilde{m}$ 个几何上不同的 $4k$-周期轨道, 满足 $x(t-2k) = -x(t)$.

定理 5.2 设 (5.34) 成立, 且 $|x| \to \infty$ 时, $\left[F(x) - \frac{1}{2}\beta x^2\right] > 0, |x| \to 0$ 时, $F(x) - \frac{1}{2}\alpha x^2 < 0$, 则当

$$\tilde{m} = \frac{1}{2}[\bar{N} - N_-] > 0$$

时, 方程 (5.32) 至少有 $\tilde{m}$ 个几何上不同的 $4k$-周期轨道, 满足 $x(t-2k) = -x(t)$.

定理 5.3 设 (5.34) 成立, 且 $|x| \to \infty$ 时, $\left[F(x) - \frac{1}{2}\beta x^2\right] < 0, |x| \to 0$ 时, $F(x) - \frac{1}{2}\alpha x^2 > 0$, 则当

$$\tilde{m} = \frac{1}{2}[\bar{N}_- - N] > 0$$

时, 方程 (5.32) 至少有 $\tilde{m}$ 个几何上不同的 $4k$-周期轨道, 满足 $x(t-2k) = -x(t)$.

定理 5.1 的证明 讨论周期轨道, 我们采用 S^1 指标理论.

不失一般性, 设

$$\tilde{m} = \frac{1}{2}[N - \bar{N}_-] > 0, \tag{5.47}$$

如果是另外的情况, 可用 $-\Phi(x)$ 代替 $\Phi(x)$ 进行讨论. 在 (5.47) 的假设下必定有 $\alpha < \beta$.

令 $X^+ = X^+_\infty$, $X^- = X^-_0$. 由于 $N = \dim(X^+ \cap X^-)$, 而从 N 的定义中可见

$$\min\left\{\left|\tan\frac{(2i+1)\pi}{4k}\right| : i = 0, 1, \cdots, 2k-1\right\} = \tan\frac{\pi}{4k} > 0,$$

故易得 $N < \infty$. 同时因

$$X\backslash(X^+ \cup X^-) = X\backslash(X^+_\infty \cup X^-_0) \subseteq X^0_\infty \cup X^0_0 \cup (X^+_\infty \cap X^-_0).$$

显然,

$$\bar{N}_- = \operatorname{co}\dim_X(X^+ + X^-) \leqslant \dim X^0_\infty + \dim X^0_0 + \dim(X^+_\infty \cap X^-_0) < \infty,$$

令 $A_\infty = \beta$. 则对 $j \in N$, 当 $x \in X(j)$ 时, 有 $(L + P^{-(2m+1)}\beta)x \in X(j)$. 此时, 引理 5.2 保证了 (PS)-条件成立.

以下只需验证定理 2.17 中的其余条件成立. 不妨设多项式 $p_m(\lambda)$ 中的首项系数 $\delta_m > 0$, 记 $X = X_1 \oplus X_2$, 其中,

$$
\begin{aligned}
X_1 &= \{X(i) = X(2lk+j) : l \geqslant 0, j = 0, 1, \cdots, k-1\},\\
X_2 &= \{X(i) = X(2lk+k+j) : l \geqslant 0, j = 0, 1, \cdots, k-1\},
\end{aligned}
$$

则当 $X(i) \subset X^- \cap X_1 = X_0^- \cap X_1$ 时, 因 $\tan\frac{(2i+1)\pi}{4k} > 0$, $X^- \cap X_1$ 至多为有限维空间, 从而存在 $\varepsilon > 0$ 使 $\forall x \in X(i) \subset X^- \cap X_1$, 满足

$$
-\frac{(2i+1)\pi}{2ak} p_m\left(-\frac{(2i+1)^2\pi^2}{4k^2}\right)\tan\frac{(2i+1)\pi}{4k} + \alpha < -\varepsilon < 0.
$$

另一方面, 当 $X(i) \subset X^- \cap X_2 = X_0^- \cap X_2$ 时, 因 $\tan\frac{(2i+1)\pi}{4k} < 0$, $X^- \cap X_2$ 为无穷维空间, 但因为

$$
\lim_{\substack{i\to\infty\\ i=2lk+j\\ j=0,1,\cdots,k-1}} \left[-\frac{(2i+1)\pi}{2ak} p_m\left(-\frac{(2i+1)^2\pi^2}{4k^2}\right)\tan\frac{(2i+1)\pi}{4k} + \alpha\right] = -\infty,
$$

从而存在正数, 不妨仍记 $\varepsilon > 0$ 使 $\forall x \in X(i) \subset X^- \cap X_2$, 满足

$$
-\frac{(2i+1)\pi}{2ak} p_m\left(-\frac{(2i+1)^2\pi^2}{4k^2}\right)\tan\frac{(2i+1)\pi}{4k} + \alpha < -\varepsilon < 0.
$$

于是对 $\forall x_i \in X(i) \subset X^-$ 均有

$$
\begin{aligned}
&\left\langle (L + \alpha P^{-(2m+1)})x_i, x_i \right\rangle\\
&= \left[-\frac{\pi}{2ak(2i+1)^{2m}} p_m\left(-\frac{(2i+1)^2\pi^2}{4k^2}\right)\tan\frac{(2i+1)\pi}{4k} + \alpha(2i+1)^{-(2m+1)}\right]\|x_i\|^2\\
&= \left[-\frac{(2i+1)\pi}{2ak} p_m\left(-\frac{(2i+1)^2\pi^2}{4k^2}\right)\tan\frac{(2i+1)\pi}{4k} + \alpha\right]\|x_i\|_0^2\\
&< -\varepsilon\|x_i\|_0^2.
\end{aligned}
$$

进一步对 $\forall x = \sum\limits_i x_i \in X^-$ 则有

$$
\left\langle (L + \alpha P^{-(2m+1)})x, x \right\rangle < -\varepsilon\|x\|_0^2. \tag{5.48}
$$

由条件 (5.34), 可得

$$
\left|F(x) - \frac{1}{2}\alpha x^2\right| < \frac{\varepsilon}{2}|x|^2, \quad |x| \to 0,
$$

根据命题 4.10, 有

$$\lim_{\|x\|_0\to\infty}\left\|F(x)-\frac{1}{2}\alpha x^2\right\|_0<\frac{\varepsilon}{2}\|x\|_0^2, \tag{5.49}$$

故在 X^- 上当 $0<\|x\|\ll 1$ 时有 $\Phi(x)<0$, 即存在 $r>0$ 和 $c_\infty<0$ 使

$$\Phi(x)\leqslant c_\infty<0=\Phi(0),\quad \forall x\in X^-\cap S_r=\{x\in X:\|x\|=r\}.$$

同理, 当 $x\in X^+$ 时可证

$$\Phi(x)>-\infty.$$

由此可知, 在 S^1 指标理论的基础上, 由于 S^1 指标理论为 S^n 指标理论的特例, 故根据定理 2.28 中第 (2) 款的结论,

$$\begin{aligned}\tilde{m}&=\frac{1}{2}\left[\dim(X^+\cap X^-)-\operatorname{co}\dim_X(X^++X^-)\right]\\&=\frac{1}{2}[N-\bar{N}_-]>0.\end{aligned}$$

方程 (5.32) 至少有 $\tilde{m}$ 个几何上不同的 $4k$-周期轨道, 满足 $x(t-2k)=-x(t)$. 定理证毕.

定理 5.2 的证明 证明和定理 5.1 类似, 不同之处是需要证明

(1) 当 $x\in X_0^0$ 时存在 $r>0$ 使成立 $\Phi(x)<0, x\in X_0^0\cap S_r$;

(2) 当 $x\in X_\infty^0$ 时 $\Phi(x)$ 下有界.

先证 (1). 当 $x\in X_0^0$ 时, 由于 $x\in\mathbb{R}, x\to 0$ 时, $\left[F(x)-\dfrac{1}{2}\alpha x^2\right]<0$, 根据命题 4.9, $\|x\|_0\to 0\Rightarrow|x(t)|\to 0$, 可得 $\lim\limits_{\|x\|_0\to\infty}\left[F(x(t))-\dfrac{1}{2}\alpha x^2(t)\right]<0$. 故对 $\varepsilon>0$ 有 $r>0$ 使

$$\Phi(x)=\int_0^{4k}\left[F(x(t))-\frac{1}{2}\alpha x^2(t)\right]dt<-\frac{\varepsilon}{2}, x\in X_0^0\cap S_r.$$

至于 (2), 由于 $|x|\to\infty$ 时 $\left[F(x)-\dfrac{1}{2}\beta x^2\right]>0$, 故存在 $K>0$, 使

$$\left[F(x)-\frac{1}{2}\beta x^2\right]>-K,\quad x\in\mathbb{R},$$

故

$$\Phi(x)=\int_0^{4k}\left[F(x(t))-\frac{1}{2}\beta x^2(t)\right]dt>-4kK,\quad x\in X_\infty^0.$$

依据 S^1 指标理论及相关的定理 2.17, 即知定理 5.2 成立.

对于定理 5.3, 仅需用泛函 $\hat{\Phi}(x)=-\Phi(x)$ 代替泛函 $\Phi(x)$, 就可转换成定理 5.2 的情况, 故不另证.

5.2.3 方程 (5.33) 的 4k-周期轨道

设 $L: X \to X$ 是一个线性自伴算子, 由

$$\Phi(x) = \frac{1}{2}\langle Lx, x\rangle + \Psi(x) \tag{5.50}$$

定义泛函 $\Phi: X \to X$, 其中,

$$L = P^{-(2m+1)}p_m(D^2)Dq(M), \quad q(M) = -\frac{1}{a}\sum_{i=1}^{2k-1} M^i,$$
$$\Psi(x) = \int_0^{4k} F(x(t))dt,$$

多项式 $q(\lambda) = \sum\limits_{i=1}^{2k-1}\left(-\frac{1}{a}\right)\lambda^i$ 的系数向量 $\left(0, -\frac{1}{a}, -\frac{1}{a}, \cdots, -\frac{1}{a}, -\frac{1}{a}\right)$ 是一个首零对称向量, 与空间 X 对应, 作反号无穷扩展, 则 $q(M)$ 是 X 上反号自伴算子, L 则是 X 上有界自伴算子. 由此可知 Φ 在 X 上是一个有界可微泛函. 若 $x \in X$, 对 $\forall y \in X$ 满足

$$\begin{aligned}\langle \Phi'(x), y\rangle &= \langle Lx, y\rangle + \left\langle P^{-(2m+1)}\Psi'(x), y\right\rangle \\ &= \left\langle P^{-(2m+1)}\left(p_m(D^2)D\sum_{i=1}^{2k-1}\left(-\frac{1}{a}\right)x(t-i) + f(x(t))\right), y\right\rangle \\ &= 0,\end{aligned}$$

则 x 是泛函 Φ 的一个临界点, 即 x 满足

$$-p_m(D^2)D\sum_{i=1}^{2k-1} x(t-i) + af(x(t)) = 0. \tag{5.51}$$

引理 5.3 设泛函 Φ 由 (5.50) 给定, 则它的临界点是方程 (5.33) 满足约束条件 $x(t-2k) = -x(t)$ 的 4k-周期轨道.

证明 设 x_0 是泛函 $\Phi(x)$ 的一个临界点, 则

$$-\sum_{i=1}^{2k-1}\frac{1}{a}p_m(D^2)Dx_0(t-i) + f(x_0(t)) = 0, \quad \text{a.e.} \quad t \in [0, 4k]. \tag{5.52}$$

由 $x_0(t)$ 的周期性, 对 $j = 1, 2, \cdots, 2k-1$ 可得

$$-\sum_{i=1}^{2k-1}\frac{1}{a}p_m(D^2)Dx_0(t-i-j) + f(x_0(t-j)) = 0, \quad \text{a.e.} \quad t \in [0, 4k], \tag{5.53-j}$$

再由 $x_0(t)$ 关于半周期 $2k$ 的反号性, 以上各式可写成

$$\begin{aligned}
&-af(x_0(t-j))\\
&=-\sum_{i=2k-j}^{2k-1} p_m(D^2)Dx_0(t-i-j)-\sum_{i=1}^{2k-1-j} p_m(D^2)Dx_0(t-i-j)\\
&=-\sum_{l=2k}^{2k+j-1} p_m(D^2)Dx_0(t-l)-\sum_{l=1+j}^{2k-1} p_m(D^2)Dx_0(t-l)\\
&=\sum_{l=0}^{j-1} p_m(D^2)Dx_0(t-l)-\sum_{l=1+j}^{2k-1} p_m(D^2)Dx_0(t-l),
\end{aligned}$$

即

$$\sum_{i=0}^{j-1} p_m(D^2)Dx_0(t-i)-\sum_{i=j+1}^{2k-1} p_m(D^2)Dx_0(t-i)=-af(x_0(t-j)). \quad (5.54\text{-}j)$$

从 (5.54-1) 到 (5.54-$(2k-1)$) 的每个方程依次乘 $(-1)^{j+1}$, 然后相加. 这个过程用向量运算表示

$$\begin{aligned}
&\begin{pmatrix} 0 & 1 & -1 & \cdots & -1 & 1 \end{pmatrix}\begin{pmatrix} 0 & -1 & -1 & \cdots & -1 & -1\\ 1 & 0 & -1 & \cdots & -1 & -1\\ 1 & 1 & 0 & \cdots & -1 & -1\\ \vdots & \vdots & \vdots & & \vdots & \vdots\\ 1 & 1 & 1 & \cdots & 0 & -1\\ 1 & 1 & 1 & \cdots & 1 & 0 \end{pmatrix}\\
&\cdot\begin{pmatrix} p_m(D^2)Dx_0(t)\\ p_m(D^2)Dx_0(t-1)\\ p_m(D^2)Dx_0(t-2)\\ \vdots\\ p_m(D^2)Dx_0(t-2k+2)\\ p_m(D^2)Dx_0(t-2k+1) \end{pmatrix}\\
&=-\begin{pmatrix} 0 & 1 & -1 & \cdots & -1 & 1 \end{pmatrix}\begin{pmatrix} af(x(t))\\ af(x(t-1))\\ af(x(t-2))\\ \vdots\\ af(x(t-2k+2))\\ af(x(t-2k+1)) \end{pmatrix}.
\end{aligned}$$

就得到

$$p_m(D^2)Dx_0(t) = -\sum_{j=1}^{2k-1} a(-1)^{j+1} f(x_0(t-j)).$$

故 $x_0(t)$ 是方程 (5.33) 的一个 $4k$-周期解, 它所对应的轨道就是方程 (5.33) 的一个 $4k$-周期轨道, 满足 $x(t-2k) = -x(t)$. 引理证毕.

当 $x_i(t) = c_i \cos \frac{(2i+1)\pi t}{2k} + d_i \sin \frac{(2i+1)\pi t}{2k} \in X(i)$时, 有

$$\begin{aligned}
&p_m(D^2)Dq(M)x_i(t) \\
&= -p_m\left(-\frac{(2i+1)^2\pi^2}{4k^2}\right) D \sum_{j=1}^{2k-1} \frac{1}{a} x_i(t-j) \\
&= -p_m\left(-\frac{(2i+1)^2\pi^2}{4k^2}\right) D \sum_{j=1}^{2k-1} \frac{1}{a} \left(\cos \frac{(2i+1)j\pi}{2k} x_i(t) - \sin \frac{(2i+1)j\pi}{2k} (\Omega x_i)(t)\right) \\
&= -\frac{(2i+1)\pi}{2k} p_m\left(-\frac{(2i+1)^2\pi^2}{4k^2}\right) \sum_{j=1}^{2k-1} \frac{1}{a} \left(\cos \frac{(2i+1)j\pi}{2k} \Omega x_i(t)\right. \\
&\quad \left. + \sin \frac{(2i+1)j\pi}{2k} x_i(t)\right) \\
&= -\frac{(2i+1)\pi}{2ak} p_m\left(-\frac{(2i+1)^2\pi^2}{4k^2}\right) x_i(t) \cot \frac{(2i+1)\pi}{4k}.
\end{aligned} \tag{5.55}$$

于是,

$$\begin{aligned}
\langle Lx_i, x_i \rangle &= -\frac{(2i+1)\pi}{2ak} p_m\left(-\frac{(2i+1)^2\pi^2}{4k^2}\right) \cot \frac{(2i+1)\pi}{4k} \|x_i\|_0^2 \\
&= -\frac{\pi}{2ak(2i+1)^{2m}} p_m\left(-\frac{(2i+1)^2\pi^2}{4k^2}\right) \cot \frac{(2i+1)\pi}{4k} \|x_i\|^2,
\end{aligned}$$

以及

$$\begin{aligned}
&\left\langle (L + \beta P^{-(2m+1)}) x_i, x_i \right\rangle \\
&= \left[-\frac{\pi}{2ak(2i+1)^{2m}} p_m\left(-\frac{(2i+1)^2\pi^2}{4k^2}\right) \cot \frac{(2i+1)\pi}{4k} + \beta(2i+1)^{-(2m+1)}\right] \|x_i\|^2.
\end{aligned} \tag{5.56}$$

和 5.2.2 节类似, 记

$$N = \dim\left\{X(i) : -\beta < -\frac{(2i+1)\pi}{2ak} p_m\left(-\frac{(2i+1)^2\pi^2}{4k^2}\right) \cot \frac{(2i+1)\pi}{4k} < -\alpha\right\},$$

$$\begin{aligned}
\bar{N}_- &= \dim\left\{X(i): -\alpha \leqslant -\frac{(2i+1)\pi}{2ak}p_m\left(-\frac{(2i+1)^2\pi^2}{4k^2}\right)\cot\frac{(2i+1)\pi}{4k} \leqslant -\beta\right\},\\
N_- &= \dim\left\{X(i): -\alpha \leqslant -\frac{(2i+1)\pi}{2ak}p_m\left(-\frac{(2i+1)^2\pi^2}{4k^2}\right)\cot\frac{(2i+1)\pi}{4k} < -\beta\right\},\\
\bar{N} &= \dim\left\{X(i): -\beta \leqslant -\frac{(2i+1)\pi}{2ak}p_m\left(-\frac{(2i+1)^2\pi^2}{4k^2}\right)\cot\frac{(2i+1)\pi}{4k} \leqslant -\alpha\right\}.
\end{aligned} \tag{5.57}$$

符号按 (5.57) 定义后, 与定理 5.1 ~ 定理 5.3 一样可证下列定理.

定理 5.4 设 (5.34) 成立, 则当

$$\tilde{m} = \frac{1}{2}\max\left\{N - \bar{N}_-, N_- - \bar{N}\right\} > 0$$

时, 方程 (5.33) 至少有 $\tilde{m}$ 个几何上各不相同的 $4k$-周期轨道, 满足 $x(t-2k) = -x(t)$.

定理 5.5 设 (5.34) 成立, 且 $|x| \to \infty$ 时, $\left[F(x) - \frac{1}{2}\beta x^2\right] > 0, |x| \to 0$ 时, $\left[F(x) - \frac{1}{2}\alpha x^2\right] < 0$, 则当

$$\tilde{m} = \frac{1}{2}[\bar{N} - N_-] > 0$$

时, 方程 (5.33) 至少有 $\tilde{m}$ 个几何上不同的 $4k$-周期轨道, 满足 $x(t-2k) = -x(t)$.

定理 5.6 设 (5.34) 成立, 且 $|x| \to \infty$ 时, $\left[F(x) - \frac{1}{2}\beta x^2\right] < 0, |x| \to 0$ 时, $\left[F(x) - \frac{1}{2}\alpha x^2\right] > 0$, 则当

$$\tilde{m} = \frac{1}{2}[\bar{N}_- - N] > 0$$

时, 方程 (5.33) 至少有 $\tilde{m}$ 个几何上不同的 $4k$-周期轨道, 满足 $x(t-2k) = -x(t)$.

5.2.4 本节示例

例 5.2 设

$$-x^{(3)}(t) - 3\pi^2 x'(t) = -[f(x(t-1)) + f(x(t-2)) + f(x(t-3))], \tag{5.58}$$

其中,

$$f(x) = \pi^3\frac{-3x - x^3 + x^5 + 16x^7}{1 + x^6},$$

这是方程 (5.32) 在 $m=1$ 时的特例. 我们现在讨论方程 (5.58) 8-周期轨道的多重性.

此时,

$$\alpha=\lim_{x\to 0}\frac{f(x)}{x}=-3\pi^3,\quad \beta=\lim_{x\to\infty}\frac{f(x)}{x}=16\pi^3,$$
$$p_m(D^2)D=-(D^2+3\pi^2)D,\quad q(M)=-M^3+M^2-M,$$

故当

$$x_i=c_i\cos\frac{(2i+1)\pi t}{4}+d_i\sin\frac{(2i+1)\pi t}{4}\in X(i)$$

时,

$$p_m(D^2)Dx_i=\pi^3\left[\frac{(2i+1)^3}{4^3}-\frac{3(2i+1)}{4}\right]\Omega x_i.$$

易验证函数 $f(x)$ 满足定理 5.2 的要求, 故由

$$\begin{aligned}
\bar{N}&=\dim\left\{X(i):i\geqslant 0,-16\pi^3\leqslant\frac{(2i+1)\pi^3}{4}\left(-\frac{(2i+1)^2}{16}+3\right)\right.\\
&\qquad\left.\cdot\tan\frac{(2i+1)\pi}{8}\leqslant 3\pi^3\right\}\\
&=\dim\left\{X(i):i\geqslant 0,-16\leqslant\frac{48(2i+1)-(2i+1)^3}{64}\tan\frac{(2i+1)\pi}{8}\leqslant 3\right\}\\
&=\dim\left\{X(4l):l\geqslant 0,-16\leqslant\frac{48(8l+1)-(8l+1)^3}{64}\tan\frac{\pi}{8}\leqslant 3\right\}\\
&\quad+\dim\left\{X(4l+1):l\geqslant 0,-16\leqslant\frac{48(8l+3)-(8l+3)^3}{64}\tan\frac{3\pi}{8}\leqslant 3\right\}\\
&\quad+\dim\left\{X(4l+2):l\geqslant 0,-16\leqslant-\frac{48(8l+5)-(8l+5)^3}{64}\tan\frac{3\pi}{8}\leqslant 3\right\}\\
&\quad+\dim\left\{X(4l+3):l\geqslant 0,-16\leqslant-\frac{48(8l+7)-(8l+7)^3}{64}\tan\frac{\pi}{8}\leqslant 3\right\}\\
&=\dim\{X(4l):l\geqslant 0,-4^5\sqrt{2}\leqslant 48(8l+1)-(8l+1)^3\leqslant 3\cdot 4^3\sqrt{2}\}\\
&\quad+\dim\{X(4l+1):l\geqslant 0,-2\cdot 4^4\sqrt{2}\leqslant 48(8l+3)-(8l+3)^3\leqslant 3\cdot 4^2\sqrt{2}\}\\
&\quad+\dim\{X(4l+2):l\geqslant 0,-3\cdot 4^2\sqrt{2}\leqslant 48(8l+5)-(8l+5)^3\leqslant 2\cdot 4^4\sqrt{2}\}\\
&\quad+\dim\{X(4l+3):l\geqslant 0,-3\cdot 4^3\sqrt{2}\leqslant 48(8l+7)-(8l+7)^3\leqslant 4^3\sqrt{2}\}\\
&=2(2+1+1+1)\\
&=10.
\end{aligned}$$

$$N_-=\dim\left\{X(i):3<\frac{48(2i+1)-(2i+1)^3}{64}\tan\frac{(2i+1)\pi}{8}<-16\right\}$$

$$
\begin{aligned}
&= \dim\{X(4l): l \geqslant 0, 3\cdot 4^3\sqrt{2} < 48(8l+1) - (8l+1)^3 < -4^5\sqrt{2}\} \\
&\quad + \dim\{X(4l+1): l \geqslant 0, 3\cdot 4^2\sqrt{2} < 48(8l+3) - (8l+3)^3 < -2\cdot 4^4\sqrt{2}\} \\
&\quad + \dim\{X(4l+2): l \geqslant 0, 2\cdot 4^4\sqrt{2} < 48(8l+5) - (8l+5)^3 < -3\cdot 4^2\sqrt{2}\} \\
&\quad + \dim\{X(4l+3): l \geqslant 0, 4^3\sqrt{2} < 48(8l+7) - (8l+7)^3 < -3\cdot 4^3\sqrt{2}\} \\
&= 0.
\end{aligned}
$$

根据定理 5.2, 方程 (5.58) 至少有 5 个几何上互不相同的 8-周期轨道, 满足 $x(t-4) = -x(t)$.

例 5.3 设

$$
-x^{(3)}(t) - 3\pi^2 x'(t) = -[f(x(t-1)) - f(x(t-2)) + f(x(t-3))], \tag{5.59}
$$

其中,

$$
f(x) = \pi^3 \frac{-3x - x^3 + x^5 + 16x^7}{1+x^6}, \tag{5.60}
$$

这是方程 (5.33) 在 $m=1$ 时的特例. 现讨论方程 (5.59) 8-周期轨道的多重性.

此时,

$$
\begin{aligned}
&\alpha = \lim_{x\to 0}\frac{f(x)}{x} = -3\pi^3, \quad \beta = \lim_{x\to\infty}\frac{f(x)}{x} = 16\pi^3, \\
&p_m(D^2)D = -(D^2+3\pi^2)D, \quad q(M) = -M^3 - M^2 - M,
\end{aligned}
$$

故当

$$
x_i = c_i \cos\frac{(2i+1)\pi t}{4} + d_i \sin\frac{(2i+1)\pi t}{4} \in X(i)
$$

时,

$$
p_m(D^2)Dx_i = \pi^3\left[-\frac{(2i+1)^3}{4^3} + \frac{3(2i+1)}{4}\right]\Omega x_i.
$$

(5.60) 中的函数 $f(x)$ 满足定理 5.5 的要求, 故有

$$
\begin{aligned}
\bar{N} &= \dim\left\{X(i): i \geqslant 0, -16\pi^3 \leqslant \frac{(2i+1)\pi^3}{4}\left(-\frac{(2i+1)^2}{16} + 3\right)\right. \\
&\qquad \left.\cdot \cot\frac{(2i+1)\pi}{8} \leqslant 3\pi^3\right\} \\
&= \dim\left\{X(i): i \geqslant 0, -16 \leqslant \frac{48(2i+1) - (2i+1)^3}{64}\cot\frac{(2i+1)\pi}{8} \leqslant 3\right\} \\
&= \dim\left\{X(4l): l \geqslant 0, -16 \leqslant \frac{48(8l+1) - (8l+1)^3}{64}\cot\frac{\pi}{8} \leqslant 3\right\}
\end{aligned}
$$

$$+\dim\left\{X(4l+1): l\geqslant 0, -16\leqslant \frac{48(8l+3)-(8l+3)^3}{64}\cot\frac{3\pi}{8}\leqslant 3\right\}$$
$$+\dim\left\{X(4l+2): l\geqslant 0, -16\leqslant -\frac{48(8l+5)-(8l+5)^3}{64}\cot\frac{3\pi}{8}\leqslant 3\right\}$$
$$+\dim\left\{X(4l+3): l\geqslant 0, -16\leqslant -\frac{48(8l+7)-(8l+7)^3}{64}\cot\frac{\pi}{8}\leqslant 3\right\}$$
$$=\dim\{X(4l): l\geqslant 0, -2\cdot 4^4\sqrt{2}\leqslant 48(8l+1)-(8l+1)^3\leqslant 3\cdot 4^2\sqrt{2}\}$$
$$+\dim\{X(4l+1): l\geqslant 0, -4^5\sqrt{2}\leqslant 48(8l+3)-(8l+3)^3\leqslant 3\cdot 4^3\sqrt{2}\}$$
$$+\dim\{X(4l+2): l\geqslant 0, -3\cdot 4^3\sqrt{2}\leqslant 48(8l+5)-(8l+5)^3\leqslant 4^3\sqrt{2}\}$$
$$+\dim\{X(4l+3): l\geqslant 0, -3\cdot 4^2\sqrt{2}\leqslant 48(8l+7)-(8l+7)^3\leqslant 2\cdot 4^4\sqrt{2}\}$$
$$=2(2+2+1+1)$$
$$=12,$$
$$N_-=\dim\left\{X(i): 3<\frac{48(2i+1)-(2i+1)^3}{64}\cot\frac{(2i+1)\pi}{8}<-16\right\}$$
$$=\dim\{X(4l): l\geqslant 0, 3\cdot 4^2\sqrt{2}<48(8l+1)-(8l+1)^3<-2\cdot 4^4\sqrt{2}\}$$
$$+\dim\{X(4l+1): l\geqslant 0, 3\cdot 4^3\sqrt{2}<48(8l+3)-(8l+3)^3<-4^5\sqrt{2}\}$$
$$+\dim\{X(4l+2): l\geqslant 0, 4^3\sqrt{2}<48(8l+5)-(8l+5)^3<-3\cdot 4^3\sqrt{2}\}$$
$$+\dim\{X(4l+3): l\geqslant 0, 2\cdot 4^4\sqrt{2}<48(8l+7)-(8l+7)^3<-3\cdot 4^2\sqrt{2}\}$$
$$=0.$$

根据定理 5.5, 方程 (5.59) 至少有 6 个几何上互不相同的 8-周期轨道, 满足 $x(t-4)=-x(t)$.

5.3 一般情况下的奇数阶多滞量微分方程

本节在空间

$$X=\mathrm{cl}\left\{x(t)=\sum_{i=0}^{\infty}\left(c_i\cos\frac{(2i+1)\pi t}{2k}+d_i\sin\frac{(2i+1)\pi t}{2k}\right): c_i, d_i\in\mathbb{R},\right.$$
$$\left.\sum_{i=0}^{\infty}(2i+1)^{2m+1}(c_i^2+d_i^2)<\infty\right\}$$

上研究方程

$$p_m(D^2)Dx(t)=-q(M)f(x(t)) \tag{5.61}$$

$4k$-周期轨道的多重性, 其中,

$$
\begin{gathered}
p_m(D^2)Dx(t)=\sum_{j=0}^{m}\delta_i D^{2j}x'(t)=\sum_{j=0}^{m}\delta_i x^{(2j+1)}(t),\quad \delta_m\neq 0,\\
q(M)f(x(t))=\sum_{i=1}^{2k-1}a_iM^if(x(t))=\sum_{i=1}^{2k-1}a_if(x(t-i)),\quad a_i=a_{2k-i},\\
f\in C^0(\mathbb{R},\mathbb{R}),\quad f(-x)=-f(x).
\end{gathered}
\tag{5.62}
$$

并对 $x,y\in X$ 定义

$$
\langle x,y\rangle=\langle x,y\rangle_{2m+1}=\int_0^{4k}(P^{2m+1}x(t),y(t))dt,\quad \|x\|=\sqrt{\langle x,x\rangle},
$$

$$
\langle x,y\rangle_0=\int_0^{4k}(x(t),y(t))dt,\quad \|x\|_0=\sqrt{\langle x,x\rangle_0}.
$$

5.3.1 对称向量与反对称阵

设 $a=(a_0,a_1,\cdots,a_{2k-1})=(0,a_1,\cdots,a_{2k-1})$ 是第一分量为 0 的 $2k$ 维对称向量, 满足

$$
a_i=a_{2k-i},\quad a_0=0,\quad i=1,2,\cdots,2k-1. \tag{5.63}
$$

如本章一开始所述, 将向量 a 作反号循环延拓, 即令

$$
a_{i+2kl}=(-1)^la_i,\quad l=0,\pm1,\pm2,\cdots,\pm n,\cdots.
$$

由此可得

$$
a_{2kl+j}=-a_{2kl-j},\quad a_{2kl}=0. \tag{5.64}
$$

记

$$
\tilde{\sigma}a=((\tilde{\sigma}a)_0,(\tilde{\sigma}a)_1,\cdots,(\tilde{\sigma}a)_{2k-1})=-(a_{0+(2k-1)},a_{1+(2k-1)},\cdots,a_{2k-1+(2k-1)}).
\tag{5.65}
$$

则有

$$
\begin{aligned}
\tilde{\sigma}^ja&=((\tilde{\sigma}^ja)_0,(\tilde{\sigma}^ja)_1,\cdots,(\tilde{\sigma}^ja)_{2k-1})\\
&=(-1)^j(a_{0+j(2k-1)},a_{1+j(2k-1)},\cdots,a_{2k-1+j(2k-1)}),
\end{aligned}
$$

$\tilde{\sigma}:\mathbb{R}^{2k}\to\mathbb{R}^{2k}$ 称为**反号移位算子**, 其中 $(\tilde{\sigma})^0a=a$, 即

$$
(((\tilde{\sigma})^0a)_0,((\tilde{\sigma})^0a)_1,\cdots,((\tilde{\sigma})^0a)_{2k-1})=(a_0,a_1,\cdots,a_{2k-1}).
$$

建立矩阵

$$A=\begin{pmatrix} a \\ \tilde{\sigma}a \\ \tilde{\sigma}^2 a \\ \vdots \\ \tilde{\sigma}^n a \end{pmatrix}=\begin{pmatrix} a_0 & a_1 & a_2 & \cdots & a_n \\ (\tilde{\sigma}a)_0 & (\tilde{\sigma}a)_1 & (\tilde{\sigma}a)_2 & \cdots & (\tilde{\sigma}a)_n \\ (\tilde{\sigma}^2a)_0 & (\tilde{\sigma}^2a)_1 & (\tilde{\sigma}^2a)_2 & \cdots & (\tilde{\sigma}^2a)_n \\ \vdots & \vdots & \vdots & & \vdots \\ (\tilde{\sigma}^n a)_0 & (\tilde{\sigma}^n a)_1 & (\tilde{\sigma}^n a)_2 & \cdots & (\tilde{\sigma}^n a)_n \end{pmatrix}. \tag{5.66}$$

容易证明以下命题.

命题 5.5　(5.66) 中的矩阵 A 是一个反对称阵.

证明　记

$$A=\begin{pmatrix} m_{1,1} & m_{1,2} & m_{1,3} & \cdots & m_{1,2k} \\ m_{2,1} & m_{2,2} & m_{2,3} & \cdots & m_{2,2k} \\ m_{3,1} & m_{3,2} & m_{3,3} & \cdots & m_{3,2k} \\ \vdots & \vdots & \vdots & & \vdots \\ m_{2k,1} & m_{2k,2} & m_{2k,3} & \cdots & m_{2k,2k} \end{pmatrix},$$

即 $m_{i,j}=\tilde{\sigma}^{i-1}a_{j-1}$. 首先, 当 $i=j, j=1,2,\cdots,2k$ 时,

$$m_{i,i}=(\tilde{\sigma}^{i-1}a)_{i-1}=a_{i-1+(i-1)(2k-1)}=a_{(i-1)2k}=0,$$

其次, 当 $i<j, i,j\in\{1,2,\cdots,2k\}$ 时,

$$\begin{aligned} m_{i,j}&=(\tilde{\sigma}^{i-1}a)_{j-1}=(-1)^{i-1}a_{j-1+(i-1)(2k-1)}=(-1)^{i-1}a_{j-i+(i-1)2k}=a_{j-i}, \\ m_{j,i}&=(\tilde{\sigma}^{j-1}a)_{i-1}=(-1)^{j-1}a_{i-1+(j-1)(2k-1)}=(-1)^{j-1}a_{2k+i-j+(j-2)2k} \\ &=-a_{2k-(j-i)}=-a_{j-i}, \end{aligned}$$

故命题成立.

矩阵 A 是反对称阵, 我们称之为**循环反对称阵**, 因此 (5.66) 中的矩阵可表示为

$$A=\begin{pmatrix} a \\ \tilde{\sigma}a \\ \tilde{\sigma}^2 a \\ \vdots \\ \tilde{\sigma}^n a \end{pmatrix}=\begin{pmatrix} 0 & a_1 & a_2 & \cdots & a_n \\ -a_1 & 0 & a_1 & \cdots & a_{n-1} \\ -a_2 & -a_1 & 0 & \cdots & a_{n-2} \\ \vdots & \vdots & \vdots & & \vdots \\ -a_n & -a_{n-1} & -a_{n-2} & \cdots & 0 \end{pmatrix}.$$

命题 5.6　(5.66) 中的循环矩阵 A 可逆的充要条件是存在一个 $2k$ 维非零对称向量

$$b=(0,b_1,\cdots,b_{2k-1}),\quad b_i=b_{n+1-i},\quad i=0,1,\cdots,2k-1,$$

使下列内积满足

$$(a,b)\neq 0,\quad (\tilde{\sigma}^i a,b)=0,\quad i=1,2,\cdots,2k-1. \tag{5.67}$$

证明 我们先证 (5.67) 中的条件可以减少为

$$(a,b)\neq 0,\quad (\tilde{\sigma}^i a,b)=0,\quad i=1,2,\cdots,k, \tag{5.68}$$

为此我们证

$$(\tilde{\sigma}^i a,b)=0\Leftrightarrow(\tilde{\sigma}^{n+1-i}a,b)=0,\quad i=1,2,\cdots,k, \tag{5.69}$$

实际上由于

$$\begin{aligned}
&(\tilde{\sigma}^i a,b)\\
&=\sum_{j=0}^{2k-1}(\tilde{\sigma}^i a)_j b_j\\
&=\sum_{j=0}^{2k-1}(-1)^i a_{i(2k-1)+j}b_j\\
&=\sum_{j=0}^{2k-1}(-1)^{2i}a_{j-i}b_j\\
&=\sum_{j=0}^{2k-1}a_{j-i}b_j
\end{aligned}$$

及

$$\begin{aligned}
&(\tilde{\sigma}^{2k-i}a,b)\\
&=\sum_{j=0}^{2k-1}(\tilde{\sigma}^{2k-i}a)_j b_j\\
&=\sum_{j=0}^{2k-1}(-1)^{2k-i}a_{(2k-i)(2k-1)+j}b_j\\
&=\sum_{j=0}^{2k-1}(-1)^{2k-i}a_{(2k-i-1)2k+j+i}b_j\\
&=-\sum_{j=0}^{2k-1}a_{j+i}b_j
\end{aligned}$$

$$
\begin{aligned}
&= -\sum_{l=1}^{2k} a_{2k-l+i} b_{2k-l} \quad (l = 2k - j) \\
&= -\sum_{l=1}^{2k} a_{l-i} b_l \\
&= -\sum_{l=0}^{2k-1} a_{l-i} b_l,
\end{aligned}
$$

故 (5.69) 成立.

设 $(a, b) \neq 0$. 由命题 5.5 知,

$$
B = \begin{pmatrix} b \\ \tilde{\sigma} b \\ \tilde{\sigma}^2 b \\ \vdots \\ \tilde{\sigma}^n b \end{pmatrix} = \begin{pmatrix} -b^{\mathrm{T}} & -(\tilde{\sigma} b)^{\mathrm{T}} & -(\tilde{\sigma}^2 b)^{\mathrm{T}} & \cdots & -(\tilde{\sigma}^n b)^{\mathrm{T}} \end{pmatrix}
$$

也是反对称阵, 即

$$
B = \begin{pmatrix} b \\ \tilde{\sigma} b \\ \tilde{\sigma}^2 b \\ \vdots \\ \tilde{\sigma}^n b \end{pmatrix} = \begin{pmatrix} 0 & b_1 & b_2 & \cdots & b_{n-1} \\ -b_1 & 0 & b_1 & \cdots & b_{n-2} \\ -b_2 & -b_1 & 0 & \cdots & b_{n-3} \\ \vdots & \vdots & \vdots & & \vdots \\ -b_{n-1} & -b_{n-2} & -b_{n-3} & \cdots & 0 \end{pmatrix}.
$$

这时, 取矩阵 B 中第 j 个列向量 $-(\tilde{\sigma}^{j-1} b)^{\mathrm{T}}$ 右乘矩阵 A 中的每个行向量, 即

$$
\begin{pmatrix} a \\ \tilde{\sigma} a \\ \tilde{\sigma}^2 a \\ \vdots \\ \tilde{\sigma}^n a \end{pmatrix} \left(\tilde{\sigma}^{j-1}(-b)\right)^{\mathrm{T}} = -\begin{pmatrix} (a, \tilde{\sigma}^{j-1} b) \\ (\tilde{\sigma} a, \tilde{\sigma}^{j-1} b) \\ (\tilde{\sigma}^2 a, \tilde{\sigma}^{j-1} b) \\ \vdots \\ (\tilde{\sigma}^n a, \tilde{\sigma}^{j-1} b) \end{pmatrix}, \tag{5.70}
$$

上式右方的列向量中, 其第 l 个分量为

$$
(\tilde{\sigma}^{l-1} a, \tilde{\sigma}^{j-1}(-b)) = \begin{cases} 0, & l \neq j, \\ (a, -b), & l = j. \end{cases}
$$

于是,

$$
A \cdot B = \operatorname{diag}\{(a, -b), (a, -b), \cdots, (a, -b)\}.
$$

当 $(a,b)\neq 0$ 时, 有 $A^{-1}=-\dfrac{1}{(a,b)}B$. 当 $(a,b)=0$ 时, 因 $A\cdot b^{\mathrm{T}}=0, b$ 为非零向量, 故有 $\det A=0$. 命题得证.

在命题 5.6 中, 当向量 b 满足 $(a,b)=-1$ 时, 矩阵 A 和矩阵 B 互逆, 从而有 $A^{-1}=B$.

5.3.2 方程 (5.61) 的变分结构及相关结论

在假设 $a=(a_0,a_1,\cdots,a_n)=(0,a_1,\cdots,a_n)$ 为对称向量的前提下, 利用 5.3.1 节中的结果, 在 X 上构造泛函

$$\Phi(x)=\frac{1}{2}\langle Lx,x\rangle+\Psi(x). \tag{5.71}$$

当由对称向量 $a=(a_0,a_1,\cdots,a_n)$ 得到的循环反对称阵 A 非退化时, (5.71) 中

$$\begin{aligned}&Lx=P^{-(2m+1)}(p_m(D^2))D\sum_{i=1}^{2k-1}b_ix(t-i),\\&F(x)=\int_0^x f(s)ds,\quad \Psi(x)=\int_0^{4k}F(x(t))dt,\end{aligned} \tag{5.72}$$

而向量 $b=(b_0,b_1,\cdots,b_{2k-1})$ 是在 5.3.1 节中讨论过的满足

$$(a,b)=-1,\quad (\tilde{\sigma}^ia,b)=0,\quad i=1,2,\cdots,2k-1 \tag{5.73}$$

的 $2k$-维对称向量.

和第 4 章中一样, 可证泛函 $\Phi(x)$ 连续可微, 其微分可表示为

$$\langle\Phi'(x),y\rangle=\left\langle Lx+P^{-(2m+1)}f(x),y\right\rangle,\quad \forall y\in X. \tag{5.74}$$

引理 5.4 设 x 是 (5.71) 中泛函 $\Phi(x)$ 的临界点, 则 $x=x(t)$ 是方程 (5.61) 的一个 $4k$-周期古典解, 满足 $x(t-2k)=-x(t)$.

证明 由于泛函 $\Phi(x)$ 的微分可以表示为

$$\langle\Phi'(x),y\rangle=\left\langle Lx+P^{-(2m+1)}f(x),y\right\rangle,\quad \forall y\in X.$$

如果 $x=x(t)$ 是泛函 $\Phi(x)$ 的临界点, 则

$$\Phi'(x(t))=(Lx)(t)+P^{-(2m+1)}f(x(t))=0,\quad \text{a.e.}\quad t\in[0,n+1],$$

由

$$\begin{aligned}0&=(Lx)(t)+P^{-(2m+1)}f(x(t))\\&=P^{-(2m+1)}\Big[b_0p_m(D^2)Dx(t)\end{aligned}$$

$$+\sum_{i=1}^{n} b_i p_m(D^2)Dx(t-i)+f(x(t))\Bigg], \quad \text{a.e.} \quad t\in[0,4k],$$

即对 a.e. $t\in[0,4k]$, 有

$$b_0p_m(D^2)Dx(t)+\sum_{i=1}^{2k-1} b_i p_m(D^2)Dx(t-i)+f(x(t))=0$$

成立. 因 $f(x)$ 连续, 故有

$$\begin{aligned}b_0p_m(D^2)Dx(t-j)+\sum_{i=1}^{2k-1} b_i p_m(D^2)Dx(t-i-j)+f(x(t-j))=0,\\ j=0,1,2,\cdots,2k-1.\end{aligned} \tag{5.75}$$

亦即

$$\begin{aligned}&(b_0,b_1,\cdots,b_{2k-1})\\ &\cdot(p_m(D^2)Dx(t-j),p_m(D^2)Dx(t-j-1),\cdots,p_m(D^2)Dx(t-j-2k+1))\\ =&-f(x(t-j)).\end{aligned}$$

再由 $x(t)$ 的 $4k$-周期性, 上式可写为

$$\begin{aligned}&\tilde{\sigma}^j(b_0,b_1,\cdots,b_{2k-1})\\ &\cdot(p_m(D^2)Dx(t),p_m(D^2)Dx(t-1),\cdots,p_m(D^2)Dx(t-2k+1))\\ =&-f(x(t-j)),\quad j=0,1,\cdots,2k-1.\end{aligned} \tag{5.76}$$

记 $\tilde{\sigma}^j b=((\tilde{\sigma}^j b)_0,(\tilde{\sigma}^j b)_1,\cdots,(\tilde{\sigma}^j b)_{2k-1})$, 将上列 $2k$ 个等式用向量形式表示即得

$$\begin{pmatrix} b_0 & b_1 & \cdots & b_{2k-1}\\ (\tilde{\sigma}b)_0 & (\tilde{\sigma}b)_1 & \cdots & (\tilde{\sigma}b)_{2k-1}\\ \vdots & \vdots & & \vdots\\ (\tilde{\sigma}^{2k-1}b)_0 & (\tilde{\sigma}^{2k-1}b)_1 & \cdots & (\tilde{\sigma}^{2k-1}b)_{2k-1}\end{pmatrix}\begin{pmatrix} p_m(D^2)Dx(t)\\ p_m(D^2)Dx(t-1)\\ \vdots\\ p_m(D^2)Dx(t-2k+1)\end{pmatrix}$$

$$=-\begin{pmatrix} f(x(t))\\ f(x(t-1))\\ \vdots\\ f(x(t-2k+1))\end{pmatrix}.$$

由矩阵的反对称性, 有

$$
-\begin{pmatrix} b_0 & (\tilde{\sigma}b)_0 & \cdots & (\tilde{\sigma}^{2k-1}b)_0 \\ b_1 & (\tilde{\sigma}b)_1 & \cdots & (\tilde{\sigma}^{2k-1}b)_1 \\ \vdots & \vdots & & \vdots \\ b_{2k-1} & (\tilde{\sigma}b)_{2k-1} & \cdots & (\tilde{\sigma}^{2k-1}b)_{2k-1} \end{pmatrix} \begin{pmatrix} p_m(D^2)Dx(t) \\ p_m(D^2)Dx(t-1) \\ \vdots \\ p_m(D^2)Dx(t-2k+1) \end{pmatrix}
$$

$$
=-\begin{pmatrix} f(x(t)) \\ f(x(t-1)) \\ \vdots \\ f(x(t-2k+1)) \end{pmatrix}.
$$

根据 5.3.1 节中的讨论, 我们有

$$
\begin{pmatrix} a_0 & a_1 & \cdots & a_{2k-1} \\ (\tilde{\sigma}a)_0 & (\tilde{\sigma}a)_1 & \cdots & (\tilde{\sigma}a)_{2k-1} \\ \vdots & \vdots & & \vdots \\ (\tilde{\sigma}^{2k-1}a)_0 & (\tilde{\sigma}^{2k-1}a)_1 & \cdots & (\tilde{\sigma}^{2k-1}a)_{2k-1} \end{pmatrix}^{-1} \begin{pmatrix} p_m(D^2)Dx(t) \\ p_m(D^2)Dx(t-1) \\ \vdots \\ p_m(D^2)Dx(t-2k+1) \end{pmatrix}
$$

$$
=-\begin{pmatrix} f(x(t)) \\ f(x(t-1)) \\ \vdots \\ f(x(t-2k+1)) \end{pmatrix}.
$$

于是得

$$
\begin{pmatrix} p_m(D^2)Dx(t) \\ p_m(D^2)Dx(t-1) \\ \vdots \\ p_m(D^2)Dx(t-2k+1) \end{pmatrix} = -\begin{pmatrix} a_0 & a_1 & \cdots & a_{2k-1} \\ (\tilde{\sigma}a)_0 & (\tilde{\sigma}a)_1 & \cdots & (\tilde{\sigma}a)_{2k-1} \\ \vdots & \vdots & & \vdots \\ (\tilde{\sigma}^{2k-1}a)_0 & (\tilde{\sigma}^{2k-1}a)_1 & \cdots & (\tilde{\sigma}^{2k-1}a)_{2k-1} \end{pmatrix}
$$

$$
\cdot \begin{pmatrix} f(x(t)) \\ f(x(t-1)) \\ \vdots \\ f(x(t-2k+1)) \end{pmatrix}. \tag{5.77}
$$

由 (5.77) 中的第一个方程, 即知 $x(t)$ 满足

$$
p_m(D^2)Dx(t) = -\sum_{i=1}^{2k-1} a_i f(x(t-i)). \tag{5.78}
$$

且由 f, x 的连续性, 易得 x 有 $2m+1$ 次连续可微性, 故 $x(t)$ 是方程 (5.61) 的古典解.

令

$$X=\sum_{i=0}^{\infty} X(i),$$
$$X(i)=\left\{c_i \cos \frac{(2i+1)\pi t}{2k}+d_i \sin \frac{(2i+1)\pi t}{2k}: c_i, d_i \in \mathbb{R}\right\}.$$

记 $\varphi_j=\sum\limits_{i=0}^{2k-1} b_i \sin \frac{(2j+1)i\pi}{2k}$, 则 φ_j 关于下标是 $2k$ 周期的, 故最多有 $2k$ 个互不相同的值.

由此将 $\sum\limits_{i=1}^{\infty} X(i)$ 中的子空间分为 $2k$ 组,

$$X_j=\sum_{l=0}^{\infty} X(2kl+j), \quad j=0,1,2,\cdots,2k-1, \quad l \geqslant 0. \tag{5.79}$$

以下计算由 (5.71) 定义的泛函 $\Phi(x)$.

当 $x \in X(2lk+j) \subset X_j, j \in\{0,1,2,\cdots,2k-1\}$ 时,

$$x(t)=a_{2lk+j} \cos \frac{(4lk+2j+1)\pi t}{2k}+b_{2lk+j} \sin \frac{(4lk+2j+1)\pi t}{2k}.$$

因为

$$\begin{aligned}
\sum_{i=0}^{2k-1} b_i \cos \frac{(2j+1)i\pi}{2k} & =\sum_{i=1}^{2k-1} b_i \cos \frac{(2j+1)i\pi}{2k} \\
& =\sum_{l=1}^{2k-1} b_{2k-l} \cos \frac{(2j+1)(2k-l)\pi}{2k} \quad (l=2k-i) \\
& =-\sum_{l=1}^{2k-1} b_l \cos \frac{(2j+1)l\pi}{2k} \\
& =-\sum_{l=0}^{2k-1} b_l \cos \frac{(2j+1)l\pi}{2k},
\end{aligned}$$

故有

$$\sum_{i=0}^{2k-1} b_i \cos \frac{(2j+1)i\pi}{2k}=0.$$

$$\sum_{i=0}^{2k-1} b_i x(t-i)$$

$$
\begin{aligned}
&= \sum_{i=0}^{2k-1} b_i \left(c_{2lk+j} \cos \frac{(4lk+2j+1)\pi(t-i)}{2k} + d_{2lk+j} \sin \frac{(4lk+2j+1)\pi(t-i)}{2k} \right) \\
&= \left(c_{2lk+j} \cos \frac{(4lk+2j+1)\pi t}{2k} + d_{2lk+j} \sin \frac{(4lk+2j+1)\pi t}{2k} \right) \\
&\quad \cdot \sum_{i=0}^{2k-1} b_i \cos \frac{(4lk+2j+1)i\pi}{2k} \\
&\quad - \left(d_{2lk+j} \cos \frac{(4lk+2j+1)\pi t}{2k} - c_{2lk+j} \sin \frac{(4lk+2j+1)\pi t}{2k} \right) \\
&\quad \cdot \sum_{i=0}^{2k-1} b_i \sin \frac{(4lk+2j+1)i\pi}{2k} \\
&= x(t) \sum_{i=0}^{2k-1} b_i \cos \frac{(4lk+2j+1)i\pi}{2k} - (\Omega x)(t) \sum_{i=0}^{2k-1} b_i \sin \frac{(4lk+2j+1)i\pi}{2k} \\
&= x(t) \sum_{i=0}^{2k-1} b_i \cos \frac{(2j+1)i\pi}{2k} - (\Omega x)(t) \sum_{i=0}^{2k-1} b_i \sin \frac{(2j+1)i\pi}{2k} \\
&= -\varphi_j (\Omega x)(t).
\end{aligned}
$$

$$
\begin{aligned}
\langle Lx, x \rangle &= \left\langle P^{-(2m+1)} p_m(D^2) D \sum_{i=0}^{2k-1} b_i x(t-i), x(t) \right\rangle \\
&= p_m \left(- \left(\frac{(4lk+2j+1)\pi}{2k} \right)^2 \right) \int_0^{4k} \left(\sum_{i=0}^{2k-1} b_i x(t-i), Dx(t) \right) dt \\
&= \frac{(4lk+2j+1)\pi}{2k} p_m \left(- \left(\frac{(4lk+2j+1)\pi}{2k} \right)^2 \right) \\
&\quad \cdot \int_0^{4k} (-\varphi_j (\Omega x)(t), (\Omega x)(t)) dt \\
&= -\varphi_j \frac{(4lk+2j+1)\pi}{2k} p_m \left(- \left(\frac{(4lk+2j+1)\pi}{2k} \right)^2 \right) \|x\|_0^2 \\
&= -\frac{1}{2k(4lk+2j+1)^{2m}} \varphi_j p_m \left(- \left(\frac{(4lk+2j+1)\pi}{2k} \right)^2 \right) \|x\|^2.
\end{aligned}
$$

同时,

$$
\begin{aligned}
\Psi(x) &= \int_0^{4k} F(x(t)) dt \\
&= \frac{\beta}{2} \int_0^{4k} (x(t), x(t)) dt + \int_0^{4k} \left[F(x(t)) - \frac{\beta}{2} |x|^2 \right] dt
\end{aligned}
$$

$$
\begin{aligned}
&= \frac{\beta}{2}\|x\|_0^2 + \int_0^{4k}\left[F(x(t)) - \frac{\beta}{2}|x|^2\right]dt \\
&= \frac{\beta}{2(4lk+2j+1)^{2m+1}}\|x\|^2 + \int_0^{4k}\left[F(x(t)) - \frac{\beta}{2}|x|^2\right]dt. \qquad (5.80)
\end{aligned}
$$

由此定义

$$
X_{\infty,j}^{+} = \left\{X(2lk+j): -\varphi_j\frac{(4lk+2j+1)\pi}{2k}p_m\left(-\left(\frac{(4lk+2j+1)\pi}{2k}\right)^2\right)+\beta>0\right\},
$$

$$
X_{\infty,j}^{0} = \left\{X(2lk+j): -\varphi_j\frac{(4lk+2j+1)\pi}{2k}p_m\left(-\left(\frac{(4lk+2j+1)\pi}{2k}\right)^2\right)+\beta=0\right\},
$$

$$
X_{\infty,j}^{-} = \left\{X(2lk+j): -\varphi_j\frac{(4lk+2j+1)\pi}{2k}p_m\left(-\left(\frac{(4lk+2j+1)\pi}{2k}\right)^2\right)+\beta<0\right\}
$$

及

$$
X_{\infty}^{+} = \sum_{j=0}^{2k-1} X_{\infty,j}^{+}, \quad X_{\infty}^{0} = \sum_{j=0}^{2k-1} X_{\infty,j}^{0}, \quad X_{\infty}^{-} = \sum_{j=0}^{2k-1} X_{\infty,j}^{-}.
$$

对于每个 $j\in\{0,1,\cdots,2k-1\}$, 显然有

$$
\lim_{l\to\infty}\left|\varphi_j\frac{(4lk+2j+1)\pi}{2k}p_m\left(-\left(\frac{(4lk+2j+1)\pi}{2k}\right)^2\right)\right| = \infty,
$$

故 $X_{\infty,j}^{0}$ 是有限维的, 从而 X_{∞}^{0} 是有限维的. 由此, 可证以下引理.

引理 5.5　根据 (5.72) 构造的泛函 (5.71) 满足 (PS)-条件.

同时定义

$$
X_{0,j}^{+} = \left\{X(2lk+j): -\varphi_j\frac{(4lk+2j+1)\pi}{2k}p_m\left(-\left(\frac{(4lk+2j+1)\pi}{2k}\right)^2\right)+\alpha>0\right\},
$$

$$
X_{0,j}^{0} = \left\{X(2lk+j): -\varphi_j\frac{(4lk+2j+1)\pi}{2k}p_m\left(-\left(\frac{(4lk+2j+1)\pi}{2k}\right)^2\right)+\alpha=0\right\},
$$

$$
X_{0,j}^{-} = \left\{X(2lk+j): -\varphi_j\frac{(4lk+2j+1)\pi}{2k}p_m\left(-\left(\frac{(4lk+2j+1)\pi}{2k}\right)^2\right)+\alpha<0\right\},
$$

并记

$$
N = \sum_{j=0}^{2k-1}\dim\Bigg\{X(2lk+j): l\geqslant 0,
$$

$$-\beta < -\varphi_j \frac{(4kl+2j+1)\pi}{2k} p_m \left(-\left(\frac{(4kl+2j+1)\pi}{2k} \right)^2 \right) < -\alpha \Big\},$$

$$N_- = \sum_{j=0}^{2k-1} \dim \Big\{ X(2lk+j) : l \geqslant 0,$$

$$-\alpha < -\varphi_j \frac{(4kl+2j+1)\pi}{2k} p_m \left(-\left(\frac{(4kl+2j+1)\pi}{2k} \right)^2 \right) < -\beta \Big\};$$

$$\bar{N}_- = \sum_{j=0}^{2k-1} \dim \Big\{ X(2lk+j) : l \geqslant 0,$$

$$-\alpha \leqslant -\varphi_j \frac{(4kl+2j+1)\pi}{2k} p_m \left(-\left(\frac{(4kl+2j+1)\pi}{2k} \right)^2 \right) \leqslant -\beta \Big\},$$

$$\bar{N} = \sum_{j=0}^{2k-1} \dim \Big\{ X(2lk+j) : l \geqslant 0,$$

$$-\beta \leqslant -\varphi_j \frac{(4kl+2j+1)\pi}{2k} p_m \left(-\left(\frac{(4kl+2j+1)\pi}{2k} \right)^2 \right) \leqslant -\alpha \Big\}$$

及

$$X_0^+ = \sum_{j=0}^{2k-1} X_{0,j}^+, \quad X_0^0 = \sum_{j=0}^{2k-1} X_{0,j}^0, \quad X_0^- = \sum_{j=0}^{2k-1} X_{0,j}^-.$$

方程 (5.61) 周期轨道的重数

我们首先给出以下定理.

定理 5.7 设方程 (5.61) 满足 (5.62), 则当

$$\tilde{m} = \frac{1}{2} \max\{N - \bar{N}_-, N_- - \bar{N}\} > 0$$

时, 方程 (5.61) 至少有 $\tilde{m}$ 个几何上不同的 $4k$-周期轨道, 满足 $x(t-2k) = -x(t)$.

证明 不妨设 $N - \bar{N}_- > 0$. 当 $N^- - \bar{N} > 0$ 时, 只需要将泛函 $\Phi(x)$ 换为 $-\Phi(x)$ 即可.

此时首先定义

$$X^+ = X_\infty^+, \quad X^- = X_0^-. \tag{5.81}$$

于是有

$$\begin{aligned} &\dim(X^+ \cap X^-) \\ &= \dim(X_\infty^+ \cap X_0^-) \end{aligned}$$

$$
\begin{aligned}
&= \sum_{j=0}^{2k-1} \dim(X_{\infty,j}^{+} \cap X_{0,j}^{-}) \\
&= \sum_{j=0}^{2k-1} \dim \left\{ X(2lk+j) : -\beta < -\varphi_j \right. \\
&\quad \left. \cdot \frac{(4kl+2j+1)\pi}{2k} p_m \left(-\left(\frac{(4kl+2j+1)\pi}{2k} \right)^2 \right) < -\alpha \right\} \\
&= N, \\
&\quad \dim C_X(X^+ + X^-) \\
&= \dim[(X_\infty^0 \cup X_\infty^-) \cap (X_0^0 \cup X_0^+)] \\
&= \sum_{j=0}^{2k-1} \dim[(X_{\infty,j}^0 \cup X_{\infty,j}^-) \cap (X_{0,j}^0 \cup X_{0,j}^+)] \\
&= \dim \sum_{j=0}^{n} \left\{ X(2lk+j) : -\alpha \leqslant -\varphi_j \frac{(4kl+2j+1)\pi}{2k} p_m \right. \\
&\quad \left. \cdot \left(-\left(\frac{(4kl+2j+1)\pi}{2k} \right)^2 \right) \leqslant -\beta \right\} \\
&= \bar{N}_-.
\end{aligned} \tag{5.82}
$$

对 S^1 指标理论而言, 在空间 X 中 T_g 不变集 $F = \{0\}$, 所以有

$$F \subset X_\infty^+ = X^+.$$

因而可以按照定义 i_1^* 的方式建立伪 S^1 指标理论. 这时, 由命题 2.6 易得

$$\Phi(x) > -\infty, \quad x \in X_\infty^+ = X^+.$$

同样可证 $r > 0$ 充分小时, $\inf\limits_{x \in S_r \cap X^-} \Phi(x) < 0$. 因此,

$$
\begin{aligned}
i_1^*(S_r \cap X^-) &= \frac{1}{2}[\dim(X^+ \cap X^-) - \operatorname{cod}(X^+ + X^-)] \\
&= \frac{1}{2}[N - \bar{N}_-] \\
&= \tilde{m}.
\end{aligned}
$$

由此可得 $-\infty < c_1 \leqslant c_2 \leqslant \cdots \leqslant c_m < 0$, 其中 c_i 为临界值. 这时利用 S^1 指标的规范性, 依据定理 2.28 相同的证明方法, 可证方程 (5.61) 至少有 $\tilde{m}$ 个几何上不同的 $4k$-周期轨道, 满足 $x(t-2k) = -x(t)$.

5.3.3 定理 5.7 的示例

例 5.4 讨论方程

$$-x'''(t)-3\pi^2x'(t)=-[a_1f(x(t-1))+a_2f(x(t-2))+a_1f(x(t-3))] \tag{5.83}$$

8-周期轨道的多重性, 其中,

$$f(x)=\pi^3\frac{-5x+x^3+7x^5}{1+x^4},\quad a_2^2\neq 2a_1^2, \tag{5.84}$$

满足 $f\in C^0(\mathbb{R},\mathbb{R}),f(-x)=-f(x)$.

这是定理 5.7 中 $m=1,k=2$ 的情况, 有

$$\alpha=\lim_{x\to 0}\frac{f(x)}{x}=-5\pi^3,\quad \beta=\lim_{x\to\infty}\frac{f(x)}{x}=7\pi^3. \tag{5.85}$$

函数空间选取

$$X=\left\{x(t)=\sum_{i=1}^{\infty}\left(c_i\cos\frac{(2i+1)\pi t}{4}\right.\right.$$
$$\left.\left.+d_i\sin\frac{(2i+1)\pi t}{4}\right):c_i,d_i\in\mathbb{R},\sum_{i=1}^{\infty}i^3(c_i^2+d_i^2)<\infty\right\}.$$

由于 $a=(0,a_1,a_2,a_1)$, 计算得对称向量

$$b=(0,b_1,b_2,b_1)=\left(0,\frac{-a_1}{2a_1^2-a_2^2},\frac{a_2}{2a_1^2-a_2^2},\frac{-a_1}{2a_1^2-a_2^2}\right),$$

故根据 $\varphi_j=\sum\limits_{i=0}^{3}b_i\sin\frac{(2j+1)i\pi}{4}$ 有

$$\varphi_0=\sum_{i=1}^{3}b_i\sin\frac{i\pi}{4}=-\frac{1}{2a_1^2-a_2^2}(\sqrt{2}a_1-a_2),$$

$$\varphi_1=\sum_{i=1}^{3}b_i\sin\frac{3i\pi}{4}=-\frac{1}{2a_1^2-a_2^2}(\sqrt{2}a_1+a_2),$$

$$\varphi_2=\sum_{i=1}^{3}b_i\sin\frac{5i\pi}{4}=-\frac{1}{2a_1^2-a_2^2}(-\sqrt{2}a_1-a_2),$$

$$\varphi_3=\sum_{i=1}^{3}b_i\sin\frac{7i\pi}{4}=-\frac{1}{2a_1^2-a_2^2}(-\sqrt{2}a_1+a_2).$$

根据定理 5.7, 对 $l \geqslant 0$,

$$\begin{aligned}
N =& \sum_{j=0}^{3} \dim \left\{ X(4l+j) : -7\pi^3 < -\varphi_j \frac{(8l+2j+1)\pi}{4} \right. \\
& \left. \cdot \left(-\left(\frac{(8l+2j+1)\pi}{4} \right)^2 + 3\pi^2 \right) < 5\pi^3 \right\} \\
=& \sum_{j=0}^{3} \dim \left\{ X(4l+j) : -7 < -\varphi_j \frac{(8l+2j+1)}{4} \right. \\
& \left. \cdot \left(-\left(\frac{(8l+2j+1)}{4} \right)^2 + 3 \right) < 5 \right\} \\
=& \dim \left\{ X(4l) : -7 < \frac{1}{2a_1^2 - a_2^2} \left(\sqrt{2}a_1 - a_2 \right) \frac{(8l+1)}{4} \right. \\
& \left. \cdot \left(-\left(\frac{(8l+1)}{4} \right)^2 + 3 \right) < 5 \right\} \\
& + \dim \left\{ X(4l+1) : -7 < \frac{1}{2a_1^2 - a_2^2} \left(\sqrt{2}a_1 + a_2 \right) \frac{(8l+3)}{4} \right. \\
& \left. \cdot \left(-\left(\frac{(8l+3)}{4} \right)^2 + 3 \right) < 5 \right\} \\
& + \dim \left\{ X(4l+2) : -7 < \frac{1}{2a_1^2 - a_2^2} \left(-\sqrt{2}a_1 + a_2 \right) \frac{(8l+5)}{4} \right. \\
& \left. \cdot \left(-\left(\frac{(8l+5)}{4} \right)^2 + 3 \right) < 5 \right\} \\
& + \dim \left\{ X(4l+3) : -7 < \frac{1}{2a_1^2 - a_2^2} \left(-\sqrt{2}a_1 - a_2 \right) \frac{(8l+7)}{4} \right. \\
& \left. \cdot \left(-\left(\frac{(8l+7)}{4} \right)^2 + 3 \right) < 5 \right\},
\end{aligned}$$

$$\begin{aligned}
\bar{N}_- =& \sum_{j=0}^{3} \dim \left\{ X(4l+j) : l \geqslant 0, 5\pi^3 \leqslant -\varphi_j \frac{8l+2j+1\pi}{4} \right. \\
& \left. \cdot \left(-\left(\frac{8l+2j+1\pi}{4} \right)^2 + 3\pi^2 \right) \leqslant -7\pi^3 \right\} \\
=& \sum_{j=0}^{3} \dim \left\{ X(4l+j) : l \geqslant 0, 5 \leqslant -\varphi_j \frac{8l+2j+1}{4} \right.
\end{aligned}$$

$$
\begin{aligned}
&\cdot\left(-\left(\frac{8l+2j+1}{4}\right)^2+3\right)\leqslant -7\Bigg\}\\
&=\dim\left\{X(4l):5\leqslant\frac{1}{2a_1^2-a_2^2}\left(\sqrt{2}a_1-a_2\right)\frac{8l+1}{4}\right.\\
&\quad\left.\cdot\left(-\left(\frac{8l+1}{4}\right)^2+3\right)\leqslant -7\right\}\\
&\quad+\dim\left\{X(4l+1):5\leqslant\frac{1}{2a_1^2-a_2^2}\left(\sqrt{2}a_1+a_2\right)\frac{8l+3}{4}\right.\\
&\quad\left.\cdot\left(-\left(\frac{8l+3}{4}\right)^2+3\right)\leqslant -7\right\}\\
&\quad+\dim\left\{X(4l+2):5\leqslant\frac{1}{2a_1^2-a_2^2}\left(-\sqrt{2}a_1+a_2\right)\frac{8l+5}{4}\right.\\
&\quad\left.\cdot\left(-\left(\frac{8l+5}{4}\right)^2+3\right)\leqslant -7\right\}\\
&\quad+\dim\left\{X(4l+3):5\leqslant\frac{1}{2a_1^2-a_2^2}\left(-\sqrt{2}a_1-a_2\right)\frac{8l+7}{4}\right.\\
&\quad\left.\cdot\left(-\left(\frac{8l+7}{4}\right)^2+3\right)\leqslant -7\right\}.
\end{aligned}
$$

因此, 当 $\tilde{m}=\frac{1}{2}(N-\bar{N}^c)>0$ 时, (5.83) 至少有 $\tilde{m}$ 个几何上不同的 8-周期轨道, 满足

$$x(t-4)=-x(t).$$

5.4 2k − 1 个滞量的微分系统周期轨道

5.4.1 两类奇数个滞量微分方程周期轨道的多重性

本节将在 $F\in C^1(\mathbb{R}^N,\mathbb{R})$ 的前提下, 用变分法研究多滞量微分系统

$$x^{(2m+1)}(t)=-\sum_{i=1}^{2k-1}\nabla F(x(t-i)),\quad x\in\mathbb{R}^N \tag{5.86}$$

和

$$x^{(2m+1)}(t)=-\sum_{i=1}^{2k-1}(-1)^{i+1}\nabla F(x(t-i)),\quad x\in\mathbb{R}^N. \tag{5.87}$$

通常分别研究它们的 4k-周期轨道.

无论对于系统 (5.86) 还是 (5.87), 我们关注它们的奇周期轨道, 即讨论 $4k$-周期轨道时, 总假定其对应解 $x(t)$ 满足

$$x(t-2k)=-x(t). \tag{5.88}$$

本节恒假定

$$\begin{gathered}F\in C^1(\mathbb{R}^N,\mathbb{R}),\quad F(-x)=F(x),\quad F(0)=0,\\ \nabla F(x)=A_0x+\circ(|x|),\quad |x|\to 0,\\ \nabla F(x)=A_\infty x+\circ(|x|),\quad |x|\to\infty,\end{gathered} \tag{5.89}$$

其中 A_0,A_∞ 都是对称实矩阵.

由 (5.89) 可得

$$\begin{aligned}F(x)-\frac{1}{2}(A_\infty x,x)&=F(x)-F(0)-\frac{1}{2}(A_\infty x,x)\\ &=\int_0^1(\nabla F(sx)-A_\infty sx,x)ds\\ &=\int_0^1\circ(|x|)|x|sds\\ &=\circ(|x|^2).\end{aligned} \tag{5.90}$$

将 $\mathbb{R}^N$ 按 5.1.2 节中的方法分解为 n 个正交子空间 $W_1,W_2,\cdots,W_n$, 其中与对称阵 A_0,A_∞ 相应的特征值和特征向量按 (5.5) 和 (5.6) 标记.

$$\dim W_i=r_i. \tag{5.91}$$

首先取函数空间

$$\begin{aligned}X=\mathrm{cl}\Bigg\{x(t)=\sum_{j=0}^\infty\left(a_j\cos\frac{(2j+1)\pi t}{2k}+b_j\sin\frac{(2j+1)\pi t}{2k}\right):a_j,b_j\in\mathbb{R}^N,\\ \sum_{j=0}^\infty(2j+1)^{2m+1}(|a_j|^2+|b_j|^2)<\infty\Bigg\},\end{aligned} \tag{5.92}$$

在 X 上定义内积和范数

$$\langle x,y\rangle=\int_0^{4k}(P^{2m+1}x(t),y(t))dt,\quad \|x\|=\sqrt{\langle x,x\rangle}, \tag{5.93}$$

则 $(X,\|\cdot\|)$ 是一个 Hilbert 空间, 记为 $H^{m+\frac{1}{2}}([0,4k],\mathbb{R}^N)$.

由于 X 是周期函数空间

$$L^2([0,4k],\mathbb{R}^N)=\mathrm{cl}\left\{x(t)=\sum_{j=0}^{\infty}\left(a_j\cos\frac{(2j+1)\pi t}{2k}+b_j\sin\frac{(2j+1)\pi t}{2k}\right):a_j,b_j\in\mathbb{R}^N,\right.$$
$$\left.\sum_{j=0}^{\infty}(|a_j|^2+|b_j|^2)<\infty\right\}$$

的闭子空间. 所以 X 中的所有元素也可以按 $L^2([0,4k],\mathbb{R}^N)$ 中的定义计算内积和范数, 即

$$\langle x,y\rangle_0=\int_0^{4k}(x(t),y(t))dt,\quad \|x\|_0=\sqrt{\langle x,x\rangle_0}. \tag{5.94}$$

根据 5.1 节中的讨论, 对 A_0,A_∞ 的特征向量 u_i,v_i 张成的一维空间为

$$U_i=\mathrm{sp}\{u_i\},\quad V_i=\mathrm{sp}\{v_i\},\quad i=1,2,\cdots,N. \tag{5.95}$$

不妨设

$$\begin{aligned}
&X(j)=\left\{x(t)=a_j\cos\frac{(2j+1)\pi t}{2k}+b_j\sin\frac{(2j+1)\pi t}{2k}:a_j,b_j\in\mathbb{R}^N\right\},\\
&X_{0,i}(j)=\mathrm{cl}\left\{x(t)=a_j\cos\frac{(2j+1)\pi t}{2k}+b_j\sin\frac{(2j+1)\pi t}{2k}:a_j,b_j\in U_i\right\},\\
&X_{\infty,i}(j)=\mathrm{cl}\left\{x(t)=a_j\cos\frac{(2j+1)\pi t}{2k}+b_j\sin\frac{(2j+1)\pi t}{2k}:a_j,b_j\in V_i\right\},
\end{aligned} \tag{5.96}$$

则有 $X(j)=\sum\limits_{i=1}^{N}X_{0,i}(j)=\sum\limits_{i=1}^{N}X_{\infty,i}(j)$. 并记

$$X_{0,i}=\bigoplus_{j=0}^{\infty}X_{0,i}(j),\quad X_{\infty,i}=\bigoplus_{j=0}^{\infty}X_{\infty,i}(j),\quad X=\bigoplus_{1\leqslant i\leqslant N}X_{0,i}=\bigoplus_{1\leqslant i\leqslant N}X_{\infty,i}, \tag{5.97}$$

容易证明 $\forall x\in X(j)$,

$$\|x\|^2=(2j+1)^{2m+1}\|x\|_0^2. \tag{5.98}$$

这时对 $\forall x\in X_{0,i}(j)\subset X(j)$, 有

$$\int_0^{4k}(A_0x(t),x(t))dt=\alpha_i\|x\|_0^2. \tag{5.99}$$

对 $\forall x\in X_{\infty,i}(j)\subset X(j)$, 有

$$\int_0^{4k}(A_\infty x(t),x(t))dt=\beta_i\|x\|_0^2. \tag{5.100}$$

以后对多元函数 F 除假设 (5.89) 外, 还假定

$$\left[F(x)-\frac{1}{2}(A_{\infty}x,x)\right]\to\infty,\quad |x|\to\infty. \tag{5.101}$$

5.4.1.1 微分系统 (5.86) 的 $4k$-周期轨道

对微分系统 (5.86), 在 (5.89) 和 (5.101) 的假设下, 我们首先在空间 X 上定义泛函

$$\Phi(x)=\frac{1}{2}\langle Lx,x\rangle+\Psi(x), \tag{5.102}$$

其中,

$$(Lx)(t)=P^{-(2m+1)}\sum_{i=1}^{2k-1}(-1)^{i}x^{(2m+1)}(t-i),\quad \Psi(x)=\int_{0}^{4k}F(x(t))dt. \tag{5.103}$$

易证 $L:X\to X$ 是一个有界自伴线性算子.

引理 5.6 (5.102) 中泛函 Φ 的临界点是微分系统 (5.86) 满足约束条件 $x(t-2k)=-x(t)$ 的 $4k$-周期轨道.

证明 设 x_0 是泛函 $\Phi(x)$ 的一个临界点, 则有

$$\Phi'(x_0(t))=0,\quad \text{a.e.}\quad t\in[0,4k],$$

即

$$L(x_0(t))+P^{-(2m+1)}\nabla F(x_0(t))=0,\quad \text{a.e.}\quad t\in[0,4k]. \tag{5.104}$$

由算子 P 的可逆性, 得

$$\sum_{i=1}^{2k-1}(-1)^{i}x_0^{(2m+1)}(t-i)+\nabla F(x_0(t))=0,\quad \text{a.e.}\quad t\in[0,4k]. \tag{5.105}$$

由 $x_0(t)$ 的周期性, 对 $l=1,2,\cdots,2k-1$ 可得

$$\sum_{i=1}^{2k-1}(-1)^{i}x_0^{(2m+1)}(t-i-l)+\nabla F(x_0(t-l))=0,\quad \text{a.e.}\quad t\in[0,4k], \tag{5.106-l}$$

再由 $x_0(t)$ 关于半周期 $2k$ 的反号性, 以上各式可写成

$$\begin{aligned}&-\nabla F(x_0(t-l))\\ =&\sum_{i=1}^{2k-1}(-1)^{i}x_0^{(2m+1)}(t-i-l)\end{aligned}$$

$$
\begin{aligned}
&= \sum_{i=2k-l}^{2k-1} (-1)^i x_0^{(2m+1)}(t-i-l) + \sum_{i=1}^{2k-1-l} (-1)^i x_0^{(2m+1)}(t-i-l) \\
&= \sum_{s=2k}^{2k+l-1} (-1)^{s-l} x_0^{(2m+1)}(t-s) + \sum_{s=l+1}^{2k-1} (-1)^{s-l} x_0^{(2m+1)}(t-s) \quad (s=i+l) \\
&= (-1)^l \left[-\sum_{i=0}^{l-1} (-1)^i x_0^{(2m+1)}(t-i) + \sum_{i=l+1}^{2k-1} (-1)^i x_0^{(2m+1)}(t-i) \right]. \quad (i \to s)
\end{aligned}
$$

即

$$
(-1)^l \left[-\sum_{i=0}^{l-1} (-1)^i x_0^{(2m+1)}(t-i) + \sum_{i=l+1}^{2k-1} (-1)^i x_0^{(2m+1)}(t-i) \right] = -\nabla F(x_0(t-l)). \tag{5.107-l}
$$

将上列各方程从 (5.107-1) 一直加到 (5.107-$(2k-1)$), 用向量形式表示, 即

$$
\begin{pmatrix} 0 & 1 & 1 & \cdots & 1 \end{pmatrix}
\begin{pmatrix}
0 & -1 & 1 & \cdots & -1 \\
1 & 0 & -1 & \cdots & 1 \\
-1 & 1 & 0 & \cdots & -1 \\
\vdots & \vdots & \vdots & & \vdots \\
1 & -1 & 1 & \cdots & 0
\end{pmatrix}
\begin{pmatrix}
x_0^{(2m+1)}(t) \\
x_0^{(2m+1)}(t-1) \\
x_0^{(2m+1)}(t-2) \\
\vdots \\
x_0^{(2m+1)}(t-2k+1)
\end{pmatrix}
$$

$$
= -\begin{pmatrix} 0 & 1 & 1 & \cdots & 1 \end{pmatrix}
\begin{pmatrix}
\nabla F(x_0(t)) \\
\nabla F(x_0(t-1)) \\
\nabla F(x_0(t-2)) \\
\vdots \\
\nabla F(x_0(t-2k+1))
\end{pmatrix}.
$$

由此可得

$$
x_0^{(2m+1)}(t) = -\sum_{l=1}^{2k-1} \nabla F(x_0(t-l)), \quad \text{a.e.} \quad t \in [0, 4k]. \tag{5.108}
$$

故 $x_0(t)$ 是方程 (5.86) 的一个 $4k$-周期解. (5.108) 中, 因 $F \in C^1(\mathbb{R}^N, \mathbb{R})$, 故 (5.108) 对所有 $t \in [0, 4k]$ 成立. 再由 $x_0(t)$ 的 $4k$-周期性, 得它所对应的轨道就是方程 (5.86) 的一个 $4k$-周期轨道. 引理证毕.

以下计算 $\Phi(x)$. 对 $x \in X(j)$ 由 4.1 节的结果, 有

$$
x^{(2m+1)}(t) = D^{2m+1} x(t)
$$

$$
\begin{aligned}
&= (-1)^m \left(\frac{\pi}{2k}\right)^{2m} (2j+1)^{2m} Dx(t) \\
&= (-1)^m \left(\frac{\pi}{2k}\right)^{2m+1} (2j+1)^{2m+1} (\Omega x)(t).
\end{aligned}
$$

而且,

$$
\begin{aligned}
\sum_{i=1}^{2k-1} (-1)^i x(t-i) &= x(t) \sum_{i=1}^{2k-1} (-1)^i \cos \frac{(2j+1)i\pi}{2k} \\
&\quad - (\Omega x)(t) \sum_{i=1}^{2k-1} (-1)^i \sin \frac{(2j+1)i\pi}{2k} \\
&= (\Omega x)(t) \tan \frac{(2j+1)\pi}{4k}.
\end{aligned}
$$

于是,

$$
\begin{aligned}
Lx &= P^{-(2m+1)} \left[D^{2m+1} \sum_{i=1}^{2k-1} (-1)^i x(t-i) \right] \\
&= P^{-(2m+1)} \left(\frac{\pi}{2k}\right)^{2m+1} (P\Omega)^{2m+1} \left[(\Omega x)(t) \tan \frac{(2j+1)\pi}{4k} \right] \\
&= (-1)^m \left(\frac{\pi}{2k}\right)^{2m+1} \Omega \left[(\Omega x)(t) \tan \frac{(2j+1)\pi}{4k} \right] \\
&= (-1)^{m+1} \left(\frac{\pi}{2k}\right)^{2m+1} \left[x(t) \tan \frac{(2j+1)\pi}{4k} \right] \\
&= (-1)^{m+1} \left(\frac{\pi}{2k}\right)^{2m+1} \tan \frac{(2j+1)\pi}{4k} x(t),
\end{aligned} \tag{5.109}
$$

并得到

$$
\begin{aligned}
\langle Lx, x \rangle &= (-1)^{m+1} \left(\frac{\pi}{2k}\right)^{2m+1} (2j+1)^{2m+1} \tan \frac{(2j+1)\pi}{4k} \|x\|_0^2 \\
&= (-1)^{m+1} \left(\frac{\pi}{2k}\right)^{2m+1} \tan \frac{(2j+1)\pi}{4k} \|x\|^2.
\end{aligned} \tag{5.110}
$$

因此, 对 $j = 0, 1, 2, \cdots, 2k-1$, 当 $\forall x \in X_{0,i}(2lk+j) \subset X(2lk+j)$ 时, 结合 (5.99) 和 (5.110), 我们有

$$
\begin{aligned}
&\left\langle Lx + P^{-(2m+1)} A_0 x, x \right\rangle \\
&= \left[(-1)^{m+1} \left(\frac{\pi}{2k}\right)^{2m+1} (4lk+2j+1)^{2m+1} \tan \frac{(2j+1)\pi}{4k} + \alpha_i \right] \|x\|_0^2.
\end{aligned} \tag{5.111}
$$

当 $\forall x \in X_{\infty,i}(2lk+j) \subset X(2lk+j)$ 时, 有

$$
\left\langle Lx + P^{-(2m+1)} A_\infty x, x \right\rangle
$$

$$= \left[(-1)^{m+1} \left(\frac{\pi}{2k} \right)^{2m+1} (4lk+2j+1)^{2m+1} \tan \frac{(2j+1)\pi}{4k} + \beta_i \right] \|x\|_0^2. \quad (5.112)$$

现对 $i = 1, 2, \cdots, N$, 定义

$$\begin{aligned}
X_{0,i}^{+}(2lk+j) = &\left\{ X_{0,i}(2lk+j) : \left[(-1)^{m+1} \left(\frac{\pi}{2k} \right)^{2m+1} (4lk+2j+1)^{2m+1} \right.\right. \\
&\left.\left. \cdot \tan \frac{(2j+1)\pi}{4k} + \alpha_i \right] > 0 \right\}, \\
X_{0,i}^{0}(2lk+j) = &\left\{ X_{0,i}(2lk+j) : (-1)^{m+1} \left(\frac{(4lk+2j+1)\pi}{2k} \right)^{2m+1} \right. \\
&\left. \cdot \tan \frac{(2j+1)\pi}{4k} = -\alpha_i \right\}, \\
X_{0,i}^{-}(2lk+j) = &\left\{ X_{0,i}(2lk+j) : \left[(-1)^{m+1} \left(\frac{\pi}{2k} \right)^{2m+1} (4lk+2j+1)^{2m+1} \right.\right. \\
&\left.\left. \cdot \tan \frac{(2j+1)\pi}{4k} + \alpha_i \right] < 0 \right\}, \\
X_{\infty,i}^{+}(2lk+j) = &\left\{ X_{\infty,i}(2lk+j) : \left[(-1)^{m+1} \left(\frac{\pi}{2k} \right)^{2m+1} (4lk+2j+1)^{2m+1} \right.\right. \\
&\left.\left. \cdot \tan \frac{(2j+1)\pi}{4k} + \beta_i \right] > 0 \right\}, \\
X_{\infty,i}^{0}(2lk+j) = &\left\{ X_{\infty,i}(2lk+j) : (-1)^{m+1} \left(\frac{(4lk+2j+1)\pi}{2k} \right)^{2m+1} \right. \\
&\left. \cdot \tan \frac{(2j+1)\pi}{4k} = -\beta_i \right\}, \\
X_{\infty,i}^{-}(2lk+j) = &\left\{ X_{\infty,i}(2lk+j) : \left[(-1)^{m+1} \left(\frac{\pi}{2k} \right)^{2m+1} (4lk+2j+1)^{2m+1} \right.\right. \\
&\left.\left. \cdot \tan \frac{(2j+1)\pi}{4k} + \beta_i \right] < 0 \right\}.
\end{aligned} \quad (5.113)$$

故有

$$X_{\infty,i}^{+} = \sum_{j=0}^{2k-1} \sum_{l=0}^{\infty} X_{\infty,i}^{+}(2lk+j), \quad X_{\infty,i}^{0} = \sum_{j=0}^{2k-1} \sum_{l=0}^{\infty} X_{\infty,i}^{0}(2lk+j),$$

$$X_{\infty,i}^{-} = \sum_{j=0}^{2k-1} \sum_{l=0}^{\infty} X_{\infty,i}^{-}(2lk+j),$$

$$X_{0,i}^{+} = \sum_{j=0}^{2k-1} \sum_{l=0}^{\infty} X_{0,i}^{+}(2lk+j), \quad X_{0,i}^{0} = \sum_{j=0}^{2k-1} \sum_{l=0}^{\infty} X_{0,i}^{0}(2lk+j),$$

$$X_{0,i}^- = \sum_{j=0}^{2k-1}\sum_{l=0}^{\infty} X_{0,i}^-(2lk+j),$$

$$\begin{aligned}
&X_0^+(2lk+j) = \bigoplus_{i=1}^{N} X_{0,i}^+(2lk+j), \quad X_\infty^+(2lk+j) = \bigoplus_{i=1}^{N} X_{\infty,i}^+(2lk+j),\\
&X_0^0(2lk+j) = \bigoplus_{i=1}^{N} X_{0,i}^0(2lk+j), \quad X_\infty^0(2lk+j) = \bigoplus_{i=1}^{N} X_{\infty,i}^0(2lk+j),\\
&X_0^-(2lk+j) = \bigoplus_{i=1}^{N} X_{0,i}^-(2lk+j), \quad X_\infty^-(2lk+j) = \bigoplus_{i=1}^{N} X_{\infty,i}^-(2lk+j).
\end{aligned} \tag{5.114}$$

$i \in \{1,2,\cdots,N\}$ 时, 由于 $j \to \infty$ 得

$$\left|(-1)^{m+1}\left(\frac{(2j+1)\pi}{2k}\right)^{2m+1}\tan\frac{(2j+1)\pi}{4k}\right| \to \infty,$$

可知 X_0^0, X_∞^0 都是有限维的. 特别对 X_∞^0, 可设存在 $j_M > 0$, 使 $X_\infty^0 \subset \sum\limits_{j=0}^{j_M} X(j)$.

为证明 (5.102) 中的泛函 $\Phi(x)$ 满足 (PS)-条件, 我们根据 (5.96) 和 (5.114) 证以下引理.

引理 5.7 对 $\forall i \in \{1,2,\cdots,N\}$ 存在 $\sigma > 0$, 使

$$\begin{aligned}
&\langle (L+P^{-(2m+1)}A_\infty)x, x\rangle > \sigma\|x\|^2, \quad x \in X_\infty^+,\\
&\langle (L+P^{-(2m+1)}A_\infty)x, x\rangle < -\sigma\|x\|^2, \quad x \in X_\infty^-
\end{aligned} \tag{5.115}$$

成立.

证明 记 $\Gamma_i : X \to X_i$ 为正投影, $i \in \{1,2,\cdots,N\}$, 则 $\mathrm{id} = \sum\limits_{i=1}^{N}\Gamma_i$. 设 $x \in X_\infty^+$, 对 $x_i = \Gamma_i x$ 有 $x_i \in X_{\infty,i}^+$. 这时可将 x 表示为

$$x_i(t) = \sum_{l=0}^{\infty}\sum_{j=0}^{2k-1} x_{\infty,i}^+(2lk+j),$$

则根据 (5.110) 有

$$\begin{aligned}
&\langle (L+P^{-(2m+1)}A_\infty)x_i, x_i\rangle\\
&= \sum_{l=0}^{\infty}\sum_{j=0}^{2k-1}\langle (L+P^{-(2m+1)}A_{\infty,i})x_i(2lk+j), x_i(2lk+j)\rangle\\
&= \sum_{l=0}^{\infty}\sum_{j=0}^{2k-1}\left[\langle (L+P^{-(2m+1)}\beta_i)x_i(2lk+j), x_i(2lk+j)\rangle\right.
\end{aligned}$$

$$+\left\langle P^{-(2m+1)}(A_{\infty,i}x_i(2lk+j)-\beta_i x_i(2lk+j)),x_i(2lk+j)\right\rangle]$$
$$=\sum_{l=0}^{\infty}\sum_{j=0}^{2k-1}\left\langle (L+\beta_i P^{-(2m+1)})x_i(2lk+j),x_i(2lk+j)\right\rangle.$$

由于 $x_i\in X_{\infty,i}^+$, 故有

$$\begin{aligned}&\left\langle (L+\beta_i P^{-(2m+1)})x_i(2lk+j),x_i(2lk+j)\right\rangle\\&=\left[(-1)^{m+1}\left(\frac{\pi}{2k}\right)^{2m+1}(4lk+2j+1)^{2m+1}\tan\frac{(2j+1)\pi}{4k}+\beta_i\right]\|x_i\|_0^2\\&=\left[(-1)^{m+1}\left(\frac{\pi}{2k}\right)^{2m+1}\tan\frac{(2j+1)\pi}{4k}+\frac{\beta_i}{(4lk+2j+1)^{(2m+1)}}\right]\|x_i\|^2\\&>0.\end{aligned}$$

同样, 对 $x_i\in X_{\infty,i}^-$, 有

$$\begin{aligned}&\left\langle (L+\beta_i P^{-(2m+1)})x_i(2lk+j),x_i(2lk+j)\right\rangle\\&=\left[(-1)^{m+1}\left(\frac{\pi}{2k}\right)^{2m+1}\tan\frac{(2j+1)\pi}{4k}+\frac{\beta_i}{(4lk+2j+1)^{2m+1}}\right]\|x_i\|^2\\&<0.\end{aligned}$$

记

$$\begin{aligned}h_{i,j}(l)&=(-1)^{m+1}\left(\frac{\pi}{2k}\right)^{2m+1}\tan\frac{(2j+1)\pi}{4k}+\frac{\beta_i}{(4lk+2j+1)^{2m+1}},\\n_{i,j}^+&=\{l:h_{i,j}(l)>0\},\quad n_{i,j}^-=\{l:h_{i,j}(l)<0\},\end{aligned}$$

则由命题 4.15 知, 存在 $\sigma_{i,j}>0$ 使

$$h_{i,j}(l)>\sigma_{i,j},l\in N_{i,j}^+;\quad h_{i,j}(l)<-\sigma_{i,j},l\in N_{i,j}^-.$$

令 $\sigma=\min\limits_{\substack{0\leqslant j\leqslant 2k-1\\1\leqslant i\leqslant N}}\sigma_{i,j}>0$, 则 (5.115) 成立.

引理 5.8 设条件 (5.89) 和 (5.101) 成立, 则由 (5.102) 定义的泛函 Φ 满足 (PS)-条件.

证明 设 $\{x_n\}\subset X$ 是一个 (PS)-序列, 即

$$\Phi(x_n)\ \text{有界},\quad \Phi'(x_n)\to 0. \tag{5.116}$$

仍记 $\Gamma_i:X\to X_{\infty,i}$ 为正投影, 则 $x_{n,i}=\Gamma_i x_n\in X_i, x_n=\sum\limits_{i=1}^{N}x_{n,i}$. 由 (5.116) 成立可知, 对 $i\in\{1,2,\cdots,N\}$ 有

$$\Phi(x_{n,i})\ \text{有界},\quad \Phi'(x_{n,i})\to 0. \tag{5.117}$$

又令 $x_{n,i}^{+}=x_{n,i}\cap X_{\infty,i}^{+}, x_{n,i}^{-}=x_{n,i}\cap X_{\infty,i}^{-}, x_{n,i}^{0}=x_{n,i}\cap X_{\infty,i}^{0}$. 则有

$$\Phi(x_{n,i}^{+}),\quad \Phi(x_{n,i}^{-}),\quad \Phi(x_{n,i}^{0})$$

有界, 且 $n\to\infty$ 时

$$\Phi'(x_{n,i}^{+}),\quad \Phi'(x_{n,i}^{-}),\quad \Phi'(x_{n,i}^{0})\to 0.$$

根据引理 5.7, 有 $M>0$ 使

$$\begin{aligned}&\left|\left\langle P^{-(2m+1)}(\nabla F(x_{n,i}^{+})-A_{\infty}x_{n,i}^{+}),x_{n,i}^{+}\right\rangle\right|<\frac{\sigma}{2}\|x_{n,i}^{+}\|^{2}+M,\\&\left|\left\langle P^{-(2m+1)}(\nabla F(x_{n,i}^{-})-A_{\infty}x_{n,i}^{-}),x_{n,i}^{-}\right\rangle\right|<\frac{\sigma}{2}\|x_{n,i}^{-}\|^{2}+M.\end{aligned}$$

其中 σ 为引理 5.7 所给. 于是由

$$\left\langle\Phi'(x_{n,i}^{+}),x_{n,i}^{+}\right\rangle=\left\langle Lx_{n}+P^{-(2m+1)}\nabla F(x_{n,i}^{+}),x_{n,i}^{+}\right\rangle\to 0,$$

可得

$$\begin{aligned}&\left\langle\Phi'(x_{n,i}^{+}),x_{n,i}^{+}\right\rangle\\&\geqslant\left|\left\langle(L+P^{-(2m+1)}A_{\infty})x_{n,i}^{+},x_{n,i}^{+}\right\rangle\right|-\left|\left\langle P^{-(2m+1)}(\nabla F(x_{n,i}^{+})-A_{\infty}x_{n,i}^{+}),x_{n,i}^{+}\right\rangle\right|\\&\geqslant\frac{\sigma}{2}\|x_{n,i}^{+}\|^{2}-M.\end{aligned}$$

可知 $\|x_{n,i}^{+}\|$ 的有界性, 进而得到 $\|x_{n}^{+}\|$ 的有界性. 同理, $\|x_{n}^{-}\|$ 也有界.

对于 x_{n}^{0}, 由 (5.114) 知, $X_{n,i}^{0}$ 为有限维空间, 从而 X_{n}^{0} 为有限维空间. 根据已知条件, 如果 $\|x_{n}^{0}\|\to\infty$, 则 $\displaystyle\int_{0}^{4k}\left[F(x_{n}^{0}(t))-\frac{1}{2}(A_{\infty}x_{n}^{0}(t),x_{n}(t))\right]dt\to\infty$. 但因

$$\Phi(x_{n}^{0})=\int_{0}^{4k}\left[F(x_{n}^{0}(t)-\frac{1}{2}(A_{\infty}x_{n}^{0}(t),x_{n}^{0}(t))\right]dt$$

有界, 得出矛盾. 故 $\|x_{n}^{0}\|$ 有界, 从而 $\|x_{n}\|$ 有界.

记 $\Psi(x)=\displaystyle\int_{0}^{4k}F(x(t))dt$, 由命题 4.16 知, $F:X\to X$ 是紧算子, 从而 $\Psi'=\nabla F:X\to X$ 是个紧算子. 于是存在 $u\in X$, 使 $\Psi'(x_{n})\to u\in X$. 在

$$\Phi'(x_{n})=Lx_{n}+P^{-(2m+1)}\Psi'(x_{n})$$

中, 因 $\Phi'(x_{n})\to 0$, 故 $Lx_{n}\to -P^{-(2m+1)}u$, 即

$$D^{2m+1}\sum_{i=1}^{2k-1}(-1)^{i}x_{n}(t-i)\to -u.$$

在 (5.109) 中, 将 j 换成 $2lk+j$, 利用 $\tan\frac{(4lk+2j+1)\pi}{4k}=\tan\frac{(2j+1)\pi}{4k}$ 得

$$L|_{X(2lk+j)}x(t)=(-1)^{m+1}\left(\frac{\pi}{2k}\right)^{2m+1}\tan\frac{(2j+1)\pi}{4k}x(t),$$
$$j=1,\cdots,2k-1;\quad l=0,1,2,\cdots.$$

根据命题 4.17 和命题 4.18, 可知算子 L 可逆. 于是,

$$x_n\to -L^{-1}(P^{-(2m+1)}u).$$

这就证明了 (PS)-条件成立.

根据 (5.113) 易知, 存在正数 $d>0$, 对 $i=1,2,\cdots,N; j=0,1,2,\cdots,2k-1$, 当 $l>d$ 时, 如果 $(-1)^{m+1}\tan\frac{(2j+1)\pi}{4k}>0$, 则对 $i=1,2,\cdots,N$, 有

$$\begin{cases}X_{\infty,i}^{+}(2lk+j)=X_{\infty,i}(2lk+j),\\ X_{0,i}^{-}(2lk+j)=\varnothing,\end{cases}\qquad\begin{cases}X_{\infty,i}^{-}(2lk+j)=\varnothing,\\ X_{0,i}^{+}(2lk+j)=X_{0,i}(2lk+j),\end{cases}$$

如果 $(-1)^{m+1}\tan\frac{(2j+1)\pi}{4k}<0$, 有

$$\begin{cases}X_{\infty,i}^{-}(2lk+j)=X_{\infty,i}(2lk+j),\\ X_{0,i}^{-}(2lk+j)=\varnothing,\end{cases}\qquad\begin{cases}X_{\infty,i}^{+}(2lk+j)=\varnothing,\\ X_{0,i}^{-}(2lk+j)=X_{0,i}(2lk+j),\end{cases}$$

故 $l>d$ 时,

$$X_\infty^+(2lk+j)\cap X_0^-(2lk+j)=C_{X(2lk+j)}(X_\infty^+(2lk+j)\cup X_0^-(2lk+j))=\varnothing,$$
$$X_\infty^-(2lk+j)\cap X_0^+(2lk+j)=C_{X(2lk+j)}(X_\infty^-(2lk+j)\cup X_0^+(2lk+j))=\varnothing.$$

由此可得

$$X_\infty^+\cap X_0^-=\bigoplus_{j=0}^{2k-1}\bigoplus_{l=0}^{d}(X_\infty^+(2lk+j)\cap X_0^-(2lk+j)),$$
$$X_\infty^-\cap X_0^+=\bigoplus_{j=0}^{2k-1}\bigoplus_{l=0}^{d}(X_\infty^-(2lk+j)\cap X_0^+(2lk+j)),$$
$$C_X(X_\infty^+\cup X_0^-)=\bigoplus_{j=0}^{2k-1}\bigoplus_{l=0}^{d}(C_{X(2lk+j)}(X_\infty^+(2lk+j)\cup X_0^-(2lk+j))),$$
$$C_X(X_\infty^-\cup X_0^+)=\bigoplus_{j=0}^{2k-1}\bigoplus_{l=0}^{d}(C_{X(2lk+j)}(X_\infty^-(2lk+j)\cup X_0^+(2lk+j))).$$

于是可知

$$\begin{aligned}&\dim(X_\infty^+\cap X_0^-),\operatorname{cod}(X_\infty^-\cup X_0^+)=\dim C_X(X_\infty^-\cup X_0^+)<\infty,\\&\dim(X_\infty^-\cap X_0^+),\operatorname{cod}(X_\infty^+\cup X_0^-)=\dim C_X(X_\infty^+\cup X_0^-)<\infty,\end{aligned}\tag{5.118}$$

分别记

$$\begin{aligned}K&=\dim(X_\infty^+\cap X_0^-),\quad \bar{K}_c=\operatorname{cod}(X_\infty^+\cup X_0^-);\\K_-&=\dim(X_\infty^-\cap X_0^+),\quad \bar{K}_{-c}=\operatorname{cod}(X_\infty^-\cup X_0^+).\end{aligned}$$

则有以下定理.

定理 5.8 设条件 (5.89) 和 (5.101) 成立, 则当

$$\tilde{n}=\frac{1}{2}\max\{0,K-\bar{K}_c,K_--\bar{K}_{-c}\}$$

时, 微分系统 (5.86) 至少有 $\tilde{n}$ 个几何上不同的 $4k$-周期轨道, 满足 $x(t-2k)=-x(t)$.

证明 讨论周期轨道, 依据 S^1 指标理论.

不失一般性, 设

$$\tilde{n}=\frac{1}{2}[K-\bar{K}_c]>0,\tag{5.119}$$

如果是另外的情况, 可用 $-\Phi(x)$ 代替 $\Phi(x)$ 进行讨论. 首先, 由 (5.118) 可知 $K,\bar{K}_c,K_-,\bar{K}_{-c}$ 都是有限数.

最后需要证明, 当 $x\in X^+=X_\infty^+,\|x\|^2\to\infty$ 时,

$$\Phi(x)\ \text{下有界},\tag{5.120}$$

且有 $r>0$, 在 $x\in X^-=X_0^-,\|x\|=r>0$ 时使

$$\Phi(x)<0.\tag{5.121}$$

为此仍考虑正投影 $\Pi_i:\mathbb{R}^N\to W_i,i=1,2,\cdots,N$. 先证 (5.120). 对 $\forall x\in X^+=X_\infty^+$, 令 $x_i=\Pi_i x\in X^+$, 则 $x=\sum\limits_{i=1}^N x_i,x_i\in X_{\infty,i}^+$. 于是,

$$\begin{aligned}\Phi(x)&=\frac{1}{2}\langle Lx,x\rangle+\int_0^{4k}F(x(t))dt\\&=\frac{1}{2}\left\langle(L+P^{-(2m+1)}A_\infty)x,x\right\rangle+\int_0^{4k}\left[F(x(t))-\frac{1}{2}(A_\infty x,x)\right]dt\\&=\frac{1}{2}\sum_{i=1}^N\left\langle(L+P^{-(2m+1)}A_\infty)x_i,x_i\right\rangle+\int_0^{4k}\left[F(x(t))-\frac{1}{2}(A_\infty x,x)\right]dt\\&=\frac{1}{2}\sum_{i=1}^N\left\langle(L+P^{-(2m+1)}\beta_i)x_i,x_i\right\rangle+\int_0^{4k}\left[F(x(t))-\frac{1}{2}(A_\infty x,x)\right]dt.\end{aligned}$$

根据 (5.115) 式, 经过引理 5.7 中相同的推导可得, 存在 $\sigma_i>0$, 当 $x_i\in X_{\infty,i}^+$ 时,

$$(-1)^{m+1}\left(\frac{\pi}{2k}\right)^{2m+1}(2j+1)^{2m+1}\tan\frac{(2j+1)\pi}{4k}+\beta_i\geqslant\sigma_i>0,$$

亦即

$$\left\langle (L+P^{-(2m+1)}\beta_i)x_i,x_i\right\rangle\geqslant\sigma_i\|x_i\|^2>0.$$

取 $\sigma=\min\{\sigma_1,\sigma_2,\cdots,\sigma_N\}>0$, 则有

$$\frac{1}{2}\sum_{i=1}^{N}\left\langle (L+P^{-(2m+1)}\beta_i)x_i,x_i\right\rangle\geqslant\frac{1}{2}\sigma\|x\|^2. \tag{5.122}$$

由条件 (5.89) 和 (5.101), 存在 $K>0$, 使

$$\left|F(x)-\frac{1}{2}(A_\infty x,x)\right|<\frac{\sigma}{4}|x|^2+K,$$

故有

$$\begin{aligned}\Phi(x)&\geqslant\frac{\sigma}{2}\|x\|^2-\left(\frac{\sigma}{4}\|x\|_0^2+4kK\right)\\&\geqslant\frac{\sigma}{2}\|x\|^2-\left(\frac{\sigma}{4}\|x\|^2+4kK\right)\\&\geqslant\frac{\sigma}{4}\|x\|^2-4kK,\end{aligned}$$

可知在 X^+ 上 $\Phi(x)$ 下有界.

类似可证, 存在正数, 不妨设还是 $\sigma>0$, 使当 $x\in X^-=X_0^-$ 时有

$$\begin{aligned}\Phi(x)&=\frac{1}{2}\left\langle (L+P^{-(2m+1)}A_0)x,x\right\rangle+\int_0^{4k}\left[F(x(t))-\frac{1}{2}(A_0x,x)\right]dt\\&=\frac{1}{2}\sum_{i=1}^{N}\left\langle (L+P^{-(2m+1)}A_0)x_i,x_i\right\rangle+\int_0^{4k}\left[F(x(t))-\frac{1}{2}(A_0x,x)\right]dt\\&\leqslant-\frac{\sigma}{2}\|x\|^2+\int_0^{4k}\left[F(x(t))-\frac{1}{2}(A_0x,x)\right]dt.\end{aligned}$$

由于

$$\lim_{|x|\to 0}\frac{\left|F(x)-\dfrac{1}{2}(A_0x,x)\right|}{|x|^2}=\frac{1}{2}\lim_{|x|\to 0}\frac{|\nabla F(x)-A_0x|}{|x|}=0,$$

故存在 $\delta>0$, 当 $0<|x|\leqslant\delta$ 时有

$$\left|F(x)-\frac{1}{2}(A_0x,x)\right|<\frac{\sigma}{4}|x|^2.$$

由命题 4.9 知, 由 $x\in X,\|x\|\to 0$ 可得 $\max|x(t)|\to 0$, 所以有 $r>0$, 当

$x \in X, \|x\| = r$ 时, $\left|F(x) - \dfrac{1}{2}(A_0 x(t), x(t))\right| < \dfrac{\sigma}{4}\|x\|^2$. 由此可得 $x \in X^-, \|x\| = r$ 时,

$$\Phi(x) \leqslant -\frac{\sigma}{4} r^2 < 0.$$

这样根据定理 2.17, 泛函 $\Phi(x)$ 至少有 $\tilde{n}$ 对不同的临界点, 对应微分系统 (5.86) 至少有 $\tilde{n}$ 个几何上不同的 $4k$-周期轨道, 满足 $x(t-2k) = -x(t)$.

现在根据 (5.113) 对定理 5.8 的结论细化.

记

$$n_{\infty,i}^{+}(2lk+j) = \begin{cases} 1, & (-1)^{m+1}\left(\dfrac{(4lk+2j+1)\pi}{2k}\right)^{2m+1} \tan\dfrac{(2j+1)\pi}{4k} > -\beta_i, \\ 0, & (-1)^{m+1}\left(\dfrac{(4lk+2j+1)\pi}{2k}\right)^{2m+1} \tan\dfrac{(2j+1)\pi}{4k} \leqslant -\beta_i, \end{cases}$$
$$n_{\infty,i}^{-}(2lk+j) = \begin{cases} 1, & (-1)^{m+1}\left(\dfrac{(4lk+2j+1)\pi}{2k}\right)^{2m+1} \tan\dfrac{(2j+1)\pi}{4k} < -\beta_i, \\ 0, & (-1)^{m+1}\left(\dfrac{(4lk+2j+1)\pi}{2k}\right)^{2m+1} \tan\dfrac{(2j+1)\pi}{4k} \geqslant -\beta_i; \end{cases}$$
$$n_{0,i}^{+}(2lk+j) = \begin{cases} 1, & (-1)^{m+1}\left(\dfrac{(4lk+2j+1)\pi}{2k}\right)^{2m+1} \tan\dfrac{(2j+1)\pi}{4k} > -\alpha_i, \\ 0, & (-1)^{m+1}\left(\dfrac{(4lk+2j+1)\pi}{2k}\right)^{2m+1} \tan\dfrac{(2j+1)\pi}{4k} \leqslant -\alpha_i, \end{cases}$$
$$n_{0,i}^{-}(2lk+j) = \begin{cases} 1, & (-1)^{m+1}\left(\dfrac{(4lk+2j+1)\pi}{2k}\right)^{2m+1} \tan\dfrac{(2j+1)\pi}{4k} < -\alpha_i, \\ 0, & (-1)^{m+1}\left(\dfrac{(4lk+2j+1)\pi}{2k}\right)^{2m+1} \tan\dfrac{(2j+1)\pi}{4k} \geqslant -\alpha_i. \end{cases} \tag{5.123}$$

对照 (5.113) 中的一组定义, 显然有

$$\begin{aligned} n_{\infty,i}^{+}(2lk+j) &= \begin{cases} 1, & X_{\infty,i}^{+}(2lk+j) = X_{\infty,i}(2lk+j), \\ 0, & X_{\infty,i}^{+}(2lk+j) = \varnothing, \end{cases} \\ n_{\infty,i}^{-}(2lk+j) &= \begin{cases} 1, & X_{\infty,i}^{-}(2lk+j) = X_{\infty,i}(2lk+j), \\ 0, & X_{\infty,i}^{-}(2lk+j) = \varnothing, \end{cases} \\ n_{0,i}^{+}(2lk+j) &= \begin{cases} 1, & X_{0,i}^{+}(2lk+j) = X_{0,i}(2lk+j), \\ 0, & X_{0,i}^{+}(2lk+j) = \varnothing, \end{cases} \\ n_{0,i}^{-}(2lk+j) &= \begin{cases} 1, & X_{0,i}^{-}(2lk+j) = X_{0,i}(2lk+j), \\ 0, & X_{0,i}^{-}(2lk+j) = \varnothing, \end{cases} \end{aligned} \tag{5.124}$$

令

$$n_0^{\pm}(2kl+j)=\sum_{i=1}^{N}n_{0,i}^{\pm}(2kl+j),\quad n_{\infty}^{\pm}(2kl+j)=\sum_{i=1}^{N}n_{\infty,i}^{\pm}(2kl+j).$$

故对前述整数 $d>0$, $l>d$ 时, 对每个 $j\in\{0,1,2,\cdots,2k-1\}$ 和所有的 $i\in\{1,2,\cdots,N\}$, 有

$$\begin{cases}\begin{cases}n_{\infty,i}^{+}(2lk+j)=1,n_{0,i}^{-}(2lk+j)=0,\\ n_{\infty,i}^{-}(2lk+j)=0,n_{0,i}^{+}(2lk+j)=1,\end{cases} & (-1)^{m+1}\tan\dfrac{(2j+1)\pi}{4k}>0,\\ \begin{cases}n_{\infty,i}^{+}(2lk+j)=0,n_{0,i}^{-}(2lk+j)=1,\\ n_{\infty,i}^{-}(2lk+j)=1,n_{0,i}^{+}(2lk+j)=0,\end{cases} & (-1)^{m+1}\tan\dfrac{(2j+1)\pi}{4k}<0,\end{cases}\tag{5.125}$$

故 $l>d$ 时有

$$\begin{cases}\begin{cases}n_{\infty}^{+}(2lk+j)=N,n_{0}^{-}(2lk+j)=0,\\ n_{\infty}^{-}(2lk+j)=0,n_{0,}^{+}(2lk+j)=N,\end{cases} & (-1)^{m+1}\tan\dfrac{(2j+1)\pi}{4k}>0,\\ \begin{cases}n_{\infty}^{+}(2lk+j)=0,n_{0}^{-}(2lk+j)=N,\\ n_{\infty}^{-}(2lk+j)=N,n_{0}^{+}(2lk+j)=0,\end{cases} & (-1)^{m+1}\tan\dfrac{(2j+1)\pi}{4k}<0.\end{cases}\tag{5.126}$$

根据 (5.113) 可知

$$\begin{aligned}&X_{\infty}^{+}\cap X_{0}^{-}=\bigoplus_{j=0}^{2k-1}\bigoplus_{l=0}^{d}(X_{\infty}^{+}(2lk+j)\cap X_{0}^{-}(2lk+j)),\\ &\dim(X_{\infty}^{+}\cap X_{0}^{-})-\mathrm{cod}_X(X_{\infty}^{+}\cup X_{0}^{-})\\ =&\sum_{j=0}^{2k-1}\sum_{l=0}^{d}[\dim X_{\infty}^{+}(2lk+j)+\dim X_{0}^{-}(2lk+j)-2N]\\ =&2\sum_{j=0}^{2k-1}\sum_{l=0}^{d}[n_{\infty}^{+}(2lk+j)+n_{0}^{-}(2lk+j)-N].\end{aligned}\tag{5.127}$$

同样,

$$\begin{aligned}&X_{\infty}^{-}\cap X_{0}^{+}=\bigoplus_{j=0}^{2k-1}\bigoplus_{l=0}^{d}(X_{\infty}^{-}(2lk+j)\cap X_{0}^{+}(2lk+j)),\\ &\dim(X_{\infty}^{-}\cap X_{0}^{+})-\mathrm{cod}_X(X_{\infty}^{-}\cup X_{0}^{+})\\ =&2\sum_{j=0}^{2k-1}\sum_{l=0}^{d}[n_{\infty}^{-}(2lk+j)+n_{0}^{+}(2lk+j)-N],\end{aligned}\tag{5.128}$$

故有

$$K-\bar{K}_c=\dim(X_{\infty}^{+}\cap X_{0}^{-})-\mathrm{cod}_X(X_{\infty}^{+}\cup X_{0}^{-})$$

$$= \sum_{j=0}^{2k-1} \sum_{l=0}^{d} [2n_\infty^+(2lk+j) + 2n_0^-(2lk+j) - 2N], \tag{5.129}$$

$$K_- - \bar{K}_{-c} = \sum_{j=0}^{2k-1} \sum_{l=0}^{d} [2n_\infty^-(2lk+j) + 2n_0^+(2lk+j) - 2N]. \tag{5.130}$$

然而, 在上列关系式中, 对整数 d, 仅在理论上论证了它的存在性, 未曾给出计算方法, 也就难以计算 $K - \bar{K}_c$ 和 $K_- - \bar{K}_{-c}$ 的具体数值, 这就造成在实际应用时的不便. 为此我们对 $j = 0, 1, 2, \cdots, 2k-1$ 定义

$$\gamma_m = \min\{\min_{1\leqslant i\leqslant N} \alpha_i, \quad \min_{1\leqslant i\leqslant N} \beta_i\}, \quad \gamma_M = \max\{\max_{1\leqslant i\leqslant N} \alpha_i, \max_{1\leqslant i\leqslant N} \beta_i\},$$

$$d_j = \begin{cases} \min\left\{ l \geqslant 0 : (-1)^{m+1} \left(\dfrac{(4lk+2j+1)\pi}{2k}\right)^{2m+1} \tan\dfrac{(2j+1)\pi}{4k} > -\gamma_m \right\}, \\ \qquad\qquad (-1)^{m+1} \tan\dfrac{(2j+1)\pi}{4k} > 0, \\ \min\left\{ l \geqslant 0 : (-1)^{m+1} \left(\dfrac{(4lk+2j+1)\pi}{2k}\right)^{2m+1} \tan\dfrac{(2j+1)\pi}{4k} < -\gamma_M \right\}, \\ \qquad\qquad (-1)^{m+1} \tan\dfrac{(2j+1)\pi}{4k} < 0. \end{cases}$$

显然, $d_j \leqslant d$. 这时对每个 $j \in \{0, 1, 2, \cdots, 2k-1\}$, 当 $l > d_j$ 时,

$$\begin{cases} n_\infty^+(2lk+j) = N, n_0^-(2lk+j) = 0, \\ n_\infty^-(2lk+j) = 0, n_0^+(2lk+j) = N, \end{cases} \quad (-1)^{m+1} \tan\frac{(2j+1)\pi}{4k} > 0,$$
$$\begin{cases} n_\infty^+(2lk+j) = 0, n_0^-(2lk+j) = N, \\ n_\infty^-(2lk+j) = N, n_0^+(2lk+j) = 0, \end{cases} \quad (-1)^{m+1} \tan\frac{(2j+1)\pi}{4k} < 0, \tag{5.131}$$

于是有

$$K - \bar{K}_c = \dim(X_\infty^+ \cap X_0^-) - \operatorname{cod}(X_\infty^+ \cup X_0^-)$$
$$= 2\sum_{j=0}^{2k-1} \sum_{l=0}^{d_j} [n_\infty^+(2lk+j) + n_0^-(2lk+j) - N], \tag{5.132}$$

$$K_- - \bar{K}_{-c} = 2\sum_{j=0}^{2k-1} \sum_{l=0}^{d_j} [n_\infty^-(2lk+j) + n_0^+(2lk+j) - N]. \tag{5.133}$$

由此可得以下推论.

推论 5.1　设条件 (5.89) 和 (5.101) 成立, 则微分系统 (5.86) 至少有

$$\tilde{n} = \max\left\{0, \sum_{j=0}^{2k-1} \sum_{l=0}^{d_j} [n_\infty^+(2lk+j) + n_0^-(2lk+j) - N], \right.$$

$$\sum_{j=0}^{2k-1}\sum_{l=0}^{d_j}[n_\infty^-(2lk+j)+n_0^+(2lk+j)-N]\Bigg\} \tag{5.134}$$

个几何上不同的 $4k$-周期轨道, 满足 $x(t-2k)=-x(t)$.

特别当系统 (5.86) 可分解时, 即系统 (5.86) 可分解成 n 个系统, 记

$$z=(y_1,y_2,\cdots,y_n),\quad r_0=0,$$

$$y_i^{(2m+1)}(t)=-\sum_{p=1}^{2k-1}\nabla\tilde{H}(y_i(t-p)),\quad y_i\in\mathbb{R}^{r_i-r_{i-1}},\quad i=1,2,\cdots,n, \tag{5.135}$$

其中 $y_i=(x_{r_{i-1}+1},x_{r_{i-1}+2},\cdots,x_{r_i}),\nabla\tilde{H}(y_i)=\nabla_{y_i}H(0,\cdots,0,y_i,0,\cdots,0)$. 当取定 y_i 时, (5.135) 是一个 r_i-r_{i-1} 维系统. 由 (5.89) 可得

$$\begin{aligned}&|\nabla\tilde{H}(y_i)-B_{0,i}y_i|=\circ(|y_i|),\quad |y_i|\to 0,\\&|\nabla\tilde{H}(y_i)-B_{\infty,i}y_i|=\circ(|y_i|),\quad |y_i|\to\infty,\end{aligned} \tag{5.136}$$

这时两个对称阵的特征值分别为

$$\sigma(B_{0,i})=(\alpha_{r_{i-1}+1},\alpha_{r_{i-1}+2},\cdots,\alpha_{r_i}),\quad \sigma(B_{\infty,i})=(\beta_{r_{i-1}+1},\beta_{r_{i-1}+2},\cdots,\beta_{r_i}). \tag{5.137}$$

相应的特征向量则分别为

$$(u_{r_{i-1}+1},u_{r_{i-1}+2},\cdots,u_{r_i}),\quad (v_{r_{i-1}+1},v_{r_{i-1}+2},\cdots,v_{r_i}). \tag{5.138}$$

对系统 (5.135), 根据 5.1 节的讨论及 (5.12) 的假设, 我们用空间

$$\begin{aligned}X^i=\mathrm{cl}\Bigg\{x(t)=\sum_{j=0}^{\infty}\left(a_j\cos\frac{(2j+1)\pi t}{2k}+b_j\sin\frac{(2j+1)\pi t}{2k}\right):a_j,b_j\in W_i=\mathbb{R}^{r_i-r_{i-1}},\\ \sum_{j=0}^{\infty}(2j+1)^{2m+1}(|a_j|^2+|b_j|^2)<\infty\Bigg\}\end{aligned} \tag{5.139}$$

代替 (5.92) 中的空间 X 进行讨论, 则

$$\begin{aligned}X^i(j)&=\left\{a_j\cos\frac{(2j+1)\pi t}{2k}+b_j\sin\frac{(2j+1)\pi t}{2k}:a_j,b_j\in W_i\right\},\\ X^i&=\bigoplus_{j=0}^{\infty}X^i(j)=\bigoplus_{l=0}^{\infty}\bigoplus_{j=0}^{2k-1}X^i(2lk+j).\end{aligned} \tag{5.140}$$

进一步细分, 记

$$
\begin{aligned}
X_{0,s}^i(j) &= \left\{a_j \cos\frac{(2j+1)\pi t}{2k} + b_j \sin\frac{(2j+1)\pi t}{2k} : a_j, b_j \in U_s\right\}, \\
X_{\infty,s}^i(j) &= \left\{a_j \cos\frac{(2j+1)\pi t}{2k} + b_j \sin\frac{(2j+1)\pi t}{2k} : a_j, b_j \in V_s\right\}, \\
X^i &= \bigoplus_{j=0}^{\infty} \bigoplus_{s=r_{i-1}+1}^{r_i} X_{0,s}^i(j) = \bigoplus_{j=0}^{\infty} \bigoplus_{s=r_{i-1}+1}^{r_i} X_{\infty,s}^i(j).
\end{aligned} \tag{5.141}
$$

现对 $s = r_{i-1}+1, r_{i-1}+2, \cdots, r_i$, 规定

$$
\begin{aligned}
X_{0,s}^{i,+} = &\bigoplus_{\substack{0\leqslant j\leqslant 2k-1\\ l\geqslant 0}} \left\{X_{0,s}^i(2lk+j) : (-1)^{m+1}\left(\frac{\pi}{2k}\right)^{2m+1}\right. \\
&\left.\cdot (4lk+2j+1)^{2m+1}\tan\frac{(2j+1)\pi}{4k} + \alpha_s > 0\right\}, \\
X_{0,s}^{i,0} = &\bigoplus_{\substack{0\leqslant j\leqslant 2k-1\\ l\geqslant 0}} \left\{X_{0,s}^i(2lk+j) : (-1)^{m+1}\right. \\
&\left.\cdot \left(\frac{(4lk+2j+1)\pi}{2k}\right)^{2m+1}\tan\frac{(2j+1)\pi}{4k} = -\alpha_s\right\}, \\
X_{0,s}^{i,-} = &\bigoplus_{\substack{0\leqslant j\leqslant 2k-1\\ l\geqslant 0}} \left\{X_{0,s}^i(2lk+j) : (-1)^{m+1}\left(\frac{\pi}{2k}\right)^{2m+1}\right. \\
&\left.\cdot (4lk+2j+1)^{2m+1}\tan\frac{(2j+1)\pi}{4k} + \alpha_s < 0\right\}
\end{aligned} \tag{5.142}
$$

及

$$
\begin{aligned}
X_{\infty,s}^{i,+} = &\bigoplus_{\substack{0\leqslant j\leqslant 2k-1\\ l\geqslant 0}} \left\{X_{\infty,s}^i(2lk+j) : (-1)^{m+1}\left(\frac{\pi}{2k}\right)^{2m+1}\right. \\
&\left.\cdot (4lk+2j+1)^{2m+1}\tan\frac{(2j+1)\pi}{4k} + \beta_s > 0\right\}, \\
X_{\infty,s}^{i,0} = &\bigoplus_{\substack{0\leqslant j\leqslant 2k-1\\ l\geqslant 0}} \left\{X_{\infty,s}^i(2lk+j) : (-1)^{m+1}\right. \\
&\left.\cdot \left(\frac{(4lk+2j+1)\pi}{2k}\right)^{2m+1}\tan\frac{(2j+1)\pi}{4k} = -\beta_s\right\}, \\
X_{\infty,s}^{i,-} = &\bigoplus_{\substack{0\leqslant j\leqslant 2k-1\\ l\geqslant 0}} \left\{X_{\infty,s}^i(2lk+j) : (-1)^{m+1}\left(\frac{\pi}{2k}\right)^{2m+1}\right. \\
&\left.\times (4lk+2j+1)^{2m+1}\tan\frac{(2j+1)\pi}{4k} + \beta_s < 0\right\}.
\end{aligned} \tag{5.143}
$$

并记

$$
\begin{gathered}
X_0^{i,+}=\bigoplus_{s=r_{i-1}+1}^{r_i} X_{0,s}^{i,+}, \quad X_0^{i,0}=\bigoplus_{s=r_{i-1}+1}^{r_i} X_{0,s}^{i,0}, \quad X_0^{i,-}=\bigoplus_{s=r_{i-1}+1}^{r_i} X_{0,s}^{i,-}, \\
X_\infty^{i,+}=\bigoplus_{s=r_{i-1}+1}^{r_i} X_{\infty,s}^{i,+}, \quad X_\infty^{i,0}=\bigoplus_{s=r_{i-1}+1}^{r_i} X_{\infty,s}^{i,0}, \quad X_\infty^{i,-}=\bigoplus_{s=r_{i-1}+1}^{r_i} X_{\infty,s}^{i,-}; \\
K^i=\dim(X_\infty^{i,+}\cap X_0^{i,-}), \quad \bar{K}_c^i=\operatorname{cod}(X_\infty^{i,+}\cup X_0^{i,-}), \\
K_-^i=\dim(X_\infty^{i,-}\cap X_0^{i,+}), \quad \bar{K}_{-c}=\operatorname{cod}(X_\infty^{i,-}\cup X_0^{i,+}).
\end{gathered} \tag{5.144}
$$

由定理 5.8 可得下列定理.

定理 5.9 设条件 (5.89) 和 (5.101) 成立, 假定微分系统 (5.86) 可以分解为 (5.135) 所示的 n 个独立的系统, 则 (5.86) 至少有

$$
\tilde{n}=\frac{1}{2}\sum_{i=1}^{n}\max\{0,K^i-\bar{K}_c^i,K_-^i-\bar{K}_{-c}^i\}
$$

个几何上不同的 $4k$-周期轨道, 满足 $x(t-2k)=-x(t)$.

证明 当系统 (5.86) 可以分解为 (5.135) 所示的 n 个子系统时, 根据定理 5.8, 其中第 i 个系统至少有

$$
\tilde{n}^i=\frac{1}{2}\max\{0,K^i-\bar{K}_c^i,K_-^i-\bar{K}_{-c}^i\}
$$

个几何上不同的 $4k$-周期轨道, 满足 $x(t-2k)=-x(t)$, 而 (5.135) 所表示的每个不同系统, 其周期轨道是各不相同的, 且都是 (5.86) 的周期轨道, 故有定理的结论.

对 $r_{i-1}+1\leqslant s\leqslant r_i(r_0=0,r_n=N)$, 记

$$
n_{\infty,s}^{i,+}(2lk+j)=\begin{cases}1, & (-1)^{m+1}\left(\dfrac{(4lk+2j+1)\pi}{2k}\right)^{2m+1}\tan\dfrac{(2j+1)\pi}{4k}>-\beta_s,\\[2mm] 0, & (-1)^{m+1}\left(\dfrac{(4lk+2j+1)\pi}{2k}\right)^{2m+1}\tan\dfrac{(2j+1)\pi}{4k}\leqslant-\beta_s,\end{cases}
$$

$$
n_{\infty,s}^{i,-}(2lk+j)=\begin{cases}1, & (-1)^{m+1}\left(\dfrac{(4lk+2j+1)\pi}{2k}\right)^{2m+1}\tan\dfrac{(2j+1)\pi}{4k}<-\beta_s,\\[2mm] 0, & (-1)^{m+1}\left(\dfrac{(4lk+2j+1)\pi}{2k}\right)^{2m+1}\tan\dfrac{(2j+1)\pi}{4k}\geqslant-\beta_s;\end{cases}
$$

$$
n_{0,s}^{i,+}(2lk+j)=\begin{cases}1, & (-1)^{m+1}\left(\dfrac{(4lk+2j+1)\pi}{2k}\right)^{2m+1}\tan\dfrac{(2j+1)\pi}{4k}>-\alpha_s,\\[2mm] 0, & (-1)^{m+1}\left(\dfrac{(4lk+2j+1)\pi}{2k}\right)^{2m+1}\tan\dfrac{(2j+1)\pi}{4k}\leqslant-\alpha_s,\end{cases}
$$

$$n_{0,s}^{i,-}(2lk+j)=\begin{cases}1, & (-1)^{m+1}\left(\dfrac{(4lk+2j+1)\pi}{2k}\right)^{2m+1}\tan\dfrac{(2j+1)\pi}{4k}<-\alpha_s,\\ 0, & (-1)^{m+1}\left(\dfrac{(4lk+2j+1)\pi}{2k}\right)^{2m+1}\tan\dfrac{(2j+1)\pi}{4k}\geqslant-\alpha_s.\end{cases}$$

$$n_\infty^{i,+}(2lk+j)=\sum_{s=r_{i-1}+1}^{r_i}n_{\infty,s}^{i,+}(2lk+j),\ n_\infty^{i,-}(2lk+j)=\sum_{s=r_{i-1}+1}^{r_i}n_{\infty,s}^{i,-}(2lk+j),$$

$$n_0^{i,+}(2lk+j)=\sum_{s=r_{i-1}+1}^{r_i}n_{0,s}^{i,+}(2lk+j),\ n_0^{i,-}(2lk+j)=\sum_{s=r_{i-1}+1}^{r_i}n_{0,s}^{i,-}(2lk+j),\tag{5.145}$$

对 $j=0,1,2,\cdots,2k-1;i=1,2,\cdots,n;s=r_{i-1}+1,r_{i-1}+2,\cdots,r_i$, 我们定义

$$\gamma_m^i=\min\{\min_{r_{i-1}+1\leqslant s\leqslant r_i}\alpha_s,\ \min_{r_{i-1}+1\leqslant s\leqslant r_i}\beta_s\},\quad \gamma_M^i=\max\{\max_{r_{i-1}+1\leqslant s\leqslant r_i}\alpha_s,\ \max_{r_{i-1}+1\leqslant s\leqslant r_i}\beta_s\},$$

$$d_j^i=\begin{cases}\min\left\{l\geqslant0:(-1)^{m+1}\left(\dfrac{(4lk+2j+1)\pi}{2k}\right)^{2m+1}\tan\dfrac{(2j+1)\pi}{4k}>-\gamma_m^i\right\},\\ \qquad (-1)^{m+1}\tan\dfrac{(2j+1)\pi}{4k}>0,\\ \min\left\{l\geqslant0:(-1)^{m+1}\left(\dfrac{(4lk+2j+1)\pi}{2k}\right)^{2m+1}\tan\dfrac{(2j+1)\pi}{4k}<-\gamma_M^i\right\},\\ \qquad (-1)^{m+1}\tan\dfrac{(2j+1)\pi}{4k}<0.\end{cases}\tag{5.146}$$

显然, $d_j^i\leqslant d$. 这时对每个 $j\in\{0,1,2,\cdots,2k-1\},s\in\{r_{i-1}+1,r_{i-1}+2,\cdots,r_i\}$, 当 $l>d_j^i$ 时,

$$\begin{cases}n_{\infty,s}^{i,+}(2lk+j)=1,\quad n_{0,s}^{i,-}(2lk+j)=0,\\ n_{\infty,s}^{i,-}(2lk+j)=0,\quad n_{0,s}^{i,+}(2lk+j)=1,\end{cases}\quad (-1)^{m+1}\tan\dfrac{(2j+1)\pi}{4k}>0,$$
$$\begin{cases}n_{\infty,s}^{i,+}(2lk+j)=0,\quad n_{0,s}^{i,-}(2lk+j)=1,\\ n_{\infty,s}^{i,-}(2lk+j)=1,\quad n_{0,s}^{i,+}(2lk+j)=0,\end{cases}\quad (-1)^{m+1}\tan\dfrac{(2j+1)\pi}{4k}<0,\tag{5.147}$$

故当 $l>d_j^i$ 时, 有

$$n_\infty^{i,+}(2lk+j)+n_0^{i,-}(2lk+j)=r_i-r_{i-1},$$
$$n_\infty^{i,-}(2lk+j)+n_0^{i,+}(2lk+j)=r_i-r_{i-1}.$$

于是有

$$K^i-\bar{K}_c^i=\dim(X_\infty^+\cap X_0^-)-\operatorname{cod}(X_\infty^+\cup X_0^-)$$

$$= \sum_{j=0}^{2k-1} \sum_{l=0}^{d_j^i} [2n_\infty^{i,+}(2lk+j) + 2n_0^{i,-}(2lk+j) - 2(r_i - r_{i-1})],$$

$$K_-^i - \bar{K}_{-c}^i = \sum_{j=0}^{2k-1} \sum_{l=0}^{d_j^i} [2n_\infty^{i,-}(2lk+j) + 2n_0^{i,+}(2lk+j) - 2(r_i - r_{i-1})]. \quad (5.148)$$

结合定理 5.9 和推论 5.1 很容易得到如下推论.

推论 5.2　设条件 (5.89) 和 (5.101) 成立, 假定微分系统 (5.86) 可以分解为 (5.135) 所示的 n 个独立的系统, 则 (5.86) 至少有

$$\tilde{n} = \sum_{i=1}^{n} \max\left\{0, \sum_{j=0}^{2k-1} \sum_{l=0}^{d_j^i} [n_\infty^{i,+}(2lk+j) + n_0^{i,-}(2lk+j) - (r_i - r_{i-1})],\right.$$
$$\left.\sum_{j=0}^{2k-1} \sum_{l=0}^{d_j^i} [n_\infty^{i,-}(2lk+j) + n_0^{i,+}(2lk+j) - (r_i - r_{i-1})]\right\}$$

个几何上不同的 $4k$-周期轨道, 满足 $x(t-2k) = -x(t)$.

推论 5.1、推论 5.2 相比较, 推论 5.2 所给结果优于推论 5.1.

5.4.1.2　微分系统 (5.87) 的 $4k$-周期轨道

对微分系统 (5.87), 在 (5.89) 和 (5.101) 的假设下, 我们首先在空间 X 上定义泛函

$$\Phi(x) = \frac{1}{2}\langle Lx, x\rangle + \Psi(x), \quad (5.149)$$

其中,

$$(Lx)(t) = -P^{-(2m+1)} \sum_{j=1}^{2k-1} x^{(2m+1)}(t-j), \quad \Psi(x) = \int_0^{4k} F(x(t))dt.$$

易证 $L: X \to X$ 是一个有界自伴线性算子.

引理 5.9　(5.149) 中泛函 Φ 的临界点是微分系统 (5.87) 满足约束条件 $x(t-2k) = -x(t)$ 的 $4k$-周期轨道.

证明　设 x_0 是泛函 $\Phi(x)$ 的一个临界点, 则有

$$\Phi'(x_0(t)) = 0, \quad \text{a.e.} \quad t \in [0, 4k],$$

即

$$Lx_0(t) + P^{-(2m+1)}\nabla F(x_0(t)) = 0, \quad \text{a.e.} \quad t \in [0, 4k].$$

由算子 P 的可逆性, 得

$$-\sum_{j=1}^{2k-1} x_0^{(2m+1)}(t-j) + \nabla F(x_0(t)) = 0, \quad \text{a.e.} \quad t \in [0,4k]. \tag{5.150}$$

由 $x_0(t)$ 的周期性, 对 $l=1,2,\cdots,2k-1$ 可得

$$-\sum_{j=1}^{2k-1} x_0^{(2m+1)}(t-j-l) + \nabla F(x_0(t-l)) = 0, \quad \text{a.e.} \quad t \in [0,4k], \tag{5.151-l}$$

再由 $x_0(t)$ 关于半周期 $2k$ 的反号性, 以上各式可写成

$$\begin{aligned}
&-\nabla F(x_0(t-l)) \\
&= -\sum_{j=1}^{2k-1} x_0^{(2m+1)}(t-j-l) \\
&= -\sum_{j=2k-l}^{2k-1} x_0^{(2m+1)}(t-j-l) - \sum_{j=1}^{2k-1-l} x_0^{(2m+1)}(t-j-l) \\
&= -\sum_{s=2k}^{2k+l-1} x_0^{(2m+1)}(t-s) - \sum_{s=l+1}^{2k-1} x_0^{(2m+1)}(t-s)(s=j+l) \\
&= \sum_{s=0}^{l-1} x_0^{(2m+1)}(t-s) - \sum_{s=l+1}^{2k-1} x_0^{(2m+1)}(t-s) \\
&= \sum_{i=0}^{l-1} x_0^{(2m+1)}(t-i) - \sum_{i=l+1}^{2k-1} x_0^{(2m+1)}(t-i), \quad (i \to s),
\end{aligned}$$

即

$$\sum_{i=0}^{l-1} x_0^{(2m+1)}(t-i) - \sum_{i=l+1}^{2k-1} x_0^{(2m+1)}(t-i) = -\nabla F(x_0(t-l)). \tag{5.152-l}$$

将上列各方程依次变号相加, 即从 (5.152-1) 依次乘 $(-1)^{l+1}$ 一直加到 (5.152-(2k−1)), 就得到

$$x_0^{(2m+1)}(t) = -\sum_{l=1}^{2k-1} (-1)^{l+1} \nabla F(x_0(t-l)), \quad \text{a.e.} \quad t \in [0,4k]. \tag{5.153}$$

故 $x_0(t)$ 是方程 (5.153) 的一个 $4k$-周期解. (5.101) 中, 因 $F \in C^1(\mathbb{R}^N, \mathbb{R})$, 故 (5.151) 对所有 $t \in [0,4k]$ 成立. 再由 $x_0(t)$ 的 $4k$-周期性, 则它所对应的轨道就是系统 (5.87) 的一个 $4k$-周期轨道. 引理证毕.

以下计算 $\Phi(x)$. 对 $x \in X(2lk+j)$, 利用 5.4.1.1 部分的结果有

$$x^{(2m+1)}(t) = (-1)^m \left(\frac{\pi}{2k}\right)^{2m+1} (4lk+2j+1)^{2m+1} (\Omega x)(t),$$

而且,

$$\sum_{i=1}^{2k-1} x(t-i) = x(t)\sum_{i=1}^{2k-1}\cos\frac{(2j+1)i\pi}{2k} - (\Omega x)(t)\sum_{i=1}^{2k-1}\sin\frac{(2j+1)i\pi}{2k}$$
$$= -(\Omega x)(t)\cot\frac{(2j+1)\pi}{4k}.$$

于是,

$$Lx = -P^{-(2m+1)}\left[D^{2m+1}\sum_{i=1}^{2k-1}x(t-i)\right]$$
$$= (-1)^{m+1}\left(\frac{\pi}{2k}\right)^{2m+1}\cot\frac{(2j+1)\pi}{4k}x(t),$$

并得到

$$\langle Lx, x\rangle = (-1)^{m+1}\left(\frac{\pi}{2k}\right)^{2m+1}(4lk+2j+1)^{2m+1}\cot\frac{(2j+1)\pi}{4k}\|x\|_0^2$$
$$= (-1)^{m+1}\left(\frac{\pi}{2k}\right)^{2m+1}\cot\frac{(2j+1)\pi}{4k}\|x\|^2. \tag{5.154}$$

因此, 当 $\forall x\in X_{0,i}(2lk+j)\subset X(2lk+j)$ 时, 我们有

$$\left\langle Lx + P^{-(2m+1)}A_0x, x\right\rangle$$
$$= \left[(-1)^{m+1}\left(\frac{\pi}{2k}\right)^{2m+1}(4lk+2j+1)^{2m+1}\cot\frac{(2j+1)\pi}{4k}+\alpha_i\right]\|x\|_0^2. \tag{5.155}$$

而当 $\forall x\in X_{\infty,i}(2lk+j)\subset X(2lk+j)$ 时, 则有

$$\left\langle Lx + P^{-(2m+1)}A_\infty x, x\right\rangle$$
$$= \left[(-1)^{m+1}\left(\frac{\pi}{2k}\right)^{2m+1}(4lk+2j+1)^{2m+1}\cot\frac{(2j+1)\pi}{4k}+\beta_i\right]\|x\|_0^2. \tag{5.156}$$

和上节一样, 存在足够大的 $d>0$, 使 $l>d$ 时,

$$X_\infty^+(2lk+j)\cap X_0^-(2lk+j) = C_{X(2lk+j)}(X_\infty^+(2lk+j)\cup X_0^-(2lk+j)) = \varnothing,$$
$$X_\infty^-(2lk+j)\cap X_0^+(2lk+j) = C_{X(2lk+j)}(X_\infty^-(2lk+j)\cup X_0^+(2lk+j)) = \varnothing. \tag{5.157}$$

从而 $\dim(X_\infty^+\cap X_0^-), \mathrm{cod}(X_\infty^+\cup X_0^-), \dim(X_\infty^-\cap X_0^+), \mathrm{cod}(X_\infty^-\cup X_0^+)$ 都是有限数, 易知

$$\dim(X_\infty^+\cap X_0^-) - \mathrm{cod}(X_\infty^+\cup X_0^-)$$

$$
\begin{aligned}
&=\sum_{l=0}^{d}\sum_{j=0}^{2k-1}[\dim X_{\infty}^{+}(2lk+j)+\dim X_{0}^{-}(2lk+j)-2N],\\
&\dim(X_{\infty}^{-}\cap X_{0}^{+})-\operatorname{cod}(X_{\infty}^{-}\cup X_{0}^{+})\\
&=\sum_{l=0}^{d}\sum_{j=0}^{2k-1}[\dim X_{\infty}^{-}(2lk+j)+\dim X_{0}^{+}(2lk+j)-2N]
\end{aligned}
\tag{5.158}
$$

也是有限数. 分别记

$$
\begin{aligned}
&\hat{K}=\dim(X_{\infty}^{+}\cap X_{0}^{-}),\quad \hat{K}_{c}=\operatorname{cod}(X_{\infty}^{+}\cup X_{0}^{-});\\
&\hat{K}_{-}=\dim(X_{\infty}^{-}\cap X_{0}^{+}),\quad \hat{K}_{-c}=\operatorname{cod}(X_{\infty}^{-}\cap X_{0}^{+}).
\end{aligned}
$$

在此基础上, 和定理 5.8 一样可证如下定理.

定理 5.10 设条件 (5.89) 和 (5.101) 成立, 则微分系统 (5.87) 至少有

$$
\hat{n}=\frac{1}{2}\max\{0,\hat{K}-\hat{K}_{c},\hat{K}_{-}-\hat{K}_{-c}\}
\tag{5.159}
$$

个几何上不同的 $4k$-周期轨道, 满足 $x(t-2k)=-x(t)$.

和定理 5.8 类似, 对 $i=1,2,\cdots,N$, 记

$$
\begin{aligned}
&\hat{n}_{\infty,i}^{+}(2lk+j)=\begin{cases}1, & (-1)^{m+1}\left(\dfrac{(4lk+2j+1)\pi}{2k}\right)^{2m+1}\cot\dfrac{(2j+1)\pi}{4k}>-\beta_{i},\\ 0, & (-1)^{m+1}\left(\dfrac{(4lk+2j+1)\pi}{2k}\right)^{2m+1}\cot\dfrac{(2j+1)\pi}{4k}\leqslant-\beta_{i},\end{cases}\\
&\hat{n}_{\infty,i}^{-}(2lk+j)=\begin{cases}1, & (-1)^{m+1}\left(\dfrac{(4lk+2j+1)\pi}{2k}\right)^{2m+1}\cot\dfrac{(2j+1)\pi}{4k}<-\beta_{i},\\ 0, & (-1)^{m+1}\left(\dfrac{(4lk+2j+1)\pi}{2k}\right)^{2m+1}\cot\dfrac{(2j+1)\pi}{4k}\geqslant-\beta_{i};\end{cases}\\
&\hat{n}_{0,i}^{+}(2lk+j)=\begin{cases}1, & (-1)^{m+1}\left(\dfrac{(4lk+2j+1)\pi}{2k}\right)^{2m+1}\cot\dfrac{(2j+1)\pi}{4k}>-\alpha_{i},\\ 0, & (-1)^{m+1}\left(\dfrac{(4lk+2j+1)\pi}{2k}\right)^{2m+1}\cot\dfrac{(2j+1)\pi}{4k}\leqslant-\alpha_{i},\end{cases}\\
&\hat{n}_{0,i}^{-}(2lk+j)=\begin{cases}1, & (-1)^{m+1}\left(\dfrac{(4lk+2j+1)\pi}{2k}\right)^{2m+1}\cot\dfrac{(2j+1)\pi}{4k}<-\alpha_{i},\\ 0, & (-1)^{m+1}\left(\dfrac{(4lk+2j+1)\pi}{2k}\right)^{2m+1}\cot\dfrac{(2j+1)\pi}{4k}\geqslant-\alpha_{i}.\end{cases}
\end{aligned}
\tag{5.160}
$$

并对 $j=0,1,2,\cdots,2k-1$, 定义

$$\gamma_m=\min\{\min_{1\leqslant i\leqslant N}\alpha_i,\ \min_{1\leqslant i\leqslant N}\beta_i\},\quad \gamma_M=\max\{\max_{1\leqslant i\leqslant N}\alpha_i,\ \max_{1\leqslant i\leqslant N}\beta_i\},$$

$$\hat{d}_j=\begin{cases}\min\left\{l\geqslant 0:(-1)^{m+1}\left(\dfrac{(4lk+2j+1)\pi}{2k}\right)^{2m+1}\cot\dfrac{(2j+1)\pi}{4k}>-\gamma_m\right\}, \\ \qquad\qquad (-1)^{m+1}\cot\dfrac{(2j+1)\pi}{4k}>0, \\ \min\left\{l\geqslant 0:(-1)^{m+1}\left(\dfrac{(4lk+2j+1)\pi}{2k}\right)^{2m+1}\cot\dfrac{(2j+1)\pi}{4k}<-\gamma_M\right\}, \\ \qquad\qquad (-1)^{m+1}\cot\dfrac{(2j+1)\pi}{4k}<0.\end{cases} \tag{5.161}$$

显然, $\hat{d}_j\leqslant d$. 这时对每个 $j\in\{0,1,2,\cdots,2k-1\}$, 当 $l>\hat{d}_j$ 时,

$$\begin{cases}n^+_{\infty,i}(2lk+j)=1,\quad n^-_{0,i}(2lk+j)=0, \\ n^-_{\infty,i}(2lk+j)=0,\quad n^+_{0,i}(2lk+j)=1,\end{cases} (-1)^{m+1}\cot\frac{(2j+1)\pi}{4k}>0,$$
$$\begin{cases}n^+_{\infty,i}(2lk+j)=0,\quad n^-_{0,i}(2lk+j)=1, \\ n^-_{\infty,i}(2lk+j)=1,\quad n^+_{0,i}(2lk+j)=0,\end{cases} (-1)^{m+1}\cot\frac{(2j+1)\pi}{4k}<0, \tag{5.162}$$

于是有

$$\begin{aligned}\hat{K}-\hat{K}_c&=\dim(X^+_\infty\cap X^-_0)-\mathrm{cod}(X^+_\infty\cup X^-_0)\\&=\sum_{j=0}^{2k-1}\sum_{i=1}^{N}\sum_{l=0}^{\hat{d}_j}[2n^+_{\infty,i}(2lk+j)+2n^-_{0,i}(2lk+j)-2],\end{aligned}$$

$$\hat{K}_--\hat{K}_{-c}=\sum_{j=0}^{2k-1}\sum_{i=1}^{N}\sum_{l=0}^{\hat{d}_j}[2n^-_{\infty,i}(2lk+j)+2n^+_{0,i}(2lk+j)-2]. \tag{5.163}$$

由此可得以下推论.

推论 5.3 设条件 (5.89) 和 (5.101) 成立, 则微分系统 (5.87) 至少有

$$\hat{n}=\max\left\{0,\sum_{j=0}^{2k-1}\sum_{l=0}^{\hat{d}_j}[n^+_\infty(2lk+j)+n^-_0(2lk+j)-N],\right.$$
$$\left.\sum_{j=0}^{2k-1}\sum_{l=0}^{\hat{d}_j}[n^-_\infty(2lk+j)+n^+_0(2lk+j)-N]\right\} \tag{5.164}$$

个几何上不同的 $4k$-周期轨道, 满足 $x(t-2k)=-x(t)$.

如果系统 (5.87) 和 (5.86) 一样是可分解的, 即对系统 (5.87) 可由 5.4.1.1 节中相同的途径分解为

$$y_i^{(2m+1)}(t) = -\sum_{p=1}^{2k-1}(-1)\nabla\tilde{H}(y_i(t-p)),\quad y_i\in\mathbb{R}^{r_i-r_{i-1}}, i=1,2,\cdots,n. \tag{5.165}$$

对系统 (5.165), 对 $i=1,2,\cdots,n$, 用空间

$$\hat{X}^i = \mathrm{cl}\left\{x(t)=\sum_{j=0}^{\infty}\left(a_j\cos\frac{(2j+1)\pi t}{2k}+b_j\sin\frac{(2j+1)\pi t}{2k}\right): a_j,b_j\in W_i=\mathbb{R}^{r_i-r_{i-1}},\right.$$
$$\left.\sum_{j=0}^{\infty}(2j+1)^{2m+1}(|a_j|^2+|b_j|^2)<\infty\right\}$$

代替 (5.92) 中的空间 X 进行讨论. 记

$$\begin{aligned}\hat{X}^i(j) &= \left\{a_j\cos\frac{(2j+1)\pi t}{2k}+b_j\sin\frac{(2j+1)\pi t}{2k}: a_j,b_j\in W_i\right\},\\ \hat{X}^i &= \bigoplus_{j=0}^{\infty}\hat{X}^i(j)=\bigoplus_{l=0}^{\infty}\bigoplus_{j=0}^{2k-1}\hat{X}^i(2lk+j),\end{aligned}\tag{5.166}$$

且对 $s=r_{i-1}+1,r_{i-1}+2,\cdots,r_i$, 进一步细分

$$\begin{aligned}\hat{X}^i_{0,s}(j) &= \left\{a_j\cos\frac{(2j+1)\pi t}{2k}+b_j\sin\frac{(2j+1)\pi t}{2k}: a_j,b_j\in U_s\right\},\\ \hat{X}^i_{\infty,s}(j) &= \left\{a_j\cos\frac{(2j+1)\pi t}{2k}+b_j\sin\frac{(2j+1)\pi t}{2k}: a_j,b_j\in V_s\right\},\\ \hat{X}^i &= \bigoplus_{j=0}^{\infty}\bigoplus_{s=r_{i-1}+1}^{r_i}\hat{X}^i_{0,s}(j)=\bigoplus_{j=0}^{\infty}\bigoplus_{s=r_{i-1}+1}^{r_i}\hat{X}^i_{\infty,s}(j).\end{aligned}\tag{5.167}$$

对 $s=r_{i-1}+1,r_{i-1}+2,\cdots,r_i, j=0,1,2,\cdots,2k-1$, 规定

$$\begin{aligned}&\hat{X}^{i,+}_{0,s}(2lk+j)\\ &=\left\{\hat{X}^i_{0,s}(2lk+j):(-1)^{m+1}\left(\frac{(4lk+2j+1)\pi}{2k}\right)^{2m+1}\cot\frac{(2j+1)\pi}{4k}>-\alpha_s\right\},\\ &\hat{X}^{i,0}_{0,s}(2lk+j)\\ &=\left\{\hat{X}^i_{0,s}(2lk+j):(-1)^{m+1}\left(\frac{(4lk+2j+1)\pi}{2k}\right)^{2m+1}\cot\frac{(2j+1)\pi}{4k}=-\alpha_s\right\},\\ &\hat{X}^{i,-}_{0,s}(2lk+j)\\ &=\left\{\hat{X}^i_{0,s}(2lk+j):(-1)^{m+1}\left(\frac{(4lk+2j+1)\pi}{2k}\right)^{2m+1}\cot\frac{(2j+1)\pi}{4k}<-\alpha_s\right\},\end{aligned}\tag{5.168}$$

$$\begin{aligned}
&\hat{X}^{i,+}_{\infty,s}(2lk+j)\\
&=\left\{\hat{X}^{i}_{\infty,s}(2lk+j):(-1)^{m+1}\left(\frac{(4lk+2j+1)\pi}{2k}\right)^{2m+1}\cot\frac{(2j+1)\pi}{4k}>-\beta_s\right\},\\
&\hat{X}^{i,0}_{\infty,s}(2lk+j)\\
&=\left\{\hat{X}^{i}_{\infty,s}(2lk+j):(-1)^{m+1}\left(\frac{(4lk+2j+1)\pi}{2k}\right)^{2m+1}\cot\frac{(2j+1)\pi}{4k}=-\beta_s\right\},\\
&\hat{X}^{i,-}_{\infty,s}(2lk+j)\\
&=\left\{\hat{X}^{i}_{\infty,s}(2lk+j):(-1)^{m+1}\left(\frac{(4lk+2j+1)\pi}{2k}\right)^{2m+1}\cot\frac{(2j+1)\pi}{4k}<-\beta_s\right\}.
\end{aligned} \tag{5.169}$$

及

$$\hat{X}^{i,+}_{0,s}=\bigoplus_{\substack{0\leqslant j\leqslant 2k-1\\ l\geqslant 0}}\hat{X}^{i,+}_{0,s}(2lk+j),\quad \hat{X}^{i,0}_{0,s}=\bigoplus_{\substack{0\leqslant j\leqslant 2k-1\\ l\geqslant 0}}\hat{X}^{i,0}_{0,s}(2lk+j),$$

$$\hat{X}^{i,-}_{0,s}=\bigoplus_{\substack{0\leqslant j\leqslant 2k-1\\ l\geqslant 0}}\hat{X}^{i,-}_{0,s}(2lk+j),$$

$$\hat{X}^{i,+}_{\infty,s}=\bigoplus_{\substack{0\leqslant j\leqslant 2k-1\\ l\geqslant 0}}\hat{X}^{i,+}_{0,s}(2lk+j),\quad \hat{X}^{i,0}_{\infty,s}=\bigoplus_{\substack{0\leqslant j\leqslant 2k-1\\ l\geqslant 0}}\hat{X}^{i,0}_{0,s}(2lk+j),$$

$$\hat{X}^{i,-}_{\infty,s}=\bigoplus_{\substack{0\leqslant j\leqslant 2k-1\\ l\geqslant 0}}\hat{X}^{i,-}_{0,s}(2lk+j),$$

并记

$$\hat{X}^{i,+}_{0}=\bigoplus_{s=r_{i-1}+1}^{r_i}\hat{X}^{i,+}_{0,s},\quad \hat{X}^{i,0}_{0}=\bigoplus_{s=r_{i-1}+1}^{r_i}\hat{X}^{i,0}_{0,s},\quad \hat{X}^{i,-}_{0}=\bigoplus_{s=r_{i-1}+1}^{r_i}\hat{X}^{i,-}_{0,s},$$

$$\hat{X}^{i,+}_{\infty}=\bigoplus_{s=r_{i-1}+1}^{r_i}\hat{X}^{i,+}_{\infty,s},\quad \hat{X}^{i,0}_{\infty}=\bigoplus_{s=r_{i-1}+1}^{r_i}\hat{X}^{i,0}_{\infty,s},\quad \hat{X}^{i,-}_{\infty}=\bigoplus_{s=r_{i-1}+1}^{r_i}\hat{X}^{i,-}_{\infty,s};$$

$$\begin{aligned}
&\hat{K}^i=\dim(\hat{X}^{i,+}_{\infty}\cap\hat{X}^{i,-}_{0}),\quad \hat{K}^i_c=\mathrm{cod}(\hat{X}^{i,+}_{\infty}\cup\hat{X}^{i,-}_{0}),\\
&\hat{K}^i_-=\dim(\hat{X}^{i,-}_{\infty}\cap\hat{X}^{i,+}_{0}),\quad \hat{K}_{-c}=\mathrm{cod}(\hat{X}^{i,-}_{\infty}\cup\hat{X}^{i,+}_{0}).
\end{aligned} \tag{5.170}$$

由定理 5.9 可得以下结论.

定理 5.11 设条件 (5.89) 和 (5.101) 成立, 假定微分系统 (5.87) 可以分解为 (5.165) 所示的 n 个独立的系统, 则 (5.87) 至少有

$$\hat{n}=\frac{1}{2}\sum_{i=1}^{n}\max\{0,\hat{K}^i-\hat{K}^i_c,\hat{K}^i_--\hat{K}^i_{-c}\}$$

个几何上不同的 $4k$-周期轨道, 满足 $x(t-2k)=-x(t)$.

证明和定理 5.9 相同, 兹不重复.

对 $s=r_{i-1}+1,r_{i-1}+2,\cdots,r_i$, 记

$$
\begin{aligned}
&\hat{n}_{\infty,s}^{i,+}(2lk+j)=\begin{cases}1, & (-1)^{m+1}\left(\dfrac{(4lk+2j+1)\pi}{2k}\right)^{2m+1}\cot\dfrac{(2j+1)\pi}{4k}>-\beta_s,\\ 0, & (-1)^{m+1}\left(\dfrac{(4lk+2j+1)\pi}{2k}\right)^{2m+1}\cot\dfrac{(2j+1)\pi}{4k}\leqslant-\beta_s,\end{cases}\\
&\hat{n}_{\infty,s}^{i,-}(2lk+j)=\begin{cases}1, & (-1)^{m+1}\left(\dfrac{(4lk+2j+1)\pi}{2k}\right)^{2m+1}\cot\dfrac{(2j+1)\pi}{4k}<-\beta_s,\\ 0, & (-1)^{m+1}\left(\dfrac{(4lk+2j+1)\pi}{2k}\right)^{2m+1}\cot\dfrac{(2j+1)\pi}{4k}\geqslant-\beta_s;\end{cases}\\
&\hat{n}_{0,s}^{i,+}(2lk+j)=\begin{cases}1, & (-1)^{m+1}\left(\dfrac{(4lk+2j+1)\pi}{2k}\right)^{2m+1}\cot\dfrac{(2j+1)\pi}{4k}>-\alpha_s,\\ 0, & (-1)^{m+1}\left(\dfrac{(4lk+2j+1)\pi}{2k}\right)^{2m+1}\cot\dfrac{(2j+1)\pi}{4k}\leqslant-\alpha_s,\end{cases}\\
&\hat{n}_{0,s}^{i,-}(2lk+j)=\begin{cases}1, & (-1)^{m+1}\left(\dfrac{(4lk+2j+1)\pi}{2k}\right)^{2m+1}\cot\dfrac{(2j+1)\pi}{4k}<-\alpha_s,\\ 0, & (-1)^{m+1}\left(\dfrac{(4lk+2j+1)\pi}{2k}\right)^{2m+1}\cot\dfrac{(2j+1)\pi}{4k}\geqslant-\alpha_s.\end{cases}\\
&\hat{n}_{\infty}^{i,+}(2lk+j)=\sum_{s=r_{i-1}+1}^{r_i}\hat{n}_{\infty,s}^{i,+}(2lk+j),\quad \hat{n}_{\infty}^{i,-}(2lk+j)=\sum_{s=r_{i-1}+1}^{r_i}\hat{n}_{\infty,s}^{i,-}(2lk+j),\\
&\hat{n}_{0}^{i,+}(2lk+j)=\sum_{s=r_{i-1}+1}^{r_i}\hat{n}_{0,s}^{i,+}(2lk+j),\quad \hat{n}_{0}^{i,-}(2lk+j)=\sum_{s=r_{i-1}+1}^{r_i}\hat{n}_{0,s}^{i,-}(2lk+j).
\end{aligned}
\tag{5.171}
$$

$$
\begin{aligned}
&\hat{\gamma}_m^i=\min\{\min_{r_{i-1}+1\leqslant s\leqslant r_i}\alpha_s,\min_{r_{i-1}+1\leqslant s\leqslant r_i}\beta_s\},\hat{\gamma}_M^i=\max\{\max_{r_{i-1}+1\leqslant s\leqslant r_i}\alpha_s,\max_{r_{i-1}+1\leqslant s\leqslant r_i}\beta_s\},\\
&\hat{d}_j^i=\begin{cases}\min\left\{l\geqslant 0:(-1)^{m+1}\left(\dfrac{(4lk+2j+1)\pi}{2k}\right)^{2m+1}\cot\dfrac{(2j+1)\pi}{4k}>-\hat{\gamma}_m^i\right\},\\ \qquad (-1)^{m+1}\cot\dfrac{(2j+1)\pi}{4k}>0,\\ \min\left\{l\geqslant 0:(-1)^{m+1}\left(\dfrac{(4lk+2j+1)\pi}{2k}\right)^{2m+1}\cot\dfrac{(2j+1)\pi}{4k}<-\hat{\gamma}_M^i\right\},\\ \qquad (-1)^{m+1}\cot\dfrac{(2j+1)\pi}{4k}<0.\end{cases}
\end{aligned}
\tag{5.172}
$$

显然, $\hat{d}_j^i \leqslant \hat{d}_j$. 这时, 对每个 $j \in \{0,1,2,\cdots,2k-1\}$, 当 $l > \hat{d}_j^i$ 时,

$$\begin{cases} n_{\infty,s}^{i,+}(2lk+j)=1, n_{0,s}^{i,-}(2lk+j)=0, \\ n_{\infty,s}^{i,-}(2lk+j)=0, n_{0,s}^{i,+}(2lk+j)=1, \end{cases} (-1)^{m+1}\cot\frac{(2j+1)\pi}{4k}>0,$$
$$\begin{cases} n_{\infty,s}^{i,+}(2lk+j)=0, n_{0,s}^{i,-}(2lk+j)=1, \\ n_{\infty,s}^{i,-}(2lk+j)=1, n_{0,s}^{i,+}(2lk+j)=0, \end{cases} (-1)^{m+1}\cot\frac{(2j+1)\pi}{4k}<0,$$

故

$$n_\infty^{i,+}(2lk+j)+n_0^{i,-}(2lk+j)=r_i-r_{i-1}, \quad n_\infty^{i,-}(2lk+j)+n_0^{i,+}(2lk+j)=r_i-r_{i-1}. \tag{5.173}$$

于是有

$$\begin{aligned} \hat{K}^i-\hat{K}_c^i &= \dim(X_\infty^+ \cap X_0^-)-\operatorname{cod}(X_\infty^+ \cup X_0^-) \\ &= \sum_{j=0}^{2k-1}\sum_{l=0}^{d_j^i}[2n_\infty^{i,+}(2lk+j)+2n_0^{i,-}(2lk+j)-2(r_i-r_{i-1})], \end{aligned}$$

$$\hat{K}_-^i-\hat{K}_{-c}^i=\sum_{j=0}^{2k-1}\sum_{l=0}^{d_j^i}[2n_\infty^{i,-}(2lk+j)+2n_0^{i,+}(2lk+j)-2(r_i-r_{i-1})]. \tag{5.174}$$

结合定理 5.11 和推论 5.3 很容易得到如下推论.

推论 5.4 设条件 (5.89) 和 (5.101) 成立, 假定微分系统 (5.87) 可以分解为 (5.165) 所示的 n 个独立的系统, 则 (5.87) 至少有

$$\begin{aligned} \hat{n}=\sum_{i=1}^{n}\max\Bigg\{0, &\sum_{j=0}^{2k-1}\sum_{l=0}^{\hat{d}_j^i}[\hat{n}_\infty^{i,+}(2lk+j)+\hat{n}_0^{i,-}(2lk+j)-(r_i-r_{i-1})], \\ &\sum_{j=0}^{2k-1}\sum_{l=0}^{\hat{d}_j^i}[\hat{n}_\infty^{i,-}(2lk+j)+\hat{n}_0^{i,+}(2lk+j)-(r_i-r_{i-1})]\Bigg\} \end{aligned}$$

个几何上不同的 $4k$-周期轨道, 满足 $x(t-2k)=-x(t)$.

5.4.2 相关定理的示例

例 5.5 分别讨论

$$-x^{(3)}(t)=-\sum_{q=1}^{3}\nabla F(x(t-q)), \quad x\in\mathbb{R}^4 \tag{5.175}$$

和

$$-x^{(3)}(t)=-\sum_{q=1}^{3}(-1)^{q+1}\nabla F(x(t-q)), \quad x\in\mathbb{R}^4 \tag{5.176}$$

的 8-周期轨道个数, 且周期轨道满足 $x(t-4)=-x(t)$ 的要求, 其中,

$$F(x)=\frac{(A_0x,x)+(A_\infty x,x)\sum_{i=1}^{4}x_i^2}{2\left(1+\sum_{i=1}^{4}x_i^2\right)},\quad x=(x_1,x_2,\cdots,x_4),$$

$$A_0=\pi^3\begin{pmatrix}-12&0&0&0\\0&-10&0&0\\0&0&33&2\\0&0&2&36\end{pmatrix},\quad A_\infty=\pi^3\begin{pmatrix}12&0&0&0\\0&15&0&0\\0&0&-6&2\\0&0&2&-9\end{pmatrix}.$$

这时,

$$\nabla F(x)=A_0x+\circ(|x|),\quad |x|\to 0,$$
$$\nabla F(x)=A_\infty x+\circ(|x|),\quad |x|\to \infty,$$

A_0 的特征值为 $\alpha_1=-12\pi^3,\alpha_2=-10\pi^3,\alpha_3=32\pi^3,\alpha_4=37\pi^3$, 相应的特征向量为

$$u_1=(1,0,0,0),\quad u_2=(0,1,0,0),\quad u_3=\left(0,0,\frac{2}{\sqrt5},\frac{-1}{\sqrt5}\right),\quad u_4=\left(0,0,\frac{1}{\sqrt5},\frac{2}{\sqrt5}\right),$$

A_∞ 的特征值为 $\beta_1=12\pi^3,\beta_2=15\pi^3,\beta_3=-5\pi^3,\beta_4=-10\pi^3$, 相应的特征向量为

$$v_1=(1,0,0,0),\quad v_2=(0,1,0,0),\quad v_3=\left(0,0,\frac{2}{\sqrt5},\frac{1}{\sqrt5}\right),\quad v_4=\left(0,0,\frac{1}{\sqrt5},\frac{-2}{\sqrt5}\right).$$

可知

$$W_1=\mathrm{span}\{u_1\}=\mathrm{span}\{v_1\},\quad W_2=\mathrm{span}\{u_2\}=\mathrm{span}\{v_2\},$$
$$W_3=\mathrm{span}\{u_3,u_4\}=\mathrm{span}\{v_3,v_4\}.$$

经验证

$$\left.\frac{\partial F}{\partial x_1}\right|_{x_1=0}=0,\quad \left.\frac{\partial F}{\partial x_2}\right|_{x_2=0}=0,\quad \nabla_{(x_3,x_4)}F|_{(x_3,x_4)=0}=0,$$

且有

$$\dim W_1=\dim W_2=1,\quad \dim W_3=2.$$

记

$$F_1(x_1)=\pi^3\left[\frac{-6x_1^2+6x_1^4}{1+x_1^2}\right],\quad F_2(x_2)=\pi^3\left[\frac{-10x_2^2+15x_2^4}{2(1+x_2^2)}\right],$$
$$F_3(x_3,x_4)=\pi^3\left[\frac{33x_3^2+4x_3x_4+36x_4^2+(-6x_3^2+4x_3x_4-9x_4^2)(x_3^2+x_4^2)}{2(1+x_3^2+x_4^2)}\right].$$

此时 $n=3$. 故有

$$\nabla F_1=\pi^3\left(\frac{-12x_1+36x_1^3}{1+x_1^2}-\frac{24x_1^5}{(1+x_1^2)^2}\right),$$
$$\nabla F_2=\pi^3\left(\frac{-10x_1+40x_1^3}{1+x_2^2}-\frac{25x_1^3}{(1+x_2^2)^2}\right),$$
$$\nabla F_3=\pi^3\left(\frac{33x_3+2x_4+(-6x_3+2x_4)(x_3^2+x_4^2)}{1+x_3^2+x_4^2}+\frac{x_3(-6x_3^2+4x_3x_4-9x_4^2)}{(1+x_3^2+x_4^2)^2},\right.$$
$$\left.\frac{2x_3+36x_4+(-6x_3+2x_4)(x_3^2+x_4^2)}{1+x_3^2+x_4^2}-\frac{x_4(-6x_3^2+4x_3x_4-9x_4^2)}{(1+x_3^2+x_4^2)^2}\right). \tag{5.177}$$

系统 (5.175) 和 (5.176) 可分别分解为

$$x_1^{(3)}(t)=-\sum_{q=1}^{3}\nabla F_1(x_1(t-q)),\quad x_1\in\mathbb{R}, \tag{5.178}$$

$$x_2^{(3)}(t)=-\sum_{q=1}^{3}\nabla F_2(x_2(t-q)),\quad x_2\in\mathbb{R}, \tag{5.179}$$

$$(x_3^{(3)}(t),x_4^{(3)}(t))=-\sum_{q=1}^{3}\nabla F_2(x_3(t-q),x_4(t-q)),\quad (x_3,x_4)\in\mathbb{R}^2 \tag{5.180}$$

和

$$x_1^{(3)}(t)=-\sum_{q=1}^{3}(-1)^{q+1}\nabla F_1(x_1(t-q)),\quad x_1\in\mathbb{R}, \tag{5.181}$$

$$x_2^{(3)}(t)=-\sum_{q=1}^{3}(-1)^{q+1}\nabla F_2(x_2(t-q)),\quad x_1\in\mathbb{R}, \tag{5.182}$$

$$(x_3^{(3)}(t),x_4^{(3)}(t))=-\sum_{q=1}^{3}(-1)^{q+1}\nabla F_2(x_3(t-q),x_4(t-q)),\quad (x_3,x_4)\in\mathbb{R}^2. \tag{5.183}$$

对于系统 (5.175), 根据推论 5.2 有

$$\tilde{n}=\sum_{i=1}^{3}\max\left\{0,\sum_{j=0}^{3}\sum_{l=0}^{d_j^i}[n_\infty^{i,+}(4l+j)+n_0^{i,-}(4l+j)-1],\right.$$
$$\left.\sum_{j=0}^{3}\sum_{l=0}^{d_j^i}[n_\infty^{i,-}(4l+j)+n_0^{i,+}(4l+j)-1]\right\}$$

$$= \max\left\{0, \sum_{j=0}^{3}\sum_{l=0}^{d_j^1}[n_\infty^{1,+}(4l+j) + n_0^{1,-}(4l+j) - 1],\right.$$

$$\left.\sum_{j=0}^{3}\sum_{l=0}^{d_j^1}[n_\infty^{1,-}(4l+j)+n_0^{1,+}(4l+j) - 1]\right\}$$

$$+ \max\left\{0, \sum_{j=0}^{3}\sum_{l=0}^{d_j^2}[n_\infty^{2,+}(4l+j) + n_0^{2,-}(4l+j) - 1],\right.$$

$$\left.\sum_{j=0}^{3}\sum_{l=0}^{d_j^2}[n_\infty^{2,-}(4l+j)+n_0^{2,+}(4l+j) - 1]\right\}$$

$$+ \max\left\{0, \sum_{j=0}^{3}\sum_{l=0}^{d_j^3}[n_\infty^{3,+}(4l+j) + n_0^{3,-}(4l+j) - 2],\right.$$

$$\left.\sum_{j=0}^{3}\sum_{l=0}^{d_j^3}[n_\infty^{3,-}(4l+j)+n_0^{3,+}(4l+j) - 2]\right\}. \tag{5.184}$$

这时 $m = 1, k = 2$. 故 $(-1)^{m+1} = 1, j = 0, 1, 2, 3$, 这时计算得

$\tan\dfrac{\pi}{8} = 0.4142, \quad \tan\dfrac{3\pi}{8} = 2.4142, \quad \tan\dfrac{5\pi}{8} = -2.4142, \quad \tan\dfrac{7\pi}{8} = -0.4142.$
$\gamma_m^1 = -12\pi^3, \gamma_M^1 = 12\pi^3; \quad \gamma_m^2 = -10\pi^3, \gamma_M^2 = 15\pi^3; \quad \gamma_m^3 = -10\pi^3, \gamma_M^3 = 37\pi^3.$

$$d_0^1 = \min\left\{l \geqslant 0 : 0.4142\left(\frac{8l+1}{4}\right)^3 > 12\right\} = 2,$$

$$d_1^1 = \min\left\{l \geqslant 0 : 2.4142\left(\frac{8l+3}{4}\right)^3 > 12\right\} = 1,$$

$$d_2^1 = \min\left\{l \geqslant 0 : -2.4142\left(\frac{8l+5}{4}\right)^3 < -12\right\} = 1,$$

$$d_3^1 = \min\left\{l \geqslant 0 : -0.4142\left(\frac{8l+7}{4}\right)^3 < -12\right\} = 1;$$

$$d_0^2 = \min\left\{l \geqslant 0 : 0.4142\left(\frac{8l+1}{4}\right)^3 > 10\right\} = 2,$$

$$d_1^2 = \min\left\{l \geqslant 0 : 2.4142\left(\frac{8l+3}{4}\right)^3 > 10\right\} = 1,$$

$$d_2^2=\min\left\{l\geqslant 0:-2.4142\left(\frac{8l+5}{4}\right)^3<-15\right\}=1,$$

$$d_3^2=\min\left\{l\geqslant 0:-0.4142\left(\frac{8l+7}{4}\right)^3<-15\right\}=1;$$

$$d_0^3=\min\left\{l\geqslant 0:0.4142\left(\frac{8l+1}{4}\right)^3>10\right\}=2,$$

$$d_1^3=\min\left\{l\geqslant 0:2.4142\left(\frac{8l+3}{4}\right)^3>10\right\}=1,$$

$$d_2^3=\min\left\{l\geqslant 0:-2.4142\left(\frac{8l+5}{4}\right)^3<-37\right\}=1,$$

$$d_3^3=\min\left\{l\geqslant 0:-0.4142\left(\frac{81+7}{4}\right)^3<-37\right\}=2. \tag{5.185}$$

根据 (5.145) 的定义,

$j=0$,

$n_{\infty,1}^{1,+}(0)=n_{\infty,1}^{1,+}(4)=n_{\infty,1}^{1,+}(8)=1;\quad n_{0,1}^{1,-}(0)=n_{0,1}^{1,-}(4)=1,n_{0,1}^{1,-}(8)=0;$

$n_{\infty,2}^{2,+}(0)=n_{\infty,2}^{2,+}(4)=n_{\infty,2}^{2,+}(8)=1;\quad n_{0,2}^{2,-}(0)=n_{0,2}^{2,-}(4)=1,n_{0,2}^{2,-}(8)=0;$

$n_{\infty,3}^{3,-}(0)=n_{\infty,3}^{3,-}(4)=1,n_{\infty,3}^{3,-}(8)=0;\quad n_{0,3}^{3,+}(0)=n_{0,3}^{3,+}(4)=n_{0,3}^{3,+}(8)=1;$

$n_{\infty,4}^{3,-}(0)=n_{\infty,4}^{3,-}(4)=1,n_{\infty,4}^{3,+}(8)=0;\quad n_{0,4}^{3,+}(0)=n_{0,4}^{3,+}(4)=n_{0,4}^{3,+}(8)=1.$

$j=1$,

$n_{\infty,1}^{1,+}(1)=1,\quad n_{\infty,1}^{1,+}(5)=1,\quad n_{0,1}^{1,-}(1)=1,\quad n_{0,1}^{1,-}(5)=0;$

$n_{\infty,2}^{2,+}(1)=1,\quad n_{\infty,2}^{2,+}(5)=1,\quad n_{0,2}^{2,-}(1)=1,\quad n_{0,2}^{2,-}(5)=0;$

$n_{\infty,3}^{3,-}(1)=1,\quad n_{\infty,3}^{3,-}(5)=0,\quad n_{0,3}^{3,+}(1)=1,\quad n_{0,3}^{3,+}(5)=1;$

$n_{\infty,4}^{3,-}(1)=1,\quad n_{\infty,4}^{3,-}(5)=0,\quad n_{0,4}^{3,+}(1)=1,\quad n_{0,4}^{3,+}(5)=1.$

$j=2$,

$n_{\infty,1}^{1,+}(2)=1,\quad n_{\infty,1}^{1,+}(6)=0,\quad n_{0,1}^{1,-}(2)=1,\quad n_{0,1}^{1,-}(6)=1;$

$n_{\infty,2}^{2,+}(2)=1,\quad n_{\infty,2}^{2,+}(6)=0,\quad n_{0,2}^{2,-}(2)=1,\quad n_{0,2}^{2,-}(6)=1;$

$n_{\infty,3}^{3,-}(2)=n_{\infty,3}^{3,-}(6)=1,\quad n_{0,3}^{3,+}(2)=1,\quad n_{0,3}^{3,+}(6)=0;$

$n_{\infty,4}^{3,-}(2)=n_{\infty,4}^{3,-}(6)=1,\quad n_{0,4}^{3,+}(2)=1,\quad n_{0,4}^{3,+}(6)=0.$

$j=3$,

$n_{\infty,1}^{1,+}(3)=1,\quad n_{\infty,1}^{1,+}(7)=0,\quad n_{0,1}^{1,-}(3)=1,\quad n_{0,1}^{1,-}(7)=1;$

$$n_{\infty,2}^{2,+}(3)=1,\quad n_{\infty,2}^{2,+}(7)=0,\quad n_{0,2}^{2,-}(3)=1,\quad n_{0,2}^{2,-}(7)=1;$$
$$n_{\infty,3}^{3,-}(3)=n_{\infty,3}^{3,-}(7)=n_{\infty,3}^{3,-}(10)=1,\quad n_{0,3}^{3,+}(3)=n_{0,3}^{3,+}(7)=1,\quad n_{0,3}^{3,+}(10)=0;$$
$$n_{\infty,4}^{3,-}(3)=n_{\infty,4}^{3,-}(7)=n_{\infty,4}^{3,-}(10)=1,\quad n_{0,4}^{3,+}(3)=n_{0,4}^{3,+}(7)=1,\quad n_{0,4}^{3,+}(10)=0. \tag{5.186}$$

于是, 系统 (5.175) 至少有 $\tilde{n}=5+5+12=22$ 个几何上互不相同的 8 周期轨道, 满足 $x(t-4)=-x(t)$.

对于系统 (5.176), 根据推论 5.4 有

$$\begin{aligned}\hat{n}=&\sum_{i=1}^{3}\max\Bigg\{0,\sum_{j=0}^{3}\sum_{l=0}^{\hat{d}_j^i}[\hat{n}_\infty^{i,+}(4l+j)+\hat{n}_0^{i,-}(4l+j)-(r_i-r_{i-1})],\\&\sum_{j=0}^{3}\sum_{l=0}^{\hat{d}_j^i}[\hat{n}_\infty^{i,-}(4l+j)+\hat{n}_0^{i,+}(4l+j)-(r_i-r_{i-1})]\Bigg\}\\=&\max\left\{0,\sum_{j=0}^{3}\sum_{l=0}^{\hat{d}_j^1}[\hat{n}_\infty^{1,+}(4l+j)+\hat{n}_0^{1,-}(4l+j)-1],\right.\\&\left.\sum_{j=0}^{3}\sum_{l=0}^{\hat{d}_j^1}[\hat{n}_\infty^{1,-}(4l+j)+\hat{n}_0^{1,+}(4l+j)-1]\right\}\\&+\max\left\{0,\sum_{j=0}^{3}\sum_{l=0}^{\hat{d}_j^2}[\hat{n}_\infty^{2,+}(4l+j)+\hat{n}_0^{2,-}(4l+j)-1],\right.\\&\left.\sum_{j=0}^{3}\sum_{l=0}^{\hat{d}_j^2}[\hat{n}_\infty^{2,-}(4l+j)+\hat{n}_0^{2,+}(4l+j)-1]\right\}\\&+\max\left\{0,\sum_{j=0}^{3}\sum_{l=0}^{\hat{d}_j^3}[\hat{n}_\infty^{3,+}(4l+j)+\hat{n}_0^{3,-}(4l+j)-2],\right.\\&\left.\sum_{j=0}^{3}\sum_{l=0}^{\hat{d}_j^3}[\hat{n}_\infty^{3,-}(4l+j)+\hat{n}_0^{3,+}(4l+j)-2]\right\}.\end{aligned} \tag{5.187}$$

这时由 $(-1)^{m+1}=1, j=0,1,2,3$, 计算得

$$\cot\frac{\pi}{8}=2.4142,\quad \cot\frac{3\pi}{8}=0.4142,\quad \cot\frac{5\pi}{8}=-0.4142,\quad \cot\frac{7\pi}{8}=-2.4142;$$
$$\gamma_m^1=-12\pi^3,\quad \gamma_M^1=12\pi^3;\quad \gamma_m^2=-10\pi^3,\gamma_M^2=15\pi^3;\quad \gamma_m^3=-10\pi^3,\gamma_M^3=37\pi^3;$$

$$\hat{d}_0^1=\min\left\{l\geqslant 0:2.4142\left(\frac{8l+1}{4}\right)^3>12\right\}=1,$$

$$\hat{d}_1^1=\min\left\{l\geqslant 0:0.4142\left(\frac{8l+3}{4}\right)^3>12\right\}=2,$$

$$\hat{d}_2^1=\min\left\{l\geqslant 0:-0.4142\left(\frac{8l+5}{4}\right)^3<-12\right\}=1,$$

$$\hat{d}_3^1=\min\left\{l\geqslant 0:-2.4142\left(\frac{8l+7}{4}\right)^3<-12\right\}=1;$$

$$\hat{d}_0^2=\min\left\{l\geqslant 0:2.4142\left(\frac{8l+1}{4}\right)^3>10\right\}=1,$$

$$\hat{d}_1^2=\min\left\{l\geqslant 0:0.4142\left(\frac{8l+3}{4}\right)^3>10\right\}=2,$$

$$\hat{d}_2^2=\min\left\{l\geqslant 0:-0.4142\left(\frac{8l+5}{4}\right)^3<-15\right\}=2,$$

$$\hat{d}_3^2=\min\left\{l\geqslant 0:-2.4142\left(\frac{8l+7}{4}\right)^3<-15\right\}=1;$$

$$\hat{d}_0^3=\min\left\{l\geqslant 0:2.4142\left(\frac{8l+1}{4}\right)^3>10\right\}=1,$$

$$\hat{d}_1^3=\min\left\{l\geqslant 0:0.4142\left(\frac{8l+3}{4}\right)^3>10\right\}=2,$$

$$\hat{d}_2^3=\min\left\{l\geqslant 0:-0.4142\left(\frac{8l+5}{4}\right)^3<-37\right\}=2,$$

$$\hat{d}_3^3=\min\left\{l\geqslant 0:-2.4142\left(\frac{8l+7}{4}\right)^3<-37\right\}=1. \tag{5.188}$$

根据 (5.171) 的定义,

$j=0$,

$\hat{n}_{\infty,1}^{1,+}(0)=1,\quad \hat{n}_{\infty,1}^{1,+}(4)=1,\quad \hat{n}_{0,1}^{1,-}(0)=1,\quad \hat{n}_{0,1}^{1,-}(4)=0,$

$\hat{n}_{\infty,2}^{2,+}(0)=1,\quad \hat{n}_{\infty,2}^{2,+}(4)=1,\quad \hat{n}_{0,2}^{2,-}(0)=1,\quad \hat{n}_{0,2}^{2,-}(4)=0,$

$\hat{n}_{\infty,3}^{3,-}(0)=1,\quad \hat{n}_{\infty,3}^{3,-}(4)=0,\quad \hat{n}_{0,3}^{3,+}(0)=\hat{n}_{0,3}^{3,+}(4)=1,$

$\hat{n}_{\infty,4}^{3,-}(0)=1,\quad \hat{n}_{\infty,4}^{3,-}(4)=0,\quad \hat{n}_{0,4}^{3,+}(0)=\hat{n}_{0,4}^{3,+}(4)=1.$

$j=1$,

$\hat{n}_{\infty,1}^{1,+}(1)=\hat{n}_{\infty,1}^{1,+}(5)=\hat{n}_{\infty,1}^{1,+}(9)=1,\quad \hat{n}_{0,1}^{1,-}(1)=\hat{n}_{0,1}^{1,-}(5)=1,\quad \hat{n}_{0,1}^{1,-}(9)=0,$

$\hat{n}^{2,+}_{\infty,2}(1) = \hat{n}^{2,+}_{\infty,2}(5) = \hat{n}^{2,+}_{\infty,2}(9) = 1, \quad \hat{n}^{2,-}_{0,2}(1) = \hat{n}^{2,-}_{0,2}(5) = 1, \quad \hat{n}^{2,-}_{0,2}(9) = 0,$

$\hat{n}^{3,-}_{\infty,3}(1) = 1, \quad \hat{n}^{3,-}_{\infty,3}(5) = \hat{n}^{3,-}_{\infty,3}(9) = 0, \quad \hat{n}^{3,+}_{0,3}(1) = \hat{n}^{3,+}_{0,3}(5) = \hat{n}^{3,+}_{0,3}(9) = 1,$

$\hat{n}^{3,-}_{\infty,4}(1) = \hat{n}^{3,-}_{\infty,4}(5) = 1, \quad \hat{n}^{3,-}_{\infty,4}(9) = 0, \quad \hat{n}^{3,+}_{0,4}(1) = \hat{n}^{3,+}_{0,4}(5) = \hat{n}^{3,+}_{0,4}(9) = 1.$

$j = 2,$

$\hat{n}^{1,+}_{\infty,1}(2) = 1, \quad \hat{n}^{1,+}_{\infty,1}(6) = 0, \quad \hat{n}^{1,-}_{0,1}(2) = \hat{n}^{1,-}_{0,1}(6) = 1,$

$\hat{n}^{2,+}_{\infty,2}(2) = \hat{n}^{2,+}_{\infty,2}(6) = 1, \quad \hat{n}^{2,+}_{\infty,2}(10) = 0, \quad \hat{n}^{2,-}_{0,2}(2) = \hat{n}^{2,-}_{0,2}(6) = \hat{n}^{2,-}_{0,2}(10) = 1,$

$\hat{n}^{3,-}_{\infty,3}(2) = \hat{n}^{3,-}_{\infty,3}(6) = \hat{n}^{3,-}_{\infty,3}(10) = 1, \quad \hat{n}^{3,+}_{0,3}(2) = \hat{n}^{3,+}_{0,3}(6) = 1, \quad \hat{n}^{3,+}_{0,3}(10) = 0,$

$\hat{n}^{3,-}_{\infty,4}(2) = \hat{n}^{3,-}_{\infty,4}(6) = \hat{n}^{3,-}_{\infty,4}(10) = 1, \quad \hat{n}^{3,+}_{0,4}(2) = \hat{n}^{3,+}_{0,4}(6) = 1, \quad \hat{n}^{3,+}_{0,4}(10) = 0.$

$j = 3,$

$\hat{n}^{1,+}_{\infty,1}(3) = \hat{n}^{1,+}_{\infty,1}(7) = 0, \quad \hat{n}^{1,-}_{0,1}(3) = \hat{n}^{1,-}_{0,1}(7) = 1;$

$\hat{n}^{2,+}_{\infty,2}(3) = 1, \quad \hat{n}^{2,+}_{\infty,2}(7) = 0, \quad \hat{n}^{2,-}_{0,2}(3) = 1, \quad \hat{n}^{2,-}_{0,2}(7) = 1;$

$\hat{n}^{3,-}_{\infty,3}(3) = \hat{n}^{3,-}_{\infty,3}(7) = 1, \quad \hat{n}^{3,+}_{0,3}(3) = 1, \quad \hat{n}^{3,+}_{0,3}(7) = 0;$

$$\hat{n}^{3,-}_{\infty,4}(3) = \hat{n}^{3,-}_{\infty,4}(7) = 1, \quad \hat{n}^{3,+}_{0,4}(3) = 1, \quad \hat{n}^{3,+}_{0,4}(7) = 0. \tag{5.189}$$

于是, 系统 (5.176) 至少有 $\hat{n} = 4 + 6 + 11 = 21$ 个几何上互不相同的 8-周期轨道, 满足 $x(t-4) = -x(t)$.

5.5　2k 个滞量的微分系统周期轨道

5.5.1　偶数个滞量微分系统周期轨道的多重性

本节将在 $F \in C^1(\mathbb{R}^N, \mathbb{R})$ 的前提下用变分法研究多滞量微分系统

$$x^{(2m+1)}(t) = -\sum_{i=1}^{2k} \nabla F(x(t-i)), \quad x \in \mathbb{R}^N \tag{5.190}$$

$2(2k+1)$-周期轨道的多重性和

$$x^{(2m+1)}(t) = -\sum_{i=1}^{2k} (-1)^{i+1} \nabla F(x(t-i)), \quad x \in \mathbb{R}^N \tag{5.191}$$

$(2k+1)$-周期轨道的多重性.

和 5.4 节中一样, 我们假定

$$\begin{gathered} F \in C^1(\mathbb{R}^N, \mathbb{R}), \quad F(-x) = F(x), \quad F(0) = 0, \\ \nabla F(x) = A_0 x + \circ(|x|), \quad |x| \to 0, \\ \nabla F(x) = A_\infty x + \circ(|x|), \quad |x| \to \infty, \end{gathered} \tag{5.192}$$

其中 A_0, A_∞ 都是对称实矩阵.

由 (5.192) 可得

$$F(x) - \frac{1}{2}(A_\infty x, x) = F(x) - F(0) - \frac{1}{2}(A_\infty x, x) = \circ(|x|^2), \quad |x| \to \infty. \quad (5.193)$$

和 5.4 节中一样假设对称阵 A_0, A_∞ 分别有特征值

$$\alpha_1, \alpha_2, \cdots, \alpha_N; \quad \beta_1, \beta_2, \cdots, \beta_N,$$

它们在空间 $\mathbb{R}^N$ 中各自对应的两两正交单位特征向量则分别记为

$$u_1, u_2, \cdots, u_N; \quad v_1, v_2, \cdots, v_N, \quad (5.194)$$

且 $\{u_1, u_2, \cdots, u_N\}, \{v_1, v_2, \cdots, v_N\}$ 分别构成空间 $\mathbb{R}^N$ 中的两个单位正交基. 同时记一维欧氏空间

$$U_i = \{\lambda u_i : \lambda \in \mathbb{R}\}, \quad V_i = \{\lambda v_i : \lambda \in \mathbb{R}\}, \quad i = 1, 2, \cdots, N.$$

设 $\mathbb{R}^N$ 关于对称矩阵对 (A_0, A_∞) 有最佳的直和分解

$$\begin{aligned}\mathbb{R}^N = \bigoplus_{1\leqslant p\leqslant n} W_p, \quad W_p &= \mathrm{span}\{u_{n_{p-1}+1}, u_{n_{p-1}+2}, \cdots, u_{n_p}\} \\ &= \mathrm{span}\{v_{n_{p-1}+1}, v_{n_{p-1}+2}, \cdots, v_{n_p}\},\end{aligned}$$

记

$$\dim W_p = r_p. \quad (5.195)$$

我们仍假设 (5.12) 成立.

5.5.2 系统 (5.190) 周期轨道的多重性

5.5.2.1 函数空间

对于系统 (5.190) 我们关注它们的奇周期轨道, 即讨论 $2(2k+1)$-周期轨道时, 总假定其对应解 $x(t)$ 满足

$$x(t - (2k+1)) = -x(t).$$

由于要求周期轨道满足 $x(t-(2k+1)) = -x(t)$, 故首先考虑函数空间

$$X = \mathrm{cl}\left\{ x(t) = \sum_{j=0}^{\infty} \left(a_j \cos\frac{(2j+1)\pi t}{2k+1} + b_j \sin\frac{(2j+1)\pi t}{2k+1} \right) : a_j, b_j \in \mathbb{R}^N,\right.$$

$$\sum_{j=0}^{\infty}(2j+1)^{2m+1}(|a_j|^2+|b_j|^2)<\infty\Bigg\}. \tag{5.196}$$

在 X 上定义内积及范数

$$\langle x,y\rangle=\int_0^{2(2k+1)}(P^{2m+1}x(t),y(t))dt,\quad \|x\|=\sqrt{\langle x,x\rangle}, \tag{5.197}$$

则 $(X,\|\cdot\|)$ 是一个 Hilbert 空间, 标为 $H^{m+\frac{1}{2}}([0,2(2k+1)],\mathbb{R}^N)$.

由于 X 是周期函数空间

$$\begin{aligned}&L^2([0,2(2k+1)],\mathbb{R}^N)\\&=\mathrm{cl}\Bigg\{x(t)=\sum_{i=0}^{\infty}\left(a_i\cos\frac{(2i+1)\pi t}{2k+1}+b_i\sin\frac{(2i+1)\pi t}{2k+1}\right):a_i,b_i\in\mathbb{R}^N,\\&\quad\sum_{i=0}^{\infty}(|a_i|^2+|b_i|^2)<\infty\Bigg\}\end{aligned}$$

的闭子空间. 所以 X 中的所有元素也可以按 $L^2([0,2(2k+1)],\mathbb{R}^N)$ 中的定义计算内积和范数, 即

$$\langle x,y\rangle_0=\int_0^{2(2k+1)}(x(t),y(t))dt,\quad \|x\|_0=\sqrt{\langle x,x\rangle_0}. \tag{5.198}$$

现对 $j=1,2,\cdots,l,\cdots;p=1,2,\cdots,N$, 记

$$\begin{aligned}X(j)&=\left\{x(t)=a_j\cos\frac{(2j+1)\pi t}{2k+1}+b_j\sin\frac{(2j+1)\pi t}{2k+1}:a_j,b_j\in\mathbb{R}^N\right\},\\X_{0,p}(j)&=\mathrm{cl}\left\{x(t)=a_j\cos\frac{(2j+1)\pi t}{2k+1}+b_j\sin\frac{(2j+1)\pi t}{2k+1}:a_j,b_j\in U_p\right\},\\X_{\infty,p}(j)&=\mathrm{cl}\left\{x(t)=a_j\cos\frac{(2j+1)\pi t}{2k+1}+b_j\sin\frac{(2j+1)\pi t}{2k+1}:a_j,b_j\in V_p\right\}.\end{aligned} \tag{5.199}$$

并记

$$\begin{aligned}&X_{0,p}=\sum_{j=0}^{\infty}X_{0,p}(j),\quad X_{\infty,p}=\sum_{j=0}^{\infty}X_{\infty,p}(j),\\&X=\bigoplus_{1\leqslant p\leqslant N}X_{0,p}=\bigoplus_{1\leqslant p\leqslant N}X_{\infty,p}.\end{aligned} \tag{5.200}$$

和 5.4 节中一样, $\forall x\in X(j)$,

$$\|x\|^2=(2j+1)^{2m+1}\|x\|_0^2. \tag{5.201}$$

如果系统 (5.190) 可分解, 由于 $\mathbb{R}^N = \bigoplus\limits_{1\leqslant i\leqslant n} W_i$, 可对 $i=1,2,\cdots,n$, 记

$$X^i(j)=\left\{x(t)=a_j\cos\frac{(2j+1)\pi t}{2k+1}+b_j\sin\frac{(2j+1)\pi t}{2k+1}:a_j,b_j\in W_i\right\},$$

$$X^i=\sum_{j=0}^{\infty}X^i(j),\quad X=\bigoplus_{1\leqslant i\leqslant n}X^i.$$

现在我们根据系统 (5.190) 的特殊性, 选取 Hilbert 空间 (5.196) 的闭子空间作为讨论周期轨道的函数空间.

从 (5.190) 出发, 利用周期轨道的奇周期性, 对 $l=0,1,2,\cdots,2k$ 得到如下等式,

$$\begin{aligned}x^{(2m+1)}(t-l)&=-\sum_{i=1}^{2k}\nabla F(x(t-i-l))\\&=-\left[-\sum_{i=0}^{l-1}\nabla F(x(t-i))+\sum_{i=l+1}^{2k}\nabla F(x(t-i))\right],\quad x\in\mathbb{R}^N.\end{aligned}\tag{5.202}$$

将上列各式相加可得

$$\sum_{l=0}^{2k}(-1)^l x^{(2m+1)}(t-l)=0,$$

从而有

$$x^{(2m+1)}(t-2k)=-\sum_{l=0}^{2k-1}(-1)^l x^{(2m+1)}(t-l).$$

由 $x(t)$ 的连续性和周期性得

$$x(t-2k)=-\sum_{l=0}^{2k-1}(-1)^l x(t-l)+c,\quad c\in\mathbb{R}^N.$$

然而由 $x(t)$ 的奇周期性, 上式两边在 $[0,2(2k+1)]$ 上积分可得

$$0=2(2k+1)c,$$

即 $c=0$. 于是成立

$$x(t-2k)=-\sum_{i=0}^{2k-1}(-1)^i x(t-i).\tag{5.203}$$

这就是说, 我们可以在满足 (5.203) 的前提下讨论系统 (5.190) 的 $2(2k+1)$-奇周期轨道, 即用

$$
\begin{cases}
x^{(2m+1)}(t) = -\sum_{i=1}^{2k-1} \nabla F(x(t-i)) + \nabla F(x(t-2k)), \\
x(t-2k) = -\sum_{i=0}^{2k-1} (-1)^i x(t-i)
\end{cases}
\tag{5.204}
$$

代替 (5.190) 进行研究.

这时, 如果 $j = l(2k+1)+k$, 则当 $x \in X(l(2k+1)+k)$ 时, 因有

$$
\begin{aligned}
x(t) &= a_{l(2k+1)+k} \cos\frac{(2l(2k+1)+2k+1)\pi t}{2k+1} \\
&\quad + b_{l(2k+1)+k} \sin\frac{(2l(2k+1)+2k+1)\pi t}{2k+1} \\
&= a_{l(2k+1)+k} \cos(2l+1)\pi t + b_{l(2k+1)+k} \sin(2l+1)\pi t.
\end{aligned}
$$

将其代入 (5.204) 的第二个等式的两边

$$
\begin{aligned}
x(t-2k) &= a_{l(2k+1)+k} \cos(2l+1)\pi(t-2k) + b_{l(2k+1)+k} \sin(2l+1)\pi(t-2k) \\
&= a_{l(2k+1)+k} \cos(2l+1)\pi t + b_{l(2k+1)+k} \sin(2l+1)\pi t \\
&= x(t), \\
&\quad -\sum_{i=0}^{2k-1} (-1)^i x(t-i) \\
&= -\sum_{i=0}^{2k-1} (-1)^i [a_{l(2k+1)+k} \cos(2l+1)\pi(t-i) \\
&\quad + b_{l(2k+1)+k} \sin(2l+1)\pi(t-i)] \\
&= -\sum_{i=0}^{2k-1} [a_{l(2k+1)+k} \cos(2l+1)\pi t + b_{l(2k+1)+k} \sin(2l+1)\pi t] \\
&= -2kx(t),
\end{aligned}
$$

得

$$
(2k+1)x(t) \equiv 0.
$$

由此可知

$$
a_{l(2k+1)+k}, b_{l(2k+1)+k} = 0.
$$

因此函数空间可取为

$$
\hat{X} = \left\{ x \in X : x(t-2k) = -\sum_{j=0}^{2k-1} (-1)^j x(t-j) \right\}
$$

$$= \mathrm{cl}\Big\{x = \sum_{j\neq l(2k+1)+k} (a_j \cos\frac{(2j+1)\pi t}{2k+1} + b_j \sin\frac{(2j+1)\pi t}{2k+1}) : a_j, b_j \in \mathbb{R}^N,$$

$$\sum_{j\neq l(2k+1)+k} (2j+1)^{2m+1}(a_j^2 + b_j^2) < \infty\Big\}. \tag{5.205}$$

我们同时记

$$X(j) = \left\{x(t) = a_j \cos\frac{(2j+1)\pi t}{2k+1} + b_j \sin\frac{(2j+1)\pi t}{2k+1} : a_j, b_j \in \mathbb{R}^N\right\},$$
$$X_{0,i}(j) = \left\{x(t) = a_j \cos\frac{(2j+1)\pi t}{2k+1} + b_j \sin\frac{(2j+1)\pi t}{2k+1} : a_j, b_j \in U_i\right\},$$
$$X_{\infty,i}(j) = \left\{x(t) = a_j \cos\frac{(2j+1)\pi t}{2k+1} + b_j \sin\frac{(2j+1)\pi t}{2k+1} : a_j, b_j \in V_i\right\}, \tag{5.206}$$

则有

$$X(j) = \bigoplus_{1\leqslant i\leqslant N} X_{0,i}(j) = \bigoplus_{1\leqslant i\leqslant N} X_{\infty,i}(j).$$

5.5.2.2 泛函结构

因 $x(t-2k-1) = -x(t)$, 对 $l = 1, 2, \cdots, 2k$, 由 (5.204) 可得

$$\begin{aligned}
x^{(2m+1)}(t-l) &= -\sum_{j=1}^{2k} \nabla F(x(t-j-l)) \\
&= -\sum_{j=l+1}^{2k+l} \nabla F(x(t-j)) \\
&= -\left[\sum_{j=l+1}^{2k} \nabla F(x(t-j)) - \sum_{j=0}^{l-1} \nabla F(x(t-j))\right] \\
&= -\left[-\sum_{j=0}^{l-1} \nabla F(x(t-j)) + \sum_{j=l+1}^{2k-1} \nabla F(x(t-j))\right] - \nabla F(x(t-2k)).
\end{aligned}$$

这时记 $x_j = x(t-j), j = 0, 1, \cdots, 2k-1$, 并令

$$z = \begin{pmatrix} x_0 \\ x_1 \\ \vdots \\ x_{2k-1} \end{pmatrix}, \quad A_{2k} = \begin{pmatrix} O & I & \cdots & I \\ -I & O & \cdots & I \\ \vdots & \vdots & & \vdots \\ -I & -I & \cdots & O \end{pmatrix}, \quad \nabla G(z) = \begin{pmatrix} \nabla F(x_0) \\ \nabla F(x_1) \\ \vdots \\ \nabla F(x_{2k-1}) \end{pmatrix},$$

其中 O, I 分别是 N 阶零矩阵和 N 阶单位阵, A_{2k} 为 $2kN$ 阶反对称阵. 这时 (5.204) 可扩展为等价的

$$\begin{cases} z^{(2m+1)}(t) = -A_{2k}\nabla G(z(t)) - B\nabla F(x(t-2k)), \\ x(t-2k) = -\displaystyle\sum_{i=0}^{2k-1}(-1)^i x(t-i), \end{cases} \tag{5.207}$$

其中 B 为 $2k$ 个 N 阶单位阵组合成的 $2kN\times N$ 矩阵, 即 $B=(I,I,\cdots,I)^{\mathrm{T}}$.

矩阵 A_{2k} 可逆, 其逆为

$$A_{2k}^{-1} = \begin{pmatrix} O & -I & I & \cdots & -I \\ I & O & -I & \cdots & I \\ -I & I & O & \cdots & -I \\ \vdots & \vdots & \vdots & & \vdots \\ I & -I & I & \cdots & O \end{pmatrix}. \tag{5.208}$$

对于微分系统 (5.207), 在 (5.192) 的假设下我们首先在空间

$$Z = \{(x_0, x_1, \cdots, x_{2k-1}) = (x(t), x(t-1), \cdots, x(t-2k+1)) : x(t)\in\hat{X}\}\subset\hat{X}^{2k}$$

上定义泛函

$$\Phi(z) = \frac{1}{2}\langle Lz, z\rangle + \Psi(z). \tag{5.209}$$

其中,

$$\begin{aligned} (Lz)(t) &= P^{-(2m+1)}A_{2k}^{-1}z^{(2m+1)}(t), \\ \Psi(z) &= \sum_{i=0}^{2k-1}\int_0^{4k+2}F(x_i(t))dt + \int_0^{4k+2}F(x(t-2k))dt \\ &= \sum_{i=0}^{2k-1}\int_0^{4k+2}F(x_i(t))dt + \int_0^{4k+2}F\bigg(-\sum_{i=0}^{2k-1}(-1)^i x_i(t)\bigg)dt. \end{aligned}$$

易证 $L: Z\to Z$ 是一个有界自伴线性算子. 其中, 在 Z 中, 当取定 $x(t)\in\hat{X}$ 时, $x(t-i)$, $i\in\{1,\cdots,2k-1\}$ 随之唯一确定, 因此, 和第 4 章 4.1.7 节一样, z 可看作是 x 的函数 $z=Mx$. 这时, $\Phi(z)=\Phi(Mx)=\tilde{\Phi}(x)$.

记 $L=(L_0, L_1, \cdots, L_{2k-1})$, 对 $j=0,1,\cdots,2k-1$ 定义

$$L_j z = \sum_{i=0}^{j-1}(-1)^{i+j+1}z_i(t) + \sum_{i=j+1}^{2k-1}(-1)^{i+j}z_i(t).$$

对于 $j \neq l(2k+1)+k$, 记

$$
\begin{aligned}
&Z(j) = \{(x(t), x(t-1), \cdots, x(t-2k+1)) : x(t) \in X(j)\} \subset X^{2k}(j),\\
&Z_{0,i}(j) = \{(x(t), x(t-1), \cdots, x(t-2k+1)) : x(t) \in X_{0,i}(j)\} \subset X^{2k}(j),\\
&Z_{\infty,i}(j) = \{(x(t), x(t-1), \cdots, x(t-2k+1)) : x(t) \in X_{\infty,i}(j)\} \subset X^{2k}(j),
\end{aligned}
$$

引理 5.10 设 z 是 (5.209) 中泛函 Φ 的临界点, 则 $x_0 = x(t)$ 是微分系统 (5.190) 满足条件 $x(t-2k-1) = -x(t)$ 的 $2(2k+1)$-周期轨道.

证明 设 z 是泛函 $\Phi(z)$ 的一个临界点, 则有

$$
\Phi'(z)(t) = 0, \quad \text{a.e.} \quad t \in [0, 4k+2]. \tag{5.210}
$$

注意到 L 是个有界的线性自伴算子, 对 $\forall h = (h_0, h_1, \cdots, h_{2k-1}) \in Z$ 有

$$
\begin{aligned}
&\left\langle \langle Lz, z\rangle_z', h\right\rangle = 2\langle Lz, h\rangle,\\
&\left\langle \left(\sum_{i=0}^{2k-1}\int_0^{4k+2} F(x_i(t))dt\right)_z', h\right\rangle\\
&= \left\langle P^{-(2m+1)}\nabla G(z), h\right\rangle\\
&= \left\langle P^{-(2m+1)}(\nabla F(x_0), \nabla F(x_1), \cdots, \nabla F(x_{2k-1})), h\right\rangle,\\
&\left\langle \left(\int_0^{4k+2} F\left(-\sum_{i=0}^{2k-1}(-1)^i x_i(t)\right)dt\right)_z', h\right\rangle\\
&= \left\langle P^{-(2m+1)}\nabla F\left(-\sum_{i=0}^{2k-1}(-1)^i x_i(t)\right), (-h_0, h_1, \cdots, (-1)^{i+1}h_i, \cdots, h_{2k-1})\right\rangle\\
&= \left\langle P^{-(2m+1)}\nabla F(x(t-2k)), (-h_0, h_1, \cdots, (-1)^{i+1}h_i, \cdots, h_{2k-1})\right\rangle.
\end{aligned}
$$

故可得

$$
Lz(t) + P^{-(2m+1)}\nabla G(z(t)) + P^{-(2m+1)}\hat{B}\nabla F(x(t-2k)) = 0, \quad \text{a.e.} \quad t \in [0, 4k+2],
$$

其中 $\hat{B} = (-I, I, \cdots, I)^{\mathrm{T}}$ 是由 $2k$ 个正负相间的单位矩阵构成的 $2kN \times N$ 矩阵. 由算子 P 的可逆性, 得

$$
A_{2k}^{-1}z(t) + \nabla G(z(t)) + \hat{B}\nabla F(x(t-2k)) = 0, \quad \text{a.e.} \quad t \in [0, 4k+2].
$$

对上式左乘矩阵 A_{2k} 有

$$
z^{(2m+1)}(t) + A_{2k}\nabla G(z(t)) + A_{2k}\hat{B}\nabla F(x(t-2k)) = 0, \quad \text{a.e.} \quad t \in [0, 4k+2]. \tag{5.211}
$$

仅考虑 (5.211) 中的前 N 个方程, 则因

$$
\begin{aligned}
&(z^{(2m+1)}(t))_N = x^{(2m+1)}(t),\\
&(A_{2k}\nabla G(z(t)))_N = \sum_{i=1}^{2k-1}\nabla F(x(t-i)),\\
&(A_{2k}\hat{B}\nabla F(x(t-2k)))_N = \nabla F(x(t-2k)),
\end{aligned}
$$

故得

$$
x^{(2m+1)}(t) + \sum_{i=1}^{2k}\nabla F(x(t-i)) = 0, \quad \text{a.e.} \quad t\in[0,4k+2].
$$

由于 F 关于 x 连续可微, x 关于 t 连续, 可知 $\sum\limits_{i=1}^{2k}\nabla F(x(t-i))$ 关于 t 连续, 故 $x(t)$ 在 $[0,4k+2]$ 上, 从而在 $\mathbb{R}$ 上有直至 $2m+1$ 阶的连续导数, $x_0 = x(t)$ 是微分系统 (5.190) 的古典解, 它对应的周期轨道是满足 $x(t-2k-1) = -x(t)$ 的 $2(2k+1)$-周期轨道. 引理证毕.

5.5.2.3 泛函计算

以下计算 (5.209) 中定义的泛函 $\Phi(z)$. 首先对求和号作如下规定：对任意整变函数 $g(i)$, 当 $n<m$ 时,

$$
\sum_{i=m}^{n} g(i) = 0. \tag{5.212}
$$

对 $x\in X(j), j\neq l(2k+1)+k$, 由 (5.212) 得

$$
\begin{aligned}
&\langle Lz, z\rangle\\
&= \langle L(Mx), Mx\rangle\\
&= \int_0^{4k+2} \left(A_{2k}^{-1}Mx^{(2m+1)}(t), Mx(t)\right)dt\\
&= (-1)^m\int_0^{4k+2}\left(\Omega A_{2k}^{-1}\left(\frac{(2j+1)\pi}{2k+1}\right)^{2m+1} Mx(t), Mx(t)\right)dt\\
&= (-1)^m\left(\frac{(2j+1)\pi}{2k+1}\right)^{2m+1}\int_0^{4k+2}\left(\Omega A_{2k}^{-1}Mx(t), Mx(t)\right)dt\\
&= (-1)^m\left(\frac{(2j+1)\pi}{2k+1}\right)^{2m+1}\int_0^{4k+2}\sum_{l=0}^{2k-1}\left(\Omega\left[\sum_{i=0}^{l-1}(-1)^{i+l+1}x(t-i)\right.\right.\\
&\quad \left.\left. +\sum_{i=l+1}^{2k-1}(-1)^{i+l}x(t-i)\right], x(t-l)\right)dt
\end{aligned}
$$

$$
= (-1)^m \left(\frac{(2j+1)\pi}{2k+1}\right)^{2m+1} \int_0^{4k+2} \left(\sum_{l=0}^{2k-1} \Omega \left[\sum_{i=0}^{l-1} (-1)^{i+l+1} x(t-i+l) + \sum_{i=l+1}^{2k-1} (-1)^{i+l} x(t-i+l)\right], x(t)\right) dt
$$

$$
\left(\text{以上利用} \int_0^{4k+2} (x(t-i-l), x(t-j-l))dt = \int_0^{4k+2} (x(t-i), x(t-j))dt\right)
$$

$$
= (-1)^m \left(\frac{(2j+1)\pi}{2k+1}\right)^{2m+1} \int_0^{4k+2} \left(\sum_{l=0}^{2k-1} \Omega \left[\sum_{i=-l}^{-1} (-1)^{i+1} x(t-i) + \sum_{i=1}^{2k-1-l} (-1)^{i} x(t-i)\right], x(t)\right) dt
$$

(以上利用 $s=i-l$, 然后将 s 直接写为 i)

$$
= (-1)^m \left(\frac{(2j+1)\pi}{2k+1}\right)^{2m+1} \int_0^{4k+2} \left(\Omega \left[\sum_{i=-(2k-1)}^{-1} \sum_{l=-i}^{2k-1} (-1)^{i+1} x(t-i) + \sum_{i=1}^{2k-1} \sum_{i=0}^{2k-1-i} (-1)^{i} x(t-i)\right], x(t)\right) dt
$$

(交换求和次序)

$$
= (-1)^m \left(\frac{(2j+1)\pi}{2k+1}\right)^{2m+1} \int_0^{4k+2} \left(\Omega \left[\sum_{i=-(2k-1)}^{-1} \sum_{l=-i}^{2k-1} (-1)^{i} x(t-i-2k-1) + \sum_{i=1}^{2k-1} \sum_{l=0}^{2k-1-i} (-1)^{i} x(t-i)\right], x(t)\right) dt
$$

(第一个双重求和中利用 $x(t)$ 半周期反号)

$$
= (-1)^m \left(\frac{(2j+1)\pi}{2k+1}\right)^{2m+1} \int_0^{4k+2} \left(-\Omega \left[\sum_{i=2}^{2k} \sum_{l=-i+2k+1}^{2k-1} (-1)^{i} x(t-i) + \sum_{i=1}^{2k-1} \sum_{l=0}^{2k-1-i} (-1)^{i} x(t-i)\right], x(t)\right) dt
$$

(第一个双重求和中令 $s=i+2k+1$, 之后 s 直接用 i 代替)

$$
= (-1)^m \left(\frac{(2j+1)\pi}{2k+1}\right)^{2m+1} \int_0^{4k+2} \left(-\Omega \left[\sum_{i=2}^{2k} (-1)^{i} (i-1) x(t-i)\right.\right.
$$

$$+\sum_{i=1}^{2k-1}(-1)^i(2k-i)x(t-i)\Bigg], x(t)\Bigg) dt,$$

故

$$\begin{aligned}\langle L(Mx), Mx\rangle &= (-1)^m\left(\frac{(2j+1)\pi}{2k+1}\right)^{2m+1}\int_0^{4k+2}\left(\Omega\left[\sum_{i=2}^{2k}(-1)^{i+1}(i-1)x(t-i)\right.\right.\\&\quad\left.\left.+\sum_{i=1}^{2k-1}(-1)^i(2k-i)x(t-i)\right], x(t)\right) dt\\&= (-1)^m\left(\frac{(2j+1)\pi}{2k+1}\right)^{2m+1}\\&\quad\cdot\int_0^{4k+2}\left(\Omega\left[\sum_{i=1}^{2k}(-1)^i(2k-2i+1)x(t-i)\right], x(t)\right) dt.\end{aligned}$$

因为当 $x\in X(j), j\neq l(2k+1)+k$ 时, 可记

$$x(t) = a\cos\frac{(2j+1)\pi t}{2k+1} + b\sin\frac{(2j+1)\pi t}{2k+1},\quad a, b\in\mathbb{R}^N,$$

所以有

$$x(t-i) = x(t)\cos\frac{(2j+1)i\pi}{2k+1} - (\Omega x)\sin\frac{(2j+1)i\pi}{2k+1}. \tag{5.213}$$

利用第 4 章中关于算子 Ω 的结果可得

$$\begin{aligned}&\int_0^{4k+2}\left(\Omega\sum_{i=1}^{2k}(-1)^i(2k-2i+1)x(t-i), x(t)\right)dt\\&=\int_0^{4k+2}\left(\Omega\sum_{i=1}^{2k}(-1)^i(2k-2i+1)\left[x(t)\cos\frac{(2j+1)i\pi}{2k+1}\right.\right.\\&\quad\left.\left.-\Omega x(t)\sin\frac{(2j+1)i\pi}{2k+1}\right], x(t)\right)dt\\&=\int_0^{4k+2}\left(\sum_{i=1}^{2k}(-1)^i(2k-2i+1)\sin\frac{(2j+1)i\pi}{2k+1}x(t), x(t)\right)dt\\&=\sum_{i=1}^{2k}(-1)^i(2k-2i+1)\sin\frac{(2j+1)i\pi}{2k+1}\|x\|_0^2\\&=2\sum_{i=1}^{k}(-1)^i(2k-2i+1)\sin\frac{(2j+1)i\pi}{2k+1}\|x\|_0^2\end{aligned}$$

$$= 2(2j+1)^{-(2m+1)}\sum_{i=1}^{k}(-1)^i(2k-2i+1)\sin\frac{(2j+1)i\pi}{2k+1}\|x\|^2.$$

进一步计算得

$$\begin{aligned}\gamma(j) &= 2\sum_{i=1}^{k}(-1)^i(2k-2i+1)\sin\frac{(2j+1)i\pi}{2k+1}\\ &= -(2k+1)\tan\frac{(2j+1)\pi}{2(2k+1)}.\end{aligned}\tag{5.214}$$

因 γ 是 j 的 $2k+1$-周期函数, 我们可以用 $l(2k+1)+j$ 代替 j, 考虑空间 $X(l(2k+1)+j)$, 其中 $l\geqslant 0$ 为任意整数, $j=0,1,2,\cdots,k-1,k+1,k+2,\cdots,2k$. 这时, 显然 $\gamma(j)\neq 0$. 当 $x\in X(l(2k+1)+j), j\neq k$ 时,

$$\begin{aligned}\langle L(Mx),Mx\rangle &= (-1)^m\left(\frac{(2l(2k+1)+2j+1)\pi}{2k+1}\right)^{2m+1}\int_0^{4k+2}(\gamma(j)x(t),x(t))dt\\ &= (-1)^m\left(\frac{(2l(2k+1)+2j+1)\pi}{2k+1}\right)^{2m+1}\gamma(j)\|x\|_0^2\\ &= (-1)^m\left(\frac{\pi}{2k+1}\right)^{2m+1}\gamma(j)\|x\|^2\\ &= (-1)^{m+1}(2k+1)\left(\frac{\pi}{2k+1}\right)^{2m+1}\tan\frac{(2j+1)\pi}{2(2k+1)}\|x\|^2.\\ \Psi(Mx) &= \sum_{i=0}^{2k-1}\int_0^{4k+2}F(x(t-i))dt+\int_0^{4k+2}F(x(t-2k))dt\\ &= (2k+1)\int_0^{4k+2}F(x(t))dt.\end{aligned}$$

由此当 $z\in Z(l(2k+1)+j), j\neq k$ 时, 泛函 $\Phi(z)$ 为

$$\Phi(z)=\frac{1}{2}\langle Lz,z\rangle+(2k+1)\int_0^{4k+2}F(x(t))dt.$$

进一步可表示为

$$\begin{aligned}\Phi(z) &= \Phi(Mx)\\ &= \frac{1}{2}\left[\langle L(Mx),Mx\rangle+\left\langle((2k+1)P^{-(2m+1)}A_0)x,x\right\rangle\right]\\ &\quad+(2k+1)\int_0^{4k+2}\left[F(x(t))-\frac{1}{2}(A_0x,x)\right]dt\end{aligned}$$

$$
\begin{aligned}
&= \frac{2k+1}{2}(-1)^{m+1}\left(\frac{\pi}{2k+1}\right)^{2m+1} \tan\frac{(2j+1)\pi}{2(2k+1)}\|x\|^2 \\
&\quad + \frac{2k+1}{2}\left\langle P^{-(2m+1)}A_0 x, x\right\rangle \\
&\quad + (2k+1)\int_0^{4k+2}\left[F(x(t)) - \frac{1}{2}(A_0 x, x)\right]dt \\
&= \frac{2k+1}{2}\left[(-1)^{m+1}\left(\frac{\pi}{2k+1}\right)^{2m+1} \tan\frac{(2j+1)\pi}{2(2k+1)}\|x\|^2 + \left\langle P^{-(2m+1)}A_0 x, x\right\rangle\right] \\
&\quad + (2k+1)\int_0^{4k+2}\left[F(x(t)) - \frac{1}{2}(A_0 x, x)\right]dt,
\end{aligned}
$$

或

$$
\begin{aligned}
\Phi(z) &= \Phi(Mx) \\
&= \frac{1}{2}\left[\langle L(Mx), Mx\rangle + \left\langle((2k+1)P^{-(2m+1)}A_\infty)x, x\right\rangle\right] \\
&\quad + (2k+1)\int_0^{4k+2}\left[F(x(t)) - \frac{1}{2}(A_\infty x, x)\right]dt \\
&= \frac{2k+1}{2}\left[(-1)^{m+1}\left(\frac{\pi}{2k+1}\right)^{2m+1} \tan\frac{(2j+1)\pi}{2(2k+1)}\|x\|^2 + \left\langle P^{-(2m+1)}A_\infty x, x\right\rangle\right] \\
&\quad + (2k+1)\int_0^{4k+2}\left[F(x(t)) - \frac{1}{2}(A_\infty x, x)\right]dt.
\end{aligned}
$$

因此, 当 $\forall x \in X_{0,i}(l(2k+1)+j) \subset X(l(2k+1)+j), j \neq k$ 时, 结合 (5.201) 有

$$
\begin{aligned}
&\frac{1}{2}\langle L(Mx), Mx\rangle + \frac{1}{2}\left\langle((2k+1)P^{-(2m+1)}A_0)x, x\right\rangle \\
&= \frac{2k+1}{2}\left[(-1)^{m+1}\left(\frac{\pi}{2k+1}\right)^{2m+1} \tan\frac{(2j+1)\pi}{2(2k+1)}\right. \\
&\quad \left. + \frac{\alpha_i}{(2l(2k+1)+2j+1)^{2m+1}}\right]\|x\|^2, \qquad (5.215)
\end{aligned}
$$

当 $\forall x \in X_{\infty,i}(l(2k+1)+j) \subset X(l(2k+1)+j), j \neq k$ 时,

$$
\begin{aligned}
&\frac{1}{2}\langle L(Mx), Mx\rangle + \frac{1}{2}\left\langle((2k+1)P^{-(2m+1)}A_\infty)x, x\right\rangle \\
&= \frac{2k+1}{2}\left[(-1)^{m+1}\left(\frac{\pi}{2k+1}\right)^{2m+1} \tan\frac{(2j+1)\pi}{2(2k+1)}\right. \\
&\quad \left. + \frac{\beta_i}{(2l(2k+1)+2j+1)^{2m+1}}\right]\|x\|^2. \qquad (5.216)
\end{aligned}
$$

现定义

$$\begin{aligned}
&X_0^+(l(2k+1)+j)\\
=&\bigoplus_{1\leqslant i\leqslant N}\left\{X_{0,i}(l(2k+1)+j):(-1)^{m+1}\right.\\
&\left.\cdot\left(\frac{(2l(2k+1)+2j+1)\pi}{2k+1}\right)^{2m+1}\tan\frac{(2j+1)\pi}{2(2k+1)}>-\alpha_i\right\},\\
&X_0^0(l(2k+1)+j)\\
=&\bigoplus_{1\leqslant i\leqslant N}\left\{X_{0,i}(l(2k+1)+j):(-1)^{m+1}\right.\\
&\left.\cdot\left(\frac{(2l(2k+1)+2j+1)\pi}{2k+1}\right)^{2m+1}\tan\frac{(2j+1)\pi}{2(2k+1)}=-\alpha_i\right\},\\
&X_0^-(l(2k+1)+j)\\
=&\bigoplus_{1\leqslant i\leqslant N}\left\{X_{0,i}(l(2k+1)+j):(-1)^{m+1}\right.\\
&\left.\cdot\left(\frac{(2l(2k+1)+2j+1)\pi}{2k+1}\right)^{2m+1}\tan\frac{(2j+1)\pi}{2(2k+1)}<-\alpha_i\right\}
\end{aligned}\tag{5.217}$$

及

$$\begin{aligned}
&X_\infty^+(l(2k+1)+j)\\
=&\bigoplus_{1\leqslant i\leqslant N}\left\{X_{\infty,i}(l(2k+1)+j):(-1)^{m+1}\right.\\
&\left.\cdot\left(\frac{(2l(2k+1)+2j+1)\pi}{2k+1}\right)^{2m+1}\tan\frac{(2j+1)\pi}{2(2k+1)}>-\beta_i\right\},\\
&X_\infty^0(l(2k+1)+j)\\
=&\bigoplus_{1\leqslant i\leqslant N}\left\{X_{\infty,i}(l(2k+1)+j):(-1)^{m+1}\right.\\
&\left.\cdot\left(\frac{(2l(2k+1)+2j+1)\pi}{2k+1}\right)^{2m+1}\tan\frac{(2j+1)\pi}{2(2k+1)}=-\beta_i\right\},\\
&X_\infty^-(l(2k+1)+j)\\
=&\bigoplus_{1\leqslant i\leqslant N}\left\{X_{\infty,i}(l(2k+1)+j):(-1)^{m+1}\right.\\
&\left.\cdot\left(\frac{(2l(2k+1)+2j+1)\pi}{2k+1}\right)^{2m+1}\tan\frac{(2j+1)\pi}{2(2k+1)}<-\beta_i\right\},
\end{aligned}\tag{5.218}$$

由于 $l \to \infty$ 时,

$$\left|(-1)^{m+1}\left(\frac{(2l(2k+1)+2j+1)\pi}{2k+1}\right)^{2m+1}\tan\frac{(2j+1)\pi}{2(2k+1)}\right| \to \infty, \tag{5.219}$$

可知 X_0^0, X_∞^0 都是有限维的. 特别对 X_∞^0 , 可设存在 $j_M > 0$, 使 $X_\infty^0 \subset \sum\limits_{j=0}^{j_M} X(j)$.

5.5.2.4 泛函的临界点

引理 5.11 存在 $\sigma > 0$, 使

$$\begin{aligned}&\langle L(Mx), Mx\rangle + \langle((2k+1)P^{-(2m+1)}A_\infty)x, x\rangle > \sigma\|x\|^2, \quad x \in X_\infty^+,\\&\langle L(Mx), Mx\rangle + \langle((2k+1)P^{-(2m+1)}A_\infty)x, x\rangle < -\sigma\|x\|^2, \quad x \in X_\infty^-\end{aligned} \tag{5.220}$$

成立.

证明 记 $\Gamma_i : X \to X_i$ 为正投影, $i \in \{1, 2, \cdots, N\}$, 则 $\mathrm{id} = \sum\limits_{i=1}^{N} \Gamma_i$. 设 $x \in X_\infty^+$, 对 $x_i = \Gamma_i x$ 有 $x_i \in X_{\infty,i}^+$. 并记 $x_{i,l(2k+1)+j} = x_i \cap X(l(2k+1)+j)$. 这时可将 x_i 表示为

$$x_i = \sum_{j=0}^{k-1}\sum_{l=0}^{\infty} x_{i,l(2k+1)+j} + \sum_{j=k+1}^{2k}\sum_{l=0}^{\infty} x_{i,l(2k+1)+j}. \tag{5.221}$$

根据 (5.216) 和 (5.218) 有

$$\begin{aligned}&\langle L(Mx_{i,l(2k+1)+j}), Mx_{i,l(2k+1)+j}\rangle\\&+\langle((2k+1)P^{-(2m+1)}A_\infty)x_{i,l(2k+1)+j}, x_{i,l(2k+1)+j}\rangle\\=&\left[(-1)^{m+1}\left(\frac{\pi}{2k+1}\right)^{2m+1}\tan\frac{(2j+1)\pi}{2(2k+1)}\right.\\&\left.+\frac{\beta_i}{(2l(2k+1)+2j+1)^{2m+1}}\right]\left\|x_{i,l(2k+1)+j}\right\|^2\\>&\,0.\end{aligned} \tag{5.222}$$

于是, 对给定 $j \in \{0, 1, \cdots, k-1, k+1, k+2, \cdots, 2k\}$, 有

$$\begin{aligned}&\langle L(Mx_{i,l(2k+1)+j}), Mx_{i,l(2k+1)+j}\rangle\\&+\langle((2k+1)P^{-(2m+1)}A_\infty)x_{i,l(2k+1)+j}, x_{i,l(2k+1)+j}\rangle\\=&\left[(-1)^{m+1}\left(\frac{\pi}{2k+1}\right)^{2m+1}\tan\frac{(2j+1)\pi}{2(2k+1)}\right.\\&\left.+\frac{\beta_i}{(2l(2k+1)+2j+1)^{2m+1}}\right]\left\|x_{i,l(2k+1)+j}\right\|^2\end{aligned}$$

$$> 0. \tag{5.223}$$

记

$$S_{i,j}(l) = \left\{ l \geqslant 0 : (-1)^{m+1} \left(\frac{\pi}{2k+1} \right)^{2m+1} \tan \frac{(2j+1)\pi}{2(2k+1)} + \frac{\beta_i}{(2l(2k+1)+2j+1)^{2m+1}} > 0 \right\}. \tag{5.224}$$

假设 $(-1)^{m+1} \tan \dfrac{(2j+1)\pi}{2(2k+1)} > 0$. 当 $\beta_i \geqslant 0$ 时, 取

$$\sigma_i^+(j) = (-1)^{m+1} \left(\frac{\pi}{2k+1} \right)^{2m+1} \tan \frac{(2j+1)\pi}{2(2k+1)} > 0;$$

当 $\beta_i < 0$ 时, 则 $S_{i,j}(l) \neq \varnothing$, 有下界. 令 $l_0(i,j) = \min S_{i,j}(l)$, 取

$$\sigma_i^+(j) = (-1)^{m+1} \left(\frac{\pi}{2k+1} \right)^{2m+1} \tan \frac{(2j+1)\pi}{2(2k+1)} + \frac{\beta_i}{(2l_0(i,j)(2k+1)+2j+1)^{2m+1}} > 0.$$

假设 $(-1)^{m+1} \tan \dfrac{(2j+1)\pi}{2(2k+1)} < 0$. 当

$$\beta_i \leqslant (-1)^m \left(\frac{\pi}{2k+1} \right)^{2m+1} (2l(2k+1)+2j+1)^{2m+1} \tan \frac{(2j+1)\pi}{2(2k+1)}$$

时, $S_{i,j}(l) = \varnothing$. 当

$$\beta_i > (-1)^m \left(\frac{\pi}{2k+1} \right)^{2m+1} (2l(2k+1)+2j+1)^{2m+1} \tan \frac{(2j+1)\pi}{2(2k+1)}$$

时, $S_{i,j}(l) \neq \varnothing$, 有上界. 这时令 $\hat{l}_0(i,j) = \max S_{i,j}(l)$, 取

$$\sigma_i^+(j) = (-1)^{m+1} \left(\frac{\pi}{2k+1} \right)^{2m+1} \tan \frac{(2j+1)\pi}{2(2k+1)} + \frac{\beta_i}{(2\hat{l}_0(i,j)(2k+1)+2j+1)^{2m+1}} > 0.$$

然后令

$$\sigma_i^+ = \min\{\sigma_i^+(0), \sigma_i^+(1), \cdots, \sigma_i^+(k-1), \sigma_i^+(k+1), \sigma_i^+(k+2), \cdots, \sigma_i^+(2k)\} > 0,$$
$$\sigma^+ = \min\{\sigma_1^+, \sigma_2^+, \cdots, \sigma_N^+\}.$$

于是对 $x=\sum\limits_{i=1}^{N}\Big(\sum\limits_{j=0}^{k-1}+\sum\limits_{j=k+1}^{2k}\Big)\sum\limits_{l=0}^{\infty}x_{i,l(2k+1)+j}\in X_{\infty}^{+}$，有

$$\begin{aligned}&\langle L(Mx),Mx\rangle+\big\langle((2k+1)P^{-(2m+1)}A_{\infty})x,x\big\rangle\\&\geqslant\sigma^{+}\sum_{i=1}^{N}\left(\sum_{j=0}^{k-1}+\sum_{j=k+1}^{2k}\right)\sum_{l=0}^{\infty}\|x_{i,l(2k+1)+j}\|^{2}\\&=\sigma^{+}\|x\|^{2}.\end{aligned}\tag{5.225}$$

同理可证, 存在 $\sigma^{-}>0$, 当 $x\in X_{\infty}^{-}$ 时,

$$\langle L(Mx),Mx\rangle+\big\langle((2k+1)P^{-(2m+1)}A_{\infty})x,x\big\rangle\leqslant-\sigma^{-}\|x\|^{2}.\tag{5.226}$$

最后令 $\sigma=\min\{\sigma^{+},\sigma^{-}\}>0$, 便知引理成立.

引理 5.12　设条件 (5.101) 和 (5.192) 成立, 则由 (5.209) 定义的泛函 Φ 所得的 $\tilde{\Phi}=\Phi\circ\mathrm{M}$ 满足 (PS)-条件.

证明　设 $\{x_{\hat{m}}\}\subset X$ 是一个 (PS)-序列, 即

$$\tilde{\Phi}(x_{\hat{m}})\text{ 有界},\quad\tilde{\Phi}'(x_{\hat{m}})\to0,\ \hat{m}\to\infty,\tag{5.227}$$

从而, $\hat{m}\to\infty$ 时

$$\tilde{\Phi}'(x_{\hat{m}}^{+}),\tilde{\Phi}'(x_{\hat{m}}^{-}),\tilde{\Phi}'(x_{\hat{m}}^{0})\to0.\tag{5.228}$$

根据引理 5.11, 有 $K>0$ 使

$$\begin{aligned}&\big|\big\langle P^{-(2m+1)}(\nabla F(x_{\hat{m}}^{+})-A_{\infty}x_{\hat{m}}^{+}),x_{\hat{m}}^{+}\big\rangle\big|<\frac{\sigma}{2(2k+1)}\|x_{\hat{m}}^{+}\|^{2}+\frac{K}{2k+1},\\&\big|\big\langle P^{-(2m+1)}(\nabla F(x_{\hat{m}}^{-})-A_{\infty}x_{\hat{m}}^{-}),x_{\hat{m}}^{-}\big\rangle\big|<\frac{\sigma}{2(2k+1)}\|x_{\hat{m}}^{-}\|^{2}+\frac{K}{2k+1}\end{aligned}\tag{5.229}$$

其中 σ 为引理 5.11 所给. 于是由

$$\left\langle\tilde{\Phi}'(x_{\hat{m}}^{+}),x_{\hat{m}}^{+}\right\rangle=\big\langle L(Mx_{\hat{m}}^{+}),Mx_{\hat{m}}^{+}\big\rangle+\big\langle(2k+1)P^{-(2m+1)}\nabla F(x_{\hat{m}}^{+}),x_{\hat{m}}^{+}\big\rangle\to0$$

得

$$\begin{aligned}&\left\langle\tilde{\Phi}'(x_{\hat{m}}^{+}),x_{\hat{m}}^{+}\right\rangle\\&\geqslant\big|\big\langle L(Mx_{\hat{m}}^{+}),Mx_{\hat{m}}^{+}\big\rangle+\big\langle((2k+1)P^{-(2m+1)}A_{\infty})x_{\hat{m}}^{+},x_{\hat{m}}^{+}\big\rangle\big|\\&\quad+(2k+1)\big|\big\langle P^{-(2m+1)}(\nabla F(x_{\hat{m}}^{+})-A_{\infty}x_{\hat{m}}^{+}),x_{\hat{m}}^{+}\big\rangle\big|\\&\geqslant\frac{\sigma}{2}\|x_{\hat{m}}^{+}\|^{2}-K\end{aligned}$$

从而得到 $\|x_{\hat{m}}^{+}\|$ 的有界性. 同理, $\|x_{\hat{m}}^{-}\|$ 也有界.

对于 $x_{\hat{m}}^{0}$, 由 (5.218) 可知 $X_{\hat{m}}^{0}$ 为有限维空间. 根据已知条件如果 $\|x_{\hat{m}}^{0}\| \to \infty$, 则 $\int_{0}^{4k+2}\left[F(x_{\hat{m}}^{0}(t)) - \frac{1}{2}(A_{\infty}x_{\hat{m}}^{0}(t), x_{\hat{m}}^{0}(t))\right]dt \to \infty$. 但因

$$\tilde{\Phi}(x_{\hat{m}}^{0}) = \int_{0}^{4k+2}\left[F(x_{\hat{m}}^{0}(t)) - \frac{1}{2}(A_{\infty}x_{\hat{m}}^{0}(t), x_{\hat{m}}^{0}(t))\right]dt$$

有界, 得出矛盾. 故 $\|x_{\hat{m}}^{0}\|$ 有界, 从而 $\|x_{\hat{m}}\|$ 有界.

对 $\Psi(Mx) = (2k+1)\int_{0}^{4k+2} F(x(t))dt$, 命题 4.16 知, $F : X \to X$ 是紧算子, 从而 $\Psi' = (2k+1)\nabla F : X \to X$ 是个紧算子. 于是存在 $u \in X$ 及 $\{x_{\hat{m}}\}$ 的子序列, 不妨是其自身, 使 $\Psi'(Mx_{\hat{m}}) \to u \in X$. 在

$$\tilde{\Phi}'(x_{\hat{m}}) = L(Mx_{\hat{m}}) + P^{-(2m+1)}\Psi'(Mx_{\hat{m}})$$

中, 因 $\tilde{\Phi}'(x_{\hat{m}}) \to 0$, 故 $P^{2m+1}L(Mx_{\hat{m}}) \to -u$, 即

$$D^{2m+1}\sum_{i=1}^{2k-1}(-1)^{i+1}x_{\hat{m}}(t-i) \to u.$$

在 (5.209) 中, 将 j 换成 $l(2k+1)+j$, 得

$$\begin{aligned} & L|_{X(l(2k+1)+j)}(Mx_{\hat{m}}(t)) \\ & = (-1)^{m}\left(\frac{\pi}{2k+1}\right)^{2m+1}(2l(2k+1)+2j+1)^{2m+1}\gamma(j)x_{\hat{m}}(t), \qquad (5.230) \\ & \qquad j = 1, \cdots, k-1, k+1, k+2, \cdots, 2k-1; \quad l = 0, 1, 2, \cdots. \end{aligned}$$

根据命题 4.17 和命题 4.18, 可知算子 L 可逆. 于是,

$$x_{\hat{m}} \to -(LM)^{-1}P^{-(2m+1)}u.$$

这就证明了 (PS)-条件成立.

这时根据 (5.216) 和 (5.217) 可知

$$X_{\infty}^{\pm} \cap X_{0}^{\mp} = \bigoplus_{l=0}^{\infty}\left(\bigoplus_{j=0}^{k-1} + \bigoplus_{j=k+1}^{2k}\right)(X_{\infty}^{\pm}(l(2k+1)+j) \cap X_{0}^{\mp}(l(2k+1)+j)),$$

$$C_{X}(X_{\infty}^{\pm} + X_{0}^{\mp}) = \bigoplus_{l=0}^{\infty}\left(\bigoplus_{j=0}^{k-1} + \bigoplus_{j=k+1}^{2k}\right)C_{X(l(2k+1)+j)}(X_{\infty}^{\pm}(l(2k+1)+j)$$

$$+ X_0^{\mp}(l(2k+1)+j)),$$

和 5.4 节一样可证, 存在 $d>0$, 使 $l>d$ 时有

$$X_\infty^{\pm}(l(2k+1)+j)\cap X_0^{\mp}(l(2k+1)+j)=\varnothing,$$
$$C_{X(l(2k+1)+j)}(X_\infty^{\pm}(l(2k+1)+j)+X_0^{\mp}(l(2k+1)+j))=\varnothing.$$

从而有

$$\dim(X_\infty^{\pm}\cap X_0^{\mp}),\quad \operatorname{cod}(X_\infty^{\pm}+X_0^{\mp})<\infty \tag{5.231}$$

$$\begin{aligned} K&=\dim(X_\infty^{+}\cap X_0^{-}),\quad \bar{K}_c=\operatorname{cod}(X_\infty^{+}+X_0^{-});\\ K_-&=\dim(X_\infty^{-}\cap X_0^{+}),\quad \bar{K}_{-c}=\operatorname{cod}(X_\infty^{-}\cap X_0^{+}). \end{aligned} \tag{5.232}$$

在此基础上有以下结论.

定理 5.12 设条件 (5.101) 和 (5.192) 成立, 则当

$$n=\frac{1}{2}\max\{K-\bar{K}_c, K_- -\bar{K}_{-c}\}>0$$

时, 微分系统 (5.190) 至少有 n 个几何上不同的 $4k+2$-周期轨道, 满足

$$x(t-2k-1)=-x(t).$$

证明 我们采用 S^1 指标理论讨论周期轨道的重数.

不失一般性, 设

$$n=\frac{1}{2}[K-\bar{K}_c]>0. \tag{5.233}$$

如果是另外的情况, 可用 $-\tilde{\Phi}(x)$ 代替 $\tilde{\Phi}(x)$ 进行讨论. 由 (5.231) 可知, $\dim(X_\infty^{+}\cap X_0^{-})$ 和 $\operatorname{cod}(X_\infty^{+}+X_0^{-})$ 也都是有限数.

最后需要证明, 当 $x\in X^+=X_\infty^+, \|x\|^2\to\infty$ 时,

$$\tilde{\Phi}(x)\ \text{下有界}, \tag{5.234}$$

且有 $r>0$, 在 $x\in X^-=X_0^-, \|x\|=r>0$ 时使

$$\tilde{\Phi}(x)<0. \tag{5.235}$$

为此仍考虑正投影 $\Pi_i:\mathbb{R}^N\to V_i, i=1,2,\cdots,N$. 先证 (5.234). 对 $\forall x\in X^+=X_\infty^+$, 令 $x_i=\Pi_i x\in X^+$, 则 $x=\sum\limits_{i=1}^N x_i, x_i\in X_{\infty,i}^+$. 于是根据引理 5.11 有

$$\tilde{\Phi}(x)=\frac{1}{2}\langle L(Mx),Mx\rangle+(2k+1)\int_0^{4k+2}F(x(t))dt$$

$$\geqslant \frac{\sigma}{2}\|x\|^2 + (2k+1)\int_0^{4k+2} [F(x(t)) - \frac{1}{2}(A_\infty x, x)]dt.$$

又由条件 (5.192), 存在 $K > 0$, 使

$$\left|F(x) - \frac{1}{2}(A_\infty x, x)\right| < \frac{\sigma}{4(2k+1)}|x|^2 + \frac{K}{2(2k+1)},$$

故有

$$\begin{aligned}\tilde{\Phi}(x) &\geqslant \sigma\|x\|^2 - (2k+1)\left(\frac{\sigma}{4(2k+1)}\|x\|_0^2 + K\right)\\ &\geqslant \frac{\sigma}{4}\|x\|^2 - (2k+1)K,\end{aligned}$$

可知在 X^+ 上, $\tilde{\Phi}(x)$ 是下有界的.

同样根据 (5.192), 对 $\dfrac{\sigma}{4(2k+1)} > 0$ 存在 $e > 0$ 充分小, 使 $|x| \leqslant e$ 时, $\left|F(x) - \dfrac{1}{2}(A_0 x, x)\right| \leqslant \dfrac{\sigma}{4(2k+1)}|x|^2$. 这时因 $x \in X$ 且 $\|x\| \to 0$ 时, 有 $\max|x(t)| \to 0$, 故存在 $r > 0$, 在 $x \in X^- = X_0^-, \|x\| \leqslant r$, 有 $\max|x(t)| \leqslant e$. 于是当 $x \in S_r \cap X^-$ 时,

$$\begin{aligned}\tilde{\Phi}(x) &= \frac{1}{2}\langle L(Mx), Mx\rangle + \frac{1}{2}\left\langle (2k+1)P^{-(2m+1)}A_0 x, x\right\rangle\\ &\quad + (2k+1)\int_0^{4k+2}\left[F(x(t)) - \frac{1}{2}(A_0 x, x)\right]dt\\ &\leqslant -\frac{\sigma}{2}\|x\|^2 + (2k+1)\frac{\sigma}{4(2k+1)}\|x\|^2\\ &= -\frac{\sigma}{4}\|x\|^2.\end{aligned}$$

这样根据定理 2.17, 泛函 $\tilde{\Phi}(x)$ 至少有 n 对不同的临界点, 对应微分系统 (5.123) 至少有 n 个不同的 $2(2k+1)$-周期轨道, 满足 $x(t-2k-1) = -x(t)$.

以下对 $j = 0, 1, 2, \cdots, k-1, k+1, \cdots, 2k$, 记

$$\begin{aligned}&n_{\infty,i}^+(l(2k+1)+j)\\ &= \begin{cases} 1, & (-1)^{m+1}\left(\dfrac{(2l(2k+1)+2j+1)\pi}{2k+1}\right)^{2m+1}\tan\dfrac{(2j+1)\pi}{2(2k+1)} > -\beta_i,\\[2ex] 0, & (-1)^{m+1}\left(\dfrac{(2l(2k+1)+2j+1)\pi}{2k+1}\right)^{2m+1}\tan\dfrac{(2j+1)\pi}{2(2k+1)} \leqslant -\beta_i;\end{cases}\end{aligned}$$

$$n_{\infty,i}^-(l(2k+1)+j)$$

$$=\begin{cases} 1, & (-1)^{m+1}\left(\dfrac{(2l(2k+1)+2j+1)\pi}{2k+1}\right)^{2m+1}\tan\dfrac{(2j+1)\pi}{2(2k+1)}<-\beta_i, \\ 0, & (-1)^{m+1}\left(\dfrac{(2l(2k+1)+2j+1)\pi}{2k+1}\right)^{2m+1}\tan\dfrac{(2j+1)\pi}{2(2k+1)}\geqslant-\beta_i; \end{cases}$$

$$n_{0,i}^{+}(l(2k+1)+j)$$

$$=\begin{cases} 1, & (-1)^{m+1}\left(\dfrac{(2l(2k+1)+2j+1)\pi}{2k+1}\right)^{2m+1}\tan\dfrac{(2j+1)\pi}{2(2k+1)}>-\alpha_i, \\ 0, & (-1)^{m+1}\left(\dfrac{(2l(2k+1)+2j+1)\pi}{2k+1}\right)^{2m+1}\tan\dfrac{(2j+1)\pi}{2(2k+1)}\leqslant-\alpha_i; \end{cases}$$

$$n_{0,i}^{-}(l(2k+1)+j)$$

$$=\begin{cases} 1, & (-1)^{m+1}\left(\dfrac{(2l(2k+1)+2j+1)\pi}{2k+1}\right)^{2m+1}\tan\dfrac{(2j+1)\pi}{2(2k+1)}<-\alpha_i, \\ 0, & (-1)^{m+1}\left(\dfrac{(2l(2k+1)+2j+1)\pi}{2k+1}\right)^{2m+1}\tan\dfrac{(2j+1)\pi}{2(2k+1)}\geqslant-\alpha_i. \end{cases} \tag{5.236}$$

对照 (5.217) 和 (5.218) 中的一组定义, 显然有

$$\begin{aligned} n_{\infty,i}^{+}(l(2k+1)+j)&=\begin{cases} 1, & X_{\infty,i}^{+}(l(2k+1)+j)=X_{\infty,i}(l(2k+1)+j), \\ 0, & X_{\infty,i}^{+}(l(2k+1)+j)=\varnothing, \end{cases} \\ n_{\infty,i}^{-}(l(2k+1)+j)&=\begin{cases} 1, & X_{\infty,i}^{-}(l(2k+1)+j)=X_{\infty,i}(l(2k+1)+j), \\ 0, & X_{\infty,i}^{-}(l(2k+1)+j)=\varnothing, \end{cases} \\ n_{0,i}^{+}(l(2k+1)+j)&=\begin{cases} 1, & X_{0,i}^{+}(l(2k+1)+j)=X_{0,i}(l(2k+1)+j), \\ 0, & X_{0,i}^{+}(l(2k+1)+j)=\varnothing, \end{cases} \\ n_{0,i}^{-}(l(2k+1)+j)&=\begin{cases} 1, & X_{0,i}^{-}(l(2k+1)+j)=X_{0,i}(l(2k+1)+j), \\ 0, & X_{0,i}^{-}(l(2k+1)+j)=\varnothing, \end{cases} \end{aligned} \tag{5.237}$$

令

$$n_0^{\pm}(l(2k+1)+j)=\sum_{i=1}^{N}n_{0,i}^{\pm}(l(2k+1)+j),\quad n_{\infty}^{\pm}(l(2k+1)+j)=\sum_{i=1}^{N}n_{\infty,i}^{\pm}(l(2k+1)+j). \tag{5.238}$$

则对上述整数 $d>0$, 当 $l>d$ 时, 对每个 $j\in\{0,1,2,\cdots,k-1,k+1,\cdots,2k\}$ 和所有的 $i\in\{1,2,\cdots,N\}$, 有

$$\begin{cases} n_{\infty,i}^{+}(l(2k+1)+j)=1, n_{0,i}^{-}(l(2k+1)+j)=0, \\ n_{\infty,i}^{-}(l(2k+1)+j)=0, n_{0,i}^{+}(l(2k+1)+j)=1, \end{cases} (-1)^{m+1}\tan\frac{(2j+1)\pi}{2(2k+1)}>0,$$

$$\begin{cases} n_{\infty,i}^+(l(2k+1)+j)=0, n_{0,i}^-(l(2k+1)+j)=1, \\ n_{\infty,i}^-(l(2k+1)+j)=1, n_{0,i}^+(l(2k+1)+j)=0, \end{cases} \quad (-1)^{m+1}\tan\frac{(2j+1)\pi}{2(2k+1)}<0, \tag{5.239}$$

故 $l>d$ 时有

$$\begin{cases} n_{\infty}^+(l(2k+1)+j)=N, n_{0}^-(l(2k+1)+j)=0, \\ n_{\infty}^-(l(2k+1)+j)=0, n_{0}^+(l(2k+1)+j)=N, \end{cases} \quad (-1)^{m+1}\tan\frac{(2j+1)\pi}{2(2k+1)}>0,$$
$$\begin{cases} n_{\infty}^+(l(2k+1)+j)=0, n_{0}^-(l(2k+1)+j)=N, \\ n_{\infty}^-(l(2k+1)+j)=N, n_{0}^+(l(2k+1)+j)=0, \end{cases} \quad (-1)^{m+1}\tan\frac{(2j+1)\pi}{2(2k+1)}<0. \tag{5.240}$$

根据 (5.240) 可知

$$X_\infty^+\cap X_0^-=\left(\bigoplus_{j=0}^{k-1}+\bigoplus_{j=k+1}^{2k}\right)\bigoplus_{l=0}^{d}(X_\infty^+(l(2k+1)+j)\cap X_0^-(l(2k+1)+j)),$$

$$\begin{aligned}
&\dim(X_\infty^+\cap X_0^-)-\mathrm{cod}_X(X_\infty^+\cup X_0^-)\\
&=\left(\sum_{j=0}^{k-1}+\sum_{j=k+1}^{2k}\right)\sum_{l=0}^{d}[\dim X_\infty^+(l(2k+1)+j)\\
&\quad+\dim X_0^-(l(2k+1)+j)-2N]\\
&=2\left(\sum_{j=0}^{k-1}+\sum_{j=k+1}^{2k}\right)\sum_{l=0}^{d}[n_\infty^+(l(2k+1)+j)+n_0^-(l(2k+1)+j)-N].
\end{aligned} \tag{5.241}$$

同样,

$$X_\infty^-\cap X_0^+=\left(\bigoplus_{j=0}^{k-1}+\bigoplus_{j=k+1}^{2k}\right)\bigoplus_{l=0}^{d}(X_\infty^-(l(2k+1)+j)\cap X_0^+(l(2k+1)+j)),$$

$$\begin{aligned}
&\dim(X_\infty^-\cap X_0^+)-\mathrm{cod}_X(X_\infty^-\cup X_0^+)\\
&=2\left(\sum_{j=0}^{k-1}+\sum_{j=k+1}^{2k}\right)\sum_{l=0}^{d}[n_\infty^-(l(2k+1)+j)+n_0^+(l(2k+1)+j)-N].
\end{aligned}$$

故有

$$\begin{aligned}
K-\bar{K}_c&=\dim(X_\infty^+\cap X_0^-)-\mathrm{cod}(X_\infty^+\cup X_0^-)\\
&=\left(\sum_{j=0}^{k-1}+\sum_{j=k+1}^{2k}\right)\sum_{l=0}^{d}[2n_\infty^+(l(2k+1)+j)+2n_0^-(l(2k+1)+j)-2N],
\end{aligned}$$

$$K_- - \bar{K}_{-c} = \left(\sum_{j=0}^{k-1} + \sum_{j=k+1}^{2k}\right)\sum_{l=0}^{d}[2n_\infty^-(l(2k+1)+j) + 2n_0^+(l(2k+1)+j) - 2N].$$

然而在上列关系式中, 对整数 d, 仅在理论上论证了它的存在性, 未曾给出计算方法, 也就难以计算 $K - \bar{K}_c$ 和 $K_- - \bar{K}_{-c}$ 的具体数值, 这就造成在实际应用时的不便. 为此我们对 $j = 0, 1, 2, \cdots, k-1, k+1, \cdots, 2k$ 定义

$$\gamma_m = \min\{\min_{1\leqslant i\leqslant N}\alpha_i, \min_{1\leqslant i\leqslant N}\beta_i\}, \quad \gamma_M = \max\{\max_{1\leqslant i\leqslant N}\alpha_i, \max_{1\leqslant i\leqslant N}\beta_i\},$$

$$d_j = \begin{cases} \min\left\{l \geqslant 0 : (-1)^{m+1}\left(\dfrac{(2l(2k+1)+2j+1)\pi}{2k+1}\right)^{2m+1}\tan\dfrac{(2j+1)\pi}{2(2k+1)} > -\gamma_m\right\}, \\ \qquad (-1)^{m+1}\tan\dfrac{(2j+1)\pi}{2(2k+1)} > 0, \\ \min\left\{l \geqslant 0 : (-1)^{m+1}\left(\dfrac{(2l(2k+1)+2j+1)\pi}{2k+1}\right)^{2m+1}\tan\dfrac{(2j+1)\pi}{2(2k+1)} < -\gamma_{\mathrm{M}}\right\}, \\ \qquad (-1)^{m+1}\tan\dfrac{(2j+1)\pi}{2(2k+1)} < 0. \end{cases} \tag{5.242}$$

显然, $d_j \leqslant d$. 这时对每个 $j \in \{0, 1, 2, \cdots, k-1, k+1, \cdots, 2k\}$, 当 $l > d_j$ 时,

$$\begin{cases} \begin{cases} n_\infty^+(l(2k+1)+j) = N, n_0^-(l(2k+1)+j) = 0, \\ n_\infty^-(l(2k+1)+j) = 0, n_0^+(l(2k+1)+j) = N, \end{cases} & (-1)^{m+1}\tan\dfrac{(2j+1)\pi}{2(2k+1)} > 0, \\ \begin{cases} n_\infty^+(l(2k+1)+j) = 0, n_0^-(l(2k+1)+j) = N, \\ n_\infty^-(l(2k+1)+j) = N, n_0^+(l(2k+1)+j) = 0, \end{cases} & (-1)^{m+1}\tan\dfrac{(2j+1)\pi}{2(2k+1)} < 0, \end{cases} \tag{5.243}$$

于是有

$$\begin{aligned} K - \bar{K}_c &= \dim(X_\infty^+ \cap X_0^-) - \operatorname{cod}(X_\infty^+ \cup X_0^-) \\ &= 2\left(\sum_{j=0}^{k-1} + \sum_{j=k+1}^{2k}\right)\sum_{l=0}^{d_j}[n_\infty^+(l(2k+1)+j) + n_0^-(l(2k+1)+j) - N], \end{aligned}$$

$$K_- - \bar{K}_{-c} = 2\left(\sum_{j=0}^{k-1} + \sum_{j=k+1}^{2k}\right)\sum_{l=0}^{d_j}[n_\infty^-(l(2k+1)+j) + n_0^+(l(2k+1)+j) - N].$$

由此可得以下推论

推论 5.5 设条件 (5.101) 和 (5.192) 成立, 则微分系统 (5.190) 至少有

$$\tilde{n} = \max\left\{0, \left(\sum_{j=0}^{k-1} + \sum_{j=k+1}^{2k}\right)\sum_{l=0}^{d_j}[n_\infty^+(l(2k+1)+j) + n_0^-(l(2k+1)+j) - N],\right.$$

$$\left(\sum_{j=0}^{k-1}+\sum_{j=k+1}^{2k}\right)\sum_{l=0}^{d_j}[n_\infty^-(l(2k+1)+j)+n_0^+(l(2k+1)+j)-N]\right\}$$

个几何上不同的 $2(2k+1)$-周期轨道, 满足 $x(t-2k-1)=-x(t)$.

特别当系统 (5.190) 可分解时, 即系统 (5.190) 可分解成 n 个系统,

$$y_i^{(2m+1)}(t)=-\sum_{p=1}^{2k-1}\nabla\tilde{H}(y_i(t-p)),\quad y_i\in\mathbb{R}^{r_i-r_{i-1}},\quad i=1,2,\cdots,n. \tag{5.244}$$

其中 $y_i=(x_{r_{i-1}+1},x_{r_{i-1}+2},\cdots,x_{r_i}),\nabla\tilde{H}(y_i)=\nabla_{y_i}H(0,\cdots,0,y_i,0,\cdots,0)$, 当取定一个关于 y_i 的子系统时, (5.244) 是一个 r_i-r_{i-1} 维系统. 这时由 (5.192) 可得

$$\begin{aligned}&|\nabla\tilde{H}(y_i)-B_{0,i}y_i|=o(|y_i|),\quad |y_i|\to 0,\\&|\nabla\tilde{H}(y_i)-B_{\infty,i}y_i|=o(|y_i|),\quad |y_i|\to\infty,\end{aligned} \tag{5.245}$$

这时两个对称阵的特征值分别为

$$\sigma(B_{0,i})=(\alpha_{r_{i-1}+1},\alpha_{r_{i-1}+2},\cdots,\alpha_{r_i}),\quad \sigma(B_{\infty,i})=(\beta_{r_{i-1}+1},\beta_{r_{i-1}+2},\cdots,\beta_{r_i}), \tag{5.246}$$

相应的特征向量则分别为

$$(u_{r_{i-1}+1},u_{r_{i-1}+2},\cdots,u_{r_i}),\quad (v_{r_{i-1}+1},v_{r_{i-1}+2},\cdots,v_{r_i}). \tag{5.247}$$

对系统 (5.244), 用空间

$$\begin{aligned}X^i=\mathrm{cl}\Bigg\{x(t)=&\sum_{j\neq l(2k+1)+k}\left(a_j\cos\frac{(2j+1)\pi t}{2k+1}+b_j\sin\frac{(2j+1)\pi t}{2k+1}\right):a_j,b_j\in\mathbb{R}^{r_i-r_{i-1}},\\&\sum_{j\neq l(2k+1)+k}(2j+1)^{2m+1}(|a_j|^2+|b_j|^2)<\infty\Bigg\}\end{aligned} \tag{5.248}$$

代替 (5.205) 中的空间 X 进行讨论, 则对 $j\neq l(2k+1)+k$,

$$X^i(j)=\left\{a_j\cos\frac{(2j+1)\pi t}{2k+1}+b_j\sin\frac{(2j+1)\pi t}{2k+1}:a_j,b_j\in\mathbb{R}^{r_i-r_{i-1}}\right\},$$

$$X^i=\bigoplus_{j=0}^{\infty}X^i(j)=\bigoplus_{l=0}^{\infty}\bigoplus_{\substack{j=0\\j\neq k}}^{2k}X^i(l(2k+1)+j), \tag{5.249}$$

进一步细分, 记

$$X_{0,s}^i(j)=\left\{a_j\cos\frac{(2j+1)\pi t}{2k+1}+b_j\sin\frac{(2j+1)\pi t}{2k+1}:a_j,b_j\in U_s\right\},$$

$$X^i_{\infty,s}(j)=\left\{a_j\cos\frac{(2j+1)\pi t}{2k+1}+b_j\sin\frac{(2j+1)\pi t}{2k+1}:a_j,b_j\in V_s\right\},$$
$$X^i=\bigoplus_{j=0}^{\infty}\bigoplus_{s=r_{i-1}+1}^{r_i}X^i_{0,s}(j)=\bigoplus_{j=0}^{\infty}\bigoplus_{s=r_{i-1}+1}^{r_i}X^i_{\infty,s}(j). \tag{5.250}$$

现对 $s=r_{i-1}+1,r_{i-1}+2,\cdots,r_i$, 规定

$$X^{i,+}_{0,s}=\bigoplus_{\substack{l\geqslant 0\\0\leqslant j\leqslant 2k\\j\neq k}}\left\{X^i_{0,s}(l(2k+1)+j):(-1)^{m+1}\left(\frac{(2l(2k+1)+2j+1)\pi}{2k+1}\right)^{2m+1}\right.$$
$$\left.\cdot\tan\frac{(2j+1)\pi}{2(2k+1)}>-\alpha_s\right\},$$
$$X^{i,0}_{0,s}=\bigoplus_{\substack{l\geqslant 0\\0\leqslant j\leqslant 2k\\j\neq k}}\left\{X^i_{0,s}(l(2k+1)+j):(-1)^{m+1}\left(\frac{(2l(2k+1)+2j+1)\pi}{2k+1}\right)^{2m+1}\right.$$
$$\left.\cdot\tan\frac{(2j+1)\pi}{2(2k+1)}=-\alpha_s\right\},$$
$$X^{i,-}_{0,s}=\bigoplus_{\substack{l\geqslant 0\\0\leqslant j\leqslant 2k\\j\neq k}}\left\{X^i_{0,s}(l(2k+1)+j):(-1)^{m+1}\left(\frac{(2l(2k+1)+2j+1)\pi}{2k+1}\right)^{2m+1}\right.$$
$$\left.\cdot\tan\frac{(2j+1)\pi}{2(2k+1)}<-\alpha_s\right\} \tag{5.251}$$

及

$$X^{i,+}_{\infty,s}=\bigoplus_{\substack{l\geqslant 0\\0\leqslant j\leqslant 2k\\j\neq k}}\left\{X^i_{\infty,s}(l(2k+1)+j):(-1)^{m+1}\left(\frac{(2l(2k+1)+2j+1)\pi}{2k+1}\right)^{2m+1}\right.$$
$$\left.\cdot\tan\frac{(2j+1)\pi}{2(2k+1)}+\beta_s>0\right\},$$
$$X^{i,0}_{\infty,s}=\bigoplus_{\substack{l\geqslant 0\\0\leqslant j\leqslant 2k\\j\neq k}}\left\{X^i_{\infty,s}(l(2k+1)+j):(-1)^{m+1}\left(\frac{(2l(2k+1)+2j+1)\pi}{2k+1}\right)^{2m+1}\right.$$
$$\left.\cdot\tan\frac{(2j+1)\pi}{2(2k+1)}+\beta_s=0\right\},$$
$$X^{i,-}_{\infty,s}=\bigoplus_{\substack{l\geqslant 0\\0\leqslant j\leqslant 2k\\j\neq k}}\left\{X^i_{\infty,s}(l(2k+1)+j):(-1)^{m+1}\left(\frac{(2l(2k+1)+2j+1)\pi}{2k+1}\right)^{2m+1}\right.$$
$$\left.\cdot\tan\frac{(2j+1)\pi}{2(2k+1)}+\beta_s<0\right\}, \tag{5.252}$$

并记

$$
\begin{aligned}
&X_0^{i,+}=\bigoplus_{s=r_{i-1}+1}^{r_i}X_{0,s}^{i,+},X_0^{i,0}=\bigoplus_{s=r_{i-1}+1}^{r_i}X_{0,s}^{i,0},X_0^{i,-}=\bigoplus_{s=r_{i-1}+1}^{r_i}X_{0,s}^{i,-},\\
&X_\infty^{i,+}=\bigoplus_{s=r_{i-1}+1}^{r_i}X_{\infty,s}^{i,+},X_\infty^{i,0}=\bigoplus_{s=r_{i-1}+1}^{r_i}X_{\infty,s}^{i,0},X_\infty^{i,-}=\bigoplus_{s=r_{i-1}+1}^{r_i}X_{\infty,s}^{i,-};\qquad(5.253)\\
&K^i=\dim(X_\infty^{i,+}\cap X_0^{i,-}),\quad \bar{K}_c^i=\mathrm{cod}(X_\infty^{i,+}\cup X_0^{i,-}),\\
&K_-^i=\dim(X_\infty^{i,-}\cap X_0^{i,+}),\quad \bar{K}_{-c}=\mathrm{cod}(X_\infty^{i,-}\cup X_0^{i,+}).
\end{aligned}
$$

由定理 5.12 可得以下结论.

定理 5.13　设条件 (5.101) 和 (5.192) 成立, 假定微分系统 (5.190) 可以分解为 (5.244) 所示的 n 个独立的系统, 则 (5.190) 至少有

$$\tilde{n}=\frac{1}{2}\sum_{i=1}^{n}\max\{0,K^i-\bar{K}_c^i,K_-^i-\bar{K}_{-c}^i\}$$

个几何上不同的 $2(2k+1)$-周期轨道, 满足 $x(t-2k-1)=-x(t)$.

证明　当系统 (5.190) 可以分解为 (5.244) 所示的 n 个子系统时, 根据定理 5.12, 其中第 i 个系统至少有

$$\tilde{n}^i=\frac{1}{2}\max\{0,K^i-\bar{K}_c^i,K_-^i-\bar{K}_{-c}^i\}$$

个几何上不同的 $2(2k+1)$-周期轨道, 满足 $x(t-2k-1)=-x(t)$, 而 (5.244) 所表示的每个不同系统, 其周期轨道是各不相同的, 且都是 (5.190) 的周期轨道, 故有定理 5.13 的结论.

对 $r_{i-1}+1\leqslant s\leqslant r_i(r_0=0,r_n=N)$, 记

$$
\begin{aligned}
&n_{\infty,s}^{i,+}(l(2k+1)+j)\\
&=\begin{cases}1, & (-1)^{m+1}\left(\dfrac{(2l(2k+1)+2j+1)\pi}{2k+1}\right)^{2m+1}\tan\dfrac{(2j+1)\pi}{2(2k+1)}>-\beta_s,\\ 0, & (-1)^{m+1}\left(\dfrac{(2l(2k+1)+2j+1)\pi}{2k+1}\right)^{2m+1}\tan\dfrac{(2j+1)\pi}{2(2k+1)}\leqslant-\beta_s,\end{cases}\\
&n_{\infty,s}^{i,-}(l(2k+1)+j)\\
&=\begin{cases}1, & (-1)^{m+1}\left(\dfrac{(2l(2k+1)+2j+1)\pi}{2k+1}\right)^{2m+1}\tan\dfrac{(2j+1)\pi}{2(2k+1)}<-\beta_s,\\ 0, & (-1)^{m+1}\left(\dfrac{(2l(2k+1)+2j+1)\pi}{2k+1}\right)^{2m+1}\tan\dfrac{(2j+1)\pi}{2(2k+1)}\geqslant-\beta_s;\end{cases}\\
&n_{0,s}^{i,+}(l(2k+1)+j)
\end{aligned}
$$

$$=\begin{cases} 1, & (-1)^{m+1}\left(\dfrac{(2l(2k+1)+2j+1)\pi}{2k+1}\right)^{2m+1}\tan\dfrac{(2j+1)\pi}{2(2k+1)} > -\alpha_s, \\ 0, & (-1)^{m+1}\left(\dfrac{(2l(2k+1)+2j+1)\pi}{2k+1}\right)^{2m+1}\tan\dfrac{(2j+1)\pi}{2(2k+1)} \leqslant -\alpha_s, \end{cases}$$

$$n_{0,s}^{i,-}(l(2k+1)+j)$$

$$=\begin{cases} 1, & (-1)^{m+1}\left(\dfrac{(2l(2k+1)+2j+1)\pi}{2k+1}\right)^{2m+1}\tan\dfrac{(2j+1)\pi}{2(2k+1)} < -\alpha_s, \\ 0, & (-1)^{m+1}\left(\dfrac{(2l(2k+1)+2j+1)\pi}{2k+1}\right)^{2m+1}\tan\dfrac{(2j+1)\pi}{2(2k+1)} \geqslant -\alpha_s. \end{cases}$$

$$\begin{aligned} n_\infty^{i,+}(l(2k+1)+j) &= \sum_{s=r_{i-1}+1}^{r_i} n_{\infty,s}^{i,+}(l(2k+1)+j), \\ n_\infty^{i,-}(l(2k+1)+j) &= \sum_{s=r_{i-1}+1}^{r_i} n_{\infty,s}^{i,-}(l(2k+1)+j), \\ n_0^{i,+}(l(2k+1)+j) &= \sum_{s=r_{i-1}+1}^{r_i} n_{0,s}^{i,+}(l(2k+1)+j), \\ n_0^{i,-}(l(2k+1)+j) &= \sum_{s=r_{i-1}+1}^{r_i} n_{0,s}^{i,-}(l(2k+1)+j). \end{aligned} \tag{5.254}$$

对 $j=0,1,2,\cdots,k-1,k+1,\cdots,2k; i=1,2,\cdots,n; s=r_{i-1}+1,r_{i-1}+2,\cdots,r_i$, 我们定义

$$\delta_m^i=\min\{\min_{r_{i-1}+1\leqslant s\leqslant r_i}\alpha_s,\ \min_{r_{i-1}+1\leqslant s\leqslant r_i}\beta_s\},\ \delta_M^i=\max\{\max_{r_{i-1}+1\leqslant s\leqslant r_i}\alpha_s,\ \max_{r_{i-1}+1\leqslant s\leqslant r_i}\beta_s\},$$

$$d_j^i=\begin{cases} \min\left\{l\geqslant 0:(-1)^{m+1}\left(\dfrac{(2l(2k+1)+2j+1)\pi}{2k+1}\right)^{2m+1}\tan\dfrac{(2j+1)\pi}{2(2k+1)}>-\delta_m^i\right\}, \\ \qquad\qquad (-1)^{m+1}\tan\dfrac{(2j+1)\pi}{2(2k+1)}>0, \\ \min\left\{l\geqslant 0:(-1)^{m+1}\left(\dfrac{(2l(2k+1)+2j+1)\pi}{2k+1}\right)^{2m+1}\tan\dfrac{(2j+1)\pi}{2(2k+1)}<-\delta_M^i\right\}, \\ \qquad\qquad (-1)^{m+1}\tan\dfrac{(2j+1)\pi}{2(2k+1)}<0. \end{cases} \tag{5.255}$$

显然, $d_j^i\leqslant d$. 这时, 对每个

$$j\in\{0,1,2,\cdots,k-1,k+1,\cdots,2k\},\quad s\in\{r_{i-1}+1,r_{i-1}+2,\cdots,r_i\},$$

当 $l>d_j^i$ 时,

$$\left\{\begin{array}{ll}n_{\infty,s}^{i,+}(l(2k+1)+j)=1,n_{0,s}^{i,-}(l(2k+1)+j)=0,\\ n_{\infty,s}^{i,-}(l(2k+1)+j)=0,n_{0,s}^{i,+}(l(2k+1)+j)=1,\end{array}\right. (-1)^{m+1}\tan\frac{(2j+1)\pi}{2(2k+1)}>0,$$
$$\left\{\begin{array}{ll}n_{\infty,s}^{i,+}(l(2k+1)+j)=0,n_{0,s}^{i,-}(l(2k+1)+j)=1,\\ n_{\infty,s}^{i,-}(l(2k+1)+j)=1,n_{0,s}^{i,+}(l(2k+1)+j)=0,\end{array}\right. (-1)^{m+1}\tan\frac{(2j+1)\pi}{2(2k+1)}<0, \tag{5.256}$$

故 $l>d_j^i$ 时有

$$\begin{aligned}n_\infty^{i,+}(l(2k+1)+j)+n_0^{i,-}(l(2k+1)+j)=r_i-r_{i-1},\\ n_\infty^{i,-}(l(2k+1)+j)+n_0^{i,+}(l(2k+1)+j)=r_i-r_{i-1}.\end{aligned}$$

于是有

$$\begin{aligned}K^i-\bar{K}_c^i&=\dim(X_\infty^+\cap X_0^-)-\operatorname{cod}(X_\infty^+\cup X_0^-)\\&=\left(\sum_{j=0}^{k-1}+\sum_{j=k+1}^{2k}\right)\sum_{l=0}^{d_j^i}[2n_\infty^{i,+}(l(2k+1)+j)+2n_0^{i,-}(l(2k+1)+j)\\&\quad-2(r_i-r_{i-1})],\\ K_-^i-\bar{K}_{-c}^i&=\left(\sum_{j=0}^{k-1}+\sum_{j=k+1}^{2k}\right)\sum_{l=0}^{d_j^i}[2n_\infty^{i,-}(l(2k+1)+j)+2n_0^{i,+}(l(2k+1)+j)\\&\quad-2(r_i-r_{i-1})].\end{aligned} \tag{5.257}$$

结合定理 5.12 和推论 5.5 很容易得到下列推论.

推论 5.6 设条件 (5.101) 和 (5.192) 成立, 假定微分系统 (5.190) 可以分解为 (5.244) 所示的 n 个独立的系统, 则 (5.190) 至少有

$$\begin{aligned}\tilde{n}=\sum_{i=1}^{n}\max\Bigg\{0,&\left(\sum_{j=0}^{k-1}+\sum_{j=k+1}^{2k}\right)\sum_{l=0}^{d_j^i}[n_\infty^{i,+}(l(2k+1)+j)\\&+n_0^{i,-}(l(2k+1)+j)-(r_i-r_{i-1})],\\&\left(\sum_{j=0}^{k-1}+\sum_{j=k+1}^{2k}\right)\sum_{l=0}^{d_j^i}[n_\infty^{i,-}(l(2k+1)+j)+n_0^{i,+}(l(2k+1)+j)-(r_i-r_{i-1})]\Bigg\}\end{aligned}$$

个几何上不同的 $2(2k+1)$-周期轨道, 满足 $x(t-2k-1)=-x(t)$.

推论 5.5、推论 5.6 相比较, 推论 5.6 所给结果优于推论 5.5.

5.5.3 微分系统 (5.191) 的 $2k+1$-周期轨道

5.5.3.1 函数空间

我们要讨论的是周期为 $2k+1$ 的周期轨道, 通常考虑函数空间为

$$\hat{X} = \mathrm{cl}\Bigg\{x(t) = a_0 + \sum_{j=1}^{\infty}\left(a_j \cos\frac{2j\pi t}{2k+1} + b_j \sin\frac{2j\pi t}{2k+1}\right) : a_0, a_j, b_j \in \mathbb{R}^N,$$
$$\sum_{j=1}^{\infty} j^{2m+1}(|a_j|^2 + |b_j|^2) < \infty\Bigg\}. \tag{5.258}$$

这时易知任何常向量 $a_0 \in \mathbb{R}^N$ 都是微分系统 (5.191) 的定常周期轨道. 故可将这些平凡的周期轨道排除在讨论之列. 为此将函数空间限定为

$$\begin{aligned}\tilde{X} &= \left\{x \in \hat{X} : \int_0^{2k+1} x(t)dt = 0\right\}\\ &= \mathrm{cl}\Bigg\{x(t) = \sum_{j=1}^{\infty}\left(a_j \cos\frac{2j\pi t}{2k+1} + b_j \sin\frac{2j\pi t}{2k+1}\right) : a_0, a_j, b_j \in \mathbb{R}^N,\\ &\quad \sum_{j=1}^{\infty} j^{2m+1}(|a_j|^2 + |b_j|^2) < \infty\Bigg\}.\end{aligned} \tag{5.259}$$

进一步, 我们希望根据系统 (5.191) 的特点, 选取 Hilbert 空间 (5.259) 的闭子空间作为讨论微分系统 (5.191) $2k+1$-周期轨道的函数空间.

由 (5.191) 出发, 利用周期轨道的 $2k+1$-周期性, 对 $l = 1, 2, \cdots, 2k$ 有

$$\begin{aligned}x^{(2m+1)}(t-l) &= -\sum_{i=1}^{2k}(-1)^{i+1}\nabla F(x(t-i-l))\\ &= -\sum_{j=l+1}^{2k+l}(-1)^{j+l+1}\nabla F(x(t-j)) \quad (j = i+l)\\ &= -\sum_{i=l+1}^{2k+l}(-1)^{i+l+1}\nabla F(x(t-i)) \quad (j \text{ 用 } i \text{ 代替})\\ &= -\left[\sum_{i=l+1}^{2k}(-1)^{i+l+1}\nabla F(x(t-i)) + \sum_{i=0}^{l-1}(-1)^{i+l}\nabla F(x(t-i))\right]\\ &= -(-1)^l\left[\sum_{i=0}^{l-1}(-1)^{i}\nabla F(x(t-i)) + \sum_{i=l+1}^{2k}(-1)^{i+1}\nabla F(x(t-i))\right].\end{aligned} \tag{5.260}$$

将 (5.191) 与 (5.260) 中对应 $l = 1, 2, \cdots, 2k$ 的各式相加, 得

$$\sum_{l=0}^{2k} x^{(2m+1)}(t-l) = 0,$$

从而有

$$x^{(2m+1)}(t-2k)=-\sum_{l=0}^{2k-1}x^{(2m+1)}(t-l).$$

由 $x(t)$ 的连续性和周期性得

$$x(t-2k)=-\sum_{l=0}^{2k-1}x(t-l)+c,\quad c\in\mathbb{R}^N. \tag{5.261}$$

将 (5.261) 两边在 $[0,2k+1]$ 上积分得即 $c=0$. 于是成立

$$x(t-2k)=-\sum_{i=0}^{2k-1}x(t-i). \tag{5.262}$$

这就是说, 我们可以在满足 (5.262) 的前提下讨论系统 (5.191) 的 $(2k+1)$-周期轨道, 即用

$$\begin{cases} x^{(2m+1)}(t)=-\left[\displaystyle\sum_{i=1}^{2k-1}(-1)^{i+1}\nabla F(x(t-i))\right]-\nabla F(x(t-2k)),\\ x(t-2k)=-\displaystyle\sum_{i=0}^{2k-1}x(t-i)\end{cases} \tag{5.263}$$

代替 (5.191) 进行研究. 同时取函数空间

$$X=\mathrm{cl}\left\{x\in\hat{X}:x(t-2k)=-\sum_{i=0}^{2k-1}x(t-i)\right\}. \tag{5.264}$$

在 X 上定义内积和范数

$$\langle x,y\rangle=\int_0^{2k+1}(P^{2m+1}x(t),y(t))dt,\quad \|x\|=\sqrt{\langle x,x\rangle}, \tag{5.265}$$

则 $(X,\|\cdot\|)$ 是一个 Hilbert 空间, 标为 $H^{m+\frac{1}{2}}([0,(2k+1)],\mathbb{R}^N)$.

由于 X 为周期函数空间

$$L^2([0,(2k+1)],\mathbb{R}^N)=\mathrm{cl}\left\{x(t)=\sum_{i=1}^{\infty}\left(a_i\cos\frac{2i\pi t}{2k+1}+b_i\sin\frac{2i\pi t}{2k+1}\right):a_i,b_i\in\mathbb{R}^N,\right.$$
$$\left.\sum_{i=1}^{\infty}(|a_i|^2+|b_i|^2)<\infty\right\}$$

的闭子空间. 所以 X 中的所有元素也可以按 $L^2([0,(2k+1)],\mathbb{R}^N)$ 中的定义计算内积和范数, 即

$$\langle x,y\rangle_0=\int_0^{2k+1}(x(t),y(t))dt,\quad \|x\|_0=\sqrt{\langle x,x\rangle_0}. \tag{5.266}$$

现记

$$
\begin{aligned}
X(j) &= \left\{x(t) = a_j \cos\frac{2j\pi t}{2k+1} + b_j \sin\frac{2j\pi t}{2k+1} : a_j, b_j \in \mathbb{R}^N\right\},\\
X_{0,i}(j) &= \mathrm{cl}\left\{x(t) = a_j \cos\frac{2j\pi t}{2k+1} + b_j \sin\frac{2j\pi t}{2k+1} : a_j, b_j \in U_i\right\},\\
X_{\infty,i}(j) &= \mathrm{cl}\left\{x(t) = a_j \cos\frac{2j\pi t}{2k+1} + b_j \sin\frac{2j\pi t}{2k+1} : a_j, b_j \in V_i\right\},
\end{aligned} \tag{5.267}
$$

$$
X(j) = \bigoplus_{i=1}^{N} X_{0,i}(j) = \bigoplus_{i=1}^{N} X_{\infty,i}(j), \quad X = \bigoplus_{j=1}^{\infty} X(j). \tag{5.268}
$$

容易证明 $\forall x \in X(j)$,

$$
\|x\|^2 = j^{2m+1}\|x\|_0^2. \tag{5.269}
$$

这时对 $\forall x \in X_{0,i}(j) \subset X(j)$, 因 $a_j, b_j \in U_i$ 有

$$
\int_0^{2k+1} (A_0 x(t), x(t))dt = \alpha_i \|x\|_0^2. \tag{5.270}
$$

根据

$$
\left\langle P^{-(2m+1)} A_0 x, x\right\rangle = \int_0^{2k+1} (A_0 x(t), x(t))dt,
$$

可得

$$
\begin{aligned}
\left\langle P^{-(2m+1)} A_0 x, x\right\rangle &= \alpha_i \|x\|_0^2,\\
\left\langle P^{-(2m+1)} A_0 x, x\right\rangle &= \frac{\alpha_i}{j^{2m+1}} \|x\|^2.
\end{aligned} \tag{5.271}
$$

同样对 $\forall x \in X_{\infty,i}(j) \subset X(j)$, 有

$$
\begin{aligned}
\left\langle P^{-(2m+1)} A_\infty x, x\right\rangle &= \beta_i \|x\|_0^2,\\
\left\langle P^{-(2m+1)} A_\infty x, x\right\rangle &= \frac{\beta_i}{j^{2m+1}} \|x\|^2.
\end{aligned} \tag{5.272}
$$

当 $x \in X(l(2k+1))$ 时, 因有

$$
\begin{aligned}
x(t) &= a_{l(2k+1)} \cos\frac{(2l(2k+1))\pi t}{2k+1} + b_{l(2k+1)} \sin\frac{(2l(2k+1))\pi t}{2k+1}\\
&= a_{l(2k+1)} \cos 2l\pi t + b_{l(2k+1)} \sin 2l\pi t.
\end{aligned}
$$

将其代入 (5.263) 中的第二个等式

$$
\begin{aligned}
x(t-2k) &= a_{l(2k+1)} \cos 2l\pi(t-2k) + b_{l(2k+1)+k} \sin 2l\pi(t-2k)\\
&= a_{l(2k+1)} \cos 2l\pi t + b_{l(2k+1)} \sin 2l\pi t\\
&= x(t).
\end{aligned}
$$

$$
\begin{aligned}
&-\sum_{i=0}^{2k-1}x(t-i)\\
&=-\sum_{i=0}^{2k-1}[a_{l(2k+1)}\cos 2l\pi(t-i)+b_{l(2k+1)}\sin 2l\pi(t-i)]\\
&=-2kx(t).
\end{aligned}
$$

可知这时 $a_{l(2k+1)}, b_{l(2k+1)}=0$. 因此函数空间为

$$
\begin{aligned}
X&=\left\{x\in\tilde{X}:x(t-2k)=-\sum_{i=0}^{2k-1}x(t-i)\right\}\\
&=\mathrm{cl}\left\{x=\sum_{i\neq l(2k+1)}\left(a_i\cos\frac{2i\pi t}{2k+1}+b_i\sin\frac{2i\pi t}{2k+1}\right):a_i,b_i\in\mathbb{R}^N,\right.\\
&\qquad\left.\sum_{i\neq l(2k+1)}i^{2m+1}(a_i^2+b_i^2)<\infty\right\},
\end{aligned}
\tag{5.273}
$$

这时, 对 $l=1,2,\cdots,2k$, 由 (5.260) 可得

$$
\begin{aligned}
&x^{(2m+1)}(t-l)\\
&=-\sum_{i=1}^{2k}(-1)^{i+1}\nabla F(x(t-i-l))\\
&=-(-1)^l\left[\sum_{i=0}^{l-1}(-1)^i\nabla F(x(t-i))+\sum_{i=l+1}^{2k-1}(-1)^{i+1}\nabla F(x(t-i))-\nabla F(x(t-2k))\right].
\end{aligned}
$$

这时记 $x_i=x(t-i), i=0,1,\cdots,2k-1$, 并令

$$
z=\begin{pmatrix}x_0\\x_1\\x_2\\\vdots\\x_{2k-1}\end{pmatrix},\quad B_{2k}=\begin{pmatrix}0&I&-I&\cdots&I\\-I&0&I&\cdots&-I\\I&-I&0&\cdots&I\\\vdots&\vdots&\vdots&&\vdots\\-I&I&-I&\cdots&0\end{pmatrix},
$$

$$
\nabla G(z)=\begin{pmatrix}\nabla F(x_0)\\\nabla F(x_1)\\\nabla F(x_2)\\\vdots\\\nabla F(x_{2k-1})\end{pmatrix},
$$

则 (5.263) 可扩展为

$$
\begin{cases} z^{(2m+1)}(t) = -[B_{2k}\nabla G(z(t)) + B\nabla F(x(t-2k))], \\ x(t-2k) = -\sum\limits_{i=0}^{2k-1} x_i, \end{cases} \tag{5.274}
$$

其中 B 为 $2k$ 个 N 阶方阵 $(-1)^{i+1}I, i=0,1,\cdots,2k-1$, 构成的 $2kN\times N$ 矩阵. 由于矩阵 B_{2k} 可逆, 其逆为

$$
B_{2k}^{-1} = \begin{pmatrix} 0 & -I & -I & \cdots & -I \\ I & 0 & -I & \cdots & -I \\ I & I & 0 & \cdots & -I \\ \vdots & \vdots & \vdots & & \vdots \\ I & I & I & \cdots & 0 \end{pmatrix}. \tag{5.275}
$$

对微分系统 (5.191), 在 (5.192) 的假设下, 我们首先在空间

$$
Z = \{(x(t), x(t-1), \cdots, x(t-2k+1)) : x(t)\in X\} \subset X^{2k}
$$

上定义泛函

$$
\Phi(z) = \frac{1}{2}\langle Lz, z\rangle + \Psi(z). \tag{5.276}
$$

其中,

$$
\begin{aligned}
(Lz)(t) &= P^{-(2m+1)}B_{2k}^{-1}z^{(2m+1)}(t), \\
\Psi(z) &= \sum_{i=0}^{2k-1}\int_0^{2k+1} F(x(t-i))dt + \int_0^{2k+1} F(x(t-2k))dt \\
&= \sum_{i=0}^{2k-1}\int_0^{2k+1} F(x_i(t))dt + \int_0^{2k+1} F\left(-\sum_{i=0}^{2k-1} x_i(t)\right)dt.
\end{aligned}
$$

易证 $L: Z\to Z$ 是一个有界自伴线性算子. 对于 $j\neq l(2k+1)$, 记

$$
\begin{aligned}
Z(j) &= \{(x(t), x(t-1), \cdots, x(t-2k+1)) : x(t)\in X(j)\} \subset X^{2k}(j), \\
Z_i(j) &= \{(x(t), x(t-1), \cdots, x(t-2k+1)) : x(t)\in X_i(j)\} \subset X_i^{2k}(j).
\end{aligned}
$$

引理 5.13 设 z 是 (5.276) 中泛函 Φ 的临界点, 则 $x_0 = x(t)$ 是微分系统 (5.191) 满足条件 $\sum\limits_{i=0}^{2k} x(t-i) = 0$ 的 $2k+1$-周期轨道.

证明 设 z 是泛函 $\Phi(z)$ 的一个临界点, 则有

$$
\Phi'(z)(t) = 0, \quad \text{a.e.} \quad t\in[0, 2k+1]. \tag{5.277}
$$

注意到 L 是个有界的线性自伴算子, 对 $\forall h = (h_0, h_1, \cdots, h_{2k-1}) \in Z$ 有

$$\begin{aligned}
&\left\langle \langle Lz, z\rangle'_z, h\right\rangle = 2\langle Lz, h\rangle, \\
&\left\langle \left(\sum_{i=0}^{2k-1}\int_0^{2k+1} F\left(x_i\left(t\right)\right)dt\right)'_z, h\right\rangle \\
&= \langle P^{-(2m+1)}\nabla G(z), h\rangle \\
&= \langle P^{-(2m+1)}(\nabla F(x_0), \nabla F(x_1), \cdots, \nabla F(x_{2k-1})), h\rangle, \\
&\left\langle \left(\int_0^{2k+1} F\left(-\sum_{i=0}^{2k-1} x_i(t)\right)dt\right)'_z, h\right\rangle \\
&= \left\langle P^{-(2m+1)}\nabla F\left(-\sum_{i=0}^{2k-1} x_i(t)\right), (-h_0, -h_1, \cdots, -h_i, \cdots, -h_{2k-1})\right\rangle \\
&= \left\langle P^{-(2m+1)}\nabla F(x(t-2k)), (-h_0, -h_1, \cdots, -h_i, \cdots, -h_{2k-1})\right\rangle.
\end{aligned}$$

故可得

$$Lz(t) + P^{-(2m+1)}\nabla G(z(t)) + P^{-(2m+1)}B\nabla F(x(t-2k)) = 0, \quad \text{a.e.} \quad t\in[0, 2k+1],$$

其中 $B=(-I,-I,\cdots,-I)^{\mathrm{T}}$ 是由 $2k$ 个 N 阶矩阵 $-I$ 构成的 $2kN\times N$ 矩阵. 由算子 P 的可逆性, 得

$$B_{2k}^{-1}z^{(2m+1)}(t) + \nabla G(z(t)) + B\nabla F(x(t-2k)) = 0, \quad \text{a.e.} \quad t\in[0, 2k+1]. \tag{5.278}$$

对上式左乘矩阵 B_{2k} 有

$$z^{(2m+1)}(t) + B_{2k}\nabla G(z(t)) + B_{2k}B\nabla F(x(t-2k)) = 0, \quad \text{a.e.} \quad t\in[0, 2k+1]. \tag{5.279}$$

仅考虑 (5.279) 中的前 N 个方程, 则因

$$\begin{aligned}
&\left(z^{(2m+1)}(t)\right)_N = x^{(2m+1)}(t), \\
&(B_{2k}\nabla G(z(t)))_N = \sum_{i=1}^{2k-1}(-1)^{i+1}\nabla F\left(x\left(t-i\right)\right), \\
&(B_{2k}B\nabla F(z(t)))_N = -\nabla F\left(x\left(t-i\right)\right).
\end{aligned}$$

故得

$$x^{(2m+1)}(t) + \sum_{i=1}^{2k-1}(-1)^{i+1}\nabla F\left(x\left(t-i\right)\right) = 0, \quad \text{a.e.} \quad t\in[0, 2k+1].$$

由于 F 关于 x 连续可微, x 关于 t 连续, 可知 $\sum_{i=1}^{2k-1}(-1)^{i+1}\nabla F\left(x\left(t-i\right)\right)$ 关于 t 连

续, 故 $x(t)$ 在 $[0,2k+1]$ 上, 从而在 $\mathbb{R}$ 上有直至 $2m+1$ 阶的连续导数, $x_0=x(t)$ 是微分系统 (5.191) 古典解, 它对应的周期轨道是满足 (5.264) 的 $2k+1$-周期轨道. 引理证毕.

以下计算由 (5.276) 定义的泛函 $\Phi(x)$. 对 $x\in X(j), j\neq l(2k+1)$, 这时,

$$
\begin{aligned}
&\langle L(Mx),Mx\rangle\\
&=\int_0^{2k+1}\left(B_{2k}^{-1}(Mx)^{(2m+1)}(t),(Mx)(t)\right)dt\\
&=(-1)^m\int_0^{2k+1}\left(\Omega B_{2k}^{-1}\left(\frac{2j\pi}{2k+1}\right)^{2m+1}(Mx)(t),(Mx)(t)\right)dt\\
&=(-1)^m\left(\frac{2j\pi}{2k+1}\right)^{2m+1}\int_0^{2k+1}\left(\Omega B_{2k}^{-1}(Mx)(t),(Mx)(t)\right)dt\\
&=(-1)^m\left(\frac{2j\pi}{2k+1}\right)^{2m+1}\sum_{l=0}^{2k-1}\int_0^{2k+1}\left(\Omega\left(\sum_{i=0}^{l-1}x(t-i)\right.\right.\\
&\quad\left.\left.-\sum_{i=l+1}^{2k-1}x(t-i)\right),x(t-l)\right)dt\\
&=(-1)^m\left(\frac{2j\pi}{2k+1}\right)^{2m+1}\sum_{l=0}^{2k-1}\int_0^{2k+1}\left(\Omega\left(\sum_{i=0}^{l-1}x(t-i+l)\right.\right.\\
&\quad\left.\left.-\sum_{i=l+1}^{2k-1}x(t-i+l)\right),x(t)\right)dt
\end{aligned}
$$

$\left(\text{以上利用}\int_0^{2k+1}(x(t-i-l),x(t-j-l))dt=\int_0^{2k+1}(x(t-i),x(t-j))dt\right)$

$$
\begin{aligned}
&=(-1)^m\left(\frac{2j\pi}{2k+1}\right)^{2m+1}\sum_{l=0}^{2k-1}\int_0^{2k+1}\left(\Omega\left(\sum_{i=-l}^{-1}x(t-i)\right.\right.\\
&\quad\left.\left.-\sum_{i=1}^{2k-1-l}x(t-i)\right),x(t)\right)dt
\end{aligned}
$$

(以上利用 $s=i-l$, 然后将 s 直接写为 i)

$$
\begin{aligned}
&=(-1)^m\left(\frac{2j\pi}{2k+1}\right)^{2m+1}\int_0^{2k+1}\left(\Omega\left[\sum_{i=-(2k-1)}^{-1}\sum_{l=-i}^{2k-1}x(t-i)\right.\right.\\
&\quad\left.\left.-\sum_{i=1}^{2k-1}\sum_{l=0}^{2k-1-i}x(t-i)\right],x(t)\right)dt
\end{aligned}
$$

(交换求和次序)

$$
\begin{aligned}
&= (-1)^m \left(\frac{2j\pi}{2k+1}\right)^{2m+1} \int_0^{2k+1} \left(\Omega \left[\sum_{i=-(2k-1)}^{-1} \sum_{l=-i}^{2k-1} x(t-i-2k-1)\right.\right. \\
&\quad \left.\left. - \sum_{i=1}^{2k-1} \sum_{l=0}^{2k-1-i} x(t-i)\right], x(t)\right) dt
\end{aligned}
$$

(利用$x(t)$ 的$2k+1$-周期)

$$
\begin{aligned}
&= (-1)^m \left(\frac{2j\pi}{2k+1}\right)^{2m+1} \int_0^{2k+1} \left(\Omega \left[\sum_{i=2}^{2k} \sum_{l=-i+2k+1}^{2k-1} x(t-i)\right.\right. \\
&\quad \left.\left. - \sum_{i=1}^{2k-1} (2k-i)x(t-i)\right], x(t)\right) dt \\
&= (-1)^m \left(\frac{2j\pi}{2k+1}\right)^{2m+1} \int_0^{2k+1} \left(\Omega \left[\sum_{i=2}^{2k} (i-1)x(t-i)\right.\right. \\
&\quad \left.\left. - \sum_{i=1}^{2k-1} (2k-i)x(t-i)\right], x(t)\right) dt \\
&= (-1)^{m+1} \left(\frac{2j\pi}{2k+1}\right)^{2m+1} \int_0^{2k+1} \left(\Omega \left[\sum_{i=1}^{2k} (2k-2i+1)x(t-i)\right], x(t)\right) dt.
\end{aligned}
$$

因为当 $x \in X(j), j \neq l(2k+1)$ 时, 可记

$$
x(t) = a\cos\frac{2j\pi t}{2k+1} + b\sin\frac{2j\pi t}{2k+1}, \quad a, b \in \mathbb{R}^N,
$$

所以有

$$
x(t-i) = x(t)\cos\frac{2ji\pi}{2k+1} - (\Omega x)\sin\frac{2ji\pi}{2k+1}. \tag{5.280}
$$

利用第 4 章中关于算子 Ω 的结果可得

$$
\begin{aligned}
&\int_0^{2k+1} \left(\Omega \sum_{i=1}^{2k} (2k-2i+1)x(t-i), x(t)\right) dt \\
&= \int_0^{2k+1} \left(\Omega \sum_{i=1}^{2k} (2k-2i+1)\left[x(t)\cos\frac{2ji\pi}{2k+1} - \Omega x(t)\sin\frac{2ji\pi}{2k+1}\right], x(t)\right) dt \\
&= \int_0^{2k+1} \left(\sum_{i=1}^{2k} (2k-2i+1)\sin\frac{2ji\pi}{2k+1} x(t), x(t)\right) dt \\
&= \sum_{i=1}^{2k} (2k-2i+1)\sin\frac{2ji\pi}{2k+1} \|x\|_0^2
\end{aligned}
$$

$$= 2\sum_{i=1}^{k}(2k-2i+1)\sin\frac{2ji\pi}{2k+1}\|x\|_0^2.$$

故有

$$\langle L(Mx), Mx\rangle = 2(-1)^{m+1}\left(\frac{2j\pi}{2k+1}\right)^{2m+1}\sum_{i=1}^{k}(2k-2i+1)\sin\frac{2ji\pi}{2k+1}\|x\|_0^2. \tag{5.281}$$

进一步记

$$\begin{aligned}\delta(j) &= -2\sum_{i=1}^{k}(2k-2i+1)\sin\frac{2ji\pi}{2k+1}\\ &= -(2k+1)\cot\frac{2j\pi}{2(2k+1)}.\end{aligned} \tag{5.282}$$

因 δ 是 j 的 $2k+1$-周期函数, 我们可以用 $l(2k+1)+j$ 代替 j, 考虑空间 $X(l(2k+1)+j)$, 其中 $l \geqslant 0$ 为任意整数, $j = 1, 2, \cdots, 2k$. 这时, 显然 $\delta(j) \neq 0$. 当 $x \in X(l(2k+1)+j)$ 时,

$$\begin{aligned}\langle L(Mx), Mx\rangle &= (-1)^m\left(\frac{(2l(2k+1)+2j)\pi}{2k+1}\right)^{2m+1}\int_0^{2k+1}(\delta(j)x(t), x(t))dt\\ &= (-1)^m\left(\frac{(2l(2k+1)+2j)\pi}{2k+1}\right)^{2m+1}\delta(j)\|x\|_0^2\\ &= (-1)^m\left(\frac{2\pi}{2k+1}\right)^{2m+1}\delta(j)\|x\|^2\\ &= (-1)^{m+1}(2k+1)\left(\frac{2\pi}{2k+1}\right)^{2m+1}\cot\frac{2j\pi}{2(2k+1)}\|x\|^2,\\ \Psi(Mx) &= \sum_{i=0}^{2k-1}\int_0^{2k+1}F(x(t-i))dt + \int_0^{2k+1}F(x(t-2k))dt\\ &= (2k+1)\int_0^{2k+1}F(x(t))dt.\end{aligned}$$

由此当 $x \in X(l(2k+1)+j)$ 时泛函 $\Phi(z)$ 为

$$\Phi(z) = \Phi(Mx) = \frac{1}{2}\langle L(Mx), Mx\rangle + (2k+1)\int_0^{2k+1}F(x(t))dt. \tag{5.283}$$

进一步可表示为

$$\Phi(Mx)$$

$$
\begin{aligned}
&= \frac{1}{2}\left[\langle L(Mx), Mx\rangle + \left\langle (2k+1)(P^{-(2m+1)}A_0)x, x\right\rangle\right] \\
&\quad + (2k+1)\int_0^{2k+1}\left[F(x(t)) - \frac{1}{2}(A_0x, x)\right]dt \\
&= \frac{1}{2}(-1)^m\left(\frac{2\pi}{2k+1}\right)^{2m+1}\delta(j)\|x\|^2 + \frac{2k+1}{2}\left\langle P^{-(2m+1)}A_0x, x\right\rangle \\
&\quad + (2k+1)\int_0^{2k+1}[F(x(t)) - \frac{1}{2}(A_0x, x)]dt \\
&= \frac{2k+1}{2}\left[(-1)^{m+1}\left(\frac{2\pi}{2k+1}\right)^{2m+1}\cot\frac{2j\pi}{2(2k+1)}\|x\|^2 + \left\langle P^{-(2m+1)}A_0x, x\right\rangle\right] \\
&\quad + (2k+1)\int_0^{4k+2}\left[F(x(t)) - \frac{1}{2}(A_0x, x)\right]dt
\end{aligned}
$$

或

$$
\begin{aligned}
&\Phi(Mx) \\
&= \frac{1}{2}\left[\langle L(Mx), (Mx)\rangle + \left\langle (2k+1)P^{-(2m+1)}A_\infty x, x\right\rangle\right] \\
&\quad + (2k+1)\int_0^{2k+1}\left[F(x(t)) - \frac{1}{2}(A_\infty x, x)\right]dt \\
&= \frac{1}{2}(-1)^m\left(\frac{2\pi}{2k+1}\right)^{2m+1}\delta(j)\|x\|^2 + \frac{2k+1}{2}\left\langle P^{-(2m+1)}A_\infty x, x\right\rangle \\
&\quad + (2k+1)\int_0^{2k+1}\left[F(x(t)) - \frac{1}{2}(A_\infty x, x)\right]dt \\
&= \frac{2k+1}{2}\left[(-1)^{m+1}\left(\frac{2\pi}{2k+1}\right)^{2m+1}\cot\frac{2j\pi}{2(2k+1)}\|x\|^2 + \left\langle P^{-(2m+1)}A_\infty x, x\right\rangle\right] \\
&\quad + (2k+1)\int_0^{4k+2}[F(x(t)) - \frac{1}{2}(A_\infty x, x)]dt.
\end{aligned}
$$

因此, 当 $\forall x \in X_{0,i}(l(2k+1)+j) \subset X(l(2k+1)+j), j = 1, 2, \cdots, 2k$ 时, 结合 (5.269) 有

$$
\begin{aligned}
&\frac{1}{2}\left[\langle L(Mx), Mx\rangle + \left\langle (2k+1)P^{-(2m+1)}A_0x, x\right\rangle\right] \\
&= \frac{2k+1}{2}\left[(-1)^{m+1}\left(\frac{2\pi}{2k+1}\right)^{2m+1}\cot\frac{2j\pi}{2(2k+1)} + \frac{\alpha_i}{(l(2k+1)+j)^{2m+1}}\right]\|x\|^2,
\end{aligned}
\tag{5.284}
$$

当 $\forall x \in X_{\infty,i}(l(2k+1)+j) \subset X(l(2k+1)+j), j=1,2,\cdots,2k$ 时,

$$\begin{aligned}&\frac{1}{2}\left[\langle L(Mx),Mx\rangle+\left\langle(2k+1)P^{-(2m+1)}A_{\infty}x,x\right\rangle\right]\\&=\frac{2k+1}{2}\left[(-1)^{m+1}\left(\frac{2\pi}{2k+1}\right)^{2m+1}\cot\frac{2j\pi}{2(2k+1)}+\frac{\beta_i}{(l(2k+1)+j)^{2m+1}}\right]\|x\|^2.\end{aligned} \tag{5.285}$$

现定义

$$\begin{aligned}&X_0^+(l(2k+1)+j)\\&=\bigoplus_{1\leqslant i\leqslant N}\left\{X_{0,i}(l(2k+1)+j):(-1)^{m+1}\left(\frac{2(l(2k+1)+j)\pi}{2k+1}\right)^{2m+1}\right.\\&\quad\left.\cdot\cot\frac{2j\pi}{2(2k+1)}>-\alpha_i\right\},\\&X_0^0(l(2k+1)+j)\\&=\bigoplus_{1\leqslant i\leqslant N}\left\{X_{0,i}(l(2k+1)+j):(-1)^{m+1}\left(\frac{2(l(2k+1)+j)\pi}{2k+1}\right)^{2m+1}\right.\\&\quad\left.\cdot\cot\frac{2j\pi}{2(2k+1)}=-\alpha_i\right\},\\&X_0^-(l(2k+1)+j)\\&=\bigoplus_{1\leqslant i\leqslant N}\left\{X_{0,i}(l(2k+1)+j):(-1)^{m+1}\left(\frac{2(l(2k+1)+j)\pi}{2k+1}\right)^{2m+1}\right.\\&\quad\left.\cdot\cot\frac{2j\pi}{2(2k+1)}<-\alpha_i\right\}\end{aligned} \tag{5.286}$$

及

$$\begin{aligned}&X_\infty^+(l(2k+1)+j)\\&=\bigoplus_{1\leqslant i\leqslant N}\left\{X_{\infty,i}(l(2k+1)+j):(-1)^{m+1}\left(\frac{2(l(2k+1)+j)\pi}{2k+1}\right)^{2m+1}\right.\\&\quad\left.\cdot\cot\frac{2j\pi}{2(2k+1)}>-\beta_i\right\},\end{aligned}$$

$$\begin{aligned}&X_\infty^0(l(2k+1)+j)\\&=\bigoplus_{1\leqslant i\leqslant N}\left\{X_{\infty,i}(l(2k+1)+j):(-1)^{m+1}\left(\frac{2(l(2k+1)+j)\pi}{2k+1}\right)^{2m+1}\right.\end{aligned}$$

$$
\begin{aligned}
&\cdot \cot \frac{2j\pi}{2(2k+1)} = -\beta_i\Big\}, \\
&X_\infty^-(l(2k+1)+j) \\
= &\bigoplus_{1\leqslant i\leqslant N} \Big\{X_{\infty,i}(l(2k+1)+j) : (-1)^{m+1}\left(\frac{2(l(2k+1)+j)\pi}{2k+1}\right)^{2m+1} \\
&\cdot \cot \frac{2j\pi}{2(2k+1)} < -\beta_i\Big\}.
\end{aligned} \tag{5.287}
$$

由于 $l \to \infty$ 时

$$
\left|(-1)^{m+1}\left(\frac{2(l(2k+1)+j)\pi}{2k+1}\right)^{2m+1} \cot \frac{2j\pi}{2(2k+1)}\right| \to \infty, \tag{5.288}
$$

可知 X_0^0, X_∞^0 都是有限维的. 特别对 X_∞^0 , 可设存在 $j_M > 0$, 使 $X_\infty^0 \subset \sum_{j=0}^{j_M} X(j)$.

5.5.3.2 泛函的临界点

和 5.5.2 节中对微分系统 (5.190) 的引理 5.11 和引理 5.12 一样可证下列引理.

引理 5.14 存在 $\sigma > 0$, 使

$$
\begin{aligned}
&\langle L(Mx), Mx\rangle + \big\langle((2k+1)P^{-(2m+1)}A_\infty)x, x\big\rangle > \sigma\|x\|^2, \quad x \in X_\infty^+, \\
&\langle L(Mx), Mx\rangle + \big\langle((2k+1)P^{-(2m+1)}A_\infty)x, x\big\rangle < -\sigma\|x\|^2, \quad x \in X_\infty^-
\end{aligned} \tag{5.289}
$$

成立.

引理 5.15 设条件 (5.101) 和 (5.192) 成立, 则由 (5.276) 定义的泛函 Φ 所得的 $\tilde{\Phi} = \Phi \circ M$ 满足 (PS)-条件.

这时根据 (5.286) 和 (5.287) 可知

$$
X_\infty^\pm \cap X_0^\mp = \bigoplus_{l=0}^{\infty}\bigoplus_{j=1}^{2k}(X_\infty^\pm(l(2k+1)+j) \cap X_0^\mp(l(2k+1)+j)),
$$

$$
C_X(X_\infty^\pm + X_0^\mp) = \bigoplus_{l=0}^{\infty}\bigoplus_{j=1}^{2k} C_{X(l(2k+1)+j)}(X_\infty^\pm(l(2k+1)+j) + X_0^\mp(l(2k+1)+j)),
$$

和 5.4 节中一样可证, 存在 $d > 0$, 使 $l > d$ 时有

$$
\begin{aligned}
&X_\infty^\pm(l(2k+1)+j) \cap X_0^\mp(l(2k+1)+j) = \varnothing, \\
&C_{X(l(2k+1)+j)}(X_\infty^\pm(l(2k+1)+j) + X_0^\mp(l(2k+1)+j)) = \varnothing.
\end{aligned}
$$

从而有

$$
\dim(X_\infty^\pm \cap X_0^\mp), \operatorname{cod}(X_\infty^\pm + X_0^\mp) < \infty, \tag{5.290}
$$

$$
\begin{aligned}
K&=\dim(X_{\infty}^{+}\cap X_{0}^{-}),\quad \bar{K}_{c}=\operatorname{cod}(X_{\infty}^{+}+X_{0}^{-});\\
K_{-}&=\dim(X_{\infty}^{-}\cap X_{0}^{+}),\quad \bar{K}_{-c}=\operatorname{cod}(X_{\infty}^{-}\cap X_{0}^{+}).
\end{aligned}
\tag{5.291}
$$

5.5.3.3 定理和证明

在引理 5.15 的基础上有如下定理.

定理 5.14 设条件 (5.101) 和 (5.192) 成立, 则当

$$
n=\frac{1}{2}\max\{K-\bar{K}_{c},K_{-}-\bar{K}_{-c}\}>0
$$

时, 微分系统 (5.191) 至少有 n 个几何上不同的 $2k+1$-周期轨道.

证明 我们采用 S^1 指标理论讨论周期轨道的重数.

不失一般性, 设

$$
n=\frac{1}{2}[K-\bar{K}_{c}]>0. \tag{5.292}
$$

如果是另外的情况, 可用 $-\tilde{\Phi}(x)$ 代替 $\tilde{\Phi}(x)$ 进行讨论. 由 (5.290) 可知, $\dim(X_{\infty}^{+}\cap X_{0}^{-})$ 和 $\operatorname{cod}(X_{\infty}^{+}+X_{0}^{-})$ 也都是有限数.

最后需要证明, 当 $x\in X^{+}=X_{\infty}^{+},\|x\|^{2}\to\infty$ 时,

$$
\tilde{\Phi}(x)\ \text{下有界}, \tag{5.293}
$$

且有 $r>0$, 在 $x\in X^{-}=X_{0}^{-},\|x\|=r>0$ 时使

$$
\tilde{\Phi}(x)<0.
$$

为此仍考虑正投影 $\Pi_{i}:\mathbb{R}^{N}\to V_{i},i=1,2,\cdots,N$. 先证 (5.293). 对 $\forall x\in X^{+}=X_{\infty}^{+}$, 令 $x_{i}=\Pi_{i}x\in X^{+}$, 则 $x=\sum\limits_{i=1}^{N}x_{i},x_{i}\in X_{\infty,i}^{+}$. 于是根据引理 5.14 有

$$
\begin{aligned}
\tilde{\Phi}(x)&=\frac{1}{2}\langle L(Mx),Mx\rangle+(2k+1)\int_{0}^{2k+1}F(x(t))dt\\
&\geqslant\frac{\sigma}{2}\|x\|^{2}+(2k+1)\int_{0}^{2k+1}\left[F(x(t))-\frac{1}{2}(A_{\infty}x,x)\right]dt.
\end{aligned}
$$

又由条件 (5.192), 存在 $K>0$, 使

$$
\left|F(x)-\frac{1}{2}(A_{\infty}x,x)\right|<\frac{\sigma}{4(2k+1)}|x|^{2}+\frac{K}{2k+1},
$$

故有

$$
\tilde{\Phi}(x)\geqslant\frac{\sigma}{2}\|x\|^{2}-(2k+1)\left(\frac{\sigma}{4(2k+1)}\|x\|_{0}^{2}+K\right)
$$

$$\geqslant \frac{\sigma}{4}\|x\|^2-(2k+1)K,$$

可知在 X^+ 上 $\tilde{\Phi}(x)$ 是下有界的.

同样根据 (5.192), 对 $\dfrac{\sigma}{4(2k+1)}>0$ 存在 $e>0$ 充分小, 使 $|x|\leqslant e$ 时, $\left|F(x)-\dfrac{1}{2}(A_0x,x)\right|\leqslant\dfrac{\sigma}{4(2k+1)}|x|^2$. 这时因 $x\in X$ 且 $\|x\|\to 0$ 时, 有 $\max|x(t)|\to 0$, 故存在 $r>0$, 在 $x\in X^-=X_0^-,\|x\|\leqslant r$, 有 $\max|x(t)|\leqslant e$. 于是当 $x\in S_r\cap X^-$ 时,

$$\begin{aligned}\tilde{\Phi}(x)&=\frac{1}{2}\langle L(Mx),Mx\rangle+\frac{1}{2}\left\langle(2k+1)P^{-(2m+1)}A_0x,x\right\rangle\\&\quad+(2k+1)\int_0^{2k+1}\left[F(x(t))-\frac{1}{2}(A_0x,x)\right]dt\\&\leqslant-\frac{\sigma}{2}\|x\|^2+(2k+1)\frac{\sigma}{4(2k+1)}\|x\|^2\\&=-\frac{\sigma}{4}\|x\|^2.\end{aligned}$$

根据定理 2.17, 泛函 $\tilde{\Phi}(x)$ 至少有 n 对不同的临界点, 对应微分系统 (5.191) 至少有 n 个不同的 $2k+1$-周期轨道.

以下对 $j=1,2,\cdots,2k$, 记

$$\begin{aligned}&n_{\infty,i}^+(l(2k+1)+j)\\&=\begin{cases}1, & (-1)^{m+1}\left(\dfrac{2(l(2k+1)+j)\pi}{2k+1}\right)^{2m+1}\cot\dfrac{2j\pi}{2(2k+1)}>-\beta_i,\\ 0, & (-1)^{m+1}\left(\dfrac{2(l(2k+1)+j)\pi}{2k+1}\right)^{2m+1}\cot\dfrac{2j\pi}{2(2k+1)}\leqslant-\beta_i,\end{cases}\\&n_{\infty,i}^-(l(2k+1)+j)\\&=\begin{cases}1, & (-1)^{m+1}\left(\dfrac{2(l(2k+1)+j)\pi}{2k+1}\right)^{2m+1}\cot\dfrac{2j\pi}{2(2k+1)}<-\beta_i,\\ 0, & (-1)^{m+1}\left(\dfrac{2(l(2k+1)+j)\pi}{2k+1}\right)^{2m+1}\cot\dfrac{2j\pi}{2(2k+1)}\geqslant-\beta_i,\end{cases}\\&n_{0,i}^+(l(2k+1)+j)\\&=\begin{cases}1, & (-1)^{m+1}\left(\dfrac{2(l(2k+1)+j)\pi}{2k+1}\right)^{2m+1}\cot\dfrac{2j\pi}{2(2k+1)}>-\alpha_i,\\ 0, & (-1)^{m+1}\left(\dfrac{2(l(2k+1)+j)\pi}{2k+1}\right)^{2m+1}\cot\dfrac{2j\pi}{2(2k+1)}\leqslant-\alpha_i,\end{cases}\end{aligned}$$

$$n_{0,i}^{-}(l(2k+1)+j)$$
$$=\begin{cases} 1, & (-1)^{m+1}\left(\dfrac{2(l(2k+1)+j)\pi}{2k+1}\right)^{2m+1}\cot\dfrac{2j\pi}{2(2k+1)} < -\alpha_i, \\ 0, & (-1)^{m+1}\left(\dfrac{2(l(2k+1)+j)\pi}{2k+1}\right)^{2m+1}\cot\dfrac{2j\pi}{2(2k+1)} \geqslant -\alpha_i. \end{cases} \tag{5.294}$$

对照 (5.286) 和 (5.287) 中的定义, 显然有

$$\begin{aligned} n_{\infty,i}^{+}(l(2k+1)+j) &= \begin{cases} 1, & X_{\infty,i}^{+}(l(2k+1)+j) = X_{\infty,i}(l(2k+1)+j), \\ 0, & X_{\infty,i}^{+}(l(2k+1)+j) = \varnothing, \end{cases} \\ n_{\infty,i}^{-}(l(2k+1)+j) &= \begin{cases} 1, & X_{\infty,i}^{-}(l(2k+1)+j) = X_{\infty,i}(l(2k+1)+j), \\ 0, & X_{\infty,i}^{-}(l(2k+1)+j) = \varnothing, \end{cases} \\ n_{0,i}^{+}(l(2k+1)+j) &= \begin{cases} 1, & X_{0,i}^{+}(l(2k+1)+j) = X_{0,i}(l(2k+1)+j), \\ 0, & X_{0,i}^{+}(l(2k+1)+j) = \varnothing, \end{cases} \\ n_{0,i}^{-}(l(2k+1)+j) &= \begin{cases} 1, & X_{0,i}^{-}(l(2k+1)+j) = X_{0,i}(l(2k+1)+j), \\ 0, & X_{0,i}^{-}(l(2k+1)+j) = \varnothing, \end{cases} \end{aligned} \tag{5.295}$$

令

$$n_0^{\pm}(l(2k+1)+j) = \sum_{i=1}^{N} n_{0,i}^{\pm}(l(2k+1)+j), \quad n_{\infty}^{\pm}(l(2k+1)+j) = \sum_{i=1}^{N} n_{\infty,i}^{\pm}(l(2k+1)+j). \tag{5.296}$$

则对上述整数 $d>0$, 当 $l>d$ 时, 对每个 $j\in\{1,2,\cdots,2k\}$ 和所有的 $i\in\{1,2,\cdots,N\}$, 有

$$\begin{cases} \begin{cases} n_{\infty,i}^{+}(l(2k+1)+j) = 1, n_{0,i}^{-}(l(2k+1)+j) = 0, \\ n_{\infty,i}^{-}(l(2k+1)+j) = 0, n_{0,i}^{+}(l(2k+1)+j) = 1, \end{cases} & (-1)^{m+1}\cot\dfrac{2j\pi}{2(2k+1)} > 0, \\ \begin{cases} n_{\infty,i}^{+}(l(2k+1)+j) = 0, n_{0,i}^{-}(l(2k+1)+j) = 1, \\ n_{\infty,i}^{-}(l(2k+1)+j) = 1, n_{0,i}^{+}(l(2k+1)+j) = 0, \end{cases} & (-1)^{m+1}\cot\dfrac{2j\pi}{2(2k+1)} < 0, \end{cases} \tag{5.297}$$

故 $l>d$ 时有

$$\begin{cases} \begin{cases} n_{\infty}^{+}(l(2k+1)+j) = N, n_{0}^{-}(l(2k+1)+j) = 0, \\ n_{\infty}^{-}(l(2k+1)+j) = 0, n_{0}^{+}(l(2k+1)+j) = N, \end{cases} & (-1)^{m+1}\cot\dfrac{2j\pi}{2(2k+1)} > 0, \\ \begin{cases} n_{\infty}^{+}(l(2k+1)+j) = 0, n_{0}^{-}(l(2k+1)+j) = N, \\ n_{\infty}^{-}(l(2k+1)+j) = N, n_{0}^{+}(l(2k+1)+j) = 0, \end{cases} & (-1)^{m+1}\cot\dfrac{2j\pi}{2(2k+1)} < 0. \end{cases} \tag{5.298}$$

根据 (5.286) 和 (5.287) 可知

$$X_\infty^+ \cap X_0^- = \bigoplus_{j=1}^{2k}\bigoplus_{l=0}^{d}(X_\infty^+(l(2k+1)+j)\cap X_0^-(l(2k+1)+j)),$$

$$\begin{aligned}&\dim(X_\infty^+\cap X_0^-)-\mathrm{cod}_X(X_\infty^+\cup X_0^-)\\ =&\sum_{j=1}^{2k}\sum_{l=0}^{d}[\dim X_\infty^+(l(2k+1)+j)+\dim X_0^-(l(2k+1)+j)-2N]\\ =&2\sum_{j=1}^{2k}\sum_{l=0}^{d}[n_\infty^+(l(2k+1)+j)+n_0^-(l(2k+1)+j)-N].\end{aligned} \tag{5.299}$$

同样,

$$X_\infty^- \cap X_0^+ = \bigoplus_{j=1}^{2k}\bigoplus_{l=0}^{d}(X_\infty^-(l(2k+1)+j)\cap X_0^+(l(2k+1)+j)),$$

$$\begin{aligned}&\dim(X_\infty^-\cap X_0^+)-\mathrm{cod}_X(X_\infty^-\cup X_0^+)\\ =&2\sum_{j=1}^{2k}\sum_{l=0}^{d}[n_\infty^-(l(2k+1)+j)+n_0^+(l(2k+1)+j)-N].\end{aligned}$$

故有

$$\begin{aligned}K-\bar{K}_c&=\dim(X_\infty^+\cap X_0^-)-\mathrm{cod}(X_\infty^+\cup X_0^-)\\ &=\sum_{j=1}^{2k}\sum_{l=0}^{d}[2n_\infty^+(l(2k+1)+j)+2n_0^-(l(2k+1)+j)-2N],\\ K_- -\bar{K}_{-c}&=\sum_{j=1}^{2k}\sum_{l=0}^{d}[2n_\infty^-(l(2k+1)+j)+2n_0^+(l(2k+1)+j)-2N].\end{aligned}$$

在上列关系式中, 还需对整数 d 给出计算方法. 为此, 我们对 $j=1,2,\cdots,2k$ 定义

$$\gamma_m=\min\{\min_{1\leqslant i\leqslant N}\alpha_i,\min_{1\leqslant i\leqslant N}\beta_i\},\quad \gamma_M=\max\{\max_{1\leqslant i\leqslant N}\alpha_i,\max_{1\leqslant i\leqslant N}\beta_i\},$$

$$d_j=\begin{cases}\min\left\{l\geqslant 0:(-1)^{m+1}\left(\dfrac{2(l(2k+1)+j)\pi}{2k+1}\right)^{2m+1}\cot\dfrac{2j\pi}{2(2k+1)}>-\gamma_m\right\},\\ \qquad\qquad (-1)^{m+1}\cot\dfrac{2j\pi}{2(2k+1)}>0,\\ \min\left\{l\geqslant 0:(-1)^{m+1}\left(\dfrac{2(l(2k+1)+j)\pi}{2k+1}\right)^{2m+1}\cot\dfrac{2j\pi}{2(2k+1)}<-\gamma_{\mathrm{M}}\right\},\\ \qquad\qquad (-1)^{m+1}\cot\dfrac{2j\pi}{2(2k+1)}<0.\end{cases} \tag{5.300}$$

显然, $d_j \leqslant d$. 这时对每个 $j \in \{1, 2, \cdots, 2k\}$, 当 $l > d_j$ 时,

$$\begin{cases} n_\infty^+(l(2k+1)+j) = N, n_0^-(l(2k+1)+j) = 0, \\ n_\infty^-(l(2k+1)+j) = 0, n_0^+(l(2k+1)+j) = N, \end{cases} \quad (-1)^{m+1}\cot\frac{2j\pi}{2(2k+1)} > 0,$$
$$\begin{cases} n_\infty^+(l(2k+1)+j) = 0, n_0^-(l(2k+1)+j) = N, \\ n_\infty^-(l(2k+1)+j) = N, n_0^+(l(2k+1)+j) = 0, \end{cases} \quad (-1)^{m+1}\cot\frac{2j\pi}{2(2k+1)} < 0, \tag{5.301}$$

于是有

$$\begin{aligned} K - \bar{K}_c &= \dim(X_\infty^+ \cap X_0^-) - \mathrm{cod}_X(X_\infty^+ \cup X_0^-) \\ &= 2\sum_{j=1}^{2k}\sum_{l=0}^{d_j}[n_\infty^+(l(2k+1)+j) + n_0^-(l(2k+1)+j) - N], \\ K_- - \bar{K}_{-c} &= 2\sum_{j=1}^{2k}\sum_{l=0}^{d_j}[n_\infty^-(l(2k+1)+j) + n_0^+(l(2k+1)+j) - N]. \end{aligned}$$

由此可得以下结论.

推论 5.7 设条件 (5.101) 和 (5.192) 成立, 则微分系统 (5.191) 至少有

$$\tilde{n} = \max\left\{0, \sum_{j=1}^{2k}\sum_{l=0}^{d_j}[n_\infty^+(l(2k+1)+j) + n_0^-(l(2k+1)+j) - N],\right.$$
$$\left.\sum_{j=1}^{2k}\sum_{l=0}^{d_j}[n_\infty^-(l(2k+1)+j) + n_0^+(l(2k+1)+j) - N]\right\}$$

个几何上不同的 $2k+1$-周期轨道.

特别当系统 (5.191) 可分解成 n 个系统时,

$$y_i^{(2m+1)}(t) = -\sum_{p=1}^{2k}(-1)^{p+1}\nabla\tilde{H}(y_i(t-p)), \quad y_i \in W_i, i = 1, 2, \cdots, n, \tag{5.302}$$

其中 $W_i = \mathrm{span}\{U_{r_{i-1}+1}, U_{r_{i-1}+2}, \cdots, U_{r_i}\} = \mathrm{span}\{V_{r_{i-1}+1}, V_{r_{i-1}+2}, \cdots, V_{r_i}\}$. 不妨设 $W_i = \mathbb{R}^{r_i - r_{i-1}}$. 这时 $y_i = (x_{r_{i-1}+1}, x_{r_{i-1}+2}, \cdots, x_{r_i})$, $\nabla\tilde{H}(y_i) = \nabla_{y_i}H(0, \cdots, 0, y_i, 0, \cdots, 0)$, 当取定一个关于 y_i 的子系统时, (5.302) 是一个 $r_i - r_{i-1}$ 维系统. 这时, 由 (5.192) 可得

$$\begin{aligned} &|\nabla\tilde{H}(y_i) - B_{0,i}y_i| = o(|y_i|), \quad |y_i| \to 0, \\ &|\nabla\tilde{H}(y_i) - B_{\infty,i}y_i| = o(|y_i|), \quad |y_i| \to \infty, \end{aligned} \tag{5.303}$$

这时两个对称阵的特征值分别为

$$\sigma(B_{0,i}) = (\alpha_{r_{i-1}+1}, \alpha_{r_{i-1}+2}, \cdots, \alpha_{r_i}), \quad \sigma(B_{\infty,i}) = (\beta_{r_{i-1}+1}, \beta_{r_{i-1}+2}, \cdots, \beta_{r_i}), \tag{5.304}$$

相应的特征向量则分别为

$$(u_{r_{i-1}+1}, u_{r_{i-1}+2}, \cdots, u_{r_i}), \quad (v_{r_{i-1}+1}, v_{r_{i-1}+2}, \cdots, v_{r_i}). \tag{5.305}$$

对系统 (5.302), 用空间

$$X^i = \mathrm{cl}\left\{x(t) = \sum_{j\neq l(2k+1)} \left(a_j \cos\frac{2j\pi t}{2k+1} + b_j \sin\frac{2j\pi t}{2k+1}\right) : a_j, b_j \in \mathbb{R}^{r_i - r_{i-1}},\right.$$
$$\left.\sum_{j\neq l(2k+1)} j^{2m+1}(|a_j|^2 + |b_j|^2) < \infty\right\} \tag{5.306}$$

代替 (5.273) 中的空间 X 进行讨论, 则对 $j \neq l(2k+1)$,

$$\begin{aligned} &X^i(j) = \left\{a_j \cos\frac{2j\pi t}{2k+1} + b_j \sin\frac{2j\pi t}{2k+1} : a_j, b_j \in \mathbb{R}^{r_i - r_{i-1}}\right\}, \\ &X^i = \bigoplus_{j=0}^{\infty} X^i(j) = \bigoplus_{l=0}^{\infty}\bigoplus_{j=1}^{2k} X^i(l(2k+1)+j). \end{aligned} \tag{5.307}$$

进一步细分, 记

$$\begin{aligned} &X^i_{0,s}(j) = \left\{a_j \cos\frac{2j\pi t}{2k+1} + b_j \sin\frac{2j\pi t}{2k+1} : a_j, b_j \in U_s\right\}, \\ &X^i_{\infty,s}(j) = \left\{a_j \cos\frac{2j\pi t}{2k+1} + b_j \sin\frac{2j\pi t}{2k+1} : a_j, b_j \in V_s\right\}, \\ &X^i = \bigoplus_{j=0}^{\infty} \bigoplus_{s=r_{i-1}+1}^{r_i} X^i_{0,s}(j) = \bigoplus_{j=0}^{\infty} \bigoplus_{s=r_{i-1}+1}^{r_i} X^i_{\infty,s}(j). \end{aligned} \tag{5.308}$$

现对 $s = r_{i-1}+1, r_{i-1}+2, \cdots, r_i$, 规定

$$X^{i,+}_{0,s} = \bigoplus_{l=0}^{\infty}\bigoplus_{j=1}^{2k}\left\{X^i_{0,s}(l(2k+1)+j) : (-1)^{m+1}\left(\frac{2(l(2k+1)+j)\pi}{2k+1}\right)^{2m+1}\right.$$
$$\left.\cdot \cot\frac{2j\pi}{2(2k+1)} > -\alpha_s\right\},$$

$$X^{i,0}_{0,s} = \bigoplus_{l=0}^{\infty}\bigoplus_{j=1}^{2k}\left\{X^i_{0,s}(l(2k+1)+j) : (-1)^{m+1}\left(\frac{2(l(2k+1)+j)\pi}{2k+1}\right)^{2m+1}\right.$$
$$\left.\cdot \cot\frac{2j\pi}{2(2k+1)} = -\alpha_s\right\},$$

$$X_{0,s}^{i,-}=\bigoplus_{l=0}^{\infty}\bigoplus_{j=1}^{2k}\left\{X_{0,s}^{i}(l(2k+1)+j):(-1)^{m+1}\left(\frac{2(l(2k+1)+j)\pi}{2k+1}\right)^{2m+1}\right.$$
$$\left.\cdot\cot\frac{2j\pi}{2(2k+1)}<-\alpha_s\right\} \tag{5.309}$$

及

$$X_{\infty,s}^{i,+}=\bigoplus_{l=0}^{\infty}\bigoplus_{j=1}^{2k}\left\{X_{\infty,s}^{i}(l(2k+1)+j):(-1)^{m+1}\left(\frac{2(l(2k+1)+j)\pi}{2k+1}\right)^{2m+1}\right.$$
$$\left.\cdot\cot\frac{2j\pi}{2(2k+1)}>-\beta_s\right\},$$
$$X_{\infty,s}^{i,0}=\bigoplus_{l=0}^{\infty}\bigoplus_{j=1}^{2k}\left\{X_{\infty,s}^{i}(l(2k+1)+j):(-1)^{m+1}\left(\frac{2(l(2k+1)+j)\pi}{2k+1}\right)^{2m+1}\right.$$
$$\left.\cdot\cot\frac{2j\pi}{2(2k+1)}=-\beta_s\right\},$$
$$X_{\infty,s}^{i,-}=\bigoplus_{l=0}^{\infty}\bigoplus_{j=1}^{2k}\left\{X_{\infty,s}^{i}(l(2k+1)+j):(-1)^{m+1}\left(\frac{2(l(2k+1)+j)\pi}{2k+1}\right)^{2m+1}\right.$$
$$\left.\cdot\cot\frac{2j\pi}{2(2k+1)}<-\beta_s\right\}. \tag{5.310}$$

并记

$$\begin{gathered}
X_0^{i,+}=\bigoplus_{s=r_{i-1}+1}^{r_i}X_{0,s}^{i,+},\quad X_0^{i,0}=\bigoplus_{s=r_{i-1}+1}^{r_i}X_{0,s}^{i,0},\quad X_0^{i,-}=\bigoplus_{s=r_{i-1}+1}^{r_i}X_{0,s}^{i,-},\\
X_\infty^{i,+}=\bigoplus_{s=r_{i-1}+1}^{r_i}X_{\infty,s}^{i,+},\quad X_\infty^{i,0}=\bigoplus_{s=r_{i-1}+1}^{r_i}X_{\infty,s}^{i,0},\quad X_\infty^{i,-}=\bigoplus_{s=r_{i-1}+1}^{r_i}X_{\infty,s}^{i,-};\\
K^i=\dim(X_\infty^{i,+}\cap X_0^{i,-}),\quad \bar{K}_c^i=\operatorname{cod}(X_\infty^{i,+}\cup X_0^{i,-}),\\
K_-^i=\dim(X_\infty^{i,-}\cap X_0^{i,+}),\quad \bar{K}_{-c}=\operatorname{cod}(X_\infty^{i,-}\cup X_0^{i,+}).
\end{gathered} \tag{5.311}$$

由定理 5.14 可得以下结论.

定理 5.15 设条件 (5.101) 和 (5.192) 成立, 假定微分系统 (5.191) 可以分解为 (5.302) 所示的 n 个独立的系统, 则 (5.191) 至少有

$$\tilde{n}=\frac{1}{2}\sum_{i=1}^{n}\max\{0,K^i-\bar{K}_c^i,K_-^i-\bar{K}_{-c}^i\}$$

个几何上不同的 $2k+1$-周期轨道.

证明 当系统 (5.191) 可以分解为 (5.302) 所示的 n 个子系统时, 根据定理 5.14, 其中第 i 个系统至少有

$$\tilde{n}^i = \frac{1}{2}\max\{0, K^i - \bar{K}_c^i, K_-^i - \bar{K}_{-c}^i\}$$

个几何上不同的 $2k+1$-周期轨道, 而 (5.302) 所表示的每个不同系统, 其周期轨道是各不相同的, 且都是 (5.191) 的周期轨道, 故有定理 5.15 的结论.

对 $r_{i-1}+1 \leqslant s \leqslant r_i (r_0 = 0, r_n = N)$, 记

$$\begin{aligned}
&n_{\infty,s}^{i,+}(l(2k+1)+j)\\
&=\begin{cases} 1, & (-1)^{m+1}\left(\dfrac{2(l(2k+1)+j)\pi}{2k+1}\right)^{2m+1}\cot\dfrac{2j\pi}{2(2k+1)} > -\beta_s,\\ 0, & (-1)^{m+1}\left(\dfrac{2(l(2k+1)+j)\pi}{2k+1}\right)^{2m+1}\cot\dfrac{2j\pi}{2(2k+1)} \leqslant -\beta_s,\end{cases}\\
&n_{\infty,s}^{i,-}(l(2k+1)+j)\\
&=\begin{cases} 1, & (-1)^{m+1}\left(\dfrac{2(l(2k+1)+j)\pi}{2k+1}\right)^{2m+1}\cot\dfrac{2j\pi}{2(2k+1)} < -\beta_s,\\ 0, & (-1)^{m+1}\left(\dfrac{2(l(2k+1)+j)\pi}{2k+1}\right)^{2m+1}\cot\dfrac{2j\pi}{2(2k+1)} \geqslant -\beta_s;\end{cases}\\
&n_{0,s}^{i,+}(l(2k+1)+j)\\
&=\begin{cases} 1, & (-1)^{m+1}\left(\dfrac{2(l(2k+1)+j)\pi}{2k+1}\right)^{2m+1}\cot\dfrac{2j\pi}{2(2k+1)} > -\alpha_s,\\ 0, & (-1)^{m+1}\left(\dfrac{2(l(2k+1)+j)\pi}{2k+1}\right)^{2m+1}\cot\dfrac{2j\pi}{2(2k+1)} \leqslant -\alpha_s,\end{cases}\\
&n_{0,s}^{i,-}(l(2k+1)+j)\\
&=\begin{cases} 1, & (-1)^{m+1}\left(\dfrac{2(l(2k+1)+j)\pi}{2k+1}\right)^{2m+1}\cot\dfrac{2j\pi}{2(2k+1)} < -\alpha_s,\\ 0, & (-1)^{m+1}\left(\dfrac{2(l(2k+1)+j)\pi}{2k+1}\right)^{2m+1}\cot\dfrac{2j\pi}{2(2k+1)} \geqslant -\alpha_s.\end{cases}
\end{aligned}$$

$$\begin{aligned}
n_{\infty}^{i,+}(l(2k+1)+j) &= \sum_{s=r_{i-1}+1}^{r_i} n_{\infty,s}^{i,+}(l(2k+1)+j),\\
n_{\infty}^{i,-}(l(2k+1)+j) &= \sum_{s=r_{i-1}+1}^{r_i} n_{\infty,s}^{i,-}(l(2k+1)+j),\\
n_{0}^{i,+}(l(2k+1)+j) &= \sum_{s=r_{i-1}+1}^{r_i} n_{0,s}^{i,+}(l(2k+1)+j),
\end{aligned}$$

$$n_0^{i,-}(l(2k+1)+j)=\sum_{s=r_{i-1}+1}^{r_i} n_{0,s}^{i,-}(l(2k+1)+j), \tag{5.312}$$

对 $j=1,2,\cdots,2k; i=1,2,\cdots,n; s=r_{i-1}+1,r_{i-1}+2,\cdots,r_i$, 我们定义

$$\gamma_m^i=\min\{\min_{r_{i-1}+1\leqslant s\leqslant r_i}\alpha_s, \min_{r_{i-1}+1\leqslant s\leqslant r_i}\beta_s\},\ \gamma_M^i=\max\{\max_{r_{i-1}+1\leqslant s\leqslant r_i}\alpha_s, \max_{r_{i-1}+1\leqslant s\leqslant r_i}\beta_s\},$$

$$d_j^i=\begin{cases}\min\left\{l\geqslant 0:(-1)^{m+1}\left(\dfrac{2(l(2k+1)+j)\pi}{2k+1}\right)^{2m+1}\cot\dfrac{2j\pi}{2(2k+1)}>-\gamma_m^i\right\},\\ \qquad\qquad \text{当}(-1)^{m+1}\cot\dfrac{2j\pi}{2(2k+1)}>0,\\ \min\left\{l\geqslant 0:(-1)^{m+1}\left(\dfrac{2(l(2k+1)+j)\pi}{2k+1}\right)^{2m+1}\cot\dfrac{2j\pi}{2(2k+1)}<-\gamma_M^i\right\},\\ \qquad\qquad \text{当}(-1)^{m+1}\cot\dfrac{2j\pi}{2(2k+1)}<0.\end{cases} \tag{5.313}$$

显然, $d_j^i\leqslant d$. 这时, 对每个

$$j\in\{1,2,\cdots,2k\},\quad s\in\{r_{i-1}+1,r_{i-1}+2,\cdots,r_i\},$$

当 $l>d_j^i$ 时,

$$\begin{cases}n_{\infty,s}^{i,+}(l(2k+1)+j)=1, n_{0,s}^{i,-}(l(2k+1)+j)=0,\\ n_{\infty,s}^{i,-}(l(2k+1)+j)=0, n_{0,s}^{i,+}(l(2k+1)+j)=1,\end{cases}\quad (-1)^{m+1}\cot\frac{2j\pi}{2(2k+1)}>0,$$
$$\begin{cases}n_{\infty,s}^{i,+}(l(2k+1)+j)=0, n_{0,s}^{i,-}(l(2k+1)+j)=1,\\ n_{\infty,s}^{i,-}(l(2k+1)+j)=1, n_{0,s}^{i,+}(l(2k+1)+j)=0,\end{cases}\quad (-1)^{m+1}\cot\frac{2j\pi}{2(2k+1)}<0, \tag{5.314}$$

于是, $l>d_j^i$ 时有

$$\begin{aligned}n_\infty^{i,+}(l(2k+1)+j)+n_0^{i,-}(l(2k+1)+j)=r_i-r_{i-1},\\ n_\infty^{i,-}(l(2k+1)+j)+n_0^{i,+}(l(2k+1)+j)=r_i-r_{i-1}.\end{aligned}$$

由此得

$$\begin{aligned}K^i-\bar{K}_c^i&=\dim(X_\infty^+\cap X_0^-)-\operatorname{cod}(X_\infty^+\cup X_0^-)\\ &=2\sum_{j=1}^{2k}\sum_{l=0}^{d_j^i}[n_\infty^{i,+}(l(2k+1)+j)+n_0^{i,-}(l(2k+1)+j)-(r_i-r_{i-1})],\\ K_-^i-\bar{K}_{-c}^i&=2\sum_{j=1}^{2k}\sum_{l=0}^{d_j^i}[n_\infty^{i,-}(l(2k+1)+j)+n_0^{i,+}(l(2k+1)+j)-(r_i-r_{i-1})].\end{aligned} \tag{5.315}$$

结合定理 5.15 和推论 5.7 很容易得到如下推论.

推论 5.8 设条件 (5.101) 和 (5.192) 成立, 如果微分系统 (5.191) 可以分解为 (5.302) 所示的 n 个独立的系统, 则 (5.191) 至少有

$$\tilde{n}=\sum_{i=1}^{n}\max\Bigg\{0,\sum_{j=1}^{2k}\sum_{l=0}^{d_j^i}[n_\infty^{i,+}(l(2k+1)+j)+n_0^{i,-}(l(2k+1)+j)-(r_i-r_{i-1})],$$

$$\sum_{j=1}^{2k}\sum_{l=0}^{d_j^i}[n_\infty^{i,-}(l(2k+1)+j)+n_0^{i,+}(l(2k+1)+j)-(r_i-r_{i-1})]\Bigg\}$$

个几何上不同的 $2k+1$-周期轨道.

推论 5.7 和推论 5.8 相比较, 推论 5.8 所给结果优于推论 5.7.

5.5.4 本节示例

例 5.6 分别讨论

$$x^{(3)}(t)=-\sum_{q=1}^{2}\nabla F(x(t-q)),\quad x\in\mathbb{R}^3 \tag{5.316}$$

和

$$x^{(3)}(t)=-\sum_{q=1}^{2}(-1)^{q+1}\nabla F(x(t-q)),\quad x\in\mathbb{R}^3, \tag{5.317}$$

其中,

$$F(x)=\frac{(A_0x,x)+(A_\infty x,x)\sum_{i=1}^{3}x_i^2}{2+\sum_{i=1}^{3}x_i^2},\quad x=(x_1,x_2,x_3),$$

$$A_0=\pi^3\begin{pmatrix}-12&0&0\\0&35&-2\\0&-2&38\end{pmatrix},\quad A_\infty=\pi^3\begin{pmatrix}15&0&0\\0&-8&2\\0&2&-11\end{pmatrix},$$

这时,

$$\nabla F(x)=A_0x+o(|x|),\quad |x|\to0,$$
$$\nabla F(x)=2A_\infty x+o(|x|),\quad |x|\to\infty,$$

A_0 的特征值为 $\alpha_1=-12\pi^3,\alpha_2=34\pi^3,\alpha_3=39\pi^3$, 相应的特征向量为

$$u_1=(1,0,0),\quad u_2=\left(0,\frac{2}{\sqrt{5}},\frac{1}{\sqrt{5}}\right),\quad u_3=\left(0,\frac{1}{\sqrt{5}},\frac{-2}{\sqrt{5}}\right),$$

A_∞ 的特征值为 $\beta_1 = 30\pi^3, \beta_2 = -24\pi^3, \beta_3 = -14\pi^3$, 相应的特征向量为

$$v_1 = (1,0,0), \quad v_2 = \left(0, \frac{1}{\sqrt{5}}, \frac{-2}{\sqrt{5}}\right), \quad v_3 = \left(0, \frac{2}{\sqrt{5}}, \frac{1}{\sqrt{5}}\right).$$

可知

$$W_1 = \operatorname{span}\{u_1\} = \operatorname{span}\{v_1\}, \quad W_2 = \operatorname{span}\{u_2, u_3\} = \operatorname{span}\{v_2, v_3\},$$

经验证

$$\left.\frac{\partial F}{\partial x_1}\right|_{x_1=0} = 0, \quad \nabla_{(x_2,x_3)} F|_{(x_2,x_3)=0} = 0,$$

于是,

$$\dim W_1 = 1, \quad \dim W_2 = 2.$$

记

$$F_1(x_1) = \pi^3 \left[\frac{-12x_1^2 + 15x_1^4}{2 + x_1^2}\right],$$

$$F_2(x_2,x_3) = \pi^3 \left[\frac{(35x_2^2 - 4x_2x_3 + 38x_3^2) - (8x_2^2 - 4x_2x_3 + 11x_3^2)(x_2^2 + x_3^2)}{2 + x_2^2 + x_3^2}\right].$$

此时 $n = 2$. 系统 (5.316) 和 (5.317) 可分别分解为

$$\begin{cases} x_1^{(3)}(t) = -\nabla F_1(x_1(t-1)) - \nabla F_1(x_1(t-2)), & x_1 \in \mathbb{R}, \\ \quad (x_2^{(3)}(t), x_3^{(3)}(t))^{\mathrm{T}} & \\ = -\nabla F_2(x_3(t-1), x_4(t-1)) - \nabla F_2(x_3(t-2), x_4(t-2)), & (x_2,x_3) \in \mathbb{R}^2 \end{cases} \tag{5.318}$$

和

$$\begin{cases} x_1^{(3)}(t) = -\nabla F_1(x_1(t-1)) + \nabla F_1(x_1(t-1)), & x_1 \in \mathbb{R}, \\ \quad (x_2^{(3)}(t), x_3^{(3)}(t))^{\mathrm{T}} & \\ = -\nabla F_2(x_2(t-1), x_3(t-1)) + \nabla F_2(x_2(t-2), x_3(t-2)), & (x_2,x_3) \in \mathbb{R}^2. \end{cases} \tag{5.319}$$

对于系统 (5.318), 根据推论 5.6 有

$$\begin{aligned} \tilde{n} = \sum_{i=1}^{2} \max\Bigg\{0, &\sum_{j=0,2} \sum_{l=0}^{d_j^i} [n_\infty^{i,+}(3l+j) + n_0^{i,-}(3l+j) - (\gamma_i - \gamma_{i-1})], \\ &\sum_{j=0,2} \sum_{l=0}^{d_j^i} [n_\infty^{i,-}(3l+j) + n_0^{i,+}(3l+j) - (\gamma_i - \gamma_{i-1})]\Bigg\} \end{aligned}$$

$$
\begin{aligned}
&= \max\left\{0, \sum_{j=0,2}\sum_{l=0}^{d_j^1}[n_\infty^{1,+}(3l+j)+n_0^{1,-}(3l+j)-1],\right.\\
&\left.\sum_{j=0,2}\sum_{l=0}^{d_j^1}[n_\infty^{1,-}(3l+j)+n_0^{1,+}(3l+j)-1]\right\}\\
&+\max\left\{0, \sum_{j=0,2}\sum_{l=0}^{d_j^2}[n_\infty^{2,+}(3l+j)+n_0^{2,-}(3l+j)-2],\right.\\
&\left.\sum_{j=0,2}\sum_{l=0}^{d_j^2}[n_\infty^{2,-}(3l+j)+n_0^{2,+}(3l+j)-2]\right\}.
\end{aligned}
\tag{5.320}
$$

这时 $m=1,k=1$. 故由 $\gamma(j)=-3\tan\dfrac{(2j+1)\pi}{6}$ 计算得

$$
\gamma(0)=-\sqrt{3},\quad \gamma(2)=\sqrt{3}.
$$

$$
\gamma_m^1=-12\pi^3,\quad \gamma_M^1=30\pi^3;\quad \gamma_m^2=-24\pi^3,\quad \gamma_M^2=39\pi^3.
$$

根据

$$
d_j^i=\begin{cases}
\min\left\{l\geqslant 0: -\left(\dfrac{6l+2j+1}{3}\right)^3\gamma(j)>-3\gamma_m^i\right\}, \\
\qquad -\gamma(j)>0,\\
\min\left\{l\geqslant 0: -\left(\dfrac{6l+2j+1}{3}\right)^3\gamma(j)<-3\gamma_M^i\right\}, \\
\qquad -\gamma(j)<0.
\end{cases}
$$

由 $-\gamma(0)>0,-\gamma(2)<0$,

$$
\begin{aligned}
d_0^1&=\min\left\{l\geqslant 0:\sqrt{3}\left(\frac{6l+1}{3}\right)^3>36\right\}=2,\\
d_2^1&=\min\left\{l\geqslant 0:-\sqrt{3}\left(\frac{6l+5}{3}\right)^3<-90\right\}=2,\\
d_0^2&=\min\left\{l\geqslant 0:\sqrt{3}\left(\frac{6l+1}{3}\right)^3>72\right\}=2,\\
d_2^2&=\min\left\{l\geqslant 0:-\sqrt{3}\left(\frac{6l+5}{3}\right)^3<-117\right\}=2.
\end{aligned}
\tag{5.321}
$$

依据 (5.254) 得

$n_{\infty,1}^{1,+}(0)=n_{0,1}^{1,-}(0)=1, n_{\infty,1}^{1,+}(3)=n_{0,1}^{1,-}(3)=1, n_{\infty,1}^{1,+}(6)=1, n_{0,1}^{1,-}(6)=0,$

$$n_{\infty,1}^{1,+}(2) = n_{0,1}^{1,-}(2) = 1, n_{\infty,1}^{1,+}(5) = n_{0,1}^{1,-}(5) = 1, n_{\infty,1}^{1,+}(8) = 0, n_{0,1}^{1,-}(8) = 1,$$
$$n_{\infty,2}^{2,-}(0) = n_{0,2}^{2,+}(0) = 1, n_{\infty,2}^{2,-}(3) = n_{0,2}^{2,+}(3) = 1, n_{\infty,2}^{2,-}(6) = 1, n_{0,2}^{2,+}(6) = 0,$$
$$n_{\infty,2}^{2,-}(2) = n_{0,2}^{2,+}(2) = 1, n_{\infty,2}^{2,-}(5) = n_{0,2}^{2+}(5) = 1, n_{\infty,2}^{2,-}(8) = 1, n_{0,2}^{2,+}(8) = 0,$$
$$n_{\infty,3}^{2,-}(0) = n_{0,3}^{2,+}(0) = 1, n_{\infty,3}^{2,-}(3) = n_{0,3}^{2,+}(3) = 1, n_{\infty,3}^{2,-}(6) = 0, n_{0,3}^{2,+}(6) = 1,$$
$$n_{\infty,3}^{2,-}(2) = n_{0,3}^{2,+}(2) = 1, n_{\infty,3}^{2,-}(5) = n_{0,3}^{2,+}(5) = 1, n_{\infty,3}^{2,-}(8) = 1, n_{0,3}^{2,+}(8) = 0.$$

最后得系统 (5.316) 至少有

$$\tilde{n} = 4 + 8 = 12$$

个几何上不同的 6-周期轨道, 满足 $x(t-3) = -x(t)$.

对于系统 (5.319), 根据推论 5.8 有

$$\begin{aligned}
\hat{n} = \sum_{i=1}^{2} \max\Bigg\{&0, \sum_{j=1}^{2}\sum_{l=0}^{\hat{d}_j^i}[\hat{n}_\infty^{i,+}(3l+j) + \hat{n}_0^{i,-}(3l+j) - (\gamma_i - \gamma_{i-1})],\\
&\sum_{j=1}^{2}\sum_{l=0}^{\hat{d}_j^i}[\hat{n}_\infty^{i,-}(3l+j) + \hat{n}_0^{i,+}(3l+j) - (\gamma_i - \gamma_{i-1})]\Bigg\}\\
= \max\Bigg\{&0, \sum_{j=1}^{2}\sum_{l=0}^{\hat{d}_j^1}[\hat{n}_\infty^{1,+}(3l+j) + \hat{n}_0^{1,-}(3l+j) - 1],\\
&\sum_{j=1}^{2}\sum_{l=0}^{\hat{d}_j^1}[\hat{n}_\infty^{1,-}(3l+j) + \hat{n}_0^{1,+}(3l+j) - 1]\Bigg\}\\
+ \max\Bigg\{&0, \sum_{j=1}^{2}\sum_{l=0}^{\hat{d}_j^2}[\hat{n}_\infty^{2,+}(3l+j) + \hat{n}_0^{2,-}(3l+j) - 2],\\
&\sum_{j=1}^{2}\sum_{l=0}^{\hat{d}_j^2}[\hat{n}_\infty^{2,-}(3l+j) + \hat{n}_0^{2,+}(3l+j) - 2]\Bigg\}.
\end{aligned}$$

这时 $m = 1, k = 1$. 故由 $\delta(j) = -3\cot\dfrac{2j\pi}{6}$ 计算得

$$\begin{gathered}
\delta(1) = -\sqrt{3}, \quad \delta(2) = \sqrt{3}.\\
\gamma_m^1 = -12\pi^3, \quad \gamma_M^1 = 30\pi^3, \quad \gamma_m^2 = -24\pi^3, \quad \gamma_M^2 = 39\pi^3.
\end{gathered} \tag{5.322}$$

根据

$$\hat{d}_j^i = \begin{cases} \min\left\{l \geqslant 0 : -\left(\dfrac{(6l+2j)}{3}\right)^3 \delta(j) > -3\gamma_m^i\right\}, & -\delta(j) > 0, \\ \min\left\{l \geqslant 0 : -\left(\dfrac{(6l+2j)}{3}\right)^3 \delta(j) < -3\gamma_M^i\right\}, & -\delta(j) < 0. \end{cases}$$

由 $-\delta(1) > 0, -\delta(2) < 0$,

$$\begin{aligned} \hat{d}_1^1 &= \min\left\{l \geqslant 0 : \sqrt{3}\left(\frac{6l+2}{3}\right)^3 > 36\right\} = 2, \\ \hat{d}_2^1 &= \min\left\{l \geqslant 0 : -\sqrt{3}\left(\frac{6l+4}{3}\right)^3 < -90\right\} = 2, \\ \hat{d}_1^2 &= \min\left\{l \geqslant 0 : \sqrt{3}\left(\frac{6l+2}{3}\right)^3 > 72\right\} = 2, \\ \hat{d}_2^2 &= \min\left\{l \geqslant 0 : -\sqrt{3}\left(\frac{6l+4}{3}\right)^3 < -117\right\} = 2. \end{aligned} \tag{5.323}$$

依据 (5.312) 得

$$\begin{array}{llll} \hat{n}_{\infty,1}^{1,+}(1) = \hat{n}_{0,1}^{1,-}(1) = 1, & \hat{n}_{\infty,1}^{1,+}(4) = \hat{n}_{0,1}^{1,-}(4) = 1, & \hat{n}_{\infty,1}^{1,+}(7) = 1, & \hat{n}_{0,1}^{1,-}(7) = 0, \\ \hat{n}_{\infty,1}^{1,+}(2) = n_{0,1}^{1,-}(2) = 1, & \hat{n}_{\infty,1}^{1,+}(5) = \hat{n}_{0,1}^{1,-}(5) = 1, & \hat{n}_{\infty,1}^{1,+}(8) = 0, & \hat{n}_{0,1}^{1,-}(8) = 1, \\ \hat{n}_{\infty,2}^{2,-}(1) = \hat{n}_{0,2}^{2,+}(1) = 1, & \hat{n}_{\infty,2}^{2,-}(4) = \hat{n}_{0,2}^{2,+}(4) = 1, & \hat{n}_{\infty,2}^{2,-}(7) = 0, & \hat{n}_{0,2}^{2,+}(7) = 1, \\ \hat{n}_{\infty,2}^{2,-}(2) = \hat{n}_{0,2}^{2,+}(2) = 1, & \hat{n}_{\infty,2}^{2,-}(5) = \hat{n}_{0,2}^{2+}(5) = 1, & \hat{n}_{\infty,2}^{2,-}(8) = 1, & \hat{n}_{0,2}^{2,+}(8) = 0, \\ \hat{n}_{\infty,3}^{2,-}(1) = \hat{n}_{0,3}^{2,+}(1) = 1, & \hat{n}_{\infty,3}^{2,-}(4) = \hat{n}_{0,3}^{2,+}(4) = 1, & \hat{n}_{\infty,3}^{2,-}(7) = 0, & \hat{n}_{0,3}^{2,+}(7) = 1, \\ \hat{n}_{\infty,3}^{2,-}(2) = \hat{n}_{0,3}^{2,+}(2) = 1, & \hat{n}_{\infty,3}^{2,-}(5) = \hat{n}_{0,3}^{2,+}(5) = 1, & \hat{n}_{\infty,3}^{2,-}(8) = 1, & \hat{n}_{0,3}^{2,+}(8) = 0. \end{array}$$

由此得系统 (5.317) 至少有

$$\hat{n} = 4 + 8 = 12$$

个几何上不同的 3-周期轨道.

评注 5.1

时滞微分系统周期解问题肇始于 1974 年 J.L.Kaplan 和 J.A.Yorke 的研究工作 [75], 他们对

$$x'(t) = -f(x(t-1))$$

和

$$x'(t) = -f(x(t-1)) - f(x(t-2))$$

分别研究了 4-周期解和 6-周期解的存在性, 其中,

$$f(-x) = -f(x), \quad xf(x) > 0, \quad x \neq 0.$$

其后笔者团队 ([56-60]) 利用 Nussbaum 的结果分别研究了上述两个方程的 4-周期解和 6-周期解个数及方程

$$x'(t) = -\sum_{i=1}^{n} f(x(t-i)), \quad x \in \mathbb{R}$$

的 $2n+1$-周期解个数, G. Fei 用变分的方法研究了多滞量方程 $2(2n+1)$-周期解个数. 由于 $n = 2k-1$ 和 $n = 2k$ 时具体研究方法和细节有很大差异, 所以他就

$$x'(t) = -\sum_{i=1}^{2k-1} f(x(t-i)), \quad x \in \mathbb{R} \tag{5.324}$$

和

$$x'(t) = -\sum_{i=1}^{2k} f(x(t-i)), \quad x \in \mathbb{R} \tag{5.325}$$

在文献 [41] 和 [42] 中分别作了研究. 分别研究的原因在于对方程 (5.324) 而言, 利用 $x(t)$ 的奇周期性, 即 $x(t-2k-1) = -x(t)$ 及 f 的奇函数性质, 可以得到等价的方程组

$$\begin{pmatrix} x'(t) \\ x'(t-1) \\ x'(t-2) \\ \vdots \\ x'(t-2k+2) \\ x'(t-2k+1) \end{pmatrix} = -A_{2k} \begin{pmatrix} f(x(t)) \\ f(x(t-1)) \\ f(x(t-2)) \\ \vdots \\ f(x(t-2k+2)) \\ f(x(t-2k+1)) \end{pmatrix}, \tag{5.326}$$

其中,

$$A_{2k} = \begin{pmatrix} 0 & 1 & 1 & \cdots & 1 & 1 \\ -1 & 0 & 1 & \cdots & 1 & 1 \\ -1 & -1 & 0 & \cdots & 1 & 1 \\ \vdots & \vdots & \vdots & & \vdots & \vdots \\ -1 & -1 & -1 & \cdots & 0 & 1 \\ -1 & -1 & -1 & \cdots & -1 & 0 \end{pmatrix}$$

是一个 $2k$ 阶反对称阵, 它是满秩的, 有逆矩阵 A_{2k}^{-1} 存在. 这时方程组 (5.326) 等价于方程组

$$A_{2k}^{-1}\begin{pmatrix} x'(t) \\ x'(t-1) \\ x'(t-2) \\ \vdots \\ x'(t-2k+2) \\ x'(t-2k+1) \end{pmatrix} = -\begin{pmatrix} f(x(t)) \\ f(x(t-1)) \\ f(x(t-2)) \\ \vdots \\ f(x(t-2k+2)) \\ f(x(t-2k+1)) \end{pmatrix}. \tag{5.327}$$

根据 (5.327) 中的第一个方程即可构造泛函

$$\Phi(x) = \frac{1}{2}\langle Lx, x\rangle + \Psi(x), \tag{5.328}$$

其中线性算子 L 由方程 (5.324) 中方程的阶次及 A_{2k}^{-1} 中第一行行向量的对称性所给定. 最后由泛函 Φ 的临界点与方程 (5.324) 周期轨道之间的对应关系, 得出方程 (5.324) 周期轨道个数的下界估计. 至于方程 (5.325) 可扩展为方程组

$$\begin{pmatrix} x'(t) \\ x'(t-1) \\ x'(t-2) \\ \vdots \\ x'(t-2k+1) \\ x'(t-2k) \end{pmatrix} = -A_{2k+1}\begin{pmatrix} f(x(t)) \\ f(x(t-1)) \\ f(x(t-2)) \\ \vdots \\ f(x(t-2k+1)) \\ f(x(t-2k)) \end{pmatrix}, \tag{5.329}$$

其中 A_{2k+1} 是 $2k+1$ 阶反对称阵. A_{2k+1} 作为一个奇数阶的反对称阵, 它不存在逆矩阵, 这就给构造 (5.328) 形式的泛函造成困难. 解决的办法是利用 A_{2k+1} 的秩为 $2k$ 的性质, 将方程组 (5.329) 等价表示为

$$\begin{pmatrix} x'(t) \\ x'(t-1) \\ x'(t-2) \\ \vdots \\ x'(t-2k+2) \\ x'(t-2k+1) \end{pmatrix} = -A_{2k}\begin{pmatrix} f(x(t)) \\ f(x(t-1)) \\ f(x(t-2)) \\ \vdots \\ f(x(t-2k+2)) \\ f(x(t-2k+1)) \end{pmatrix} - \begin{pmatrix} f(x(t-2k) \\ f(x(t-2k) \\ f(x(t-2k) \\ \vdots \\ f(x(t-2k) \\ f(x(t-2k) \end{pmatrix}, \tag{5.330}$$

然后由

$$A_{2k}^{-1}\begin{pmatrix} x'(t) \\ x'(t-1) \\ x'(t-2) \\ \vdots \\ x'(t-2k+2) \\ x'(t-2k+1) \end{pmatrix} = -\begin{pmatrix} f(x(t)) \\ f(x(t-1)) \\ f(x(t-2)) \\ \vdots \\ f(x(t-2k+2)) \\ f(x(t-2k+1)) \end{pmatrix} - A_{2k}^{-1}\begin{pmatrix} f(x(t-2k)) \\ f(x(t-2k)) \\ f(x(t-2k)) \\ \vdots \\ f(x(t-2k)) \\ f(x(t-2k)) \end{pmatrix}, \tag{5.331}$$

构造形式为 (5.328) 的泛函.

需要注意的是, 根据 (5.331) 构造的泛函, 由于在方程组 (5.329) 中删去了最后一个方程, 故不能仅根据 A_{2k}^{-1} 中的第一个行向量去构建线性自伴算子 L. 这一点对泛函的具体计算和估计带来很大困难. 这也是至今对 (5.325) 及其扩展类型

$$x^{(2m+1)}(t) = -\sum_{i=1}^{2k} \nabla F(x(t-i)), \quad x \in \mathbb{R}^N \tag{5.332}$$

鲜有研究的原因所在.

我们在 5.5 节中研究了比 (5.325) 更一般的多滞量高阶微分系统 (5.332) 的 $2(2k+1)$ 周期轨道的重数, 给出了新的结论, 并以不同的方法进行了详细的论证.

评注 5.2

当将研究的问题由 (5.324) 和 (5.325) 转向时滞微分系统

$$x^{(2m+1)}(t) = -\sum_{i=1}^{n} \nabla F(x(t-i)), \quad x \in \mathbb{R}^N \tag{5.333}$$

时, 除了评注 5.1 中指出的在 $n = 2k$ 时构造泛函的困难外, 还需注意新的问题, 即在 (5.324) 和 (5.325) 中判断周期轨道重数的依据主要是 $f(-x) = -f(x)$ 的前提下另加的假设

$$\lim_{|x|\to 0} \frac{f(x)}{x} = \alpha, \quad \lim_{|x|\to\infty} \frac{f(x)}{x} = \beta, \tag{5.334}$$

而对系统 (5.333) 需在 $\nabla F(-x) = -\nabla F(x)$ 前提下假设

$$\lim_{|x|\to 0} \frac{|\nabla F(x) - A_0 x|}{|x|} = 0, \quad \lim_{|x|\to\infty} \frac{|\nabla F(x) - A_\infty x|}{|x|} = 0, \tag{5.335}$$

其中, A_0, A_∞ 为实对称阵. 这时决定周期轨道重数的关键依据是两个实对称阵的特征根以及所选取的函数空间.

评注 5.3

通常对于一个有 n 个滞量的奇数阶时滞微分系统, 需要考虑 $2(n+1)$-周期的周期轨道, 但是也有例外. 例如对于时滞微分系统

$$x^{(2m+1)} = -\sum_{i=1}^{2k} a_i f(x(t-i)), \quad a_i = -a_{2k+1-i}, \tag{5.336}$$

就需要讨论 $2k+1$-周期的周期轨道. 这种情况对于非自治的时滞微分方程和时滞微分系统同样需要关注. 由周期轨道的周期长度即微分系统的阶数, 即可确定 Hilbert 空间应具有的性质. 这是我们在研究此类方程时获得的有意义的认知.

评注 5.4

对于微分方程或微分系统周期轨道个数的估计, 通常给出的是几何上不同的周期轨道的个数下限. 因此对同一问题所作的估计, 自然是较大的数字优于较小的数字. 本章中, 对时滞微分系统我们提出了可分解的概念和具体分解的途径. 一般而言, 一个可分解系统在进行分解后用变分法估计周期轨道个数的下限应该优于不作分解直接对系统所作的估计. 其原理出于简单的数学不等式

$$\left|\sum_{i=1}^{m} a_i\right| \leqslant \sum_{i=1}^{m} |a_i|.$$

以例 5.5 而言, 按照分解的方式估计周期轨道, 系统 (5.175) 和系统 (5.176) 分别至少有 22 个和 21 个几何上不同的 8-周期轨道. 如果不作分解, 对系统在整体上计算泛函临界点的个数, 则几何上不同的 8-周期轨道的个数下限分别为 2 个和 3 个.

评注 5.5

由于奇数阶微分算子是一个反自伴线性算子, 利用方程中移位算子定义自伴线性算子 L 时, 通常要求移位算子对周期函数而言, 有半周期反号的性质, 这就使 Hilbert 空间中的每个函数首先需保证半周期反号, 这一方面排除了非平凡定常解的存在, 也使空间中那些不满足半周期反号的子空间, 如 5.5 节中所作的那样, 需先行排除在外. 正因为如此, S^1 指标理论的相关结果适合于讨论奇数阶时滞微分方程的周期轨道.

第 6 章　非自治微分系统的调和解

6.1　周期函数空间上的 Z_n 指标理论

设微分系统

$$L(D)x = -\nabla F(t,x) \tag{6.1}$$

中向量多项式为

$$L(\lambda) = a_0(t) + \sum_{i=1}^{m} a_i\lambda^i, \quad a_i \in \mathbb{R}^N, \quad a_0 \in C^0(\mathbb{R}, \mathbb{R}^N), \quad a_0(t+1) = a_0(t). \tag{6.2}$$

在假设

$$F \in C^1(\mathbb{R}\times\mathbb{R}^N, \mathbb{R}), \quad F(t+1,x) = F(t,x), \quad F(t,-x) = F(t,x), \quad F(t,0) = 0 \tag{6.3}$$

的前提下讨论 (6.1) 的 n-周期解的存在性或多解性时, 显然 $x = 0$ 是一个平凡解. 我们进一步假设算子 $L(D)$ 是在 Hilbert 空间上定义的, 且 $L(D)$ 是自伴的线性算子, 则对应微分系统 (6.1) 可以构造泛函

$$\Phi(x) = \frac{1}{2}\langle L(D)x, x\rangle + \int_0^n F(t,x(t))dt, \tag{6.4}$$

使泛函 (6.4) 临界点对应于系统 (6.1) 的解.

在周期为 n 的周期函数空间

$$X = \left\{x(t) = a_0 + \sum_{k=1}^{\infty}\left(a_k\cos\frac{2k\pi t}{n} + b_k\sin\frac{2k\pi t}{n}\right) : a_0, a_k, b_k \in \mathbb{R}^N,\right.$$
$$\left.\sum_{k=1}^{\infty} k^m(|a_k|^2 + |b_k|^2) < \infty\right\} \tag{6.5}$$

上定义范数 $||x|| = \sqrt{n|a_0|^2 + \frac{n}{2}\left(\frac{2\pi}{n}\right)^m \sum\limits_{k=1}^{\infty} k^m(|a_k|^2 + |b_k|^2)}$, 使 $(X, ||\cdot||)$ 成为一个 Hilbert 空间. 利用 Z_n 指标理论讨论空间 X 上微分方程或微分系统调和解的多重性时, 首先需要建立符合要求的指标理论. 为此我们记

$$X(0)=\mathbb{R}^N,$$
$$X(k)=\left\{x_k(t)=a_k\cos\frac{2k\pi t}{n}+b_k\sin\frac{2k\pi t}{n}:a_k,b_k\in\mathbb{R}^N,k=1,2,\cdots\right\},$$

则

$$X=X(0)+\sum_{k=1}^{\infty}X(k)=X_1+X_2. \tag{6.6}$$

首先在空间 X 和空间 l^2 之间建立等距同构 $\varphi:X\to l^2$ 如下,

$$\begin{aligned}&\varphi|_{X(0)}=\sqrt{n}\cdot\mathrm{id}|_{\mathbb{R}^N},\\&\varphi|_{X(k)}\left(a_k\cos\frac{2k\pi t}{n}+b_k\sin\frac{2k\pi t}{n}\right)=\frac{\sqrt{2n}}{2}\left(\frac{2\pi}{n}\right)^{\frac{m}{2}}k^{\frac{m}{2}}(a_k,b_k),\quad k\geqslant 1.\end{aligned} \tag{6.7}$$

在记 $x_k=a_k\cos\dfrac{2k\pi t}{n}+b_k\sin\dfrac{2k\pi t}{n}\in X(k)$ 时, 对 Z_n 群中的元素 $g\in\{0,1,2,\cdots,n-1\}$, 按如下方式建立等距表示 $T_g:X\to X$,

$$\begin{aligned}&T_g|_{X(0)}=\mathrm{id}|_{\mathbb{R}^N},\\&T_g|_{X(k)}(x_k(t))\quad(k\geqslant 1)\\&=T_g|_{X(k)}\left(a_k\cos\frac{2k\pi t}{n}+b_k\sin\frac{2k\pi t}{n}\right)\\&=\left(a_k\cos\frac{2kg\pi}{n}-b_k\sin\frac{2kg\pi}{n}\right)\cos\frac{2k\pi t}{n}\\&\quad+\left(a_k\sin\frac{2kg\pi}{n}+b_k\cos\frac{2kg\pi}{n}\right)\sin\frac{2k\pi t}{n}\\&=x_k(t)\cos\frac{2kg\pi}{n}-\Omega x_k(t)\sin\frac{2kg\pi}{n}.\end{aligned} \tag{6.8}$$

由 (6.8) 给出的表示, 对 $x(t)=x_0+\sum\limits_{k=1}^{\infty}x_k$, 有

$$\begin{aligned}(T_gx)(t)&=T_ga_0+\sum_{k=1}^{\infty}T_g\left(a_k\cos\frac{2k\pi t}{n}+b_k\sin\frac{2k\pi t}{n}\right)\\&=a_0+\sum_{k=1}^{\infty}\left(x_k(t)\cos\frac{2kg\pi}{n}-\Omega x_k(t)\sin\frac{2kg\pi}{n}\right)\\&=x(t-g).\end{aligned} \tag{6.9}$$

与此同时, 在无穷维线性空间 l^2 上建立等距线性算子 $S_g : l^2 \to l^2$,

$$S_g|_{\varphi(X(0))} = \mathrm{id}|_{\mathbb{R}^N},$$

$$S_g|_{\varphi(X(k))}(\tilde{a}_k, \tilde{b}_k) = \left(\tilde{a}_k \cos\frac{2kg\pi}{n} - \tilde{b}_k \sin\frac{2kg\pi}{n}, \tilde{a}_k \sin\frac{2kg\pi}{n} + \tilde{b}_k \cos\frac{2kg\pi}{n}\right), k \geqslant 1. \tag{6.10}$$

这时有

$$T_g = \varphi^{-1} \circ S_g \circ \varphi : X \to X, \quad S_g = \varphi \circ T_g \circ \varphi^{-1} : l^2 \to l^2. \tag{6.11}$$

在 Hilbert 空间 $(X, \|\cdot\|)$ 上假设 $L : X \to X$ 是自伴线性算子, 满足

$$L|_{X(k)} : X(k) \to X, \quad L(X(k)) = X(k), \quad k = 0, 1, 2, \cdots. \tag{6.12}$$

对于连续函数 $F(t, \cdot) : X \to \mathbb{R}$, $f(t+1, x) = f(t, x)$, 关于 $x \in \mathbb{R}^N$ 连续可微, 则对 X 上的泛函

$$\Phi(x) = \frac{1}{2}\langle Lx, x\rangle + \int_0^n F(t, x(t))dt, \tag{6.13}$$

我们证明 $\forall g \in Z_n$ 有

$$\langle LT_g x, T_g x\rangle = \langle Lx, x\rangle. \tag{6.14}$$

当 $x \in X(0)$ 时, 结论显然. 而当 $x \in X(k), k \geqslant 1$ 时, 由 $\langle Lx, x\rangle = \int_0^n (P^m Lx(t), x(t))dt$ 得

$$\begin{aligned}
\langle LT_g x, T_g x\rangle &= \int_0^n (P^m LT_g x(t), T_g x(t))dt \\
&= \int_0^n (P^m Lx(t-g), x(t-g))dt \\
&= \int_0^n (P^m Lx(t), x(t))dt \\
&= \langle Lx, x\rangle.
\end{aligned}$$

鉴于 (6.12) 和 $\langle x, y\rangle = 0, \quad x \in X(i), y \in X(j), i \neq j$, 可知 (6.14) 式对 $\forall x \in X$ 成立.

对于泛函 $\Phi(x)$ 中的第二部分, 即 $\int_0^n F(t, x(t))dt$, 由于函数 $F(t, x(t))$ 关于 t 的 1-周期性, 其 T_g 不变性显然成立. 由此得到泛函 $\Phi(x)$ 的 T_g 不变性.

与此同时, 由

$$\langle \Phi'(x), y\rangle = \left\langle Lx(t) + P^{-m}\nabla F(t, x), y\right\rangle,$$

可得对 $\forall y \in X$,

$$\begin{aligned}
&\langle \Phi'(T_g x(t)), y(t)\rangle \\
=& \left\langle T_g Lx(t) + P^{-m}\nabla F(t, T_g x(t)), y(t)\right\rangle \\
=& \left\langle Lx(t-g) + P^{-m}\nabla F(t, x(t-g)), y(t)\right\rangle \\
=& \left\langle Lx(t-g) + P^{-m}\nabla F(t-g, x(t-g)), y(t)\right\rangle \\
=& \langle \Phi'(x(t-g)), y(t)\rangle \\
=& \langle T_g \Phi'(x(t)), y(t)\rangle .
\end{aligned}$$

所以如果 $x \in X$ 是泛函 $\Phi(x)$ 的临界点, 则对 $\forall g \in Z_n$, $T_g x$ 也是泛函 $\Phi(x)$ 的临界点.

之后, 我们可以按照第 2 章中的要求定义 X 的闭子集族 Σ 和连续算子族 M, 进而给出 Z_n 指标的定义, 构造 Z_n 指标理论及 Z_n 伪指标理论.

对于周期函数空间 X 的任一闭子空间 $\tilde{X} \subset X$, 我们可以由相同的路径构造各个闭子空间上的 Z_n 指标理论和伪指标理论, 在此不再一一重复.

6.2 扩展的 Fisher-Kolmogorov 方程的周期边值问题

本节是 S.Tersian, J.Chaparova[130] 在研究扩展的 Fisher-Kolmogorov 方程时所得的结果, 我们在证明路径上略有修改. 我们先证明一个引理.

引理 6.1 设 $L : [0,T] \times \mathbb{R}^N \times \mathbb{R}^{lN} \to \mathbb{R}, (t, x, y_1, y_2, \cdots, y_l) \mapsto L(t, x, y_1, y_2, \cdots, y_l)$ 对 $\forall (x, y_1, y_2, \cdots, y_l) \in \mathbb{R}^N \times \mathbb{R}^{lN}$ 关于 t 可测, 对 a.e.$t \in [0,T]$ 关于 $(x, y_1, y_2, \cdots, y_l)$ 连续可微. 如果存在 $a \in C(\mathbb{R}^+, \mathbb{R}^+), b \in L^1([0,T], \mathbb{R}^+), c \in L^q([0,T], \mathbb{R}^+), q > 1$, 使 $\forall (x, y_1, y_2, \cdots, y_l) \in \mathbb{R}^N \times \mathbb{R}^{lN}$ 和 a.e. $t \in [0,T]$ 满足

$$\begin{gathered}
|L(t, y_0, y_1, y_2, \cdots, y_l)|, |D_x L(t, y_0, y_1, y_2, \cdots, y_l)| \leqslant a(|y_{l-1}|)(b(t) + |y_l|^p), \\
|D_{y_i} L(t, y_0, y_1, y_2, \cdots, y_l)| \leqslant a(|y_{l-1}|)(b(t) + |y_l|^p), i = 0, 1, \cdots, l-1, \\
|D_y L(t, x, y_1, y_2, \cdots, y_l)| \leqslant a(|y_{l-1}|)(c(t) + |y_l|^{p-1}),
\end{gathered}$$

其中 $\dfrac{1}{p} + \dfrac{1}{q} = 1$, 则由

$$\Phi(x) = \int_0^T L(t, x(t), x'(t), x''(t), \cdots, x^{(l)}(t))dt \tag{6.15}$$

定义的泛函 Φ 在 $W_T^{l,p}$ 上是连续可微的, 且对 $u \in W_T^{l,p}$ 有

$$\langle \Phi'(x), u\rangle = \int_0^T [(D_x L(t, x(t), x'(t), x''(t), \cdots, x^{(l)}(t)), u(t))$$

$$+\sum_{i=1}^{l}(D_{y_i}L(t,x(t),x'(t),x''(t),\cdots,x^{(l)}(t)),u^{(i)}(t))]dt. \tag{6.16}$$

证明 不妨设 $a:\mathbb{R}^+\to\mathbb{R}^+$ 为单调增函数. 令 $y(t)=x^{(l-1)}(t)$, 则 $y\in W^{1,p}$,

$$x^{(l)}(t)=y'(t),\quad x^{(i)}(t)=\left(\frac{2\pi}{T}\right)^{-l+1+i}P^{-l+1+i}Q^{-l+1+i}y(t),\quad i=0,\cdots,l-1.$$

同时记

$$\begin{aligned}\hat{L}(t,y,y')=L\Bigg(&t,\left(\frac{2\pi}{T}\right)^{-l+1}PQ^{-l+1}y(t),\cdots,\\&\left(\frac{2\pi}{T}\right)^{-l+1+i}P^{-l+1+i}Q^{-l+1+i}y(t),\cdots,y(t),y'(t)\Bigg)\end{aligned}$$

及 $M=\max\left\{1,\left(\frac{2\pi}{T}\right)^{-l+1}\right\}$. 注意到

$$|P^{-l+1+i}Q^{-l+1+i}y|\leqslant M|y|,\quad i=0,\cdots,l-1,$$

则

$$\begin{aligned}&|\hat{L}(t,y,y')|\\=&\left|L\left(t,\left(\frac{2\pi}{T}\right)^{-l+1}(PQ)^{-l+1}y,\cdots,\left(\frac{2\pi}{T}\right)^{-l+1+i}P^{-l+1+i}Q^{-l+1+i}y,\cdots,y,y'\right)\right|\\\leqslant& a(|y|)(b(t)+|y'|^p),\end{aligned}$$

$$\begin{aligned}&|D_y\hat{L}(t,y,y')|\\\leqslant&\sum_{i=0}^{l-1}\left|D_{y_i}L\left(t,\left(\frac{2\pi}{T}\right)^{-l+1}PQ^{-l+1}y,\cdots,\left(\frac{2\pi}{T}\right)^{-l+1+i}P^{-l+1+i}Q^{-l+1+i}y,\cdots,y,y'\right)\right|\\\leqslant& lMa(|y|)(b(t)+|y'|^p),\end{aligned}$$

$$|D_{y'}\hat{L}(t,y,y')|=|D_{y_l}L(t,y_0,y_1,y_2,\cdots,y_l)|\leqslant a(|y|)\left(c(t)+\sum_{i=1}^{l}|y_i|^{p-1}\right),$$

$$\begin{aligned}&\hat{L}(t,y,y')\\=&L(t,(-1)^{-l+1}PQ^{-l+1}y(t),\cdots,(-1)^{-l+1+i}P^{-l+1+i}Q^{-l+1+i}y(t),\cdots,y(t),y'(t)).\end{aligned}$$

这时, 由引理 3.1 可知, 泛函 $\Psi(y)=\int_0^T \hat{L}(t,y(t),y'(t))dt$ 在 $W_T^{1,p}$ 上是连续可微的, 且对 $v\in W_T^{l,p}$ 有

$$
\begin{aligned}
&\langle\Psi'(y),v\rangle\\
=&\int_0^T [(D_y\hat{L}(t,y(t),y'(t)),v(t))+(D_y'L(t,y(t),y'(t)),v'(t))]dt\\
=&\int_0^T \left[\sum_{i=0}^{l-1}\left(D_{y_i}L\left(t,\left(\frac{2\pi}{T}PQ\right)^{-l+1}y(t),\cdots,\right.\right.\right.\\
&\left.\left.\left(\frac{2\pi}{T}PQ\right)^{-l+1+i}y(t),\cdots,y(t),y'(t)\right),\left(\frac{2\pi}{T}PQ\right)^{-l+1+i}v(t)\right)\\
&+\left(D_{y'}L\left(t,\left(\frac{2\pi}{T}PQ\right)^{-l+1}y(t),\cdots,\right.\right.\\
&\left.\left.\left.\left(\frac{2\pi}{T}PQ\right)^{-l+1+i}y(t),\cdots,y(t),y'(t)\right),v'(t)\right)\right]dt\\
=&\int_0^T \left[\sum_{i=0}^{l-1}\left(D_{y_i}L\left(t,\left(\frac{2\pi}{T}PQ\right)^{-l+1}y(t),\cdots,\right.\right.\right.\\
&\left.\left.\left(\frac{2\pi}{T}PQ\right)^{-l+1+i}y(t),\cdots,y(t),y'(t)\right),\left(\frac{2\pi}{T}PQ\right)^{-l+1+i}v(t)\right)\\
&-\left(\frac{d}{dt}D_{y'}L\left(t,\left(\frac{2\pi}{T}PQ\right)^{-l+1}y(t),\cdots,\right.\right.\\
&\left.\left.\left.\left(\frac{2\pi}{T}PQ\right)^{-l+1+i}y(t),\cdots,y(t),y'(t)\right),v(t)\right)\right]dt\\
=&\int_0^T \left[\sum_{i=0}^{l-1}\left(\left(\frac{2\pi}{T}PQ\right)^{i}(-1)^iD_{y_i}L\left(t,\left(\frac{2\pi}{T}PQ\right)^{-l+1}y(t),\cdots,\right.\right.\right.\\
&\left.\left.\left(\frac{2\pi}{T}PQ\right)^{-l+1+i}y(t),\cdots,y(t),y'(t)\right),\left(\frac{2\pi}{T}PQ\right)^{-l+1}v(t)\right)\\
&-\left(\frac{d}{dt}\left(\frac{2\pi}{T}PQ\right)^{l-1}(-1)^{l-1}D_{y'}L\left(t,\left(\frac{2\pi}{T}PQ\right)^{-l+1}y(t),\cdots,\right.\right.\\
&\left.\left.\left.\left(\frac{2\pi}{T}PQ\right)^{-l+1+i}y(t),\cdots,y(t),y'(t)\right),\left(\frac{2\pi}{T}PQ\right)^{-l+1}v(t)\right)\right]dt \qquad (6.17)
\end{aligned}
$$

$\forall u \in W_T^{l,p}, p > 1$, 存在唯一的 $v \in W_T^{1,p}$, 使 $u = \left(\frac{2\pi}{T}PQ\right)^{-l+1} v$. 由 $x = \left(\frac{2\pi}{T}PQ\right)^{-l+1} y$, 故

$$\begin{aligned}
&\langle \Psi'(y), v\rangle \\
=& \int_0^T \Bigg[\sum_{i=0}^{l-1}\Bigg(\left(\frac{2\pi}{T}PQ\right)^{i}(-1)^i D_{y_i} L\Bigg(t, \left(\frac{2\pi}{T}PQ\right)^{-l+1} y(t), \cdots, \\
&\left(\frac{2\pi}{T}PQ\right)^{-l+1+i} y(t), \cdots, y(t), y'(t)\Bigg), \left(\frac{2\pi}{T}PQ\right)^{-l+1} v(t)\Bigg) \\
&-\Bigg(\frac{d}{dt}\left(\frac{2\pi}{T}PQ\right)^{l-1}(-1)^{l-1} D_{y'} L\Bigg(t, \left(\frac{2\pi}{T}PQ\right)^{-l+1} y(t), \cdots, \\
&\left(\frac{2\pi}{T}PQ\right)^{-l+1+i} y(t), \cdots, y(t), y'(t)\Bigg), \left(\frac{2\pi}{T}PQ\right)^{-l+1} v(t)\Bigg)\Bigg] dt \\
=& \int_0^T \Bigg[\sum_{i=0}^{l-1}\Bigg(\left(\frac{2\pi}{T}PQ\right)^{i}(-1)^i D_{y_i} L(t, x(t), \cdots, \\
&x^{(i)}(t), \cdots, x^{(l-1)}(t), x^{(l)}(t)), u(t)\Bigg) \\
&-\Bigg(\frac{d}{dt}\left(\frac{2\pi}{T}PQ\right)^{l-1}(-1)^{l-1} D_{y'} L(t, x(t), \cdots, \\
&x^{(i)}(t), \cdots, x^{(l-1)}(t), x^{(l)}(t)), u(t)\Bigg)\Bigg] dt \\
=& \int_0^T \Bigg(\sum_{i=0}^{l-1}\left(\frac{2\pi}{T}PQ\right)^{i}(-1)^i D_{y_i} L(t, x(t), \cdots, x^{(i)}(t), \cdots, x^{(l-1)}(t), x^{(l)}(t)) \\
&-\frac{d}{dt}\left(\frac{2\pi}{T}PQ\right)^{l-1}(-1)^{l-1} D_{y'} L(t, x(t), \cdots, x^{(i)}(t), \cdots, x^{(l-1)}(t), x^{(l)}(t)), u(t)\Bigg) dt \\
=& \langle \Phi'(x), u\rangle .
\end{aligned} \tag{6.18}$$

显然, 对 $\forall x \in W_T^{l,p}, \Phi'(x) : W_T^{l,p} \to \mathbb{R}$ 连续, 引理得证.

6.2.1　两类扩展的 Fisher-Kolmogorov 方程

Fisher-Kolmogorov 方程可以用作描述相传输和双稳现象的模型. 方程

$$x^{(4)} - px'' - a(t)x + b(t)x^3 = 0, \quad t \in \mathbb{R} \tag{6.19}$$

和

$$x^{(4)} - px'' + a(t)x - b(t)x^3 = 0, \quad t \in \mathbb{R} \tag{6.20}$$

都是 Fisher-Kolmogorov 方程的扩展. 因为旨在讨论方程的 $2T$-奇周期解, 即满足

$$x(t+T) = -x(t) \tag{6.21}$$

的 $2T$-周期解, $a, b \in C^0(\mathbb{R}, \mathbb{R}^+)$, $\quad a(t+T) = a(t), b(t+T) = b(t)$. 所以可分别用两点边值问题

$$\begin{cases} x^{(4)} - px'' - a(t)x + b(t)x^3 = 0, \quad t \in \mathbb{R}, \\ x(0) = x(T) = x''(0) = x''(T) = 0 \end{cases} \tag{6.22}$$

和

$$\begin{cases} x^{(4)} - px'' + a(t)x - b(t)x^3 = 0, \quad t \in \mathbb{R}, \\ x(0) = x(T) = x''(0) = x''(T) = 0 \end{cases} \tag{6.23}$$

代替. 得到 (6.22) 或 (6.23) 的解 $x(t)$ 后, 只要令

$$\hat{x}(t) = \begin{cases} x(t), & t \in [0, T], \\ -x(t), & t \in [T, 2T], \end{cases} \tag{6.24}$$

即得到方程 (6.19) 和 (6.20) 相应的 $2T$-周期解.

由此取函数空间

$$\begin{aligned} X &= \{x \in C^2(\mathbb{R}, \mathbb{R}) : x(t+T) = -x(t), x(0) = x(T) = x''(0) = x''(T)\} \\ &= \left\{ x(t) = \sum_{k=1}^{\infty} b_k \sin \frac{k\pi t}{T} : b_k \in \mathbb{R}, \sum_{k=1}^{\infty} k^4 |b_k|^2 < \infty \right\}. \end{aligned} \tag{6.25}$$

对方程 (6.19) 和 (6.20) 中的函数 $p, a(t), b(t)$ 作如下假设,

$$p > 0, a, b \in C^0(\mathbb{R}, \mathbb{R}^+), \quad a(t) = a(2T - t), b(t) = b(2T - t),$$

且存在 $a_2 > a_1 > 0, b_2 > b_1 > 0$, 使

$$a_1 \leqslant a(x) \leqslant a_2, \quad b_1 \leqslant b(x) \leqslant b_2. \tag{6.26}$$

分别对边值问题 (6.22) 和 (6.23) 构造泛函

$$\Phi_1(x) = \int_0^T \left[\frac{1}{2}|x''(t)|^2 + \frac{p}{2}|x'(t)|^2 - \frac{a(t)}{2}x^2(t) + \frac{b(t)}{4}x^4(t) \right] dt \tag{6.27}$$

和

$$\Phi_2(x) = \int_0^T \left[-\frac{1}{2}|x''(t)|^2 - \frac{p}{2}|x'(t)|^2 - \frac{a(t)}{2}x^2(t) + \frac{b(t)}{4}x^4(t) \right] dt, \tag{6.28}$$

和第 3 章中类似, 可证泛函 $\Phi_1(x), \Phi_2(x)$ 是连续可微的.

6.2.2 边值问题 (6.22) 的有解性和多解性

考虑边值问题 (6.22). 在 X 上定义内积

$$\langle x,y\rangle=\int_0^T[x''(t)y''(t)+px'(t)y'(t)+x(t)y(t)]dt,\quad \forall x,y\in X$$

及范数

$$||x||=\sqrt{\langle x,x\rangle},\quad \forall x\in X.$$

我们证以下命题.

命题 6.1 泛函 $\Phi_1(x)$ 在空间 X 上是满足 (PS)-条件的.

证明 设 $\{x_n\}\subset X,\Phi_1(x_n)$ 有界, 且 $\Phi_1'(x_n)\to 0$. 由于,

$$\begin{aligned}\Phi_1(x_n)&\geqslant\frac{1}{2}\int_0^T\left[|x_n''(t)|^2+p|x_n'(t)|^2-a_2x_n^2(t)+\frac{b(t)}{2}x_n^4(t)\right]dt\\&=\frac{1}{2}\int_0^T\left[|x_n''(t)|^2+p|x_n'(t)|^2+x_n^2(t)-(1+a_2)x_n^2(t)+\frac{b(t)}{2}x_n^4(t)\right]dt\\&\geqslant\frac{1}{2}||x_n||^2+\frac{1}{2}\int_0^T\left[-(1+a_2)x_n^2(t)+\frac{b_1}{2}x_n^4(t)\right]dt\\&=\frac{1}{2}||x_n||^2+\frac{b_1}{4}\int_0^T\left[\left(x_n^2(t)-\frac{1+a_2}{b_1}\right)^2dt\right]dt-\frac{(1+a_2)^2T}{4b_1}\\&=\frac{1}{2}||x_n||^2-\frac{(1+a_2)^2T}{4b_1}.\end{aligned}$$

由此知 $\{x_n\}$ 在 Hilbert 空间 X 上为下有界, 从而不妨设 $x_n\rightharpoonup x_0$. 这时在空间 $C([0,T],\mathbb{R})$ 上 $\{x_n\}$ 一致收敛于 x_0. 注意到 $\{x_n\}$ 在 X 上有界, 由 $\Phi_1'(x_n)\to 0$, 可得

$$\langle\Phi_1'(x_n),x_n\rangle\to 0.$$

于是由

$$\begin{aligned}&\langle\Phi_1'(x_n)-\Phi_1'(x_0),x_n-x_0\rangle\\&=\int_0^T[(x_n''(t)-x_0''(t))^2+p(x_n'(t)-x_0'(t))^2\\&\quad-a(t)(x_n(t)-x_0(t))^2+b(t)(x_n(t)-x_0(t))^4]\\&=||x_n-x_0||^2+\int_0^T\left[-(1+a(t))(x_n(t)-x_0(t))^2+b(t)(x_n(t)-x_0(t))^4\right]dt\\&\to 0,\end{aligned}$$

可知 $||x_n - x_0|| \to 0$, 即 $x_n \to x_0$. 命题得证.

定义 6.1 设 $x \in X$ 使 $\langle \Phi_1'(x), h\rangle = 0, \forall x \in X$, 即

$$\int_0^T \left[x''(t)h''(t) + px'(t)h'(t) - a(t)x(t)h(t) + b(t)x^3(t)h(t)\right] dt = 0, \quad \forall h \in X,$$

则 x 称为边值问题 (6.22) 的一个弱解. 如果有 $x \in X \cap C^4([0,T],\mathbb{R})$ 使 (6.22) 中的方程处处成立, 则说 x 为边值问题 (6.22) 的一个古典解.

命题 6.2 边值问题 (6.22) 的弱解就是它的古典解.

证明 设 $x \in X$ 是 (6.22) 的一个弱解, 显然它在 $[0,T]$ 上是连续的. 取

$$Y = \{x \in C^\infty([0,T],\mathbb{R}) : x(0) = x(T) = 0\}.$$

令

$$m(t) = \int_0^t ds \int_0^s [a(\tau)x(\tau) - b(\tau)x^3(\tau)]d\tau.$$

则对 $\forall h \in Y$,

$$\begin{aligned}
0 &= \langle \Phi_1(x), h\rangle \\
&= \int_0^T \left[x''(t)h''(t) + px'(t)h'(t) - (a(t)x(t) - b(t)x^3(t))h(t)\right] dt \\
&= \int_0^T [(x''(t) - px(t) - m(t))h''(t)]\, dt.
\end{aligned}$$

于是, 有

$$(x''(t) - px(t)) - m(t) = 0.$$

可知对 $\forall t \in [0,T]$,

$$x^{(4)}(t) - px''(t) = a(t)x(t) - b(t)x^3(t)$$

处处成立, 命题得证.

对两个代数方程

$$\lambda^4 + p\lambda^2 - a_{1,2} = 0,$$

分别求得唯一正根

$$\lambda_{1,2} = \sqrt{\frac{\sqrt{p^2 + 4a_{1,2}} - p}{2}}.$$

因此有

$$\lambda > \lambda_2 \Rightarrow \lambda^4 + p\lambda^2 - a(t) > 0; \quad \lambda < \lambda_1 \Rightarrow \lambda^4 + p\lambda^2 - a(t) < 0. \tag{6.29}$$

由 Dirichlet 边值问题特征函数系的完备性, $\forall x \in X$ 可表示为

$$x(t) = \sum_{j=1}^{\infty} c_j \sin \frac{j\pi t}{T}. \tag{6.30}$$

又记

$$L_{1,2} = \pi \sqrt{\frac{\sqrt{p^2 + 4a_{1,2}} + p}{2a_{1,2}}}. \tag{6.31}$$

易证, $L_2 < L_1$.

定理 6.1　如果条件 (6.26) 成立, 边值问题 (6.22) 中如果 $T < L_2$, 则只有平凡解; 如果 $L_2 < T < mL_1$, 则至少有 m 对不同的解.

证明　先证 $T < L_2$ 的情况. 这时由

$$\frac{T}{\pi} < \sqrt{\frac{\sqrt{p^2 + 4a_2} + p}{2a_2}} = \sqrt{\frac{2}{\sqrt{p^2 + 4a_2} - p}} = \frac{1}{\lambda_2}.$$

可得 $\dfrac{\pi}{T} > \lambda_2$. 于是根据 (6.29) 有

$$\left(\frac{\pi}{T}\right)^4 + p\left(\frac{\pi}{T}\right)^2 - a(t) > 0. \tag{6.32}$$

由 (6.32) 可知, $\forall x \in X$, 有

$$\|x\|_2^2 = \int_0^T |x(t)|^2 dt = \sum_{k=1}^{\infty} c_k^2 < \infty, \quad \|x'\|_2^2 = \int_0^T |x'(t)|^2 dt = \sum_{k=1}^{\infty} \frac{k^2\pi^2}{T^2} c_k^2 < \infty,$$
$$\|x''\|_2^2 = \int_0^T |x''(t)|^2 dt = \sum_{k=1}^{\infty} \frac{k^4\pi^4}{T^4} c_k^2 < \infty.$$

因此, 有

$$\|x''\|_2^2 \geqslant \frac{\pi^4}{T^4} \|x\|_2^2, \quad \|x'\|_2^2 \geqslant \frac{\pi^2}{T^2} \|x\|_2^2.$$

假设 $x \in X$ 是边值问题 (6.22) 的一个非平凡解, 则有

$$\begin{aligned}
0 &= \langle \Phi_1'(x), x \rangle \\
&= \int_0^T \left[|x''(t)|^2 + p|x'(t)|^2 - a(t)|x(t)|^2 + b(t)|x(t)|^4\right] dt \\
&\geqslant \|x''\|_2^2 + p\|x'\|_2^2 - a_2\|x\|_2^2 \\
&\geqslant \left(\frac{\pi^4}{T^4} + p\frac{\pi^2}{T^2} - a_2\right)\|x\|_2^2 > 0.
\end{aligned}$$

得出矛盾, 故边值问题 (6.22) 只有平凡解.

现证 $T > mL_1$ 的情况. 根据 (6.31) 得到的 $L_{1,2}$ 和 $\lambda_{1,2}$ 的关系, $T > mL_1$ 等价于 $\dfrac{m\pi}{T} < \lambda_1$.

取

$$X^+ = X, \quad X^- = \left\{ x = \sum_{k=1}^{m} c_k \sin\frac{k\pi t}{T} : c_k \in \mathbb{R} \right\} \subset X.$$

显然,

$$\mathrm{cod} X^+ = 0, \quad \dim X^- = m.$$

在 X^+ 上,

$$\begin{aligned}\Phi_1(x) &\geqslant \frac{1}{2}\int_0^T \left[|x(t)|^2 + p|x(t)|^2 + |x(t)|^2 - (1+a_2)|x(t)|^2 + \frac{b_1}{2}|x(t)|^4 \right] dt \\ &= \frac{1}{2}||x||^2 + \frac{b_1}{2}\int_0^T \left(|x(t)|^2 - \frac{1+a_2}{b_1} \right)^2 dt - \frac{(1+a_2)^2 T}{2b_1} \\ &> -\infty.\end{aligned}$$

在 X^- 上, 由于有

$$\|x''\|_2^2 < \frac{m^4\pi^4}{T^4}\|x\|_2^2, \quad \|x'\|_2^2 < \frac{m^2\pi^2}{T^2}\|x\|_2^2,$$

故

$$\begin{aligned}\Phi_1(x) &\leqslant \frac{1}{2}\int_0^T \left[(|x''(t)|^2 + p|x'(t)|^2 + |x(t)|^2) - (1+a_1)|x(t)|^2 + \frac{b_1}{2}|x(t)|^4 \right] dt \\ &\leqslant -\frac{1}{2}(1+a_1)\int_0^T \left[1 - \frac{b_1}{2(1+a_1)}|x(t)|^2 \right] |x(t)|^2 dt,\end{aligned}$$

所以存在 $r > 0$ 充分小, 有

$$\Phi_1(x) < 0, \quad x \in S_r \cap X^-.$$

于是泛函 $\Phi_1(x)$ 至少有 m 对不同的非平凡临界点, 即边值问题 (6.22) 至少有 m 个不同的非平凡解. 定理证毕.

6.2.3 边值问题 (6.23) 的无穷多解性

考虑边值问题 (6.23). 在 X 上定义内积

$$\langle x, y \rangle = \int_0^T [x''(t)y''(t) + px'(t)y'(t) + a(t)x(t)y(t)]dt, \quad \forall x, y \in X$$

及范数

$$||x|| = \sqrt{\langle x, x\rangle}, \quad \forall x \in X.$$

定义 6.2 设 $x \in X$ 使 $\langle \Phi_2'(x), h\rangle = 0, \forall x \in X$, 即

$$\int_0^T \left[x''(t)h''(t) + px'(t)h'(t) + a(t)x(t)h(t) - b(t)x^3(t)h(t)\right] dt = 0, \quad \forall h \in X,$$

则 x 称为边值问题 (6.23) 的一个弱解. 如果有 $x \in X \cap C^4([0,T],\mathbb{R})$ 使 (6.23) 中的方程处处成立, 则说 x 为边值问题 (6.23) 的一个古典解.

定义 6.3 设 $\Phi(x)$ 是 Banach 空间 X 上的连续可微泛函, $\{x_n\} \subset X$ 为一个点列, 如果满足 $\Phi(x_n)$ 有界, 且 $\Phi'(x_n) \to 0$, 则说 $\{x_n\}$ 是一个 (PS)-点列. 和 6.2.2 节中一样可证命题 6.3.

命题 6.3 边值问题 (6.23) 的弱解就是它的古典解.

下证以下结论.

命题 6.4 泛函 $\Phi_2(x)$ 在空间 X 上是满足 (PS)-条件的.

证明 设 $\{x_n\} \subset X$ 是一个 (PS)-点列, 由于

$$\Phi_2(x_n) = -\frac{1}{2}\int_0^T \left[|x_n''(t)|^2 + p|x_n'(t)|^2 + a(t)x_n^2(t) - \frac{b(t)}{2}x_n^4(t)\right] dt,$$

$$\langle \Phi_2'(x_n), x_n\rangle = -\int_0^T \left[|x_n''(t)|^2 + p|x_n'(t)|^2 + a(t)x_n^2(t) - b(t)x_n^4(t)\right] dt.$$

可得

$$||\Phi_2'(x_n)||_*||x_n|| + 4|\Phi_2(x_n)| \geqslant \langle \Phi_2'(x_n), x_n\rangle - 4\Phi_2(x_n) = ||x_n||^2,$$

其中 $||\cdot||_*$ 表示 X 的对偶空间上的范数. 当 $n \to \infty$ 时, $||\Phi_2'(x_n)||_* \to 0$. 因此有

$$\frac{||\Phi_2'(x_n)||_*}{||x_n||} + 4\frac{|\Phi_2(x_n)|}{||x_n||^2} \geqslant 1. \tag{6.33}$$

如果 $n \to \infty$ 时 $||x_n|| \to \infty$, 则由 (6.33) 可得矛盾式 $0 \geqslant 1$. 于是 $||x_n||$ 有界.

进一步不妨设 $x_n \rightharpoonup x_0$. 由

$$\begin{aligned}
&\langle \Phi_2'(x_n) - \Phi_2'(x_0), x_n - x_0\rangle \\
&= -\int_0^T \left[(x_n''(t) - x_0''(t))^2 + p(x_n'(t) - x_0'(t))^2 + a(t)(x_n(t) - x_0(t))^2\right] dt \\
&\quad + \int_0^T b(t)(x_n^3(t) - x_0^3(t))(x_n(t) - x_0(t))dt
\end{aligned}$$

$$= -||x_n - x_0||^2 + \int_0^T b(t)(x_n^3(t) - x_0^3(t))(x_n(t) - x_0(t))dt$$

$$\to 0$$

及 $\int_0^T b(t)(x_n^3(t) - x_0^3(t))(x_n(t) - x_0(t))dt \to 0$, 可知 $||x_n - x_0||^2 \to 0$. 命题得证.

现证本节的主要定理,

定理 6.2 如果条件 (6.26) 成立, 边值问题 (6.23) 有无穷多对不同的解.

证明 令

$$X_n = \left\{ x(t) = \sum_{k=1}^{n} c_k \sin \frac{k\pi t}{T} : c_k \in \mathbb{R} \right\} \subset X.$$

显然, $X_{n-1} \subset X_n, n \to \infty \Rightarrow X_n \to X$. $\forall x \in X_n$,

$$\begin{aligned}
||x||^2 &\leqslant \int_0^T \left[|x''(t)|^2 + p|x'(t)|^2 + a_2|x(t)|^2 \right] dt \\
&\leqslant \int_0^T \left[(m^4 + pm^2 + a_2)|x(t)|^2 \right] dt \\
&\leqslant (m^4 + pm^2 + a_2) \|x\|_2^2 \\
&\leqslant (m^4 + pm^2 + a_2)\sqrt{T} \|x\|_4^2,
\end{aligned}$$

故 $\|x\|_4^4 \geqslant \dfrac{||x||^4}{(m^4 + pm^2 + a_2)^2 T}$. 于是,

$$\begin{aligned}
\Phi_2(x) &= -\frac{1}{2} \int_0^T \left[|x''(t)|^2 + p|x'(t)|^2 + a(t)x^2(t) - \frac{b(t)}{2} x^4(t) \right] dt \\
&\geqslant \frac{b_1}{4} \|x\|_4^4 - \frac{1}{2} ||x||^2 \\
&\geqslant \frac{b_1}{4(m^4 + pm^2 + a_2)^2 T} ||x||^4 - \frac{1}{2} ||x||^2.
\end{aligned}$$

因此, 当 $||x|| > \sqrt{\dfrac{2(m^4 + pm^2 + a_2)^2 T}{b_1}}$ 时, 就有 $\Phi_2(x) > 0$.

与此同时, 由于对 $x(t) = \sum\limits_{k=1}^{n} c_k \sin \dfrac{k\pi t}{T} \in X_n$ 有

$$\begin{aligned}
||x||^2 &\geqslant \int_0^T \left[|x''(t)|^2 + p|x'(t)|^2 + a_1|x(t)|^2 \right] dt \\
&\geqslant \int_0^T \left[(1 + p + a_1)|x(t)|^2 \right] dt
\end{aligned}$$

$$
\begin{aligned}
&= (1+p+a_1)\|x\|_2^2 \\
&= \frac{1}{2}(1+p+a_1)\sum_{k=1}^{n} c_k^2,
\end{aligned}
$$

$$\int_0^T b(t)x^4(t)dt \leqslant b_2\|x\|_4^4.$$

根据 Carlson 不等式

$$\left(\sum_{k=1}^{n} a_k\right)^4 \leqslant \pi^2 \sum_{k=1}^{n} a_k^2 \sum_{k=1}^{n} k^2 a_k^2, \tag{6.34}$$

有

$$\|x\|_4^4 \leqslant \int_0^T \left(\sum_{k=1}^{n} |c_k|\right)^4 dt \leqslant T\pi^2 n^2 \left(\sum_{k=1}^{n} c_k^2\right)^2.$$

于是,

$$
\begin{aligned}
\int_0^T b(t)x^4(t)dt &\leqslant b_2\|x\|_4^4 \\
&\leqslant b_2 T\pi^2 n^2 \left(\sum_{k=1}^{n} c_k^2\right)^2 \\
&= 4b_2 T\pi^2 n^2 (\|x\|_2^2)^2 \\
&= \frac{16 b_2 T\pi^2 n^2}{(1+p+a_1)^2}||x||^2,
\end{aligned}
$$

故

$$
\begin{aligned}
\Phi_2(x) &\leqslant \frac{b_2}{4}\|x\|_4^4 - \frac{1}{2}||x||^2 \\
&\leqslant \frac{4b_2 T\pi^2 n^2}{(1+p+a_1)^2}||x||^4 - \frac{1}{2}||x||^2.
\end{aligned}
$$

由此得 $0 < ||x|| < \dfrac{1+p+a_1}{2n\pi\sqrt{2b_2}}$ 时, $\Phi_2(x) < 0$.

由定理 2.19 即知边值问题 (6.23) 有无穷多对不同的解, 从而方程 (6.20) 有无穷多个不同的周期轨道.

6.3　扩展的 Fisher-Kolmogorov 方程的同宿轨道

一个平面方程

$$x' = f(t, x), \tag{6.35}$$

其中, $f:\mathbb{R}\times\mathbb{R}^2\to\mathbb{R}^2$, 如果有一解 $x=x(t),t\in\mathbb{R}$, 满足

$$\lim_{t\to-\infty}x(t)=\lim_{t\to+\infty}x(t)=A\in\mathbb{R}^2,$$

就说 $\Gamma=\{x(t):t\in\mathbb{R}\}$ 是方程 (6.35) 在相平面 $\mathbb{R}^2$ 的一条**同宿轨**.

我们现在讨论方程

$$x^{(4)}+px''+a(t)x-b(t)x^2-c(t)x^3=0 \tag{6.36}$$

同宿解的存在性, 这一问题也等价于讨论无穷区间上边值问题

$$\begin{cases} x^{(4)}+px''+a(t)x-b(t)x^2-c(t)x^3=0, \\ x''(\pm\infty)=x(\pm\infty)=0 \end{cases} \tag{6.37}$$

解的存在性. 为此取

$$X=\mathrm{cl}\left\{x\in H^2(\mathbb{R},\mathbb{R}):\int_{-\infty}^{+\infty}|x(t)|^2dt,\int_{-\infty}^{+\infty}|x'(t)|^2dt;\int_{-\infty}^{+\infty}|x''(t)|^2dt<\infty\right\},$$

此空间中的元素可保证 (6.37) 中的边界条件成立. $\forall x\in X$, 定义范数

$$||x||=\sqrt{\int_{-\infty}^{+\infty}\left[x''^2(t)+x'^2(t)+x^2(t)\right]dt},$$

则 X 成为一个 Hilbert 空间. 此外, 记

$$|x|_2=\sqrt{\int_{-\infty}^{+\infty}x^2(t)dt}.$$

在 Hilbert 空间 X 上定义泛函

$$\Phi_3(x)=\int_{-\infty}^{+\infty}\left[\frac{1}{2}(x''^2(t)-px'^2(t)+a(t)x^2(t))-\frac{1}{3}b(t)x^3(t)-\frac{1}{4}c(t)x^4(t)\right]dt, \tag{6.38}$$

设方程 (6.36) 中, $a,b,c\in C^0(\mathbb{R},\mathbb{R})$, 周期为 1, 且有 $a_2\geqslant a_1>0,b>0,k_2\geqslant k_1>0$, 使

$$0\leqslant p<2\sqrt{a_1},\quad a_1\leqslant a(t)\leqslant a_2,\quad |b(t)|\leqslant b,\quad k_1\leqslant c(t)\leqslant k_2. \tag{6.39}$$

定理 6.3 设方程 (6.36) 满足条件 (6.39), 则存在同宿轨线.

证明 易证泛函 $\Phi_3(x)$ 是连续可微的.

由于 $0\leqslant p<2\sqrt{a_1}$, 故存在 $\varepsilon>0$ 使

$$0\leqslant p+\varepsilon<2\sqrt{(1-\varepsilon)(a_1-\varepsilon)}$$

依然成立. 故有

$$\begin{aligned}\Phi_3(x) &= \int_{-\infty}^{+\infty}\left[\frac{1}{2}(x''^2(t)-px'^2(t)+a(t)x^2(t))-\frac{1}{3}b(t)x^3(t)-\frac{1}{4}c(t)x^4(t)\right]dt\\ &\geqslant \frac{1}{2}\varepsilon\|x\|^2-\int_{-\infty}^{+\infty}\left[\frac{1}{3}b(t)x^3(t)+\frac{1}{4}c(t)x^4(t)\right]dt.\end{aligned}$$

由于 $p>1$, 有 $H^1(\mathbb{R},\mathbb{R})\subset L^p(\mathbb{R},\mathbb{R})$, 所以有 $c_3, c_4>0$ 使

$$\|x\|_3^3\leqslant c_3\|x\|^3,\quad \|x\|_4^4\leqslant c_4\|x\|^4.$$

于是,

$$\Phi_3(x)\geqslant\frac{1}{2}\varepsilon\|x\|^2-\frac{1}{3}bc_3\|x\|^3-\frac{1}{4}k_2c_4\|x\|^4,$$

可知存在 $r,\rho>0$, $\min\limits_{x\in S_r}\Phi_3(x)\geqslant\rho>0$.

由泛函 $\Phi_3(x)$ 的表达式, 令 $x_1=0$ 易得 $\Phi_3(x_1)=0$. 同时在 X 中取异于 x_1 的点 u, 并令 $x=\lambda u,\lambda>0$, 代入 $\Phi_3(x)$,

$$\begin{aligned}\lambda^{-2}\Phi_3(x) &\leqslant \int_{-\infty}^{+\infty}\left[\frac{1}{2}(u''^2(t)-pu'^2(t)+a_2u^2(t))+\frac{\lambda}{3}bu^3(t)-\frac{\lambda^2}{4}k_1u^4(t)\right]dt\\ &= \int_{-\infty}^{+\infty}\left[\frac{1}{2}(u''^2(t)-pu'^2(t)+a_2u^2(t))\right]dt\\ &\quad -\frac{\lambda^2}{4}\int_{-\infty}^{+\infty}\left[k_1u^4(t)-\frac{4b}{3\lambda}u^3(t)\right]dt\\ &\to -\infty\quad(\lambda\to+\infty).\end{aligned}$$

令 $\lambda=\lambda_2>0$ 充分大, 可使 $x_2=\lambda_2u$ 时满足 $\Phi_3(x_2)<0$.

令

$$M=\{g\in C([0,1],X): g(0)=x_1, g(1)=x_2\},$$

并记

$$c=\inf_{g\in M}\sup_{s\in[0,1]}\Phi_3(g(s)).$$

则有 $\{x_n\}\subset X$, 使

$$\Phi_3(x_n)\to c,\quad \Phi_3'(x_n)\to 0.$$

由于 $\Phi(x)$ 在 X 上不满足 $(\mathrm{PS})_c$-条件, 故须给出 $\{x_n\}$ 有收敛子列的证明. 为此, 先证 $\{x_n\}$ 在 X 中有界. 实际上, 由

$$\frac{1}{2}\varepsilon\|x_n\|^2\leqslant\int_{-\infty}^{+\infty}\left[\frac{1}{2}(x''^2(t)-px'^2(t)+a(t)x^2(t))\right]dt$$

$$\leqslant \Phi_3(x_n) - \frac{1}{3}\langle \Phi'(x_n), x_n\rangle - \frac{1}{4}\int_{-\infty}^{+\infty} c(t)x_n^4(t)dt$$
$$\leqslant \Phi_3(x_n) - \frac{1}{3}||\Phi_3'(x_n)||_*||x_n||.$$

于是,

$$\frac{\Phi_3(x_n)}{||x_n||^2} - \frac{||\Phi_3'(x_n)||_*}{3||x_n||} \geqslant \varepsilon > 0,$$

假设 $n \to \infty$ 时 $||x_n|| \to \infty$, 则上式给出矛盾, 故可知 $\{x_n\}$ 在 X 中有界. 不妨设 $||x_n|| \leqslant c_1$. 这时有

$$\langle \Phi_3'(x_n), x_n\rangle \to 0,$$

并得出

$$0 < c \leftarrow \Phi_3(x_n) - \frac{1}{2}\langle \Phi_3'(x_n), x_n\rangle = \int_{-\infty}^{+\infty}\left[\frac{1}{6}b(t)x_n^3(t) + \frac{1}{4}c(t)x_n^4(t)\right]dt$$
$$\leqslant \frac{1}{4}\int_{-\infty}^{+\infty}\left[b|x_n(t)|^3 + k_2 x_n^4(t)\right]dt$$
$$\leqslant \frac{1}{4}\max\{b, k_2\}\int_{-\infty}^{+\infty}\left[|x_n(t)|^3 + x_n^4(t)\right]dt,$$

于是有

$$\int_{-\infty}^{+\infty}\left[|x_n(t)|^3 + x_n^4(t)\right]dt > c_2 > 0.$$

由于

$$||x_n||_{[j,j+1]} \leqslant 2||x_n||_{H^1[j,j+1]},$$

以及

$$c_2 < \int_{-\infty}^{+\infty}\left[|x_n(t)|^3 + x_n^4(t)\right]dt$$
$$= \sum_{j=-\infty}^{+\infty}\int_j^{j+1}\left[|x_n(t)|^3 + x_n^4(t)\right]dt$$
$$= \sum_{j=-\infty}^{+\infty}\int_j^{j+1}\left[|x_n|_{3,[j,j+1]}^3 + |x_n|_{4,[j,j+1]}^4\right]dt$$
$$\leqslant \sup_j \max\{|x_n|_{4,[j,j+1]}^2, |x_n|_{3,[j,j+1]}^1\}\sum_{j=-\infty}^{+\infty}\int_j^{j+1}\left[|x_n|_{3,[j,j+1]}^2 + |x_n|_{4,[j,j+1]}^2\right]dt$$
$$\leqslant 8\sup_j \max\{|x_n|_{4,[j,j+1]}^2, |x_n|_{3,[j,j+1]}^1\}\sum_{j=-\infty}^{+\infty}\|x_n\|_{H^1[j,j+1]}^2$$

$$
\begin{aligned}
&= 8\sup_j \max\{|x_n|^2_{4,[j,j+1]}, |x_n|^1_{3,[j,j+1]}\} \|x_n\|^2_{H^1(R)} \\
&\leqslant 8\sup_j \max\{|x_n|^2_{4,[j,j+1]}, |x_n|^1_{3,[j,j+1]}\}||x_n||^2 \\
&\leqslant 8c_1^2 \sup_j \max\{|x_n|^2_{4,[j,j+1]}, |x_n|^1_{3,[j,j+1]}\},
\end{aligned}
$$

故

$$
\sup_j \max\{|x_n|^2_{4,[j,j+1]}, |x_n|^1_{3,[j,j+1]}\} \geqslant \frac{c_2}{8c_1^2} := c_3,
$$

并导出

$$
\sup_j \max\{|x_n|^2_{4,[j,j+1]}, |x_n|^{\frac{3}{4}}_{4,[j,j+1]}\} \geqslant \frac{c_2}{8c_1^2} := c_3,
$$

$$
\sup_j\{|x_n|_{4,[j,j+1]}\} \geqslant c_4.
$$

因此,

$$
\inf_n \sup_j\{|x_n|^4_{4,[j,j+1]}\} = \inf_n \sup_j \int_0^1 x_n^4(t+j)dt \geqslant c_4 > 0.
$$

这时对每个 $n \in Z$, 有 $j_n \in Z$ 使

$$
\int_0^1 x_n^4(t+j_n)dt = \max\left\{\int_0^1 x_n^4(t+j)dt : j \in Z\right\}.
$$

令 $y_n(t) = x_n(t+j_n)$, 则 $y_n \in X, ||y_n|| = ||x_n|| \leqslant c_1$. 显然, $\Phi_3(y_n) = \Phi_3(x_n) \to c$, 且 $\forall h \in X$,

$$
\begin{aligned}
|\langle \Phi_3'(y_n(t)), h(t)\rangle| &= |\langle \Phi_3'(x_n(t)), h(t-j_n)\rangle| \\
&\leqslant ||\Phi_3'(x_n)||_* ||h(t-j_n)|| \\
&\leqslant ||\Phi_3'(x_n)||_* ||h|| \to 0,
\end{aligned}
$$

因而 $\Phi_3'(x_n) \to 0$. 这时 $\{y_n\}$ 中有子列, 不妨设是其自身, 在 X 中弱收敛于 y_0, 即

$$
\text{在 } X \text{ 中}, \quad y_n \rightharpoonup y_0;
$$

$$
\text{在 } L^2_{loc}(\mathbb{R}) \text{ 中}, \quad y_n \to y_0;
$$

$$
\text{在 } C_{loc}(\mathbb{R}) \text{ 中}, \quad y_n \to y_0;
$$

$$
\text{在 a.e.} t \in \mathbb{R}, \quad y_n \to y_0.
$$

进一步利用

$$
\langle \Phi_3'(y_n) - \Phi_3'(y_0), y_n - y_0\rangle \to 0,
$$

可证在 X 中, $y_n \to y_0$. 最后, 取 $x_0(t) = y_0(t)$, 就得到方程 (6.37) 的弱解, 再证其为古典解, 显然 $x_0(t)$ 是同宿的.

6.4 非自治 4 阶时滞微分方程的调和解 (1)

本节讨论非自治 4 阶时滞微分方程

$$x^{(4)}(t)-px''(t)+qx(t)=-\left[af(t,x(t))+\sum_{i=1}^{n}f(t,x(t-i))\right] \tag{6.40}$$

调和解的多解性, 其中,

$$\begin{gathered}a\neq 1,-n,\quad p>0,\quad f\in C^0(\mathbb{R},\mathbb{R}),\quad f(t+1,x)=f(t,x),\\ f(t,-x)=-f(t,x),\quad \lim_{x\to 0}\frac{f(t,x)}{x}=\alpha(t),\quad \lim_{x\to\infty}\frac{f(t,x)}{x}=\beta(t),\\ \alpha_1\leqslant\alpha(t)\leqslant\alpha_2,\quad \beta_1\leqslant\beta(t)\leqslant\beta_2.\end{gathered} \tag{6.41}$$

显然 $\alpha(t),\beta(t)$ 是周期为 1 的连续周期函数. 方程 (6.40) 是方程 (6.23) 在引入时滞因素后得到的扩展. 记

$$F(t,x)=\int_0^x f(t,s)ds.$$

对于方程 (6.40), 我们首先讨论周期为 $n+1$ 的调和解.

6.4.1 方程 (6.40) 的 $n+1$-周期调和解

为此选取 $n+1$-周期函数空间

$$X=\mathrm{cl}\left\{x(t)=a_0+\sum_{k=1}^{\infty}\left(a_k\cos\frac{2k\pi t}{n+1}+b_k\sin\frac{2k\pi t}{n+1}\right):a_0,a_k,b_k\right.$$
$$\left.\in\mathbb{R},\sum_{k=1}^{\infty}k^4(a_k^2+b_k^2)<\infty\right\},$$

在其上运用变分方法和 Z_n 指标理论进行讨论. 对于 $x,y\in X$, 我们定义内积范数

$$\langle x,y\rangle=\langle x,y\rangle_4=\int_0^{n+1}(P^4x,y)dt,\quad ||x||=\sqrt{\langle x,x\rangle},$$

这时 $(X,||\cdot||)$ 是一个 $H^2([0,n+1],\mathbb{R})$ 空间. 又设

$$\begin{aligned}&(1)\ \lim_{x\to\infty}\mathrm{sign}x[f(t,x)-\beta(t)x]\geqslant\varepsilon,\\ &(2)\ \lim_{x\to\infty}\mathrm{sign}x[f(t,x)-\beta(t)x]\leqslant-\varepsilon.\end{aligned} \tag{6.42}$$

6.4.1.1　方程 (6.40) 的变分结构

在 X 上构造泛函

$$\Phi(x)=\frac{1}{2}\langle Lx,x\rangle_4+\Psi(x), \tag{6.43}$$

其中,

$$\begin{gathered}Lx=\frac{1}{(1-a)(a+n)}P^{-4}(D^4-pD^2+q)\left((1-a-n)x(t)+\sum_{i=1}^{n}x(t-i)\right),\\ F(t,x)=\int_0^x f(t,s)ds,\quad \Psi(x)=\int_0^{n+1}F(t,x(t))dt.\end{gathered} \tag{6.44}$$

和第 4 章中一样可证, 泛函 $\Phi(x)$ 连续可微, 其微分可表示为

$$\langle\Phi'(x),y\rangle_4=\left\langle(L+P^{-4}f(t,\cdot))x,y\right\rangle_4,\quad \forall y\in X,$$

并且自伴线性算子 $L:X\to X$ 满足 (6.14) 的要求.

引理 6.2　设 x 是 (6.43) 中泛函 $\Phi(x)$ 的临界点, 则 $x=x(t)$ 是方程 (6.40) 的一个 $n+1$-周期古典解.

证明　由于泛函 $\Phi(x)$ 的微分可以表示为

$$\langle\Phi'(x),y\rangle_4=\left\langle(L+P^{-4}f(t,\cdot))x,y\right\rangle_4,\quad \forall y\in X.$$

如果 $x=x(t)$ 是泛函 $\Phi(x)$ 的临界点, 则

$$\Phi'(x(t))=(Lx)(t)+P^{-4}f(t,x(t))=0,\quad \text{a.e.}\quad t\in[0,n+1],$$

即得

$$(D^4-pD^2+q)\left(\frac{1-a-n}{(1-a)(a+n)}x(t)+\frac{1}{(1-a)(a+n)}\sum_{i=1}^{n}x(t-i)\right)+f(t,x(t))=0,$$

对 a.e. $t\in[0,n+1]$ 成立. 因算子 L 满足 (6.14) 的要求, 即 $f(t,x)$ 关于 t 是 1-周期的, 故有

$$\begin{aligned}&(D^4-pD^2+q)\left(\frac{1-a-n}{(1-a)(a+n)}x(t-j)+\frac{1}{(1-a)(a+n)}\sum_{i=1}^{n}x(t-i-j)\right)\\ &=-f(t-j,x(t-j)).\end{aligned} \tag{6.45}$$

在 (6.45) 中, 当 $j=0,1,2,\cdots,n$ 时, 得到 $n+1$ 个不同的等式. 将其中的第一个等式乘上 a 再依次加上其余各等式, 考虑到 $x(t-i)=x(t-i-n-1)$, 可得

$$(D^4-pD^2+q)x(t)=-\left[af(t,x(t))+\sum_{j=1}^{n}f(t-j,x(t-j))\right]$$

$$= -\left[af(t, x(t)) + \sum_{j=1}^{n} f(t, x(t-j))\right].$$

对 a.e.$t \in [0, n+1]$ 成立, 故 $x = x(t)$ 是方程 (6.40) 的周期为 $n+1$ 的弱解. 但是由于 (6.40) 等价于

$$D^4 x(t) = (pD^2 - q)x(t) - \left[af(t, x(t)) + \sum_{j=1}^{n} f(t, x(t-j))\right],$$

这时, 等式的右方在 $t \in [0, n+1]$ 连续, 从而 $x(t)$ 在 $[0, n+1]$ 有连续的 4 阶导数, 且 $x(0) = x(n+1)$, 故 (6.43) 对 $\forall t \in [0, n+1]$ 成立, 即 $x = x(t)$ 是方程 (6.40) 周期为 $n+1$ 的古典解.

因此, 我们从讨论泛函 $\Phi(x)$ 临界点的多重性即可得到方程 (6.40) 调和解的多重性.

6.4.1.2 (6.43) 中泛函 $\Phi(x)$ 的 (PS)-条件

记 $X(0) = \mathbb{R}, X(k) = \left\{a_k \cos\frac{2k\pi t}{n+1} + b_k \sin\frac{2k\pi t}{n+1} : a_k, b_k \in \mathbb{R}\right\}, k = 1, 2, \cdots$ 因

$$Lx = P^{-4}(D^4 - pD^2 + q)\left(\frac{1-a-n}{(1-a)(a+n)}x(t) + \frac{1}{(1-a)(a+n)}\sum_{i=1}^{n} x(t-i)\right).$$

当 $x \in X(k), k \geqslant 0$ 时, 我们记

$$h(k) = \left(\frac{2\pi}{n+1}\right)^4 k^4 + p\left(\frac{2\pi}{n+1}\right)^2 k^2. \tag{6.46}$$

经计算有

$$\begin{aligned} Lx &= P^{-4}(h(k)+q)\left(\frac{1-a-n}{(1-a)(a+n)}x(t) + \frac{1}{(1-a)(a+n)}\sum_{i=1}^{n} x(t-i)\right) \\ &= P^{-4}(h(k)+q)\begin{cases} \dfrac{1}{a-1}x(t), & k \neq l(n+1), l \geqslant 0, \\ \dfrac{1}{a+n}x(t), & k = l(n+1), l \geqslant 0, \end{cases} \end{aligned}$$

由此得

$x = x_0 \in X(0)$ 时, 有

$$\langle Lx_0, x_0\rangle = \frac{q}{a+n}(n+1)|x_0|^2 = \frac{q}{a+n}||x_0||_0^2 = \frac{q}{a+n}||x_0||^2.$$

$x=x(t)\in X(k)=X(l(n+1)),l\geqslant 1$ 时, 有

$$\langle Lx_k,x_k\rangle=\frac{n+1}{2(a+n)}[h(k)+q](a_k^2+b_k^2)$$
$$=\frac{1}{(a+n)}\left[\frac{h(k)+q}{k^4}\right]||x_k||^2. \tag{6.47}$$

$x\in X(k),k\neq l(n+1),k\geqslant 1$ 时,

$$\langle Lx,x\rangle=\frac{n+1}{2(a-1)}[h(k)+q](a_k^2+b_k^2)$$
$$=\frac{1}{(a-1)}\left[\frac{h(k)+q}{k^4}\right]||x||^2, \tag{6.48}$$

$x\in X(0)$ 时,

$$\begin{aligned}\left\langle Lx+P^{-4}\beta_1x,x\right\rangle&=\left(\frac{q}{a+n}+\beta_1\right)||x||^2,\\ \left\langle Lx+P^{-4}\beta_2x,x\right\rangle&=\left(\frac{q}{a+n}+\beta_2\right)||x||^2,\end{aligned} \tag{6.49}$$

$x\in X(k),k\geqslant 1$ 时,

$$\left\langle Lx+P^{-4}\beta_1x,x\right\rangle=\begin{cases}\dfrac{1}{(a-1)}\left[\dfrac{h(k)+q+(a-1)\beta_1}{k^4}\right]||x||^2, & k\neq l(n+1),\\ \dfrac{1}{(a+n)}\left[\dfrac{h(k)+q+(a+n)\beta_1}{k^4}\right]||x||^2, & k=l(n+1),\end{cases}$$
$$\left\langle Lx+P^{-4}\beta_2x,x\right\rangle=\begin{cases}\dfrac{1}{(a-1)}\left[\dfrac{h(k)+q+(a-1)\beta_2}{k^4}\right]||x||^2, & k\neq l(n+1),\\ \dfrac{1}{(a+n)}\left[\dfrac{h(k)+q+(a+n)\beta_2}{k^4}\right]||x||^2, & k=l(n+1),\end{cases} \tag{6.50}$$

由此对 $k\geqslant 1$ 记

$$K_{1,\infty}^+=\left\{k\neq l(n+1):\frac{1}{(a-1)}[h(k)+q+(a-1)\beta_1]>0\right\},$$
$$K_{2,\infty}^+=\left\{k=l(n+1):\frac{1}{(a+n)}[h(k)+q+(a+n)\beta_1]>0\right\},$$
$$K_{1,\infty}^0=\left\{k\neq l(n+1):\frac{1}{(a-1)}[h(k)+q+(a-1)\beta_1]\leqslant 0\right.$$
$$\left.\leqslant\frac{1}{(a-1)}[h(k)+q+(a-1)\beta_2]\right\},$$

$$
\begin{aligned}
K_{2,\infty}^{0} &= \left\{k = l(n+1) : \frac{1}{(a+n)}[h(k) + q + (a+n)\beta_1] \leqslant 0 \right.\\
&\qquad \left. \leqslant \frac{1}{(a+n)}[h(k) + q + (a+n)\beta_2]\right\},\\
K_{1,\infty}^{-} &= \left\{k \neq l(n+1) : \frac{1}{(a-1)}[h(k) + q + (a-1)\beta_2] < 0\right\},\\
K_{2,\infty}^{-} &= \left\{k = l(n+1) : \frac{1}{(a+n)}[h(k) + q + (a+n)\beta_2] < 0\right\},
\end{aligned}
\tag{6.51}
$$

定义

$$
X_{\infty}^{+} = \sum_{k \in K_{1,\infty}^{+} \cup K_{2,\infty}^{+}} X(k), \quad X_{\infty}^{0} = \sum_{k \in K_{1,\infty}^{0} \cup K_{2,\infty}^{0}} X(k), \quad X_{\infty}^{-} = \sum_{k \in K_{1,\infty}^{-} \cup K_{2,\infty}^{-}} X(k),
$$

显然有

$$
X = X_{\infty}^{+} \oplus X_{\infty}^{0} \oplus X_{\infty}^{-}.
$$

这时, 对 $X(0)$ 我们可以定义

$$
X_{\infty}^{+}(0) = \begin{cases} X(0), & \dfrac{q}{a+n} + \beta_1 > 0, \\ \varnothing, & \dfrac{q}{a+n} + \beta_1 \leqslant 0, \end{cases} \qquad X_{\infty}^{-}(0) = \begin{cases} X(0), & \dfrac{q}{a+n} + \beta_2 < 0, \\ \varnothing, & \dfrac{q}{a+n} + \beta_2 \geqslant 0, \end{cases}
$$

$$
X_{\infty}^{0}(0) = \begin{cases} X(0), & -\beta_2 \leqslant \dfrac{q}{a+n} \leqslant -\beta_1, \\ \varnothing, & \dfrac{q}{a+n} + \beta_1 > 0 \text{ 或 } \dfrac{q}{a+n} + \beta_2 < 0. \end{cases}
\tag{6.52}
$$

由于 $\lim\limits_{x\to 0} \dfrac{f(t,x)}{x} = \alpha(t), \lim\limits_{x\to\infty} \dfrac{f(t,x)}{x} = \beta(t)$, 故有

$$
f(t,x) = \alpha(t)x + \circ(|x|), |x| \to 0, \quad f(t,x) = \beta(t)x + \circ(|x|), |x| \to \infty \tag{6.53}
$$

及

$$
\begin{aligned}
F(t,x) &= \frac{1}{2}\alpha(t)x^2 + \circ(x^2), \quad x \to 0,\\
F(t,x) &= \frac{1}{2}\beta(t)x^2 + \circ(x^2), \quad x \to \infty,
\end{aligned}
\tag{6.54}
$$

对 $k \geqslant 1$ 记

$$
g_{1,1}(k) = \frac{1}{(a-1)}\left[\left(\frac{2\pi}{n+1}\right)^4 + \frac{p}{k^2}\left(\frac{2\pi}{n+1}\right)^2 + \frac{q+(a-1)\beta_1}{k^4}\right],
$$

$$g_{1,2}(k)=\frac{1}{(a+n)}\left[\left(\frac{2\pi}{n+1}\right)^4+\frac{p}{k^2}\left(\frac{2\pi}{n+1}\right)^2+\frac{q+(a+n)\beta_1}{k^4}\right],$$

$$g_{2,1}(k)=\frac{1}{(a-1)}\left[\left(\frac{2\pi}{n+1}\right)^4+\frac{p}{k^2}\left(\frac{2\pi}{n+1}\right)^2+\frac{q+(a-1)\beta_2}{k^4}\right],$$

$$g_{2,2}(k)=\frac{1}{(a+n)}\left[\left(\frac{2\pi}{n+1}\right)^4+\frac{p}{k^2}\left(\frac{2\pi}{n+1}\right)^2+\frac{q+(a+n)\beta_2}{k^4}\right].$$

命题 6.5　X_∞^0 是 X 空间中的有限维子空间.

证明　由 (6.50) 和 (6.52) 可知, 我们只需证 $K_{1,\infty}^0\cup K_{2,\infty}^0$ 是有限集.

如果 $a>1$, 有

$$\lim_{k\to\infty}g_{1,1}(k)=\frac{1}{(a-1)}\left(\frac{2\pi}{n+1}\right)^4>0,$$

如果 $a<1$, 则有

$$\lim_{k\to\infty}g_{2,1}(k)=\frac{1}{(a-1)}\left(\frac{2\pi}{n+1}\right)^4<0,$$

因此,

$$K_{1,\infty}^0=\{k\neq l(n+1):g_{1,1}(k)\leqslant 0\leqslant g_{2,1}(k)\},$$

$K_{1,\infty}^0$ 为空集或有限集.

如果 $a>-n$, 有

$$\lim_{k\to\infty}g_{1,2}(k)=\frac{1}{(a+n)}\left(\frac{2\pi}{n+1}\right)^4>0,$$

如果 $a<-n$, 则有

$$\lim_{k\to\infty}g_{2,2}(k)=\frac{1}{(a+n)}\left(\frac{2\pi}{n+1}\right)^4<0,$$

因此,

$$K_{2,\infty}^0=\{k\neq l(n+1):g_{1,2}(k)\leqslant 0\leqslant g_{2,2}(k)\},$$

$K_{2,\infty}^0$ 为空集或有限集.

命题得证.

命题 6.6　对于由 (6.44) 给定的算子 L, 存在 $\sigma>0$ 使

$$\begin{aligned}&\langle(L+P^{-4}\beta_1)x,x\rangle>\sigma\|x\|^2,\quad x\in X_\infty^+,\\&\langle(L+P^{-4}\beta_2)x,x\rangle<-\sigma\|x\|^2,\quad x\in X_\infty^-.\end{aligned}\tag{6.55}$$

证明 设 $x \in X_\infty^+$, 则有

$$x(t) = \sum_{k \in K_{1,\infty}^+ \cup K_{2,\infty}^+} x_k, \quad x_k = a_k \cos \frac{2k\pi t}{n+1} + b_k \sin \frac{2k\pi t}{n+1}.$$

首先考虑 $k \in K_{1,\infty}^+$, 即 $x_k \in X(k) \subset X_\infty^+$ 的情况.

如果 $k \neq l(n+1)$, 在 $a > 1$ 时有

$$g_{1,1}(\infty) = \frac{1}{a-1}\left(\frac{2\pi}{n+1}\right)^4 > 0,$$

且存在 $d \geqslant 1$, 使 $k \geqslant d$ 时有 $g_{1,1}'(k) < 0$, 即 $g_{1,1}(\infty)$ 单调减. 此时有 $k_0 \in K_{1,\infty}^+$ 满足

$$g_{1,1}(k_0) = \min_{k \in K_{1,\infty}^+, k \leqslant d} g_{1,1}(k) > 0.$$

如果 $0 \in K_\infty^+(0)$, 则取

$$\sigma_1^+ = \frac{1}{a-1} \min\left\{\left(\frac{2\pi}{n+1}\right)^4, (a-1)g_{1,1}(k_0), q + \beta_1(a-1)\right\}.$$

如果 $0 \notin K_\infty^+(0)$, 则取

$$\sigma_1^+ = \frac{1}{a-1} \min\left\{\left(\frac{2\pi}{n+1}\right)^4, (a-1)g_{1,1}(k_0)\right\}.$$

在 $a < 1$ 时,

$$g_{1,1}(\infty) = \frac{1}{a-1}\left(\frac{2\pi}{n+1}\right)^4 < 0,$$

如果 $K_{1,\infty}^+ \neq \varnothing$, 则它是有限集. 故有 $\tilde{k}_0 \in K_{1,\infty}^+$, 使

$$g_{1,1}(\tilde{k}_0) = \min_{k \in K_{1,\infty}^+} g_{1,1}(k) > 0.$$

如果 $0 \in K_\infty^+(0)$, 取

$$\sigma_1^+ = \frac{1}{a-1} \min\{(a-1)g_{1,1}(k_0), q + \beta_1(a-1)\} > 0.$$

如果 $0 \notin K_\infty^+(0)$, 则直接取 $\sigma_1^+ = g_{1,1}(\tilde{k}_0) > 0$.

如果 $k = l(n+1)$, 在 $a > -n$ 时有

$$g_{1,2}(\infty) = \frac{1}{a+n}\left(\frac{2\pi}{n+1}\right)^4 > 0,$$

且存在 $d \geqslant 1$, 使 $k \geqslant d$ 时有 $g'_{1,2}(k) < 0$, 即 $g_{1,1}(\infty)$ 单调减. 此时有 $\bar{k}_0 \in K^+_{2,\infty}$ 满足

$$g_{1,2}(\bar{k}_0) = \min_{k \in K^+_{2,\infty}, k = l(n+1) \leqslant d} g_{1,2}(k) > 0.$$

如果 $0 \in K^+_\infty(0)$, 则取

$$\sigma_2^+ = \frac{1}{a+n} \min\left\{ \left(\frac{2\pi}{n+1}\right)^4, (a+n)g_{1,2}(\bar{k}_0), q + \beta_1(a+n) \right\}.$$

如果 $0 \notin K^+_\infty(0)$, 则取

$$\sigma_2^+ = \frac{1}{a+n} \min\left\{ \left(\frac{2\pi}{n+1}\right)^4, (a+n)g_{1,1}(\bar{k}_0) \right\}.$$

在 $a < -n$ 时,

$$g_{1,2}(\infty) = \frac{1}{a+n}\left(\frac{2\pi}{n+1}\right)^4 < 0,$$

如果 $K^+_{2,\infty} \neq \varnothing$, 则它是有限集. 故有 $\widehat{k}_0 \in K^+_{2,\infty}$, 使

$$g_{1,2}(\widehat{k}_0) = \min_{k \in K^+_{1,\infty}} g_{1,2}(k) > 0.$$

如果 $0 \in K^+_\infty(0)$, 取

$$\sigma_2^+ = \frac{1}{a-1} \min\{(a-1)g_{1,2}(\widehat{k}_0), q + \beta_1(a-1)\} > 0.$$

如果 $0 \notin K^+_\infty(0)$, 则直接取 $\sigma_2^+ = g_{1,2}(\widehat{k}_0) > 0$.

令 $\sigma^+ = \min\{\sigma_1^+, \sigma_2^+\}$, 则在 $x_k \in X(k) \subset X^+_\infty$ 时,

$$\left\langle (L + P^{-4}\beta_1)x_k, x_k \right\rangle > \sigma^+ ||x_{(k)}||^2,$$

从而利用 $\left\langle (L + P^{-4}\beta_1)x_{(k)}, x_{(m)} \right\rangle = 0, k \neq m$, 对 $x \in X^+_\infty$ 有

$$\left\langle (L + P^{-4}\beta_1)x, x \right\rangle > \sigma^+ ||x||^2.$$

同理可证, 存在 $\sigma^- > 0$, 对 $x \in X^-_\infty$ 有

$$\left\langle (L + P^{-4}\beta_1)x, x \right\rangle < -\sigma^+ ||x||^2.$$

取 $\sigma = \min\{\sigma^+, \sigma^-\} > 0$, 则 (6.55) 成立, 命题得证.

引理 6.3 在条件 (6.41) 和 (6.42) 成立的前提下, (6.43) 定义的泛函 Φ 满足 (PS)-条件.

证明 记

$$X = X_\infty^+ \oplus X_\infty^- \oplus X_\infty^0. \tag{6.56}$$

记 Π, N, Γ 分别为 X 向 $X_\infty^+, X_\infty^-, X_\infty^0$ 的正投影.

假定序列 $\{x_n\} \subset X$ 满足 $\Phi'(x_n) \to 0$, 且 $\Phi(x_n)$ 有界. 记 $w_n = \Pi x_n, y_n = N x_n, z_n = \Gamma x_n$, 则 $x_n = w_n + y_n + z_n$, 我们有

$$\Pi(L + P^{-4}\beta_1) = (L + P^{-4}\beta_1)\Pi, \quad N(L + P^{-4}\beta_2) = (L + P^{-4}\beta_2)N.$$

由

$$\begin{aligned}\langle \Phi'(x_n), x_n \rangle &= \left\langle Lx_n + P^{-4} f(t, x_n), x_n \right\rangle \\ &= \left\langle (L + P^{-4}\beta_1)x_n, x_n \right\rangle + \left\langle P^{-4}(f(t, x_n) - \beta_1 x_n), x_n \right\rangle,\end{aligned}$$

得

$$\begin{aligned}\langle \Pi\Phi'(x_n), x_n \rangle &= \left\langle \Pi(L + P^{-4}\beta_1)x_n, x_n \right\rangle + \left\langle \Pi P^{-4}(f(t, x_n) - \beta_1 x_n), x_n \right\rangle \\ &= \left\langle (L + P^{-4}\beta_1)w_n, w_n \right\rangle + \left\langle \Pi P^{-4}(f(t, x_n) - \beta_1 x_n), w_n \right\rangle.\end{aligned}$$

由 (6.53) 可知, 存在 $\delta \in (0, \sigma), M > 0$, 使 $|\Pi(f(t, x_n) - \beta_1 x_n)| < \delta|w_n| + M$, 从而由 (6.55) 可得

$$\left\langle (L + P^{-4}\beta_1)w_n, w_n \right\rangle + \left\langle \Pi P^{-4}(f(t, x_n) - \beta_1 x_n), w_n \right\rangle > (\sigma - \delta)||w_n||^2 - M||w_n||,$$

考虑到 $\Pi\Phi'(x_n) \to 0$, 可知 w_n 有界. 同样可证 y_n 的有界性.

不妨设 (6.42) 中条件 (1) 成立, 即 $\lim\limits_{x\to\infty} \operatorname{sign} x[f(t, x) - \beta(t)x] \geqslant \varepsilon$, 则存在 $M > 0$ 使

$$\left[F(t, x) - \frac{1}{2}\beta(t)x^2\right] \geqslant \frac{1}{2}\varepsilon|x| - M.$$

根据 $\Phi(x_n) = \dfrac{1}{2}\langle Lx_n, x_n \rangle + \Psi(x_n)$ 及命题 4.9,

$$\begin{aligned}\Phi(x_n) &= \frac{1}{2}\langle Lw_n, w_n \rangle + \frac{1}{2}\langle Ly_n, y_n \rangle + \frac{1}{2}\langle Lz_n, z_n \rangle \\ &\quad + \Psi(w_n + y_n + z_n) \\ &\geqslant \frac{1}{2}\left\langle (L + \beta_1 P^{-4})w_n, w_n \right\rangle + \frac{1}{2}\left\langle (L + \beta_1 P^{-4})y_n, y_n \right\rangle + \frac{1}{2}\left\langle (L + \beta_1 P^{-4})z_n, z_n \right\rangle\end{aligned}$$

$$
\begin{aligned}
&+\int_0^{n+1}\left[F(t,w_n+y_n+z_n)-\frac{1}{2}\beta(t)|w_n+y_n+z_n|^2\right]dt\\
&\geqslant\frac{1}{2}\left\langle(L+\beta_1P^{-4})w_n,w_n\right\rangle+\frac{1}{2}\left\langle(L+\beta_1P^{-4})y_n,y_n\right\rangle\\
&+\int_0^{n+1}[\varepsilon|w_n+y_n+z_n|-M]dt\\
&\geqslant\varepsilon\int_0^{n+1}|z_n|dt+\frac{1}{2}\left\langle(L+\beta_1P^{-4})w_n,w_n\right\rangle+\frac{1}{2}\left\langle(L+\beta_1P^{-4})y_n,y_n\right\rangle\\
&-\int_0^{n+1}\varepsilon(|w_n|+|y_n|)dt-M(n+1).
\end{aligned}
$$

由 $\Phi(x_n),||w_n||,||y_n||$ 的有界性, 得 $||z_n||_{L^2}=||z_n||_0$ 的有界性. 由于 z_n 是有限维, 故可得 $||z_n||_4$ 有界. 于是 $||z_n||$ 有界. 记 $K(x)=f(t,x(t))$, 则由 f 的连续性及 $x\in X$, $K(x_n)$ 是列紧的. 从而不妨设 $K(x_n)\to u$.

由

$$
\Phi'(x_n)=Lx_n+P^{-4}K(x_n). \tag{6.57}
$$

及 $\Phi'(x_n)\to 0$ 有

$$
L(x_n)\to -P^{-4}u,\quad x_n\to -L^{-1}(P^{-4}u), \tag{6.58}
$$

这就证明了泛函 Φ 满足 (PS)-条件.

方程 (6.40) 调和解的重数

平行于 (6.51) 我们记

$$
\begin{aligned}
K_{1,0}^{+}&=\left\{k\neq l(n+1):\frac{1}{(a-1)}[h(k)+q+(a-1)\alpha_1]>0\right\},\\
K_{2,0}^{+}&=\left\{k=l(n+1):\frac{1}{(a+n)}[h(k)+q+(a+n)\alpha_1]>0\right\},\\
K_{1,0}^{0}&=\left\{k\neq l(n+1):\frac{1}{(a-1)}[h(k)+q+(a-1)\alpha_1]\leqslant 0\right.\\
&\qquad\left.\leqslant\frac{1}{(a-1)}[h(k)+q+(a-1)\alpha_2]\right\},\\
K_{2,0}^{0}&=\left\{k=l(n+1):\frac{1}{(a+n)}[h(k)+q+(a+n)\alpha_1]\leqslant 0\right.\\
&\qquad\left.\leqslant\frac{1}{(a+n)}[h(k)+q+(a+n)\alpha_2]\right\},\\
K_{1,0}^{-}&=\left\{k\neq l(n+1):\frac{1}{(a-1)}[h(k)+q+(a-1)\alpha_2]<0\right\},
\end{aligned}
$$

$$K_{2,0}^{-}=\left\{k=l(n+1):\frac{1}{(a+n)}[h(k)+q+(a+n)\alpha_2]<0\right\}. \tag{6.59}$$

我们将首先利用定理 2.11 讨论 (6.43) 所定义泛函 $\Phi(x)$ 临界点的多重性, 然后依据定理 2.29 给出方程 (6.40) 调和解的多重性. 记

$$h(k)=\left(\frac{2\pi}{n+1}\right)^4k^4+p\left(\frac{2\pi}{n+1}\right)^2k^2,$$

显然有 $h(0)=0$. 令

$$\begin{aligned}X^+&=X_\infty^+=\sum_{k\in K_{1,\infty}^+\cup K_{2,\infty}^+}X(k),\\X^-&=X_0^-=\sum_{k\in K_{1,0}^-\cup K_{2,0}^-}X(k),\end{aligned} \tag{6.60}$$

这时有

$$(X_\infty^+(0)\cap X_0^-(0))=\left\{X(0):-\beta_1<\frac{q}{a+n}<-\alpha_2\right\},$$

$$C_{X(0)}(X_\infty^+(0)+X_0^-(0))=\left\{X(0):\frac{q}{a+n}\geqslant-\alpha_2\text{ 或 }\frac{q}{a+n}\leqslant-\beta_1\right\}$$

且有

$$\begin{aligned}X_\infty^+\cap X_0^-&=\sum_{k\in K_{1,\infty}^+\cap K_{1,0}^-}X(k)\oplus\sum_{k\in K_{2,\infty}^+\cap K_{2,0}^-}X(k)\\&=\left\{X(k):k\neq l(n+1),-\beta_1<\frac{1}{(a-1)}[h(k)+q]<-\alpha_2\right\}\\&\quad\oplus\left\{X(k):k=l(n+1),-\beta_1<\frac{1}{(a+n)}[h(k)+q]<-\alpha_2\right\},\\C_X(X_\infty^++X_0^-)&=\left\{X(k):k\neq l(n+1),-\alpha_2\leqslant\frac{1}{(a-1)}[h(k)+q]\leqslant-\beta_1\right\}\\&\quad\oplus\left\{X(k):k=l(n+1),-\alpha_2\leqslant\frac{1}{(a+n)}[h(k)+q]\leqslant-\beta_1\right\}.\end{aligned} \tag{6.61}$$

由于 $\lim\limits_{k\to\infty}h(k)=\infty$, 可知 $\dim(X_\infty^+\cap X_0^-),\dim C_X(X_\infty^+\cap X_0^-)<\infty$. 记

$$\begin{aligned}\hat{m}_1&=\dim(X_\infty^+(0)\cap X_0^-(0))-\dim C_{X(0)}(X_\infty^+(0)+X_0^-(0))\\&=\dim X_\infty^+(0)+\dim X_0^-(0)-\dim X(0)\end{aligned}$$

$$= \dim\left\{X(0) : \frac{q}{a+n} > -\beta_1\right\} + \dim\left\{X(0) : \frac{q}{a+n} < -\alpha_2\right\} - 1$$

$$= \begin{cases} 1, & -\beta_1 < \dfrac{q}{a+n} < -\alpha_2, \\ 0, & \dfrac{q}{a+n} \geqslant \max\{-\alpha_2, -\beta_1\} \text{ 或 } \dfrac{q}{a+n} \leqslant \min\{-\alpha_2, -\beta_1\}, \\ -1, & -\alpha_2 < \dfrac{q}{a+n} < -\beta_1, \end{cases}$$

$$\begin{aligned} \hat{m}_2 &= \dim(X_\infty^+ \cap X_0^-) - \dim C_X(X_\infty^+ + X_0^-) \\ &= \sum_{k=1}^{\infty} [\dim(X_\infty^+(k) \cap X_0^-(k)) - \dim C_{X(k)}(X_\infty^+(k) + X_0^-(k))] \\ &= \sum_{k=1}^{\infty} [\dim X_\infty^+(k) + \dim X_0^-(k) - \dim X(k)]. \end{aligned}$$

此时 $\dim X(k) = 2$ 对所有 $k \geqslant 1$ 成立. 而当 $k \neq l(n+1)$ 时, 由于

$$X^+(k) = X_\infty^+(k) = \left\{X(k) : \frac{1}{(a-1)}[h(k)+q] > -\beta_1\right\},$$

$$X^-(k) = X_0^-(k) = \left\{X(k) : \frac{1}{(a-1)}[h(k)+q] < -\alpha_2\right\}$$

及 $\lim\limits_{k\to\infty} h(k) = \infty$, 可知存在 $k_1 > 1$ 使 $k > k_1, k \neq l(n+1)$ 时无论 $a-1>0$ 还是 $a-1<0$,

$$\dim X^+(k) + \dim X^-(k) - \dim X(k) = 0. \tag{6.62}$$

同样存在 $k_2 > 1$ 使 $k > k_2, k = l(n+1)$ 时 (6.62) 也成立. 所以取

$$\hat{k} = \max\{k_1, k_2\},$$

则 $k > \hat{k}$ 时, (6.62) 成立. 于是我们有

$$\begin{aligned} \hat{m}_2 &= \sum_{k=1}^{\hat{k}} [\dim X^+(k) + \dim X^-(k) - \dim X(k)] \\ &= 2\Bigg[\operatorname{card}\left\{1 \leqslant k \leqslant \hat{k} : k \neq l(n+1), \frac{1}{(a-1)}[h(k)+q] > -\beta_1\right\} \\ &\quad + \operatorname{card}\left\{1 \leqslant k \leqslant \hat{k} : k = l(n+1), \frac{1}{(a+n)}[h(k)+q] > -\beta_1\right\} \\ &\quad + \operatorname{card}\left\{1 \leqslant k \leqslant \hat{k} : k \neq l(n+1), \frac{1}{(a-1)}[h(k)+q] < -\alpha_2\right\} \end{aligned}$$

$$+\operatorname{card}\left\{1\leqslant k\leqslant\hat{k}:k=l(n+1),\frac{1}{(a+n)}[h(k)+q]<-\alpha_2\right\}-\hat{k}\Bigg]$$
$$=2\hat{l}.$$

定理 6.4 设方程 (6.40) 满足 (6.41) 和 (6.42) 中条件, 则

(1) 当 $\hat{m}_1=1$ 时, 方程 (6.40) 至少有两个各不相同的非平凡定常解.

(2) 当 $\hat{m}_2=2\hat{l}\geqslant 2$ 时, 方程 (6.40) 至少有 $\hat{l}$ 个几何上各不相同的 $n+1$-周期的调和解, 满足 $\int_0^{n+1}x(t)dt=0$.

(3) 当 $\hat{m}_1=1,\hat{m}_2=2\hat{l}\geqslant 2$ 时, 方程 (6.40) 至少有 $\hat{l}+1$ 个几何上各不相同的 $n+1$-周期的周期轨道.

证明 因为 (1) 和 (2) 的证明相似且相对简单, 我们仅对 (3) 中结论给出证明. 首先按照定义 i_1^* 的方式建立伪 Z_n 指标理论. 这时, 由命题 6.6 易得

$$\Phi(x)>-\infty,\quad x\in X_\infty^+\oplus X_\infty^+(0).$$

与此同时, 当 $x\in X_0^-(k),k\geqslant 1$ 时, 由 (6.59) 和 (6.61) 可知

$$\frac{1}{2}\left\langle(L+P^{-4}\alpha_2)x,x\right\rangle=\begin{cases}\dfrac{1}{2(a-1)}[h(k)+q+(a-1)\alpha_2]\|x\|_0^2<0, & k\neq l(n+1),\\ \dfrac{1}{2(a+n)}[h(k)+q+(a+n)\alpha_2]\|x\|_0^2<0, & k=l(n+1),\end{cases}$$

假设

$$K_1=\left\{k\geqslant 1:\frac{1}{2(a-1)}[h(k)+q]+\alpha_2<0\right\}\neq\varnothing,$$
$$K_2=\left\{k\geqslant 1:\frac{1}{2(a+n)}[h(k)+q]+\alpha_2<0\right\}\neq\varnothing.$$

因 $k\to\infty$ 时, $h(k)+q\to+\infty$, 故在 $k\neq l(n+1)$ 时, 如果 $a-1>0$, 则

$$\frac{1}{2(a-1)}[h(k)+q]+\alpha_2\to+\infty,$$

可知 K_1 至多为有限集, 故存在 $\varepsilon>0$ 满足

$$\frac{1}{2(a-1)}[h(k)+q]+\alpha_2\leqslant-\varepsilon,\quad\forall k\in K_1.\tag{6.63}$$

如果 $a-1<0$, 则由

$$\frac{1}{2(a-1)}[h(k)+q]+\alpha_2\to-\infty,$$

可知存在 $k_1 \in K_1$ 使

$$\frac{1}{2(a-1)}[h(k_1)+q]+\alpha_2=\max_{k\in K_1}\left\{\frac{1}{2(a-1)}[h(k)+q]+\alpha_2\right\}<0.$$

不妨取

$$\varepsilon \in \left(0,-\frac{1}{2(a-1)}[h(k_1)+q]+\alpha_2\right),$$

则 (6.63) 也成立.

同理可证, 在 $a+n\neq 0$ 时, 存在正数, 不妨仍记为 $\varepsilon>0$ 使成立

$$\frac{1}{2(a+n)}[h(k)+q]+\alpha_2<-\varepsilon, \quad \forall k\in K_2,$$

于是 $\forall x\in X_0^-$, 有

$$\frac{1}{2}\left\langle (L+P^{-4}\alpha_2)x,x\right\rangle_4 \leqslant -\varepsilon||x||_0^2.$$

当 $x_0=a_0\in X_0^1(0)$ 时, 有 $\dfrac{q}{1-a}+\alpha_2<0$, 不妨设 $-\left(\dfrac{q}{1-a}+\alpha_2\right)>\varepsilon>0$ 且 $||x||_0\to 0$ 时, 由 (6.54) 和命题 4.9 可知存在 $\delta\in(0,\varepsilon)$ 使

$$\begin{aligned}\Psi(x)-\frac{1}{2}\left\langle P^{-4}\alpha_2 x,x\right\rangle_4 &= \int_0^{n+1}\left[F(t,x(t))-\frac{1}{2}\alpha(t)x^2(t)\right]dt\\ &\quad+\frac{1}{2}\int_0^{n+1}\left[\alpha(t)-\alpha_2\right]x^2(t)dt\\ &\leqslant \int_0^{n+1}[F(t,x(t))-\frac{1}{2}\alpha(t)x^2(t)]dt\\ &\leqslant \int_0^{n+1}\delta|x(t)|^2dt\\ &\leqslant \delta||x||_0^2.\end{aligned}$$

由此可知, 当 $x\in X_0^-\cup X_0^-(0), ||x||_0\to 0$ 时,

$$\Phi(x)\leqslant -(\varepsilon-\delta)||x||_0^2,$$

故存在 $r>0$ 满足

$$\Phi(x)<0, \quad x\in X_0^-\cap S_r.$$

因此,

$$i_1^*(S_r\cap X^-)=\dim(X^+\cap X^-)-\operatorname{co}\dim(X^++X^-)=\hat{m}_1+\hat{m}_2.$$

根据伪 Z_n 指标理论定义 $c_j^* = \inf\limits_{A\in\Sigma_j^*}\sup\limits_{x\in A}\Phi(x)$. 在 $\hat{m}_1 = 1, \hat{m}_2 = 2\hat{l} \geqslant 2$ 的假设下, 可得 $-\infty < c_1^* \leqslant c_2^* \leqslant \cdots \leqslant c_{1+2\hat{l}}^* < 0$, 其中 c_j^* 为临界值. 根据定理 2.29, 方程 (6.40) 在 Hilbert 空间 X 上至少有 $\hat{l}+1$ 个几何上不同的 $n+1$-周期的周期轨道.

与此同时, 如果我们用 $\tilde{\Phi}(x) = -\Phi(x)$ 代替 $\Phi(x)$, 并令

$$X^+ = X_0^+, \quad X^- = X_\infty^-.$$

这时和 (6.62) 一样可证, 存在 $\tilde{k} > 0$, 使 $k > \tilde{k}$ 时,

$$\dim X_0^+(k) + \dim X_\infty^-(k) - \dim X(k) = 0. \tag{6.64}$$

于是有

$$\begin{aligned}
&\dim(X_0^+ \cap X_\infty^-) - \dim C_X(X_0^+ + X_\infty^-) \\
={}& \sum_{k=0}^{\infty}(\dim X_0^+(k) + \dim X_\infty^-(k) - \dim X(k)) \\
={}& \sum_{k=0}^{\tilde{k}}(\dim X_0^+(k) + \dim X_\infty^-(k) - \dim X(k)).
\end{aligned}$$

令

$$\begin{aligned}
\tilde{m}_1 &= \dim(X_0^+(0) \cap X_\infty^-(0)) - \dim C_{X(0)}(X_0^+(0) + X_\infty^-(0)) \\
&= \dim X_0^+(0) + \dim X_\infty^-(0) - \dim X(0) \\
&= \dim\left\{X(0) : \frac{q}{a+n} > -\alpha_1\right\} + \dim\left\{X(0) : \frac{q}{a+n} < -\beta_2\right\} - 1,
\end{aligned}$$

$$\begin{aligned}
\tilde{m}_2 &= \sum_{k=1}^{\tilde{k}}\left[\dim X_0^+(k) + \dim X_\infty^-(k) - \dim X(k)\right] \\
&= 2\left[\operatorname{card}\left\{1 \leqslant k \leqslant \tilde{k} : k \neq l(n+1), \frac{1}{(a-1)}[h(k)+q] > -\alpha_1\right\}\right. \\
&\quad + \operatorname{card}\left\{1 \leqslant k \leqslant \tilde{k} : k = l(n+1), \frac{1}{(a+n)}[h(k)+q] > -\alpha_1\right\} \\
&\quad + \operatorname{card}\left\{1 \leqslant k \leqslant \tilde{k} : k \neq l(n+1), \frac{1}{(a-1)}[h(k)+q] < -\beta_2\right\} \\
&\quad \left. + \operatorname{card}\left\{1 \leqslant k \leqslant \tilde{k} : k = l(n+1), \frac{1}{(a+n)}[h(k)+q] < -\beta_2\right\} - \tilde{k}\right] \\
&= 2\tilde{l}.
\end{aligned}$$

用 $\tilde{\Phi}(x) = -\Phi(x)$ 代替 $\Phi(x)$ 讨论, 得到如下定理.

定理 6.5　设方程 (6.40) 满足 (6.41) 和 (6.42) 中条件, 则

(1) 当 $\tilde{m}_1 = 1$ 时, 方程 (6.40) 至少有两个各不相同的非平凡定常解.

(2) 当 $\tilde{m}_2 = 2\tilde{l} \geqslant 2$ 时, 方程 (6.40) 至少有 $\tilde{l}$ 个几何上各不相同的 $n+1$-周期的调和解, 满足 $\int_0^{n+1} x(t)dt = 0$.

(3) 当 $\tilde{m}_1 = 1, \tilde{m}_2 = 2\tilde{l} \geqslant 2$ 时, 方程 (6.40) 至少有 $\tilde{l}+1$ 个几何上各不相同的 $n+1$-周期的周期轨道.

6.4.2　方程 (6.40) 的 $s+1$-周期调和解

当存在整数 $s \geqslant 0, r \geqslant 2$, 使 $n+1 = (s+1)r$ 时, 我们可以对方程 (6.40) 讨论 $s+1$-周期的调和解. 这时方程 (6.40) 可改写为

$$x^{(4)}(t) - px''(t) + qx(t) = -\left[(a+r-1)f(t, x(t)) + r\sum_{i=1}^{s} f(t, x(t-i))\right]. \tag{6.65}$$

并且选取 $s+1$-周期函数空间

$$X = \left\{x(t) = a_0 + \sum_{k=1}^{\infty}\left(a_k \cos\frac{2k\pi t}{s+1} + b_k \sin\frac{2k\pi t}{s+1}\right) : a_0, a_k, b_k \right.$$
$$\left. \in \mathbb{R}, \sum_{k=1}^{\infty} k^4(a_k^2 + b_k^2) < \infty\right\},$$

在其上对方程 (6.65) 讨论 $s+1$-周期调和解. 显然, 方程 (6.65) 的 $s+1$-周期调和解, 必定满足方程 (6.40), 因而也是方程 (6.40) 的调和解.

对 $k \geqslant 0$ 定义

$$h^*(k) = \left(\frac{2\pi}{s+1}\right)^4 k^4 + p\left(\frac{2\pi}{s+1}\right)^2 k^2. \tag{6.66}$$

记

$$X_{1,\infty}^+(k) \cap X_{1,0}^-(k) = \left\{X(k) : k \neq l(s+1), -\beta_1 < \frac{1}{(a-1)}[h^*(k) + q] < -\alpha_2\right\},$$

$$X_{2,\infty}^+(k) \cap X_{2,0}^-(k) = \left\{X(k) : k = l(s+1), -\beta_1 < \frac{1}{(a+n)}[h^*(k) + q] < -\alpha_2\right\},$$

$$X_{1,\infty}^-(k) \cap X_{1,0}^+(k) = \left\{X(k) : k \neq l(s+1), -\alpha_1 < \frac{1}{(a-1)}[h^*(k) + q] < -\beta_2\right\},$$

$$X_{2,\infty}^-(k) \cap X_{2,0}^+(k) = \left\{X(k) : k = l(s+1), -\alpha_1 < \frac{1}{(a+n)}[h^*(k) + q] < -\beta_2\right\},$$

遵循 6.4.1 节的同样论证, 存在 $k^*>0$, 当 $k>k^*$ 时有

$$\begin{aligned}&X_{1,\infty}^{+}(k)\cap X_{1,0}^{-}(k),\quad X_{2,\infty}^{+}(k)\cap X_{2,0}^{-}(k),\\&X_{1,\infty}^{-}(k)\cap X_{1,0}^{+}(k),\quad X_{2,\infty}^{-}(k)\cap X_{2,0}^{+}(k)=\varnothing.\end{aligned}\tag{6.67}$$

因此有

$$\begin{aligned}m_1^*&=\dim(X_{\infty}^{+}(0)\cap X_0^{-}(0))-\dim C_{X(0)}(X_{\infty}^{+}(0)+X_0^{-}(0))\\&=\dim X_{\infty}^{+}(0)+\dim X_0^{-}(0)-\dim X(0)\\&=\dim\left\{X(0):\frac{q}{a+n}>-\beta_1\right\}+\dim\left\{X(0):\frac{q}{a+n}<-\alpha_2\right\}-1,\end{aligned}$$

$$\begin{aligned}m_2^*=&\sum_{k=1}^{k^*}\left[\dim X^{+}(k)+\dim X^{-}(k)-\dim X(k)\right]\\=&2\left[\operatorname{card}\left\{1\leqslant k\leqslant k^*:k\neq l(s+1),\frac{1}{(a-1)}[h^*(k)+q]>-\beta_1\right\}\right.\\&+\operatorname{card}\left\{1\leqslant k\leqslant k^*:k=l(s+1),\frac{1}{(a+n)}[h^*(k)+q]>-\beta_1\right\}\\&+\operatorname{card}\left\{1\leqslant k\leqslant k^*:k\neq l(s+1),\frac{1}{(a-1)}[h^*(k)+q]<-\alpha_2\right\}\\&\left.+\operatorname{card}\left\{1\leqslant k\leqslant k^*:k=l(s+1),\frac{1}{(a+n)}[h^*(k)+q]<-\alpha_2\right\}-k^*\right]\\=&2l^*.\end{aligned}$$

定理 6.6 设方程 (6.40) 满足 (6.41) 和 (6.42) 中条件, 则

(1) 当 $m_1^*=1$ 时, 方程 (6.40) 至少有两个各不相同的非平凡定常解.

(2) 当 $m_2^*=2l^*\geqslant 2$ 时, 方程 (6.40) 至少有 l^* 个几何上各不相同的 $s+1$-周期调和解, 满足 $\int_0^{s+1}x(t)dt=0$.

(3) 当 $m_1^*=1,m_2^*=2l^*\geqslant 2$ 时, 方程 (6.40) 至少有 l^*+1 个几何上各不相同的 $s+1$-周期的周期轨道.

同样根据 (6.67) 有

$$\begin{aligned}\hat{m}_1^*&=\dim(X_{\infty}^{-}(0)\cap X_0^{+}(0))-\dim C_{X(0)}(X_{\infty}^{-}(0)+X_0^{+}(0))\\&=\dim X_{\infty}^{-}(0)+\dim X_0^{+}(0)-\dim X(0)\\&=\dim\left\{X(0):\frac{q}{a+n}<-\beta_2\right\}+\dim\left\{X(0):\frac{q}{a+n}>-\alpha_1\right\}-1,\end{aligned}$$

$$
\begin{aligned}
\hat{m}_2^* = 2 \Bigg[& \operatorname{card}\left\{1 \leqslant k \leqslant k^* : k \neq l(s+1), \frac{1}{(a-1)}[h^*(k)+q] > -\alpha_1\right\} \\
& + \operatorname{card}\left\{1 \leqslant k \leqslant k^* : k = l(s+1), \frac{1}{(a+n)}[h^*(k)+q] > -\alpha_1\right\} \\
& + \operatorname{card}\left\{1 \leqslant k \leqslant k^* : k \neq l(s+1), \frac{1}{(a-1)}[h^*(k)+q] < -\beta_2\right\} \\
& + \operatorname{card}\left\{1 \leqslant k \leqslant k^* : k = l(s+1), \frac{1}{(a+n)}[h^*(k)+q] < -\beta_2\right\} - k^* \Bigg] \\
= 2\hat{l}^*. &
\end{aligned}
$$

定理 6.7 设方程 (6.40) 满足 (6.41) 和 (6.42) 中条件, 则

(1) 当 $\hat{m}_1^* = 1$ 时, 方程 (6.40) 至少有两个各不相同的非平凡定常解.

(2) 当 $\hat{m}_2^* = 2\hat{l}^* \geqslant 2$ 时, 方程 (6.40) 至少有 $\hat{l}^*$ 个几何上各不相同的 $s+1$-周期调和解, 满足 $\int_0^{s+1} x(t)dt = 0$.

(3) 当 $\hat{m}_1^* = 1, \hat{m}_2^* = 2\hat{l}^* \geqslant 2$ 时, 方程 (6.40) 至少有 $\hat{l}^* + 1$ 个几何上各不相同的 $s+1$-周期的周期轨道.

6.4.3 方程 (6.40) 调和解的示例

例 6.1 现讨论非自治 4 阶时滞微分方程

$$
x^{(4)}(t) - \pi^2 x''(t) + 3\pi^4 x(t) = -\left[11 f(t, x(t)) + \sum_{i=1}^{5} f(t, x(t-i))\right] \tag{6.68}
$$

调和解的多解性, 其中,

$$
f(t,x) = \frac{-\pi^4(10+\sin^2 \pi t)x + (3+\cos 2\pi t)x^3|x| + \pi^4(5+\sin 4\pi t)x^5}{1+x^4}
$$

满足 (6.41) 的要求, 即

$$
\begin{gathered}
a \neq 1, -5, \quad p = \pi^2 > 0, \quad f \in C^0(\mathbb{R}, \mathbb{R}), \\
f(t+1, x) = f(t,x), \quad f(t,-x) = -f(t,x), \\
\lim_{x \to 0} \frac{f(t,x)}{x} = \alpha(t) = -\pi^4(10+\sin^2 \pi t), \\
\lim_{x \to \infty} \frac{f(t,x)}{x} = \beta(t) = \pi^4(5+\sin^3 2\pi t), \\
-11\pi^4 \leqslant \alpha(t) \leqslant -10\pi^4, \quad 4\pi^4 \leqslant \beta(t) \leqslant 6\pi^4,
\end{gathered}
$$

取 Hilbert 空间 $X = \sum_{i=0}^{\infty} X(i)$, 其中,

$$X(0) = \mathbb{R}, \quad X(k) = a_k \cos\frac{k\pi t}{3} + b_k \sin\frac{k\pi t}{3}, \quad k \geqslant 1, \quad a_k, b_k \in \mathbb{R}.$$

经计算, 当 $k > 11$ 时有 $\dim X_\infty^+(k) + \dim X_0^-(k) - \dim X(k) = 0$. 由此, 进一步计算得

$$\begin{aligned}
m_1 &= \dim X_\infty^+(0) + \dim X_0^-(0) - \dim X(0) = 1, \\
m_2 &= \sum_{k=1}^{11} (\dim X_\infty^+(k) + \dim X_0^-(k) - \dim X(k)) \\
&= \sum_{\substack{1\leqslant k\leqslant 11\\ k\neq 6l}} (\dim X_{1,\infty}^+(k) + \dim X_{1,0}^-(k) - \dim X(k)) \\
&\quad + \sum_{\substack{1\leqslant k\leqslant 11\\ k\neq 6l}} (\dim X_{2,\infty}^+(k) + \dim X_{2,0}^-(k) - \dim X(k)) \\
&= 16 + 2 \\
&= 18.
\end{aligned}$$

根据定理 6.4, 方程 (6.68) 至少有两个不同的非平凡定常解, 有 9 个均值为零、周期为 6 的几何上不同的调和解, 有 10 个周期为 6 的几何上不同的调和解, 这 10 个周期解均值可以不为零.

由于 $n + 1 = 6$, 有因子 $s + 1 = 2 + 1 = 3$, 经计算除至少有上述两个不同的非平凡定常解外, 至少有 8 个均值为零、周期为 3 的几何上不同的调和解, 有 10 个均值非零、周期为 3 的几何上不同的调和解.

当然, 周期为 6 的调和解中应该包含了周期为 3 的调和解.

6.5 非自治 4 阶时滞微分方程的调和解 (2)

本节讨论另一类非自治 4 阶时滞微分方程

$$x^{(4)}(t) - px''(t) + q(t)x(t) = -\left[af(t, x(t)) + b\sum_{i=1}^{n} (-1)^{i+1} f(t, x(t-i))\right] \quad (6.69)$$

调和解的多解性, 这个方程不仅允许在等式右方非线性时滞项中显含时间变量 t, 而且在左方同样可以显含时间变量 t. 此外, 等式右方的非线性项 f 不再限定是同号的, 而是可以交错变号的. 具体要求为

$$p\geqslant 0,\quad q\in C^0(\mathbb{R},\mathbb{R}),\quad q(t+1)=q(t),\quad f\in C^0(\mathbb{R}^2,\mathbb{R}),\quad f(t+1,x)=f(t,x),$$
$$f(t,-x)=-f(t,x),\quad \lim_{x\to 0}\frac{f(t,x)}{x}=\alpha(t),\quad \lim_{x\to\infty}\frac{f(t,x)}{x}=\beta(t),$$
$$b\neq 0, a\notin\{-b,nb\},\quad \alpha_1\leqslant\alpha(t)\leqslant\alpha_2,\quad \beta_1\leqslant\beta(t)\leqslant\beta_2. \tag{6.70}$$

显然 $\alpha(t),\beta(t)$ 是周期为 1 的连续周期函数. 记 $F(t,x)=\int_0^x f(t,s)ds$, 设存在 $\varepsilon>0$,

$$\begin{aligned}&(1)\ \lim_{x\to\infty}[f(t,x)-\beta_1 x]\mathrm{sign}x\geqslant\varepsilon\quad 或\\&(2)\ \lim_{x\to\infty}[f(t,x)-\beta_2 x]\mathrm{sign}x\leqslant-\varepsilon\end{aligned} \tag{6.71}$$

成立.

对于上述方程, 我们将按 n 的奇偶性分两种情况讨论.

6.5.1　$n=2k-1, k\geqslant 1$ 时方程 (6.69) 的调和解

这时方程为

$$x^{(4)}(t)-px''(t)+q(t)x(t)=-\left[af(t,x(t))+b\sum_{i=1}^{2k-1}(-1)^{i+1}f(t,x(t-i))\right]. \tag{6.72}$$

6.5.1.1　方程 (6.69) 的 $2k$-周期调和解

选取 $2k$-周期函数空间

$$X=\left\{x(t)=a_0+\sum_{i=1}^{\infty}\left(a_i\cos\frac{i\pi t}{k}+b_i\sin\frac{i\pi t}{k}\right):a_0,a_i,b_i\in\mathbb{R},\right.$$
$$\left.\sum_{i=1}^{\infty}i^4(a_i^2+b_i^2)<\infty\right\},$$

在其上运用变分方法和 Z_n 指标理论进行讨论. 对于 $x,y\in X$, 我们定义内积范数

$$\langle x,y\rangle=\langle x,y\rangle_4=2kx_0y_0+\int_0^{2k}(P^4x,y)dt,\quad ||x||=\sqrt{\langle x,y\rangle},$$

其中 x_0,y_0 分别为 x,y 在 $X(0)$ 上的投影. 这时 $(X,||\cdot||)$ 是一个 $H^2([0,2k],\mathbb{R})$ 空间.

运用 $Z_n(n=2k)$ 指标理论和伪指标理论讨论 $2k$-周期调和解时, 考虑

6.5.1.2 方程 (6.69) 的变分结构

在 X 上构造泛函

$$\Phi(x)=\frac{1}{2}\langle(L+Q(t))x,x\rangle+\Psi(x), \tag{6.73}$$

其中,

$$\begin{aligned}Lx=&\frac{1}{((2k-1)b-a)(a+b)}P^{-4}(D^4-pD^2)\\&\cdot\left((2(k-1)b-a)x(t)+b\sum_{i=1}^{2k-1}(-1)^{i+1}x(t-i)\right),\\Q(t)x=&\frac{1}{((2k-1)b-a)(a+b)}P^{-4}\\&\cdot\left((2(k-1)b-a)q(t)x(t)+bq(t)\sum_{i=1}^{2k-1}(-1)^{i+1}x(t-i)\right),\end{aligned}$$

$$F(t,x)=\int_0^x f(t,s)ds,\quad \Psi(x)=\int_0^{2k}F(t,x(t))dt. \tag{6.74}$$

易证, $L,Q(t):X\to X$ 都是线性自伴算子, 且和第 4 章中同样可证, 泛函 $\Phi(x)$ 连续可微, 其微分可表示为

$$\langle\Phi'(x),y\rangle=\left\langle(L+Q(t)+P^{-4}f(t,\cdot))x,y\right\rangle,\quad \forall y\in X, \tag{6.75}$$

并且自伴线性算子 $L:X\to X$ 满足 (6.70) 的要求.

引理 6.4 设 x 是 (6.73) 中泛函 $\Phi(x)$ 的临界点, 则 $x=x(t)$ 是方程 (6.72) 的一个 $2k$-周期古典解.

证明 由于泛函 $\Phi(x)$ 的微分可以表示为

$$\langle\Phi'(x),y\rangle=\left\langle(L+Q(t)+P^{-4}f(t,\cdot))x,y\right\rangle,\quad \forall y\in X.$$

如果 $x=x(t)$ 是泛函 $\Phi(x)$ 的临界点, 则

$$\Phi'(x(t))=(Lx)(t)+Q(t)x+P^{-4}f(t,x(t))=0,\quad \text{a.e.}\quad t\in[0,2k],$$

即得

$$(D^4-pD^2+q(t))\left(\frac{(2(k-1)b-a)x(t)}{((2k-1)b-a)(a+b)}+\frac{b\sum\limits_{i=1}^{2k-1}(-1)^{i+1}x(t-i)}{((2k-1)b-a)(a+b)}\right)+f(t,x(t))=0$$

对 a.e.$t\in[0,2k]$ 成立. 因算子 L 满足 (6.70) 的要求, 即 $q(t)$ 和 $f(t,x)$ 关于 t 是 1-周期的, 故有

$$(D^4-pD^2+q(t-j))\left(\frac{(2(k-1)b-a)x(t-j)}{((2k-1)b-a)(a+b)}+\frac{b\sum\limits_{i=1}^{2k-1}(-1)^{i+1}x(t-i-j)}{((2k-1)b-a)(a+b)}\right) \tag{6.76}$$

$$=-f(t-j,x(t-j)).$$

在 (6.76) 中, 当 $j=0,1,2,\cdots,2k-1$ 时得到 $2k$ 个不同的等式. 将其中的第一个等式乘上 a, 其后序数 $j=1,2,\cdots,2k-1$ 的各等式依次乘上 $b(-1)^{j+1}$, 再相加, 考虑到 $x(t-i)=x(t-i-2k)$, 可得

$$\begin{aligned}(D^4-pD^2+q(t))x(t)&=-\left[af(t,x(t))+b\sum_{j=1}^{2k-1}(-1)^{j+1}f(t-j,x(t-j))\right]\\&=-\left[af(t,x(t))+b\sum_{j=1}^{2k-1}(-1)^{j+1}f(t,x(t-j))\right]\end{aligned} \tag{6.77}$$

对 a.e.$t\in[0,2k]$ 成立, 故 $x=x(t)$ 是方程 (6.72) 的周期为 $2k$ 的弱解. 但是由于 (6.77) 等价于

$$D^4x(t)=(pD^2-q(t))x(t)-\left[af(t,x(t))+b\sum_{j=1}^{2k-1}(-1)^{j+1}f(t,x(t-j))\right],$$

这时等式的右方在 $t\in[0,2k]$ 连续, 从而 $x(t)$ 在 $[0,2k]$ 有连续的 4 阶导数, 且 $x(0)=x(2k)$, 故 (6.77) 对 $\forall t\in[0,2k]$ 成立, 即 $x=x(t)$ 是方程 (6.72) 的周期为 $2k$ 的古典解.

据此, 我们可以从讨论泛函 $\Phi(x)$ 临界点的多重性来得到方程 (6.72) 调和解的多重性.

6.5.1.3 (6.73) 中泛函 $\Phi(x)$ 的 (PS)-条件

记

$$X(0)=\mathbb{R},\quad X(i)=\left\{a_i\cos\frac{i\pi t}{k}+b_i\sin\frac{i\pi t}{k}:a_i,b_i\in\mathbb{R}\right\},\quad i=1,2,\cdots.$$

因当 $x\in X(i),i\geqslant 1$ 时,

$$Lx$$

$$
\begin{aligned}
&= P^{-4}(D^4 - pD^2)\Bigg(\frac{2(k-1)b-a}{((2k-1)b-a)(a+b)}x(t) \\
&\quad + \frac{b}{((2k-1)b-a)(a+b)}\sum_{j=1}^{2k-1}(-1)^{j+1}x(t-j)\Bigg) \\
&= \begin{cases} \dfrac{1}{a+b}P^{-4}(D^4-pD^2)x(t), & i \neq (2l+1)k,\ l \geqslant 0, \\ \dfrac{1}{a-(2k-1)b}P^{-4}(D^4-pD^2)x(t), & i = (2l+1)k,\ l \geqslant 0 \end{cases} \\
&= \begin{cases} \dfrac{1}{a+b}P^{-4}\left(\left(\dfrac{\pi}{k}\right)^4 i^4 + p\left(\dfrac{\pi}{k}\right)^2 i^2\right)x(t), & i \neq (2l+1)k,\ l \geqslant 0, \\ \dfrac{1}{a-(2k-1)b}P^{-4}\left(\left(\dfrac{\pi}{k}\right)^4 i^4 + p\left(\dfrac{\pi}{k}\right)^2 i^2\right)x(t), & i = (2l+1)k,\ l \geqslant 0, \end{cases}
\end{aligned}
$$

$$
\begin{aligned}
Q(t)x &= \frac{1}{((2k-1)b-a)(a+b)}P^{-4}\Bigg((2(k-1)b-a)q(t)x(t) \\
&\quad + bq(t)\sum_{j=1}^{2k-1}(-1)^{j+1}x(t-j)\Bigg) \\
&= \begin{cases} \dfrac{1}{a+b}P^{-4}\left(q(t)x(t)\right), & i \neq (2l+1)k,\ l \geqslant 0, \\ \dfrac{1}{a-(2k-1)b}P^{-4}\left(q(t)x(t)\right), & i = (2l+1)k,\ l \geqslant 0. \end{cases}
\end{aligned}
$$

$x \in X(0)$ 时, $Lx = 0$, $Q(t)x = q(t)a_0$, 故经计算, $x \in X(i), i \geqslant 0$ 时, 有

$$
\begin{aligned}
&\frac{1}{2}\langle Lx, x\rangle \\
&= \begin{cases} \dfrac{1}{2(a+b)}\left(\left(\dfrac{\pi}{k}\right)^4 i^4 + p\left(\dfrac{\pi}{k}\right)^2 i^2\right)\displaystyle\int_0^{2k}(x(t),x(t))dt, \\ \qquad\qquad i \neq (2l+1)k,\ l \geqslant 0, \\ \dfrac{1}{2(a-(2k-1)b)}\left(\left(\dfrac{\pi}{k}\right)^4 i^4 + p\left(\dfrac{\pi}{k}\right)^2 i^2\right)\displaystyle\int_0^{2k}(x(t),x(t))dt, \\ \qquad\qquad i = (2l+1)k,\ l \geqslant 0 \end{cases} \\
&= \begin{cases} \dfrac{1}{2(a+b)}\left(\left(\dfrac{\pi}{k}\right)^4 i^4 + p\left(\dfrac{\pi}{k}\right)^2 i^2\right)||x||_0^2, & i \neq (2l+1)k,\ l \geqslant 0, \\ \dfrac{1}{2(a-(2k-1)b)}\left(\left(\dfrac{\pi}{k}\right)^4 i^4 + p\left(\dfrac{\pi}{k}\right)^2 i^2\right)||x||_0^2, & i = (2l+1)k,\ l \geqslant 0 \end{cases}
\end{aligned}
$$

$$
= \begin{cases} \dfrac{1}{2(a+b)}\left(\left(\dfrac{\pi}{k}\right)^4 + p\left(\dfrac{\pi}{k}\right)^2 i^{-2}\right)||x||^2, & i \neq 0, (2l+1)k,\ l \geqslant 0, \\ \dfrac{1}{2(a-(2k-1)b)}\left(\left(\dfrac{\pi}{k}\right)^4 + p\left(\dfrac{\pi}{k}\right)^2 i^{-2}\right)||x||^2, & i = (2l+1)k,\ l \geqslant 0, \\ 0, & i = 0. \end{cases} \tag{6.78}
$$

$$
\begin{gathered}
\frac{1}{2}\int_0^{2k}(q(t)x(t),x(t))dt \geqslant \frac{q_1}{2}||x||_0^2 = \frac{q_1}{2}i^{-4}||x||^2, \quad i \neq 0, \\
\frac{1}{2}\int_0^{2k}(q(t)x(t),x(t))dt \leqslant \frac{q_2}{2}||x||_0^2 = \frac{q_2}{2}i^{-4}||x||^2, \quad i \neq 0, \\
\frac{1}{2}q_1||x||^2 \leqslant \frac{1}{2}\langle q(t)x,x\rangle \leqslant \frac{1}{2}q_2||x||^2, \quad i = 0,
\end{gathered} \tag{6.79}
$$

以及

$$
\begin{gathered}
\frac{\beta_1}{2}i^{-4}||x||^2 \leqslant \frac{1}{2}\int_0^{2k}(\beta(t)x(t),x(t))dt \leqslant \frac{\beta_2}{2}||x||_0^2 = \frac{\beta_2}{2}i^{-4}||x||^2, \quad i \neq 0, \\
\frac{\alpha_1}{2}i^{-4}||x||^2 \leqslant \frac{1}{2}\int_0^{2k}(\alpha(t)x(t),x(t))dt \leqslant \frac{\alpha_2}{2}||x||_0^2 = \frac{\alpha_2}{2}i^{-4}||x||^2, \quad i \neq 0, \\
\frac{1}{2}\beta_1||x||^2 \leqslant \frac{1}{2}\left\langle P_0^{-4}\beta(t)x,x\right\rangle \leqslant \frac{1}{2}\beta_2||x||^2, \quad i = 0, \\
\frac{1}{2}\alpha_1||x||^2 \leqslant \frac{1}{2}\left\langle P_0^{-4}\alpha(t)x,x\right\rangle \leqslant \frac{1}{2}\alpha_2||x||^2, \quad i = 0.
\end{gathered} \tag{6.80}
$$

令 $h(i) = \left(\frac{\pi}{k}\right)^4 i^4 + p\left(\frac{\pi}{k}\right)^2 i^2$, 并对 $l \geqslant 0$, 在 $i = (2l+1)k, a-(2k-1)b > 0$ 时, 记

$$
\begin{gathered}
X_\infty^+(i) = \begin{cases} X(i), & \dfrac{1}{a-(2k-1)b}(h(i)+q_1)+\beta_1 > 0, \\ \varnothing, & \dfrac{1}{a-(2k-1)b}(h(i)+q_1)+\beta_1 \leqslant 0, \end{cases} \\
X_\infty^-(i) = \begin{cases} X(i), & \dfrac{1}{a-(2k-1)b}(h(i)+q_2)+\beta_2 < 0, \\ \varnothing, & \dfrac{1}{a-(2k-1)b}(h(i)+q_2)+\beta_2 \geqslant 0, \end{cases}
\end{gathered} \tag{6.81}
$$

在 $i = (2l+1)k, a-(2k-1)b < 0$ 时, 记

$$
\begin{aligned}
&X_\infty^+(i)=\begin{cases}X(i), & \dfrac{1}{a-(2k-1)b}(h(i)+q_2)+\beta_1>0,\\ \varnothing, & \dfrac{1}{a-(2k-1)b}(h(i)+q_2)+\beta_1\leqslant 0,\end{cases}\\
&X_\infty^-(i)=\begin{cases}X(i), & \dfrac{1}{a-(2k-1)b}(h(i)+q_1)+\beta_2<0,\\ \varnothing, & \dfrac{1}{a-(2k-1)b}(h(i)+q_1)+\beta_2\geqslant 0,\end{cases}
\end{aligned}
\tag{6.82}
$$

在 $i\neq(2l+1)k, a+b>0$ 时, 记

$$
\begin{aligned}
&X_\infty^+(i)=\begin{cases}X(i), & \dfrac{1}{a+b}(h(i)+q_1)+\beta_1>0,\\ \varnothing, & \dfrac{1}{a+b}(h(i)+q_1)+\beta_1\leqslant 0,\end{cases}\\
&X_\infty^-(i)=\begin{cases}X(i), & \dfrac{1}{a+b}(h(i)+q_2)+\beta_2<0,\\ \varnothing, & \dfrac{1}{a+b}(h(i)+q_2)+\beta_2\geqslant 0,\end{cases}
\end{aligned}
\tag{6.83}
$$

在 $i\neq(2l+1)k, a+b<0$ 时, 记

$$
\begin{aligned}
&X_\infty^+(i)=\begin{cases}X(i), & \dfrac{1}{a+b}(h(i)+q_2)+\beta_1>0,\\ \varnothing, & \dfrac{1}{a+b}(h(i)+q_2)+\beta_1\leqslant 0,\end{cases}\\
&X_\infty^-(i)=\begin{cases}X(i), & \dfrac{1}{a+b}(h(i)+q_1)+\beta_2<0,\\ \varnothing, & \dfrac{1}{a+b}(h(i)+q_1)+\beta_2\geqslant 0,\end{cases}
\end{aligned}
\tag{6.84}
$$

在 $i=(2l+1)k, a-(2k-1)b>0$ 时, 记

$$
\begin{aligned}
&X_0^+(i)=\begin{cases}X(i), & \dfrac{1}{a-(2k-1)b}(h(i)+q_1)+\alpha_1>0,\\ \varnothing, & \dfrac{1}{a-(2k-1)b}(h(i)+q_1)+\alpha_1\leqslant 0,\end{cases}\\
&X_0^-(i)=\begin{cases}X(i), & \dfrac{1}{a-(2k-1)b}(h(i)+q_2)+\alpha_2<0,\\ \varnothing, & \dfrac{1}{a-(2k-1)b}(h(i)+q_2)+\alpha_2\geqslant 0,\end{cases}
\end{aligned}
\tag{6.85}
$$

在 $i=(2l+1)k, a-(2k-1)b<0$ 时, 记

$$
\begin{aligned}
&X_0^+(i)=\begin{cases} X(i), & \dfrac{1}{a-(2k-1)b}(h(i)+q_2)+\alpha_1>0,\\ \varnothing, & \dfrac{1}{a-(2k-1)b}(h(i)+q_2)+\alpha_1\leqslant 0,\end{cases}\\
&X_0^-(i)=\begin{cases} X(i), & \dfrac{1}{a-(2k-1)b}(h(i)+q_1)+\alpha_2<0,\\ \varnothing, & \dfrac{1}{a-(2k-1)b}(h(i)+q_1)+\alpha_2\geqslant 0,\end{cases}
\end{aligned}
\tag{6.86}
$$

在 $i\neq(2l+1)k, a+b>0$ 时, 记

$$
\begin{aligned}
&X_0^+(i)=\begin{cases} X(i), & \dfrac{1}{a+b}(h(i)+q_1)+\alpha_1>0,\\ \varnothing, & \dfrac{1}{a+b}(h(i)+q_1)+\alpha_1\leqslant 0,\end{cases}\\
&X_0^-(i)=\begin{cases} X(i), & \dfrac{1}{a+b}(h(i)+q_2)+\alpha_2<0,\\ \varnothing, & \dfrac{1}{a+b}(h(i)+q_2)+\alpha_2\geqslant 0,\end{cases}
\end{aligned}
\tag{6.87}
$$

在 $i\neq(2l+1)k, a+b<0$ 时, 记

$$
\begin{aligned}
&X_0^+(i)=\begin{cases} X(i), & \dfrac{1}{a+b}(h(i)+q_2)+\alpha_1>0,\\ \varnothing, & \dfrac{1}{a+b}(h(i)+q_2)+\alpha_1\leqslant 0,\end{cases}\\
&X_0^-(i)=\begin{cases} X(i), & \dfrac{1}{a+b}(h(i)+q_1)+\alpha_2<0,\\ \varnothing, & \dfrac{1}{a+b}(h(i)+q_1)+\alpha_2\geqslant 0,\end{cases}
\end{aligned}
\tag{6.88}
$$

并记

$$
\begin{aligned}
X_\infty^+&=\sum_{i=0}^{\infty}X_\infty^+(i)=X_\infty^+(0)+\sum_{i=(2l+1)k,l\geqslant 0}X_\infty^+(i)+\sum_{i\neq(2l+1)k,i\geqslant 1}X_\infty^+(i),\\
X_\infty^-&=\sum_{i=0}^{\infty}X_\infty^-(i)=X_\infty^-(0)+\sum_{i=(2l+1)k,l\geqslant 0}X_\infty^-(i)+\sum_{i\neq(2l+1)k,i\geqslant 1}X_\infty^-(i),\\
X_0^+&=\sum_{i=0}^{\infty}X_0^+(i)=X_0^+(0)+\sum_{i=(2l+1)k,l\geqslant 0}X_0^+(i)+\sum_{i\neq(2l+1)k,i\geqslant 1}X_0^+(i),
\end{aligned}
$$

$$X_0^- = \sum_{i=0}^{\infty} X_0^-(i) = X_0^-(0) + \sum_{i=(2l+1)k, l\geqslant 0} X_0^-(i) + \sum_{i\neq(2l+1)k, i\geqslant 1} X_0^-(i). \tag{6.89}$$

和 6.4 节中的命题 6.5、命题 6.6、引理 6.3 一样可证下列命题和引理.

命题 6.7 空间 X 中由 (6.89) 定义的各子空间

$$\dim(X_\infty^+ \cap X_0^-),\quad \dim(X_\infty^- \cap X_0^+),$$
$$\dim(C_X(X_\infty^+ + X_0^-)),\quad \dim(C_X(X_\infty^- + X_0^+)) < \infty.$$

命题 6.8 对于由 (6.74) 给定的算子 L, 存在 $\sigma > 0$ 使

$$\begin{aligned} &\langle (L + P^{-4}\beta_1)x, x\rangle > \sigma\|x\|^2, \quad x \in X_\infty^+, \\ &\langle (L + P^{-4}\beta_2)x, x\rangle < -\sigma\|x\|^2, \quad x \in X_\infty^-. \end{aligned} \tag{6.90}$$

引理 6.5 在条件 (6.70) 和 (6.71) 成立的前提下, (6.100) 定义的泛函 Φ 满足 (PS)-条件.

6.5.1.4 方程 (6.69) 调和解的重数

由命题 6.7, 可得

$$\begin{aligned} &\dim(X_\infty^+ \cap X_0^-) - \dim(C_X(X_\infty^+ + X_0^-)) \\ &= \sum_{i=0}^{\infty} [\dim X_\infty^+(i) + \dim X_0^-(i) - \dim X(i)], \\ &\dim(X_\infty^- \cap X_0^+) - \dim(C_X(X_\infty^- + X_0^+)) \\ &= \sum_{i=0}^{\infty} [\dim X_0^+(i) + \dim X_\infty^-(i) - \dim X(i)], \end{aligned} \tag{6.91}$$

并且由于

$$\lim_{\substack{i\to\infty \\ i=(2l+1)k}} h(i) = (\operatorname{sgn}[a-(2k-1)b])\,\infty, \qquad \lim_{\substack{i\to\infty \\ i\neq(2l+1)k}} h(i) = (\operatorname{sgn}[a+b])\,\infty,$$

存在 $i_0 > 1$, 使 $i > i_0$ 时有

$$\dim X_\infty^+(i) + \dim X_0^-(i) - \dim X(i) = 0, \quad \dim X_0^+(i) + \dim X_\infty^-(i) - \dim X(i) = 0,$$

(6.91) 可以写成

$$\dim(X_\infty^+ \cap X_0^-) - \dim(C_X(X_\infty^+ + X_0^-))$$

$$= \sum_{i=0}^{i_0} [\dim X_{\infty}^{+}(i) + \dim X_0^{-}(i) - \dim X(i)],$$

$$\dim(X_{\infty}^{-} \cap X_0^{+}) - \dim(C_X(X_{\infty}^{-} + X_0^{+}))$$

$$= \sum_{i=0}^{i_0} [\dim X_0^{+}(i) + \dim X_{\infty}^{-}(i) - \dim X(i)]. \tag{6.92}$$

为利用定理 2.29 讨论 (6.73) 所定义泛函 $\Phi(x)$ 临界点的多重性, 我们令

$$X^{+} = X_{\infty}^{+}, \quad X^{-} = X_0^{-},$$

并记

$$m_1 = \dim X_{\infty}^{+}(0) + \dim X_0^{-}(0) - \dim X(0) = \dim X_{\infty}^{+}(0) + \dim X_0^{-}(0) - 1,$$

$$\begin{aligned} m_2 &= \sum_{i=1}^{i_0} [\dim X_{\infty}^{+}(i) + \dim X_0^{-}(i) - \dim X(i)] \\ &= \sum_{\substack{1 \leqslant i \leqslant i_0 \\ i \neq (2l+1)k}} [\dim X_{\infty}^{+}(i) + \dim X_0^{-}(i)] + \sum_{\substack{1 \leqslant i \leqslant i_0 \\ i = (2l+1)k}} [\dim X_{\infty}^{+}(i) + \dim X_0^{-}(i)] - 2i_0 \\ &= 2l. \end{aligned} \tag{6.93}$$

由定理 2.29 可得如下定理.

定理 6.8 设方程 (6.69) 满足 (6.70) 和 (6.71) 中条件, 则

(1) 当 $m_1 = 1$ 时, 方程 (6.69) 至少有两个各不相同的非平凡定常解.

(2) 当 $m_2 = 2l \geqslant 2$ 时, 方程 (6.69) 至少有 l 个几何上各不相同的 $2k$-周期调和解, 满足 $\int_0^{2k} x(t)dt = 0$.

(3) 当 $m_1 = 1, m_2 = 2l \geqslant 2$ 时, 方程 (6.69) 至少有 $l+1$ 个几何上各不相同的 $2k$-周期的周期轨道.

同时, 我们令

$$X^{+} = X_0^{+}, \quad X^{-} = X_{\infty}^{-}, \tag{6.94}$$

并记

$$\hat{m}_1 = \dim X_0^{+}(0) + \dim X_{\infty}^{-}(0) - \dim X(0) = \dim X_0^{+}(0) + \dim X_{\infty}^{-}(0) - 1,$$

$$\hat{m}_2 = \sum_{i=1}^{i_0} [\dim X_0^{+}(i) + \dim X_{\infty}^{-}(i) - \dim X(i)]$$

$$= \sum_{\substack{1 \leqslant i \leqslant i_0 \\ i \neq (2l+1)k}} [\dim X_0^+(i) + \dim X_\infty^-(i)] + \sum_{\substack{1 \leqslant i \leqslant i_0 \\ i = (2l+1)k}} [\dim X_0^+(i) + \dim X_\infty^-(i)] - 2i_0$$

$$= 2\hat{l}. \tag{6.95}$$

同样. 由定理 2.29 可得如下定理.

定理 6.9 设方程 (6.69) 满足 (6.70) 和 (6.71) 中条件, 则

(1) 当 $\hat{m}_1 = 1$ 时, 方程 (6.69) 至少有两个各不相同的非平凡定常解.

(2) 当 $\hat{m}_2 = 2\hat{l} \geqslant 2$ 时, 方程 (6.69) 至少有 $\hat{l}$ 个几何上各不相同的 $2k$-周期调和解, 满足 $\int_0^{2k} x(t)dt = 0$.

(3) 当 $\hat{m}_1 = 1, \hat{m}_2 = 2\hat{l} \geqslant 2$ 时, 方程 (6.69) 至少有 $\hat{l}+1$ 个几何上各不相同的 $2k$-周期的周期轨道.

6.5.1.5 方程 (6.69) 调和解的示例

例 6.2 现讨论非自治 4 阶时滞微分方程

$$x^{(4)}(t) - \pi^2 x''(t) + (1 + 2\sin \pi t)\pi^4 x(t) = -\left[9f(t, x(t)) - \sum_{i=1}^{11} (-1)^{i+1} f(t, x(t-i))\right] \tag{6.96}$$

调和解的多重性, 其中,

$$f(t, x) = \frac{-\pi^4(9 + \sin 2\pi t)x + (3 + \cos 2\pi t)x^3|x| + \pi^4(6 + \cos^4 \pi t)x^5}{1 + x^4}. \tag{6.97}$$

这时, $a = 9, b = -1, p = \pi^2, k = 6, q_1 = -\pi^4, q_2 = 3\pi^4$, 满足 (6.70) 的要求, 即

$$\begin{gathered} a \neq 1, -11, \quad f \in C^0(\mathbb{R}, \mathbb{R}), \quad f(t+1, x) = f(t, x), \quad f(t, -x) = -f(t, x), \\ \lim_{x \to 0} \frac{f(t, x)}{x} = \alpha(t) = -\pi^4(9 + \sin \pi t), \quad \lim_{x \to \infty} \frac{f(t, x)}{x} = \beta(t) = \pi^4(6 + \sin^4 \pi t), \\ -10\pi^4 \leqslant \alpha(t) \leqslant -8\pi^4, \quad 6\pi^4 \leqslant \beta(t) \leqslant 7\pi^4, \quad -\pi^4 \leqslant q(t) \leqslant 3\pi^4. \end{gathered} \tag{6.98}$$

通过计算, $h(i) = \frac{\pi^4}{6^4}(i^4 + 36i^2)$, 且有 $a + b = 8 > 0, a - (2k-1)b = 20 > 0$, 取

$$X^+ = X_\infty^+, \quad X^- = X_0^-,$$

经计算, $i > 18$ 时, $\dim X_\infty^+(i) + \dim X_0^-(i) - \dim X(i) = 0$, 故

$$m_1 = \dim X_\infty^+(0) + \dim X_0^-(0) - 1 = 1,$$

$$\begin{aligned} m_2 &= \sum_{i=1}^{18} [\dim X_{\infty}^{+}(i) + \dim X_0^{-}(i) - \dim X(i)] \\ &= \sum_{\substack{1 \leqslant i \leqslant 18 \\ i = 6(2l+1)}} [X_{\infty}^{+}(i) + \dim X_0^{-}(i) - 2] + \sum_{\substack{1 \leqslant i \leqslant 18 \\ i \neq 6(2l+1)}} [X_{\infty}^{+}(i) + \dim X_0^{-}(i) - 2] \\ &= 4 + 30 \\ &= 34. \end{aligned}$$

由定理 6.8 可知, 4 阶多滞量非自治微分方程 (6.96) 至少有 2 个非平凡定常解, 有 17 个几何上各不相同的且均值为零的 6-周期调和解, 且有 18 个几何上不同的 6-周期的周期轨道.

6.5.2 $n = 2k, k \geqslant 1$ 时方程 (6.69) 的调和解

6.5.2.1 方程 (6.69) 的 $2(2k+1)$-周期调和解

这时方程为

$$x^{(4)}(t) - px''(t) + q(t)x(t) = -\left[af(t, x(t)) + b\sum_{i=1}^{2k}(-1)^{i+1}f(t, x(t-i))\right]. \quad (6.99)$$

在 6.4.1 节所给的 Hilbert 空间 X 中, 令 $n = 2k$, 并取其闭子空间

$$\widehat{X} = \{x \in X : x(t - 2k - 1) = -x(t)\},$$

则

$$\widehat{X} = \left\{x(t) = \sum_{i=1}^{\infty}\left(a_i \cos\frac{(2i-1)\pi t}{2k+1} + b_i \sin\frac{(2i-1)\pi t}{2k+1}\right) : a_i, b_i \in \mathbb{R}, \right.$$
$$\left. \sum_{i=1}^{\infty}(2i-1)^4(a_i^2 + b_i^2) < \infty\right\}$$

是一个 $2(2k+1)$-奇周期函数空间.

在其上运用变分方法和 Z_n 指标理论进行讨论. 对于 $x, y \in \widehat{X}$, 我们定义内积范数

$$\langle x, y\rangle = \langle x, y\rangle_4 = \int_0^{2(2k+1)} (P^4x, y)dt, \quad ||x|| = \sqrt{\langle x, y\rangle},$$

这时 $(\widehat{X}, ||\cdot||)$ 是一个 $H^2([0, 2(2k+1)], \mathbb{R})$ 空间.

本节还是运用 Z_n 指标理论和伪指标理论. 与 6.5.1 节中不同的是, 在空间 $\widehat{X}$ 中的所有函数都是均值为零, 所以此时仅讨论均值为零的 $2(2k+1)$-周期调和解.

6.5.2.2 方程 (6.99) 的变分结构

在 $\widehat{X}$ 上构造泛函

$$\Phi(x)=\frac{1}{2}\langle(L+Q(t))x,x\rangle+\Psi(x), \tag{6.100}$$

其中,

$$\begin{aligned}
Lx=&\frac{1}{(2kb-a)(a+b)}P^{-4}(D^4-pD^2)\\
&\cdot\left(((2k-1)b-a)x(t)+b\sum_{i=1}^{2k}(-1)^{i+1}x(t-i)\right),\\
Q(t)x=&\frac{1}{(2kb-a)(a+b)}P^{-4}\\
&\cdot\left(((2k-1)b-a)q(t)x(t)+bq(t)\sum_{i=1}^{2k}(-1)^{i+1}x(t-i)\right),\\
F(t,x)=&\int_0^x f(t,s)ds,\quad \Psi(x)=\int_0^{2(2k+1)}F(t,x(t))dt.
\end{aligned} \tag{6.101}$$

如前可证, 泛函 $\Phi(x)$ 连续可微, 其微分可表示为

$$\langle\Phi'(x),y\rangle=\left\langle(L+Q(t)+P^{-4}f(t,\cdot))x,y\right\rangle,\quad \forall y\in\widehat{X}, \tag{6.102}$$

并且自伴线性算子 $L:\widehat{X}\to\widehat{X}$ 满足 (6.70) 的要求.

引理 6.6 设 x 是 (6.100) 中泛函 $\Phi(x)$ 的临界点, 则 $x=x(t)$ 是方程 (6.99) 的一个 $2(2k+1)$-周期古典解.

证明与引理 6.4 类似, 从略.

6.5.2.3 (6.100) 中泛函 $\Phi(x)$ 的 (PS)-条件

记

$$X(i)=\left\{a_i\cos\frac{(2i-1)\pi t}{2k+1}+b_i\frac{(2i-1)\pi t}{2k+1}:a_i,b_i\in\mathbb{R}\right\},\quad i=1,2,\cdots.$$

因当 $x\in X(i),i\geqslant 1$ 时,

$$\begin{aligned}
&Lx\\
=&P^{-4}(D^4-pD^2)\left(\frac{(2k-1)b-a}{(2kb-a)(a+b)}x(t)\right.
\end{aligned}$$

$$
+\frac{b}{(2kb-a)(a+b)}\sum_{j=1}^{2k}(-1)^{j+1}x(t-j)\Bigg)
$$

$$
=\begin{cases}\dfrac{1}{a+b}P^{-4}(D^4-pD^2)x(t), & i\neq k+1+l(2k+1),\ l\geqslant 0,\\ \dfrac{1}{a-2kb}P^{-4}(D^4-pD^2)x(t), & i=k+1+l(2k+1),\ l\geqslant 0\end{cases}
$$

$$
=\begin{cases}\dfrac{1}{a+b}P^{-4}\left(\left(\dfrac{\pi}{2k+1}\right)^4(2i-1)^4+p\left(\dfrac{\pi}{2k+1}\right)^2(2i-1)^2\right)x(t),\\ \qquad\qquad i\neq k+1+l(2k+1),\ l\geqslant 0,\\ \dfrac{1}{a-2kb}P^{-4}\left(\left(\dfrac{\pi}{2k+1}\right)^4(2i-1)^4+p\left(\dfrac{\pi}{2k+1}\right)^2(2i-1)^2\right)x(t),\\ \qquad\qquad i=k+1+l(2k+1),\ l\geqslant 0.\end{cases}
$$

$$
Q(t)x=\frac{1}{(2kb-a)(a+b)}P^{-4}\Bigg(((2k-1)b-a)q(t)x(t)
$$

$$
+bq(t)\sum_{i=1}^{2k}(-1)^{i+1}x(t-i)\Bigg)
$$

$$
=\begin{cases}\dfrac{1}{a+b}P^{-4}\left(q(t)x(t)\right), & i\neq k+1+l(2k+1),\ l\geqslant 0,\\ \dfrac{1}{a-2kb}P^{-4}\left(q(t)x(t)\right), & i=k+1+l(2k+1),\ l\geqslant 0.\end{cases}
$$

令

$$
\widehat{h}(i)=\left(\frac{\pi}{2k+1}\right)^4(2i-1)^4+p\left(\frac{\pi}{2k+1}\right)^2(2i-1)^2.
$$

经计算, $x\in X(i),i\geqslant 1$ 时,

$$
\frac{1}{2}\langle Lx,x\rangle
$$

$$
=\begin{cases}\dfrac{1}{2(a+b)}\widehat{h}(i)\displaystyle\int_0^{2(2k+1)}(x(t),x(t))dt, & i\neq k+1+l(2k+1),\ l\geqslant 0,\\ \dfrac{1}{2(a-2kb)}\widehat{h}(i)\displaystyle\int_0^{2(2k+1)}(x(t),x(t))dt, & i=k+1+l(2k+1),\ l\geqslant 0\end{cases}
$$

$$
=\begin{cases}\dfrac{1}{2(a+b)}\widehat{h}(i)||x||_0^2, & i\neq k+1+l(2k+1),\ l\geqslant 0,\\ \dfrac{1}{2(a-2kb)}\widehat{h}(i)||x||_0^2, & i=k+1+l(2k+1),\ l\geqslant 0\end{cases}
$$

$$
= \begin{cases} \dfrac{1}{2(a+b)}\widehat{h}(i)(2i-1)^{-4}\|x\|^2, & i \neq k+1+l(2k+1),\ l \geqslant 0, \\ \dfrac{1}{2(a-2kb)}\widehat{h}(i)(2i-1)^{-4}\|x\|^2, & i = k+1+l(2k+1),\ l \geqslant 0. \end{cases} \tag{6.103}
$$

$$
\begin{aligned}
&\frac{1}{2}\int_0^{2(2k+1)}(q(t)x(t),x(t))dt \geqslant \frac{q_1}{2}\|x\|_0^2 = \frac{q_1}{2}(2i-1)^{-4}\|x\|^2, \quad i \geqslant 1, \\
&\frac{1}{2}\int_0^{2(2k+1)}(q(t)x(t),x(t))dt \leqslant \frac{q_2}{2}\|x\|_0^2 = \frac{q_2}{2}(2i-1)^{-4}\|x\|^2, \quad i \geqslant 1,
\end{aligned} \tag{6.104}
$$

$$
\begin{aligned}
\frac{\beta_1}{2}(2i-1)^{-4}\|x\|^2 &\leqslant \frac{1}{2}\int_0^{2k}(\beta(t)x(t),x(t))dt \\
&\leqslant \frac{\beta_2}{2}\|x\|_0^2 = \frac{\beta_2}{2}(2i-1)^{-4}\|x\|^2, \quad i \geqslant 1, \\
\frac{\alpha_1}{2}(2i-1)^{-4}\|x\|^2 &\leqslant \frac{1}{2}\int_0^{2k}(\alpha(t)x(t),x(t))dt \\
&\leqslant \frac{\alpha_2}{2}\|x\|_0^2 = \frac{\alpha_2}{2}(2i-1)^{-4}\|x\|^2, \quad i \geqslant 1,
\end{aligned} \tag{6.105}
$$

并对 $l \geqslant 0$, 在 $i = k+1+l(2k+1), a-2kb > 0$ 时, 记

$$
\begin{aligned}
X_\infty^+(i) &= \begin{cases} X(i), & \dfrac{1}{a-2kb}\left(\widehat{h}(i)+q_1\right)+\beta_1 > 0, \\ \varnothing, & \dfrac{1}{a-2kb}\left(\widehat{h}(i)+q_1\right)+\beta_1 \leqslant 0, \end{cases} \\
X_\infty^-(i) &= \begin{cases} X(i), & \dfrac{1}{a-2kb}\left(\widehat{h}(i)+q_2\right)+\beta_2 < 0, \\ \varnothing, & \dfrac{1}{a-2kb}\left(\widehat{h}(i)+q_2\right)+\beta_2 \geqslant 0, \end{cases}
\end{aligned} \tag{6.106}
$$

在 $i = k+1+l(2k+1), a-2kb < 0$ 时, 记

$$
\begin{aligned}
X_\infty^+(i) &= \begin{cases} X(i), & \dfrac{1}{a-2kb}\left(\widehat{h}(i)+q_2\right)+\beta_1 > 0, \\ \varnothing, & \dfrac{1}{a-2kb}\left(\widehat{h}(i)+q_2\right)+\beta_1 \leqslant 0, \end{cases} \\
X_\infty^-(i) &= \begin{cases} X(i), & \dfrac{1}{a-2kb}\left(\widehat{h}(i)+q_1\right)+\beta_2 < 0, \\ \varnothing, & \dfrac{1}{a-2kb}\left(\widehat{h}(i)+q_1\right)+\beta_2 \geqslant 0, \end{cases}
\end{aligned} \tag{6.107}
$$

在 $i \neq k+1+l(2k+1), a+b>0$ 时, 记

$$
\begin{aligned}
&X_{\infty}^{+}(i)=\begin{cases} X(i), & \dfrac{1}{a+b}\left(\widehat{h}(i)+q_1\right)+\beta_1>0, \\ \varnothing, & \dfrac{1}{a+b}\left(\widehat{h}(i)+q_1\right)+\beta_1 \leqslant 0, \end{cases} \\
&X_{\infty}^{-}(i)=\begin{cases} X(i), & \dfrac{1}{a+b}\left(\widehat{h}(i)+q_2\right)+\beta_2<0, \\ \varnothing, & \dfrac{1}{a+b}\left(\widehat{h}(i)+q_2\right)+\beta_2 \geqslant 0, \end{cases}
\end{aligned} \tag{6.108}
$$

在 $i \neq k+1+l(2k+1), a+b<0$ 时, 记

$$
\begin{aligned}
&X_{\infty}^{+}(i)=\begin{cases} X(i), & \dfrac{1}{a+b}\left(\widehat{h}(i)+q_2\right)+\beta_1>0, \\ \varnothing, & \dfrac{1}{a+b}\left(\widehat{h}(i)+q_2\right)+\beta_1 \leqslant 0, \end{cases} \\
&X_{\infty}^{-}(i)=\begin{cases} X(i), & \dfrac{1}{a+b}\left(\widehat{h}(i)+q_1\right)+\beta_2<0, \\ \varnothing, & \dfrac{1}{a+b}\left(\widehat{h}(i)+q_1\right)+\beta_2 \geqslant 0, \end{cases}
\end{aligned} \tag{6.109}
$$

在 $i=k+1+l(2k+1), a-2kb>0$ 时, 记

$$
\begin{aligned}
&X_{0}^{+}(i)=\begin{cases} X(i), & \dfrac{1}{a-2kb}\left(\widehat{h}(i)+q_1\right)+\alpha_1>0, \\ \varnothing, & \dfrac{1}{a-2kb}\left(\widehat{h}(i)+q_1\right)+\alpha_1 \leqslant 0, \end{cases} \\
&X_{0}^{-}(i)=\begin{cases} X(i), & \dfrac{1}{a-2kb}\left(\widehat{h}(i)+q_2\right)+\alpha_2<0, \\ \varnothing, & \dfrac{1}{a-2kb}\left(\widehat{h}(i)+q_2\right)+\alpha_2 \geqslant 0, \end{cases}
\end{aligned} \tag{6.110}
$$

在 $i=k+1+l(2k+1), a-2kb<0$ 时, 记

$$
\begin{aligned}
&X_{0}^{+}(i)=\begin{cases} X(i), & \dfrac{1}{a-2kb}\left(\widehat{h}(i)+q_2\right)+\alpha_1>0, \\ \varnothing, & \dfrac{1}{a-2kb}\left(\widehat{h}(i)+q_2\right)+\alpha_1 \leqslant 0, \end{cases} \\
&X_{0}^{-}(i)=\begin{cases} X(i), & \dfrac{1}{a-2kb}\left(\widehat{h}(i)+q_1\right)+\alpha_2<0, \\ \varnothing, & \dfrac{1}{a-2kb}\left(\widehat{h}(i)+q_1\right)+\alpha_2 \geqslant 0, \end{cases}
\end{aligned} \tag{6.111}
$$

在 $i \neq k+1+l(2k+1), a+b>0$ 时, 记

$$X_0^+(i) = \begin{cases} X(i), & \dfrac{1}{a+b}\left(\widehat{h}(i)+q_1\right)+\alpha_1>0, \\ \varnothing, & \dfrac{1}{a+b}\left(\widehat{h}(i)+q_1\right)+\alpha_1 \leqslant 0, \end{cases}$$
$$X_0^-(i) = \begin{cases} X(i), & \dfrac{1}{a+b}\left(\widehat{h}(i)+q_2\right)+\alpha_2<0, \\ \varnothing, & \dfrac{1}{a+b}\left(\widehat{h}(i)+q_2\right)+\alpha_2 \geqslant 0, \end{cases} \tag{6.112}$$

在 $i \neq k+1+l(2k+1), a+b<0$ 时, 记

$$X_0^+(i) = \begin{cases} X(i), & \dfrac{1}{a+b}\left(\widehat{h}(i)+q_2\right)+\alpha_1>0, \\ \varnothing, & \dfrac{1}{a+b}\left(\widehat{h}(i)+q_2\right)+\alpha_1 \leqslant 0, \end{cases}$$
$$X_0^-(i) = \begin{cases} X(i), & \dfrac{1}{a+b}\left(\widehat{h}(i)+q_1\right)+\alpha_2<0, \\ \varnothing, & \dfrac{1}{a+b}\left(\widehat{h}(i)+q_1\right)+\alpha_2 \geqslant 0, \end{cases} \tag{6.113}$$

并记

$$\begin{aligned} X_\infty^+ &= \sum_{i=1}^{\infty} X_\infty^+(i) = \sum_{i=k+1+l(2k+1), l\geqslant 0} X_\infty^+(i) + \sum_{i\neq k+1+l(2k+1), l\geqslant 0} X_\infty^+(i), \\ X_\infty^- &= \sum_{i=1}^{\infty} X_\infty^-(i) = \sum_{i=k+1+l(2k+1), l\geqslant 0} X_\infty^-(i) + \sum_{i\neq k+1+l(2k+1), l\geqslant 0} X_\infty^-(i), \\ X_0^+ &= \sum_{i=1}^{\infty} X_0^+(i) = \sum_{i=k+1+l(2k+1), l\geqslant 0} X_0^+(i) + \sum_{i\neq k+1+l(2k+1), l\geqslant 0} X_0^+(i), \\ X_0^- &= \sum_{i=1}^{\infty} X_0^+(i) = \sum_{i=k+1+l(2k+1), l\geqslant 0} X_0^-(i) + \sum_{i\neq k+1+l(2k+1), l\geqslant 0} X_0^-(i). \end{aligned} \tag{6.114}$$

和 6.5 节中的命题 6.7、命题 6.8、引理 6.5 一样可证下列命题和引理.

命题 6.9 空间 X 中由 (6.114) 定义的各子空间

$$\dim(X_\infty^+ \cap X_0^-), \dim(X_\infty^- \cap X_0^+), \dim(C_X(X_\infty^+ + X_0^-)), \dim(C_X(X_\infty^- + X_0^+)) < \infty.$$

命题 6.10 对于由 (6.101) 给定的算子 L, 存在 $\sigma>0$ 使

$$\begin{aligned} \left\langle (L+P^{-4}\beta_1)x, x\right\rangle &> \sigma\|x\|^2, \quad x\in X_\infty^+, \\ \left\langle (L+P^{-4}\beta_2)x, x\right\rangle &< -\sigma\|x\|^2, \quad x\in X_\infty^-. \end{aligned} \tag{6.115}$$

引理 6.7 在条件 (6.70) 和 (6.71) 成立的前提下, (6.100) 定义的泛函 Φ 满足 (PS)-条件.

6.5.2.4 方程 (6.99) 调和解的重数

由命题 6.9, 可得

$$\begin{aligned}&\dim(X_\infty^+\cap X_0^-)-\dim(C_X(X_\infty^++X_0^-))\\=&\sum_{i=0}^{\infty}[\dim X_\infty^+(i)+\dim X_0^-(i)-\dim X(i)],\\&\dim(X_\infty^-\cap X_0^+)-\dim(C_X(X_\infty^-+X_0^+))\\=&\sum_{i=0}^{\infty}[\dim X_0^+(i)+\dim X_\infty^-(i)-\dim X(i)],\end{aligned}\tag{6.116}$$

并且由于

$$\lim_{\substack{i\to\infty\\i=k+1+l(2k+1)}}h(i)=(\operatorname{sgn}[a-2kb])\,\infty,\qquad\lim_{\substack{i\to\infty\\i\neq k+1+l(2k+1)}}h(i)=(\operatorname{sgn}[a+b])\,\infty,$$

存在 $i_1>1$, 使 $i>i_1$ 时有

$$\dim X_\infty^+(i)+\dim X_0^-(i)-\dim X(i)=0,\quad \dim X_0^+(i)+\dim X_\infty^-(i)-\dim X(i)=0,\tag{6.117}$$

(6.116) 可以写成

$$\begin{aligned}&\dim(X_\infty^+\cap X_0^-)-\dim(C_X(X_\infty^++X_0^-))\\=&\sum_{i=0}^{i_1}[\dim X_\infty^+(i)+\dim X_0^-(i)-\dim X(i)],\\&\dim(X_\infty^-\cap X_0^+)-\dim(C_X(X_\infty^-+X_0^+))\\=&\sum_{i=0}^{i_1}[\dim X_0^+(i)+\dim X_\infty^-(i)-\dim X(i)],\end{aligned}\tag{6.118}$$

为利用定理 2.29 讨论 (6.100) 所定义泛函 $\Phi(x)$ 临界点的多重性, 我们令

$$X^+=X_\infty^+,\quad X^-=X_0^-,\tag{6.119}$$

并记

$$\widehat{m}_2=\sum_{i=1}^{i_1}[\dim X_\infty^+(i)+\dim X_0^-(i)-\dim X(i)]$$

$$\begin{aligned}
&= \sum_{\substack{1\leqslant i\leqslant i_1\\ i\neq k+1+l(2k+1)}} [\dim X_\infty^+(i) + \dim X_0^-(i)] \\
&\quad + \sum_{\substack{1\leqslant i\leqslant i_1\\ i=k+1+l(2k+1)}} [\dim X_\infty^+(i) + \dim X_0^-(i)] - 2i_1 \\
&= 2\widehat{l}.
\end{aligned} \tag{6.120}$$

由定理 2.29 可得如下定理.

定理 6.10 设方程 (6.99) 满足 (6.70) 和 (6.71) 中条件, 则当 $\widehat{m}_2 = 2\widehat{l} \geqslant 2$ 时, 方程 (6.99) 至少有 $\widehat{l}$ 个几何上各不相同的 $2(2k+1)$-周期调和解, 满足 $\int_0^{2(2k+1)} x(t)dt = 0$.

同时, 我们令

$$X^+ = X_0^+, \quad X^- = X_\infty^-, \tag{6.121}$$

并记

$$\begin{aligned}
\hat{m}_2 &= \sum_{i=1}^{i_1} [\dim X_0^+(i) + \dim X_\infty^-(i) - \dim X(i)] \\
&= \sum_{\substack{1\leqslant i\leqslant i_1\\ i\neq k+1+l(2k+1)}} [\dim X_0^+(i) + \dim X_\infty^-(i)] \\
&\quad + \sum_{\substack{1\leqslant i\leqslant i_1\\ i=k+1+l(2l+1)}} [\dim X_0^+(i) + \dim X_\infty^-(i)] - 2i_1 \\
&= 2\hat{l}.
\end{aligned} \tag{6.122}$$

同样由定理 2.29 可得如下定理.

定理 6.11 设方程 (6.99) 满足 (6.70) 和 (6.71) 中条件, 则当 $\hat{m}_2 = 2\hat{l} \geqslant 2$ 时, 方程 (6.99) 至少有 $\hat{l}$ 个几何上各不相同的 $2(2k+1)$-周期调和解, 满足 $\int_0^{2(2k+1)} x(t)dt = 0$.

6.5.2.5 方程 (6.99) 调和解的示例

例 6.3 现讨论非自治 4 阶时滞微分方程

$$x^{(4)}(t) - \pi^2 x''(t) + (1+2\sin \pi t)\pi^4 x(t) = -\left[7f(t,x(t)) + \sum_{i=1}^{14} (-1)^{i+1} f(t, x(t-i))\right] \tag{6.123}$$

调和解的多重性, 其中,

$$f(t,x)=\frac{-\pi^4(4+\sin 4\pi t)x+(3+\cos^2\pi t)x^5|x|+\pi^4(3+\sin^3 2\pi t)x^7}{1+x^6}. \tag{6.124}$$

这时, $a=7,b=1,p=\pi^2,k=7,q_1=-\pi^4,q_2=3\pi^4$, 满足 (6.70) 的要求, 即

$$\begin{gathered}a\neq -1,14,\quad f\in C^0(\mathbb{R},\mathbb{R}),\quad f(t+1,x)=f(t,x),\quad f(t,-x)=-f(t,x),\\ \lim_{x\to 0}\frac{f(t,x)}{x}=\alpha(t)=-\pi^4(4+\sin 4\pi t),\ \lim_{x\to\infty}\frac{f(t,x)}{x}=\beta(t)=\pi^4(3+\sin^3 2\pi t),\\ -5\pi^4\leqslant\alpha(t)\leqslant -3\pi^4,\quad 2\pi^4\leqslant\beta(t)\leqslant 4\pi^4,\quad -\pi^4\leqslant q(t)\leqslant 3\pi^4.\end{gathered} \tag{6.125}$$

由计算, $\widehat{h}(i)=\dfrac{\pi^4}{15^4}[(2i-1)^4+625(2i-1)^2]$, 且有 $a+b=8>0,a-2kb=-7<0$, 且 $i>16$ 时 (6.117) 成立. 因此,

$$\begin{aligned}\widehat{m}_2&=\sum_{i=1}^{15}[\dim X_\infty^+(i)+\dim X_0^-(i)-\dim X(i)]\\ &=\sum_{\substack{1\leqslant i\leqslant 15\\ i\neq 8+15l}}[\dim X_\infty^+(i)+\dim X_0^-(i)-2]+\sum_{\substack{1\leqslant i\leqslant 15\\ i=8+15l}}[\dim X_\infty^+(i)+\dim X_0^-(i)-2]\\ &=30.\end{aligned} \tag{6.126}$$

由定理 6.10 可知, 4 阶多滞量非自治微分方程 (6.123) 在满足条件 (6.100) 成立的前提下, 至少有 15 个周期为 30 的奇调和解, 即满足 $x(t-15)=-x(t)$.

6.6 非自治多滞量时滞微分方程的调和解

本节讨论更一般的方程

$$p_m(D^2)(x(t))=-\left[a_0f(t,x(t))+\sum_{i=1}^n a_if(t,x(t-i))\right] \tag{6.127}$$

调和解的存在性, 其中 f 满足

$$\begin{gathered}f(t,-x)=-f(t,x),\quad \lim_{x\to 0}\frac{f(t,x)}{x}=\alpha(t),\quad \lim_{x\to\infty}\frac{f(t,x)}{x}=\beta(t),\\ f(t+1,x)=f(t,x),\quad \alpha_1\leqslant\alpha(t)\leqslant\alpha_2,\quad \beta_1\leqslant\beta(t)\leqslant\beta_2,\end{gathered} \tag{6.128}$$

显然 $\alpha(t),\beta(t)$ 是周期为 1 的连续周期函数.

同时假设

$$p_m(s)=\sum_{i=0}^m e_is^i,\quad e_m\neq 0 \tag{6.129}$$

为 m 次多项式.

为讨论方程 (6.127), 我们假设方程 (6.127) 右方函数 f 前的系数 a_i 为下列两种情况,

$$a_i = a_{n+1-i}, \quad i = 1, 2, \cdots, n, \tag{6.130}$$

$$a_i = -a_{n+1-i}, \quad i = 1, 2, \cdots, n, \tag{6.131}$$

当向量满足 (6.130) 的要求时, 我们称之为**对称向量**, 当满足 (6.131) 的要求时, 称之为**反号对称向量**. 对称向量与反号对称向量, 我们在 4.1 节中已经遇到, 且在 5.3 节中讨论了它们与反对称阵的关系. 为研究偶数阶微分方程的需要, 以下将讨论它们和对称矩阵之间的关系.

6.6.1 向量与矩阵

6.6.1.1 对称向量与对称矩阵

设 $a = (a_0, a_1, a_2, \cdots, a_n)$ 为 $n+1$ 维向量, 满足

$$a_i = a_{n+1-i}, \quad i = 1, 2, \cdots, n, \tag{6.132}$$

即 a 是一个循环向量. 记 $a_{n+1+j} = a_j, j = 0, 1, 2, \cdots, n$. 由此可得

$$a_{l(n+1)+j} = a_j, \quad j = 0, 1, 2, \cdots, n, \quad l \in \mathbb{N}^+ \cup \{0\}. \tag{6.133}$$

我们定义向量移位算子 $\sigma : \mathbb{R}^{n+1} \to \mathbb{R}^{n+1}$ 为

$$\begin{aligned}\sigma a &= ((\sigma a)_0, (\sigma a)_1, (\sigma a)_2, \cdots, (\sigma a)_n) = (a_{0+n}, a_{1+n}, a_{2+n}, \cdots, a_{n+n}) \\ &= (a_n, a_0, a_1, \cdots, a_{n-1}),\end{aligned}$$

由此进一步可定义

$$\begin{aligned}\sigma^j a &= ((\sigma^j a)_0, (\sigma^j a)_1, \cdots, (\sigma^j a)_n) = (a_{0+jn}, a_{1+jn}, \cdots, a_{n+jn}), \\ &= (a_{n-j+1}, a_{n-j+2}, \cdots, a_{n-j+n}), \quad j = 0, 1, 2, \cdots, n,\end{aligned} \tag{6.134}$$

其中 $\sigma^0 a = a$, 即 $((\sigma^0 a)_0, (\sigma^0 a)_1, \cdots, (\sigma^0 a)_n) = (a_0, a_1, \cdots, a_n)$.

建立矩阵

$$A = \begin{pmatrix} a \\ \sigma a \\ \sigma^2 a \\ \vdots \\ \sigma^n a \end{pmatrix} = \begin{pmatrix} a_0 & a_1 & a_2 & \cdots & a_n \\ (\sigma^1 a)_0 & (\sigma^1 a)_1 & (\sigma^1 a)_2 & \cdots & (\sigma^1 a)_n \\ (\sigma^2 a)_0 & (\sigma^2 a)_1 & (\sigma^2 a)_2 & \cdots & (\sigma^2 a)_n \\ \vdots & \vdots & \vdots & & \vdots \\ (\sigma^n a)_0 & (\sigma^n a)_1 & (\sigma^n a)_2 & \cdots & (\sigma^n a)_n \end{pmatrix}. \tag{6.135}$$

命题 6.11　(6.135) 中的矩阵 A 是一个对称阵.

证明　我们只需证明 $\forall i,j\in\{0,1,\cdots,n\}, i\neq j$, 成立

$$(\sigma^i a)_j=(\sigma^j a)_i \tag{6.136}$$

即可. 实际上由于

$$(\sigma^i a)_j=a_{in+j}=\begin{cases}a_{i(n+1)+j-i}=a_{j-i}, & j>i,\\ a_{(i-1)(n+1)+(n+1+j-i)}=a_{n+1+j-i}, & j<i,\end{cases}$$

$$(\sigma^j a)_i=a_{jn+i}=\begin{cases}a_{(j-1)(n+1)+(n+1+i-j)}=a_{n+1+i-j}, & j>i,\\ a_{j(n+1)+i-j}=a_{i-j}, & j<i.\end{cases}$$

$j>i$ 时, 由于 $(j-i)+(n+1-j+i)=n+1$, 有 $a_{j-i}=a_{n+1+i-j}$,

$j<i$ 时, 由于 $(i-j)+(n+1-i+j)=n+1$, 有 $a_{i-j}=a_{n+1-i+j}$,
故 (6.136) 成立. 命题得证.

容易证明以下命题.

命题 6.12　设 a,b 为两个 $n+1$ 维对称向量, 即

$$a=(a_0,a_1,\cdots,a_n),\quad b=(b_0,b_1,\cdots,b_n),$$
$$a_i=a_{n+1-i},\quad b_i=b_{n+1-i},\quad i=1,2,\cdots,n,$$

并且记 $a_{l(n+1)+i}=a_i, b_{l(n+1)+i}=b_i$, 则向量内积

$$(\sigma^k(\sigma^l a),\sigma^k(\sigma^i b))=(\sigma^l a,\sigma^i b). \tag{6.137}$$

命题 6.13　(6.135) 中的对称矩阵 A 可逆的充要条件是存在一个 $n+1$ 维非零对称向量

$$b=(b_0,b_1,\cdots,b_n),\quad b_i=b_{n+1-i},\quad i=0,1,\cdots,n,$$

使下列内积满足

$$(a,b)\neq 0,\quad (\sigma^i a,b)=0,\quad i=1,2,\cdots,n. \tag{6.138}$$

证明　我们先证 (6.138) 中的条件可以减少为

$$(a,b)\neq 0,\quad (\sigma^i a,b)=0,\quad i=\begin{cases}1,2,\cdots,\dfrac{n}{2}, & n\text{为偶数},\\ 1,2,\cdots,\dfrac{n+1}{2}, & n\text{为奇数}.\end{cases} \tag{6.139}$$

为此我们证

$$(\sigma^i a, b) = 0 \Leftrightarrow (\sigma^{n+1-i} a, b) = 0, \quad i = \begin{cases} 1, 2, \cdots, \dfrac{n}{2}, & n\text{为偶数}, \\ 1, 2, \cdots, \dfrac{n+1}{2}, & n\text{为奇数}. \end{cases} \tag{6.140}$$

实际上由于

$$\begin{aligned} &(\sigma^i a, b) \\ =& \sum_{j=0}^{n} (\sigma^i a)_j b_j \\ =& \sum_{j=0}^{n} a_{in+j} b_j \\ =& \sum_{j=0}^{i-1} a_{(i-1)(n+1)+(n+1+j-i)} b_j + \sum_{j=i}^{n} a_{i(n+1)+j-i} b_j \\ =& \sum_{j=0}^{i-1} a_{n+1+j-i} b_j + \sum_{j=i}^{n} a_{j-i} b_j \end{aligned}$$

及

$$\begin{aligned} &(\sigma^{n+1-i} a, b) \\ =& \sum_{j=0}^{n} (\sigma^{n+1-i} a)_j b_j \\ =& \sum_{j=0}^{n} a_{(n+1-i)n+j} b_j \\ =& \sum_{j=0}^{n-i} a_{(n-i)(n+1)+j+i} b_j + \sum_{j=n+1-i}^{n} a_{(n+1-i)(n+1)+(j-n-1+i)} b_j \\ =& \sum_{j=0}^{n-i} a_{j+i} b_j + \sum_{j=n+1-i}^{n} a_{j-(n+1-i)} b_j \\ =& \sum_{j=0}^{n-i} a_{j+i} b_{n+1-j} + \sum_{j=n+1-i}^{n} a_{j-(n+1-i)} b_{n+1-j} \\ =& \sum_{l=i+1}^{n+1} a_{n+1-l+i} b_l + \sum_{l=1}^{i} a_{i-l} b_l \quad (l = n+1-j) \\ =& \sum_{l=1}^{i-1} a_{i-l} b_l + \sum_{l=i+1}^{n} a_{n+1-l+i} b_l + a_0 b_l + a_i b_l \end{aligned}$$

$$= \sum_{l=0}^{i-1} a_{n+1+l-i} b_l + \sum_{l=i}^{n} a_{l-i} b_l,$$

故 (6.140) 成立.

设 $(a, b) = d$. 由命题 6.11 知,

$$B = \begin{pmatrix} b \\ \sigma b \\ \sigma^2 b \\ \vdots \\ \sigma^n b \end{pmatrix} = \begin{pmatrix} b^{\mathrm{T}} & (\sigma b)^{\mathrm{T}} & (\sigma^2 b)^{\mathrm{T}} & \cdots & (\sigma^n b)^{\mathrm{T}} \end{pmatrix} \tag{6.141}$$

也是对称阵. 这时取矩阵 B 中第 j 个列向量 $(\sigma^{j-1} b)^{\mathrm{T}}$ 右乘矩阵 A 中的每个行向量, 即

$$\begin{pmatrix} a \\ \sigma a \\ \sigma^2 a \\ \vdots \\ \sigma^n a \end{pmatrix} \left(\sigma^{j-1} b\right)^{\mathrm{T}} = \begin{pmatrix} (a, \sigma^{j-1} b) \\ (\sigma a, \sigma^{j-1} b) \\ (\sigma^2 a, \sigma^{j-1} b) \\ \vdots \\ (\sigma^n a, \sigma^{j-1} b) \end{pmatrix}. \tag{6.142}$$

上式右方的列向量中, 其第 l 个分量为

$$(\sigma^{l-1} a, \sigma^{j-1} b) = \begin{cases} 0, & l \neq j, \\ (a, b), & l = j. \end{cases}$$

于是,

$$A \cdot B = \mathrm{diag}\{(a, b), (a, b), \cdots, (a, b)\}. \tag{6.143}$$

当 $(a, b) \neq 0$ 时, 有 $A^{-1} = \dfrac{1}{(a, b)} B$, 当 $(a, b) = 0$ 时, 因 $A \cdot b^{\mathrm{T}} = 0, b$ 为非零向量, 故有 $\det A = 0$.

命题得证.

6.6.1.2 反号对称向量与对称矩阵

设 $a = (a_0, a_1, a_2, \cdots, a_n)$ 为 $n+1$ 维向量, 满足

$$a_i = -a_{n+1-i}, \quad i = 1, 2, \cdots, n, \tag{6.144}$$

即 a 是一个反号对称向量. 记 $a_{n+1+j} = -a_j, j = 1, 2, \cdots, n$. 易知

$$a_{\frac{n+1}{2}} = 0, \quad n \text{ 为奇数}.$$

由此令

$$a_{2l(n+1)+j}=a_j,\quad a_{(2l+1)(n+1)+j}=-a_j,\quad j=1,2,\cdots,n,\quad l\in\mathbb{N}^+,\\ a_{l(n+1)}=a_j,\quad l\in\mathbb{N}^+. \tag{6.145}$$

我们定义反号对称向量的反号移位算子 $\sigma^*:\mathbb{R}^{n+1}\to\mathbb{R}^{n+1}$ 为

$$\begin{aligned}\sigma^*a&=((\sigma^*a)_0,(\sigma^*a)_1,(\sigma^*a)_2,\cdots,(\sigma^*a)_n)\\&=\left(a_{0+(2n+1)},a_{1+(2n+1)},a_{2+(2n+1)},\cdots,a_{n+(2n+1)}\right)\\&=(-a_n,a_0,a_1,\cdots,a_{n-1}),\end{aligned}$$

由此可进一步给出

$$\begin{aligned}&(\sigma^*)^ja\\=&(((\sigma^*)^ja)_0,((\sigma^*)^ja)_1,\cdots,((\sigma^*)^ja)_{l-1},((\sigma^*)^ja)_l,((\sigma^*)^ja)_{l+1},\cdots,((\sigma^*)^ja)_n)\\=&\left(a_{0+j(2n+1)},a_{1+j(2n+1)},\cdots,a_{l-1+j(2n+1)},a_{l+j(2n+1)},\right.\\&\left.a_{l+1+j(2n+1)},\cdots,a_{n+j(2n+1)}\right)\\=&(a_{-j},a_{-j+1},\cdots,a_{-1},a_0,a_1,\cdots,a_{n-j})\\=&(-a_{n+1-j},-a_{n+2-j},\cdots,-a_n,a_0,a_1,\cdots,a_{n-j}),\quad j=0,1,2,\cdots,n,\end{aligned}\tag{6.146}$$

其中 $(\sigma^*)^0a=a$, 即 $(((\sigma^*)^0a)_0,((\sigma^*)^0a)_1,\cdots,((\sigma^*)^0a)_n)=(a_0,a_1,\cdots,a_n)$.

建立矩阵

$$A=\begin{pmatrix}a\\(\sigma^*)a\\(\sigma^*)^2a\\\vdots\\(\sigma^*)^na\end{pmatrix}=\begin{pmatrix}a_0&a_1&a_2&\cdots&a_n\\\left((\sigma^*)^1a\right)_0&\left((\sigma^*)^1a\right)_1&\left((\sigma^*)^1a\right)_2&\cdots&\left((\sigma^*)^1a\right)_n\\\left((\sigma^*)^2a\right)_0&\left((\sigma^*)^2a\right)_1&\left((\sigma^*)^2a\right)_2&\cdots&\left((\sigma^*)^2a\right)_n\\\vdots&\vdots&\vdots&&\vdots\\((\sigma^*)^na)_0&((\sigma^*)^na)_1&((\sigma^*)^na)_2&\cdots&((\sigma^*)^na)_n\end{pmatrix}. \tag{6.147}$$

命题 6.14 (6.147) 中的矩阵 A 是一个对称阵.

证明　我们只需证明 $\forall i,j\in\{0,1,\cdots,n\},i\neq j$, 成立

$$((\sigma^*)^i a)_j=((\sigma^*)^j a)_i \tag{6.148}$$

即可. 实际上由于

$$\begin{aligned}((\sigma^*)^i a)_j&=a_{i(2n+1)+j}\\&=\begin{cases}a_{i(2n+2)+j-i}=a_{j-i}, & j>i,\\ a_{(i-1)(2n+2)+(n+1+j-i)}=a_{2n+2+j-i}=-a_{n+1-(i-j)}=a_{i-j}, & j<i,\end{cases}\\((\sigma^*)^j a)_i&=a_{j(2n+1)+i}\\&=\begin{cases}a_{(j-1)(2n+2)+(2n+2+i-j)}=a_{2n+2-(j-i)}=-a_{n+1-(j-i)}=a_{j-i}, & j>i,\\ a_{j(2n+2)+i-j}=a_{i-j}, & j<i.\end{cases}\end{aligned} \tag{6.149}$$

即知 (6.148) 成立, 命题得证.

容易证明以下结论.

命题 6.15　设 a,b 为两个 $n+1$ 维反号对称向量, 即

$$a=(a_0,a_1,\cdots,a_n),\quad b=(b_0,b_1,\cdots,b_n),$$
$$a_i=-a_{n+1-i},\quad b_i=-b_{n+1-i},\quad i=1,2,\cdots,n,$$

并且记 $a_{l(n+1)+i}=-a_i, b_{l(n+1)+i}=-b_i$, 则向量内积

$$((\sigma^*)^k((\sigma^*)^l a),(\sigma^*)^k((\sigma^*)^i b))=((\sigma^*)^l a,(\sigma^*)^i b). \tag{6.150}$$

证明

$$\begin{aligned}((\sigma^*)^k((\sigma^*)^l a),(\sigma^*)^k((\sigma^*)^i b))&=((\sigma^*)^{k+l}a,(\sigma^*)^{k+i}b)\\&=\sum_{j=0}^{n}\left(((\sigma^*)^{k+l}a)_j,((\sigma^*)^{k+i}b)_j\right)\\&=\sum_{j=0}^{n}\left(a_{(k+l)(2n+1)+j},b_{(k+i)(2n+1)+j}\right)\\&=\sum_{j=0}^{n}(a_{j-k-l},b_{j-k-i})\\&=\sum_{j=0}^{n}(a_{j-l},b_{j-i})\end{aligned}$$

$$= \sum_{j=0}^{n} (a_{l(2n+1)+j}, b_{i(2n+1)+j})$$

$$= \sum_{j=0}^{n} (((\sigma^*)^l a)_j, ((\sigma^*)^i b)_j).$$

命题 6.16 (6.147) 中由反号对称向量得到的矩阵 A 可逆的充要条件是存在一个 $n+1$ 维非零反号对称向量

$$b = (b_0, b_1, \cdots, b_n), \quad b_i = -b_{n+1-i}, \quad i = 1, 2, \cdots, n,$$

使下列内积满足

$$(a, b) \neq 0, \quad ((\sigma^*)^i a, b) = 0, \quad i = 1, 2, \cdots, n. \tag{6.151}$$

证明 我们先证 (6.151) 中的条件可以减少为

$$(a, b) \neq 0, ((\sigma^*)^i a, b) = 0, i = \begin{cases} 1, 2, \cdots, \dfrac{n}{2}, & n \text{ 为偶数}, \\ 1, 2, \cdots, \dfrac{n+1}{2}, & n \text{ 为奇数}. \end{cases} \tag{6.152}$$

为此我们证

$$((\sigma^*)^i a, b) = 0 \Leftrightarrow ((\sigma^*)^{n+1-i} a, b) = 0, i = \begin{cases} 1, 2, \cdots, \dfrac{n}{2}, & n \text{ 为偶数}, \\ 1, 2, \cdots, \dfrac{n+1}{2}, & n \text{ 为奇数}. \end{cases} \tag{6.153}$$

实际上由于

$$\begin{aligned}
&((\sigma^*)^i a, b) \\
&= \sum_{j=0}^{n} ((\sigma^*)^i a)_j b_j \\
&= \sum_{j=0}^{n} a_{i(2n+1)+j} b_j \\
&= \sum_{j=0}^{i-1} a_{(i-1)(2n+2)+(2n+2+j-i)} b_j + \sum_{j=i}^{n} a_{i(2n+2)+j-i} b_j \\
&= \sum_{j=0}^{i-1} a_{j-i} b_j + \sum_{j=i}^{n} a_{j-i} b_j
\end{aligned}$$

$$=\sum_{j=0}^{n} a_{j-i}b_j$$

及

$$\begin{aligned}
&((\sigma^*)^{n+1-i}a, b)\\
=&\sum_{j=0}^{n}((\sigma^*)^{n+1-i}a)_j b_j\\
=&\sum_{j=0}^{n} a_{(n+1-i)(2n+1)+j}b_j\\
=&\sum_{j=0}^{n-i} a_{(n-i)(2n+2)+n+1+j+i}b_j+\sum_{j=n+1-i}^{n} a_{(n+1-i)(2n+2)+(j+i-n-1)}b_j\\
=&\sum_{j=0}^{n-i} a_{n+1+j+i}b_j+\sum_{j=n+1-i}^{n} a_{j+i-(n+1)}b_j\\
=&\sum_{j=0}^{n-i} a_{n+1+j+i}b_j+\sum_{j=n+1-i}^{n} a_{j+i+(n+1)}b_j\\
=&\sum_{j=0}^{n} a_{n+1+j+i}b_j\\
=&-\sum_{j=0}^{n} a_{n+1+j+i}b_{n+1-j}\\
=&-\sum_{l=0}^{n} a_{2n+2-l+i}b_l(l=n+1-j)\\
=&-\sum_{l=0}^{n} a_{i-l}b_l,
\end{aligned}$$

故 (6.153) 成立.

设 $(a,b)=d$. 由命题 6.14 知,

$$B^*=\begin{pmatrix} b\\ (\sigma^*)b\\ (\sigma^*)^2 b\\ \vdots\\ (\sigma^*)^n b\end{pmatrix}=\begin{pmatrix} b^{\mathrm{T}} & ((\sigma^*)b)^{\mathrm{T}} & \left((\sigma^*)^2 b\right)^{\mathrm{T}} & \cdots & ((\sigma^*)^n b)^{\mathrm{T}}\end{pmatrix}$$

也是对称阵. 这时取矩阵 B 中第 j 个列向量 $(\sigma^{j-1}b)^{\mathrm{T}}$ 右乘矩阵 A 中的每个行向

量, 即

$$\begin{pmatrix} a \\ (\sigma^*)\,a \\ (\sigma^*)^2\,a \\ \vdots \\ (\sigma^*)^n\,a \end{pmatrix} \left(\sigma^j b\right)^{\mathrm{T}} = \begin{pmatrix} \left(a, (\sigma^*)^{j-1}\,b\right) \\ \left((\sigma^*)\,a, (\sigma^*)^{j-1}\,b\right) \\ \left((\sigma^*)^2\,a, (\sigma^*)^{j-1}\,b\right) \\ \vdots \\ \left((\sigma^*)^n\,a, (\sigma^*)^{j-1}\,b\right) \end{pmatrix}. \tag{6.154}$$

上式右方的列向量中, 其第 l 个分量为

$$((\sigma^*)^{l-1}a, (\sigma^*)^{j-1}b) = \begin{cases} 0, & l \neq j, \\ (a,b), & l = j. \end{cases}$$

于是,

$$A^* \cdot B^* = \operatorname{diag}\{(a,b), (a,b), \cdots, (a,b)\}.$$

当 $(a,b) \neq 0$ 时, 有 $A^{*-1} = \dfrac{1}{(a,b)}B^*$, 当 $(a,b) = 0$ 时, 因 $A^* \cdot b^{\mathrm{T}} = 0, b$ 为非零向量, 故有 $\det A^* = 0$.

命题得证.

6.6.2 向量 a 为对称向量时方程 (6.127) 的调和解

6.6.2.1 方程 (6.127) 的变分结构

现在利用 6.6.1 节中的结果在

$$X = \left\{ x(t) = a_0 + \sum_{i=1}^{\infty} \left(a_i \cos \frac{2i\pi t}{n+1} + b_i \sin \frac{2i\pi t}{n+1} \right) : a_0, a_i, b_i \in \mathbb{R}, \right.$$
$$\left. \sum_{i=1}^{\infty} i^{2m}(a_i^2 + b_i^2) < \infty \right\}$$

上构造泛函

$$\Phi(x) = \frac{1}{2}\langle Lx, x\rangle + \Psi(x). \tag{6.155}$$

这里 $\langle Lx, x\rangle = \langle Lx, x\rangle_{2m}$, 之后的范数 $\|x\| = \sqrt{\langle x, x\rangle} = \sqrt{\langle x, x\rangle_{2m}} = \|x\|_{2m}$. 由循环向量 $a = (a_0, a_1, \cdots, a_n)$ 得到的对称阵 A 非退化时, (6.155) 中

$$\begin{aligned} &Lx = P^{-2m}(p_m(D^2)) \left(b_0 x(t) + \sum_{i=1}^{n} b_i x(t-i) \right), \\ &F(t,x) = \int_0^x f(t,s)ds, \quad \Psi(x) = \int_0^{n+1} F(t, x(t))dt. \end{aligned} \tag{6.156}$$

而向量 $b=(b_0,b_1,\cdots,b_n)$ 是在 6.6.1 节讨论过的、满足

$$(a,b)=1,\quad (\sigma^i a,b)=0,\quad i=1,2,\cdots,n \tag{6.157}$$

的 $n+1$-维对称向量.

和第 4 章中一样, 可证泛函 $\Phi(x)$ 连续可微, 其微分可表示为

$$\langle\Phi'(x),y\rangle=\big\langle(L+P^{-2m}f(t,\cdot))x,y\big\rangle,\quad \forall y\in X. \tag{6.158}$$

引理 6.8　设 x 是 (6.155) 中泛函 $\Phi(x)$ 的临界点, 则 $x=x(t)$ 是方程 (6.127) 的一个 $n+1$-周期古典解.

证明　由于泛函 $\Phi(x)$ 的微分可以表示为

$$\langle\Phi'(x),y\rangle=\big\langle(L+P^{-2m}f(t,\cdot))x,y\big\rangle,\quad \forall y\in X.$$

如果 $x=x(t)$ 是泛函 $\Phi(x)$ 的临界点, 则

$$\Phi'(x(t))=(Lx)(t)+P^{-2m}f(t,x(t))=0,\quad \text{a.e.}\quad t\in[0,n+1],$$

由

$$\begin{aligned}0&=(Lx)(t)+P^{-2m}f(t,x(t))\\&=P^{-2m}\left[b_0p_m(D^2)x(t)+\sum_{i=1}^{n}b_ip_m(D^2)x(t-i)+f(t,x(t))\right],\quad \text{a.e.}\quad t\in[0,n+1],\end{aligned}$$

即对 a.e.$t\in[0,n+1]$, 有

$$b_0p_m(D^2)x(t)+\sum_{i=1}^{n}b_ip_m(D^2)x(t-i)+f(t,x(t))=0$$

成立. 因 $f(t,x)$ 关于 t 是 1-周期的, 故有

$$b_0p_m(D^2)x(t-j)+\sum_{i=1}^{n}b_ip_m(D^2)x(t-i-j)+f(t,x(t-j))=0,\quad j=0,1,2,\cdots,n. \tag{6.159}$$

亦即

$$\begin{aligned}&(b_0,b_1,\cdots,b_n)\cdot(p_m(D^2)x(t-j),p_m(D^2)x(t-j-1),\cdots,p_m(D^2)x(t-j-n))\\&\quad=-f(t,x(t-j)).\end{aligned}$$

再由 $x(t)$ 的 $n+1$-周期性, 上式可写为

$$\begin{aligned}&\sigma^j(b_0,b_1,\cdots,b_n)\cdot(p_m(D^2)x(t),p_m(D^2)x(t-1),\cdots,p_m(D^2)x(t-n))\\&=-f(t,x(t-j)),\quad j=0,1,\cdots,n.\end{aligned}\tag{6.160}$$

记 $\sigma^j b=((\sigma^j b)_0,(\sigma^j b)_1,\cdots,(\sigma^j b)_n)$, 将上列 $n+1$ 个等式用向量形式表示即得

$$\begin{pmatrix}b_0 & b_1 & \cdots & b_n\\(\sigma b)_0 & (\sigma b)_1 & \cdots & (\sigma b)_n\\\vdots & \vdots & & \vdots\\(\sigma^n b)_0 & (\sigma^n b)_1 & \cdots & (\sigma^n b)_n\end{pmatrix}\begin{pmatrix}p_m\left(D^2\right)x(t)\\p_m\left(D^2\right)x(t-1)\\\vdots\\p_m\left(D^2\right)x(t-n)\end{pmatrix}=-\begin{pmatrix}f(t,x(t))\\f(t,x(t-1))\\\vdots\\f(t,x(t-n))\end{pmatrix}.$$

根据 6.6.1.1 节中的讨论, 我们有

$$\begin{pmatrix}a_0 & a_1 & \cdots & a_n\\(\sigma a)_0 & (\sigma a)_1 & \cdots & (\sigma a)_n\\\vdots & \vdots & & \vdots\\(\sigma^n a)_0 & (\sigma^n a)_1 & \cdots & (\sigma^n a)_n\end{pmatrix}^{-1}\begin{pmatrix}p_m(D^2)x(t)\\p_m(D^2)x(t-1)\\\vdots\\p_m(D^2)x(t-n)\end{pmatrix}=-\begin{pmatrix}f(t,x(t))\\f(t,x(t-1))\\\vdots\\f(t,x(t-n))\end{pmatrix}.$$

于是得

$$\begin{pmatrix}p_m(D^2)x(t)\\p_m(D^2)x(t-1)\\\vdots\\p_m(D^2)x(t-n)\end{pmatrix}=-\begin{pmatrix}a_0 & a_1 & \cdots & a_n\\(\sigma a)_0 & (\sigma a)_1 & \cdots & (\sigma a)_n\\\vdots & \vdots & & \vdots\\(\sigma^n a)_0 & (\sigma^n a)_1 & \cdots & (\sigma^n a)_n\end{pmatrix}\begin{pmatrix}f(t,x(t))\\f(t,x(t-1))\\\vdots\\f(t,x(t-n))\end{pmatrix}.\tag{6.161}$$

由 (6.161) 中的第一个方程, 即知 $x(t)$ 满足

$$p_m(D^2)x(t)=-\left[a_0f(t,x(t))+\sum_{i=1}^{n}a_if(t,x(t-i))\right],$$

且由 f,x 的连续性, 易得 x 有 $2m$ 次连续可微性, 故 $x(t)$ 是方程 (6.127) 的古典解.

和 6.4 节中一样, 令

$$X=X(0)+\sum_{i=1}^{\infty}X(i),$$

$$X(0)=\{c_0\in\mathbb{R}\},\quad X(i)=\left\{c_i\cos\frac{2i\pi t}{n+1}+d_i\sin\frac{2i\pi t}{n+1}:c_i,d_i\in\mathbb{R}\right\}.$$

记

$$\varphi_k=\sum_{j=0}^{n}b_j\cos\frac{2kj\pi}{n+1},\tag{6.162}$$

则 φ_k 关于下标 k 是 $n+1$ 周期的, 故最多有 $n+1$ 个互不相同的值, 即有

$$\varphi_{l(n+1)+k}=\varphi_k,\quad k=0,1,2,\cdots,n.$$

特别当 $k=0$ 时, 有 $l=0$, 故

$$\varphi_{l(n+1)}=\varphi_0=\sum_{i=0}^{n}b_i.\tag{6.163}$$

由此将 $\sum\limits_{i=1}^{\infty}X(i)$ 中的子空间分为 $n+1$ 组,

$$X_{(k)}=\sum_{l=0}^{\infty}X(l(n+1)+k),\quad k=0,1,2,\cdots,n;\quad l\geqslant 0.$$

实际上我们还可以得到如下命题.

命题 6.17 由 (6.162) 定义的 φ_k 满足

$$\varphi_{(n+1)-k}=\varphi_k,\quad k=1,2,\cdots,n.$$

证明 对 $k=1,2,\cdots,n$,

$$\begin{aligned}\varphi_{n+1-k}&=\sum_{i=0}^{n}b_i\cos\frac{2(n+1-k)i\pi}{n+1}\\&=\sum_{i=0}^{n}b_i\cos\left(2i\pi-\frac{2ki\pi}{n+1}\right)=\sum_{i=0}^{n}b_i\cos\frac{2ki\pi}{n+1}=\varphi_k.\end{aligned}$$

以下计算 (6.155) 中定义的泛函 $\Phi(x)$.

设 $x\in X(l(n+1))\subset X_{(0)}$ 时,

$$\langle Lx,x\rangle=\left\langle P^{-2m}(p_m(D^2))\left(b_0x(t)+\sum_{i=1}^{n}b_ix(t-i)\right),x\right\rangle=p_m(-4l^2\pi^2)\varphi_0||x||_0^2.$$

$$\begin{aligned}\Psi(x)&=\int_0^{n+1}F(t,x(t))dt\\&=\frac{\beta_2}{2}\int_0^{n+1}(x(t),x(t))dt+\int_0^{n+1}\left[F(t,x(t))-\frac{\beta_2}{2}|x(t)|^2\right]dt\end{aligned}$$

$$= \frac{\beta_2}{2}||x||_0^2 + \int_0^{n+1} \left[F(t, x(t)) - \frac{\beta_2}{2}|x(t)|^2\right] dt,$$

$$\Psi(x) = \frac{\beta_1}{2}\int_0^{n+1} (x(t), x(t))dt + \int_0^{n+1} \left[F(t, x(t)) - \frac{\beta_1}{2}|x(t)|^2\right] dt$$

$$= \frac{\beta_1}{2}||x||_0^2 + \int_0^{n+1} \left[F(t, x(t)) - \frac{\beta_1}{2}|x(t)|^2\right] dt.$$

$x \in X(l(n+1)+k) \subset X_{(k)}, k \in \{1, 2, \cdots, n\}$ 时,

$$x(t) = c_{l(n+1)+k} \cos \frac{2(l(n+1)+k)\pi t}{n+1} + d_{l(n+1)+k} \sin \frac{2(l(n+1)+k)\pi t}{n+1}.$$

因

$$\begin{aligned}
&\sum_{i=0}^{n} b_i x(t-i) \\
&= \sum_{i=0}^{n} b_i \left(c_{l(n+1)+k} \cos \frac{2(l(n+1)+k)\pi(t-i)}{n+1} \right. \\
&\quad \left. + d_{l(n+1)+k} \sin \frac{2(l(n+1)+k)\pi(t-i)}{n+1} \right) \\
&= \left(c_{l(n+1)+k} \cos \frac{2(l(n+1)+k)\pi t}{n+1} \right. \\
&\quad \left. + d_{l(n+1)+k} \sin \frac{2(l(n+1)+k)\pi t}{n+1} \right) \sum_{i=0}^{n} b_i \cos \frac{2ik\pi}{n+1} \\
&\quad - \left(d_{l(n+1)+k} \cos \frac{2(l(n+1)+k)\pi t}{n+1} \right. \\
&\quad \left. - c_{l(n+1)+k} \sin \frac{2(l(n+1)+k)\pi t}{n+1} \right) \sum_{i=0}^{n} b_i \sin \frac{2ik\pi}{n+1} \\
&= x(t) \sum_{i=0}^{n} b_i \cos \frac{2ik\pi}{n+1} - (\Omega x)(t) \sum_{i=0}^{n} b_i \sin \frac{2ik\pi}{n+1} \\
&= \varphi_k x(t) - (\Omega x)(t) \sum_{i=0}^{n} b_i \sin \frac{2ik\pi}{n+1}.
\end{aligned}$$

故有

$$\langle Lx, x \rangle = \left\langle P^{-2m} p_m(D^2) \sum_{i=0}^{n} b_i x(t-i), x(t) \right\rangle$$

$$
\begin{aligned}
&= p_m\left(-\left(\frac{2(l(n+1)+k)\pi}{n+1}\right)^2\right)\int_0^{n+1}\left(\sum_{i=0}^n b_i x(t-i), x(t)\right)dt \\
&= p_m\left(-\left(\frac{2(l(n+1)+k)\pi}{n+1}\right)^2\right)\sum_{i=0}^n b_i\cos\frac{2ki\pi}{n+1}\int_0^{n+1}(x(t),x(t))dt \\
&= \varphi_k p_m\left(-\left(\frac{2(l(n+1)+k)\pi}{n+1}\right)^2\right)||x||_0^2 \\
&= \frac{1}{(l(n+1)+k)^{2m}}\varphi_k p_m\left(-\left(\frac{2(l(n+1)+k)\pi}{n+1}\right)^2\right)||x||^2.
\end{aligned}
$$

同时,

$$
\begin{aligned}
\Psi(x) &= \int_0^{n+1} F(t,x(t))dt \\
&= \frac{\beta_2}{2}\int_0^{n+1}(x(t),x(t))dt + \int_0^{n+1}\left[F(t,x(t)) - \frac{\beta_2}{2}|x|^2\right]dt \\
&= \frac{\beta_2}{2}||x||_0^2 + \int_0^{n+1}\left[F(t,x(t)) - \frac{\beta_2}{2}|x|^2\right]dt \\
&= \frac{\beta_2}{2i^{2m}}||x||^2 + \int_0^{n+1}\left[F(t,x(t)) - \frac{\beta_2}{2}|x|^2\right]dt, \\
\Psi(x) &= \frac{\beta_1}{2}\int_0^{n+1}(x(t),x(t))dt + \int_0^{n+1}\left[F(t,x(t)) - \frac{\beta_1}{2}|x|^2\right]dt \\
&= \frac{\beta_1}{2}||x||_0^2 + \int_0^{n+1}\left[F(t,x(t)) - \frac{\beta_1}{2}|x|^2\right]dt \\
&= \frac{\beta_1}{2i^{2m}}||x||^2 + \int_0^{n+1}\left[F(t,x(t)) - \frac{\beta_1}{2}|x|^2\right]dt. \qquad (6.164)
\end{aligned}
$$

由此对 $k=0,1,2,\cdots,n$ 定义

$$
X_{\infty,k}^+(l) = \begin{cases} X(l(n+1)+k), & \varphi_k p_m\left(-\left(\frac{2(l(n+1)+k)\pi}{n+1}\right)^2\right)+\beta_1 > 0, \\ \varnothing, & \varphi_k p_m\left(-\left(\frac{2(l(n+1)+k)\pi}{n+1}\right)^2\right)+\beta_1 \leqslant 0, \end{cases}
$$

$$X_{\infty,k}^{-}(l)=\begin{cases}X(l(n+1)+k), & \varphi_k p_m\left(-\left(\dfrac{2(l(n+1)+k)\pi}{n+1}\right)^2\right)+\beta_2<0,\\ \varnothing, & \varphi_k p_m\left(-\left(\dfrac{2(l(n+1)+k)\pi}{n+1}\right)^2\right)+\beta_2\geqslant 0,\end{cases} \tag{6.165}$$

$$X_{0,k}^{+}(l)=\begin{cases}X(l(n+1)+k), & \varphi_k p_m\left(-\left(\dfrac{2(l(n+1)+k)\pi}{n+1}\right)^2\right)+\alpha_1>0,\\ \varnothing, & \varphi_k p_m\left(-\left(\dfrac{2(l(n+1)+k)\pi}{n+1}\right)^2\right)+\alpha_1\leqslant 0,\end{cases}$$
$$X_{0,k}^{-}(l)=\begin{cases}X(l(n+1)+k), & \varphi_k p_m\left(-\left(\dfrac{2(l(n+1)+k)\pi}{n+1}\right)^2\right)+\alpha_2<0,\\ \varnothing, & \varphi_k p_m\left(-\left(\dfrac{2(l(n+1)+k)\pi}{n+1}\right)^2\right)+\alpha_2\geqslant 0.\end{cases} \tag{6.166}$$

$$\begin{aligned}X_{\infty,k}^{+}&=\bigoplus_{l=0}^{\infty}X_{\infty,k}^{+}(l), \quad X_{\infty,k}^{-}=\bigoplus_{l=0}^{\infty}X_{\infty,k}^{-}(l),\\ X_{0,k}^{+}&=\bigoplus_{l=0}^{\infty}X_{0,k}^{+}(l), \quad X_{0,k}^{-}=\bigoplus_{l=0}^{\infty}X_{0,k}^{-}(l).\end{aligned} \tag{6.167}$$

又记

$$X_{\infty}^{+}=\sum_{k=0}^{n}X_{\infty,k}^{+}, \quad X_{\infty}^{-}=\sum_{k=0}^{n}X_{\infty,k}^{-}, \quad X_{0}^{+}=\sum_{k=0}^{n}X_{0,k}^{+}, \quad X_{0}^{-}=\sum_{k=0}^{n}X_{0,k}^{-}.$$

对于每个 $k\in\{0,1,2,\cdots,n\}$, 显然,

$$\lim_{l\to\infty}\varphi_k p_m\left(-\left(\frac{2(l(n+1)+k)\pi}{n+1}\right)^2\right)\operatorname{sgn}(\varphi_k e_m)=-\infty. \tag{6.168}$$

故 $X_{\infty,k}^{0}=X/(X_{\infty,k}^{+}\oplus X_{\infty,k}^{-})$ 是有限维的, 从而 $X_{\infty}^{0}=\sum\limits_{k=0}^{n}X_{\infty,k}^{0}$ 也是有限维的. 由此, 和引理 6.3 一样可证下列引理.

引理 6.9 根据 (6.156) 构造的泛函 (6.155) 满足 (PS)-条件.

同样由 (6.168) 可导出对每个 $k\in\{0,1,2,\cdots,n\}$, 存在 $l_k>1$, 当 $l>l_k$ 时,

$$\begin{aligned}&\dim X_{\infty,k}^{+}(l)+\dim X_{0,k}^{-}(l)-\dim X(l(n+1)+k)=0,\\ &\dim X_{\infty,k}^{-}(l)+\dim X_{0,k}^{+}(l)-\dim X(l(n+1)+k)=0.\end{aligned} \tag{6.169}$$

由此取 $\hat{l}=\max\{l_0,l_1,\cdots,l_n\}$, 则当 $l>\hat{l}$ 时, (6.169) 对所有 $k\in\{0,1,2,\cdots,n\}$ 均成立.

6.6.2.2 方程 (6.127) 调和解的重数

为利用定理 2.29 讨论 (6.155) 所定义泛函 $\Phi(x)$ 临界点的多重性, 首先取定

$$X^+=X_\infty^+,\quad X^-=X_0^-. \tag{6.170}$$

于是,

$$\begin{aligned}
&\dim(X^+\cap X^-)-\dim C_X(X^++X^-)\\
=&\sum_{i=0}^{\infty}[\dim X_\infty^+(i)+\dim X_0^-(i)-\dim X(i)]\\
=&\sum_{k=0}^{n}\sum_{l=0}^{\infty}[\dim X_{\infty,k}^+(l)+\dim X_{0,k}^-(l)-\dim X(l(n+1)+k)]\\
=&\sum_{k=0}^{n}\sum_{l=0}^{\hat{l}}[\dim X_{\infty,k}^+(l)+\dim X_{0,k}^-(l)-\dim X(l(n+1)+k)].
\end{aligned} \tag{6.171}$$

这时记

$$\begin{aligned}
m_1&=\dim X_\infty^+(0)+\dim X_0^-(0)-\dim X(0)=\dim X_\infty^+(0)+\dim X_0^-(0)-1,\\
m_2&=\sum_{i=1}^{\infty}[\dim X_\infty^+(i)+\dim X_0^-(i)-\dim X(i)]\\
&=\sum_{\substack{k=0\\ l+k>0}}^{n}\sum_{l=0}^{\infty}[\dim X_{\infty,k}^+(l)+\dim X_{0,k}^-(l)-\dim X(l(n+1)+k)]\\
&=\sum_{\substack{k=0\\ l+k>0}}^{n}\sum_{l=0}^{\hat{l}}[\dim X_{\infty,k}^+(l)+\dim X_{0,k}^-(l)-\dim X(l(n+1)+k)]\\
&=2l^*.
\end{aligned} \tag{6.172}$$

由定理 2.29 可得如下定理.

定理 6.12 设方程 (6.127) 满足 (6.128) 中条件, 其中 a 是对称向量, 则

(1) 当 $m_1=1$ 时, 方程 (6.127) 至少有两个各不相同的非平凡定常解.

(2) 当 $m_2=2l^*\geqslant 2$ 时, 方程 (6.127) 至少有 l^* 个几何上各不相同的 $n+1$-周期调和解, 满足 $\int_0^{n+1}x(t)dt=0$.

(3) 当 $m_1 = 1, m_2 = 2l^* \geqslant 2$ 时, 方程 (6.127) 至少有 $l^* + 1$ 个几何上各不相同的 $n+1$-周期的周期轨道.

同时, 我们令

$$X^+ = X_0^+, \quad X^- = X_\infty^-, \tag{6.173}$$

并记

$$\begin{aligned}
\hat{m}_1 &= \dim X_0^+(0) + \dim X_\infty^-(0) - \dim X(0) = \dim X_0^+(0) + \dim X_\infty^-(0) - 1, \\
\hat{m}_2 &= \sum_{i=1}^{\infty} [\dim X_0^+(i) + \dim X_\infty^-(i) - \dim X(i)] \\
&= \sum_{\substack{k=0 \\ l+k>0}}^{n} \sum_{l=0}^{\infty} [\dim X_{0,k}^+(l) + \dim X_{\infty,k}^-(l) - \dim X(l(n+1)+k)] \\
&= \sum_{\substack{k=0 \\ l+k>0}}^{n} \sum_{l=0}^{\hat{l}} [\dim X_{0,k}^+(l) + \dim X_{\infty,k}^-(l) - \dim X(l(n+1)+k)] \\
&= 2\hat{l}^*.
\end{aligned} \tag{6.174}$$

同样由定理 2.29 可得如下定理.

定理 6.13 设方程 (6.127) 满足 (6.128) 中条件, 其中 a 是对称向量, 则

(1) 当 $\hat{m}_1 = 1$ 时, 方程 (6.127) 至少有两个各不相同的非平凡定常解.

(2) 当 $\hat{m}_2 = 2\hat{l}^* \geqslant 2$ 时, 方程 (6.127) 至少有 $\hat{l}^*$ 个几何上各不相同的 $n+1$-周期调和解, 满足 $\int_0^{n+1} x(t)dt = 0$.

(3) 当 $\hat{m}_1 = 1, \hat{m}_2 = 2\hat{l}^* \geqslant 2$ 时, 方程 (6.127) 至少有 $\hat{l}^* + 1$ 个几何上各不相同且均值非零的 $n+1$-周期调和解.

6.6.3 向量 a 为反号对称向量时方程 (6.127) 的调和解

6.6.3.1 方程 (6.127) 的变分结构

这时我们需要在满足

$$x(t-(n+1)) = -x(t) \tag{6.175}$$

的前提下讨论方程 (6.127) 的周期为 $2(n+1)$ 的调和解. 因此函数空间取为

$$X = \left\{ x(t) = \sum_{i=1}^{\infty} \left(c_i \cos \frac{(2i+1)\pi t}{n+1} + d_i \sin \frac{(2i+1)\pi t}{n+1} \right) : c_i, d_i \in \mathbb{R}, \right.$$
$$\left. \sum_{i=1}^{\infty} i^{2m}(c_i^2 + d_i^2) < \infty \right\}.$$

在 X 上定义内积和范数

$$\langle x,y\rangle=\langle x,y\rangle_{2m}=\int_0^{2(n+1)}(P^{2m}x(t),y(t))dt,$$
$$||x||=||x||_{2m}=\sqrt{\langle x,x\rangle_{2m}},$$

则 $(X,||\cdot||)$ 为一个 Hilbert 空间. 在 X 上构造泛函

$$\Phi(x)=\frac{1}{2}\langle Lx,x\rangle+\Psi(x). \tag{6.176}$$

当由反号对称向量 $a=(a_0,a_1,\cdots,a_n)$ 得到的反号对称阵 A 非退化时, (6.176) 中

$$\begin{aligned}&Lx=P^{-2m}(p_m(D^2))\left(b_0x(t)+\sum_{i=1}^{n}b_ix(t-i)\right),\\&F(t,x)=\int_0^x f(t,s)ds,\quad \Psi(x)=\int_0^{2(n+1)}F(t,x(t))dt.\end{aligned} \tag{6.177}$$

而向量 $b=(b_0,b_1,\cdots,b_n)$ 是在 6.6.1 节讨论过的、满足

$$(a,b)=1,\quad (\sigma^ia,b)=0,\quad i=1,2,\cdots,n \tag{6.178}$$

的 $n+1$-维反号对称向量.

和第 4 章中一样, 可证泛函 $\Phi(x)$ 连续可微, 其微分可表示为

$$\langle\Phi'(x),y\rangle=\left\langle(L+P^{-2m}f(t,\cdot))x,y\right\rangle,\forall y\in X. \tag{6.179}$$

与引理 6.4 一样, 可证以下引理.

引理 6.10 设 x 是 (6.176) 中泛函 $\Phi(x)$ 的临界点, 则 $x=x(t)$ 是方程 (6.127) 的一个 $2(n+1)$-周期古典解.

现在令

$$\begin{aligned}&X=\sum_{i=1}^{\infty}X(i),\\&X(k)=\left\{c_i\cos\frac{(2i+1)\pi t}{n+1}+d_i\sin\frac{(2i+1)\pi t}{n+1}:c_i,d_i\in\mathbb{R}\right\}.\end{aligned} \tag{6.180}$$

记

$$\psi_k=\sum_{j=0}^{n}b_j\cos\frac{(2k+1)j\pi}{n+1}, \tag{6.181}$$

则 ψ_k 关于下标是 $n+1$-周期的, 故最多有 $n+1$ 对互不相同的值, 即有

$$\psi_{l(n+1)+k} = \psi_k, \quad k = 0, 1, 2, \cdots, n, \tag{6.182}$$

并有以下命题.

命题 6.18 设 ψ_k 由 (6.181) 定义, 则当 $n = 2j+1, j \geqslant 1$ 时,

$$\psi_{n-k} = \psi_k, \quad k \in \{0, 1, \cdots, n\} \backslash \{[(n+1)/2]\}, \tag{6.183}$$

证明 对 $k \neq \left[\dfrac{n+1}{2}\right]$,

$$\psi_{n-k} = b_0 + \sum_{i=1}^{n} b_i \cos\frac{(2(n-k)+1)i\pi}{n+1} = b_0 + \sum_{i=1}^{n} b_i \cos\frac{(2k+1)i\pi}{n+1} = \psi_k.$$

由此将 $\sum\limits_{k=1}^{\infty} X(k)$ 中的子空间分为 $n+1$ 组,

$$X_{(k)} = \sum_{l=0}^{\infty} X(l(n+1)+k), \quad k = 0, 1, 2, \cdots, n; \quad l \geqslant 0.$$

设 $x \in X(l(n+1)+k) \subset X_{(k)}, k = 0, 1, \cdots, n; k+l \geqslant 1$,

$$\begin{aligned}
&\langle Lx, x\rangle \\
&= \left\langle P^{-2m}(p_m(D^2)) \left(b_0 x(t) + \sum_{i=1}^{n} b_i x(t-i)\right), x \right\rangle \\
&= p_m\left(-\left(\frac{(2l(n+1)+2k+1)\pi}{n+1}\right)^2\right) \psi_k \|x\|_0^2.
\end{aligned}$$

$$\begin{aligned}
\Psi(x) &= \int_0^{2(n+1)} F(t, x(t))dt \\
&= \frac{\beta_2}{2}\int_0^{2(n+1)} (x(t), x(t))dt + \int_0^{2(n+1)} \left[F(t, x(t)) - \frac{\beta_2}{2}|x(t)|^2\right] dt \\
&= \frac{\beta_2}{2}\|x\|_0^2 + \int_0^{2(n+1)} \left[F(t, x(t)) - \frac{\beta_2}{2}|x(t)|^2\right] dt, \\
\Psi(x) &= \frac{\beta_1}{2}\int_0^{2(n+1)} (x(t), x(t))dt + \int_0^{2(n+1)} \left[F(t, x(t)) - \frac{\beta_1}{2}|x(t)|^2\right] dt \\
&= \frac{\beta_1}{2}\|x\|_0^2 + \int_0^{2(n+1)} \left[F(t, x(t)) - \frac{\beta_1}{2}|x(t)|^2\right] dt.
\end{aligned}$$

这时

$$x(t)=c_{l(n+1)+k}\cos\frac{(2(l(n+1)+k)+1)\pi t}{n+1}+d_{l(n+1)+k}\sin\frac{(2(l(n+1)+k)+1)\pi t}{n+1},$$

因

$$\begin{aligned}&\sum_{i=0}^{n}b_ix(t-i)\\=&\sum_{i=0}^{n}b_i\left(c_{l(n+1)+k}\cos\frac{(2l(n+1)+2k+1)\pi(t-i)}{n+1}\right.\\&\left.+d_{l(n+1)+k}\sin\frac{(2l(n+1)+2k+1)\pi(t-i)}{n+1}\right)\\=&\left(c_{l(n+1)+k}\cos\frac{2(l(n+1)+2k+1)\pi t}{n+1}\right.\\&\left.+d_{l(n+1)+k}\sin\frac{2(l(n+1)+2k+1)\pi t}{n+1}\right)\sum_{i=0}^{n}b_i\cos\frac{(2k+1)i\pi}{n+1}\\&-\left(d_{l(n+1)+k}\cos\frac{2(l(n+1)+2k+1)\pi t}{n+1}\right.\\&\left.-c_{l(n+1)+k}\sin\frac{2(l(n+1)+2k+1)\pi t}{n+1}\right)\sum_{i=0}^{n}b_i\sin\frac{(2k+1)i\pi}{n+1}\\=&x(t)\sum_{i=0}^{n}b_i\cos\frac{(2k+1)i\pi}{n+1}-(\Omega x)(t)\sum_{i=0}^{n}b_i\sin\frac{(2k+1)i\pi}{n+1}\\=&\psi_kx(t)-(\Omega x)(t)\sum_{i=0}^{n}b_i\sin\frac{(2k+1)i\pi}{n+1}.\end{aligned}$$

故有

$$\begin{aligned}\langle Lx,x\rangle=&\left\langle P^{-2m}p_m(D^2)\sum_{i=0}^{n}b_ix(t-i),x(t)\right\rangle\\=&p_m\left(-\left(\frac{(2l(n+1)+2k+1)\pi}{n+1}\right)^2\right)\int_0^{2(n+1)}\left(\sum_{i=0}^{n}b_ix(t-i),x(t)\right)dt\\=&p_m\left(-\left(\frac{(2l(n+1)+2k+1)\pi}{n+1}\right)^2\right)\sum_{i=0}^{n}b_i\cos\frac{(2k+1)i\pi}{n+1}\\&\cdot\int_0^{2(n+1)}(x(t),x(t))dt\\=&\psi_kp_m\left(-\left(\frac{(2l(n+1)+2k+1)\pi}{n+1}\right)^2\right)||x||_0^2\end{aligned}$$

$$= \frac{1}{(2l(n+1)+2k+1)^{2m}} \psi_k p_m \left(-\left(\frac{(2l(n+1)+2k+1)\pi}{n+1} \right)^2 \right) ||x||^2.$$

由此对 $k=0,1,2,\cdots,n; k+l>0$ 定义

$$X^+_{\infty,k}(l) = \begin{cases} X(l(n+1)+k), & \psi_k p_m \left(-\left(\frac{(2l(n+1)+2k+1)\pi}{n+1} \right)^2 \right) + \beta_1 > 0, \\ \varnothing, & \psi_k p_m \left(-\left(\frac{(2l(n+1)+2k+1)\pi}{n+1} \right)^2 \right) + \beta_1 \leqslant 0, \end{cases}$$

$$X^-_{\infty,k}(l) = \begin{cases} X(l(n+1)+k), & \psi_k p_m \left(-\left(\frac{(2l(n+1)+2k+1)\pi}{n+1} \right)^2 \right) + \beta_2 < 0, \\ \varnothing, & \psi_k p_m \left(-\left(\frac{(2l(n+1)+2k+1)\pi}{n+1} \right)^2 \right) + \beta_2 \geqslant 0, \end{cases} \tag{6.184}$$

$$X^+_{0,k}(l) = \begin{cases} X(l(n+1)+k), & \psi_k p_m \left(-\left(\frac{(2l(n+1)+2k+1)\pi}{n+1} \right)^2 \right) + \alpha_1 > 0, \\ \varnothing, & \psi_k p_m \left(-\left(\frac{(2l(n+1)+2k+1)\pi}{n+1} \right)^2 \right) + \alpha_1 \leqslant 0, \end{cases}$$

$$X^-_{0,k}(l) = \begin{cases} X(l(n+1)+k), & \psi_k p_m \left(-\left(\frac{(2l(n+1)+2k+1)\pi}{n+1} \right)^2 \right) + \alpha_2 < 0, \\ \varnothing, & \psi_k p_m \left(-\left(\frac{(2l(n+1)+2k+1)\pi}{n+1} \right)^2 \right) + \alpha_2 \geqslant 0. \end{cases} \tag{6.185}$$

$$\begin{aligned} X^+_{\infty,k} &= \bigoplus_{l=0}^{\infty} X^+_{\infty,k}(l), \quad X^-_{\infty,k} = \bigoplus_{l=0}^{\infty} X^-_{\infty,k}(l), \\ X^+_{0,k} &= \bigoplus_{l=0}^{\infty} X^+_{0,k}(l), \quad X^-_{0,k} = \bigoplus_{l=0}^{\infty} X^-_{0,k}(l). \end{aligned} \tag{6.186}$$

又记

$$X^+_{\infty} = \sum_{k=0}^{n} X^+_{\infty,k}, \quad X^-_{\infty} = \sum_{k=0}^{n} X^-_{\infty,k}, \quad X^+_{0} = \sum_{k=0}^{n} X^+_{0,k}, \quad X^-_{0} = \sum_{k=0}^{n} X^-_{0,k}.$$

对于每个 $k \in \{0,1,2,\cdots,n\}$, 显然,

$$\lim_{l\to\infty}\varphi_k p_m\left(-\left(\frac{2(l(n+1)+2k+1)\pi}{n+1}\right)^2\right)\operatorname{sgn}(\varphi_k e_m)=-\infty. \tag{6.187}$$

故 $X^0_{\infty,k}=X/(X^+_{\infty,k}\oplus X^-_{\infty,k})$ 是有限维的, 从而 $X^0_\infty=\sum\limits_{k=0}^{n}X^0_{\infty,k}$ 也是有限维的. 由此, 和引理 6.3 一样可证如下引理.

引理 6.11 根据 (6.177) 构造的泛函 (6.176) 满足 (PS)-条件.

同样由 (6.187) 可导出对每个 $k\in\{0,1,2,\cdots,n\}$, 存在 $l_k>1$, 当 $l>l_k$ 时,

$$\begin{aligned}&\dim X^+_{\infty,k}(l)+\dim X^-_{0,k}(l)-\dim X(l(n+1)+k)=0,\\&\dim X^-_{\infty,k}(l)+\dim X^+_{0,k}(l)-\dim X(l(n+1)+k)=0.\end{aligned} \tag{6.188}$$

由此取 $\hat{l}=\max\{l_0,l_1,\cdots,l_n\}$, 则当 $l>\hat{l}$ 时, (6.188) 对所有 $k\in\{0,1,2,\cdots,n\}$ 均成立.

6.6.3.2 方程 (6.127) 调和解的重数

为利用定理 2.29 讨论 (6.176) 所定义泛函 $\Phi(x)$ 临界点的多重性, 首先取定

$$X^+=X^+_\infty,\quad X^-=X^-_0. \tag{6.189}$$

于是,

$$\begin{aligned}&\dim(X^+\cap X^-)-\dim C_X(X^++X^-)\\=&\sum_{i=1}^{\infty}[\dim X^+_\infty(i)+\dim X^-_0(i)-\dim X(i)]\\=&\sum_{\substack{k=0\\k+l>0}}^{n}\sum_{l=0}^{\infty}[\dim X^+_{\infty,k}(l)+\dim X^-_{0,k}(l)-\dim X(l(n+1)+k)]\\=&\sum_{\substack{k=0\\k+l>0}}^{n}\sum_{l=0}^{\hat{l}}[\dim X^+_{\infty,k}(l)+\dim X^-_{0,k}(l)-\dim X(l(n+1)+k)].\end{aligned} \tag{6.190}$$

这时记

$$\begin{aligned}m_2=&\sum_{i=1}^{\infty}[\dim X^+_\infty(i)+\dim X^-_0(i)-\dim X(i)]\\=&\sum_{\substack{k=0\\l+k>0}}^{n}\sum_{l=0}^{\infty}[\dim X^+_{\infty,k}(l)+\dim X^-_{0,k}(l)-\dim X(l(n+1)+k)]\end{aligned}$$

$$= \sum_{\substack{k=0\\l+k>0}}^{n} \sum_{l=0}^{\hat{l}} [\dim X_{\infty,k}^{+}(l) + \dim X_{0,k}^{-}(l) - \dim X(l(n+1)+k)]$$

$$= 2l^*. \tag{6.191}$$

由定理 2.29 可得以下定理.

定理 6.14 设方程 (6.127) 满足 (6.128) 中条件, 其中 a 是反号对称向量, 则当 $m_2 = 2l^* \geqslant 2$ 时, 方程 (6.127) 至少有 l^* 个几何上各不相同的 $2(n+1)$-周期调和解, 满足 $x(t-n-1) = -x(t)$.

同时, 我们令

$$X^+ = X_0^+, \quad X^- = X_\infty^-, \tag{6.192}$$

并记

$$\hat{m}_2 = \sum_{i=1}^{\infty} [\dim X_\infty^-(i) + \dim X_0^+(i) - \dim X(i)]$$

$$= \sum_{\substack{k=0\\l+k>0}}^{n} \sum_{l=0}^{\infty} [\dim X_{\infty,k}^{-}(l) + \dim X_{0,k}^{+}(l) - \dim X(l(n+1)+k)]$$

$$= \sum_{\substack{k=0\\l+k>0}}^{n} \sum_{l=0}^{\hat{l}} [\dim X_{\infty,k}^{-}(l) + \dim X_{0,k}^{+}(l) - \dim X(l(n+1)+k)]$$

$$= 2\hat{l}^*. \tag{6.193}$$

同样由定理 2.29 可得以下结论.

定理 6.15 设方程 (6.127) 满足 (6.128) 中条件, 其中 a 是反号对称向量, 则当 $\hat{m}_2 = 2\hat{l}^* \geqslant 2$ 时, 方程 (6.127) 至少有 $\hat{l}^*$ 个几何上各不相同的 $2(n+1)$-周期调和解, 满足 $x(t-n-1) = -x(t)$.

6.6.4 本节定理的示例

例 6.4 设 4 阶 5 滞量非线性方程

$$x^{(4)}(t) + 2\pi^4 x(t) = -[4f(t,x(t)) + f(t,x(t-1)) + f(t,x(t-5))], \tag{6.194}$$

其中记 $a = (a_0, a_1, 0, 0, 0, a_1) = (4, 1, 0, 0, 0, 1)$, 满足

$$a_0, a_1 \neq 0, \quad a_0 \neq \pm a_1, \quad a_0 \neq \pm 2a_1,$$

$$f(t,x) = \frac{\pi^4[-(6+\sin 4\pi t)x + x|x|^5 + (5+\cos 2\pi t)x^7]}{1+\dfrac{1}{3}x^6}. \tag{6.195}$$

这时有 $f \in C^1(\mathbb{R}^2, \mathbb{R}), f(t+1,x) = f(t,x)$, 且由

$$\beta(t) = \lim_{x\to\infty} \frac{f(t,x)}{x} = \pi^4[15 + 3\cos 2\pi t], \quad \alpha(t) = \lim_{x\to 0} \frac{f(t,x)}{x} = -\pi^4[6 + \sin 4\pi t],$$
$$\beta_1 = 12\pi^4 \leqslant \beta(t) \leqslant 18\pi^4 = \beta_2, \quad \alpha_1 = -7\pi^4 \leqslant \alpha(t) \leqslant -5\pi^4 = \alpha_2. \tag{6.196}$$

知方程 (6.194) 满足 (6.128) 中的条件. 方程 (6.194) 中的形式多项式 $p_4(D^2) = e_2D^4 + e_1D^2 + e_0 = D^4 + 2\pi^4$ 符合 (6.129) 的要求.

在 (6.194) 中由于 $a = (a_0, a_1, 0, 0, 0, a_1)$ 为对称向量, 由计算得到对称向量

$$\begin{aligned} b &= (b_0, b_1, b_2, b_3, b_2, b_1) \\ &= \frac{(a_0(a_0^2 - 3a_1^2), -a_1(a_0^2 - 2a_1^2), a_0a_1^2, -2a_1^3, a_0a_1^2, -a_1(a_0^2 - 2a_1^2))}{(a_0^2 - a_1^2)(a_0^2 - 4a_1^2)} \\ &= \frac{1}{180}(52, -14, 4, -2, 4, -14), \end{aligned} \tag{6.197}$$

满足

$$(a, b) = 1, \quad (\sigma^i a, b) = 0, \quad i = 1, 2, \cdots, 5.$$

我们在 Hilbert 空间

$$X = \left\{ x(t) = c_0 + \sum_{i=1}^{\infty} \left(c_i \cos\frac{i\pi t}{3} + d_i \sin\frac{i\pi t}{3} \right) : c_0, c_i, d_i \in \mathbb{R}, \right.$$
$$\left. \sum_{i=1}^{\infty} i^4(c_i^2 + d_i^2) < \infty \right\}$$

上讨论方程 (6.194) 的 6-周期调和解的多重性. 为此构造泛函

$$\Phi(x) = \frac{1}{2}\langle Lx, x\rangle + \Psi(x),$$

其中,

$$Lx = P^{-4}(D^4 + 2\pi^4)\left(b_0x(t) + \sum_{i=1}^{5} b_ix(t-i) \right),$$
$$F(t,x) = \int_0^x f(t,s)ds, \quad \Psi(x) = \int_0^6 F(t, x(t))dt.$$

易知方程 (6.194) 满足定理 6.12 的要求. 于是对 $k = 0, 1, 2, \cdots, 5$ 定义

$$X_{\infty,k}^{+}(l)=\begin{cases}X(6l+k), & \varphi_k\left(\left(2l+\dfrac{k}{3}\right)^4+2\right)+12>0,\\ \varnothing, & \varphi_k\left(\left(2l+\dfrac{k}{3}\right)^4+2\right)+12\leqslant 0,\end{cases}$$

$$X_{\infty,k}^{-}(l)=\begin{cases}X(6l+k), & \varphi_k\left(\left(2l+\dfrac{k}{3}\right)^4+2\right)+18<0,\\ \varnothing, & \varphi_k\left(\left(2l+\dfrac{k}{3}\right)^4+2\right)+18\geqslant 0,\end{cases}$$

$$X_{0,k}^{+}(l)=\begin{cases}X(6l+k), & \varphi_k\left(\left(2l+\dfrac{k}{3}\right)^4+2\right)-7>0,\\ \varnothing, & \varphi_k\left(\left(2l+\dfrac{k}{3}\right)^4+2\right)-7\leqslant 0,\end{cases}$$

$$X_{0,k}^{-}(l)=\begin{cases}X(6l+k), & \varphi_k\left(\left(2l+\dfrac{k}{3}\right)^4+2\right)-5<0,\\ \varnothing, & \varphi_k\left(\left(2l+\dfrac{k}{3}\right)^4+2\right)-5\geqslant 0.\end{cases} \tag{6.198}$$

经计算,

$$\varphi_0=\sum_{i=0}^{5}b_i=\frac{a_0(a_0^2-3a_1^2)-2a_1(a_0^2-2a_1^2)+2a_0a_1^2-2a_1^3}{(a_0^2-a_1^2)(a_0^2-4a_1^2)}=\frac{1}{a_0+2a_1}=\frac{1}{6},$$

$$\varphi_1=\sum_{i=0}^{5}b_i\cos\frac{i\pi}{3}=\frac{a_0(a_0^2-3a_1^2)-a_1(a_0^2-2a_1^2)-a_0a_1^2+2a_1^3}{(a_0^2-a_1^2)(a_0^2-4a_1^2)}=\frac{1}{a_0+a_1}=\frac{1}{5},$$

$$\varphi_2=\sum_{i=0}^{5}b_i\cos\frac{2i\pi}{3}=\frac{a_0(a_0^2-3a_1^2)+a_1(a_0^2-2a_1^2)-a_0a_1^2-2a_1^3}{(a_0^2-a_1^2)(a_0^2-4a_1^2)}=\frac{1}{a_0-a_1}=\frac{1}{3},$$

$$\varphi_3=\sum_{i=0}^{5}b_i\cos i\pi=\frac{a_0(a_0^2-3a_1^2)+2a_1(a_0^2-2a_1^2)+2a_0a_1^2+2a_1^3}{(a_0^2-a_1^2)(a_0^2-4a_1^2)}=\frac{1}{a_0-2a_1}=\frac{1}{2},$$

$$\varphi_4=\sum_{i=0}^{5}b_i\cos\frac{4i\pi}{3}=\frac{a_0(a_0^2-3a_1^2)+a_1(a_0^2-2a_1^2)-a_0a_1^2-2a_1^3}{(a_0^2-a_1^2)(a_0^2-4a_1^2)}=\frac{1}{a_0-a_1}=\frac{1}{3},$$

$$\varphi_5=\sum_{i=0}^{5}b_i\cos\frac{5i\pi}{3}=\frac{a_0(a_0^2-3a_1^2)-a_1(a_0^2-2a_1^2)-a_0a_1^2+2a_1^3}{(a_0^2-a_1^2)(a_0^2-4a_1^2)}=\frac{1}{a_0+a_1}=\frac{1}{5},$$

并知 $l \geqslant 2$ 时 (6.169) 成立. 因此,

$$\begin{aligned} m_1 &= \dim X_\infty^+(0) + \dim X_0^-(0) - 1 = 1, \\ m_2 &= \dim X_{\infty,0}^+(1) + \dim X_{0,0}^-(1) - 2 + \sum_{k=1}^{5}\sum_{l=0}^{1}[\dim X_{\infty,k}^+(l) \\ &\quad + \dim X_{0,k}^-(l) - \dim X(6l+k)] \\ &= 2+2+2+2+2+2 \\ &= 12. \end{aligned}$$

根据定理 6.12, 方程 (6.194) 至少有 2 个互不相同的非平凡定常解, 有 6 个几何上不同的 6-周期调和解, 这些解的均值为零, 另有 7 个几何上不同的 6-周期调和解, 其均值可以非零.

例 6.5　设 4 阶 5 滞量非线性方程

$$\begin{aligned} &x^{(4)}(t) + \pi^4 x(t) \\ &= -[4f(t,x(t)) + 2f(t,x(t-1)) + f(t,x(t-2)) \\ &\quad - f(t,x(t-4)) - 2f(t,x(t-5))], \end{aligned} \tag{6.199}$$

其中对向量 $a = (a_0, a_1, a_2, 0, -a_2, -a_1) = (4, 2, 1, 0, -1, -2)$, 满足

$$a_0, a_1 \neq 0, \quad a_0 + a_2 \neq \pm\sqrt{3}a_1, \quad a_0 \neq 2a_2,$$

$$f(t,x) = \frac{\pi^4[-(3+\sin 2\pi t)x + x|x|^3 + (11+5\cos 6\pi t)x^5]}{1+x^4}. \tag{6.200}$$

这时有 $f \in C^1(\mathbb{R}^2, \mathbb{R}), f(t+1,x) = f(t,x)$, 且由

$$\beta(t) = \lim_{x\to\infty}\frac{f(t,x)}{x} = \pi^4[11+5\cos 6\pi t], \quad \alpha(t) = \lim_{x\to 0}\frac{f(t,x)}{x} = -\pi^4[3+\sin 2\pi t],$$
$$\beta_1 = 6\pi^4 \leqslant \beta(t) \leqslant 16\pi^4 = \beta_2, \quad \alpha_1 = -4\pi^4 \leqslant \alpha(t) \leqslant -2\pi^4 = \alpha_2,$$

知方程 (6.199) 满足 (6.128) 的条件.

这时 (6.199) 中向量 $a = (a_0, a_1, a_2, 0, -a_2, -a_1) = (4, 2, 1, 0, -1, -2)$ 为反号对称向量, 由计算得反号对称向量

$$\begin{aligned} b &= (b_0, b_1, b_2, 0, -b_2, -b_1) \\ &= \frac{(a_0^2 - a_1^2 - a_2^2, -a_1(a_0-2a_2), a_1^2 - a_0a_2 - a_2^2, 0, -a_1^2 + a_0a_2 + a_2^2, a_1(a_0-2a_2))}{(a_0-2a_2)((a_0+a_2)^2 - 3a_1^2)} \\ &= \left(\frac{11}{26}, -\frac{2}{13}, -\frac{1}{26}, 0, \frac{1}{26}, \frac{2}{13}\right), \end{aligned} \tag{6.201}$$

满足

$$(a,b)=1,\quad (\sigma^i a,b)=0,\quad i=1,2,\cdots,5.$$

我们在空间

$$X=\left\{x(t)=\sum_{i=0}^{\infty}\left(c_i\cos\frac{(2i+1)\pi t}{6}+d_i\sin\frac{(2i+1)\pi t}{6}\right):c_i,d_i\in\mathbb{R},\right.$$
$$\left.\sum_{i=1}^{\infty}i^4(c_i^2+d_i^2)<\infty\right\}$$

上讨论方程 (6.199) 满足 $x(t-6)=-x(t)$ 的 12-周期调和解的多重性. 为此构造泛函

$$\Phi(x)=\frac{1}{2}\langle Lx,x\rangle+\Psi(x),$$

其中,

$$Lx=P^{-4}(D^4+\pi^4)\left(b_0x(t)+\sum_{i=1}^{2}b_ix(t-i)-\sum_{i=4}^{5}b_{6-i}x(t-i)\right),$$

$$F(t,x)=\int_0^x f(t,s)ds,\quad \Psi(x)=\int_0^{12}F(t,x(t))dt.$$

易知方程 (6.199) 满足定理 6.14 的要求. 经计算,

$$\begin{aligned}\psi_0&=\sum_{i=0}^{5}b_i\cos\frac{i\pi}{6}\\&=\frac{(a_0^2-a_1^2-a_2^2)-\sqrt{3}a_1(a_0-2a_2)+(a_1^2-a_0a_2-a_2^2)}{(a_0-2a_2)((a_0+a_2)^2-3a_1^2)}=\frac{1}{5+2\sqrt{3}},\end{aligned}$$

$$\psi_1=\sum_{i=0}^{5}b_i\cos\frac{i\pi}{2}=\frac{(a_0^2-a_1^2-a_2^2)-2(a_1^2-a_0a_2-a_2^2)}{(a_0-2a_2)((a_0+a_2)^2-3a_1^2)}=\frac{1}{2},$$

$$\begin{aligned}\psi_2&=\sum_{i=0}^{5}b_i\cos\frac{5i\pi}{6}\\&=\frac{(a_0^2-a_1^2-a_2^2)+\sqrt{3}a_1(a_0-2a_2)+(a_1^2-a_0a_2-a_2^2)}{(a_0-2a_2)((a_0+a_2)^2-3a_1^2)}=\frac{1}{5-2\sqrt{3}},\end{aligned}$$

$$\begin{aligned}\psi_3&=\sum_{i=0}^{5}b_i\cos\frac{7i\pi}{6}\\&=\frac{(a_0^2-a_1^2-a_2^2)+\sqrt{3}a_1(a_0-2a_2)+(a_1^2-a_0a_2-a_2^2)}{(a_0-2a_2)((a_0+a_2)^2-3a_1^2)}=\frac{1}{5-2\sqrt{3}},\end{aligned}$$

$$\psi_4 = \sum_{i=0}^{5} b_i \cos\frac{3i\pi}{2} = \frac{(a_0^2 - a_1^2 - a_2^2) - 2(a_1^2 - a_0a_2 - a_2^2)}{(a_0 - 2a_2)((a_0 + a_2)^2 - 3a_1^2)} = \frac{1}{2},$$

$$\psi_5 = \sum_{i=0}^{5} b_i \cos\frac{11i\pi}{6}$$
$$= \frac{(a_0^2 - a_1^2 - a_2^2) - \sqrt{3}a_1(a_0 - 2a_2) + (a_1^2 - a_0a_2 - a_2^2)}{(a_0 - 2a_2)((a_0 + a_2)^2 - 3a_1^2)} = \frac{1}{5 + 2\sqrt{3}},$$

并知 $l \geqslant 1$ 时 (6.188) 成立. 因此,

$$\begin{aligned} m_2 &= \sum_{k=0}^{5} \left[\dim X_{\infty,k}^{+}(0) + \dim X_{0,k}^{-}(0) - \dim X(k)\right] \\ &= 2 + 2 + 2 + 2 + 0 + 0 \\ &= 8. \end{aligned}$$

根据定理 6.14, 方程 (6.199) 至少有 4 个几何上不同的 12-周期调和解, 这些解满足 $x(t-6) = -x(t)$.

6.7 无穷多个调和解的存在性

到目前为止, 我们应用指标理论讨论了高阶多滞量时滞微分方程周期轨道或调和解的多重性, 本节讨论方程

$$x^{(4)}(t) - px''(t) + qx(t) = -\left[af(t, x(t)) + b\sum_{i=1}^{n} f(t, x(t-i))\right] \tag{6.202}$$

调和解的多解性, 其中,

$$\begin{gathered} p, q \geqslant 0, \quad f \in C^0(\mathbb{R}, \mathbb{R}), \quad f(t+1, x) = f(t, x), \\ f(t, -x) = -f(t, x), \lim_{x\to\infty} \frac{f(t, x)}{x} = \beta(t), \beta_1 \leqslant \beta(t) \leqslant \beta_2. \end{gathered} \tag{6.203}$$

显然 $\beta(t)$ 是周期为 1 的连续周期函数.

在 $b = 1$ 时方程 (6.202) 就是 6.4 节中已经讨论过的方程 (6.40), 但条件 (6.41) 由条件 (6.203) 代替.

以下为本节中的主要定理

定理 6.16 设条件 (6.203) 成立, 如果,

$$a > \max\{b, -nb\}, \quad \beta_1 > 0, \quad \lim_{x\to 0} \frac{f(t, x)}{x} = -\infty, \tag{6.204}$$

则方程 (6.202) 至少存在两个非平凡定常解, 无穷多个几何上不同的、均值为零的 $n+1$-周期调和解, 无穷多个几何上不同的、均值可以非零的 $n+1$ 周期调和解.

定理 6.17 设条件 (6.203) 成立, 且

$$a < \min\{b, -nb\}, \quad \beta_2 < 0, \quad \lim_{x\to 0}\frac{f(t,x)}{x} = +\infty, \tag{6.205}$$

则方程 (6.202) 至少存在两个非平凡定常解, 无穷多个几何上不同的、均值为零的 $n+1$-周期调和解, 无穷多个几何上不同的、均值非零的 $n+1$-周期调和解.

6.7.1 定理的证明

我们仅对定理 6.16 给出证明.

为此选取 $n+1$-周期函数空间

$$X = \left\{x(t) = a_0 + \sum_{k=1}^{\infty}\left(a_k\cos\frac{2k\pi t}{n+1} + b_k\sin\frac{2k\pi t}{n+1}\right) : a_0, a_k, b_k \in \mathbb{R},\right.$$
$$\left.\sum_{k=1}^{\infty}k^4(a_k^2+b_k^2) < \infty\right\},$$

对于 $x, y \in X$, 定义内积范数

$$\langle x, y\rangle_4 = \int_0^{n+1}(P^4x, y)dt, \quad ||x|| = ||x||_4 = \sqrt{\langle x, x\rangle_4},$$

这时 $(X, ||\cdot||)$ 是一个 $H^2([0, n+1], \mathbb{R})$ 空间.

任取 $\alpha < \min\left\{0, \beta_1, -\dfrac{q}{a+nb}\right\}$. 则由条件 (6.204) 知, $|x| \to 0$ 有

$$f(t,x)\mathrm{sgn}x < -|\alpha x|,$$

从而得

$$F(t,x) < \frac{1}{2}\alpha|x|^2. \tag{6.206}$$

6.7.1.1 方程 (6.202) 的变分结构

在 X 上构造泛函

$$\Phi(x) = \frac{1}{2}\langle Lx, x\rangle_4 + \Psi(x), \tag{6.207}$$

其中,

$$Lx = \frac{1}{(a-b)(a+nb)}P^{-4}(D^4 - pD^2 + q)\left((a+(n-1)b)x(t) - b\sum_{i=1}^{n}x(t-i)\right),$$
$$F(t,x) = \int_0^x f(t,s)ds, \quad \Psi(x) = \int_0^{n+1}F(t, x(t))dt. \tag{6.208}$$

和第 4 章中同样可证, 泛函 $\Phi(x)$ 连续可微, 其微分可表示为

$$\langle \Phi'(x), y\rangle_4 = \big\langle (L + P^{-4} f(t, \cdot))x, y\big\rangle_4, \quad \forall y \in X.$$

并且自伴线性算子 $L: X \to X$ 满足 (6.14) 的要求.

与引理 6.4 相同, 可证以下引理.

引理 6.12 设 x 是 (6.207) 中泛函 $\Phi(x)$ 的临界点, 则 $x = x(t)$ 是方程 (6.202) 的一个 $n+1$-周期古典解.

6.7.1.2 (6.207) 中泛函 $\Phi(x)$ 的 (PS)-条件

记

$$X(0) = \mathbb{R}, \quad X(k) = \left\{a_k \cos\frac{2k\pi t}{n+1} + b_k \sin\frac{2k\pi t}{n+1} : a_k, b_k \in \mathbb{R}\right\}, \quad k = 1, 2, \cdots.$$

因

$$Lx = P^{-4}(D^4 - pD^2 + q)\left(\frac{a + (n-1)b}{(a-b)(a+nb)}x(t) - \frac{b}{(a-b)(a+nb)}\sum_{i=1}^{n} x(t-i)\right),$$

当 $x \in X(k)$ 时, 仍记

$$h(k) = \left(\frac{2\pi}{n+1}\right)^4 k^4 + p\left(\frac{2\pi}{n+1}\right)^2 k^2.$$

经计算有

$$\begin{aligned} Lx &= P^{-4}(h(k)+q)\left(\frac{a+(n-1)b}{(a-b)(a+nb)}x(t) - \frac{b}{(a-b)(a+nb)}\sum_{i=1}^{n} x(t-i)\right) \\ &= \begin{cases} \dfrac{1}{a-b} P^{-4}(h(k)+q)x(t), & k \neq l(n+1), l \geqslant 0, \\ \dfrac{1}{a+nb} P^{-4}(h(k)+q)x(t), & k = l(n+1), l \geqslant 0, \end{cases} \end{aligned}$$

由此得

$x = a_0 \in X(0)$ 时, 有

$$\langle Lx, x\rangle = \frac{q}{a+nb}(n+1)|a_0|^2 = \frac{q}{a+nb}||x||_0^2 = \frac{q}{a+nb}||x||^2,$$

$$\big\langle (L + \beta_1 P^{-4})x, x\big\rangle = \left[\frac{q}{a+nb} + \beta_1\right]||x||^2. \tag{6.209}$$

$x = x(t) \in X(k) = X(l(n+1))$ 时, 有

$$\langle Lx, x\rangle = \frac{1}{a+nb}[h(k)+q]||x||_0^2 = \frac{1}{(a+nb)}\left[\frac{h(k)+q}{k^4}\right]||x||^2,$$

$$\left\langle (L+P^{-4}\beta_1)x, x\right\rangle = \left[\frac{1}{a+nb}(h(k)+q)+\beta_1\right]||x||_0^2. \tag{6.210}$$

$x \in X(k), k \neq l(n+1), l \geqslant 1$ 时, 有

$$\langle Lx, x\rangle = \frac{1}{a-b}[h(k)+q]||x||_0^2 = \frac{1}{a-b}\left[\frac{h(k)+q}{k^4}\right]||x||^2,$$

$$\left\langle (L+P^{-4}\beta_1)x, x\right\rangle = \left[\frac{1}{a-b}(h(k)+q)+\beta_1\right]||x||_0^2. \tag{6.211}$$

于是当 $x \in X(k), k \geqslant 1$ 时,

$$\left\langle Lx+P^{-4}\beta_1 x, x\right\rangle = \begin{cases} \dfrac{1}{(a-b)}\left[\dfrac{h(k)+q+(a-b)\beta_1}{k^4}\right]||x||^2, & k \neq l(n+1), \\ \dfrac{1}{(a+nb)}\left[\dfrac{h(k)+q+(a+nb)\beta_1}{k^4}\right]||x||^2, & k = l(n+1), \end{cases} \tag{6.212}$$

定义

$$\begin{aligned} X_\infty^+ &= \{X(k) : k \neq l(n+1), h(k)+q+(a-b)\beta_1 > 0\} \\ &\quad + \{X(k) : k = l(n+1), h(k)+q+(a+nb)\beta_1 > 0\}, \\ X_\infty^0 &= \{X(k) : k \neq l(n+1), -(a-b)\beta_2 \leqslant h(k)+q \leqslant -(a-b)\beta_1\} \\ &\quad + \{X(k) : k = l(n+1), -(a+nb)\beta_2 \leqslant h(k)+q \leqslant -(a+nb)\beta_1\}, \\ X_\infty^- &= \{X(k) : k \neq l(n+1), h(k)+q+(a-b)\beta_2 < 0\} \\ &\quad + \{X(k) : k = l(n+1), h(k)+q+(a+nb)\beta_2 < 0\}. \end{aligned} \tag{6.213}$$

显然有

$$X = X_\infty^+ \oplus X_\infty^0 \oplus X_\infty^-.$$

与 6.4 节中引理 6.3 相同, 可证如下引理.

引理 6.13 在条件 (6.203) 成立的前提下, (6.206) 定义的泛函 Φ 满足 (PS)-条件.

与此同时, 对 $\alpha < \min\left\{0, \beta_1, -\dfrac{q}{a+nb}\right\}$. 记

$$\begin{aligned} X_{\infty,0}^+(l) &= \begin{cases} X(l(n+1)), & h(l(n+1))+q+(a+nb)\beta_1 > 0, \\ \varnothing, & h(l(n+1))+q+(a+nb)\beta_1 \leqslant 0, \end{cases} \\ X_{0,0}^-(l) &= \begin{cases} X(l(n+1)), & h(l(n+1))+q+(a+nb)\alpha < 0, \\ \varnothing, & h(l(n+1))+q+(a+nb)\alpha \geqslant 0, \end{cases} \end{aligned} \tag{6.214}$$

对 $k=1,2,\cdots,n$, 记

$$X_{\infty,k}^{+}(l)=\begin{cases}X(l(n+1)+k), & h(l(n+1)+k)+q+(a-b)\beta_1>0,\\ \varnothing, & h(l(n+1)+k)+q+(a-b)\beta_1\leqslant 0,\end{cases}$$

$$X_{0,k}^{-}(l)=\begin{cases}X(l(n+1)+k), & h(l(n+1)+k)+q+(a-b)\alpha<0,\\ \varnothing, & h(l(n+1)+k)+q+(a-b)\alpha\geqslant 0.\end{cases}\tag{6.215}$$

同 6.6.2 节中一样, 可证存在 $\tilde{l}\geqslant 1$, 当 $l>\tilde{l}$ 时, 对 $k=0,1,\cdots,n$ 有

$$\dim X_{\infty,k}^{+}(l)+\dim X_{0,k}^{-}(l)-\dim X(l(n+1)+k)=0.\tag{6.216}$$

进一步记

$$X_{\infty,k}^{+}=\sum_{l=0}^{\infty}X_{\infty,k}^{+}(l),\quad X_{0,k}^{-}=\sum_{l=0}^{\infty}X_{0,k}^{-}(l),\quad k=0,1,\cdots,n,$$

则有

$$X^{+}=X_{\infty}^{+}=\sum_{k=0}^{n}X_{\infty,k}^{+},\quad X^{-}=X_{0}^{-}=\sum_{k=0}^{n}X_{0,k}^{-}.$$

这时根据 (6.216) 有

$$\begin{aligned}&\dim(X_{\infty}^{+}\cap X_{0}^{-})-\dim C_X(X_{\infty}^{+}+X_{0}^{-})\\ =&\sum_{i=0}^{\infty}[\dim(X_{\infty}^{+}(i)\cap X_{0}^{-}(i))-\dim C_{X(i)}(X_{\infty}^{+}(i)\cap X_{0}^{-}(i))]\\ =&\sum_{i=0}^{\infty}[\dim X_{\infty}^{+}(i)+\dim X_{0}^{-}(i)-\dim X(i)]\\ =&\sum_{k=0}^{n}\sum_{i=0}^{\infty}[\dim X_{\infty,k}^{+}(i)+\dim X_{0,k}^{-}(i)-\dim X(l(n+1)+k)]\\ =&\sum_{k=0}^{n}\sum_{l=0}^{\tilde{l}}[\dim X_{\infty,k}^{+}(l)+\dim X_{0,k}^{-}(l)-\dim X(l(n+1)+k)]\\ =&\sum_{k=0}^{n}\sum_{l=0}^{\tilde{l}}[\dim X_{\infty,k}^{+}(l)-\dim X(l(n+1)+k)]+\sum_{k=0}^{n}\sum_{l=0}^{\tilde{l}}\dim X_{0,k}^{-}(l).\end{aligned}\tag{6.217}$$

定理 6.16 的证明 对 Z_n 指标理论而言, 在空间 X 中可以按照定义 i_1^* 的方式建立伪 Z_n 指标理论.

我们首先证明泛函 $\Phi(x)$ 在 $X^+ = X_\infty^+$ 上是下有界的. 由条件 (6.203) 知, $x \to \infty$ 时, $\left|F(t,x) - \frac{1}{2}\beta(t)x\right| = \circ(|x|^2)$, 故根据命题 4.10, 在 $||x|| \to \infty$ 时,

$$\left|\int_0^{n+1}\left[F(t,x(t)) - \frac{1}{2}\beta(t)x^2(t)\right]dt\right| = \circ(||x||_0^2).$$

与此同时对 $\forall x \in X^+$, 记 $x_k = x \cap X_\infty^+(k)$, 则 $x = \sum\limits_{k=0}^{\infty} x_k$. 在 $x_k \neq 0$ 时, 由 (6.212) 得

$$\begin{aligned}
&\left\langle (L + P^{-4}\beta_1)x_k, x_k\right\rangle \\
=&\begin{cases}\dfrac{1}{(a-b)}[h(k) + q + (a-b)\beta_1]||x_k||_0^2, & k \neq l(n+1),\\ \dfrac{1}{(a+nb)}[h(k) + q + (a+nb)\beta_1]||x_k||_0^2, & k = l(n+1)\end{cases}\\
=&\begin{cases}\left[\dfrac{1}{(a-b)}\left(\left(\dfrac{2\pi}{n+1}\right)^4 k^4 + p\left(\dfrac{2\pi}{n+1}\right)^2 k^2 + q\right) + \beta_1\right]||x_k||_0^2, & k \neq l(n+1),\\ \left[\dfrac{1}{(a+nb)}\left(\left(\dfrac{2\pi}{n+1}\right)^4 k^4 + p\left(\dfrac{2\pi}{n+1}\right)^2 k^2 + q\right) + \beta_1\right]||x_k||_0^2, & k = l(n+1),\end{cases}
\end{aligned}$$

因 $k \to \infty$ 时, 有 $\dfrac{1}{(a-b)}h(k), \dfrac{1}{(a+nb)}h(k) \to +\infty$, 可见在

$$\begin{aligned}
&\frac{1}{(a-b)}[h(k) + q + (a-b)\beta_1] > 0, \quad k \neq l(n+1),\\
&\frac{1}{(a+nb)}[h(k) + q + (a+nb)\beta_1] > 0, \quad k = l(n+1)
\end{aligned}$$

的前提下, 存在 $\delta > 0$ 使

$$\begin{aligned}
&\frac{1}{(a-b)}[h(k) + q + (a-b)\beta_1] \geqslant \delta > 0, \quad k \neq l(n+1),\\
&\frac{1}{(a+nb)}[h(k) + q + (a+nb)\beta_1] \geqslant \delta > 0, \quad k = l(n+1),
\end{aligned}$$

于是有

$$\left\langle (L + P^{-4}\beta_1)x_k, x_k\right\rangle \geqslant \delta||x_k||_0^2.$$

进而有

$$\left\langle (L + P^{-4}\beta_1)x, x\right\rangle = \sum_{x_k \in X_\infty^+(k)\backslash\{0\}} \left\langle (L + P^{-4}\beta_1)x_k, x_k\right\rangle$$

$$\begin{aligned}&\geqslant \sum_{x_k\in X_\infty^+(k)\backslash\{0\}} \delta\|x_k\|_0^2\\&=\delta\|x\|_0^2,\quad x\in X_\infty^+.\end{aligned}$$

由此可得 $x \in X_\infty^+ = X^+$,

$$\begin{aligned}\Phi(x) &\geqslant \frac{1}{2}\left\langle (L+P^{-4}\beta_1)x, x\right\rangle + \int_0^{n+1}\left[F(t,x(t)) - \frac{1}{2}\beta(t)x^2(t)\right]dt\\&\geqslant \frac{1}{2}\delta\|x\|_0^2 + \circ(\|x\|_0^2).\end{aligned}$$

因此泛函 $\Phi(x)$ 在 X^+ 上是下有界的. 与此同时, 当

$$x \in X^- \cap (X(k)\backslash\{0\}) = X_0^- \cap (X(k)\backslash\{0\})$$

时, 由

$$\begin{aligned}&\frac{1}{2}\left\langle (L+P^{-4}\alpha)x, x\right\rangle\\=&\begin{cases}\dfrac{1}{2(a-b)}[h(k)+q+(a-b)\alpha]\|x\|_0^2<0, & k\neq l(n+1),\\ \dfrac{1}{2(a+nb)}[h(k)+q+(a+nb)\alpha]\|x\|_0^2<0, & k=l(n+1),\end{cases}\end{aligned}$$

可证存在 $\varepsilon > 0$ 使成立

$$\frac{1}{2}\left\langle (L+P^{-4}\alpha)x, x\right\rangle_4 \leqslant -\varepsilon\|x\|_0^2.$$

由 (6.204) 中的 $\lim\limits_{x\to 0}\dfrac{f(t,x)}{x} = -\infty$, 对 $\delta > 0$ 可得 $\lim\limits_{x\to 0}\dfrac{f(t,x)-(\alpha-\delta)x}{x} < 0$. 于是,

$$[f(t,x)-\alpha x]\mathrm{sign}x < -\delta|x|, |x|\to 0,$$

从而,

$$F(t,x) - \frac{1}{2}\alpha|x|^2 < -\frac{\delta}{2}|x|^2,\quad |x|\to 0.$$

根据命题 4.9, $\|x\|\to 0 \Rightarrow \max|x(t)|\to 0$ 得

$$\int_0^{n+1}\left[F(t,x(t)) - \frac{1}{2}\alpha x^2(t)\right]dt \leqslant -\frac{\delta}{2}\int_0^{n+1}|x(t)|^2dt = -\frac{\delta}{2}\|x\|_0^2,\quad \|x\|\to 0.$$

由此可知, 当 $x \in X^-, \|x\|_0 \to 0$ 时, $\Phi(x) \leqslant -(\varepsilon+\delta)\|x\|_0^2$, 故存在 $r > 0$ 满足

$$\Phi(x) < 0,\quad x \in X^- \cap S_r.$$

由此结合 (6.217) 计算

$$
\begin{aligned}
i_1^*(S_r\cap X^-) &= \dim(X_\infty^+\cap X_0^-)-\operatorname{cod}(X_\infty^++X_0^-)\\
&=\sum_{i=0}^{\infty}[\dim X_\infty^+(i)+\dim X_0^-(i)-\dim X(i)]\\
&=1+\sum_{i=1}^{\infty}[\dim X_\infty^+(i)+\dim X_0^-(i)-\dim X(i)]\\
&=1+\sum_{l=1}^{\tilde{l}}[\dim X_{\infty,0}^+(l)+\dim X_{0,0}^-(l)-\dim X(l(n+1))]\\
&\quad+\sum_{k=1}^{n}\sum_{l=0}^{\tilde{l}}[\dim X_{\infty,k}^+(l)+\dim X_{0,k}^-(l)-\dim X(l(n+1)+k)]\\
&=1+\sum_{l=1}^{\tilde{l}}[\dim X_{\infty,0}^+(l)-\dim X(l(n+1))]+\sum_{l=1}^{\tilde{l}}\dim X_{0,0}^-(l)\\
&\quad+\sum_{l=0}^{\tilde{l}}[\dim X_{\infty,k}^+(l)-\dim X(l(n+1)+k)]+\sum_{l=0}^{\tilde{l}}\dim X_{0,k}^-(l).
\end{aligned}
\tag{6.218}
$$

这时上式中有 $m_1=1$. 其余部分不妨记

$$
\begin{aligned}
m_2(\alpha,0)&=\sum_{l=1}^{\tilde{l}}[\dim X_{\infty,0}^+(l)-\dim X(l(n+1))]+\sum_{l=1}^{\tilde{l}}\dim X_{0,0}^-(l),\\
m_2(\alpha,k)&=\sum_{l=0}^{\tilde{l}}[\dim X_{\infty,k}^+(l)-\dim X(l(n+1)+k)]+\sum_{l=0}^{\tilde{l}}\dim X_{0,k}^-(l).
\end{aligned}
\tag{6.219}
$$

由条件 (6.204), 对 $k=0,1,\cdots,n$, 当 $i=l(n+1)+k$ 时, 在 $l\geqslant 0$ 时均满足

$$
\begin{aligned}
&\frac{1}{a-b}(h(l(n+1)+k)+q)+\beta_1>0,\quad k=1,2,\cdots,n,\\
&\frac{1}{a+nb}(h(l(n+1))+q)+\beta_1>0.
\end{aligned}
$$

可知

$$
\begin{aligned}
&\sum_{l=1}^{\tilde{l}}[\dim X_{\infty,0}^+(l)-\dim X(l(n+1))]=0,\\
&\sum_{l=0}^{\tilde{l}}[\dim X_{\infty,k}^+(l)-\dim X(l(n+1)+k)]=0.
\end{aligned}
$$

因此 (6.219) 可写成

$$m_2(\alpha,0)=\sum_{l=1}^{\tilde{l}}\dim X_{0,0}^{-}(l),\quad m_2(\alpha,k)=\sum_{l=0}^{\tilde{l}}\dim X_{0,k}^{-}(l). \tag{6.220}$$

其中,

$$\dim X_{0,0}^{-}(l)=\begin{cases}2, & \alpha<-\dfrac{1}{a+nb}(h(l(n+1))+q),\\ 0, & \alpha\geqslant-\dfrac{1}{a+nb}(h(l(n+1))+q),\end{cases}$$

$$\dim X_{0,k}^{-}(l)=\begin{cases}2, & \alpha<-\dfrac{1}{a-b}(h(l(n+1)+k)+q),\\ 0, & \alpha\geqslant-\dfrac{1}{a-b}(h(l(n+1)+k)+q).\end{cases}$$

则由定理 2.29, 当 $m_2(\alpha)=\sum\limits_{k=0}^{n}m_2(\alpha,k)=2l(\alpha)>0$ 时, 方程 (6.202) 至少有 $l(\alpha)$ 个几何上不同的、均值为零的非平凡 $n+1$-周期调和解, 至少有 $2l(\alpha)$ 个几何上不同的、均值非零的非平凡 $n+1$-周期调和解.

现取 $l_0\geqslant 0$, 满足

$$\frac{1}{a-b}(h(l_0(n+1)+k)+q),\frac{1}{a+nb}(h(l_0(n+1))+q)>0,$$

并用

$$\alpha_j\in\left[-\frac{1}{a-b}(h((l_0+j+1)(n+1)+1)+q),\right.$$
$$\left.-\frac{1}{a-b}(h((l_0+j)(n+1)+n)+q)\right]$$

代替上述的 α, 并取相应足够大的 $\tilde{l}_j$ 代替 $\tilde{l}$. 这时, 在 $k=0$ 时, 显然有

$$m_2(\alpha_j,0)\geqslant m_2(\alpha_0,0). \tag{6.221}$$

在 $k=1,2,\cdots,n$ 时,

$$m_2(\alpha_j,k)=m_2(\alpha_0,k)+2j. \tag{6.222}$$

由此得

$$m_2(\alpha_j)=m_2(\alpha_j,0)+\sum_{k=1}^{n}m_2(\alpha_j,k)\geqslant m_2(\alpha_0,0)$$

$$+\sum_{k=1}^{n}[m_2(\alpha_0,k)+2j]=m_2(\alpha_0)+2nj.$$

因此, 当 $\alpha=\alpha_j$ 时, 方程 (6.202) 至少有 l_0+nj 个几何上不同的、均值为零的非平凡 $n+1$-周期调和解, 至少有 $2(l_0+nj)$ 个几何上不同的、均值非零的非平凡 $n+1$-周期调和解. 由于 $j\to\infty\Rightarrow l_0+nj\to\infty$, 故定理 6.16 结论成立.

6.7.2 定理的示例

例 6.6 讨论方程

$$x^{(4)}(t)-x''(t)+x(t)=-\left[2f(t,x(t))+\sum_{i=1}^{5}f(t,x(t-i))\right] \tag{6.223}$$

调和解的多解性, 其中,

$$f(t,x)=\frac{(-2+\sin 2\pi t)x^{\frac{1}{3}}+x|x|+(5+\cos 2\pi t)x^3}{1+x^2}, \tag{6.224}$$

显然函数 $f(t,x)$ 满足 $f\in C^0(\mathbb{R},\mathbb{R}), f(t+1,x)=f(t,x)$. 这时,

$$\lim_{x\to 0}\frac{f(t,x)}{x}=-\infty,\quad \lim_{x\to\infty}\frac{f(t,x)}{x}=5+2\cos 2\pi t=\beta(t),\quad 3\leqslant\beta(t)\leqslant 7.$$

且因 $a=2,b=1,n=5$, 满足 $a>\max\{b,-nb\}$ 的要求, 根据定理 6.16, 方程 (6.223) 在函数 $f(t,x)$ 由 (6.224) 给定时, 至少存在两个非平凡定常解, 无穷多个几何上不同的、均值为零的 $n+1$-周期调和解, 无穷多个几何上不同的均值非零的 $n+1$-周期调和解.

评注 6.1

本章主要对 4 阶多滞量非自治微分差分方程讨论了多重调和解的存在条件. 但所提供的方法, 对一般的偶数阶多滞量非自治方程也是适用的. 至于奇数阶非自治微分差分方程, 也可以进行同样的研究, 篇幅所限, 不再展开.

评注 6.2

在 6.4 节中研究较一般的多滞量时滞微分方程调和解多重性时, 我们给出了由对称向量 $a=(a_0,a_1,a_2,\cdots,a_n)$ 计算对称向量 $b=(b_0,b_1,b_2,\cdots,b_n)$ 的方法, 未曾给出两者的对应关系. 但从该节的两个示例中我们看到对 $n=5$ 构建相应泛函时, 线性算子 L 的表达式中每项系数都是 $a_0,a_1,\cdots,a_5$ 的某个线性齐次式的倒数, 而这些线性齐次式的乘积恰好等于行列式

$$\det(a^{\mathrm{T}},(\sigma a)^{\mathrm{T}},(\sigma^2 a)^{\mathrm{T}},\cdots,(\sigma^5 a)^{\mathrm{T}})\text{ 或 }\det(a^{\mathrm{T}},(\sigma^* a)^{\mathrm{T}},(\sigma^{*2} a)^{\mathrm{T}},\cdots,(\sigma^{*5} a)^{\mathrm{T}}).$$

作者猜想上述特点对一般的 n 都成立, 但有待作出证明.

评注 6.3

无论在讨论时滞微分方程的周期轨道还是调和解, 我们均将方程分为两类, 一类是偶次的,

$$L_1(D^2)x(t) = -\sum_{i=1}^{n} a_i f(t, x(t-i)), \tag{6.225}$$

另一类是奇次的,

$$DL_2(D^2)x(t) = -\sum_{i=1}^{n} a_i f(t, x(t-i)). \tag{6.226}$$

记向量 $a = (a_0, a_1, \cdots, a_n)$.

对方程 (6.225), 在 a 是对称向量时, 需取 $n+1$-周期的函数空间, 在 a 是反号对称向量时, 则需取半周期反号的 $2(n+1)$-周期的函数空间, 即空间中的任何函数满足 $x(t-n-1) = -x(t)$.

对方程 (6.226), 在 a 是对称向量时, 需取半周期反号的 $2(n+1)$-周期的函数空间, 在 a 是反号对称向量时, 则需取 $n+1$-周期的函数空间.

在方程 (6.226) 中, 需满足 $a_0 = 0$. 这是因为, 在构造泛函时我们需要一个反对称阵.

评注 6.4

在 6.7 节中讨论无穷多个调和解的存在性时, 对 6.6 中的条件

$$\alpha_1 \leqslant \alpha(t) \leqslant \alpha_2, \quad \beta_1 \leqslant \beta(t) \leqslant \beta_2, \tag{6.227}$$

仅考虑了 $\alpha_2 = -\infty$ 或 $\alpha_1 = +\infty$ 的情况. 实际上在 (6.227) 中将后一组不等式换成 $\beta_2 = -\infty$ 或 $\beta_1 = +\infty$, 可以得出相同的结论.

不仅如此, 6.7 节中, $p, q \geqslant 0$ 的要求也是非必要的. 列入此要求仅是为了使定理的论证相对简单.

参考文献

[1] 范先令, 钟承奎, 陈文塬. 非线性泛函分析引论 (修订版). 兰州: 兰州大学出版社, 2004.

[2] 葛渭高. 非线性常微分方程边值问题. 北京: 科学出版社, 2007.

[3] 葛渭高. 微分差分方程 $x'(t) = -f(x(t-1))$ 简单周期解的个数. 数学年刊, 1993, 114A(4): 472-479.

[4] 葛渭高. 多滞量时滞微分方程周期解的存在性. 应用数学学报, 1994, 17(2), 173-181.

[5] 葛渭高. 双滞量时滞微分方程的周期解. 系统科学与数学, 1995, 15(2): 83-96.

[6] 葛渭高. 三维时滞微分系统的不可列个周期解. 数学学报, 1996, 39(4): 442-449.

[7] 葛渭高, 田玉, 廉海荣. 应用常微分方程. 北京: 科学出版社, 2010.

[8] 葛渭高, 张莉, 田玉. 一类利用变分法研究的多点边值问题解的存在性. 北京理工大学学报, 2014, 34: 1207-1210.

[9] 老大中. 变分法基础. 北京: 国防工业出版社, 2004.

[10] 李文林. 数学史概论. 2 版. 北京: 高等教育出版社, 2000.

[11] 刘怀俊. 实变函数基础. 武汉: 武汉大学出版社, 1993.

[12] 刘正荣, 李继彬. 哈密顿系统与时滞微分方程的周期解. 北京: 科学出版社, 1996.

[13] 陆文端. 微分方程中的变分方法. 成都: 四川大学出版社, 1995.

[14] 徐远通, 郭志明. 一种几何指标理论在泛函微分方程中的应用. 数学学报, 2001, 44(6): 1029-1036.

[15] 赵义纯. 非线性泛函分析及其应用. 北京: 高等教育出版社, 1989.

[16] 张恭庆. 临界点理论及其应用. 上海: 上海科学技术出版社, 1986.

[17] 郑祖庥. 泛函微分方程理论. 合肥: 安徽教育出版社, 1994.

[18] Abondandolo A. Morse theory for asymptotically linear Hamiltonian systems. Nonlinear Analysis, 2000, 39(8): 997-1049.

[19] Agarwal R P, O' Regan D. Multiple nonnegative solutions for second-order impulsive differential equations. Appl. Math. Comp., 2000, 114: 51-59.

[20] Amann H, Zehnder E. Periodic solutions of asymptotically linear Hamiltonian systems. Manuscripta Math., 1980, 32: 149-189.

[21] Averna D, Bonanno G. Three solutions for a quasilinear two-point boundary-value problem involving the one dimensional p-Laplacian. Proc. Edinburgh Math. Soc., 2004, 47: 257-270.

[22] Avery I V. Existence of multiple positive solutions to a conjugate boundary value problem. MRS hot line, 1998, 2: 1-6.

[23] Benci V. A geometrical index for the group $S1$ and some applications to the study of periodic solutions of ordinary differential equations. Comm. Pure Appl. Math., 1981, 34: 393-432.

[24] Benci V. On critical point theory for indefinite functionals in the presence of symmetries. Trans. Amer. Math. Soc., 1982, 274(2): 533-572.

[25] Benci V, Capozzi A, Fortuato D. On asymptotically quadradic Hamiltonian systems. Equadiff, 82 (Wurzberg,1982), 83-92, Lect. Notes Math., Berlin: Springer-Verlag, 1983.

[26] Benci V, Capozzi A, Fortuato D. Periodic solutions of Hamiltonian systems with superquadratic potential. Ann. Mat. Pura Appl., 1986, 143(4): 1-49.

[27] Benci V, Rabinowitz P H. Critical theorems for indefinite functionals. Invent Math., 1979, 53: 241-273.

[28] Bluman G W, Kumei S. Symmetries and Differential Equations. New York: Springer-Verlag, 1989.

[29] Bonanno G, Livrea R. Multiplicity theorems for the Dirichlet problem involving the p-Laplacian. Nonlinear Analysis, 2003, 54: 1-7.

[30] Bonanno G. Some remarks on a three critical points theorem. Nonlinear Analysis, 2003, 54: 651-665.

[31] Bronshtein L N, Semendyayev K A. Handbook of Mathematics. Thun and Frankfurt/Maine: Verlag-Herri Deutsch, 1985.

[32] Chen Y. The existence of periodic solutions of the equation $x'(t) = -f(x(t), x(t-1))$. JMAA, 1992, 163: 227-237.

[33] Chow S N, Mallet-Paret J. The fuller index and global Hopf bifurcation. JDEs, 1978, 29: 66-85.

[34] Chow S N, Walther H O. Characteristic multipliers and stability of symmetric periodic solutions of $x'(t) = g(x(t-1))$. Trans. Amer. Math. Soc., 1988, 307: 127-142.

[35] Chu J, Nieto J J. Impulsive periodic solutions of first-order singular differential equations. Bull. London Math. Soc., 2008, 40(1): 143-150.

[36] Clark D. A variant of the Lusternik-Schnirelman theory. Indiana Univ. Math. J., 1972, 22: 65-74.

[37] Deimling K. Nonlinear Functional Analysis. Berlin: Springer-Verlag, 1985.

[38] Eckeland I, Hofer H. Subharmonics for convex nonautonomous Hamiltonian equations. Comm. Pure Appl. Math., 1987, 40: 1-36.

[39] Erbe L H, Wang H. On the existence of positive solutions of ordinary differential systems. Proc. Amer. Math. Soc., 1994, 120: 743-748.

[40] Fannio L. Multiple periodic solutions of Hamiltonian systems with strong resonance at infinity. Discrete and Cont. Dynamical Sys., 1997, 3: 251-264.

[41] Fei G. Multiple periodic solutions of differential delay equations via Hamiltonian systems (I). Nonlinear Analysis, 2006, 65: 25-39.

[42] Fei G. Multiple periodic solutions of differential delay equations via Hamiltonian systems (II). Nonlinear Analysis, 2006, 65: 40-58.

[43] Franco D, Nieto J J. First-order impulsive ordinary differential equations with anti-periodic and nonlinear boundary conditions. Nonlinear Analysis, 2000, 42: 163-173.

[44] Ge W. Two existence theorems of periodic solutions for differential delay equations. Chin. Ann. Math., 1994, 15B: 217-224.

[45] Ge W. On the existence of periodic solutions of differential delay equations with multiple lags. Acta Appl. Math. Sinica (in Chinese), 1994, 17(2): 173-181.

[46] Ge W. Two existence theorems of periodic solutions for differential delay equations. Chin. Ann. Math., 1994, 15B(2): 217-224.

[47] Ge W. Existence of exactly $n+1$ simple 4-periodic solutions of the differential delay equation $x'(t) = -f(x(t-1))$. Acta Math. Sinica (N.S.), 1994, 10 (1): 80–87.

[48] Ge W. Periodic solutions of the differential delay equation $x'(t) = -f(x(t-1))$. Acta Math. Sinica (New Series), 1996, 12: 113-121.

[49] Ge W. Oscillatory periodic solutions of differential delay equations with multiple lags, Chin. Sci. Bull., 1997, 42(6): 444-447.

[50] Ge W, Li Z. On the periodic orbits of the second order differential delay equations with n-Lags. submitted.

[51] Ge W, Mo Y. Existence of solutions to differential-iterative equation. J. Beijing Inst. Tech., 1997, 6(3): 192–200.

[52] Ge W, Pang H, Tian Y. Existence of solutions to mixed boundary value problems via variational method. Dynam. Systems Appl., 2014, 23 (2/3): 277–287.

[53] Ge W, Ren J. New existence theorems of positive solutions for Sturm- Liouville boundary value problems. Appl. Math. Comp., 2004, 148: 631-644.

[54] Ge W, Tian Y. Mixed type boundary value problems of second-order differential systems with p-Laplacian. Elect. JDEs, 2014, 231: 1-9.

[55] Ge W, Tian Y. The applications of saddle point theorem to Dirichlet boundary value problem of differential system. Math. Methods Appl. Sci., 2014, 37(16): 2562–2569.

[56] Ge W, Yu Y. Further results on the existence of periodic solutions to DDEs with multiple lags. Acta Math. Appl. Sinica, 1999, 15(2): 190-196.

[57] Ge W, Zhang L. Multiple Periodic solutions of differential delay systems with $2k-1$ lags via variational approach. Dis. Cont. Dyn. Sys., 2016, 26(9): 4925-4942.

[58] Ge W, Zhang L. Multiple Periodic solutions of delay differential systems with $2n$ lags via variational approach, preprinted.

[59] Ge W, Zhao Z. Multiplicity of periodic solutions to a four-point boundary value problem of a differential system via variational approach. Boundary Value Problems, Doi 10.186/s 13661-016-0559.

[60] Ge W, Liu Z, Yu Y. On the periodic solutions of a type of differential-iterative equations. Chin. Sci. Bull., 1998, 43(3): 204-207.

[61] Ge W, Pang H, Tian Y. Existence of solutions to mixed Boundary value problems via variational method. Dynamic Sys. Appl., 2014, 23(2/3): 277-287.

[62] Graef J R, Kong L. Periodic solutions of first order functional differential equations. Appl. Math. Let., 2011, 24: 1981-1985.

[63] Graef J R, Heidarkhani S, Kong L J, et al, A critical points approach to multiplicity results for multi-point boundary value problems. Appl. Anal., 2011, 1: 1-17.

[64] Grafton R B. A periodicity theorem for autonomous functional differential equations. JDEs, 1969, 6: 87-109.

[65] Guo C, Guo Z. Existence of multiple periodi solutions for a class of second-order delay differential equations. Nonlinear Analysis, RWA, 2009, 10: 3285-3297.

[66] Guo Z, Yu J. Multiplicity results for periodic solutions to delay differential equations via critical point theory. JDE, 2005, 218: 15-35.

[67] Guo Z, Yu J. Multiplicity results on periodic solutions to higher dimensional differential equations with multiple delays. J. Dyn. Diff. Eq., 2011, 23: 1029-1052.

[68] Guo Z, Zhang X. Multiplicity results for periodic solutions to a class of second-order delay differential equations. Com. Pure Appl. Anal., 2012, 9(9): 1529-1542.

[69] Gyulov T, Morosanu G, Tersian A. Existence for a semilinear sixth-order ODE. JMAA, 2006, 321: 86-98.

[70] Hale J. Theory of Functional Differential Equations. New-York: Springer, 1977.

[71] Hale J. Lunel S M V. Introduction to Functional Differential Equations. New York: Springer, 1993.

[72] Herz A V. Solutions of $x'(t) = g(x(t-1))$ approach the Kaplan-Yorke orbits for odd sigmoid. JDEs, 1995, 118: 36-53.

[73] Hutson V, Pym J S. Application of Functional Analysis and Operator Theory. London: Academic Press, 1980.

[74] Jones G. The existence of periodic solutions of $f'(x) = -af(x-1)[1+f(x)]$. JMAA, 1962, 5: 335-350.

[75] Kaplan J L, Yorke J A. Ordinary differential equations which yield periodic solutions of differential delay equations. JMAA, 1974, 48: 317-324.

[76] Kaplan J L, Yorke J A. On the stability of a periodic solution of a differential delay equation. SIAM J Math. Anal., 1975, 6: 36-53.

[77] Kaplan J L, Yorke J A. On the nonlinear differential delay equation $x'(t) = -f(x(t), x(t-1))$. JDE, 1977, 23: 293-314.

[78] Kiss G, Lessard J. Computational fixed-point theory for differential delay equations with multiple time lags. JDEs, 2012, 252: 3091-3115.

[79] Li J, He X. Multiple periodic solutions of differential delay equations created by asymptotically linear Hamiltonian systems. Nonlinear Analysis, TMA, 1998, 31: 45-54.

[80] Li J, He X. Proof and generalization of Kaplan-Yorke's conjecture under the condition $f'(0) > 0$ on periodic solution of differential delay equations. Sci. China, Series A, 1999, 42: 957-964.

[81] Li J, He X. Periodic solutions of some differential delay equations created by Hamiltonian systems. Bull. Aust. Math. Soc., 1999, 60: 377-390.

[82] Li J, He X, Liu Z. Hamiltonian symmetric groups and multiple periodic solutions of differential delay equations. Nonlinear Analysis, TMA, 1999, 35: 457-474.

[83] Li J, Liu Z, He X. Periodic solutions of some differential delay equations created by Hamiltonian systems. Bull. Austral. Math. Soc., 1999, 60: 377-390.

[84] Li J, Nieto J J, Shen J. Impulsive periodic boundary value problems of first-order differential equations. JMAA, 2007, 325: 226-236.

[85] Li L, Xue C, Ge W. Periodic orbits to Kaplan-Yorke like differential delay orbits, submitted.

[86] Li S, Liu J. Morse theory and asymptotic linear Hamiltonian system. JDE, 1989, 78: 53-73.

[87] Liu C. Subharmonic solutions of Hamiltonian systems, Nonlinear Analysis. TMA, 2000, 42(2): 185-198.

[88] Liu J Q. A geometrical index for the group Z^p. Acta Math. Sinica(new series), 1989, 3(3): 193-196.

[89] Liu J Q, Wang Z Q. Remarks on subharmonics with minimal periods of Hamiltonian systems. Nonlinear Analysis, 1993, 7: 803-821.

[90] Long Y, Xu X. Periodic solutions for a class of nonautonomous Hamiltonian systems. Nonlinear Analysis, TMA, 2000, 41(3): 455-463.

[91] Lu S, Ge W. Sufficient conditions for the existence of periodic solutions to some second order differential equations with a deviating argument. J. Math. Anal. Appl., 2005, 308 (2): 393-419.

[92] Lu S, Ge W. Periodic solutions of neutral differential equation with multiple deviating arguments. Appl. Math. Comput., 2004, 156(3): 705-717.

[93] Lu S, Ge W. Existence of periodic solutions for a kind of second order neutral functional differential equation. Appl. Math. Comput., 2004, 157(2): 433-448.

[94] Lu S, Ge W. Existence of positive periodic solutions for neutral population model with multiple delays. Appl. Math. Comput., 2004, 153(3): 885-902.

[95] Lu S, Ge W, Zheng Z X. Periodic solutions to a kind of neutral functional differential equation in the critical case. J. Math. Anal. Appl., 2004, 293 (2): 462-475.

[96] Lu S, Ge W, Zheng Z X. Periodic solutions to neutral differential equation wtih deviating arguments. Appl. Math. Comput., 2004, 152(1): 17-27.

[97] Lu S, Ge W, Zheng Z. Periodic solutions for a kind of Rayleigh equation with a deviating argument. Appl. Math. Lett., 2004, 17(4): 443-449.

[98] Lu S, Ge W. Existence of positive periodic solutions for neutral logarithmic population model with multiple delays. J. Comp. Appl. Math., 2004, 166 (2): 371-383.

[99] Lu S, Ge W. Some new results on the existence of periodic solutions to a kind of Rayleigh equation with a deviating argument. Nonlinear Anal., 2004, 56 (4): 501-514.

[100] Lu S, Ge W. Periodic solutions for a kind of Lié enard equation with a deviating argument. J. Math. Anal. Appl., 2004, 289 (1): 231-243.

[101] Lu S, Ge W. On the existence of m-point boundary value problem at resonance for higher order differential equation. J. Math. Anal. Appl., 2003, 287 (2): 522-539.

[102] Lu S, Ge W. On the existence of positive periodic solutions for neutral functional

differential equation with multiple deviating arguments. Acta Math. Appl. Sin. Engl. Ser., 2003, 19 (4): 631-640.

[103] Lu S, Ge W. Periodic solutions for a kind of second order differential equation with multiple deviating arguments. Appl. Math. Comput., 2003, 146(1): 195-209.

[104] Lu S, Ge W. On the existence of periodic solutions for neutral functional differential equation. Nonlinear Anal., 2003, 54 (7): 1285-1306.

[105] Lu S, Ge W. Problems of periodic solutions for a kind of second order neutral functional differential equation. Appl. Anal., 2003, 82 (5): 411-426.

[106] Lu S, Ren J, Ge W. Existence of positive periodic solutions for neutral functional differential equations with deviating arguments. Appl. Math. J. Chinese Univ. Ser. B, 2002, 17 (4): 382-390.

[107] Meng Q. Periodic solutions for non-autonomous first order delay differential systems via Hamiltonian systems. Advances in Difference Equations, 2015, 134: 1-15.

[108] Luo Z, Nieto J J. New results for the periodic boundary value problem for impulsive integro-differential equations. Nonlinear Analysis, TMA, 2009, 70(6): 2248-2260.

[109] Mawhin J. Periodic solutions of nonlinear functional differential equations. JDE, 1971, 10: 161-240.

[110] Mawhin J. Equivalence theorems for nonlinear operator equations and coincidence degree theory for some mappings in locally convex topological vector space. JDEs, 1972, 12: 610-616.

[111] Mawhin J. Topological Methods in Nonlinear Boundary Value Problems. CBMS 40. Providence, R.I.: Amer. Math. Soc., 1979.

[112] Mawhin J, Willem M. Critical Point Theory and Hamiltonian Systems. New York: Springer-Verlag, 1989.

[113] Michalek R. A Z_p Borsuk-Ulam theorem and Z_p index with an application. Nonlinear Analysis, 1989, 13(8): 957-968.

[114] Michalek R, Tarantello G. Subharmonic solutions with prescribed minimal period for non-autonomous Hamiltonian systems. JDE, 1988, 72: 28-55.

[115] Nieto J J. Basic theory for nonresonance impulsive periodic problems of first order. JMAA, 1997, 205(2): 423-433.

[116] Nieto J J. Periodic boundary value problems for first-order impulsive ordinary differential equations. Nonlinear Analysis, TMA, 2002, 51(7): 1223-1232.

[117] Nieto J J. Variational formulation of a damped Dirichlet impulsive problem. Appl. Math. Letters, 2010, 23: 940-942.

[118] Nieto J J, O'Regan D. Variational approach to impulsive differential equations. Nonlinear Analysis, 2009, 10: 680-690.

[119] Nieto J J, Rodriequez-lopez R. Periodic boundary value problem for non-Lipschitzian impulsive functional differential equations. JMAA, 2006, 318: 593-610.

[120] Nieto J J, Rodriequez-lopez R. New comparison results for impulsive integro-differential equations. JMAA, 2007, 328: 1343-1368.

[121] Nussbaum R. Periodic solutions of some nonlinear autonomous functional differential equations. JDE, 1973, 14: 368-394.

[122] Nussbaum R. Periodic solutions of special differential equations: an example in nonlinear functional analysis. Proc. Loyal Soc. Edingburgh, 1978, 81A: 131-151.

[123] Rabinowitz P. Periodic solutions of Hamiltonian systems. Cmm. Pure Appl. Math., 1978, 31: 157-184.

[124] Rabinowitz P. On sub-harmonic solutions. Comm. Pure Appl. Math., 1980, 33: 609-633.

[125] Rabinowitz P. Minimax Methods in Critical Point Theory with Applications for Differential Equations. CBMSRegional Conference, 1984.

[126] Ricceri B. On a three critical points theorem. Arch. Math.(Basel), 2009, 75: 220-226.

[127] Stone A H. Paracompactness and Product spaces. Bull. Math. Amer. Math. Soc., 1948, 54: 977-982.

[128] Struwe M. Variational Methods. Berlin, Heidelberg: Springer-Verlag, 2008.

[129] Teng K, Zhang C. Existence of solution to boundary value problems for impulsive differential equations. Nonlinear Analysis, RWA, 2010, 11: 4431-4441.

[130] Tersian S, Chaparova J. Periodic and homoclinic solutions of extended Fisher-Kolmogorov Equations. JMAA, 2001, 260: 490-506.

[131] Tersian S, Chaparova J. Periodic and homoclinic solutions of some semilinear sixth-order differential equations. JMAA, 2002, 272: 223-239.

[132] Tian Y, Ge W. Periodic solutions of non-autonomous second order systems with a p-Laplacian, Nonlinear Analysis, TMA, 2007, 66: 196-203.

[133] Tian Y, Ge W. Second order Sturm-Liouville boundary value problem involving the one-dimensional p-Laplacian. Rocky Mountain J. Math., 2008, 38(1): 309-327.

[134] Tian Y, Ge W. Multiple positive solutions for periodic boundary value problem via variational methods. Tamkang J. Math., 2008, 39(2): 111-119.

[135] Tian Y, Ge W. Multiple positive solutions for a second order Sturm-Liouville boundary value problem. Rocky Mountain J. Math., 2009, 39(1): 325-342.

[136] Tian Y, Ge W. Variational methods to Sturm-Liouville boundary value problem for impulsive differential equations. Nonlinear Analysis, TMA, 2010, 72(1): 277-287.

[137] Tian Y, Ge W. Multiple solutions of Sturm-Liouville boundary value problem via lower and upper solutions and variational methods. Nonlinear Analysis, TMA, 2011, 74: 6733-6746.

[138] Tian Y, Du Z, Ge W. Existence results for discrete Sturm-Liouville problem via variational methods. J Diff. Eq. Appl., 2007, 13(6): 467-478.

[139] Walter W. Ordinary Differential Equations. New York, Springer-Verlag: 1998.

[140] Wang Z Q. A Z_p Borsuk-Ulam theorem. Chinese Bull. Sci., 1989, 34: 1153-1157.

[141] Wang Z Q. A Z_p index theory. Acta Math. Sinica, New series, 1990, 6(1): 18-23.

[142] Wu K, Wu X. Existence of periodic solutions for a class of first order delay differential equations dealing with vectors. Nonlinear Analysis, 2010, 72: 4518-4529.

[143] Wu K, Wu X. Multiplicity results of periodic solutions for a class of first order delay differential equations. JMAA, 2012, 390: 427-438.

[144] Wu K, Wu X, Zhou F. Multiplicity results of periodic a class of first order delay differential systems. Nonlinear Analysis, 2012, 75: 5836-5944.

[145] Xiao J, Nieto J J. Variational approach to some damped Dirichlet nonlinear impulsive differential equations. J. Franklin Inst., 2011, 348: 369-377.

[146] Xu X. Periodic solutions of non-autonomous Hamiltonian systems, 2003, (51): 941-955.

[147] Xu Y, Guo Z. Applications of a Z_p index theory to periodic solutions for a class of functional differential equations. JMAA, 2001, 257(1): 189-205.

[148] Yan J, Zhao A, Nieto J J. Existence and global attractivity of positiveperiodic solution of periodic single species impulsive Lotka-Volterra systems. Math. Comp. Modelling, 2004, 40: 509-518.

[149] Yao M, Zhao A, Yu J. Periodic boundary value problems for second order impulsive differential equations. Nonlinear Analysis, TMA, 2009, 70: 262-273.

[150] Yu J, Xiao X. Multiple periodic solutions with minimal period 4 of the delay differential equation $x'(t) = -f(x(t-1))$. JDE, 2013, 254: 2158-2172.

[151] Zhang L, Pang H, Ge W. Multiple Periodic solutions of differential delay systems with $2n-1$ lags via variation approach. AIMS, 2021, 6(7): 6815-6832.

[152] Zhang X, Meng Q. Nontrivial periodic solutions for delay differential systems via Morse theory. Nonlinear Analysis, 2011, 74: 1960-1968.

[153] Zhao F, Zhao L, Ding Y. Existence and multiplicity of solutions for a non-perodic Schrödinger equation. Nonlinear Analysis, 2008, 69: 36713678.

后　记

光阴荏苒, 岁月悠悠, 从离开教学岗位至今, 不知不觉间已经度过了整整十年. 十年间, 虽然已无需用“莫等闲, 白了少年头”自励, 但还是以“珍惜每一天”自勉. 完成此书, 也是对逝去年华的告慰.

此时此刻, 最想感谢的是我求学过的母校, 工作过的单位, 在那里承载了我的人生历程, 我的快乐与忧伤; 感谢我从小学到研究生每个求学阶段中的所有老师和同窗, 他们或给我知识与关爱, 或相伴我一起成长; 感谢我的学生, 与他们一起探索与研究的日子至今难忘; 感谢我的家人, 他们或在晨曦里抚育我成长, 或在斜阳下陪伴我一起慢慢变老, 或用天真的欢声笑语带给我轻松和快乐. 平凡的日子, 平淡的时光, 无数熟悉难忘的脸庞, 在回忆的长卷中始终是一份真实的幸福, 长留在我的心上.

在完成本书的过程中, 特别感谢博士研究生李霖同学, 在有益的讨论中加深了对各类问题的理解, 并在解决问题的反复推敲和论证中开启新的思想和新的方法. 尤其在全书定稿过程中他精心校阅, 发现和更正了许多错漏, 保证了书稿的文字质量.

同时, 对科学出版社的王丽平女士在本书出版中付出的辛劳、耐心以及所作的细致工作诚致谢忱.

本书完稿之时, 胞姐葛渭娥女士不幸因病辞世, 谨以此书纪念, 寄托哀思.

《现代数学基础丛书》已出版书目

(按出版时间排序)

1 数理逻辑基础(上册) 1981. 1 胡世华 陆钟万 著
2 紧黎曼曲面引论 1981. 3 伍鸿熙 吕以辇 陈志华 著
3 组合论(上册) 1981. 10 柯 召 魏万迪 著
4 数理统计引论 1981. 11 陈希孺 著
5 多元统计分析引论 1982. 6 张尧庭 方开泰 著
6 概率论基础 1982. 8 严士健 王隽骧 刘秀芳 著
7 数理逻辑基础(下册) 1982. 8 胡世华 陆钟万 著
8 有限群构造(上册) 1982. 11 张远达 著
9 有限群构造(下册) 1982. 12 张远达 著
10 环与代数 1983. 3 刘绍学 著
11 测度论基础 1983. 9 朱成熹 著
12 分析概率论 1984. 4 胡迪鹤 著
13 巴拿赫空间引论 1984. 8 定光桂 著
14 微分方程定性理论 1985. 5 张芷芬 丁同仁 黄文灶 董镇喜 著
15 傅里叶积分算子理论及其应用 1985. 9 仇庆久等 编
16 辛几何引论 1986. 3 J. 柯歇尔 邹异明 著
17 概率论基础和随机过程 1986. 6 王寿仁 著
18 算子代数 1986. 6 李炳仁 著
19 线性偏微分算子引论(上册) 1986. 8 齐民友 著
20 实用微分几何引论 1986. 11 苏步青等 著
21 微分动力系统原理 1987. 2 张筑生 著
22 线性代数群表示导论(上册) 1987. 2 曹锡华等 著
23 模型论基础 1987. 8 王世强 著
24 递归论 1987. 11 莫绍揆 著
25 有限群导引(上册) 1987. 12 徐明曜 著
26 组合论(下册) 1987. 12 柯 召 魏万迪 著
27 拟共形映射及其在黎曼曲面论中的应用 1988. 1 李 忠 著
28 代数体函数与常微分方程 1988. 2 何育赞 著
29 同调代数 1988. 2 周伯壎 著

30　近代调和分析方法及其应用　1988.6　韩永生　著
31　带有时滞的动力系统的稳定性　1989.10　秦元勋等　编著
32　代数拓扑与示性类　1989.11　马德森著　吴英青　段海豹译
33　非线性发展方程　1989.12　李大潜　陈韵梅　著
34　反应扩散方程引论　1990.2　叶其孝等　著
35　仿微分算子引论　1990.2　陈恕行等　编
36　公理集合论导引　1991.1　张锦文　著
37　解析数论基础　1991.2　潘承洞等　著
38　拓扑群引论　1991.3　黎景辉　冯绪宁　著
39　二阶椭圆型方程与椭圆型方程组　1991.4　陈亚浙　吴兰成　著
40　黎曼曲面　1991.4　吕以辇　张学莲　著
41　线性偏微分算子引论(下册)　1992.1　齐民友　徐超江　编著
42　复变函数逼近论　1992.3　沈燮昌　著
43　Banach 代数　1992.11　李炳仁　著
44　随机点过程及其应用　1992.12　邓永录等　著
45　丢番图逼近引论　1993.4　朱尧辰等　著
46　线性微分方程的非线性扰动　1994.2　徐登洲　马如云　著
47　广义哈密顿系统理论及其应用　1994.12　李继彬　赵晓华　刘正荣　著
48　线性整数规划的数学基础　1995.2　马仲蕃　著
49　单复变函数论中的几个论题　1995.8　庄圻泰　著
50　复解析动力系统　1995.10　吕以辇　著
51　组合矩阵论　1996.3　柳柏濂　著
52　Banach 空间中的非线性逼近理论　1997.5　徐士英　李　冲　杨文善　著
53　有限典型群子空间轨道生成的格　1997.6　万哲先　霍元极　著
54　实分析导论　1998.2　丁传松等　著
55　对称性分岔理论基础　1998.3　唐　云　著
56　Gel'fond-Baker 方法在丢番图方程中的应用　1998.10　乐茂华　著
57　半群的 S-系理论　1999.2　刘仲奎　著
58　有限群导引(下册)　1999.5　徐明曜等　著
59　随机模型的密度演化方法　1999.6　史定华　著
60　非线性偏微分复方程　1999.6　闻国椿　著
61　复合算子理论　1999.8　徐宪民　著
62　离散鞅及其应用　1999.9　史及民　编著
63　调和分析及其在偏微分方程中的应用　1999.10　苗长兴　著

64　惯性流形与近似惯性流形　2000.1　戴正德　郭柏灵　著
65　数学规划导论　2000.6　徐增堃　著
66　拓扑空间中的反例　2000.6　汪　林　杨富春　编著
67　拓扑空间论　2000.7　高国士　著
68　非经典数理逻辑与近似推理　2000.9　王国俊　著
69　序半群引论　2001.1　谢祥云　著
70　动力系统的定性与分支理论　2001.2　罗定军　张　祥　董梅芳　编著
71　随机分析学基础(第二版)　2001.3　黄志远　著
72　非线性动力系统分析引论　2001.9　盛昭瀚　马军海　著
73　高斯过程的样本轨道性质　2001.11　林正炎　陆传荣　张立新　著
74　数组合地图论　2001.11　刘彦佩　著
75　光滑映射的奇点理论　2002.1　李养成　著
76　动力系统的周期解与分支理论　2002.4　韩茂安　著
77　神经动力学模型方法和应用　2002.4　阮炯　顾凡及　蔡志杰　编著
78　同调论—— 代数拓扑之一　2002.7　沈信耀　著
79　金兹堡-朗道方程　2002.8　郭柏灵等　著
80　排队论基础　2002.10　孙荣恒　李建平　著
81　算子代数上线性映射引论　2002.12　侯晋川　崔建莲　著
82　微分方法中的变分方法　2003.2　陆文端　著
83　周期小波及其应用　2003.3　彭思龙　李登峰　谌秋辉　著
84　集值分析　2003.8　李　雷　吴从炘　著
85　数理逻辑引论与归结原理　2003.8　王国俊　著
86　强偏差定理与分析方法　2003.8　刘　文　著
87　椭圆与抛物型方程引论　2003.9　伍卓群　尹景学　王春朋　著
88　有限典型群子空间轨道生成的格(第二版)　2003.10　万哲先　霍元极　著
89　调和分析及其在偏微分方程中的应用(第二版)　2004.3　苗长兴　著
90　稳定性和单纯性理论　2004.6　史念东　著
91　发展方程数值计算方法　2004.6　黄明游　编著
92　传染病动力学的数学建模与研究　2004.8　马知恩　周义仓　王稳地　靳　祯　著
93　模李超代数　2004.9　张永正　刘文德　著
94　巴拿赫空间中算子广义逆理论及其应用　2005.1　王玉文　著
95　巴拿赫空间结构和算子理想　2005.3　钟怀杰　著
96　脉冲微分系统引论　2005.3　傅希林　闫宝强　刘衍胜　著
97　代数学中的 Frobenius 结构　2005.7　汪明义　著

98 生存数据统计分析 2005.12 王启华 著
99 数理逻辑引论与归结原理(第二版) 2006.3 王国俊 著
100 数据包络分析 2006.3 魏权龄 著
101 代数群引论 2006.9 黎景辉 陈志杰 赵春来 著
102 矩阵结合方案 2006.9 王仰贤 霍元极 麻常利 著
103 椭圆曲线公钥密码导引 2006.10 祝跃飞 张亚娟 著
104 椭圆与超椭圆曲线公钥密码的理论与实现 2006.12 王学理 裴定一 著
105 散乱数据拟合的模型方法和理论 2007.1 吴宗敏 著
106 非线性演化方程的稳定性与分歧 2007.4 马 天 汪守宏 著
107 正规族理论及其应用 2007.4 顾永兴 庞学诚 方明亮 著
108 组合网络理论 2007.5 徐俊明 著
109 矩阵的半张量积:理论与应用 2007.5 程代展 齐洪胜 著
110 鞅与 Banach 空间几何学 2007.5 刘培德 著
111 非线性常微分方程边值问题 2007.6 葛渭高 著
112 戴维-斯特瓦尔松方程 2007.5 戴正德 蒋慕蓉 李栋龙 著
113 广义哈密顿系统理论及其应用 2007.7 李继彬 赵晓华 刘正荣 著
114 Adams 谱序列和球面稳定同伦群 2007.7 林金坤 著
115 矩阵理论及其应用 2007.8 陈公宁 著
116 集值随机过程引论 2007.8 张文修 李寿梅 汪振鹏 高 勇 著
117 偏微分方程的调和分析方法 2008.1 苗长兴 张 波 著
118 拓扑动力系统概论 2008.1 叶向东 黄 文 邵 松 著
119 线性微分方程的非线性扰动(第二版) 2008.3 徐登洲 马如云 著
120 数组合地图论(第二版) 2008.3 刘彦佩 著
121 半群的 S-系理论(第二版) 2008.3 刘仲奎 乔虎生 著
122 巴拿赫空间引论(第二版) 2008.4 定光桂 著
123 拓扑空间论(第二版) 2008.4 高国士 著
124 非经典数理逻辑与近似推理(第二版) 2008.5 王国俊 著
125 非参数蒙特卡罗检验及其应用 2008.8 朱力行 许王莉 著
126 Camassa-Holm 方程 2008.8 郭柏灵 田立新 杨灵娥 殷朝阳 著
127 环与代数(第二版) 2009.1 刘绍学 郭晋云 朱 彬 韩 阳 著
128 泛函微分方程的相空间理论及应用 2009.4 王 克 范 猛 著
129 概率论基础(第二版) 2009.8 严士健 王隽骧 刘秀芳 著
130 自相似集的结构 2010.1 周作领 瞿成勤 朱智伟 著
131 现代统计研究基础 2010.3 王启华 史宁中 耿 直 主编

132　图的可嵌入性理论(第二版)　2010.3　刘彦佩　著
133　非线性波动方程的现代方法(第二版)　2010.4　苗长兴　著
134　算子代数与非交换 L_p 空间引论　2010.5　许全华　吐尔德别克　陈泽乾　著
135　非线性椭圆型方程　2010.7　王明新　著
136　流形拓扑学　2010.8　马　天　著
137　局部域上的调和分析与分形分析及其应用　2011.6　苏维宜　著
138　Zakharov 方程及其孤立波解　2011.6　郭柏灵　甘在会　张景军　著
139　反应扩散方程引论(第二版)　2011.9　叶其孝　李正元　王明新　吴雅萍　著
140　代数模型论引论　2011.10　史念东　著
141　拓扑动力系统——从拓扑方法到遍历理论方法　2011.12　周作领　尹建东　许绍元　著
142　Littlewood-Paley 理论及其在流体动力学方程中的应用　2012.3　苗长兴　吴家宏　章志飞　著
143　有约束条件的统计推断及其应用　2012.3　王金德　著
144　混沌、Mel'nikov 方法及新发展　2012.6　李继彬　陈凤娟　著
145　现代统计模型　2012.6　薛留根　著
146　金融数学引论　2012.7　严加安　著
147　零过多数据的统计分析及其应用　2013.1　解锋昌　韦博成　林金官　编著
148　分形分析引论　2013.6　胡家信　著
149　索伯列夫空间导论　2013.8　陈国旺　编著
150　广义估计方程估计方法　2013.8　周　勇　著
151　统计质量控制图理论与方法　2013.8　王兆军　邹长亮　李忠华　著
152　有限群初步　2014.1　徐明曜　著
153　拓扑群引论(第二版)　2014.3　黎景辉　冯绪宁　著
154　现代非参数统计　2015.1　薛留根　著
155　三角范畴与导出范畴　2015.5　章　璞　著
156　线性算子的谱分析(第二版)　2015.6　孙　炯　王　忠　王万义　编著
157　双周期弹性断裂理论　2015.6　李　星　路见可　著
158　电磁流体动力学方程与奇异摄动理论　2015.8　王　术　冯跃红　著
159　算法数论(第二版)　2015.9　裴定一　祝跃飞　编著
160　偏微分方程现代理论引论　2016.1　崔尚斌　著
161　有限集上的映射与动态过程——矩阵半张量积方法　2015.11　程代展　齐洪胜　贺风华　著
162　现代测量误差模型　2016.3　李高荣　张　君　冯三营　著
163　偏微分方程引论　2016.3　韩丕功　刘朝霞　著
164　半导体偏微分方程引论　2016.4　张凯军　胡海丰　著
165　散乱数据拟合的模型、方法和理论(第二版)　2016.6　吴宗敏　著

166　交换代数与同调代数(第二版)　2016. 12　李克正　著

167　Lipschitz 边界上的奇异积分与 Fourier 理论　2017. 3　钱　涛　李澎涛　著

168　有限 p 群构造(上册)　2017. 5　张勤海　安立坚　著

169　有限 p 群构造(下册)　2017. 5　张勤海　安立坚　著

170　自然边界积分方法及其应用　2017. 6　余德浩　著

171　非线性高阶发展方程　2017. 6　陈国旺　陈翔英　著

172　数理逻辑导引　2017. 9　冯　琦　编著

173　简明李群　2017. 12　孟道骥　史毅茜　著

174　代数 K 理论　2018. 6　黎景辉　著

175　线性代数导引　2018. 9　冯　琦　编著

176　基于框架理论的图像融合　2019. 6　杨小远　石　岩　王敬凯　著

177　均匀试验设计的理论和应用　2019. 10　方开泰　刘民千　覃　红　周永道　著

178　集合论导引(第一卷：基本理论)　2019. 12　冯　琦　著

179　集合论导引(第二卷：集论模型)　2019. 12　冯　琦　著

180　集合论导引(第三卷：高阶无穷)　2019. 12　冯　琦　著

181　半单李代数与 BGG 范畴 $\mathcal{O}$　2020. 2　胡　峻　周　凯　著

182　无穷维线性系统控制理论(第二版)　2020. 5　郭宝珠　柴树根　著

183　模形式初步　2020.6　李文威　著

184　微分方程的李群方法　2021.3　蒋耀林　陈　诚　著

185　拓扑与变分方法及应用　2021.4　李树杰　张志涛　编著

186　完美数与斐波那契序列　2021.10　蔡天新　著

187　李群与李代数基础　2021.10　李克正　著

188　混沌、Melnikov 方法及新发展(第二版)　2021.10　李继彬　陈凤娟　著

189　一个大跳准则——重尾分布的理论和应用　2022.1　王岳宝　著

190　Cauchy-Riemann 方程的 L^2 理论　2022.3　陈伯勇　著

191　变分法与常微分方程边值问题　2022.4　葛渭高　王宏洲　庞慧慧　著